KB078871

제강기능사
필기&실기 특강

최병도 저

일진사

머리말

철강 산업은 자동차, 조선, 기계, 건설 산업을 비롯한 전 산업에 기초 소재를 공급하는 핵심 기반산업으로서 우리 생활에 없어서는 안 될 중요한 소재로 활용되고 있고, 국가 경제 발전을 이끌고 있는 대표적인 산업이다.

제강기술은 용광로에서 제조한 용융된 선철을 원료로 하는 전로 제강법과 철 스크랩을 원료로 하는 전기로 제강법으로 강을 제조하는 방법이다. 용융된 철강은 주형을 이용한 조괴법이나 연주법을 이용하여 슬랩, 블룸, 빌렛 등과 같은 반제품을 생산하고 이를 다시 압연, 단조, 열처리 등 가공 공정을 거쳐 제품이 생산된다.

이 책은 제강기술을 중심으로 제강에 많은 관심을 가진 예비기술인이나 제강기능사 자격증을 취득하고자 하는 기술인들에게 많은 도움이 될 수 있도록 다음 사항에 역점을 두고 기술하였다.

첫째, 한국산업인력공단의 출제기준에 따라 과목별 단원별로 세분하여 주요한 전공기술 내용을 요약 기술하였고, 과년도 기출문제 위주로 단원 예상문제를 구성하였다.

둘째, 이론을 학습하고 이어서 연관성 있는 문제를 풀어 확인할 수 있도록 체계화하였으며, 과거 출제 문제의 완전 분석을 통한 문제 위주로 구성하였다.

셋째, 부록으로 기존에 출제되었던 이론과 실기문제들을 자세한 해설과 함께 수록하여 줌으로써 출제 경향을 파악함은 물론, 전체 내용을 복습할 수 있게 구성하였다.

이 책을 통하여 제강 분야에 종사하고자 하는 모든 이들이 목적한 바를 꼭 이루길 바라며, 혹시 미흡한 부분이나 잘못된 점이 있다면 여러분들의 기탄없는 충고를 바란다. 끝으로 이 책을 출판하기까지 도움을 주신 여러분과 도서출판 일진사에 진심으로 감사드린다.

저자 씀

제강기능사 출제기준(필기)

직무 분야	재료	중직무분야	금속 · 재료	자격종목	제강기능사	적용 기간	2020. 1. 1.~ 2022. 12. 31
○ **직무내용**: 고철 및 용선을 제강로(전로, 전기로)에 장입 · 용해한 후 탈탄, 탈인, 탈산, 탈황 등 정련 작업을 하여 연속 주조 또는 조괴 공정을 거쳐 양질의 강을 제조하는 직무이다.							

필기검정방법	객관식	문제수	60	시험시간	1시간

필기 과목명	문제수	주요항목	세부항목
금속재료, 금속제도, 전로 제강, 전기로 제강, 연속주조	60	1. 용선 예비처리	1. 용선 준비
			2. 탈규(De-Si) 작업
			3. 탈인(De-P) 작업
			4. 탈황(De-S) 작업
			5. 슬래그 배재
		2. 전로 조업 준비	1. 노 보수
			2. 설비 관리
			3. 원료 준비
		3. 전로 조업	1. 원료 투입
			2. 열정산
			3. 산소취련
			4. 출강
		4. 전기로 조업 준비	1. 노체 및 설비 점검
			2. 열간 보수
		5. 전기로 조업	1. 원료
			2. 조업
			3. 출강
		6. LF 정련	1. LF 정련
			2. 기타 2차 정련

필기 과목명	문제수	주요항목	세부항목
		7. 진공 정련	1. 슬래그
			2. 진공조건 준비
			3. 정련
		8. 연속주조 준비	1. 설비
		9. 연속주조	1. 조업
			2. 조업 이상시 조치
			3. 조괴
		10. 제강 품질 검사	1. 결함의 종류
			2. 원인 및 대책
		11. 제강 환경안전관리	1. 안전관리
			2. 환경관리
		12. 제강 원료, 부원료 입고관리	1. 계량, 검수
		13. 제강 설비관리	1. 설비점검
		14. 도면검토	1. 제도의 기초
			2. 투상법
			3. 도형의 표시방법
			4. 치수기입 방법
			5. 공차 및 도면해독
			6. 재료기호
			7. 기계요소 제도
		15. 합금함량분석	1. 금속의 특성과 상태도
		16. 재료설계 자료 분석	1. 금속재료의 성질과 시험
			2. 철강 재료
			3. 비철 금속재료
			4. 신소재 및 그 밖의 합금

차 례

제1편 금속재료 일반

제2편 금속제도

제3장 제도의 응용

제3편 제강

제1장 제강 일반

제2장 전로 제강법

제3장 전기로 제강법

제4장 노외 정련법

제5장 연속주조 및 조괴법

제6장 제강 품질 검사

제7장 안전 및 환경관리

부록

|제|강|기|능|사|

1편

금속재료 일반

제 1 장 금속재료 총론

1. 금속의 특성과 상태도

1-1 금속의 특성과 결정구조

(1) 금속

금속의 일반적인 특성은 다음과 같다.

① 상온에서 고체이며 결정구조를 갖는다(단, Hg 제외).

② 열과 전기의 양도체이다.

③ 비중이 크고 금속적 광택을 갖는다.

④ 전성 및 연성이 좋다.

⑤ 소성변형이 있어 가공하기 쉽다.

위의 성질을 구비한 것을 금속, 불완전하게 구비한 것을 준금속, 전혀 구비하지 않은 것을 비금속이라 한다.

(2) 합금

순금속이란 100%의 순도를 가지는 금속원소를 말하나 실제로는 존재하지 않는다. 따라서 순수한 단체금속을 제외한 모든 금속적 물질을 합금이라고 하며 합금의 제조 방법은 금속과 금속, 금속과 비금속을 용융상태에서 융합하거나, 압축, 소결에 의해 또는 침탄처리와 같이 고체상태에서 확산을 이용하여 합금을 부분적으로 만드는 방법 등이 있다. 이와 같이 제조된 합금은 성분원소의 수에 따라 2원합금, 3원합금, 4원합금, 다원합금 등으로 분류한다.

단원 예상문제

1. 금속의 일반적 특성에 대한 설명으로 틀린 것은?

① 수은을 제외하고 상온에서 고체이며 결정체이다.
② 일반적으로 강도와 경도는 낮으나 비중은 크다.
③ 금속 특유의 광택을 갖는다.
④ 열과 전기의 양도체이다.

해설 금속은 강도와 경도가 높다.

2. 금속재료의 일반적인 설명으로 틀린 것은?

① 구리(Cu)보다 은(Ag)의 전기전도율이 크다.
② 합금이 순수한 금속보다 열전도율이 좋다.
③ 순수한 금속일수록 전기 전도율이 좋다.
④ 열전도율의 단위는 W/m·K이다.

해설 순금속이 합금보다 열전도율이 좋다.

3. 금속의 일반적인 특성을 설명한 것 중 틀린 것은?

① 전성 및 연성이 좋다.
② 전기 및 열의 양도체이다.
③ 금속 고유의 광택을 가진다.
④ 수은을 제외한 모든 금속은 상온에서 액체상태이다.

해설 수은을 제외한 모든 금속은 상온에서 고체상태이다.

4. 금속에 대한 성질을 설명한 것 중 틀린 것은?

① 모든 금속은 상온에서 고체상태로 존재한다.
② 텅스텐(W)의 용융점은 약 3410℃이다.
③ 이리듐(Ir)의 비중은 22.5이다.
④ 열 및 전기의 양도체이다.

해설 모든 금속은 상온에서 고체이며 결정체이다(단, Hg 제외).

정답 1. ② 2. ② 3. ④ 4. ①

1-2 금속의 응고 및 결정구조

용융상태로부터 응고가 끝난 금속조직 자체를 1차 조직(primary structure), 열처리에 의해 새로운 결정조직으로 변화시킨 조직을 2차 조직(secondary structure)이라 한다.

(1) 금속의 응고

① 냉각곡선

금속을 용융상태로부터 냉각하여 온도와 시간의 관계를 나타낸 곡선을 냉각곡선(cooling curve)이라고 한다.

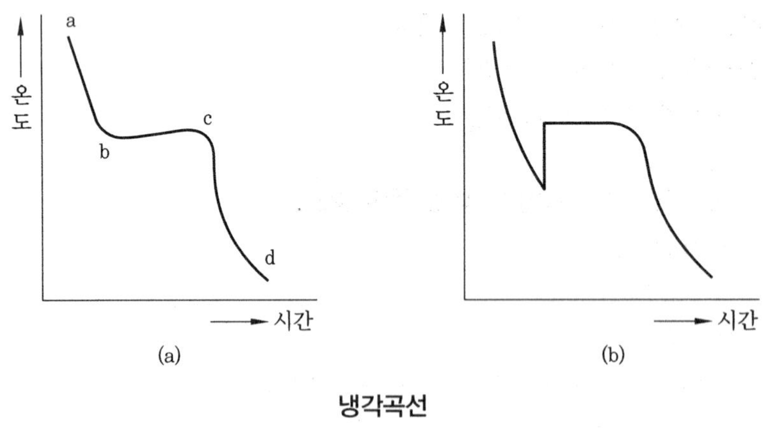

냉각곡선

② 자유도: 곡선 중에 수평선은 용융금속 중에 이미 고체금속을 만들고 상률적으로 2상이 공존하기 때문에 자유도 $F=C-P+1$에서 C는 성분수, P는 상수로 1성분계에서 2상이 공존할 경우는 불변계를 형성한다.

③ 과랭각 현상 및 접종

㈎ 금속의 응고는 응고점 이하의 온도로 되어도 미처 응고하지 못한 과랭각(과랭, supercooling, undercooling) 현상이 나타난다.

㈏ 금속의 결정은 결정핵이 생성되기 시작하면 급속히 성장하므로 과냉도가 너무 큰 금속의 경우는 융체에 진동을 주거나, 또는 핵의 종자가 되도록 작은 금속편을 첨가하여 결정핵의 생성을 촉진하는데 이를 접종(inoculation)이라고 한다.

단원 예상문제

1. 용융금속의 냉각곡선에서 응고가 시작되는 지점은?

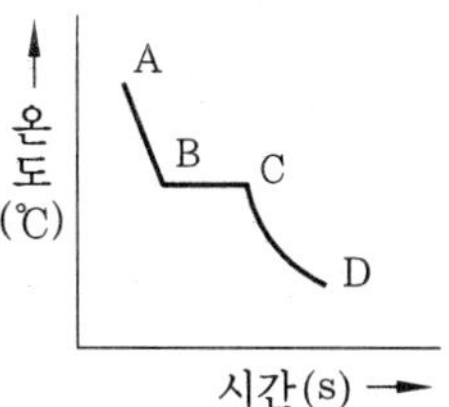

① A
② B
③ C
④ D

해설 AB: 용융상태, BC: 용융+응고상태, CD: 응고상태

2. 합금이 용융되기 시작하는 시점부터 용융이 다 끝나는 지점까지의 온도 범위를 무엇이라 하는가?

① 피니싱 온도 범위　② 재결정 온도 범위
③ 변태온도 범위　④ 용융온도 범위

3. 다음 그림은 물의 상태도이다. 이때 T점의 자유도는 얼마인가?

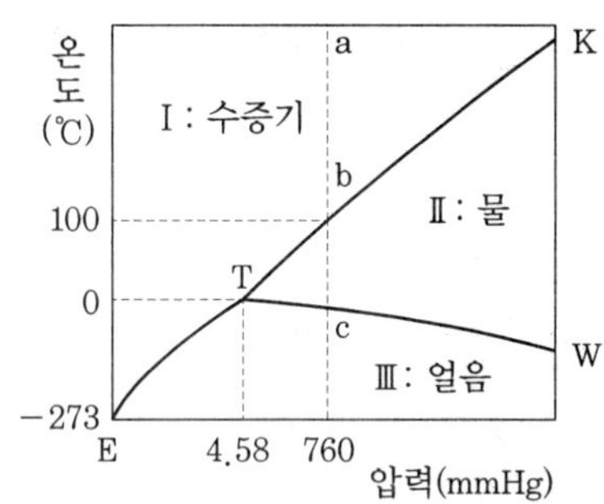

① 0　② 1　③ 2　④ 3

해설 물의 삼중점(T점)의 자유도는 0이다.

4. 물과 얼음의 평형 상태에서 자유도는 얼마인가?

① 0　② 1　③ 2　④ 3

해설 $F=C-P+2=1-2+2=1$

5. 과랭에 대한 설명으로 옳은 것은?

① 실내온도에서 용융상태인 금속이다.
② 고온에서도 고체상태인 금속이다.
③ 금속이 응고점보다 낮은 온도에서 용해되는 것이다.
④ 응고점보다 낮은 온도에서 응고가 시작되는 현상이다.

정답 1. ② 2. ④ 3. ① 4. ② 5. ④

(2) 금속의 결정 형성과 조직

① 결정의 형성 과정

결정핵 생성 → 결정핵 성장 → 결정립계 형성 → 결정입자 구성

② 결정립(crystal grain)의 크기: 용융금속의 단위체적당 생성된 결정핵의 수, 즉 핵발생 속도를 N, 결정성장 속도를 G라고 했을 때 결정립 크기 S와의 관계는

$$S=f\frac{G}{N}$$

로 나타난다. 즉 결정립의 크기는 성장속도 G에 비례하고 핵발생 속도 N에 반비례한다.

G와 N의 관계는 다음과 같다.

(가) G가 N보다 빨리 증대할 때는 소수의 핵이 성장해서 응고가 끝나기 때문에 큰 결정립을 얻게 된다.

(나) G보다 N의 증대가 현저할 때는 핵의 수가 많기 때문에 미세한 결정을 이룬다.

(다) G와 N이 교차하는 경우 조대한 결정립과 미세한 결정립의 2가지 구역으로 나타난다.

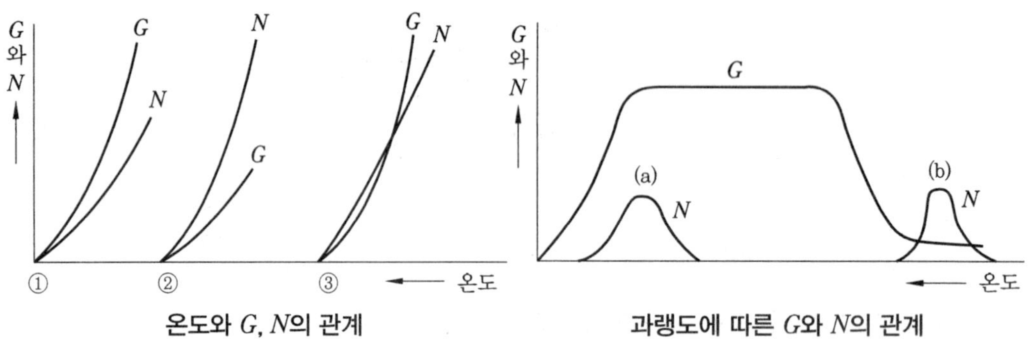

온도와 G, N의 관계　　　과랭도에 따른 G와 N의 관계

(3) 응고 후의 조직

① 수지상정: 용융금속이 응고할 때 죽모양의 고액공존 영역에서 가운데 액체부분이 고체로 변하면서 나뭇가지 모양으로 성장하는 것을 수지상정(dendrite)이라 한다.

② 주상정: 수지상정 표면에서 뻗어 나와 내부로 성장하는 경우는 결정이 기둥처럼 가늘고 길게 정렬되어 나타나는데 이를 주상정(columnar grain)이라 한다.

③ 등축정: 수지상정이 액체 중에 흩어져 떠다니다 성장한 경우는 짧은 결정들이 각각 다른 방향을 향하고 있는데 이것을 등축정(equiaxed grain)이라고 한다.

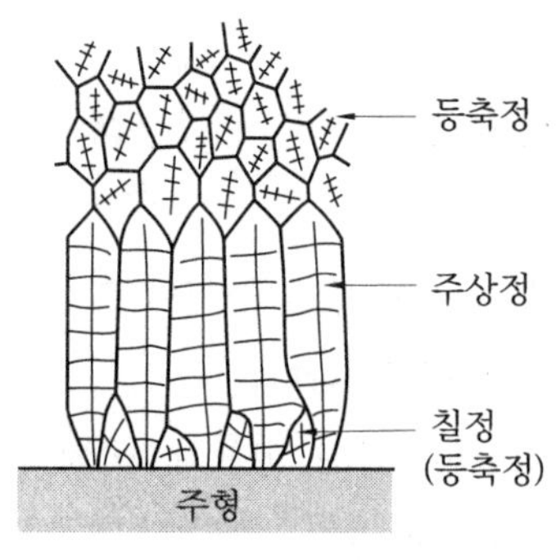

주상정과 등축정

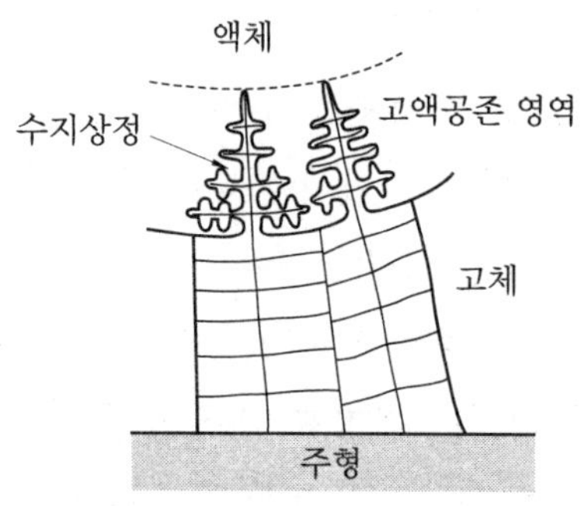

고액공존 영역과 수지상정

단원 예상문제

1. 금속의 응고과정 순서로 옳은 것은?

① 결정핵의 생성→결정의 성장→결정립계 형성
② 결정의 성장→결정립계 형성→결정핵의 생성
③ 결정립계 형성→결정의 성장→결정핵의 생성
④ 결정핵의 생성→결정립계 형성→결정의 성장

2. 용융금속이 응고할 때 작은 결정을 만드는 핵이 생기고 이 핵을 중심으로 금속이 나뭇가지 모양으로 발달하는 것을 무엇이라 하는가?

① 입상정 ② 수지상정 ③ 주상정 ④ 결정립

3. 용탕을 금속 주형에 주입 후 응고할 때, 주형의 면에서 중심방향으로 성장하는 나란하고 가느다란 기둥 모양의 결정을 무엇이라고 하는가?

① 단결정 ② 다결정 ③ 주상정 ④ 크리스털 결정

4. 용융금속을 주형에 주입할 때 응고하는 과정을 설명한 것으로 틀린 것은?

① 나뭇가지 모양으로 응고하는 것을 수지상정이라고 한다.
② 핵생성 속도가 핵성장 속도보다 빠르면 입자가 미세화된다.
③ 주형과 접한 부분이 빠른 속도로 응고하고 내부로 가면서 천천히 응고한다.
④ 주상결정입자 조직이 생성된 주물에서는 주상결정 입내 부분에 불순물이 집중하므로 메짐이 생긴다.

해설 주상결정 입내 부분에는 불순물이 집중하지 않으므로 메짐도 생기지 않는다.

정답 1. ① 2. ② 3. ③ 4. ④

(4) 금속의 결정구조

① 결정립: 금속재료의 파단면은 무수히 많은 입자로 구성되어 있는데 이 작은 입자를 결정립(crystal grain)이라 한다.

② 결정립계: 금속은 무수히 많은 결정립이 무질서한 상태로 집합되어 있는 다결정체이며, 이 결정립의 경계를 결정립계(grain boundary)라고 한다.

③ 결정격자: 결정립 내에는 원자가 규칙적으로 배열되어 있는데 이것을 결정격자(crystal lattice) 또는 공간격자(space lattice)라고 한다.

④ 단위포: 공간격자 중에서 소수의 원자를 택하여 그 중심을 연결해 간단한 기하학적 형태를 만들어 격자 내의 원자군을 대표할 수 있는데 이것을 단위격자(unit cell) 또는 단위포라고 부르며 축간의 각을 축각(axial angle)이라 한다.

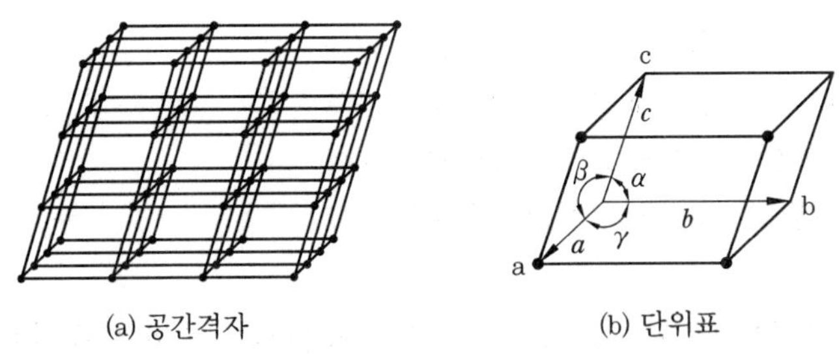

(a) 공간격자 (b) 단위표

공간격자와 단위포

(5) 금속의 결정계와 결정격자

① 결정계는 7정계로 나뉘고 다시 14결정격자형으로 세분되는데 이것을 브라베 격자(Bravais lattice)라 한다.

② 순금속 및 합금(금속간화합물 제외)은 비교적 간단한 단위 결정격자로 되어 있다.

③ 특수한 원소(In, Sn, Te, Ti, Bi)를 제외한 대부분이 체심입방격자(BCC: body centered cubic lattice), 면심입방격자(FCC: face centered cubic lattice), 조밀육방격자(HCP or CPH: close packed hexagonal lattice)로 이루어져 있다.

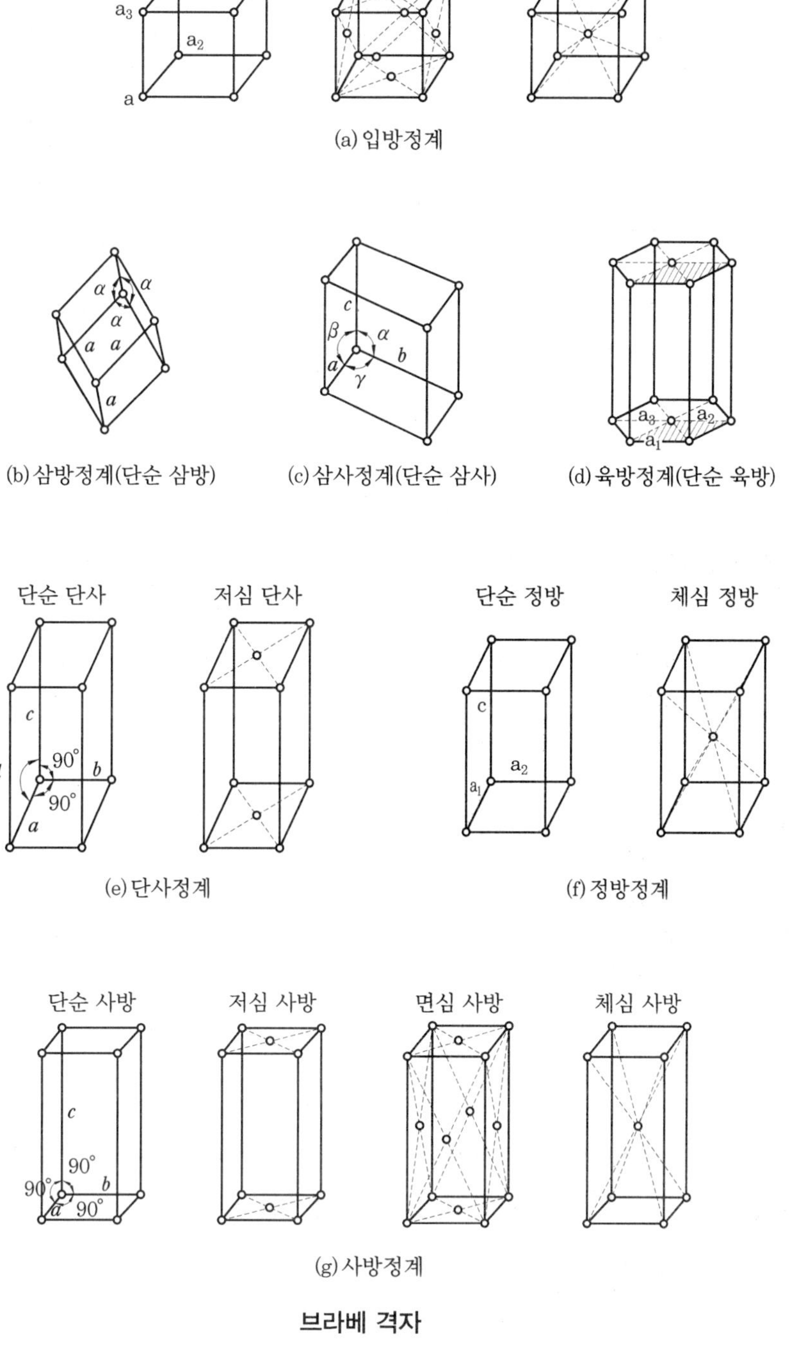
a3
a2
a
(a) 입방정계
α
α
α
a
a
a
(b) 삼방정계(단순 삼방)
c
β
α
a
γ
b
(c) 삼사정계(단순 삼사)
a3
a2
a1
(d) 육방정계(단순 육방)
단순 단사
저심 단사
c
90°
d
b
90°
a
(e) 단사정계
단순 정방
체심 정방
c
a2
a1
(f) 정방정계
단순 사방
저심 사방
면심 사방
체심 사방
c
90°
90°
b
a
90°
(g) 사방정계

브라베 격자

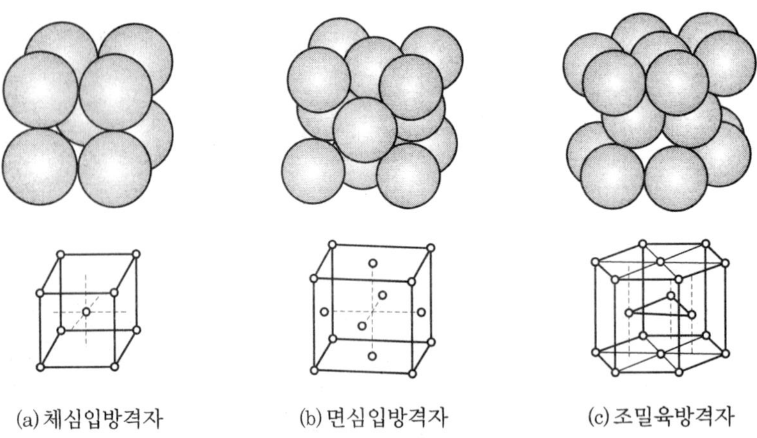

(a) 체심입방격자 (b) 면심입방격자 (c) 조밀육방격자

실용금속의 결정격자

주요 금속의 격자상수

면심입방격자(FCC)		체심입방격자(BCC)		조밀육방격자(HCP)		
금속	a	금속	a	금속	a	e
Ag	4.08	Ba	5.01	Be	2.27	3.59
Al	4.04	α－Cr	2.88	Cd	2.97	5.61
Au	4.07	α－Fe	2.86	α－Co	2.51	4.10
Ca	5.56	K	5.32	α－Ce	2.51	4.10
Cu	3.16	Li	3.50	β－Cr	2.72	4.42
γ－Fe	3.63	Mo	3.14	Mg	3.22	5.10
Ni	3.52	Na	4.28	Os	3.72	4.31
Pb	4.94	Nb	3.30	α－Tl	3.47	5.52
Pt	3.92	Ta	3.30	Zn	2.66	4.96
Rh	3.82	W	3.16	α－Ti	2.92	4.67
Th	5.07	V	3.03	Zr	3.22	5.20

(가) 브래그의 법칙(Bragg's law): 결정에서 반사하는 X선의 강도가 최대로 되기 위한 조건을 주는 법칙으로 다음 식이 성립한다.

$$n\lambda = 2d\sin\theta$$

여기서, d: 결정면의 간격, θ: 입사각, n: 상수, λ: X선의 파장

X－선은 금속의 결정구조나 격자상수, 결정면, 결정면의 방향을 결정한다.

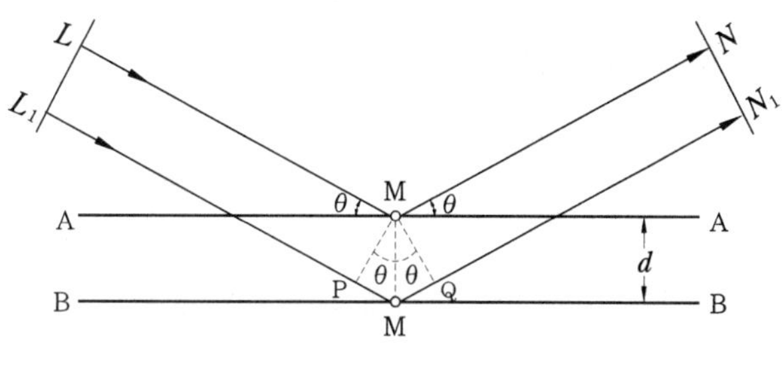

결정면에 의한 X선 회절

(나) 결정면 및 방향 표시법: 결정의 좌표축을 X, Y, Z로 하고 a, b, c의 3축을 각각 원자간 거리 배수만큼 끊었을 때 3축상에서 각각 몇 개의 원자 간격이 생기는가를 보면 $(X, Y, Z)=(2, 3, 1)$ 원자축 간격의 배수임을 알 수 있다. 그 역수(1/2, 1/3, 1/1)를 취하여 정수비로 고치면 (3, 2, 6)이 되어 결정면의 위치를 표시한다. 이것을 밀러지수(Miller's indices)라 하고 결정면 및 방향을 표시한다.

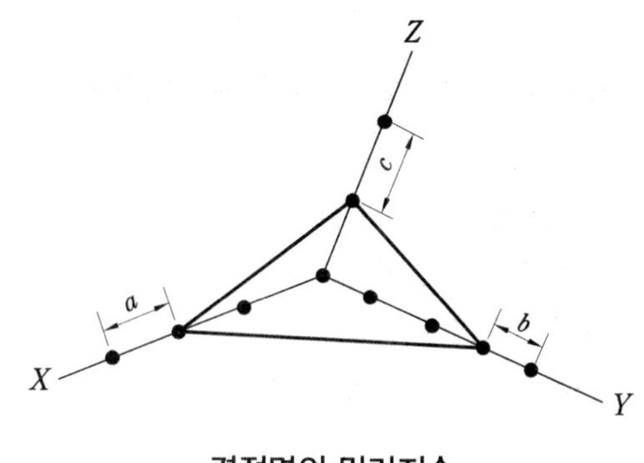

결정면의 밀러지수

단원 예상문제

1. 금속의 결정구조를 생각할 때 결정면과 방향을 규정하는 것과 관련이 가장 깊은 것은?

① 밀러지수 ② 탄성계수 ③ 가공지수 ④ 전이계수

2. 금속의 결정격자에 속하지 않는 기호는?

① FCC ② LDN ③ BCC ④ CPH

3. 다음 중 면심입방격자(FCC) 금속에 해당되는 것은?

① Ta, Li, Mo ② Ba, Cr, Fe
③ Ag, Al, Pt ④ Be, Cd, Mg

4. 다음 그림은 면심입방격자이다. 단위격자에 속해 있는 원자의 수는 몇 개인가?

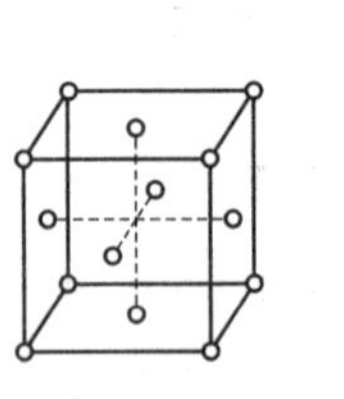
단위격자

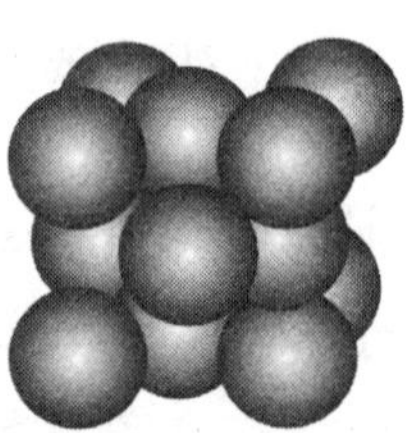
원자배열

① 2 ② 3 ③ 4 ④ 5

해설 면심입방격자: 4개, 체심입방격자: 2개

5. 체심입방격자와 조밀육방격자의 배위수는 각각 얼마인가?

① 체심입방격자: 8, 조밀육방격자: 8
② 체심입방격자: 12, 조밀육방격자: 12
③ 체심입방격자: 8, 조밀육방격자: 12
④ 체심입방격자: 12, 조밀육방격자: 8

해설 결정구조에서 체심입방격자(BCC): 8, 조밀육방격자(HCP): 12이며, 최근접 원자수를 말한다.

정답 1. ① 2. ② 3. ③ 4. ③ 5. ③

1-3 금속의 변태와 상태도

(1) 금속 변태의 개요

물이 기체, 액체, 고체로 변하는 것처럼 금속 및 합금은 용융점에서 고체상태가 융체로 변하고 응고 후에도 온도에 따라 변하는데 이러한 변화를 변태(transformation)라고 한다.

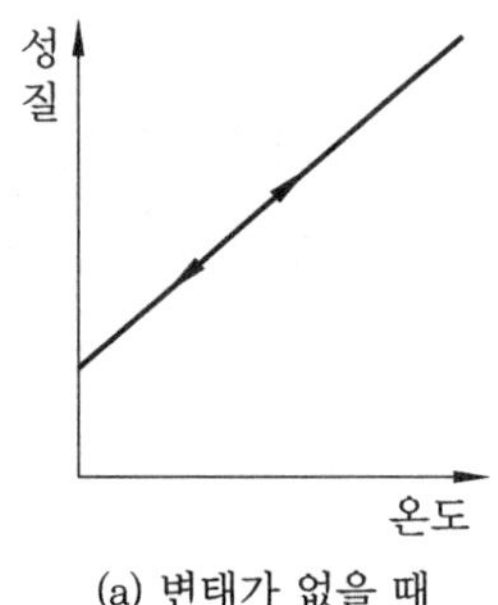

(a) 변태가 없을 때

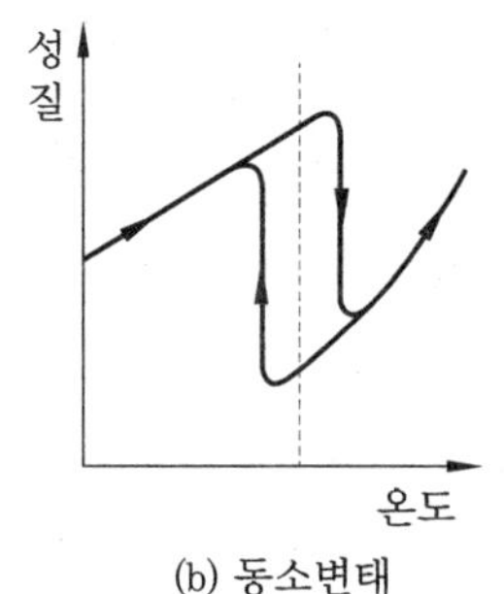

(b) 동소변태

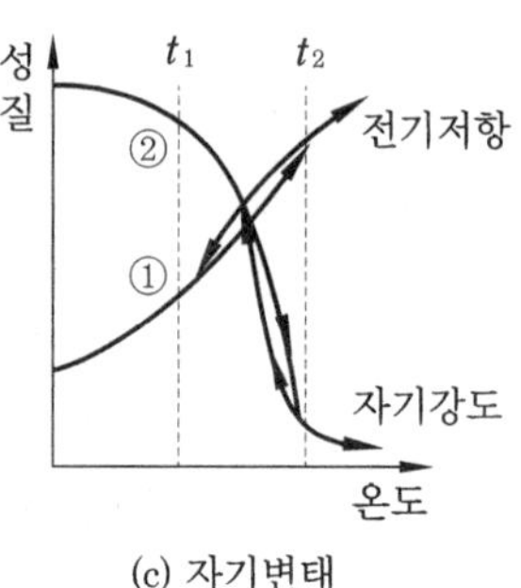

(c) 자기변태

변태의 성질과 온도의 관계

① 동소변태

(가) 고체상태에서의 원자배열에 변화를 갖는다.

(나) 고체상태에서 서로 다른 공간격자 구조를 갖는다.

(다) 일정 온도에서 불연속적인 성질 변화를 일으킨다.

② 자기변태

(가) 넓은 온도구간에서 연속적으로 변한다.

(나) 원자와 격자의 배열은 그대로 유지하고 자성만을 변화시키는 변태이다.

(다) 순철은 768℃에서 급격히 자기의 강도가 감소되는 자기변태가 일어나는데 이를 A_2변태라고 한다.

(라) Fe, Co, Ni은 자기변태에서 강자성체 금속이다.

(마) 안티몬(Sb)은 반자성체이다.

(2) 변태점 측정법

① 열분석법(thermal analysis)

② 시차열분석법(differential thermal analysis)

③ 비열법(specific heat analysis)

④ 전기저항법(electric resistance analysis)

⑤ 열팽창법(thermal expansion analysis)

⑥ 자기분석법(magnetic analysis)

⑦ X선 분석법(x-ray analysis)

열전대의 대표적 종류와 사용온도

종류	조성		지름	사용온도(℃)	
	+	−	(mm)	연속	과열
백금 – 백금로듐	백금 87% 로듐 12%	순백금	0.5	1400	1600
	백금 90% 로듐 10%	순백금	0.5	1400	1600
크로멜 – 알루멜	니켈 90% 크로뮴 10%	니켈 94% 알루미늄 3% 실리콘 1% 망가니즈 2%	0.65	700	900
			1.0	750	950
			1.6	850	1050
			2.3	900	1100
			3.2	1000	1200
철 – 콘스탄탄	순철	구리 55% 니켈 45%	2.3	600	900
			3.2		
구리 – 콘스탄탄	순구리	구리 55% 니켈 45%	약 0.3~0.5	300	600

단원 예상문제

1. 자기변태에 대한 설명으로 옳은 것은?

① Fe의 자기변태점은 210℃이다.
② 결정격자가 변화하는 것이다.
③ 강자성을 잃고 상자성으로 변화하는 것이다.
④ 일정한 온도범위 안에서 급격히 비연속적인 변화가 일어난다.

2. Fe-C 평형상태도에서 α-철의 자기변태점은?

① A_1 ② A_2 ③ A_3 ④ A_4

해설 순철의 자기변태점: A_2, 동소변태점: A_3, A_4

3. 다음 중 퀴리점(curie point)이란?

① 동소변태점 ② 결정격자가 변하는 점
③ 자기변태가 일어나는 온도 ④ 입방격자가 변하는 점

해설 퀴리점: 순철에서 자기변태가 일어나는 온도

4. 다음 중 순철의 자기변태 온도는 약 몇 ℃인가?

① 100　② 768　③ 910　④ 1400

5. 다음 중 동소변태에 대한 설명으로 틀린 것은?

① 결정격자의 변화이다.
② 동소변태에는 A_3, A_4 변태가 있다.
③ 자기적 성질을 변화시키는 변태이다.
④ 일정한 온도에서 급격히 비연속적으로 일어난다.

해설 자기적 성질 변화을 변화시키는 것은 자기변태이다.

6. 순철에서 동소변태가 일어나는 온도는 약 몇 ℃인가?

① 210　② 700　③ 912　④ 1600

해설 순철의 동소변태는 A_3(910℃), A_4(1401℃) 변태에서 결정구조가 변한다.

7. 고체 상태에서 하나의 원소가 온도에 따라 그 금속을 구성하고 있는 원자의 배열이 변하여 두 가지 이상의 결정구조를 가지는 것은?

① 전위　② 동소체　③ 고용체　④ 재결정

8. 니켈-크로뮴 합금 중 사용한도가 1000℃까지 측정할 수 있는 합금은?

① 망가닌　② 우드메탈　③ 배빗메탈　④ 크로멜-알루멜

정답 1. ③ 2. ② 3. ③ 4. ② 5. ③ 6. ③ 7. ② 8. ④

(3) 탄소강의 상태도

① 상태도상에서 상평형 관계를 설명해 주는 것이 상률(phase rule)이다.

② 자유도를 F, 성분수를 C, 상의 수를 P라 하면 비금속의 상률공식은 $F=C-P+2$이다.

그러나 응축계인 금속은 자유도를 변화시킬 수 있는 인자가 온도, 압력, 농도 중 대기압하에서 변화되므로 압력의 인자를 무시하고 다음과 같이 나타낸다.

$$F=C-P+1$$

2성분계 합금에서 3상이 공존하면 자유도 $F=0$으로 불변계가 형성되고 2상이 공존하면 1변계, 단일상이 존재하면 2변계가 형성된다.

$F=0$으로 불변계는 포정반응(peritectic reation), 공정반응(eutectic reaction), 공석반응(eutectoid reaction)을 한다.

(4) 전율가용 고용체형 상태도

성분 M, N의 2성분계 합금이 고용체를 형성할 때의 그림을 전율가용 고용체형 상태도라 한다.

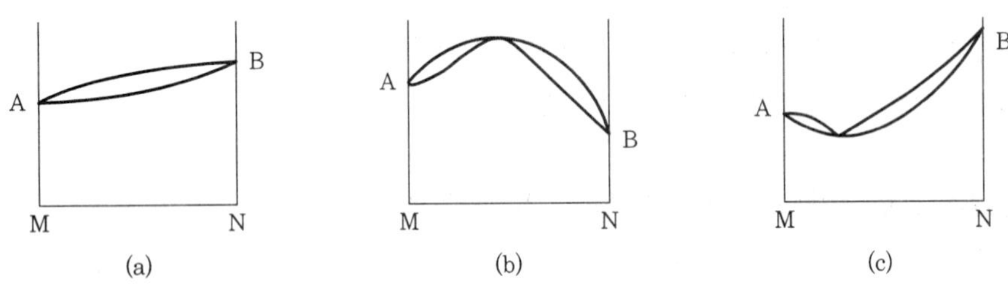

전율가용 고용체형 상태도의 3가지 형태

2성분계 합금의 상태도에서 각 구역에 존재하는 상의 양적인 관계는 다음 그림에서 표시한 것과 같이 천칭관계로 증명할 수 있다. k합금에 대한 t℃에서 정출한 고상의 양 M과 잔액량 L의 양적비가 $\frac{M}{L}=\frac{b}{a}$임을 증명하면 다음과 같다.

$(a+b)\cdot L$: t℃에서의 잔액 중의 N의 중량

$a\cdot(M+L)$: k조성합금 중의 N의 중량

따라서 $(a+b)\cdot L=a\cdot(M+L)$

$$\therefore\ \frac{(a+b)}{a}=\frac{(M+L)}{L}$$

$$\therefore\ \frac{M}{L}=\left\{\frac{(a+b)}{a}\right\}-1$$

$$\therefore\ \frac{M}{L}=\frac{b}{a}$$

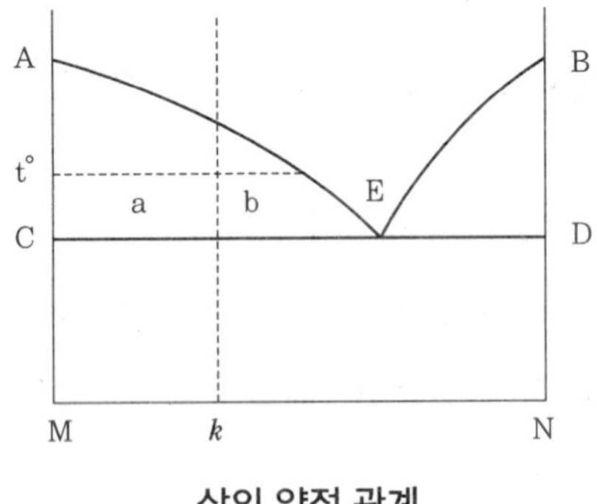

상의 양적 관계

점 A: 순철의 용융점 또는 응고점(1,539℃)

선 AB: δ-Fe의 액상선(초정선)은 탄소의 조성이 증가함에 따라 정출온도는 강하한다.

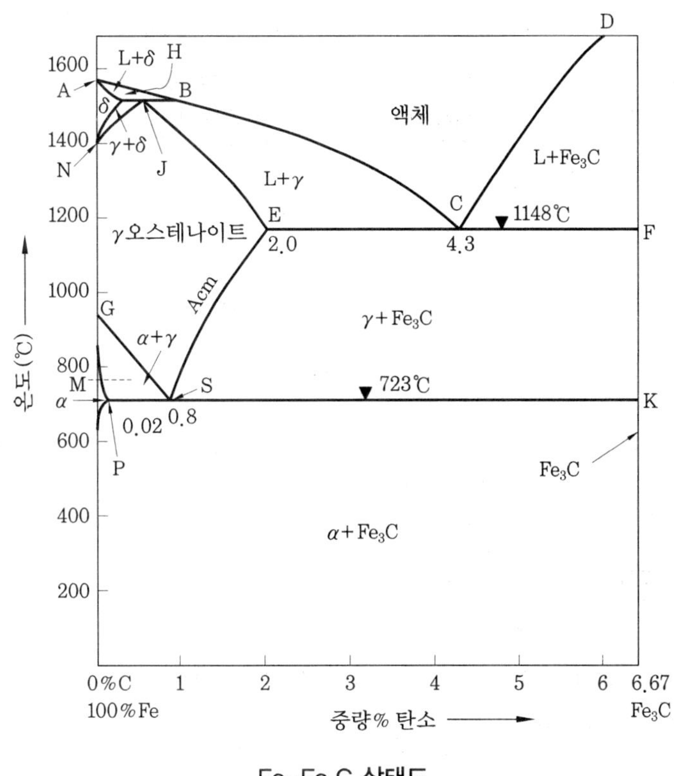

Fe−Fe_3C 상태도

Fe−C 상태도에서 나타난 조직의 명칭과 결정구조는 다음 표와 같다.

조직과 결정구조

기호	조직	결정구조 및 내용
α	알파 페라이트(α−ferrite)	BCC(체심입방격자)
γ	오스테나이트(austenite)	FCC(면심입방격자)
δ	델타 페라이트(δ−ferrite)	BCC
Fe_3C	시멘타이트(cementite) 또는 탄화물	금속간화합물
α+ Fe_3C	펄라이트(pearlite)	α와 Fe_3C의 기계적 혼합
γ+ Fe_3C	레데부라이트(ledeburite)	γ와 Fe_3C의 기계적 혼합

공석변태인 A_1변태는 강에서만 나타나는 특유한 변태로 기계적 혼합물인 펄라이트의 생성과정을 보면, 즉 펄라이트의 생성에 따른 석출기구는 다음과 같다.

① γ−Fe(austenite) 입계에서 Fe_3C의 핵이 생성된다.

② Fe_3C의 주위에 α−Fe이 생성된다.

③ α−Fe이 생긴 입계에 Fe_3C이 생성된다.

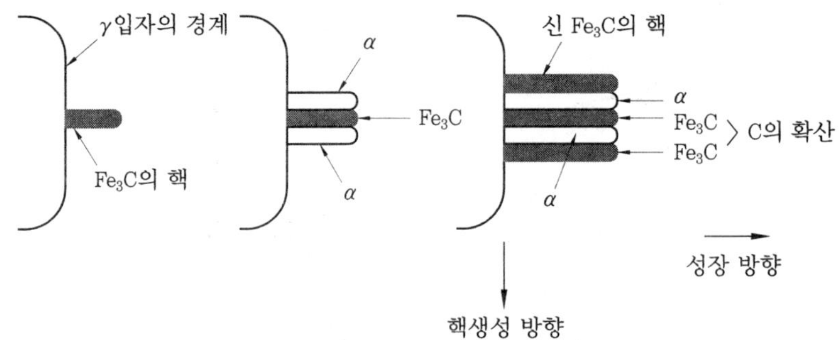

펄라이트의 생성 과정

0.2% 탄소강의 표준상태에서 페라이트와 펄라이트의 조직량을 계산하면 다음과 같다.

초석 페라이트(α−Fe)$=\dfrac{0.86-0.2}{0.86-0.0218}\times 100 \fallingdotseq 79\%$ (공석선 바로 아래)

펄라이트(P)+페라이트(F)=100%이므로

$P=100-79=21\%$ ($\alpha+Fe_3C$)

또한 펄라이트 주위에 있는 페라이트와 시멘타이트의 양은

$F_P=21\times\dfrac{6.68-0.86}{6.68-0.0218}=18\%$ (펄라이트에 함유된 α−Fe)

$C_P=21-18=3\%$ (펄라이트에 함유된 Fe_3C)

그러므로 페라이트가 차지하는 비율은 97%이고, 나머지 3%는 Fe_3C이다.

표준조직의 기계적 성질

성질 \ 조직	페라이트	펄라이트	Fe_3C
인장강도(kgf/mm^2)	35	80	3.5 이하
연신율(%)	40	10	0
경도(H_B)	80	200	600

아공석강은 표준상태에서 조직의 양을 알면 기계적 성질을 다음과 같이 개략적으로 산출할 수 있다.(F: 페라이트%, P: 펄라이트%, $F+P=100\%$)

인장강도(σ_B)$=\dfrac{(35\times F)+(80\times P)}{100}$

연신율(ε)$=\dfrac{(40\times F)+(10\times P)}{100}$

경도(H_B)$=\dfrac{(80\times F)+(200\times P)}{100}$

단원 예상문제

1. 금속간화합물을 바르게 설명한 것은?

① 일반적으로 복잡한 결정구조를 갖는다.
② 변형하기 쉽고 인성이 크다.
③ 용해 상태에서 존재하며 전기저항이 작고 비금속 성질이 약하다.
④ 원자량의 정수비로는 절대 결합되지 않는다.

해설 금속간화합물은 복잡한 결정구조와 경도가 높고 전기저항이 크며, 융점이 높고 간단한 정수비로 결합한다.

2. 금속간화합물에 관한 설명 중 옳지 않은 것은?

① 변형이 어렵다.
② 경도가 높고 취약하다.
③ 일반적으로 복잡한 결정구조를 갖는다.
④ 경도가 높고 전연성이 좋다.

해설 금속간화합물은 경도가 높고 취약하며 변형이 어렵고 전연성이 나쁘다.

3. 탄소가 가장 많이 함유되어 있는 조직은?

① 페라이트 ② 펄라이트 ③ 오스테나이트 ④ 시멘타이트

4. 다음의 조직 중 경도가 가장 높은 것은?

① 시멘타이트 ② 페라이트 ③ 오스테나이트 ④ 트루스타이트

해설 시멘타이트 > 트루스타이트 > 오스테나이트 > 페라이트

5. Fe-C 평형상태도에서 γ고용체가 최대로 함유할 수 있는 탄소의 양은 어느 정도인가?

① 0.02% ② 0.86% ③ 2.0% ④ 4.3%

해설 최대 탄소 함유량은 α고용체가 0.02%이고 γ고용체는 2.0%이다.

6. 탄소를 고용하고 있는 γ철, 즉 γ고용체(침입형)를 무엇이라 하는가?

① 오스테나이트 ② 시멘타이트 ③ 펄라이트 ④ 페라이트

7. 담금질한 강은 뜨임 온도에 의해 조직이 변화하는데 250~400℃ 온도에서 뜨임하면 어떤 조직으로 변화하는가?

① α-마텐자이트 ② 트루스타이트 ③ 소르바이트 ④ 펄라이트

8. 다음의 금속 상태도에서 합금 m을 냉각시킬 때 m2점에서 결정 A와의 양적 관계를 옳게 나타낸 것은?

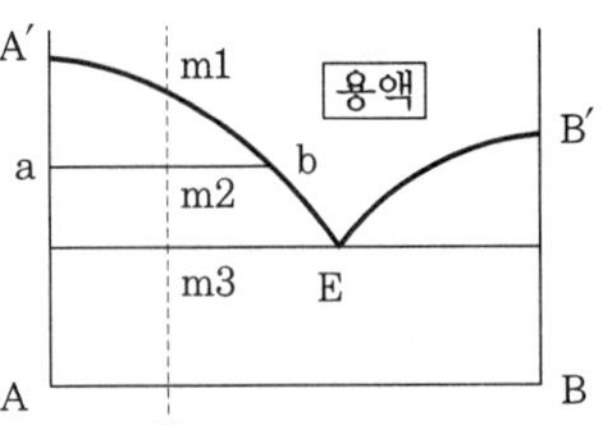

① 결정A : 용액 E=$\overline{m1 \cdot b}$: $\overline{m1 \cdot A'}$
② 결정A : 용액 E=$\overline{m1 \cdot A'}$: $\overline{m1 \cdot b}$
③ 결정A : 용액 E=$\overline{m2 \cdot a}$: $\overline{m2 \cdot b}$
④ 결정A : 용액 E=$\overline{m2 \cdot b}$: $\overline{m2 \cdot a}$

해설 결정 A와 용액 E 사이에서는 m을 기준으로 $\overline{m2 \cdot b}$: $\overline{m2 \cdot a}$의 양적 관계가 성립한다.

9. 탄소강의 표준조직에 대한 설명 중 옳지 않은 것은?

① 탄소강에 나타나는 조직의 비율은 탄소량에 의해 달라진다.
② 탄소강의 표준조직이란 강종에 따라 A_3점 또는 A_{cm}보다 30~50℃ 높은 온도로 강을 가열하여 오스테나이트 단일 상으로 한 후, 대기 중에서 냉각했을 때 나타나는 조직을 말한다.
③ 탄소강은 표준조직에 의해 탄소량을 추정할 수 없다.
④ 탄소강의 표준조직은 오스테나이트, 펄라이트, 페라이트 등이다.

해설 탄소강의 표준조직은 오스테나이트, 펄라이트, 페라이트이며 탄소량을 추정할 수 있다.

10. 초정(primary crystal)이란 무엇인가?

① 냉각시 제일 늦게 석출하는 고용체를 말한다.
② 공정반응에서 공정반응 전에 정출한 결정을 말한다.
③ 고체 상태에서 2가지 고용체가 동시에 석출하는 결정을 말한다.
④ 용객 상태에서 2가지 고용체가 동시에 정출하는 결정을 말한다.

해설 • 초정: 공정반응에서 공정반응 전에 정출한 결정
• 석출: 고체 상태에서 2가지 고용체가 동시에 석출하는 결정

11. 다음 중 Fe-C 평형상태도에 대한 설명으로 옳은 것은?

① 공석점은 약 0.80%C를 함유한 점이다.
② 포정점은 약 4.3%C를 함유한 점이다.
③ 공정점의 온도는 약 723℃이다.
④ 순철의 자기변태 온도는 210℃이다.

해설 공석점: 0.80%C, 공정점: 4.3%C, 공정선 온도: 1130℃, 순철의 자기변태온도: 768℃

12. 다음 중 펄라이트의 생성기구에서 가장 처음 발생하는 것은?

① ξ–Fe ② β–Fe ③ Fe_3C 핵 ④ θ–Fe

해설 펄라이트가 결정경계에서 Fe_3C 핵이 먼저 생기고 그 다음 α–Fe이 생긴다.

13. Fe–C 평형상태도에서 [보기]와 같은 반응식은?

| 보기 |

$\gamma(0.76\%C) \rightleftarrows \alpha(0.22\%C + Fe_3C(6.70\%C)$

① 포정반응 ② 편정반응 ③ 공정반응 ④ 공석반응

14. 용융액에서 두 개의 고체가 동시에 나오는 반응은?

① 포석반응 ② 포정반응 ③ 공석반응 ④ 공정반응

해설 주철의 공정반응은 1153℃에서 L(용융체) $\rightleftarrows \gamma$ – Fe + 흑연으로 된다.

15. Fe–C 평형상태도에서 레데부라이트의 조직은?

① 페라이트 ② 페라이트 + 시멘타이트

③ 페라이트 + 오스테나이트 ④ 오스테나이트 + 시멘타이트

16. 탄소 2.11%의 γ고용체와 탄소 6.68%의 시멘타이트와의 공정조직으로서 주철에서 나타나는 조직은?

① 펄라이트 ② 오스테나이트

③ α 고용체 ④ 레데부라이트

해설 레데부라이트: γ와 Fe_3C의 기계적 혼합물로서 탄소 2.11%의 γ고용체와 탄소 6.68%의 시멘타이트와의 공정조직

17. Fe–C 상태도에서 나타나는 여러 반응 중 반응온도가 높은 것부터 나열된 것은?

① 포정반응 > 공정반응 > 공석반응 ② 포정반응 > 공석반응 > 공정반응

③ 공정반응 > 포정반응 > 공석반응 ④ 공석반응 > 포정반응 > 공정반응

해설 포정반응(1401℃) > 공정반응(1139℃) > 공석반응(723℃)

정답 1. ① 2. ④ 3. ④ 4. ① 5. ③ 6. ① 7. ② 8. ④ 9. ③ 10. ② 11. ① 12. ③ 13. ④ 14. ④ 15. ④ 16. ④ 17. ①

2. 금속재료의 성질과 시험

2-1 금속의 소성변형과 가공

(1) 응력－변형 선도

금속재료의 강도를 알기 위한 인장시험에서 외력과 연신을 좌표축에 나타내면 다음 그림과 같은 응력－변형 선도가 얻어진다.

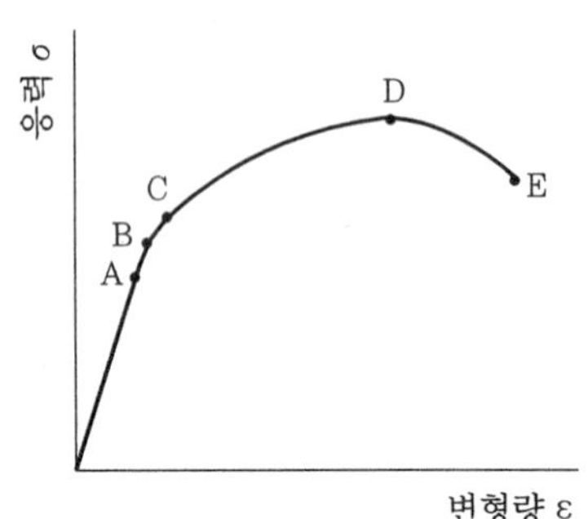

A: 비례한도
B: 탄성한도(훅의 법칙이 적용되는 한계)
C: 항복점(영구변형이 뚜렷하게 나타나기 시작하는 점)
D: 최대 하중점
E: 파단점

응력－변형 선도

(2) 인장응력과 변형

① 시험편의 단위 면적당 하중의 크기로 나타내고 연신율은 늘어난 길이에 대한 처음 길이의 백분율로 표시하며 변형(strain)이라 부른다.

② 응력은 외력에 대하여 물체 내부에 생긴 저항의 힘이다.

응력: $\sigma = \frac{P}{A_0}$, 변형량: $\frac{l - l_0}{l_0}$

시험편의 원단면적: A_0, 표점거리: l_0, 외력: P, 변형 후의 길이: l

단원 예상문제

1. 만능재료시험기의 인장시험을 할 경우 값을 구할 수 없는 금속의 기계적 성질은?

① 인장강도 ② 항복강도 ③ 충격값 ④ 연신율

해설 충격값은 충격시험기를 사용해 측정한다.

정답 1. ③

(3) 탄성변형(elastic deformation)

① 탄성률: 비례한도 내에서 응력-변형곡선은 직선으로 나타나 다음과 같은 관계가 성립된다.

$$\sigma = E\varepsilon,\ E = \frac{\sigma}{\varepsilon}$$

여기서 E는 탄성률(Young's modulus)이고, 일반적으로 온도가 상승하면 금속에 따라 탄성률은 감소한다.

② 푸아송비: 탄성구역에서는 세로방향으로 연신이 생기면 가로방향으로는 수축이 생기는 변형이 일어난다. 이때 각 방향 치수변화의 비는 그 재료의 고유한 값을 나타내는데 이를 푸아송비(Poisson's ratio)라고 한다.

여기서 ε은 세로방향의 변형량, ε'는 가로방향의 변형량이며 한쪽이 +이면 다른 한쪽은 -가 된다. 푸아송비는 금속이 보통 0.2~0.4이다.

(4) 소성변형

① 다결정을 소성변형하면 각 결정입자 내부에 슬립선이 발생한다.

② 금속재료의 결정입자가 미세할수록 재질이 굳고 단단하다는 점은 결정립계의 강도에 의한 것으로 총면적이 크기 때문이다.

(5) 소성가공에 의한 영향

① 가소성

㈎ 금속재료는 연성과 전성이 있으며 금속 자체의 가소성에 의해 형상을 변화할 수 있는 성질이 있다.

㈏ 외력의 크기가 탄성한도 이상이면 외력을 제거해도 재료는 원형으로 돌아오지 않고 영구변형이 잔류하게 된다. 이와 같이 응력이 잔류하는 변형을 소성변형이라 하고 소성변형하기 쉬운 성질을 가소성(plasticity)이라 한다.

② 냉간가공: 냉간가공(cold working)과 열간가공(hot working)은 금속의 재결정온도를 기준으로 구분한다.

㈎ 냉간가공은 재료에 큰 변형은 없으나 가공공정과 연료비가 적게 들고 제품의 표면이 미려하다.

㈏ 제품의 치수정도가 좋고 가공경화에 의한 강도가 상승하며, 가공공수가 적어 가공비가 적게 든다.

③ 가공도의 영향: 가공도가 증가함에 따라 결정입자의 응력이나 결정면의 슬립변형에

대한 저항력이 커지고 기계적 성질도 현저히 변화한다.

④ 가공경화: 가공도가 증가하면 강도, 항복점 및 경도가 증가하고 신율은 감소하는데, 이런 현상을 가공경화(work hardening)라 한다.

⑤ 바우싱거 효과: 동일 방향의 소성변형과 달리 하중을 받은 방향과 반대방향으로 하중을 가하면 탄성한도가 낮아지는데 이런 현상을 바우싱거 효과(Bauschinger effect)라고 한다.

⑥ 회복 재결정 및 결정립 성장

㈎ 회복: 가공경화에 의해 발생된 내부응력의 원자배열 상태는 변하지 않고 감소하는 현상을 회복(recovery)이라 한다.

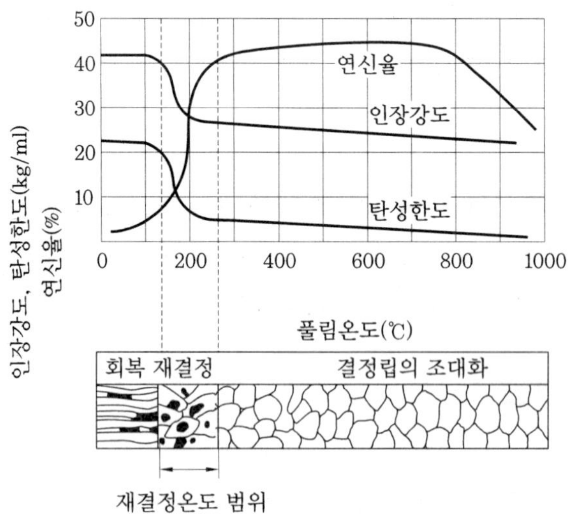

Cu의 재결정과 기계적 성질

㈏ 재결정: 회복이 일어난 후 계속 가열하면 임의의 온도에서 인장강도, 탄성한도는 급격히 감소하고 연신율은 빠르게 상승하는 현상이 일어나는데 이 온도를 재결정 온도(recrystallization temperature)라고 한다.

금속의 재결정 온도

금속	재결정 온도	금속	재결정 온도
W	~1200	Pt	~450
Mo	~900	Cu	200~250
Ni	530~660	Au	~200
Fe	350~500	Zn	15~50

회복단계가 지나면 내부응력의 제거로 새로운 결정핵이 생성되어 핵이 점차 성장해 새로운 결정입자로 치환되는 현상이 일어나는데 이를 재결정(recrystallization)이라 한다.

[재결정 온도가 낮아지는 원인]

㉠ 순도가 높을수록

㉡ 가공도가 클수록

㉢ 가공 전의 결정입자가 미세할수록

㉣ 가공시간이 길수록 재결정온도는 낮아진다.

가공된 금속을 재가열할 때 성질 및 조직변화의 순서, 즉 재결정 순서는 다음과 같다.

내부응력 제거 → 연화 → 재결정 → 결정입자 성장

⑦ 열간가공

[열간가공의 장점]

㉠ 결정입자가 미세화된다.

㉡ 방향성이 있는 주조조직을 제거한다.

㉢ 합금원소의 확산으로 인한 재질을 균일화한다.

㉣ 강괴 내부의 미세균열 및 기공을 압착한다.

㉤ 연신율, 단면수축률, 충격치 등의 기계적 성질을 개선한다.

⑧ 금속별 가공 시작온도와 마무리온도

두랄루민: 450~350℃, 연강: 1200~900℃, 고탄소강: 900~725℃, 모넬메탈: 1150~1040℃, 아연: 150~110℃

단원 예상문제

1. 소성가공에 속하지 않는 가공법은?

① 단조 ② 인발 ③ 표면처리 ④ 압출

2. 그림과 같은 소성가공법은?

① 압연가공
② 단조가공
③ 인발가공
④ 전조가공

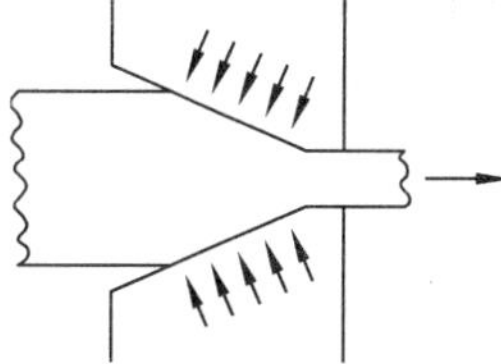

3. 응력-변형곡선에서 금속시험편에 외력을 가했다가 제거할 때 시험편이 원래 상태로 돌아가는 최대한계를 나타내는 것은?

① 항복점 ② 탄성한계 ③ 인장한도 ④ 최대 하중치

4. 소성변형이 일어난 재료에 외력이 더 가해지면 재료가 단단해지는 것을 무엇이라고 하는가?

① 침투강화 ② 가공경화 ③ 석출강화 ④ 고용강화

5. 재료의 강도를 이론적으로 취급할 때는 응력의 값으로서는 하중을 시편의 실제 단면적으로 나눈 값을 쓰지 않으면 안 된다. 이것을 무엇이라 부르는가?

① 진응력 ② 공칭응력 ③ 탄성력 ④ 하중력

6. 재료에 대한 푸아송비(poisson's ratio)의 식으로 옳은 것은?

① $\frac{\text{가로방향의 하중량}}{\text{세로방향의 하중량}}$ ② $\frac{\text{세로방향의 하중량}}{\text{가로방향의 하중량}}$

③ $\frac{\text{가로방향의 변형량}}{\text{세로방향의 변형량}}$ ④ $\frac{\text{세로방향의 변형량}}{\text{가로방향의 변형량}}$

해설 푸아송비: 탄성구역에서의 변형에서 세로방향으로 연신이 생기면 가로 방향에 수축이 생기는데 이때 길이의 증가율과 단면의 감소율의 비

7. 금속을 냉간가공하면 결정입자가 미세화되어 재료가 단단해지는 현상은?

① 가공경화 ② 전해경화 ③ 고용경화 ④ 탈탄경화

8. 금속을 냉간가공하였을 때 기계적 성질의 변화를 설명한 것 중 옳은 것은?

① 경도, 인장강도는 증가하나 연신율, 단면수축률은 감소한다.
② 경도, 인장강도는 감소하나 연신율, 단면수축률은 증가한다.
③ 경도, 인장강도, 연신율, 단면수축률은 감소한다.
④ 경도, 인장강도, 연신율, 단면수축률은 증가한다.

9. 금속의 소성에서 열간가공(hot working)과 냉간가공(cold working)을 구분하는 것은?

① 소성가공률 ② 응고온도 ③ 재결정 온도 ④ 회복온도

10. 재결정 온도가 가장 낮은 것은?

① Au ② Sn ③ Cu ④ Ni

11. 텅스텐은 재결정에 의한 결정립 성장을 한다. 이를 방지하기 위해 처리하는 것을 무엇이라 하는가?

① 도핑(dopping) ② 아말감(amalgam) ③ 라이닝(lining) ④ 바이탈륨(Vitallium)

12. 가공으로 내부 변형을 일으킨 결정립이 그 형태대로 내부 변형을 해방하여 가는 과정은?

① 재결정 ② 회복 ③ 결정핵 성장 ④ 시효완료

해설 전위의 재배열과 소멸에 의해 가공된 결정 내부의 변형에너지와 항복강도가 감소되는 현상을 결정의 회복(recovery)이라고 한다.

13. 시험편에 압입자국을 남기지 않거나 시험편이 큰 경우 재료를 파괴시키지 않고 경도를 측정하는 경도기는?

① 쇼어 경도기 ② 로크웰 경도기 ③ 브리넬 경도기 ④ 비커스 경도기

해설 쇼어 경도기는 작아서 휴대하기 쉽고 피검재에 흠이 남지 않는다.

정답 1. ③ 2. ③ 3. ② 4. ② 5. ① 6. ③ 7. ① 8. ① 9. ③ 10. ② 11. ① 12. ② 13. ①

(6) 단결정의 탄성과 소성

① 슬립에 의한 변형: 슬립면은 원자밀도가 가장 조밀한 면 또는 그것에 가장 가까운 면이고, 슬립방향은 원자 간격이 가장 작은 방향이다. 그 이유는 가장 조밀한 면에서 가장 작은 방향으로 미끄러지는 것이 최소의 에너지가 소요되기 때문이다.

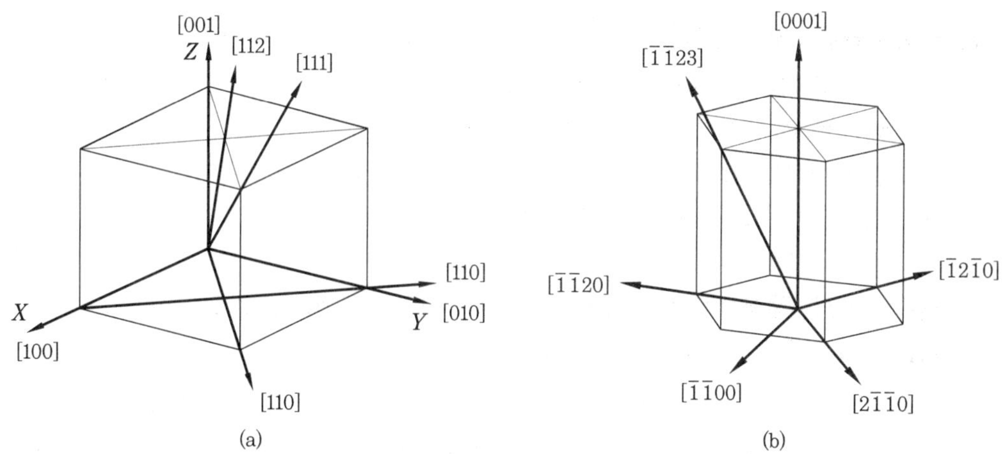

결정방향 표시

각종 금속의 슬립면과 슬립방향

결정구조	금속	순도	슬립면	슬립방향	임계전단응력
BCC	Fe	99.96(%)	{110}	〈111〉	2800 (g/mm^2)
			{112}	〈111〉	
			{123}	〈111〉	
	Mo		{110}	〈111〉	5000
FCC	Ag	99.99	{111}	〈110〉	48
		99.97	{111}	〈110〉	73
		99.93	{111}	〈110〉	131
	Cu	99.999	{111}	〈110〉	65
		99.98	{111}	〈110〉	94
	Al	99.99	{111}	〈110〉	104
	Au	99.9	{111}	〈110〉	92
	Ni	99.8	{111}	〈110〉	580
HCP	Cd (c/a=1,886)	99.996	{0001}	〈2110〉	58
	Zn (c/a=1,856)	99.999	{0001}	〈2110〉	18
	Mg(c/a=1,623)	99.996	{0001}	〈2110〉	77
	Ti (c/a=1,587)	99.99	{0001}	〈2110〉	1400

② 쌍정에 의한 변형: 쌍정(twin)이란 특정면을 경계로 하여 처음의 결정과 대칭적 관계에 있는 원자배열을 갖는 결정으로, 경계가 되는 면을 쌍정면(twinning plane)이라고 한다.

단원 예상문제

1. 금속의 슬립(slip)과 쌍정(twin)에 대한 설명으로 옳은 것은?

① 슬립은 원자밀도가 최소인 방향으로 일어난다.
② 슬립은 원자밀도가 가장 작은 격자면에서 잘 일어난다.
③ 쌍정은 결정의 변형부분과 변형되지 않은 부분이 대칭을 이루게 한다.
④ 쌍정에 의한 변형은 슬립에 의한 변형보다 매우 크다.

2. 금속의 소성변형에서 마치 거울에 나타나는 상이 거울을 중심으로 하여 대칭으로 나타나는 것과 같은 현상을 나타내는 변형은?

① 쌍정변형　② 전위변형　③ 벽계변형　④ 딤플변형

해설 쌍정이란 특정면을 경계로 하여 처음의 결정과 대칭적 관계에 있는 원자배열을 갖는 결정으로 경계가 되는 면으로 쌍정 변화

3. 다음 중 슬립에 대한 설명으로 틀린 것은?
① 원자밀도가 가장 큰 격자면에서 잘 일어난다.
② 원자밀도가 최대인 방향으로 잘 일어난다.
③ 슬립이 계속 진행하면 결정은 점점 단단해져서 변형이 쉬워진다.
④ 다결정에서는 외력이 가해질 때 슬립방향이 서로 달라 간섭을 일으킨다.

해설 슬립이 계속 진행하면 결정은 점점 단단해져 변형이 어렵다.

정답 1. ③ 2. ① 3. ③

(7) 격자결함

① 격자결함의 종류

㈎ 점결함: 원자공공(vacancy), 격자간원자(interstitial atom), 치환형원자(substitutional atom) 등

㈏ 선결함: 전위(dislocation) 등

㈐ 면결함: 적층결함(stacking fault), 결정립계(grain boundary) 등

그 밖에 체적결함(volume defect), 주조결함(수축공 및 기공) 등이 있다.

② 전위: 금속결정에 외력을 가해 어떤 부분에 슬립을 발생시키면 연이어 슬립이 진행되어 최종적으로는 다른 끝부분에서 1원자간 거리의 이동이 일어난다. 1원자간 거리의 이동이 발생되기 전 중도과정을 생각해 보면 슬립면 위아래에 원자면이 중단된 곳이 생기는데 이를 전위라 하고, 칼날전위, 나사전위, 혼합전위가 있다.

㈎ 버거스 벡터(Burgers vector): 전위의 이동에 따르는 방향과 크기를 표시하는 격자변위

㈏ 코트렐 효과(Cottrell effect): 칼날전위가 용질원자의 분위기에 의해 안정 상태가 되어 움직이기 어려워지는데, 이와 같은 용질원자와 칼날전위의 상호작용을 코트렐 효과라 한다.

단원 예상문제

1. 다음의 금속 결함 중 체적결함에 해당되는 것은?
① 전위 ② 수축공 ③ 결정립계 ④ 침입형 불순물 원자

정답 1. ②

2-2 금속재료의 일반적 성질

(1) 물리적 성질

색깔, 비중, 융점, 용융잠열, 비열, 전도도, 열팽창계수 등이 있다.

① 색(colour): 금속의 탈색 순서

Sn > Ni > Al > Mn > Fe > Cu > Zn > Pt > Ag > Au

② 비중(specific gravity)

(가) 비중은 4℃의 순수한 물을 기준으로 몇 배 무거우냐, 가벼우냐 하는 수치로 표시된다.

(나) 일반적으로 단조, 압연, 인발 등으로 가공된 금속은 주조상태보다 비중이 크며, 상온 가공한 금속을 가열한 후 급랭(急冷)시킨 것이 서랭(徐冷)시킨 것보다 비중이 작다.

(다) 금속의 비중에 따른 분류는 물보다 가벼운 Li(0.53)부터 최대 Ir(22.5)까지 있으며, 편의상 비중 5 이하는 경금속, 그보다 무거운 것은 중금속이라 한다.

(라) 경금속은 Al, Mg, Ti, Be 등이 있고, 중금속은 Fe, Ni, Cu, Cr, W, Pt 등이 있다.

③ 융점(용융점, 녹는점) 및 응고점: 금속 중에 융점(melting point)이 가장 높은 금속은 텅스텐(W, 3410℃)이고, 융점이 낮은 금속은 비스무트(Bi, 271.3℃)이다. 응고점(solidification point)은 용금이 응고하는 온도로, 순금속, 공정 및 금속간화합물의 응고점은 일정하지만 그 밖의 합금은 응고점에 폭이 있다.

④ 용융잠열(latent heat of melting): 알루미늄을 가열하여 용융점 660℃의 고체를 같은 온도의 액체로 변화시키기 위해서는 상당한 열을 가해야 하는데 이때 필요한 열량을 용융잠열이라 한다.

⑤ 비점(끓는점)과 비열

(가) 물이 100℃에서 비등하여 수증기로 바뀌는 것과 같이 액체에서 기체로 변하는 온도를 비점(boiling point)이라 하고, 1gr의 물질을 1℃ 높이는 데 필요한 열량을 비열(specific heat)이라 한다.

(나) 아연은 가열하여 419.5℃에 이르면 용융하고 더 가열하면 906℃에서 비등하여 기체로 바뀐다.

주요 금속의 물리적 성질

금속	원소기호	비중	융점 (℃)	융해잠열 cal/g	선팽창계수 (20℃)× 10^{-6}	비열(20℃) kcal/g/deg	열전도율 (20℃) kcal/cm.s.deg	전기비저항 (20℃) μΩcm	비등점 (℃)
은	Ag	10.49	960.8	25	19.68	0.0559	1.0	1.59	2,210
알루미늄	Al	2.699	660	94.5	23.6	0.215	0.53	2.65	2,450
금	Au	19.32	1,063	16.1	14.2	0.0312	0.71	2.35	2,970
비스무트	Bi	9.80	271.3	12.5	13.3	0.0294	0.02	106.8	1,560
카드뮴	Cd	8.65	320.9	13.2	29.8	0.055	0.22	6.83	765
코발트	Co	8.85	1,495±1	58.4	13.8	0.099	0.165	6.24	2,900
크로뮴	Cr	7.19	1,875	96	6.2	0.11	0.16	12.9	2,665
구리	Cu	8.96	1,083	50.6	16.5	0.092	0.941	1.67	2,595
철	Fe	7.87	1,538±3	65.5	11.76	0.11	0.18	9.71	3,000 ±150
게르마늄	Ge	5.323	937.4	106	5.75	0.073	0.14	46	2,830
마그네슘	Mg	1.74	650	88±2	27.1	0.245	0.367	4.45	1,170±10
망가니즈	Mn	7.43	1,245	63.7	22	0.115	–	185	2,150
몰리브덴	Mo	1.22	2,610	69.8	4.9	0.066	0.34	5.2	5,560
니켈	Ni	8.902	1,453	73.8	13.3	0.105	0.22	6.84	2,730
납	Pb	11.36	327.4	6.3	29.3	0.0309	0.083	20.64	1,725
백금	Pt	21.45	1,769	26.9	8.9	0.0314	0.165	10.6	4,530
안티몬	Sb	6.62	650.5	38.3	8.5~10.8	0.049	0.045	39.0	1,380
주석	Sn	7.298	231.9	14.5	23	0.054	0.15	11	1,170
티타늄	Ti	4.507	1,668±10	104	8.41	0.124	0.041	42	3,260
바나듐	V	6.1	1,900 ±25	–	8.3	0.119	0.074	24.8~26.0	3,400
텅스텐	W	19.3	3,410	44	4.6	0.033	0.397	5.6	5,930
아연	Zn	7.133	419.5	24.1	39.7	0.0915	0.27	5.92	906

단원 예상문제

1. 물과 같은 부피를 가진 물체의 무게와 물의 무게와의 비는?

① 비열 ② 비중 ③ 숨은열 ④ 열전도율

해설 비중: 4℃의 순수한 물을 기준으로 물체의 무게와 물의 무게와의 비

2. 비중으로 중금속(heavy metal)을 옳게 구분한 것은?

① 비중이 약 2.0 이하인 금속 ② 비중이 약 2.0 이상인 금속
③ 비중이 약 4.5 이하인 금속 ④ 비중이 약 4.5 이상인 금속

3. 다음 중 비중이 가장 무거운 금속은?

① Mg ② Al ③ Cu ④ W

해설 W(19.3), Cu(8.96), Al(2.7), Mg(1.74)

4. 다음 중 비중이 가장 작은 금속은?

① Mg ② Cr ③ Mn ④ Pb

해설 Mg(1.74), Cr(7.19), Mn(7.43), Pb(11.36)

5. 다음 중 중금속에 해당되는 것은?

① Al ② Mg ③ Cu ④ Be

해설 Al, Mg, Be은 경금속이고, Cu는 중금속이다.

6. 다음 중 가장 높은 용융점을 갖는 금속은?

① Cu ② Ni ③ Cr ④ W

해설 Cu: 1053℃, Ni: 1453℃, Cr: 1875℃, W: 3410℃

정답 1. ② 2. ④ 3. ④ 4. ① 5. ③ 6. ④

(2) 금속의 전도적 성질

① 금속의 비전도도(specific conductivity)

(가) 금속은 일반적으로 전기를 잘 전도하며 전기저항이 적다.

(나) 순금속은 합금에 비해 전기저항이 적어 전기전도도가 좋다.

(다) 금속은 Ag>Cu>Au>Al의 순서로 전기가 잘 통한다.

② 열전도도(열전도율, heat conductivity): 일반적으로 열의 이동은 고온에서 얻은 전자

의 에너지가 온도의 강하에 따라 저온 쪽으로 이동함으로써 이루어지며, 물체 내의 분자로부터 열에너지의 이동을 열전도라 한다.

순금속의 열전도율과 고유저항 및 도전율비

순금속	20℃에서의 열전도율 (cal/cm^2 · s · ℃)	고유저항 ρ (Ωmm^2/m)	은을 100으로 했을 때의 도전율비(%)
은 (Ag)	1.0	0.0165	100
구리 (Cu)	0.94	0.0178	92.8
금 (Au)	0.71	0.023	71.8
알루미늄 (Al)	0.53	0.029	57
아연 (Zn)	0.27	0.063	26.2
니켈 (Ni)	0.22	0.1±0.01	16.7
철 (Fe)	0.18	0.1	16.5
백금 (Pt)	0.17	0.1	16.5
주석 (Sn)	0.16	0.1.2	13.8
납 (Pb)	0.083	0.208	7.94
수은 (Hg)	0.0201	0.958	1.74

단원 예상문제

1. 동일 조건에서 전기전도율이 가장 큰 것은?

① Fe ② Cr ③ Mo ④ Pb

해설 전기전도율 순서: Mo > Fe > Cr > Pb

2. 전기전도도와 열전도도가 가장 우수한 금속으로 옳은 것은?

① Au ② Pb ③ Ag ④ Pt

해설 Ag > Au > Pt > Pb

3. 바나듐의 기호로 옳은 것은?

① Mn ② Ni ③ Zn ④ V

해설 Mn: 망가니즈, Ni: 니켈, Zn: 아연, V: 바나듐

4. 순철의 용융점(℃)은?

① 768 ② 1,013 ③ 1,538 ④ 1,780

5. 다음 중 경합금에 해당되지 않는 것은?

① Mg합금 ② Al합금 ③ Be합금 ④ W합금

해설 경합금: 비중 4.5 이하를 경금속이라 하며 Mg(1.74), Al(2.7), Be(1.84), W(19.3)이다.

정답 1. ③ 2. ③ 3. ④ 4. ③ 5. ④

(3) 금속의 화학적 성질

어느 물질이 산소와 화합하는 과정이 산화이며 산화물에서 산소를 빼앗기는 과정을 환원이라고 한다.

① 산화 및 환원

$Zn + O \rightarrow ZnO$ 산화

$ZnO + C \rightarrow Zn + CO$ 환원

② 부식: 금속이 주위의 분위기와 반응하여 다른 화합물로 변하거나 침식되는 현상을 말하며 공식 점식(pitting corrosion), 입계 부식, 탈아연(dezincification), 고온탈아연, 응력 부식, 침식 부식 등이 있다

단원 예상문제

1. 다음 중 강괴의 탈산제로 부적합한 것은?

① Al ② Fe-Mn ③ Cu-P ④ Fe-Si

2. 금속의 산화에 관한 설명 중 틀린 것은?

① 금속의 산화는 이온화 경향이 큰 금속일수록 일어나기 쉽다.

② Al보다 이온화 계열이 상위에 있는 금속은 공기 중에서도 산화물을 만든다.

③ 금속의 산화는 온도가 높을수록, 산소가 금속 내부로 확산하는 속도가 늦을수록 빨리 진행한다.

④ 생성된 산화물의 피막이 치밀하면 금속 내부로 진행하는 산화는 어느 정도 저지된다.

해설 금속의 산화는 온도가 높을수록, 산소가 금속 내부로 확산하는 속도가 빠를수록 빨리 진행한다.

정답 1. ③ 2. ③

2-3 금속재료의 시험과 검사

(1) 현미경 조직 시험

① 시험편의 채취

㈎ 압연 또는 단조한 재료는 횡단면과 종단면을 조사한다.

㈏ 열처리한 재료는 표면부를 채취한다.

(2) 시료의 연마

시료 연마는 거친연마→미세연마→광택연마의 순서로 진행한다.

(3) 부식

연마가 끝난 시료는 검경면을 물로 잘 세척하고, 알코올 용액에 적시고 바싹 건조한다. 이렇게 부식 전의 준비가 끝나면, 현미경 조직 목적에 알맞은 부식액을 침적시켜 부식의 정도를 본다. 다음은 각 시료에 적합한 부식액 성분의 예이다.

① 탄소강: 질산 1~5%+알코올용액

② 동 및 동합금: 염화제이철 10g+염산 30cc+물 120cc

③ 알루미늄: 가성소다 10g+물 90cc

단원 예상문제

1. 현미경 조직검사를 할 때 관찰이 용이하도록 평활한 측정면을 만드는 작업이 아닌 것은?

① 거친연마 ② 미세연마 ③ 광택연마 ④ 마모연마

정답 1. ④

제 2 장 철과 강

1. 철강 재료

1-1 순철과 탄소강

철강은 순철, 강, 주철로 크게 구분하고, 다음 표와 같이 탄소 함유량에 따라 분류할 수 있다.

탄소에 의한 철강의 분류

종류	탄소 함유량	표준상태 Brinell경도	주용도
순철 및 암코철	0.01~0.02%	40~70	자동차외판, 기타 프레스 가공재 등
특별 극연강	0.08% 이하	70~90	전선, 가스관, 대강 등
극연강	0.08~0.12%	80~120	아연인판 및 선, 함석판, 리벳, 제정, 강관 등
연강	0.12~0.20%	100~130	일반구축용 보통강재, 기관판 등
반연강	0.20~0.03%	120~145	고력구축철재, 기관판, 못, 강관 등
반경강	0.30~0.40%	140~170	차축, 볼트, 스프링, 기타 기계재료
경강	0.40~0.50%	160~200	스프링, 가스펌프, 경가스 조 등
최경강	0.50~0.80%	180~235	외륜, 침, 스프링, 나사 등
고탄소강	0.80~1.60%	180~320	공구재료, 스프링, 게이지류 등
가단주철	2.0~2.5%	100~150	소형주철품 등
고급주철	2.8~3.2%	200~220	강력기계주물, 수도관 등
보통주철	3.2~3.5%	150~180	수도관, 기타 일반주물

(1) 금속조직학적 분류 방법

① 순철: 0.0218%C 이하(상온에서는 0.008%C 이하)

② 강(steel): 0.0218~2.11%C

(가) 아공석강(hypo-eutectoid steel): 0.0218~0.7%C

(나) 공석강(eutectoid steel): 0.77%C

(다) 과공석강(hyper eutectoid steel): 0.77~2.11%C

③ 주철(cast iron): 2.11~6.68%C

(가) 아공정주철(hypo eutectic cast iron): 2.11~4.3%C

(나) 공정주철(eutectic cast iron): 4.3%C

(다) 과공정주철(hyper eutectic cast iron): 4.3~6.68%C

단원 예상문제

1. 철강 내에 포함된 다음 원소 중 철강의 성질에 미치는 영향이 가장 큰 것은?

① Si　② Mn　③ C　④ P

해설 탄소는 철강의 화학성분 중 기계적, 물리적, 화학적 성질에 크게 영향을 준다.

2. 아공석강의 탄소 함유량(%)으로 옳은 것은?

① 0.025~0.8　② 0.8~2.0　③ 2.0~4.3　④ 4.3~6.67

해설 아공석강: 0.025~0.8%, 공석강: 0.8%, 과공석강: 0.8~2.0%

3. 공석강의 탄소 함유량(%)은 약 얼마인가?

① 0.15　② 0.8　③ 2.0　④ 4.3

4. 다음 중 탄소 함유량이 가장 낮은 순철에 해당하는 것은?

① 연철　② 전해철　③ 해면철　④ 카보닐철

해설 전해철: C 0.005~0.015%, 암코철: C 0.015%, 카보닐철: C 0.020%

5. 강과 주철을 구분하는 탄소의 함유량은 약 몇 %인가?

① 0.1　② 0.5　③ 1.0　④ 2.0

정답 1. ③ 2. ① 3. ② 4. ② 5. ④

(2) 제철법

철광석은 보통 철을 40~60% 이상의 철을 함유하는 것을 필요조건으로 한다. 다음 표는 주요 철광석의 종류와 그 성분을 나타낸다.

철광석의 종류와 주성분

광석명	주성분	Fe 성분(%)
적철광(赤鐵鑛, hematite)	Fe_2O_3	40~60
자철광(磁鐵鑛, magnetite)	Fe_3O_3	50~70
갈철광(褐鐵鑛, limonite)	$Fe_2O_3 \cdot 3H_2O$	30~40
능철광(菱鐵鑛, siderite)	Fe_2CO_3	30~40

철광석에 코크스와 용제인 석회석 또는 형석의 적당량을 코크스-광석-석회석의 순으로 용광로에 장입하여 용해하며, 용광로의 용량은 1일 생산량(ton/day)으로 나타낸다.

단원 예상문제

1. 다음의 철광석 중 자철광을 나타낸 화학식으로 옳은 것은?

① Fe_2O_3 ② Fe_3O_4 ③ Fe_2CO_3 ④ $Fe_2O_3 \cdot 3H_2O$

해설 적철광(Fe_2O_3), 자철광(Fe_3O_4), 갈철광($Fe_2O_3 \cdot 3H_2O$), 능철광(Fe_2CO_3)

정답 1. ②

(3) 제강법

① 전로 제강법: 전로 제강은 원료 용선 중에 공기를 불어넣어 함유된 불순물을 신속하게 산화 제거시키는 방법으로 이때 발생되는 산화열을 이용하여 외부로부터 열을 공급하지 않고 정련한다는 것이 특징이다.

전로 제강법은 노내에 사용하는 내화재료의 종류에 따라 산성법과 염기성법으로 분류한다.

㈎ 산성법(베세머법, Bessemer process): Si, Mn, C의 순으로 이루어지며 P, S 등의 제거가 어렵다.

㈏ 염기성법(토머스법, Thomas process): P, S 등의 제거가 쉽다.

② 평로 제강법: 축열식 반사로를 사용하여 선철을 용해 정련하는 방법으로 시멘스마틴법(Siemens-Martin process)이라고 한다.

③ 전기로 제강법: 전기로제강법은 일반연료 대신 전기에너지를 열원으로 하는 저항식, 유도식, 아크식전기로를 제강하는 방법이다.

(4) 강괴의 종류 및 특징

① 킬드강(killed steel): 정련된 용강을 레이들(ladle) 중에서 Fe-Mn, Fe-Si, Al 등으로 완전 탈산시킨 강으로 재질이 균일하고 기계적 성질 및 방향성이 좋아 합금강, 단조용강, 침탄강의 원재료로 사용된다. 킬드강은 보통 탄소함유량이 0.3% 이상이다.

② 세미킬드강(semi-killed steel): 킬드강과 림드강의 중간에 해당하며 Fe-Mn, Fe-Si으로 탈산시켜 탄소함유량이 0.15~0.3%로 일반구조용강, 강판, 원강의 재료로 사용된다.

③ 림드강(rimmed steel)

㈎ 탈산 및 기타 가스처리가 불충분한 상태의 강괴이다.

㈏ Fe-Mn으로 약간 탈산시킨 강괴로 불충분한 탈산으로 인한 용강이 비등작용이 일어나 응고 후 많은 기포가 발생되며 주형의 외벽으로 림(rim)을 형성하는 리밍액션 반응(rimming action)이 생긴다.

㈐ 보통 저탄소강(0.15%C 이하)의 구조용강재로 사용된다.

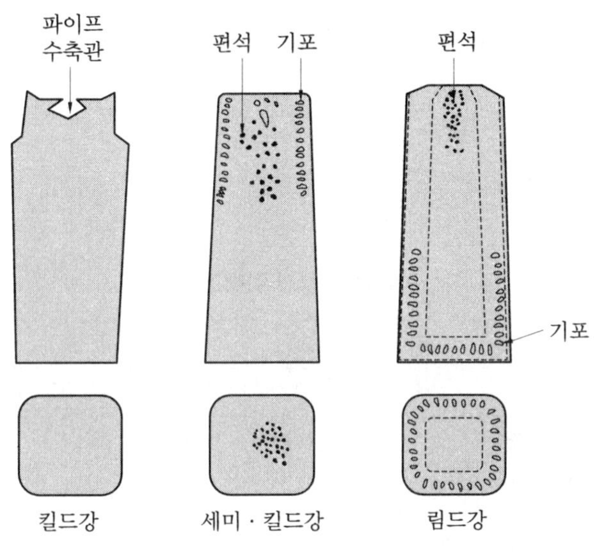

강괴의 종류

④ 캡드강(capped steel): 림드강을 변형시킨 강으로 용강을 주입한 후 뚜껑을 닫아 용강의 비등을 억제해 림 부분을 얇게 하고 내부 편석을 적게 한 강괴이다.

단원 예상문제

1. 강괴의 종류에 해당되지 않는 것은?

① 쾌석강 ② 캡드강 ③ 킬드강 ④ 림드강

해설 강괴: 킬드강, 림드강, 세미킬드강, 캡드강

2. 용강 중에 기포나 편석은 없으나 중앙 상부에 수축공이 생겨 불순물이 모이고, Fe-Si, Al분말 등의 강한 탈산제로 완전 탈산한 강은?

① 킬드강 ② 캡드강 ③ 림드강 ④ 세미킬드강

3. 림드강에 관한 설명 중 틀린 것은?

① Fe-Mn으로 가볍게 탈산시킨 상태로 주형에 주입한다.
② 주형에 접하는 부분은 빨리 냉각되므로 순도가 높다.
③ 표면에 헤어크랙과 응고된 상부에 수축공이 생기기 쉽다.
④ 응고가 진행되면서 용강 중에 남은 탄소와 산소의 반응에 의하여 일산화탄소가 많이 발생한다.

해설 림드강은 외벽에 많은 기포가 생기고 상부에 편석이 발생한다.

정답 1. ① 2. ① 3. ③

(5) 순철

① 순도와 불순물

공업용 순철의 화학조성

철 종류	C	Si	Mn	P	S	O	H
암코철	0.015	0.01	0.02	0.01	0.02	0.15	–
전해철	0.008	0.007	0.002	0.006	0.003	–	0.08
카보닐(carbonyl)	0.020	0.01	–	tr	0.004	–	–
고순도철	0.001	0.003	0.00	0.0005	0.0026	0.0004	–

② 순철의 변태: 순철은 1539℃에서 응고하여 상온까지 냉각하는 동안 A_4, A_3, A_2의

변태를 한다. 그 중 A_4, A_3는 동소변태이고 A_2는 자기변태이다.

(가) A_4변태: γ−Fe (FCC) $\overset{1400℃}{\rightleftarrows}$ δ−Fe (BCC)

(나) A_3변태: α−Fe (BCC) $\overset{910℃}{\rightleftarrows}$ γ−Fe (FCC)

(다) A_2변태: α−Fe 강자성 $\overset{768℃}{\rightleftarrows}$ α−Fe 상자성

③ 순철의 조직과 성질: 순철의 표준조직은 상온에서 BCC인 다각형 입자를 나타내는 α−Fe의 페라이트 조직이다.

④ 순철의 용도: 순철은 기계적 강도가 낮아 기계재료로 부적당하나 투자율이 높기 때문에 변압기, 발전기용의 박철판으로 사용되고, 카보닐철분은 소결시켜 압분 철심으로 고주파 공업에 널리 사용된다.

단원 예상문제

1. 순철의 동소변태로만 나열된 것은?

① α–Fe, γ–Fe, δ–Fe
② β–Fe, ε–Fe, ζ–Fe
③ η–Fe, λ–Fe, ρ–Fe
④ α–Fe, λ–Fe, ω–Fe

2. 순철을 상온에서부터 가열하여 온도를 올릴 때 결정구조의 변화로 옳은 것은?

① BCC→FCC→HCP
② HCP→BCC→FCC
③ FCC→BCC→FCC
④ BCC→FCC→BCC

정답 1. ① 2. ④

(6) 탄소강

① 탄소강의 성질

(가) 탄소량이 증가하면 탄소강의 비중, 열팽창계수, 열전도도는 감소되는 반면, 비열, 전기저항, 항자력은 증가한다.

(나) 인장강도, 경도, 항복점 등은 탄소량이 증가하면 함께 증가되는데, 특히 인장강도는 100%펄라이트 조직을 이루는 공석강에서 최대를 나타내고 연신율, 단면수축률, 충격치 등은 탄소량과 함께 감소한다.

(다) 인장강도는 200~300℃ 이내에서 상승하여 최대를 나타내며, 연신율과 단면

수축률은 온도가 상승함에 따라 감소하여 인장강도가 최대인 지점에서 최솟값을 나타내고 온도가 더 상승하면 다시 점차 증가한다.

(라) 충격치는 200~300℃에서 가장 취약해지는데 이것을 청열취성(blue shortness) 또는 청열메짐이라고 한다.

(마) 충격치는 재질에 따른 어떤 한계온도, 즉 천이온도(transition temperature)에 도달하면 급격히 감소되어 −70℃ 부근에서 0에 가까워지는데 이로 인해 취성이 생긴다. 이런 현상을 강의 저온취성이라 한다.

② 탄소강 중의 타원소의 영향

(가) 망가니즈(Mn)의 영향: 망가니즈는 제강 시에 탈산, 탈황제로 첨가되며, 탄소강 중에 0.2~1.0%가 함유되어 일부는 강 중에 고용되고 나머지는 MnS, FeS로 결정립계에 혼재하며 그 영향은 다음과 같다.

㉠ 강의 담금질 효과를 증대시켜 경화능이 커진다.

㉡ 강의 연신율을 그다지 감소시키지 않고 강도, 경도, 인성을 증대시킨다.

㉢ 고온에서 결정립의 성장을 억제시킨다.

㉣ 주조성을 좋게 하고 황(S)의 해를 감소시킨다.

㉤ 강의 점성을 증가시켜 고온가공성은 향상되나 냉간가공성은 불리하다.

(나) 규소(Si)의 영향: 선철과 탈산제로부터 잔류하여 보통 탄소강 중에 0.1~0.35%가 함유한다.

㉠ 인장강도, 탄성한계, 경도를 상승시킨다.

㉡ 연신율과 충격값을 감소시킨다.

㉢ 결정립을 조대화하고 가공성을 해친다.

㉣ 용접성을 저하시킨다.

(다) 인(P)의 영향: 원료선에 포함된 불순물로서 일부는 페라이트에 고용되고 나머지는 Fe_3P로 석출되어 존재하며 강중에는 0.03% 이하가 함유되어야 한다. 그 영향은 다음과 같다.

㉠ 결정립을 조대화한다.

㉡ 강도와 경도를 증가시키고 연신율을 감소시킨다.

㉢ 실온에서 충격치를 저하시켜 상온취성(상온메짐, cold shortness)의 원인이 된다.

㉣ Fe_3P는 MnS, MnO 등과 집합해 대상 편석인 고스트 라인(ghost line)을 형성하여 강의 파괴원인이 된다.

㈑ 황(S)의 영향: 강 중의 황은 MnS로 잔류하며 망가니즈의 양이 충분치 못하면 FeS로 남는다.

㉠ S의 함량이 0.02% 이하라도 강도, 신율, 충격치를 감소시킨다.

㉡ FeS는 용융점(1139℃)이 낮아 열간가공 시에 균열을 발생시키는 적열취성의 원인이 된다.

㉢ 공구강에서는 0.03% 이하, 연강에서는 0.05% 이하로 제한한다.

㉣ 강 중의 S분포를 알기 위한 설퍼프린트법이 있다.

③ 탄소강의 용도: 보통 실용 탄소강은 탄소량이 0.05~1.7%C이며, 다음 예와 같이 필요에 따라 탄소량을 조절하여 성질을 바꾸어 사용한다.

- 가공성을 요구하는 경우: 0.05~0.3%C
- 가공성과 강인성을 동시에 요구하는 경우: 0.3~0.45%C
- 강인성과 내마모성을 동시에 요구하는 경우: 0.45~0.65%C
- 내마모성과 경도를 동시에 요구한 경우: 0.65~1.2%C

㈎ 구조용 탄소강

㉠ 건축, 교량, 선박, 철도, 차량과 같은 구조물에 쓰이는 판, 봉, 관, 형강 등의 용도가 다양하다. 구조용 탄소강은 0.05~0.6%C를 함유하며 SS35로 나타낸다.

㉡ 강판은 용도와 제조법에 따라 후판(6mm 이상), 중판(3~6mm), 박판(3mm 이하)이 있다.

㈏ 선재용 탄소강: 연강선 0.06~0.25%C, 경강선 0.25~0.85%C, 피아노선재 0.55~0.95%C의 소르바이트 조직인 강인한 탄소강이며 이를 위해 보통 900℃로 가열한 후 400~500℃로 유지된 용융염욕 속에 담금질하는 패턴팅(patenting) 처리를 하여 사용한다.

㈐ 쾌삭강: 쾌삭강은 피절삭성이 양호하여 고속절삭에 적합한 강으로 일반 탄소강보다 P, S의 함유량을 많게 하거나 Pb, Se, Zr 등을 첨가하여 제조한다.

㈑ 스프링강: 스프링강은 급격한 진동을 완화하고 에너지를 축적하기 위해 사용되므로, 사용 도중 영구변형을 일으키지 않아야 하며 탄성한도가 높고 충격 및 피로에 대한 저항력이 커야 하므로 요구경도가 최저 H_B 340 이상이고 소르바이트(sorbite) 조직으로 이루어져야 한다.

㈒ 탄소공구강: 탄소공구강에는 줄, 톱, 다이스 등에 사용되며 내마모성이 커야 한다. 탄소공구강 및 일반 공구재료는 대략 다음 조건을 갖추어야 한다.

㉠ 상온 및 고온경도가 클 것
㉡ 내마모성이 클 것
㉢ 강인성 및 내충격성이 우수할 것
㉣ 가공 및 열처리성이 양호할 것
㉤ 가격이 저렴할 것

단원 예상문제

1. 강에 탄소량이 증가할수록 증가하는 것은?

① 경도 ② 연신율 ③ 충격값 ④ 단면수축률

해설 탄소량 증가에 따라 경도는 증가하는 반면, 연신율, 충격값, 단면수축율은 감소된다.

2. 탄소강에서 나타나는 상온 메짐의 원인이 되는 주 원소는?

① 인 ② 황 ③ 망가니즈 ④ 규소

해설 인은 Fe_3P의 화합물을 형성하여 실온에서 충격치를 저하시켜 상온메짐(상온취성)의 원인이 된다.

3. 5대 원소 중 상온취성의 원인이 되며 강도와 경도, 취성을 증가시키는 원소는?

① C ② P ③ S ④ Mn

4. 강에 탄소량이 증가할수록 증가하는 것은?

① 연신율 ② 경도 ③ 단면수축률 ④ 충격값

해설 탄소량이 증가함에 따라 강도와 경도는 증가하고, 연신율은 감소한다.

5. 응고범위가 너무 넓거나 성분금속 상호간에 비중의 차가 클 때 주조시 생기는 현상은?

① 붕괴 ② 기포수축 ③ 편석 ④ 결정핵 파괴

6. 탄소강 중에 포함된 구리(Cu)의 영향으로 틀린 것은?

① 내식성을 향상시킨다.
② Ar_1의 변태점을 증가시킨다.
③ 강재 압연시 균열의 원인이 된다.
④ 강도, 경도, 탄성한도를 증가시킨다.

해설 구리는 탄소강 Ar_1의 변태점을 감소시킨다.

7. 탄소강에 함유된 원소가 철강에 미치는 영향으로 옳은 것은?

① S: 저온메짐의 원인이 된다.
② Si: 연신율 및 충격값을 감소시킨다.
③ Cu: 부식에 대한 저항을 감소시킨다.
④ P: 적열메짐의 원인이 된다.

해설 S: 적열메짐, Cu: 부식에 대한 저항 증가, P: 상온메짐

8. 다음의 합금원소 중 함유량이 많아지면 내마멸성을 크게 증가시키고 적열메짐을 방지하는 것은?

① Ni ② Mn ③ Si ④ Mo

9. 다음 중 철강을 분류할 때 "SM45C"는 어느 강인가?

① 순철 ② 아공석강 ③ 과공석강 ④ 공정주철

해설 순SM45C는 기계구조용 탄소강으로서 C 0.45%를 함유한 아공석강이다.

10. 건축용 철골, 볼트, 리벳 등에 사용되는 것으로 연신율이 약 22%이고, 탄소함량이 약 0.15%인 강재는?

① 경강 ② 연강 ③ 최경강 ④ 탄소공구강

해설 연강은 저탄소강으로서 연신율이 높아 건축용 철골, 볼트, 리벳 등에 사용되는 강이다.

11. 탄소가 0.50~0.70%이고 인장강도는 590~690 MPa이며, 축, 기어, 레일, 스프링 등에 사용되는 탄소강은?

① 톰백 ② 극연강 ③ 반연강 ④ 최경강

12. 스프링강의 기호는?

① STS ② SPS ③ SKH ④ STD

해설 STS: 합금공구강, SPS: 스프링강, SKH: 고속도강, STD: 금형공구강

13. 탄성한도와 항복점이 높고, 충격이나 반복 응력에 대해 잘 견디어낼 수 있으며, 고탄소강을 목적에 맞게 담금질, 뜨임을 하거나 경강선, 피아노선 등을 냉간가공하여 탄성한도를 높인 강은?

① 스프링강 ② 베어링강 ③ 쾌삭강 ④ 영구자석강

정답 1. ① 2. ① 3. ② 4. ② 5. ③ 6. ② 7. ② 8. ② 9. ② 10. ② 11. ④ 12. ② 13. ①

1-2 합금강

(1) 특수강의 상태도

① 오스테나이트 구역 확대형: Ni, Mn 등

② 오스테나이트 구역 축소형: B, S, O, Zr, Ce 등

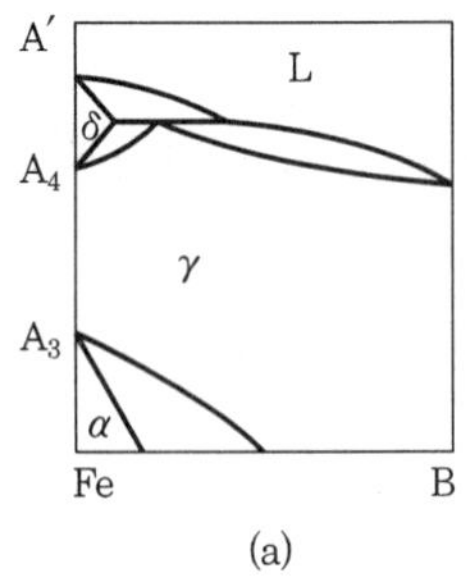

(a)

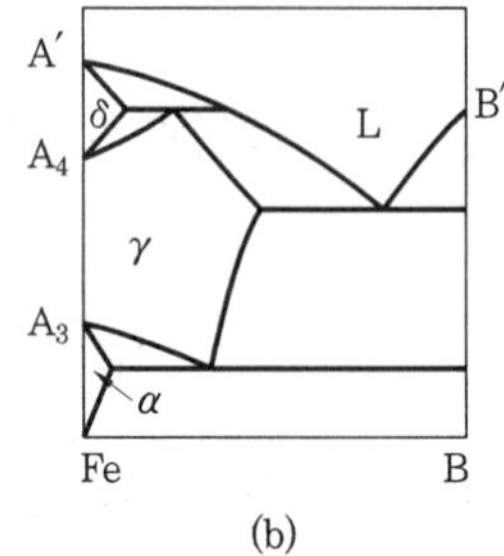

(b)

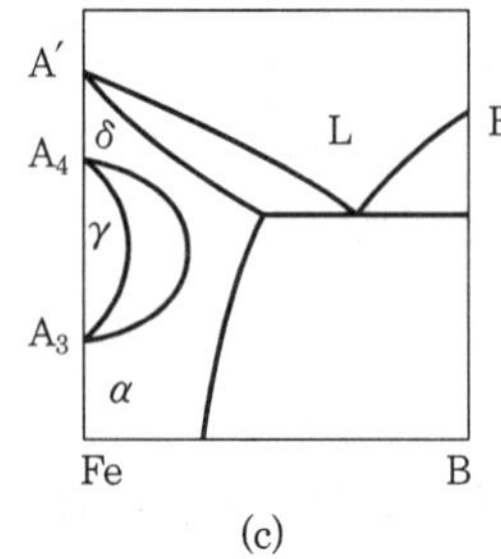

(c)

특수 원소첨가에 의한 상태도 변화

단원 예상문제

1. 특수강에서 다음 금속이 미치는 영향으로 틀린 것은?

① Si: 전자기적 성질을 개선한다. ② Cr: 내마멸성을 증가시킨다.

③ Mo: 뜨임메짐을 방지한다. ④ Ni: 탄화물을 만든다.

해설 니켈(Ni)은 탄화물 저해원소이다.

정답 1. ④

(2) 질량 효과

담금질성을 개선시키는 원소

B > Mn > Mo > P > Cr > Si > Ni > Cu

(3) 구조용 강

① 일반구조용 강 및 고장력강

(가) Ni강

㉠ 저Ni펄라이트강: 0.2%C, 1.5~5% Ni 강은 침탄강으로 사용하며 0.25~0.35%C, 1.5~3%Ni강은 담금질하여 각종 기계부품으로 사용한다.

㉡ 고Ni오스테나이트강: 25~35%Ni강은 오스테나이트 조직이므로 강도와 탄성한계는 낮으나 압연성, 내식성 등이 좋고 충격치도 크므로 기관용 밸브, 스핀들, 보일러관 등에 쓰이고 비자석용강으로도 사용된다.

(나) Cr강

㉠ 경화층이 깊고 마텐자이트 조직을 안정화하며 자경성(self hardening)이 있어 공랭(空冷)으로 쉽게 마텐자이트 조직이 된다.

㉡ Cr_4C_2, Cr_7C_3 등의 탄화물이 형성되어 내마모성이 크고 오스테나이트의 성장을 저지하여 조직이 미세하고 강인하며 내식성, 내열성도 높다.

㉢ Ni, Mn, Mo, V 등을 첨가하여 구조용으로 사용하고 W, V, Co 등을 첨가하여 공구강으로도 사용한다.

(다) Ni-Cr강

㉠ Ni은 페라이트를 강화하고 Cr은 탄화물을 석출하여 조직을 치밀하게 한다. 즉 강인하고 점성이 크며 담금질성이 높다.

㉡ 수지상 조직이 되기 쉽고 강괴가 냉각 중에 헤어크랙(hair crack)을 발생시키며 뜨임취성이 생기므로 800~880℃에서 기름 담금질하고 550~650℃에서 뜨임한 후 수랭(水冷) 또는 유랭(油冷)한다.

㉢ 뜨임취성은 560℃ 부근에서 Cr의 탄화물이 석출되고 Mo, V 등을 첨가하면 감소된다.

(라) Ni-Cr-Mo강

㉠ Ni-Cr강에 1% 이하의 Mo을 첨가하면 기계적 성질 및 열처리 효과가 개선되고 질량효과를 감소시킨다.

㉡ SNCM 1~26종으로 크랭크축, 터빈의 날개, 치차(toothed gear), 축, 강력볼트, 핀, 롤러용 베어링 등에 사용된다.

(마) Cr-Mo강: Cr강에 0.15~0.35%의 Mo을 첨가한 펄라이트 조직의 강으로 뜨임취성이 없고 용접도 쉽다.

(바) Mn강

㉠ 듀콜(ducol)강은 펄라이트 조직으로서 Mn 1~2%이고 C 0.2~1% 범위이다. 인장강도가 45~88 kgf/mm^2이며 연신율은 13~34이고 건축, 토목, 교량재 등의 일반구조용으로 사용된다.

㉡ 해드필드(hadfield)강은 오스테나이트 조직의 Mn강이다. Mn 10~14%, C 0.9~1.3%이므로 경도가 높아 내마모용 재료로 쓰인다. 이 강은 고온에서 취

성이 생기므로 1000~1100℃에서 수중 담금질하는 수인법으로 인성을 부여한다. 용도는 기어, 교차, 레일 등에 쓰이며 내마모성이 필요하고 전체가 취성이 없는 재료에 적합하다.

(사) Cr-Mn-Si: 크로만실(chromansil)이라고도 하며 저렴한 구조용강으로 내력, 인장강도, 인성이 크고 굽힘, 프레스가공, 나사, 리벳작업 등이 쉽다.

② 표면경화용 강

(가) 침탄용 강

[침탄용 강의 구비조건]

㉠ 0.25% 이하의 탄소강이어야 한다.

㉡ 장시간 가열해도 결정립이 성장하지 않아야 한다.

㉢ 경화층은 내마모성, 강인성을 가지고 경도가 높아야 한다.

㉣ 기공, 흠집, 석출물 등이 경화층에 없어야 한다.

㉤ 담금질 응력이 적고 200℃ 이하의 저온에서 뜨임해야 한다.

(나) 질화용 강: Al, Cr, Mo, Ti, V 중 2종 이상의 성분을 함유한 재질이 사용되며 Si 0.2~0.3%, Mn 0.4~0.7%가 표준이다.

(4) 공구용 강

① 합금공구강

(가) 탄소공구강의 단점을 보강하기 위해 Cr, W, Mn, Ni, V 등을 첨가하여 경도, 절삭성, 단조, 주조성 등을 개선한 강으로 C 0.45% 이상이므로 담금질 효과가 완전하다.

(나) Cr은 담금질 효과를 증대하고 W은 경도와 고온경도를 상승시키므로 내마모성이 증가한다. Ni은 인성을 부여하며 합금공구강으로는 W-Cr강이 널리 사용된다.

② 고속도강

(가) 고속도강은 절삭공구강의 일종으로서 500~600℃까지 가열해도 뜨임효과에 의해 연화되지 않고 고온에서도 경도의 감소가 적은 것이 특징이다.

(나) 18%W-4%Cr-1%V-0.8~0.9%로 조성된 18-4-1형 고속도 공구강과 6%W-5%Mo-4%Cr-2%V-0.8~0.9%C의 6-5-4-2형이 널리 사용된다.

(다) 열처리는 1250℃에서 담금질하고 550~600℃에서 뜨임처리하여 2차 경화시킨다.

③ 다이스강(die steel)

(가) 냉간가공용 다이스강: Cr강, W-Cr강, W-Cr강, W-Cr-Mn강, Ni-Cr-Mo강

(나) 열간가공용 다이스강: 저W-Cr-V강, 중W-Cr-V강, 고W-Cr-V강, Cr-Mo-V강

④ 주조경질합금: 40~55%Co-15~33%Cr-10~20%W-2~5%C, Fe<5% 이하의 주조합금이다. 고온저항이 크고 내마모성이 우수하여 각종 절삭공구 및 내마모, 내식, 내열용 부품재료로 사용되며 스텔라이트(stellite)라고도 한다.

⑤ 게이지용 강

(가) 내마모성이 크고 HRC 55 이상의 경도를 가질 것

(나) 담금질에 의한 변형 및 균열이 적을 것

(다) 장시간 경과해도 치수의 변화가 적고 선팽창계수는 강과 비슷하며 내식성이 우수할 것

단원 예상문제

1. 공구용 재료로서 구비해야 할 조건이 아닌 것은?

① 강인성이 커야 한다.
② 내마멸성이 작아야 한다.
③ 열처리와 공작이 용이해야 한다.
④ 상온과 고온에서의 경도가 높아야 한다.

해설 공구용 재료는 내마멸성이 커야 한다.

2. 고속도강의 성분으로 옳은 것은?

① Cr-Mn-Sn-Zn ② Ni-Cr-Mo-Mn
③ C-W-Cr-V ④ W-Cr-Ag-Mg

3. 고속도강의 대표 강종인 SKH2 텅스텐계 고속도강의 기본조성으로 옳은 것은?

① 18%Cu-4%Cr-1%Sn ② 18%W-4%Cr-1%V
③ 18%Cr-4%Al-1%W ④ 18%W-4%Al-1%Pb

4. 공작기계용 절삭공구재료로서 가장 많이 사용되는 것은?

① 연강 ② 회주철 ③ 저탄소강 ④ 고속도강

해설 고속도강: W-Cr-V강으로 절삭공구용 재료로 사용

5. 구조용 합금강과 공구용 합금강을 나눌 때 기어, 축 등에 사용되는 구조용 합금강 재료에 해당되지 않는 것은?

① 침탄강 ② 강인강 ③ 질화강 ④ 고속도강

해설 고속도강은 절삭용 공구 재료로 사용된다.

6. 주조상태 그대로 연삭하여 사용하며, 단조가 불가능한 주조경질합금공구 재료는?

① 스텔라이트 ② 고속도강 ③ 퍼멀로이 ④ 플라티나이트

7. 스텔라이트(stellite)에 대한 설명으로 틀린 것은?

① 열처리를 실시하여야만 충분한 경도를 갖는다.
② 주조한 상태 그대로를 연삭하여 사용하는 비철합금이다.
③ 주요 성분은 40~55%Co, 25~33%Cr, 10~20%W, 2~5%C, 5%Fe이다.
④ 600℃ 이상에서는 고속도강보다 단단하며, 단조가 불가능하고, 충격에 의해 쉽게 파손된다.

해설 스텔라이트는 주조경질합금으로 비열처리에도 경도가 높은 금속이다.

8. 게이지용 공구강이 갖추어야 할 조건에 대한 설명으로 틀린 것은?

① HRC 40 이하의 경도를 가져야 한다.
② 팽창계수가 보통강보다 작아야 한다.
③ 시간이 지남에 따라 치수변화가 없어야 한다.
④ 담금질에 의한 균열이나 변형이 없어야 한다.

해설 HRC 40 이상의 경도를 가져야 한다.

9. 게이지용강이 갖추어야 할 성질을 설명한 것 중 옳은 것은?

① 팽창계수가 보통 강보다 커야 한다.
② HRC 45 이하의 경도를 가져야 한다.
③ 시간이 지남에 따라 치수 변화가 커야 한다.
④ 담금질에 의하여 변형이나 담금질 균열이 없어야 한다.

해설 게이지용강은 팽창계수가 작고 경도가 크며, 치수변화가 없고 담금질에 의한 변형이나 담금질 균열이 없어야 한다.

정답 1. ② 2. ③ 3. ② 4. ④ 5. ④ 6. ① 7. ① 8. ① 9. ④

(5) 특수 용도강

① 스테인리스강(stainless steel)

㈎ 페라이트계 스테인리스강

㉠ Cr 12~17% 이하가 함유된 페라이트 조직이다.

㉡ 표면이 잘 연마된 것은 공기나 물에 부식되지 않는다.

㉢ 유기산과 질산에 침식되지 않으나 염산, 황산 등에는 침식된다.

㉣ 오스테나이트계에 비하여 내산성이 낮다.

㉤ 담금질한 상태는 내산성이 좋으나 풀림한 상태 또는 표면이 거친 것은 쉽게 부식된다.

㈏ 마텐자이트계 스테인리스강

㉠ Cr 12~18%, C 0.15~0.3%가 첨가된 마텐자이트 조직의 강으로서 13%Cr강이 대표적이다.

㉡ 950~1020℃에서 담금질하여 마텐자이트 조직으로 만들고 인성이 필요할 때는 550~650℃에서 뜨임하여 소르바이트 조직을 얻는다.

㈐ 오스테나이트계 스테인리스강

㉠ Cr 18%, Ni 8%의 18-8스테인리스강이 대표적이며 내식성이 높고 비자성이다.

㉡ 내식성과 내충격성, 기계가공성이 우수하고 선팽창계수가 보통강의 1.5배이며, 열 및 전기전도도는 1/4 정도이다.

㉢ 단점은 염산, 염소가스, 황산 등에 약하고 결정립계 부식이 쉽게 발생한다는 것이다.

[입계부식의 방지법]

- 고온으로 가열한 후 Cr탄화물을 오스테나이트 조직 중에 용체화하여 급랭시킨다.
- 탄소량을 감소시켜 Cr_4C탄화물의 발생을 막는다.
- Ti, V, Nb 등을 첨가해 Cr_4C 대신 TiC, V_4C_3, NbC 등의 탄화물을 발생시켜 Cr의 탄화물을 감소시킨다.

㈑ 석출경화형 스테인리스강: 석출경화형 스테인리스강의 종류에는 17-4PH, 17-7H, V2B, PH15-7Mo, 17-10P, PH55, 마레이징강(maraging steel) 등이 있다.

② 내열강

[내열강의 구비조건]

㉠ 고온에서 O_2, H_2, N_2, SO_2 등에 침식되지 않고 탈탄, 질화되어도 변질되지 않도록 화학적으로 안정되어야 한다.

㉡ 고온에서 기계적 성질이 우수하고 조직이 안정되어 온도 급변에도 내구성을 유지해야 한다.

㉢ 반복 응력에 대한 피로강도가 크며 냉간, 열간가공 및 용접, 단조 등이 쉬워야 한다.

서멧(cermet)은 내열성이 있는 안정한 화합물과 금속의 조합에 의해서 고온도의 화학적 부식에 견디며 비중이 작으므로 고속회전하는 기계부품으로 사용할 때 원심력을 감소시킨다. 인코넬(inconel), 인콜로이(Incoloy), 레프렉토리(refractory), 디스칼로이(discaloy) 우디멧(udimet), 하스텔로이(hastelloy) 등이 있다.

③ 불변강

㈎ 인바(invar): Ni 35~36%, C 0.1~0.3%, Mn 0.4%와 Fe의 합금으로 열팽창계수가 0.9×10^{-6}(20℃에서)이며 내식성도 크다. 바이메탈(bimetal), 시계진자, 줄자, 계측기의 부품 등에 사용된다.

㈏ 슈퍼인바(superinvar): Ni 30.5~32.5%, Co 4~6%와 Fe합금으로 열팽창계수는 0.1×10^{-6}(20℃에서)이다.

㈐ 엘린바(elinvar): Fe 52%, Ni 36%, Cr 12% 또는 Ni 10~16%, Cr 10~11%, Co 26~58%와 Fe의 합금이며 열팽창계수가 8×10^{-6}, 온도계수 1.2×10^{-6} 정도로 고급시계, 정밀저울 등의 스프링 및 정밀기계부품에 사용한다.

㈑ 코엘린바(co-elinvar): Cr 10~11%, Co 26~58%, Ni 10~16%와 Fe의 합금이며 온도변화에 대한 탄성률의 변화가 극히 적고 공기 중이나 수중에서 부식되지 않는다. 스프링, 태엽, 기상관측용 기구의 부품에 사용된다.

㈒ 플라티나이트(platinite): Ni 40~50%와 Fe의 합금으로 열팽창계수가 $5\sim9\times10^{-6}$이며 전구의 도입선으로 사용된다.

④ 베어링강(bearing steel)

㈎ 베어링강은 높은 탄성한도와 피로한도가 요구되며 내마모, 내압성이 우수해야 한다.

㈏ STB로 나타내며 0.9~1.6%Cr강이 주로 사용된다.

⑤ 자석강

㈎ W 3~6%, C 0.5~0.7%강 및 Co 3~36%에 W, Ni, Cr 등이 함유된 강이 자석강으로 사용되고 있다.

㈏ 소결제품인 알리코자석(Ni 10~20%, Al 7~10%, Co 20~40%, Cu 3~5%, Ti 1%와 Fe합금)은 MK강이라고 한다.

㈐ 바이칼로이(Fe 38%, Co 52%, V 10%합금) 및 쿠니페와 ESD자석강 등도 있다.

㈑ 초투자율합금으로는 퍼멀로이(Permalloy: Ni 78.5%와 Fe합금), 슈퍼말로이(supermalloy)가 있다.

㈒ 전기철심판 재료로는 규소강판이 있으며 발전기, 변압기의 철심 등에 사용한다.

단원 예상문제

1. 18-8스테인리스강에 해당되지 않는 것은?

① Cr 18%-Ni 8%이다. ② 내식성이 우수하다.
③ 상자성체이다. ④ 오스테나이트계이다.

해설 18-8스테인리스강은 비자성체이다.

2. 오스테나이트계 스테인리스강에 대한 설명으로 틀린 것은?

① 대표적인 합금에 18%Cr-8%Ni강이 있다.
② 1100℃에서 급랭하여 용체화 처리를 하면 오스테나이트 조직이 된다.
③ Ti, V, Nb 등을 첨가하면 입계부식이 방지된다.
④ 1000℃로 가열한 후 서랭하면 $Cr_{23}C_6$ 등의 탄화물이 결정립계에 석출하여 입계부식을 방지한다.

해설 1000℃로 가열한 후 서랭하면 $Cr_{23}C_6$ 등의 탄화물이 결정립계에 석출하여 입계부식을 일으킨다.

3. 오스테나이트계 스테인리스강에 첨가되는 주성분으로 옳은 것은?

① Pb-Mg ② Cu-Al ③ Cr-Ni ④ P-Sn

해설 오스테나이트계 스테인리스강: Cr(18%)-Ni(8%)

4. 고온에서 사용하는 내열강 재료의 구비조건에 대한 설명으로 틀린 것은?

① 기계적 성질이 우수해야 한다. ② 조직이 안정되어 있어야 한다.
③ 열팽창에 대한 변형이 커야 한다. ④ 화학적으로 안정되어 있어야 한다.

해설 열팽창에 대한 변형이 작아야 한다.

5. 티타늄탄화물(TiC)과 Ni의 예와 같이 세라믹과 금속을 결합하고 액상소결하여 만들어 절삭공구로 사용하는 고경도 재료는?

① 서멧 ② 두랄루민 ③ 고속도강 ④ 인바

해설 서멧(cermet)은 내열성이 있는 안정한 화합물과 금속의 조합에 의해서 고온도의 화학적 부식에 견디며 비중이 작으므로 고속회전하는 기계부품으로 사용할 때 원심력을 감소시킨다. 인코넬, 인콜로이, 레프렉토리, 디스칼로이 우디멧, 하스텔로이 등이 있다.

6. 1～5μm 정도의 비금속 입자가 금속이나 합금의 기지 중에 분산되어 있는 입자강화 금속복합재료에 속하는 것은?

① 서멧 ② SAP ③ FRM ④ TD Ni

해설 서멧: 비금속 입자인 세라믹과 금속결합재료

7. 다음 중 불변강의 종류가 아닌 것은?

① 플라티나이트 ② 인바 ③ 엘린바 ④ 아공석강

해설 불변강에는 플라티나이트, 인바, 엘린바, 코엘린바 등이 있다.

8. Ni-Fe계 합금인 인바(invar)는 길이 측정용 표준자, 바이메탈, VTR헤드의 고정대 등에 사용되는데 이는 재료의 어떤 특성 때문에 사용하는가?

① 자성 ② 비중 ③ 전기저항 ④ 열팽창계수

9. Ni-Fe계 합금인 엘린바(elinvar)는 고급시계, 지진계, 압력계, 스프링저울, 다이얼게이지 등에 사용되는데 재료의 어떤 특성 때문에 사용하는가?

① 자성 ② 비중 ③ 비열 ④ 탄성률

해설 엘린바는 불변강으로 탄성률이 높은 재료이다.

10. 열팽창계수가 상온 부근에서 매우 작아 길이 변화가 거의 없어 측정용 표준자, 바이메탈 재료 등에 사용되는 Ni-Fe합금은?

① 인바 ② 인코넬 ③ 두랄루민 ④ 콜슨합금

11. 재료의 조성이 니켈 36%, 크로뮴 12%, 나머지는 철(Fe)로서 온도가 변해도 탄성률이 거의 변하지 않는 것은?

① 라우탈 ② 엘린바 ③ 진정강 ④ 퍼멀로이

12. 36% Ni, 약 12% Cr이 함유된 Fe합금으로 온도의 변화에 따른 탄성률 변화가 거의 없어 지진계의 부품, 고급시계 재료로 사용되는 합금은?

① 인바(invar) ② 코엘린바(co-elinvar)
③ 엘린바(elinvar) ④ 슈퍼인바(superinvar)

해설 Ni-Fe계 합금인 엘린바는 고급시계, 지진계, 압력계, 스프링저울, 다이얼게이지 등에 사용되는 합금이다.

13. 변압기, 발전기, 전동기 등의 철심용으로 사용되는 재료는 무엇인가?

① Fe-Si ② P-Mn ③ Cu-N ④ Cr-S

해설 전기철심 재료로는 규소강판이 있으며 발전기, 변압기의 철심 등에 사용한다.

14. 전자석이나 자극의 철심에 사용되는 순철이나 자심은 교류가 자기장에만 사용되는 예가 많으므로 이력손실, 항자력 등이 적고 동시에 맴돌이 전류 손실이 적어야 한다. 이때 사용되는 강은?

① Si 강 ② Mn 강 ③ Ni 강 ④ Pb 강

15. 다음 중 고투자율의 자성합금은?

① 화이트 메탈(white metal) ② 바이탈륨(Vitallium)
③ 하스텔로이(Hastelloy) ④ 퍼멀로이(Permalloy)

16. 다음 중 경질 자성재료에 해당되는 것은?

① Si강판 ② Nd 자석 ③ 센더스트 ④ 고속도강

17. 다음의 자성재료 중 연질자성 재료에 해당되는 것은?

① 알니코 ② 네오디뮴 ③ 센더스트 ④ 페라이트

해설 센더스트(sendust)는 Al 5%, Si 10%, Fe 85%로 조성된 고투자율합금이다.

18. 반자성체에 해당하는 금속은?

① 철(Fe) ② 니켈(Ni) ③ 안티몬(Sb) ④ 코발트(Co)

해설 강자성체: 철(Fe), 니켈(Ni), 코발트(Co)

정답 **1.** ③ **2.** ④ **3.** ③ **4.** ③ **5.** ① **6.** ① **7.** ④ **8.** ④ **9.** ④ **10.** ① **11.** ② **12.** ③ **13.** ① **14.** ① **15.** ④ **16.** ② **17.** ③ **18.** ③

1-3 주철과 주강

(1) 주철의 개요

① 실용주철의 일반적인 성분은 철 중에 C 2.5~4.5%, Si 0.5~3.0%, Mn 0.5~1.5%, P 0.05~1.0%, S 0.05~0.15%가 함유되어 있다.

② 주철의 파면상은 회주철, 백주철 및 반주철이 있다.

③ 백주철은 경도 및 내마모성이 크므로 압연기의 롤러, 철도차륜, 브레이크, 파쇄기의 조 등에 사용된다.

④ 회주철은 흑연의 형상에 따라서 편상흑연, 공정상흑연 및 구상흑연주철 등으로 분류되며, 흑연 분포에 따라 ASTM에서는 A, B, C, D, E형으로 구분한다.

(2) 주철의 조직

① 주철은 C 2.11~6.68%의 범위를 갖는다.

② 공정반응은 1153℃에서 L(용융체)⇄γ−Fe+흑연으로 된다.

③ 탄소량에 따라 아공정주철(C 2.11~4.3%), 공정주철(C 4.3%), 과공정주철(C 4.3~6.68%)로 나눈다.

④ 마울러 조직도(maurer's structural diagram)는 주철 중의 탄소와 규소의 함량에 따른 조직분포를 나타낸 것이다.

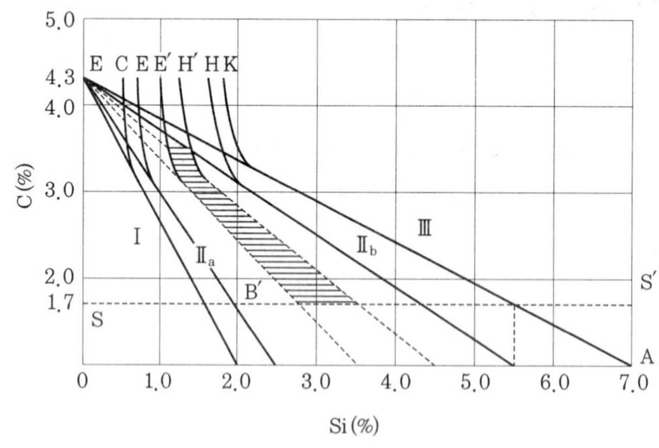

마울러 조직도

그림에서 Ⅰ구역은 펄라이트+Fe_3C조직의 백주철로서 경도가 높은 주철이며, Ⅱ구역은 펄라이트+흑연조직의 강력한 회주철이다. Ⅲ구역은 페라이트+흑연조직의 연질 회주철이다. 한편 $Ⅱ_a$구역은 Ⅰ의 조직에 흑연이 첨가된 것으로서 경질의 반주철이고 $Ⅱ_b$구역은 Ⅱ의 조직에 페라이트가 나타난 것으로서 보통 회주철이라 한다.

단원 예상문제

1. 주강과 주철을 비교 설명한 것 중 틀린 것은?

① 주강은 주철에 비해 용접이 쉽다. ② 주강은 주철에 비해 용융점이 높다.
③ 주강은 주철에 비해 탄소량이 적다. ④ 주강은 주철에 비해 수축량이 적다.

해설 주강은 주철에 비해 수축량이 크다.

2. 주철의 조직을 C와 Si의 함유량과 조직의 관계로 나타낸 것은?

① 하드필드강(hadfield steel)
② 마우러 조직도(maurer's structural diagram)
③ 불스 아이(Bull's eye)
④ 미하나이트 주철(meehanite metal)

정답 1. ④ 2. ②

(3) 주철의 성질

① 주철의 물리적 성질: 비중 7.0~7.3, 용융점 1145~1350℃이다.

② 주철의 기계적 성질

(가) 주철의 인장강도는 C와 Si의 함량, 냉각속도, 용해조건, 용탕처리 등에 의존하며 흑연의 형상, 분포상태 등에 따라 좌우된다.

(나) 탄소포화도(Sc)=C%/4.23−0.312Si%−0.275P%이다.

(다) 회주철의 인장강도는 10~25 kgf/mm^2이고, 구상흑연주철의 인장강도는 50~70 kgf/mm^2이다.

③ 주철의 화학성분의 영향

(가) C의 영향

㉠ C 3% 이하의 주철은 초정 오스테나이트(proeutectic austenite) 양이 많으므로 수지상정조직 중에 흑연이 분포된 ASTM의 E형 흑연이 되기 쉽다.

㉡ 주철 중의 탄소는 흑연과 Fe_3C로 생성되고 기지조직 중에 흑연을 함유한 회

주철이며 Fe_3C를 함유한 주철이 백주철이 된다.

(나) Si의 영향

㉠ 강력한 흑연화 촉진원소이다.

㉡ 흑연이 많은 주철은 응고 시 체적이 팽창하므로, 흑연화 촉진원소인 Si가 첨가된 주철은 응고수축이 적어진다.

(다) Mn의 영향

㉠ 보통주철 중에 0.4~1% 정도가 함유되며 흑연화를 방해하여 백주철화를 촉진하는 원소이다.

㉡ S와 결합하여 MnS화합물을 생성하므로 S의 해를 감소시킨다.

㉢ 펄라이트 조직을 미세화하고 페라이트의 석출을 억제한다.

(라) P의 영향

㉠ 페라이트 조직 중에 고용되나 대부분은 스테다이트(steadite, Fe−Fe_3C−Fe_3P의 3원공정물)로 존재한다.

㉡ 백주철화의 촉진원소로서 1% 이상 포함되면 레데부라이트 중에 조대한 침상, 판상의 시멘타이트를 생성한다.

㉢ 융점을 낮추어 주철의 유동성을 향상시키므로 미술용 주물에 이용되나 시멘타이트의 생성이 많아지기 때문에 재질이 경해진다.

(마) S의 영향: 주철 중에 Mn이 소량일 때는 S는 Fe과 화합하여 FeS가 되고 오스테나이트의 정출을 방해하므로 백주철화를 촉진한다.

④ 주철의 가열에 의한 변화: 주철은 고온으로 가열했다가 냉각하는 과정을 반복하면 부피가 더욱 팽창하게 되는데 이러한 현상을 주철의 성장이라 한다.

주철이 성장하는 원인은 다음과 같다.

(가) 펄라이트 조직 중의 Fe_3C 분해에 따른 흑연화

(나) 페라이트 조직 중의 Si의 산화

(다) A_1변태의 반복과정에서 체적변화로 발생하는 미세한 균열

(라) 흡수된 가스의 팽창에 따른 부피증가 등

이러한 주철의 성장을 방지하는 방법으로는

(가) 흑연의 미세화로 조직을 치밀하게 한다.

(나) C 및 Si 양을 줄이고 안정화원소인 Ni 등을 첨가한다.

(다) 탄화물 안정화원소인 Cr, Mn, Mo, V 등을 첨가하여 펄라이트 중의 Fe_3C 분해를 막는다.

㈑ 편상흑연을 구상흑연화한다.

⑤ 주철의 종류 및 특성

㈎ 보통주철(common grade cast iron)

㉠ 화학성분은 C 3.2~3.8%, Si 1.4~2.5%, Mn 0.4~1%, P 0.3~1.5%, S 0.06~1.3%이다.

㉡ 주조가 쉽고 값이 저렴하다.

㈏ 구상흑연주철(GCD)

㉠ 보통주철에 Mg, Ca, Ce 등을 첨가하여 편상흑연을 구상화한 주철이다.

㉡ 불스아이(Bull's eye) 조직이라고도 한다.

㉢ 조직에 따라 시멘타이트형, 펄라이트형, 페라이트형으로 분류된다.

㈐ 가단주철(BMC)

㉠ 흑심가단주철(BMC): 백주철을 장시간 풀림처리하여 시멘타이트를 분해시켜 흑연을 입상으로 만든 주철로서 2단계에 걸친 열처리를 하게 된다.

- 제1단계 흑연화: Fe_3C의 직접분해
- 제2단계 흑연화: 펄라이트 조직 중의 공석 Fe_3C의 분해로 뜨임탄소와 페라이트 조직

㉡ 펄라이트가단주철(PMC): 입상 및 층상의 펄라이트 조직의 주철로서 인장강도, 항복점, 내마모성을 향상시킨 주철로서 2단계에 걸친 열처리를 하게 된다.

㉢ 백심가단주철(WMC): 백주철을 철광석, 밀 스케일(mill scale)의 산화철과 함께 풀림처리로에서 950~1000℃의 온도로 탈탄시킨 주철이다.

㈑ 칠드주철(chilled cast-iron)

㉠ 주조시 주형에 냉금을 삽입하여 주물 표면을 급랭시켜 백선화하고 경도를 증가시킨 주철이다.

㉡ 주철 표면은 시멘타이트 조직이고 내부는 페라이트 조직이다.

㈒ 고급주철(high grade cast iron)

㉠ 기지조직은 펄라이트이고 흑연을 미세화하여 인장강도가 30 kgf/mm^2 이상인 주철이다.

㉡ 고급주철의 제조 방법은 란쯔법(Lanz process), 엠멜법(Emmel process), 미하나이트주철(meehanite cast iron), 코르살리법(Corsalli process) 등이 있다.

㉢ 미하나이트주철은 Ca-Si나 Fe-Si 등의 접종제로 접종처리하여 응고와 함

께 흑연화시킨 강인한 펄라이트 주철이다.

(바) 합금주철(alloy cast iron)

㉠ Cu: 0.25~2.5% 첨가로 경도가 증가하고 내마모성과 내식성이 향상된다. 0.4~0.5% 정도 첨가되면 산성에 대한 내식성이 우수해진다.

㉡ Cr: 0.2~1.5% 첨가로 흑연화를 방지하고 탄화물을 안정시키며 펄라이트 조직을 미세화하여 경도가 증가하고 내열성과 내식성을 향상시킨다.

㉢ Ni: 흑연화를 촉진하며 0.1~1.0% 첨가로 조직이 Si 1/2~1/3 정도의 흑연화 능력이 있다.

㉣ Mo: 흑연화를 다소 방해하고 0.25~1.25% 첨가로 두꺼운 주물의 조직을 균일화하며 흑연을 미세화하여 강도, 경도, 내마모성을 증가시킨다.

㉤ Ti: 강한 탈산제로서 흑연화를 촉진하나 다량 함유하면 역효과가 일어날 수 있다.

㉥ V: 강력한 흑연화 억제제이며 0.1~0.5% 첨가로 조직을 치밀하고 균일화한다.

(사) 알루미늄주철(aluminium cast iron): Al을 3~4% 정도 첨가하면 흑연화 경향이 가장 크고 그 이상이 되면 흑연화가 저해되어 경하고 취약해진다. 고온가열 시는 Al_2O_3 피막이 주물표면에 형성되어 산화저항이 크고 가열, 냉각에 의한 성장도 감소하므로 내열주물로 사용이 가능하다.

(아) 크로뮴주철(chrome cast iron)

㉠ 저크로뮴주철: 2% 이하의 Cr 첨가로 회주철의 기계적 성질, 내열, 내식 및 내마모성을 향상시킨다. 회주철에서 크로뮴은 기지조직에 고용하여 페라이트의 석출을 막고 펄라이트를 미세화한다.

㉡ 고크로뮴주철: 고크로뮴 함유 주철은 우수한 내산성, 내식성, 내열성을 가진다. Cr 12~17% 첨가된 것은 내마모용 주철, Cr 20~28% 첨가된 것은 내마모 및 내식용 주철로 사용한다. Cr 30~35% 첨가된 주철은 내열, 내식용으로 사용된다.

㉢ 몰리브덴주철: Mo은 백선화를 크게 조장하지 않으며 오스테나이트의 변태속도를 늦추어 기지조직을 개선한다. Mo의 함량이 많으면 주방상태에서도 베이나이트(bainite) 조직이 나타나고 침상주철을 얻을 수 있다.

(4) 주강

주조방법에 의해 용강을 주형에 주입하여 만든 강 제품을 주강품(steel castings) 또는 강주물이라 한다.

① 주강의 특징

(가) 주철에 비하여 용융점이 1600℃ 전후의 고온이며 수축률이 커서 주조하기에 어려움이 있다.

(나) 주철에 비하여 기계적 성질이 좋고 용접에 의한 보수가 가능하다.

(다) 주강은 주조상태로는 조직이 거칠고 메짐성이 있으므로, 주조 후에는 풀림을 실시하여 조직을 미세화하고 주조응력을 제거해야 한다.

② 주강의 종류

(가) 탄소 주강

㉠ 탄소 함량에 따라 0.2%C 이하를 저탄소 주강, 0.2~0.5%C를 중탄소 주강, 0.5%C 이상을 고탄소 주강으로 구분한다.

㉡ 탄소 주강에서 SC410, SC450 및 SC480은 철도차량, 조선, 기계 및 광산 주조용재로 사용되고, SC360은 전동기 프레임 등의 전동기 부품으로 사용된다.

㉢ 탄소 주강은 보통 주조 후 풀림 또는 뜨임처리하여 사용한다.

(나) 합금 주강

㉠ Ni 주강: 주강의 강인성을 높일 목적으로 1.0~5.0%Ni을 첨가한 것으로 톱니바퀴, 차축, 철도용 및 선박용 설비 등에 사용된다.

㉡ Cr 주강: 보통 주강에 3% 이하의 Cr을 첨가하면 강도와 내마멸성이 증가되므로 분쇄기계, 석유화학 공업용 기계 부품에 사용되며, Cr을 12~14% 함유한 주강품은 화학용 기계 등에 이용된다.

㉢ Ni-Cr 주강: 1.0~4.0%Ni, 0.5~1.5%Cr을 함유하는 저합금 주강인데, 강도가 크고 인성이 양호할 뿐만 아니라 피로 한도와 충격값이 크므로 자동차, 항공기 부품, 톱니바퀴, 롤 등에 사용되며, 담금질한 것은 내마멸성이 크다.

㉣ Mn 주강: Mn 0.9~1.2% 함유한 펄라이트계인 저망간 주강은 열처리하여 제지용 롤 등에 이용되며, 특히 0.9~1.2%C, 11~14%Mn을 함유하는 하드필드강은 고망간 주강으로, 주조 상태로는 오스테나이트입계에 탄화물이 석출하여 취약하지만 1000~1100℃에서 담금질하면 균일한 오스테나이트 조직이 되어 강인하게 된다. 레일의 조인트, 광산 및 토목용 기계 부품 등에 사용된다.

단원 예상문제

1. 다음 철강 재료에서 인성이 가장 낮은 것은?

① 회주철 ② 탄소공구강
③ 합금공구강 ④ 고속도공구강

해설 회주철은 인성보다 취성이 높은 금속이다.

2. 주철의 기계적 성질에 대한 설명 중 틀린 것은?

① 경도는 C+Si의 함유량이 많을수록 높아진다.
② 주철의 압축강도는 인장강도의 3~4배 정도이다.
③ 고 C, 고 Si의 크고 거친 흑연편을 함유하는 주철은 충격값이 작다.
④ 주철은 자체의 흑연이 윤활제 역할을 하며, 내마멸성이 우수하다.

해설 경도는 C+Si의 함유량이 많을수록 낮아진다.

3. 주철에서 Si가 첨가될 때 Si의 증가에 따른 상태도 변화로 옳은 것은?

① 공정온도가 내려간다.
② 공석온도가 내려간다.
③ 공정점은 고탄소 측으로 이동한다.
④ 오스테나이트에 대한 탄소 용해도가 감소한다.

4. 황이 적은 선철을 용해하여 주입 전에 Mg, Ce, Ca 등을 첨가하여 제조한 주철은?

① 구상흑연주철 ② 칠드주철
③ 흑심가단주철 ④ 미하나이트 주철

5. 구상흑연 주철품의 기호표시에 해당하는 것은?

① WMC 490 ② BMC 340
③ GCD 450 ④ PMC 490

해설 백심가단주철(WMC), 흑심가단주철(BMC), 펄라이트가단주철(PMC), 구상흑연주철(GCD)

6. 황(S)이 적은 선철을 용해하여 구상흑연주철을 제조할 때 많이 사용되는 흑연구상화제는?

① Zn ② Mg ③ Pb ④ Mn

해설 Mg은 구상흑연주철 제조 시 황을 제거하는 목적으로 사용된다.

7. 구상흑연주철의 조직상 분류가 틀린 것은?

① 페라이트형 ② 마텐자이트형
③ 펄라이트형 ④ 시멘타이트형

8. 다음 중 주철에서 칠드 층을 얇게 하는 원소는?

① Co ② Sn
③ Mn ④ S

해설 Co는 흑연화 촉진원소이다.

9. 표면은 단단하고 내부는 회주철로 강인한 성질을 가지며 압연용 롤, 철도차량, 분쇄기 롤 등에 사용되는 주철은?

① 칠드주철 ② 흑심가단주철
③ 백심가단주철 ④ 구상흑연주철

해설 칠드주철은 내마모성이 요구되는 주철로서 외부는 백선화, 내부는 회주철로된 강인한 주철이다.

10. 주철용탕에 최초로 칼슘-실리케이트를 접종하여 만든 강인한 회주철은?

① 칠드주철 ② 백심가단주철
③ 구상흑연주철 ④ 미하나이트주철

해설 미하나이트주철: Ca-Si나 Fe-Si 등의 접종제로 접종처리하여 응고와 함께 흑연화시킨 강인한 펄라이트 주철이다.

11. 내마멸용으로 사용되는 에시큘러 주철의 기지(바탕) 조직은?

① 베이나이트 ② 소르바이트
③ 마텐자이트 ④ 오스테나이트

정답 1. ① 2. ① 3. ④ 4. ① 5. ③ 6. ② 7. ② 8. ① 9. ① 10. ④ 11. ①

1-4 열처리의 종류

① 불림(normalizing): 소재를 일정온도에서 가열 후 공랭시켜 표준화하는 조작
② 풀림(annealing): 재질을 연하고 균일하게 열처리하는 조작
③ 담금질(quenching): 급랭시켜 재질을 경화하는 조작
④ 뜨임(tempering): 담금질된 것에 인성을 부여하는 조작
⑤ 심랭처리(subzero cooling): 담금질한 강을 실온 이하로 냉각하여 잔류 오스테나이트를 마텐자이트(martensite)로 변화시키는 조작
⑥ 진공 열처리(vacuum heat treatment): 산화를 방지하기 위하여 진공 상태의 불활성가스(He, Ar 등)에 의해 열처리하는 방법

단원 예상문제

1. 담금질(quenching)하여 경화된 강에 적당한 인성을 부여하기 위한 열처리는?

① 뜨임 ② 풀림
③ 노멀라이징 ④ 심랭처리

2. 열처리로에 사용하는 분위기 가스 중 불활성가스로만 짝지어진 것은?

① NH_3, CO ② He, Ar
③ O_2, CH_4 ④ N_2, CO_2

3. [보기]는 강의 심랭처리에 대한 설명이다. (A), (B)에 들어갈 용어로 옳은 것은?

| 보기 |
심랭처리란 담금질한 강을 실온 이하로 냉각하여 (A)를 (B)로 변화시키는 조작이다.

① (A): 잔류 오스테나이트, (B): 마텐자이트
② (A): 마텐자이트, (B): 베이나이트
③ (A): 마텐자이트, (B): 소르바이트
④ (A): 오스테나이트, (B): 펄라이트

해설 심랭처리는 경화된 강 중의 잔류 오스테나이트를 마텐자이트화하는 것으로서 공구강의 경도 증가 및 성능 향상을 기할 수 있다.

정답 1. ① 2. ② 3. ①

제 3 장 비철 금속재료와 특수 금속재료

1. 비철 금속재료

1-1 구리와 그 합금

(1) 구리(Cu)의 종류

① 동광석으로는 황동광($CuFeS_2$), 휘동광(Cu_2S), 적동광(Cu_2O) 등이 있으며, 품위는 Cu10~15% 이상이 드물고 보통 2~4%의 것을 선광하여 품위를 20% 이상으로 하여 제련한다.

② 전기동(electrolytic coper): 전기분해하여 음극에서 얻어지는 동으로 순도는 높으나 취약하여 가공이 곤란하다.

③ 정련동(electrolytic tough pitch copper): 강인동, 무산화동이라고 하며 용융정제하여 O를 0.02~0.04% 정도 남긴 것으로 순도 99.292%이며, 용해할 때 노내 분위기를 산화성으로 만들어 용융구리 중의 산소농도를 증가시켜 수소함유량을 저하시킨 후 생목을 용동 중에 투입하는 폴링(poling)을 하여 탈산시킨 동이다. 전도성, 내식성, 전연성, 강도 등이 우수하여 판, 봉, 선 등의 전기공업용으로 널리 사용된다.

④ 탈산동(deoxidized copper): 용해 시에 흡수된 산소를 인으로 탈산하여 산소를 0.01% 이하로 제거한 것이며, 고온에서 수소취성이 없고 산소를 흡수하지 않으며 용접성이 좋아 가스관, 열교환관, 중유버너용관 등으로 사용된다.

⑤ 무산소동(OFHC: oxygen-free high conductivity copper): 산소나 P, Zn, Si, K 등의 탈산제를 품지 않고 전기동을 진공 중 또는 무산화 분위기에서 정련 주조한 것으로 산소함유량은 0.001~0.002% 정도이다. 성질은 정련동과 탈산동의 장점을 지녔으며, 특히 전기전도도가 좋고 가공성이 우수하며 유리에 대한 봉착성 및 전연성이 좋아 진공관용 또는 기타 전자기기용으로 널리 사용된다.

단원 예상문제

1. 진공 또는 CO의 환원성 분위기에서 용해 주조하여 만들며 O_2나 탈산제를 품지 않은 구리는?

① 전기 구리 ② 전해인상 구리 ③ 탈산 구리 ④ 무산소 구리

2. 구리를 용해할 때 흡수된 산소를 인으로 탈산시켜 산소를 0.01% 이하로 남기고 인을 0.12%로 조절한 구리는?

① 전기 구리 ② 탈산 구리 ③ 무산소 구리 ④ 전해인상 구리

정답 1. ④ 2. ②

(2) 구리의 성질

① 전기 및 열의 전도성이 우수하다.

② 전연성이 좋아 가공이 용이하다.

③ 화학적 저항력이 커서 부식되지 않는다.

④ 아름다운 광택으로 귀금속적 성질이 우수하다.

⑤ Zn, Sn, Ni, Ag 등과 용이하게 합금을 만든다.

구리의 기계적 성질

구분	성질	구분	성질
인장강도	22~25 kgf/mm^2	피로한도	8.5 kgf/mm^2
연신율	49~60 %	탄성계수	12.200 kgf/mm^2
단면수축률	93~70 %	브리넬 경도	35~40
아이조드 충격값	5.8 kg-m	푸아송비	0.33 ± 0.01

(3) 구리합금의 종류

① 황동(brass): 놋쇠라고도 하며 Cu+Zn의 합금이다.

(가) 황동의 상태도와 조직

㉠ 2원계상태도는 황동형, 청동형, 공정형으로 분류하며 황동형에는 Zn의 함유량에 따라 α, β, γ, δ, ε, ζ의 6상이 있으나 실용되는 것은 α 및 α+β의 2상이다.

㉡ α상은 Cu에 Zn이 고용된 상태로서 그 결정형은 FCC이며 전연성이 좋다. β상은 BCC의 결정을 갖는다.

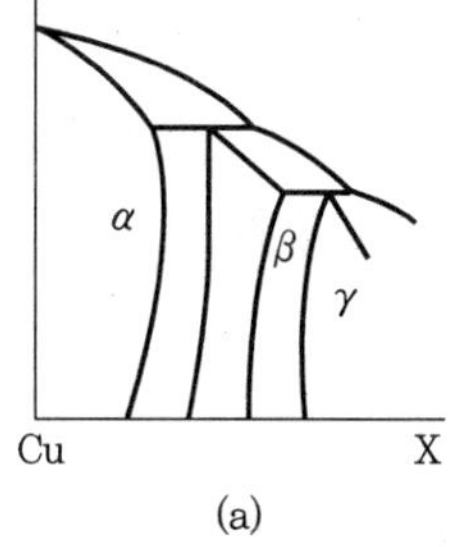

(a)

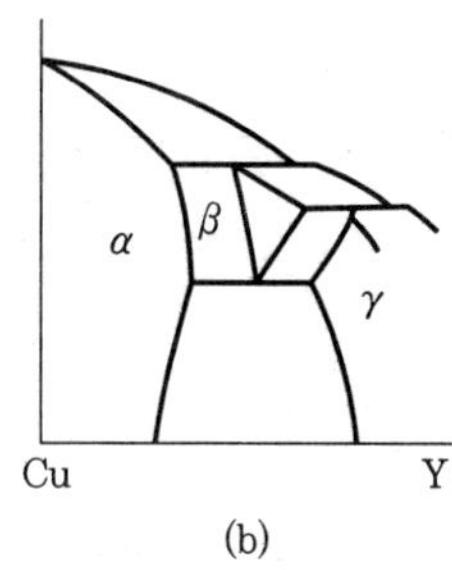

(b)

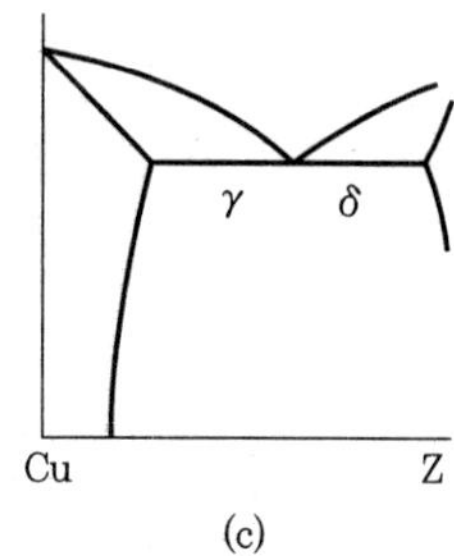

(c)

(a) 황동형 Cu-Zn, Cu-Ti, Cu-Cd
(b) 청동형 Cu-Sn, Cu-Si, Cu-Al, Cu-Be, Cu-In
(c) 공정형 Cu-Ag, Cu-P

구리계의 2원합금 상태도

㈏ 황동의 성질

㉠ 6:4황동은 고온가공에 적합하나 7:3황동은 고온가공에 부적합하다.

㉡ 황동의 경년변화: 황동의 가공재를 상온에서 방치하거나 저온풀림 경화시킨 스프링재가 사용 도중 시간이 경과함에 따라 경고 등 여러 가지 성질이 악화되는 현상을 말한다.

㉢ 탈아연 부식: 불순한 물 또는 부식성 물질이 녹아 있는 수용액의 작용에 의해 황동의 표면 또는 깊은 곳까지 탈아연되는 현상을 말한다.

㉣ 자연 균열(season cracking): 응력부식균열에 의한 잔류응력으로 나타나는 현상이며 자연균열을 일으키기 쉬운 분위기는 암모니아, 산소, 탄산가스, 습기, 수은 및 그 화합물이 촉진제이고 방지책은 도료 및 Zn도금, 180~260℃에서 응력제거풀림 등으로 잔류응력을 제거하는 방법이 있다.

㉤ 고온탈아연: 고온에서 탈아연되는 현상이며 표면이 깨끗할수록 심하다. 방지책은 황동 표면에 산화물 피막을 형성하는 방법이 있다.

㈐ 황동의 종류 및 용도

㉠ 5~20%Zn황동(tombac): Zn을 소량 첨가한 것은 금색에 가까워 금박대용으로 사용하며 화폐, 메달 등에 사용되는 5% Zn황동(gilding metal), 디프드로잉용의 단동, 대표적인 10%Zn황동(commercial brass), 15%Zn황동(red brass), 20%Zn황동(low brass) 등이 있다.

㉡ 25~35%Zn황동: 가공용 황동의 대표적이며 자동차용 방열기부품, 탄피, 장식품으로 사용되는 7:3황동(cartridage brass), 35%Zn황동(yellow brass) 등이 있다.

㉢ 35~45%Zn황동: 6:4황동(muntz metal)으로 α+β황동이며 고온가공이 용이하며 복수기용판, 열간단조품, 볼트너트, 대포탄피 등에 사용된다.

㉣ 특수 황동: 황동에 다른 원소를 첨가하여 기계적 성질을 개선한 황동으로 Sn, Al, Fe, Mn, Ni, Pb 등을 첨가하여 합금원소 1량이 Zn의 x량에 해당할 때 이 x를 그 합금원소의 아연당량이라고 한다.

따라서 각종 합금원소를 첨가할 때 겉보기 Zn함유량 B를 구하는 식은 다음과 같다.

$$B'=\frac{B+t\cdot q}{A+B+t\cdot q}\times 100$$

여기서, A: 구리(%), B: 아연(%), t: 아연당량, q: 첨가원소(%)

㉤ 실용 특수황동으로는 7:3황동에 1% Sn을 첨가한 애드미럴티 황동(admiralty brass)과 6:4황동에 0.75%Sn을 첨가한 네이벌 황동(naval brass)이 있다. 네이벌 황동은 용접봉 선박기계부품으로 사용된다. 이외에 쾌삭황동인 함연황동(leaded brass), 알브랙(albrac)이라고 하는 알루미늄황동, 규소황동 등이 있으며, 고강도 황동으로는 6:4황동에 8%Mn을 첨가한 망가니즈청동, 1~2%Fe을 첨가한 델타메탈(delta metal) 등이 있다.

㉥ 기타 그 밖에 전기저항체, 밸브, 콕(cock), 광학기계 부품 등에 사용되는 7:3황동에 10~20%Ni을 첨가한 양백 및 양은(nickel silver 또는 german silver)을 Ag 대용으로 쓰고 있다.

② 청동: Cu-Sn 합금을 말하며 주석청동이라 한다. 주석청동은 장신구, 무기, 불상, 종 등의 금속제품으로 오래 전부터 실용되어 왔으며 황동보다 내식성과 내마모성이 좋아 함유량이 10% 이내의 것은 각종 기계주물용, 미술공예품으로 사용한다.

㈎ 청동의 상태도와 조직

㉠ Cu에 Sn을 첨가하면 용융점이 급속히 내려간다.

㉡ α고용체의 Sn 최대 고용한도는 약 15.8%이며 주조상태에서는 수지상조직으로서 구리의 붉은색 또는 황적색을 띠고 전연성이 풍부하다.

㉢ β고용체는 BCC격자를 이루며 고온에서 존재하는데 이것을 담금질하여 상온에 나타나게 한 것은 붉은색을 띤 노랑색이며, 강도는 α보다 크고 전연성은 떨어진다.

㉣ γ고용체는 고온에서의 강도가 β보다 훨씬 큰 조직이다. 그리고 δ 및 ε은 청색의 화합물로 $Cu_{31}Sn_8$ 및 Cu_3Sn이며 취약한 조직으로 평형상태도에서 β고용체

는 586℃에서 $\beta \rightleftarrows \alpha+\gamma$의 공석변태를 일으키고 γ고용체는 다시 520℃에서 β와 같은 γ도 $\alpha+\delta$의 공석변태를 일으킨다.

(나) 청동의 종류 및 용도

㉠ 포금(gun metal): 애드미럴티포금(admiralty gun metal)이라고도 하며 8~12% Sn에 1~2%의 Zn을 넣어 내해수성이 좋고 수압, 증기압에도 잘 견디므로 선박용 재료로 널리 사용된다.

㉡ 미술용 청동으로 동상이나 실내장식 또는 건축물 등에 많이 사용되며 유동성을 좋게 하고 정밀주물을 제작하기 위하여 Zn을 비교적 많이 첨가하고, 절삭성 향상을 위하여 Pb를 첨가한다.

(다) 특수 청동 (special bronze)

㉠ 인청동(phosphor bronze): 청동의 용해주조 시에 탈산제로 사용하는 P의 첨가량이 많아 합금 중에 0.05~0.5% 정도 남게 하면 용탕의 유동성이 좋아지고 합금의 경도, 강도가 증가하며 내마모성, 탄성이 개선되는데 이를 인청동이라 한다. 스프링용 인청동은 보통 7~9%Sn, 0.03~0.05%P를 함유한 청동이다.

㉡ 연청동(lead bronze): 주석청동 중에 Pb를 3.0~26% 첨가한 것이며, 그 조직 중에 Pb가 거의 고용되지 않고 입계에 점재하여 윤활성이 좋아지므로 베어링, 패킹재료 등에 널리 사용된다.

㉢ 알루미늄청동(aluminium bronze): Cu-12%Al합금으로 황동, 청동에 비해 강도, 경도, 인성, 내마모성, 내피로성 등의 기계적 성질 및 내열, 내식성이 좋아 선박, 항공기, 자동차 등의 부품용으로 사용된다. 이 합금은 주조성, 가공성, 용접성이 떨어지고 융합손실이 크다. Cu-Al상태도에서 6.3% Al 이내에서는 α고용체를 만드나 그 이상이 되면 565℃에서 $\beta \rightarrow \alpha+\delta$의 공석변태를 하여 서랭취성을 일으킨다.

㉣ 규소청동(silicon bronze): Cu에 탈탄을 목적으로 Si를 첨가한 청동으로 4.7%Si까지 상온에서 Cu 중에 고용되어 인장강도를 증가시키고 내식성, 내열성을 좋게 한다.

㉤ 기타 특수청동: 콜슨(Corson) 합금(Cu-Ni-Si), 양백(Cu-Ni-Zn) 등이 있다. 베릴륨청동(beryllium bronze): Cu에 2~3% Be을 첨가한 시효경화성 합금이며 Cu합금 중의 최고 강도를 지니고 피로한도, 내열성, 내식성이 우수하여 베어링, 고급 스프링 재료로 이용된다.

단원 예상문제

1. 구리 및 구리합금에 대한 설명으로 옳은 것은?

① 구리는 자성체이다.
② 금속 중에 Fe 다음으로 열전도율이 높다.
③ 황동은 주로 구리와 주석으로 된 합금이다.
④ 구리는 이산화탄소가 포함되어 있는 공기 중에서 녹청색 녹이 발생한다.

해설 구리는 비자성체이고 열전도율이 은(Ag) 다음으로 높으며, 황동은 구리와 아연의 합금이다.

2. 다음 비철금속 중 구리가 포함되어 있는 합금이 아닌 것은?

① 황동 ② 톰백 ③ 청동 ④ 하이드로날륨

해설 하이드로날륨(hydronalium)은 내식성 Al합금이다.

3. 황동의 합금 조성으로 옳은 것은?

① Cu+Ni ② Cu+Sn ③ Cu+Zn ④ Cu+Al

해설 황동: Cu+Zn, 청동: Cu+Sn

4. 네이벌 황동(naval brass)이란?

① 6:4황동에 주석을 0.75% 정도 넣은 것
② 7:3황동에 주석을 2.85% 정도 넣은 것
③ 7:3황동에 납을 3.55% 정도 넣은 것
④ 6:4황동에 철을 4.95% 정도 넣은 것

해설 네이벌 황동: 6:4황동에 주석을 첨가하여 내식성을 개선한 황동

5. 황동에 납(Pb)을 첨가하여 절삭성을 좋게 한 황동으로 스크루(screw), 시계용 기어 등의 정밀가공에 사용되는 합금은?

① 레드 브라스(red brass) ② 문쯔메탈(muntz metal)
③ 틴 브라스(tin brass) ④ 실루민(silumin)

6. 황동에서 탈아연부식이란 무엇인가?

① 황동제품이 공기 중에 부식되는 현상
② 황동 중에 탄소가 용해되는 현상
③ 황동이 수용액 중에서 아연이 용해하는 현상
④ 황동 중의 구리가 염분에 녹는 현상

7. 다음 중 황동 합금에 해당되는 것은?

① 질화강 ② 톰백
③ 스텔라이트 ④ 화이트메탈

해설 톰백(tombac): 아연 8~20%를 함유한 황동

8. 다음 중 청동과 황동 및 합금에 대한 설명으로 틀린 것은?

① 청동은 구리와 주석의 합금이다.
② 황동은 구리와 아연의 합금이다.
③ 톰백은 구리에 5~20%의 아연을 함유한 것으로 강도는 높으나 전연성이 없다.
④ 포금은 구리에 8~12% 주석을 함유한 것으로 포신의 재료 등에 사용된다.

해설 톰백은 구리에 5~20%의 아연을 함유한 것으로 전연성이 크다.

9. 7:3황동에 Sn을 1% 첨가한 합금으로 전연성이 좋아 관 또는 판으로 제작하여 증발기, 열교환기 등에 사용되는 합금은?

① 애드미럴티 황동(admiralty brass) ② 네이벌 황동(naval brass)
③ 톰백(tombac) ④ 망가니즈황동(manganese brass)

10. 주석을 함유한 황동의 일반적인 성질 및 합금에 관한 설명으로 옳은 것은?

① 황동에 주석을 첨가하면 탈아연부식이 촉진된다.
② 고용한도 이상의 Sn 첨가시 나타나는 Cu_4Sn상은 고연성을 나타내게 한다.
③ 7-3황동에 1% 주석을 첨가한 것이 애드미럴티(admiralty) 황동이다.
④ 6-4황동에 1% 주석을 첨가한 것이 플라티나이트(platinite) 황동이다.

11. 문쯔메탈(muntz metal)이라 하며 탈아연부식이 발생하기 쉬운 동합금은?

① 6-4황동 ② 주석청동
③ 네이벌 황동 ④ 애드미럴티 황동

12. 양은(양백)의 설명 중 맞지 않는 것은?

① Cu-Zn-Ni계의 황동이다.
② 탄성재료에 사용된다.
③ 내식성이 불량하다.
④ 일반전기저항체로 이용된다.

해설 양은(양백)은 Cu-Zn-Ni계의 황동으로 내식성이 우수하다.

13. 10~20%Ni, 15~30%Zn에 구리와 70%의 합금으로 탄성재료나 화학기계용 재료로 사용되는 것은?

① 양백 ② 청동 ③ 인바 ④ 모넬메탈

14. 청동의 합금원소는?

① Cu-Zn ② Cu-Sn ③ Cu-Be ④ Cu-Pb

해설 Cu-Zn: 황동, Cu-Sn: 청동, Cu-Be: 베릴륨 청동, Cu-Pb: 연청동

15. 청동합금에서 탄성, 내마모성, 내식성을 향상시키고 유동성을 좋게 하는 원소는?

① P ② Ni ③ Zn ④ Mn

16. 다음 중 Sn을 함유하지 않은 청동은?

① 납청동 ② 인청동 ③ 니켈 청동 ④ 알루미늄 청동

해설 알루미늄 청동: Cu-12%Al 합금으로 황동, 청동에 비해 강도, 경도, 인성, 내마모성, 내피로성 등의 기계적 성질 및 내열, 내식성이 좋아 선박, 항공기, 자동차 등의 부품용으로 사용된다.

정답 1. ④ 2. ④ 3. ③ 4. ① 5. ① 6. ③ 7. ② 8. ③ 9. ① 10. ③ 11. ① 12. ③ 13. ① 14. ② 15. ① 16. ④

1-2 경금속과 그 합금

(1) 알루미늄(Al)과 그 합금

① 알루미늄은 가볍고 전연성이 우수한 전기 및 열의 양도체이며 내식성이 좋은 금속이다.

② 알루미늄의 광석은 보크사이트(bauxite)이다.

③ 알루미늄은 선, 박, 관의 형태로 자동차, 항공기, 가정용기, 화학공업용 용기 등에 이용되고, 분말로는 산화방지도료, 화약제조 등에 이용된다.

(2) 알루미늄 합금의 개요

① Al합금은 Al-Cu계, Al-Si계, Al-Cu-Mg계 등이 있으며 이것은 주조용과 가공용으로 분류된다. 가공용 Al합금에는 내식, 고력, 내열용이 있다.

알루미늄 합금의 분류

주조용	가공용		
Al-Cu계	내식용	고강도용	내열용
Al-Cu-Si계 Al-Si계 Al-Si-Mg계 Al-Mg계 Al-Cu-Ni계	Al-Mn계 Al-Mn-Mg계 Al-Mg계 Al-Mg-Si계	Al-Cu계 Al-Cu-Mg계 Al-Zn-Mg계	Al-Cu-Ni계 Al-Ni-Si계

② Al합금의 대부분은 시효경화성이 있으며 용체화처리와 뜨임에 의해 경화한다.

③ 과포화고용체 α′를 오랜 시간 방치하면 $\alpha' \rightarrow \alpha + CuAl_2(\theta)$ 와 같이 석출하여 경화의 원인이 된다.

④ 과포화고용체를 상온 또는 고온에 유지함으로써 시간이 경과함에 따라 합금의 성질이 변하는 것을 시효라 한다. 자연시효와 100~200℃에서 하는 인공시효가 있다.

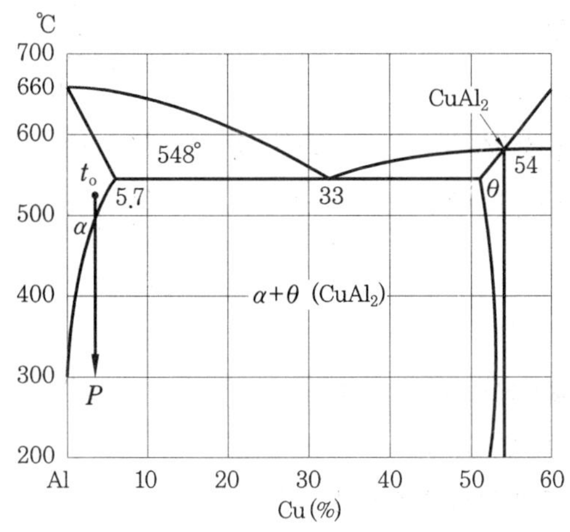

Al-Cu상태도

(3) 주조용 알루미늄합금

① Al-Cu계 합금: 이 합금은 담금질 시효에 의해 강도가 증가하고 내열성과 연신율, 절삭성은 좋으나 고온취성이 크고 수축에 의한 균열 등의 결점이 있다.

② Al-Cu-Si계 합금: 라우탈(lautal)이라 하며 3~8% Cu, 3~8% Si의 조성이고, Si로 주조성을 개선하고 Cu로 피삭성을 좋게 한 합금이다. 주조조직은 고용체의 초정(α+Si)을 2원공정 및 3원공정(α+θ+Si)이 포위한 상태이며 Fe는 침상의 $FeAl_3$상이 된다.

③ Al－Si계 합금: 이 합금은 단순히 공정형으로 공정점 부근의 성분을 실루민(silumin), 알팍스(alpax)라고 부른다. 이 합금의 주조조직에 나타나는 Si는 육각판상의 거친 결정이므로 실용되지 않는다. 따라서 금속나트륨, 불화알칼리, 가성소다, 알칼리염류 등을 접종시켜 조직을 미세화하고 강도를 개선하는데 이러한 처리를 개량처리라 한다.

④ 내열용 Al합금: 이 합금은 자동차, 항공기, 내연기관의 피스톤, 실린더 등으로 사용하며, 실용합금으로는 피스톤으로 많이 사용되는 Y합금(Al－4% Cu－2% Ni－1.5% Mg), 로엑스(Lo－Ex)합금(Al－12~14% Si－1% Mg－2~2.5% Ni), 코비탈륨(cobitalium)합금 등이 있다. Y합금은 3원화합물인 $Al_5Cu_2Mg_2$에 의해 석출경화되며 510~530℃에서 온수냉각 후 약 4일간 상온시효한다. 인공시효 처리할 경우에는 100~150℃에서 실시한다.

⑤ 다이캐스팅용 Al합금: 알코아(alcoa), 라우탈(lautal), 실루민(silumin), Y합금 등이 있으며, 다이캐스팅용 합금으로써 특히 요구되는 성질은 다음과 같다.

㈎ 유동성이 좋을 것
㈏ 열간취성이 적을 것
㈐ 응고수축에 대한 용탕 보급성이 좋을 것
㈑ 금형에 대한 점착성이 좋지 않을 것

단원 예상문제

1. 알루미늄에 대한 설명으로 옳은 것은?

① 알루미늄의 비중은 약 5.2이다.
② 알루미늄은 면심입방격자를 갖는다.
③ 알루미늄의 열간가공온도는 약 670℃이다.
④ 알루미늄은 대기 중에서는 내식성이 나쁘다.

해설 Al은 비중 2.7에 내식성이 우수하며 면심입방격자이다.

2. 라우탈(latal) 합금의 특징을 설명한 것 중 틀린 것은?

① 시효경화성이 있는 합금이다.
② 규소를 첨가하여 주조성을 개선한 합금이다.
③ 주조 균열이 크므로 사형 주물에 적합하다.
④ 구리를 첨가하여 절삭성을 좋게 한 합금이다.

해설 주조 균열이 크므로 두꺼운 주물에 적합하다.

3. Al에 Si가 고용될 수 있는 한계는 공정온도인 577℃에서 약 1.65%이고 기계적 성질 및 유동성이 우수하여 얇고 복잡한 모래형 주물에 많이 사용되는 알루미늄 합금은?

① 마그날륨 ② 모넬메탈 ③ 실루민 ④ 델타메탈

해설 실루민: Al-Si계 합금으로 금속나트륨, 불화알칼리, 가성소다, 알칼리염류 등을 접종시켜 조직을 미세화하고 강도를 개선한 합금

4. 주물용 Al-Si합금 용탕에 0.01% 정도의 금속 나트륨을 넣고 주형에 용탕을 주입함으로써 조직을 미세화하고 공정점을 이동시키는 처리는?

① 용체화처리 ② 개량처리 ③ 접종처리 ④ 구상화처리

5. 실용합금으로 Al에 Si가 약 10~13% 함유된 합금의 명칭으로 옳은 것은?

① 실루민 ② 알니코 ③ 아우탈 ④ 오일라이트

6. Al-Si계 합금으로 공정형을 나타내며 이 합금에 금속나트륨 등을 첨가하여 개량처리한 합금은?

① 실루민 ② Y합금 ③ 로엑스 ④ 두랄루민

7. Al-Si계 합금에 관한 설명으로 틀린 것은?

① Si 함유량이 증가할수록 열팽창계수가 낮아진다.
② 실용합금으로는 10~13%의 Si가 함유된 실루민이 있다.
③ 용융점이 높고 유동성이 좋지 않아 복잡한 모래형 주물에는 이용되지 않는다.
④ 개량처리를 하게 되면 용탕과 모래 수분과의 반응으로 수소를 흡수하여 기포가 발생된다.

해설 Al-Si계 합금은 주조용 합금으로 용융점이 낮고 유동성이 좋아 개량처리하여 모래형 주물에 이용된다.

8. Al-Si계 주조용 합금은 공정점에서 조대한 육각판상 조직이 나타난다. 이 조직의 개량화를 위해 첨가하는 것이 아닌 것은?

① 금속납 ② 금속나트륨 ③ 수산화나트륨 ④ 알칼리염류

9. 다음 중 Y합금의 조성으로 옳은 것은?

① Al-Cu-Mg-Mn ② Al-Cu-Ni-W
③ Al-Cu-Mg-Ni ④ Al-Cu-Mg-Si

10. 4% Cu, 2% Ni 및 1.5% Mg이 첨가된 알루미늄 합금으로 내연기관용 피스톤이나 실린더 헤드 등에 사용되는 재료는?

① Y합금　② 라우탈　③ 알클레드　④ 하이드로날륨

11. Al-Cu계 합금에 Ni와 Mg를 첨가하여 열전도율, 고온에서의 기계적 성질이 우수하여 내연기관용, 공랭 실린더 헤드 등에 쓰이는 합금은?

① Y합금　② 라우탈　③ 알드레이　④ 하이드로날륨

해설 Y합금은 Al-Cu-Mg-Ni합금으로 내열성이 우수하다.

12. Y합금의 일종으로 Ti과 Cu를 0.2% 정도씩 첨가한 합금으로 피스톤에 사용되는 합금의 명칭은?

① 라우탈　② 코비탈륨　③ 두랄루민　④ 하이드로날륨

정답 1. ② 2. ③ 3. ③ 4. ② 5. ① 6. ① 7. ③ 8. ① 9. ③ 10. ① 11. ① 12. ②

(4) 가공용 알루미늄 합금

1000계열: 99.9% 이상의 Al

2000계열: Al-Cu계 합금

3000계열: Al-Mn계 합금

4000계열: Al-Si계 합금

5000계열: Al-Mg계 합금

6000계열: Al-Mg-Si계 합금

7000계열: Al-Zn계 합금

8000계열: 기타

9000계열: 예비

① 내식성 Al합금: Al에 첨가원소를 넣어 내식성을 해치지 않고 강도를 개선하는 원소는 Mn, Mg, Si 등이고 Cr은 응력부식을 방지하는 효과가 있다. 내식성 Al합금으로는 알코아(Al-1.2% Mn), 하이드로날륨(Al-6~10% Mg), 알드레이(aldrey) 등이 있다.

② 고강도 Al합금: 이 합금은 두랄루민을 시초로 발달한 시효경화성 Al합금의 대표적인 것으로 Al-Cu-Mg계와 Al-Zn-Mg계로 분류된다. 그 밖에 단조용으로는 Al-Cu계, 내열용으로는 Al-Cu-Ni-Mg계가 있다.

(가) 두랄루민: Al−4% Cu−0.5% Mn합금으로 500~510℃에서 용체화처리 후 상온 시효하여 기계적 성질을 개선시킨 합금이다. 이 합금은 비중이 약 2.79이므로 비강도가 연강의 약 3배나 된다.

(나) 초두랄루민(SD: super duralumin): 2024합금으로 Al−4.5% Cu−1.5% Mg−0.6%Mn의 조성을 가지며 항공기재료로 사용된다.

(다) 초초두랄루민(ESD: extra super duralumin): Al−1.5~2.5% Cu−7~9% Zn−1.2~1.8% Mg−0.3~0.5% Mn−0.1~0.4% Cr의 조성을 가지며 알코아 75S 등이 여기에 속하고 인장강도 54 kgf/mm^2 이상의 두랄루민을 말한다.

고강도 알루미늄합금의 성분과 기계적 성질

합금명	표준성분(%)						열처리온도(℃)		
	Cu	Mn	Mg	Zn	Cr	Al	풀림	담금질	뜨임
17S(두랄루민)	4.0	0.5	0.5	−	−	나머지	415	505	
24S(초두랄루민)	4.5	0.6	1.5	−	−	나머지	415	495	190(8~10시간)
75S(초초두랄루민)	1.5	0.2	2.5	5.6	0.3	나머지	415	495	120(22~26시간)

단원 예상문제

1. 다음 중 내식성 알루미늄 합금이 아닌 것은?

① 하스텔로이(Hastelloy) ② 하이드로날륨(hydronalium)
③ 알클래드(alclad) ④ 알드레이(aldrey)

해설 하스텔로이는 내열합금이다.

2. Al에 1~1.5%의 Mn을 합금한 내식성 알루미늄합금으로 가공성, 용접성이 우수하여 저장탱크, 기름탱크 등에 사용되는 것은?

① 알민 ② 알드레이 ③ 알클래드 ④ 하이드로날륨

3. 다음 중 두랄루민과 관련이 없는 것은?

① 용체화처리를 한다 . ② 상온시효처리를 한다.
③ 알루미늄 합금이다. ④ 단조경화 합금이다.

해설 두랄루민: Al−4% Cu−0.5% Mn합금으로 500~510℃에서 용체화처리 후 상온시효하여 기계적 성질을 개선시킨 합금이다.

4. 다음 중 초초두랄루민(ESD)의 조성으로 옳은 것은?

① Al–Si계

② Al–Mn계

③ Al–Cu–Si계

④ Al–Zn–Mg계

해설 초초두랄루민(ESD: extra super duralumin): Al–1.5~2.5%Cu–7~9%Zn–1.2~1.8%Mg–0.3~0.5% Mn–0.1~0.4%Cr의 조성을 가지며 알코아 75S 등이 여기에 속하고 인장강도 54 kgf/mm^2 이상의 두랄루민을 말한다.

5. 고강도 Al 합금인 초초두랄루민의 합금에 대한 설명으로 틀린 것은?

① Al합금 중에서 최저의 강도를 갖는다.

② 초초두랄루민을 ESD 합금이라 한다.

③ 자연 균열을 일으키는 경향이 있어 Cr 또는 Mn을 첨가하여 억제시킨다.

④ 성분 조성은 Al–1.5~2.5%, Cu–7~9%, Zn–1.2~1.8%, Mg–0.3~0.5%, Mn–0.1~0.4%, Cr이다.

해설 초초두랄루민은 고강도 Al합금이다.

6. Al–Mg계 합금에 대한 설명 중 틀린 것은?

① Al–Mg계 합금은 내식성 및 강도가 우수하다.

② Al–Mg계 합금은 평행상태도에서는 450℃에서 공정을 만든다.

③ Al–Mg계 합금에 Si를 0.3% 이상 첨가하여 연성을 향상시킨다.

④ Al에 Mg 4~10% 이내가 함유된 강을 하이드로날륨이라 한다.

해설 Al–Mg계 합금에 Si를 0.3% 이상 첨가하면 연성을 해친다.

정답 1. ① 2. ① 3. ④ 4. ④ 5. ① 6. ③

(5) 마그네슘과 그 합금

Mg은 비중 1.74로 실용금속 중에서 가장 가볍고 비강도가 Al합금보다 우수하므로 항공기, 자동차부품, 전기기기, 선박, 광학기계, 인쇄제판 등에 이용되며 구상흑연주철의 첨가제로도 사용된다. 주조용 Mg합금으로는 Mg–Al계합금 다우메탈(dow metal), 내연기관의 피스톤 등으로 사용되는 Mg–Al–Zn합금 일렉트론 Mg희토류계 합금, 미시메탈(misch metal) Mg–Th계 합금, Mg–Zr계 합금 등이 있으며 결정립이 미세하고 크리프저항이 큰 합금이다.

단원 예상문제

1. 마그네슘 및 마그네슘합금의 성질에 대한 설명으로 옳은 것은?

① Mg의 열전도율은 Cu와 Al보다 높다.
② Mg의 전기전도율은 Cu와 Al보다 높다.
③ Mg합금보다 Al합금의 비강도가 우수하다.
④ Mg은 알칼리에 잘 견디나, 산이나 염수에서는 침식된다.

해설 Mg의 열전도율과 전기전도율은 Cu와 Al보다 낮고 비강도는 우수하다.

2. 다음 마그네슘에 대한 설명 중 틀린 것은?

① 고온에서 발화되기 쉽고, 분말은 폭발하기 쉽다.
② 해수에 대한 내식성이 풍부하다.
③ 비중이 1.74, 용융점이 650℃인 조밀육방격자이다.
④ 경합금 재료로 좋으며 마그네슘 합금은 절삭성이 좋다.

해설 마그네슘은 해수에 대한 내식성이 나쁘다.

3. 다음 비철합금 중 비중이 가장 가벼운 것은?

① 아연(Zn) 합금　② 니켈(Ni) 합금
③ 알루미늄(Al) 합금　④ 마그네슘(Mg) 합금

해설 비중은 Zn이 7.13, Ni 8.9, Al 2.7, Mg 1.74 이다.

4. 다음 중 Mg에 대한 설명으로 옳은 것은?

① 알칼리에는 침식된다.
② 산이나 염수에는 잘 견딘다.
③ 구리보다 강도는 낮으나 절삭성은 좋다.
④ 열전도율과 전기전도율이 구리보다 높다.

5. 비중이 약 1.74, 용융점이 약 650℃이며, 비강도가 커서 휴대용 기기나 항공우주용 재료로 사용되는 것은?

① Mg　② Al　③ Zn　④ Sb

해설 Mg: 1.74(660℃), Al: 2.7(660℃), Zn: 7.1(419℃), Sb: 6.62(650.5℃)

6. 다음 중 Mg합금에 해당하는 것은?

① 실루민　② 문쯔메탈　③ 일렉트론　④ 배빗메탈

해설 Mg합금에는 일렉트론(Mg-Zn)과 다우메탈(Mg-Al)이 있다.

7. 마그네슘의 성질을 설명한 것 중 틀린 것은?

① 용융점은 약 650℃ 정도이다.

② Cu, Al보다 열전도율은 낮으나 절삭성은 좋다.

③ 알칼리에는 부식되나 산이나 염류에는 침식되지 않는다.

④ 실용금속 중 가장 가벼운 금속으로 비중이 약 1.74이다.

해설 마그네슘은 알칼리에 견디나 산이나 염류에는 침식된다.

정답 1. ④ 2. ② 3. ④ 4. ③ 5. ① 6. ③ 7. ③

1-3 니켈과 그 합금

(1) 니켈(Ni)

① Ni은 FCC의 금속으로 353℃에서 자기변태를 하며, Ni의 지금은 대부분 전해니켈이나 구상의 몬드(mond)니켈이 사용된다.

② 니켈은 백색의 인성이 풍부한 금속이며 열간 및 냉간가공이 용이하다.

③ 화학적 성질은 대기 중에서 거의 부식되지 않으며 아황산가스(SO_2)를 품는 공기에서는 심하게 부식된다.

(2) 니켈합금

① Ni-Cu합금: 큐프로 니켈(cupro nickel, 백동)은 10~30% Ni합금, 콘스탄탄(constantan)은 40~50% Ni합금, 어드벤스(advance)는 44% Ni합금, 모넬메탈(monel metal)은 60~70% Ni합금이 있다.

② Ni-Fe합금: 인바, 슈퍼인바, 엘린바, 플라티나이트 등이 있다.

단원 예상문제

1. 동전 제조에 많이 사용되는 금속으로 탈색효과가 우수하며, 비중이 약 8.9인 금속은?

① 니켈(Ni)

② 아연(Zn)

③ 망가니즈(Mn)

④ 백금(Pt)

2. 다음 중 Ni-Fe계 합금이 아닌 것은?

① 인바(invar) ② 니칼로이(nickalloy)
③ 플라티나이트(platinite) ④ 콘스탄탄(constantan)

해설 콘스탄탄은 Ni-Cu합금이다.

3. 55~60% Cu를 함유한 Ni합금으로 열전쌍용 선의 재료로 쓰이는 것은?

① 모넬메탈 ② 콘스탄탄 ③ 퍼민바 ④ 인코넬

정답 1. ① 2. ④ 3. ②

1-4 티타늄(Ti)합금

(1) 물리적 성질

① 비중: 4.54

② 융점: 1668℃

(2) Ti합금의 종류

α형, α+β형, β형

(3) Ti의 피로강도

인장강도 값의 50% 이상으로 크다. 알루미늄에서는 30%, 강력 알루미늄에서는 50%이다.

단원 예상문제

1. Ti금속의 특징을 설명한 것 중 옳은 것은?

① Ti 및 그 합금은 비강도가 낮다.
② 용점이 높고, 열전도율이 낮다.
③ 상온에서 체심입방격자의 구조를 갖는다.
④ Ti은 화학적으로 반응성이 없어 내식성이 나쁘다.

해설 Ti금속은 비강도 및 융점이 높고 열전도율이 낮으며, 상온에서 조밀육방격자 구조이고, 내식성이 높은 금속이다.

2. 비료 공장의 합성탑, 각종 밸브와 그 배관 등에 이용되는 재료로 비강도가 높고 열전도율이 낮으며 용융점이 약 1670℃인 금속은?

① Ti ② Sn ③ Pb ④ Co

정답 1. ② 2. ①

1-5 베어링용 합금

베어링 합금(bearing metal)은 Pb 또는 Sn을 주성분으로 하는 화이트메탈(white metal), Cu-Pb합금, 주석청동, Al합금, 주철, 소결합금 등 여러 가지가 있으며 축의 회전속도, 무게, 사용장소 등에 따라 구비조건은 다음과 같다.

① 하중에 견딜 정도의 경도와 내압력을 가질 것
② 충분한 점성과 인성을 있을 것
③ 주조성, 절삭성이 좋고 열전도율이 클 것
④ 마찰계수가 적고 저항력이 클 것
⑤ 내소착성이 크고 내식성이 좋으며 가격이 저렴할 것

(1) 화이트메탈

① 주석계 화이트메탈: 배빗메탈(babbit metal)이라고도 하며 Sn-Sb-Cu계 합금으로 Sb, Cu%가 높을수록 경도, 인장강도, 항압력이 증가한다. 이 합금의 불순물로는 Fe, Zn, Al, Bi, As 등이 있으며 중 또는 고하중 고속회전용 베어링으로 이용된다.

② Pb계 화이트메탈: Pb-Sb-Sn계 합금으로 Sb 15%, Sn 15%의 조성으로 되어 있다. Sb가 많은 경우 β상에 의한 취성이 나타나고, Sn%가 낮으면 As를 1% 이상 첨가해 고온에서 기계적 성질을 향상시켜 100~150℃ 정도로 오래 가열함으로써 연화를 억제할 수 있다.

(2) 구리계 베어링합금

베어링에 사용되는 구리합금으로는 70% Cu-30% Pb합금인 켈밋(kelmet)이 대표적이며, 포금, 인청동, 연청동, Al청동 등도 있다. 켈밋 베어링합금은 내소착성 시에 좋고 화이트메탈보다 내하중성이 크므로 고속, 고하중용 베어링으로 적합하여 자동차, 항공기 등의 주 베어링으로 이용된다.

(3) 카드뮴계, 아연계 합금

Cd은 고가이므로 많이 사용되지 않으나, 이 합금은 Cd에 Ni, Ag, Cu 등을 첨가하여 경화시킨 것이며 피로강도가 화이트메탈보다 우수하다.

(4) 함유 베어링(oilless bearing)

① 소결함유 베어링: 일명 오일라이트(oilite)라고도 한다. 구리계 합금과 Fe계 합금이 있으며, Cu-Sn-C합금이 가장 많이 사용된다. 이 합금은 5~100μ의 구리분말, 주석분말, 흑연분말을 혼합하고 윤활제를 첨가해 가압성형한 후 환원기류 중에서 400℃로 예비소결한 다음 800℃로 소결하여 제조한다.

② 주철함유 베어링: 주철 주조품은 가열과 냉각을 반복하면 치수의 증가와 함께 내부에 미세한 균열이 많이 발생하여 다공질로 바뀌고 또한 조직은 흑연상이 크게 발달해 기지가 전체적으로 페라이트화됨으로써 주철을 함유시키면 베어링의 특성이 좋아지고 내열성을 가지게 되어 고속, 고하중용 대형베어링으로 사용된다.

단원 예상문제

1. 베어링용 합금의 구비조건에 대한 설명 중 틀린 것은?

① 마찰계수가 적고 내식성이 좋을 것
② 충분한 취성을 가지며, 소착성이 클 것
③ 하중에 견디는 내압력의 저항력이 좋을 것
④ 주조성 및 절삭성이 우수하고 열전도율이 클 것

해설 취성이 적고 소착성이 작아야 한다.

2. 다음 중 베어링용 합금이 갖추어야 할 조건 중 틀린 것은?

① 마찰계수가 크고 저항력이 작을 것
② 충분한 점성과 인성이 있을 것
③ 내식성 및 내소착성이 좋을 것
④ 하중에 견딜 수 있는 경도와 내압력을 가질 것

해설 마찰계수가 작고 저항력이 높아야 한다.

3. Sn-Sb-Cu의 합금으로 주석계 화이트메탈이라고 하는 것은?

① 인코넬 ② 콘스탄탄 ③ 배빗메탈 ④ 알클래드

4. Pb계 청동 합금으로 주로 항공기, 자동차용의 고속베어링으로 많이 사용되는 것은?

① 켈밋 ② 톰백 ③ Y합금 ④ 스테인리스

해설 켈밋은 베어링에 사용되는 구리합금으로 70% Cu-30% Pb합금이다.

5. 다음 중 베어링용 합금이 아닌 것은?

① 켈밋 ② 배빗메탈 ③ 문쯔메탈 ④ 화이트메탈

6. 함석판은 얇은 강판에 무엇을 도금한 것인가?

① 니켈 ② 크로뮴 ③ 아연 ④ 주석

해설 함석판은 아연(Zn) 도금강판, 양철판은 주석(Sn) 도금강판이라고도 한다.

7. 분말상의 구리에 약 10% 주석분말과 2%의 흑연분말을 혼합하고 윤활제 또는 휘발성 물질을 첨가한 다음 가압성형하고 제조하여 자동차, 시계, 방적기계 등의 급유가 어려운 부분에 사용하는 합금은?

① 자마크 ② 히스텔로이 ③ 화이트 메탈 ④ 오일리스베어링

해설 오일리스베어링(oilless bearing): 분말상의 구리에 약 10% 주석분말과 2%의 흑연분말을 혼합한 무급유 베어링 합금

정답 1. ② 2. ① 3. ③ 4. ① 5. ③ 6. ③ 7. ④

1-6 고용융점 및 저용융점 금속과 그 합금

(1) 고용융점 금속과 귀금속

① 금(Au): Au은 전연성이 매우 커서 10^{-6}cm 두께의 박판으로 가공할 수 있으며 왕수 이외에는 침식, 산화되지 않는 귀금속이다. Au의 재결정 온도는 가공도에 따라 40~100℃이며 순금의 경도는 HB 18, 인장강도 12 kgf/mm^2, 연신율 68~73%이다.

② 백금(Pt): Pt은 회백색의 금속이며 내식성, 내열성, 고온저항이 우수하고 용융점은 1774℃이다. 열전대로 사용되는 Pt-10~13% Rd이 있다.

③ 이리듐(Ir), 팔라듐(Pd), 오스뮴(Os): Ir과 Pd은 FCC, Os은 HCP 금속이며 비중은 각각 22.4, 12.0, 22.5이고 용융점은 2454℃, 1554℃, 2700℃이다. 모두 백색금속이며 순금속으로는 별로 사용되지 않는다.

④ 코발트(Co), 텅스텐(W), 몰리브덴(Mo): Co는 은백색 금속으로 비중 8.9, 용융점 1495℃이며 내열합금, 영구자석, 촉매 등에 쓰인다.

W은 회백색의 FCC 금속이며 비중 19.3, 용융점 3410℃이고 상온에서 안정하나 고온에서는 O_2 또는 H_2O와 접하면 산화되고 분말탄소, Co_2, Co 등과 탄화물을 형성한다.

Mo은 운백색 BCC 금속이며 비중 10.2, 용융점 2625℃이고 공기 중이나 알칼리용액에 침식하지 않고 염산, 질산에는 침식된다.

단원 예상문제

1. 금(Au)의 일반적인 성질에 대한 설명 중 옳은 것은?

① 금은 내식성이 매우 나쁘다.
② 금의 순도는 캐럿(K)으로 표시한다.
③ 금은 강도, 경도, 내마멸성이 높다.
④ 금은 조밀육방격자에 해당하는 금속이다.

해설 금은 내식성이 우수하고 순도는 캐럿(K)으로 표시하며, 강도 및 경도가 낮고 면심입방격자이다.

2. 금속을 자석에 접근시킬 때 자석과 동일한 극이 생겨서 반발하는 성질을 갖는 금속은?

① 철(Fe) ② 금(Au) ③ 니켈(Ni) ④ 코발트(Co)

해설 반자성체: Au, 강자성체: Fe, Ni, Co

3. Au의 순도를 나타내는 단위는?

① K(carat) ② P(pound) ③ %(percent) ④ μm(micron)

4. 귀금속에 속하는 금의 순도는 주로 캐럿(carat, K)으로 나타낸다. 18K에 함유된 순금의 순도(%)는 얼마인가?

① 25 ② 65 ③ 75 ④ 85

해설 $\frac{18}{24} \times 100 = 75(\%)$

5. 다음 중 산과 작용하였을 때 수소가스가 발생하기 가장 어려운 금속은?

① Ca ② Nb ③ Al ④ Au

해설 Au은 왕수 이외에는 침식, 산화되지 않는 귀금속이다.

정답 1. ② 2. ② 3. ① 4. ③ 5. ④

(2) 저용융점 금속과 그 합금

① 아연(Zn)과 그 합금: Zn은 청백색의 HCP 금속이며 비중 7.1, 용융점 419℃이고 Fe이 0.008% 이상 존재하면 경질의 FeZn 7상으로 인하여 인성이 나빠진다.

② 주석(Sn)과 그 합금: Sn은 은백색의 연한 금속으로 용융점은 231℃이고 주석도금 등에 사용된다.

③ 납(Pb)과 그 합금: Pb은 비중 11.3, 용융점 327℃로 유연한 금속이며 방사선 투과도가 낮은 금속이다. 이것은 땜납, 수도관 활자합금, 베어링합금, 건축용으로 사용되며 상온에서 재결정되어 크리프가 용이하다. 크리프저항을 높이려면 Ca, Sb, As 등을 첨가하면 효과적이다.

실용합금으로는 케이블 피복용인 Pb-As합금, 땜납용인 50Pb-50Sn합금, 활자합금용인 Pb-7%Sb-15%Sn합금, 기타 Pb-Ca, Pb-Sb합금 등이 있다.

④ 저용융점 합금(fusible alloy): 이 합금은 용융점이 낮고 쉽게 용해되는 것을 말하는데, 보통 용융점이 Sn(231℃) 미만인 합금을 총칭한다.

단원 예상문제

1. 비중 7.3, 용융점 232℃이고, 13℃에서 동소변태하는 금속으로 전연성이 우수하며, 의약품, 식품 등의 포장용 튜브, 식기, 장식기 등에 사용되는 것은?

① Al ② Ag ③ Ti ④ Sn

해설 주석(Sn)은 저용점금속으로 식품 등의 포장용 튜브로 사용된다.

2. 독성이 없어 의약품, 식품 등의 포장형 튜브 제조에 많이 사용되는 금속으로 탈색효과가 우수하며, 비중이 약 7.3인 금속은?

① 주석(Sn) ② 아연(Zn)
③ 망가니즈(Mn) ④ 백금(Pt)

3. 저용융점 합금의 용융 온도는 약 몇 ℃ 이하인가?

① 250 이하 ② 450 이하 ③ 550 이하 ④ 650 이하

정답 1. ④ 2. ① 3. ①

1-7 분말합금의 종류와 특성

(1) 분말합금의 개요

분말합금은 분말야금(powder metallurgy)이라고도 하며, 금속분말을 가압 성형하여 굳히고 가열하여 소결함으로써 제품으로 가공하는 방법이다.

최종 제품은 틀을 이용하여 성형하기 때문에 가공공정이 생략되어 기계가공에 비하여 높은 생산성과 비용 절감이 된다. 융점이 높아 주조하기 어려운 합금강이나 고속도강 등에 적용되고 있다.

(2) 분말합금의 종류

① 초경합금

(가) 초경합금의 개요

㉠ 초경합금은 일반적으로 원소주기율표 제4, 5, 6족 금속의 탄화물을 Fe, Ni, Co 등의 철족결합금속으로서 접합, 소결한 복합합금이다.

㉡ 초경합금은 절삭용 공구나 금형 다이의 재료로 쓰이며, 독일의 비디아(Widia), 미국의 카볼로이(Carboloy), 일본의 당갈로이(tangaloy) 등이 대표적인 제품이다.

㉢ 초경합금 제조는 WC분말에 TiC, TaC 및 Co분말 등을 첨가 혼합하여 소결한다.

㉣ WC-Co계 합금 외에 WC-TiC-Co계 및 WC-TiC-TaC-Co계 합금이 절삭공구류 제조에 많이 쓰이고 있다.

(나) 초경합금의 특성

㉠ 경도가 높다(H_RC 80 정도).

㉡ 고온 경도 및 강도가 양호하여 고온에서 변형이 적다.

㉢ 사용목적, 용도에 따라 재질의 종류 및 형상이 다양하다.

② 소결기계 부품용 재료

(가) 소결기계 재료는 기어, 캠 등의 기계구조 부품, 베어링 부품, 마찰 부품 등에 이용된다.

(나) 철-탄소계, 철-구리계, 철-구리-탄소계의 분말합금이 주체이고 다음이 청동계 분말야금이다.

③ 소결전기 및 자기 재료

(가) 소결금속 자석(alnico): Al과 Fe, Ni 또는 Co 등의 모재 합금 분말에 Fe, Ni, Co 분말을 배합, 성형 및 소결하여 만든 자석이다.

(나) 산화물 자석(ferrite): Co-Fe계 분말합금 자석으로서 Fe, Ni, Co, Cu, Mn, Zn, Cd 등으로 형성된 $MoFe_2O_3$를 가지는 산화물 소결자성체이다.

(다) 소결자심: 모터, 단전기, 자기스위치, 변압기 등에 사용되는 고투자율 재료로서 Fe-Si계, Fe-Al계 및 Fe-Ni계의 소결금속자심과 페라이트계의 산화물 자심이 있다.

(3) 분말합금의 특성

① 합금 방법: 애터마이즈법(atomization process), 급랭응고법(rapidly solidified), 기계적 합금(mechanical)법 등이 있다.

② 분말합금의 적용 범위: 산화물 입자 분산강화합금, 금속간 화합물, 비정질(amorphous)합금까지 적용범위가 확대되고 있다.

③ 성형법: 금속분말 사출성형(MIM: Metal Injection Moulding process), 열간 정수압 프레스(HIP: Hot Isostatic Press) 등의 새로운 방법이 있는데 자동차 부품에서 가전제품에 이르기까지 여러 분야에 응용하고 있다.

2. 신소재 및 그 밖의 합금

2-1 고강도 재료

(1) 구조용 복합재료

① 섬유강화금속(FRM: Fiber Reinforced Metal): 보론, SiC, C(PAN), C(피치), 알루미나

② 입자분산강화금속(PSM: Particle dispersed Strenth Metal)

(가) 금속 중에 0.01~0.1μm 정도의 미립자를 수 % 정도 분산시켜 입자 자체가 아니고 모체의 변형 저항을 높여서 고온에서의 탄성률, 강도 및 크리프 특성을 개선시키기 위해 개발된 재료이다.

(나) 제조방법 : 기계적 혼합법, 표면산화법, 공침법, 내부산화법, 용융체 포화법 등이 있다.

단원 예상문제

1. 기지 금속 중에 0.01~0.1μm 정도의 산화물 등 미세한 입자를 균일하게 분포시킨 재료로 고온에서 크리프 특성이 우수한 고온 내열재료는?

① 서멧 재료　② FRM 재료　③ 클래드 재료　④ TD Ni 재료

해설 TD Ni 재료: 입자분산강화금속(PSM)의 복합재료에서 고온에서의 크리프 성질을 개선시키기 위한 금속복합재료

2. 금속 중에 0.01~0.1μm 정도의 산화물 등 미세한 입자를 균일하게 분포시킨 금속복합재료는 고온에서 재료의 어떤 성질을 향상시킨 것인가?

① 내식성　② 크리프　③ 피로강도　④ 전기전도도

3. 분산강화금속 복합재료에 대한 설명으로 틀린 것은?

① 고온에서 크리프 특성이 우수하다.
② 실용 재료로는 SAP, TD Ni이 대표적이다.
③ 제조방법은 일반적으로 단접법이 사용된다.
④ 기지 금속 중에 0.01~0.1μm 정도의 미세한 입자를 분산시켜 만든 재료이다.

해설 제조방법은 기계적 혼합법, 표면산화법 등이 있다.

4. 전위 동의 결함이 없는 재료를 만들기 위하여 휘스커(whisker) 섬유에 Al, Ti, Mg 등의 연성과 인성이 높은 금속을 합금 중에 균일하게 배열시킨 재료는 무엇인가?

① 클래드 재료　② 입자강화금속 복합재료
③ 분산강화금속 복합재료　④ 섬유강화금속 복합재료

해설 섬유강화금속: FRM(Fiber Reinforced Metals), MMC(Metal Matrix Composite)로 최고 사용온도 377~527℃, 비강성, 비강도가 큰 것을 목적으로 하여 Al, Mg, Ti 등의 경금속을 기지로 한 저용융점계 섬유강화금속과 927℃ 이상의 고온에서 강도나 크리프 특성을 개선시키기 위해 Fe, Ni합금을 기지로 한 고용융점계 섬유강화초합금(FRS)이 있다.

정답 1. ④ 2. ② 3. ③ 4. ④

2-2 기능성 재료

(1) 초소성 재료

① 초소성: 금속 등이 어떤 응력이 작용하고 있는 상태에서 유리질처럼 수백% 이상 늘어나는 성질을 말한다.

② 초소성 가공법

㈎ Blow성형법(가스성형)

㉠ 15~300psi의 가스압력으로 어느 형상에 양각 또는 음각하거나 금형이 필요 없이 자유 성형하는 방법으로 주로 판상의 알루미늄계 및 티타늄계 초소성 재료에 이용된다.

㉡ 성형에너지의 소모가 적고 공구의 사용이 저렴하여 복잡한 형태의 용기 등을 단순공정으로 제조할 수 있다.

㈏ Gatorizing단조법

㉠ 껌을 오목한 형상의 틀에 집어넣어 양각하는 것에서 나온 방법으로 Ni계 초소성 합금을 터빈디스크로 만들기 위해 개발된 방법이다.

㉡ 내크리프성이 우수한 고강도 초내열합금으로 된 터빈디스크를 기존 제품보다 더 우수하게 제조할 수 있다.

㈐ SPF/DB(Super Plastic Forming/Diffusion Bonding)

㉠ 초소형 성형법과 확산접합이 합쳐진 신기술로 가스압력을 이용해 성형한다.

㉡ 초소성 온도에서 용접이 쉽기 때문에 초소성 재료에만 사용이 가능하다.

㉢ 주로 Ti계 합금으로 항공기 구조재 등을 제조한다.

(2) 형상기억합금

① 힘을 가해서 변형을 시켜도 본래의 형상을 기억하고 있어 조금만 가열해도 곧 본래의 형상으로 복원하는 합금이다.

② 형상기억합금은 고온 측(모상)과 저온 측(마텐자이트상)에서 결정의 배열이 현저하게 다르기 때문에 저온 측에서 형태 변형을 가해도 일정한 온도(역변태 온도) 이상으로 가열하면 본래의 형태(모상)로 돌아오는 현상이다.

③ 니켈-티탄합금, 동-아연합금 등이 있다.

(3) 비정질합금

① 비정질합금의 특성

㈎ 비정질합금은 고강도와 인성을 겸비한 기계적 특성이 우수하다.

㈏ 높은 내식성 및 전기저항성과 고투자율성, 초전도성이 있으며 브레이징 접합성도 우수하다.

② 비정질합금의 특징

㈎ 경도와 강도가 일반 금속재료보다 훨씬 높아서 Fe기 합금은 $400kg/mm^2$이다.

㈏ 구성 금속원자의 배열이 장거리의 규칙성이 없는 불규칙적 구조이다.

③ 비정질합금의 제조방법

㈎ 기체 상태에서 직접 고체 상태로 초급랭시키는 방법이다.

㈏ 화학적으로 기체 상태를 고체 상태로 침적시키는 방법이다.

㈐ 레이저를 이용한 급랭방법이다.

(4) 방진합금, 제진합금

① 제진합금으로 Mg-Zr, Mn-Cu 등이 있다.

② 제진기구는 형상기억효과와 같다.

③ 제진재료는 진동을 제거하기 위하여 사용한다.

(5) 반도체 재료

① 게르마늄(Ge)

② 실리콘(Si)

(6) 초전도 재료

일정온도에서 전기저항이 완전히 제로가 되는 현상이다.

(7) 초미립자 소재

① 초미립자: 100nm의 콜로이드 입자 크기이다.

② 제조법: 분무법, 분쇄법, 전해법, 환원법, 화합물의 가수분해법 등이 있다.

③ 특징

㈎ 표면적이 대단히 크다.

㈏ 표면장력이 크다.

(다) 철계 합금에서는 자성이 강하고 융점이 낮다.

(라) 크로뮴계에서는 빛을 잘 흡수한다.

단원 예상문제

1. **기체 급랭법의 일종으로 금속을 기체 상태로 한 후에 급랭하는 방법으로 제조되는 합금으로서 대표적인 방법은 진공증착법이나 스퍼터링법 등이 있다. 이러한 방법으로 제조되는 합금은?**

① 제진합금 ② 초전도합금 ③ 비정질합금 ④ 형상기억합금

해설 비정질합금의 제조방법은 기체 상태에서 직접 고체 상태로 초급랭시키는 방법과 화학적으로 기체 상태를 고체 상태로 침적시키는 방법 및 레이저를 이용한 급랭방법 등이 있다.

2. **제진재료에 대한 설명으로 틀린 것은?**

① 제진합금으로는 Mg-Zr, Mn-Cu 등이 있다.
② 제진합금에서 제진기구는 마텐자이트 변태와 같다.
③ 제진재료는 진동을 제거하기 위하여 사용되는 재료이다.
④ 제진합금이란 큰 의미에서 두드려도 소리가 나지 않는 합금이다.

해설 제진합금에서 제진기구는 형상기억합금과 같다.

3. **다음 중 반도체 제조용으로 사용되는 금속으로 옳은 것은?**

① W, Co ② B, Mn ③ Fe, P ④ Si, Ge

4. **다음 중 전기저항이 0(zero)에 가까워 에너지 손실이 거의 없기 때문에 자기부상열차, 핵자기공명 단층영상장치 등에 응용할 수 있는 것은?**

① 제진합금 ② 초전도 재료 ③ 비정질합금 ④ 형상기억합금

5. **태양열 이용 장치의 적외선 흡수재료, 로켓 연료 연소효율 향상에 초미립자 소재를 이용한다. 이 재료에 관한 설명 중 옳은 것은?**

① 초미립자 제조는 크게 체질법과 고상법이 있다.
② 체질법을 이용하면 청정 초미립자 제조가 가능하다.
③ 고상법은 균일한 초미립자 분체를 대량 생산하는 방법으로 우수하다.
④ 초미립자의 크기는 100nm의 콜로이드 입자 크기와 같은 정도의 분체라 할 수 있다.

정답 1. ③ 2. ② 3. ④ 4. ② 5. ④

2-3 신에너지 재료

(1) 수소저장용 합금

① 수소저장용 합금은 수소가스와 반응하여 금속수소화물이 되고 저장된 수소는 필요에 따라 금속수소화물에서 방출시켜 이용하고 수소가 방출되면 금속수소화물은 원래의 수소저장용 합금으로 되돌아가는 성질을 말한다.

② Fe-Ni계, Ni-La계 등 상온 부근에서 작동되는 재료를 연구한다.

(2) 전극재료

[전극재료가 구비해야 할 조건]

① 전도성이 좋을 것

② SiO_2와 밀착성이 우수할 것

③ 산화 분위기에서 내식성이 클 것

④ 금속규화물의 용융점이 웨이퍼 처리 온도보다 높을 것

|제|강|기|능|사|

2편

금속제도

제 1 장 제도의 기본

1. 제도의 기초

1-1 제도의 표준 규격

① 도면을 작성하는 데 적용되는 규약을 제도 규격이라 한다.

② 우리나라에서는 1961년 공업표준화법이 제정, 공포된 후 한국산업규격(KS)이 제정되기 시작하였다.

③ 법률 제4528호에 의거(1993.6.6)하여 한국공업규격을 "한국산업규격"으로 명칭을 개칭하였다.

④ 도면을 작성할 때 총괄적으로 적용되는 제도 통칙이 1966년에 KS A0005로 제정되었고 기계제도는 KS B0001로 1967년에 제정되었다.

각국의 표준 규격

규격 기호	규격 명칭	마 크
KS	한국산업표준(Korean Industrial Standards)	K
BS	영국표준(British Standards)	
DIN	독일공업표준(Deutsche Industrie Normen)	DIN
ANSI	미국국가표준(American National Standards Institute)	ANSI
NF	프랑스표준(Norme Francaise)	NF
JIS	일본공업표준(Japanese Industrial Standards)	JIS
GB	중국국가표준(Guojia Biaozhun)	GB

국제 표준 규격

규격 기호	규격 명칭	마 크
ISO	국제표준화기구(International Organization for Standardization)	ISO
IEC	국제전기표준회의(International Electrotechnical Commission)	IEC
ITU	국제전기통신연합(International Telecommunication Union)	ITU

KS 부문별 분류 기호

분류 기호	부 문	분류 기호	부 문	분류 기호	부 문
KS A	기본	KS H	식품	KS Q	품질 경영
KS B	기계	KS I	환경	KS R	수송 기계
KS C	전기 전자	KS J	생물	KS S	서비스
KS D	금속	KS K	섬유	KS T	물류
KS E	광산	KS L	요업	KS V	조선
KS F	건설	KS M	화학	KS W	항공 우주
KS G	일용품	KS P	의료	KS X	정보

단원 예상문제

1. KS의 부문별 분류 기호 중 틀리게 연결한 것은?

① KS A-전자 ② KS B-기계 ③ KS C-전기 ④ KS D-금속

해설 KS A-기본

2. 다음 중 한국산업표준의 영문 약자로 옳은 것은?

① JIS ② KS ③ ANSI ④ BS

해설 JIS: 일본, KS: 한국, ANSI: 미국, BS: 영국

3. 다음 중 국제표준화기구를 나타내는 약호로 옳은 것은?

① JIS ② ISO ③ ASA ④ DIN

해설 JIS: 일본, ISO: 국제표준화기구, DIN: 독일

4. KS의 부문별 기호 중 기본 부문에 해당되는 기호는?

① KS A ② KS B ③ KS C ④ KS D

해설 KS A-기본, KS B-기계, KS C-전기, KS D-금속

5. KS 부문별 분류 기호 중 전기 부문은?

① KS A ② KS B
③ KS C ④ KS D

해설 KS A－기본, KS B－기계, KS C－전기, KS D－금속

6. KS의 부문별 기호 중 기계기본, 기계요소 공구 및 공작기계 등을 규정하고 있는 영역은?

① KS A ② KS B
③ KS C ④ KS D

해설 KS A－기본, KS B－기계, KS C－전기, KS D－금속

정답 **1.** ① **2.** ② **3.** ② **4.** ① **5.** ③ **6.** ②

1-2 도면의 척도

(1) 척도의 종류

① 현척(full scale, full size): 도형을 실물과 같은 크기로 그리는 경우에 사용하며, 도형을 쉽게 그릴 수 있어 가장 보편적으로 사용된다.

② 축척(contraction scale, reduction scale): 도형을 실물보다 작게 그리는 경우에 사용하며, 치수 기입은 실물의 실제 치수를 기입한다.

③ 배척(enlarged scale, enlargement scale): 도형을 실물보다 크게 그리는 경우에 사용하며, 치수 기입은 축척과 마찬가지로 실물의 실체 치수를 기입한다.

축척 · 현척 및 배척의 값(KS A ISO 5455)

척도의 종류	권장 척도 값		
배척	50 : 1 5 : 1	20 : 1 2 : 1	10 : 1
현척	1 : 1		
축척	1 : 2 1 : 20 1 : 200 1 : 2000	1 : 5 1 : 50 1 : 500 1 : 5000	1 : 10 1 : 100 1 : 1000 1 : 10000

(2) 척도의 표시 방법

① 척도는 다음과 같이 A : B로 표시하며 현척의 경우에는 A와 B를 모두 1, 축척은 A를 1, 배척은 B를 1로 하여 나타낸다.

② 특별한 경우로서 도면에서의 크기가 실물의 크기와 비례하지 않을 때에는 '비례척이 아님' 또는 'NS(None Scale)'라고 적절한 곳에 기입하거나 치수에 밑줄을 긋는다(예 15).

단원 예상문제

1. 척도에 대한 설명 중 옳은 것은?

① 축척은 실물보다 확대해서 그린다.
② 배척은 실물보다 축소해서 그린다.
③ 현척은 실물과 같은 크기로 1:1로 표현한다.
④ 척도의 표시방법 A:B에서 A는 물체의 실제 크기이다.

2. 도면의 척도에 대한 설명 중 틀린 것은?

① 척도는 도면의 표제란에 기입한다.
② 척도는 현척, 축척, 배척의 3종류가 있다.
③ 척도는 도형 크기와 실물 크기의 비율이다.
④ 도형이 치수에 비례하지 않을 때는 척도를 기입하지 않고, 별도의 표시도 하지 않는다.

해설 도형이 치수에 비례하지 않을 때는 "NS"라고 기입한다.

3. 제도에 사용되는 척도의 종류 중 현척에 해당하는 것은?

① 1 : 1 ② 1 : 2 ③ 2 : 1 ④ 1 : 10

해설 현척(1 : 1), 축척(1 : 2), 배척(2 : 1)

4. 척도 1:2인 도면에서 길이가 50 mm인 직선의 실제 길이(mm)는?

① 25 ② 50 ③ 100 ④ 150

해설 $50 \times 2 = 100$

5. 척도가 1:2인 도면에서 실제 치수 20 mm인 선은 도면상에 몇 mm로 긋는가?

① 5 ② 10 ③ 20 ④ 40

6. 다음 중 도면에서 비례척이 아님을 나타내는 기호는?

① TS ② NS ③ ST ④ SN

정답 1. ③ 2. ④ 3. ① 4. ③ 5. ② 6. ②

1-3 도면의 문자

① 제도에 사용되는 문자는 한자 · 한글 · 숫자 · 로마자이다.

② 글자체는 고딕체로 하여 수직 또는 15° 경사로 쓰는 것을 원칙으로 한다.

③ 문자 크기는 문자의 높이로 나타낸다.

④ 문자의 선 굵기는 한자의 경우 문자 크기의 1/12.5로, 한글/숫자/로마자는 1/9로 한다.

⑤ 문장은 왼편에서부터 가로쓰기를 원칙으로 한다.

단원 예상문제

1. 제도 도면에 사용되는 문자의 호칭 크기는 무엇으로 나타내는가?

① 문자의 폭 ② 문자의 굵기

③ 문자의 높이 ④ 문자의 경사도

정답 1. ③

1-4 도면의 종류

(1) 용도에 따른 분류

① 계획도 ② 제작도 ③ 주문도 ④ 견적도 ⑤ 승인도 ⑥ 설명도 등

(2) 내용에 따른 분류

① 부품도 ② 조립도 ③ 기초도 ④ 배치도 ⑤ 배근도 ⑥ 스케치도 등

(3) 표면 형식에 따른 분류

① 외관도 ② 전개도 ③ 곡면선도 ④ 선도 ⑤ 입체도 등

단원 예상문제

1. 물품을 구성하는 각 부품에 대하여 상세하게 나타내는 도면으로 이 도면에 의해 부품이 실제 제작되는 도면은?

① 상세도 ② 부품도 ③ 공정도 ④ 스케치도

2. 물품을 그리거나 도안할 때 필요한 사항을 제도기구 없이 프리핸드(free hand)로 그린 도면은?

① 전개도 ② 외형도 ③ 스케치도 ④ 곡면선도

3. 그림의 조합도와 이에 대한 설명이 옳은 것으로만 나열된 것은?

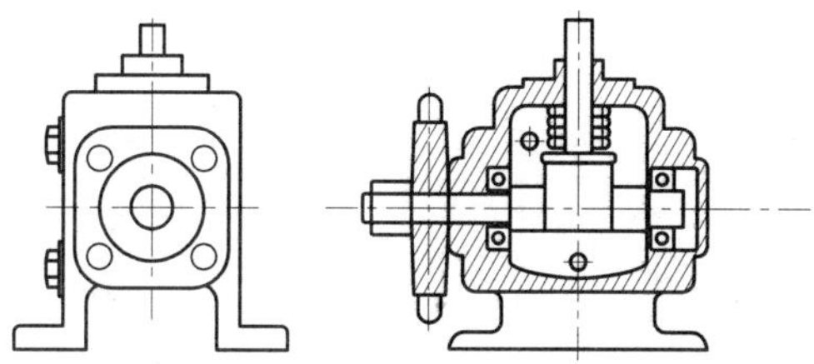

㉠ 기계나 구조물의 전체적인 조립상태를 알 수 있다.
㉡ 제품의 구조, 원리, 기능, 취급방법 등의 설명이 목적이다.
㉢ 그림과 같이 조립도를 보면 구조를 알 수 있다.
㉣ 물품을 구성하는 각 부품에 대하여 가장 상세하게 나타낸 도면이다.
㉤ 조립도에는 주로 조립에 필요한 치수만을 기입한다.

① ㉡, ㉢, ㉣ ② ㉠, ㉡, ㉣
③ ㉠, ㉡, ㉢ ④ ㉠, ㉢, ㉤

4. 기계 제작에 필요한 예산을 산출하고 주문품의 내용을 설명할 때 이용되는 도면은?

① 견적도 ② 설명도 ③ 제작도 ④ 계획도

5. 얇은 판으로 된 입체 표면을 한 평면 위에 펼쳐서 그린 것은?

① 입체도 ② 전개도 ③ 사투상도 ④ 정투상도

정답 1. ② 2. ③ 3. ④ 4. ① 5. ②

1-5 도면의 크기

도면의 크기가 일정하지 않으면 도면의 정리, 관리, 보관 등이 불편하기 때문에 도면은 반드시 일정한 규격으로 만들어야 한다. 원도에는 필요로 하는 명료함 및 자세함을 지킬 수 있는 최소 크기의 용지를 사용하는 것이 좋다.

A열(KS M ISO 216)의 권장 크기는 제도 영역뿐만 아니라 재단한 것과 재단하지 않은 것을 포함한 모든 용지에 대해 다음 표에 따른다.

재단한 용지와 재단하지 않은 용지의 크기 및 제도 영역 크기(KS B ISO 5457) (단위: mm)

크기	그림	재단한 용지(T)		제도 공간		재단하지 않은 용지(U)	
		a_1 [a]	b_1 [a]	a_2 ±0.5	b_2 ±0.5	a_3 ±2	b_3 ±2
A0	(a)	841	1189	821	1159	880	1230
A1	(a)	594	841	574	811	625	880
A2	(a)	420	594	400	564	450	625
A3	(a)	297	420	277	390	330	450
A4	(a)와 (b)	210	297	180	277	240	330

㈜ A0 크기보다 클 경우에는 KS M ISO 216 참조 [a] 공차는 KS M ISO 216 참조

도면용으로 사용하는 제도용지는 A열 사이즈(A0~A4)를 사용하고 신문, 교과서, 미술 용지 등은 B열 사이즈(B0~B4)를 사용한다.

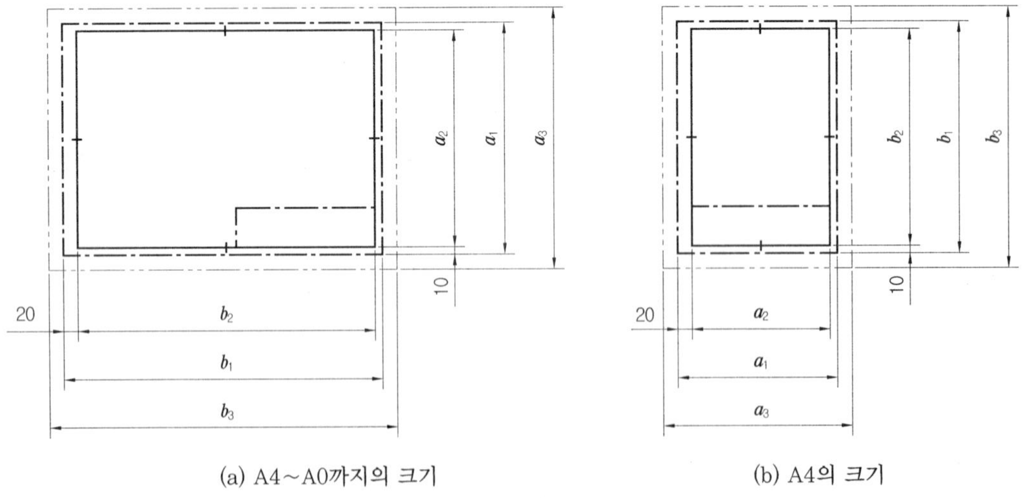

(a) A4~A0까지의 크기 (b) A4의 크기

도면의 크기에 따른 윤곽 치수

A열 용지의 크기는 짧은 변(a)과 긴 변(b)의 길이의 비가 1 : $\sqrt{2}$ 이며, A0~A4 용지는 긴 쪽을 좌우 방향으로, A4 용지는 짧은 쪽을 좌우 방향으로 놓고 사용한다.

도면 크기의 확장은 피해야 한다. 만약 그렇지 않다면 A열(예 A3) 용지의 짧은 변의 치수와 이것보다 더 큰 A열(예 A1) 용지의 긴 변의 치수 조합에 의해 확장한다. 예를 들면 호칭 A3.1과 같이 표시되는 새로운 크기로 만들어진다. 이러한 크기의 확장은 다음 그림과 같다.

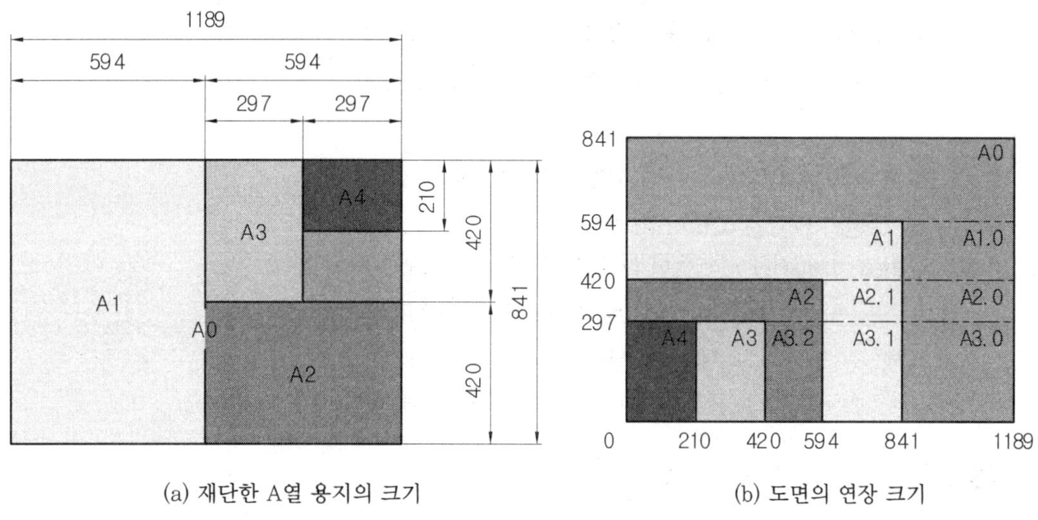

(a) 재단한 A열 용지의 크기

(b) 도면의 연장 크기

재단한 A열 제도용지의 크기와 도면의 연장 크기

1. 도면의 크기에 대한 설명으로 틀린 것은?

① 제도용지의 세로와 가로의 비는 1:2이다.
② 제도용지의 크기는 A열 용지 사용이 원칙이다.
③ 도면의 크기는 사용하는 제도용지의 크기로 나타낸다.
④ 큰 도면을 접을 때는 앞면에 표제란이 보이도록 A4의 크기로 접는다.

해설 제도용지의 세로와 가로의 비는 1:$\sqrt{2}$ 이다.

2. 제도용지 A3는 A4 용지의 몇 배 크기가 되는가?

① $\frac{1}{2}$배 ② $\sqrt{2}$배 ③ 2배 ④ 4배

해설 A3(297×420), A4(210×297)

3. 제도용지에 대한 설명으로 틀린 것은?

① A0 제도용지의 넓이는 약 $1m^2$이다.
② B0 제도용지의 넓이는 약 $105m^2$이다.
③ A0 제도용지의 크기는 594×841이다.
④ 제도용지의 세로와 가로의 비는 $1:\sqrt{2}$ 이다.

해설 A0(841×1189)

4. 제도용지 중 A3의 크기는 얼마인가?

① 210×297 ② 297×420 ③ 420×594 ④ 594×841

5. 다음 중 도면의 크기와 양식에 대한 설명으로 틀린 것은?

① A2 도면의 크기는 420×594mm이다.
② 도면에 그려야 할 사항으로 윤곽선, 중심마크, 표제란 등이 있다.
③ 큰 도면을 접을 때는 A0 크기로 접는 것을 원칙으로 한다.
④ 표제란은 도면의 오른쪽 아래에 그린다.

해설 큰 도면을 접을 때는 A4 크기로 접는 것을 원칙으로 한다.

정답 1. ① 2. ③ 3. ③ 4. ② 5. ③

1-6 도면의 양식

도면을 그리기 위해 무엇을, 왜, 언제, 누가, 어떻게 그렸는지 등을 표시하고, 도면 관리에 필요한 것들을 표시하기 위하여 도면 양식을 마련해야 한다. 도면에 그려야 할 양식으로는 중심 마크, 윤곽선, 표제란, 구역 표시, 재단 마크 등이 있다.

(1) 중심 마크

도면을 다시 만들거나 마이크로필름을 만들 때 도면의 위치를 잘 잡기 위하여 4개의 중심 마크를 표시한다. 이 마크는 1mm의 대칭 공차를 가지고 재단된 용지의 두 대칭축의 끝에 표시하며 형식은 자유롭게 선택할 수 있다. 중심 마크는 구역 표시의 경계에서 시작해서 도면의 윤곽선을 지나 10mm까지 0.7mm의 굵기의 실선으로 그린다. A0보다 더 큰 크기에서는 마이크로필름으로 만들 영역의 가운데에 중심 마크를 추가로 표시한다.

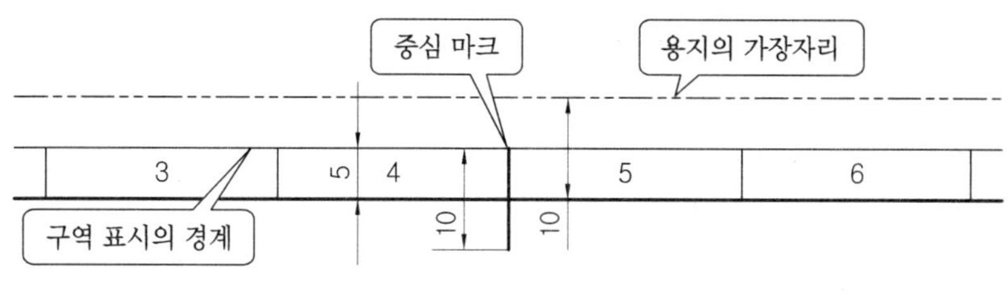

중심 마크

(2) 윤곽선

재단된 용지의 제도 영역을 4개의 변으로 둘러싸는 윤곽은 여러 가지 크기가 있다. 왼쪽의 윤곽은 20 mm의 폭을 가지며, 이것은 철할 때 여백으로 사용하기도 한다. 다른 윤곽은 10 mm의 폭을 가진다. 제도 영역을 나타내는 윤곽은 0.7mm 굵기의 실선으로 그린다.

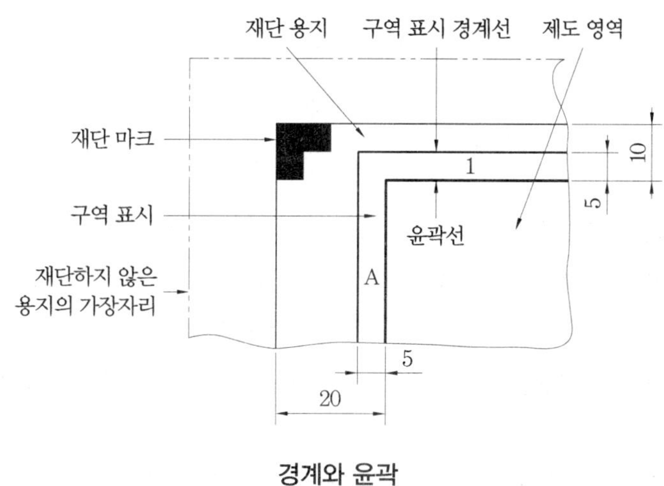

경계와 윤곽

(3) 표제란

표제란의 크기와 양식은 KS A ISO 7200에 규정되어 있다. A0부터 A4까지의 용지에서 표제란의 위치는 제도 영역의 오른쪽 아래 구석에 마련한다. 수평으로 놓여진 용지들은 이런 양식을 허용하며, A4 크기에서 용지는 수평 또는 수직으로 놓은 것이 허용된다. 도면을 읽는 방향은 표제란을 읽는 방향과 같다.

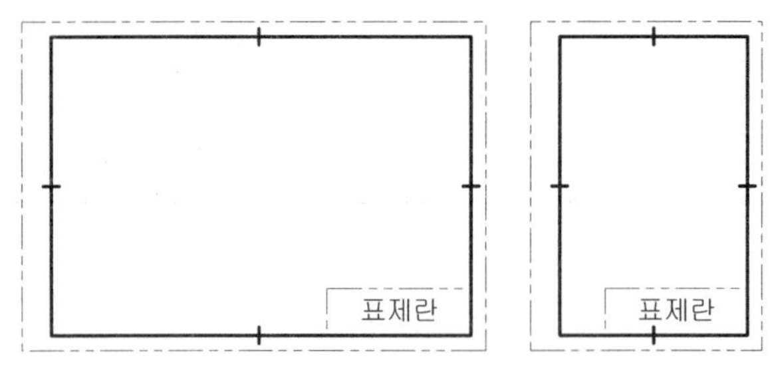

(a) 표제란의 위치

소속	OO 고등학교 O 학년	날짜	2018. 05. 21.	
성명	홍 길 동	각법	척도	검도
도명	V 블록 클램프	3각법	1 : 1	----
20	60	20	20	20

(140), 높이 8

(b) 표제란의 크기

표제란

(4) 구역 표시

도면에서 상세, 추가, 수정 등의 위치를 알기 쉽도록 용지를 여러 구역으로 나눈다. 각 구역은 용지의 위쪽에서 아래쪽으로 대문자(I와 O는 사용 금지)로 표시하고, 왼쪽에서 오른쪽으로 숫자로 표시한다. A4 크기의 용지에서는 단지 위쪽과 오른쪽에만 표시하며, 문자와 숫자 크기는 3.5mm이다. 도면 한 구역의 길이는 재단된 용지 대칭축(중심 마크)에서 시작해서 50mm이다. 이 구역의 개수는 용지의 크기에 따라 다르다. 구역의 분할로 인한 차이는 구석 부분의 구역에 추가되며, 문자와 숫자는 구역 표시 경계 안에 표시한다. 그리고 KS B ISO 3098-0에 따라서 수직으로 쓴다. 이 구역 표시의 선은 0.35mm 굵기의 실선으로 그린다.

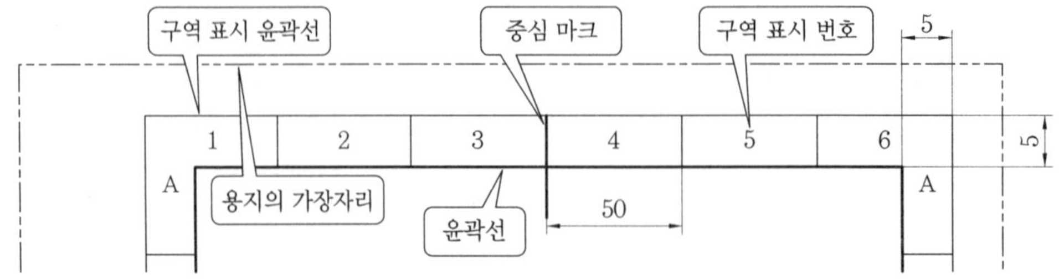

도면의 구역 표시

도면의 크기에 따른 구역의 개수

구 분	A0	A1	A2	A3	A4
긴 변	24	16	12	8	6
짧은 변	16	12	8	6	4

(5) 재단 마크

수동이나 자동으로 용지를 잘라내는 데 편리하도록 재단된 용지의 4변의 경계에 재단 마크를 표시한다. 이 마크는 10 mm×5 mm의 두 직사각형이 합쳐진 형태로 표시한다.

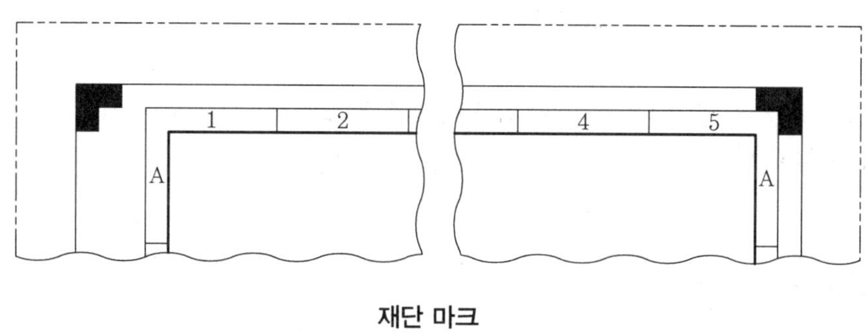

재단 마크

1-7 제도용구

(1) 제도기

디바이더(divider), 컴퍼스, 먹줄펜 등

(2) 제도용 필기구

연필, 제도용 펜 등

(3) 제도용 자

T자, 삼각자, 스케일(scale), 분도기, 운형자, 자유곡선자, 형판 등

단원 예상문제

1. 제도용구 중 디바이더의 용도가 아닌 것은?

① 치수를 옮길 때 사용
② 원호를 그릴 때 사용
③ 선을 같은 길이로 나눌 때 사용
④ 도면을 축소하거나 확대한 치수로 복사할 때 사용

해설 원호를 그릴 때는 컴퍼스를 사용한다.

2. 투명이나 반투명 플라스틱의 얇은 판에 여러 가지 크기의 원, 타원 등의 기본도형, 문자, 숫자 등을 뚫어놓아 원하는 모양으로 정확하게 그릴 수 있는 것은?

① 형판 ② 축척자 ③ 삼각자 ④ 디바이더

3. 45°×45°×90°와 30°×60°×90°의 모양으로 된 2개의 삼각자를 이용하여 나타낼 수 없는 각도는?

① 15° ② 50° ③ 75° ④ 105°

정답 1. ② 2. ① 3. ②

1-8 선의 종류와 용도

선은 같은 굵기의 선이라도 모양이 다르거나 같은 모양의 선이라도 굵기가 다르면 용도가 달라지기 때문에 모양과 굵기에 따른 선의 용도를 파악하는 것이 중요하다.

(1) 모양에 따른 선의 종류

① 실선 ———— : 연속적으로 그어진 선
② 파선 -------- : 일정한 길이로 반복되게 그어진 선
③ 1점 쇄선 -—-—-- : 길고 짧은 길이로 반복되게 그어진 선
④ 2점 쇄선 -—--—-- : 긴 길이, 짧은 길이 두 개로 반복되게 그어진 선

(2) 굵기에 따른 선의 종류

KS A ISO 128-24에서 선 굵기의 기준은 0.13 mm, 0.18 mm, 0.25 mm,

0.35mm, 0.5mm, 0.7mm, 1.0mm, 1.4mm 및 2.0mm로 하며, 가는 선, 굵은 선 및 아주 굵은 선의 굵기 비율은 1 : 2 : 4로 한다.

① 가는 선: 굵기가 0.18~0.5mm인 선
② 굵은 선: 굵기가 0.35~1mm인 선
③ 아주 굵은 선: 굵기가 0.7~2mm인 선

(3) 용도에 따른 선의 종류

선의 종류에 의한 용도(KS B 0001)

<table>
<tr><th>용도에 의한 명칭</th><th colspan="2">선의 종류</th><th>선의 용도</th></tr>
<tr><td>외형선</td><td>굵은 실선</td><td></td><td>대상물의 보이는 부분의 모양을 표시하는 데 쓰인다.</td></tr>
<tr><td>치수선</td><td rowspan="7">가는 실선</td><td rowspan="7"></td><td>치수를 기입하기 위하여 쓰인다.</td></tr>
<tr><td>치수 보조선</td><td>치수를 기입하기 위하여 도형으로부터 끌어내는 데 쓰인다.</td></tr>
<tr><td>지시선</td><td>기술 · 기호 등을 표시하기 위하여 끌어내는 데 쓰인다.</td></tr>
<tr><td>회전 단면선</td><td>도형 내에 그 부분의 끊은 곳을 90° 회전하여 표시하는 데 쓰인다.</td></tr>
<tr><td>중심선</td><td>도형의 중심선을 간략하게 표시하는 데 쓰인다.</td></tr>
<tr><td>수준면선</td><td>수면, 유면 등의 위치를 표시하는 데 쓰인다.</td></tr>
<tr style="display:none"></tr>
<tr><td>숨은선</td><td>가는 파선 또는 굵은 파선</td><td></td><td>대상물의 보이지 않는 부분의 모양을 표시하는 데 쓰인다.</td></tr>
<tr><td>중심선</td><td rowspan="3">가는 1점 쇄선</td><td rowspan="3"></td><td>① 도형의 중심을 표시하는 데 쓰인다.
② 중심이 이동한 중심 궤적을 표시하는 데 쓰인다.</td></tr>
<tr><td>기준선</td><td>특히 위치 결정의 근거가 된다는 것을 명시할 때 쓰인다.</td></tr>
<tr><td>피치선</td><td>되풀이하는 도형의 피치를 취하는 기준을 표시하는 데 쓰인다.</td></tr>
</table>

<table>
<tr><th>용도에 의한 명칭</th><th colspan="2">선의 종류</th><th>선의 용도</th></tr>
<tr><td>특수 지정선</td><td>굵은 1점 쇄선</td><td></td><td>특수한 가공을 하는 부분 등 특별한 요구사항을 적용할 수 있는 범위를 표시하는 데 사용한다.</td></tr>
<tr><td>가상선</td><td rowspan="2">가는 2점 쇄선</td><td rowspan="2"></td><td>① 인접 부분을 참고로 표시하는 데 사용한다.
② 공구, 지그 등의 위치를 참고로 나타내는 데 사용한다.
③ 가동 부분을 이동 중의 특정한 위치 또는 이동한계의 위치로 표시하는 데 사용한다.
④ 가공 전 또는 가공 후의 모양을 표시하는 데 사용한다.
⑤ 되풀이하는 것을 나타내는 데 사용한다.
⑥ 도시된 단면의 앞쪽에 있는 부분을 표시하는 데 사용한다.</td></tr>
<tr><td>무게 중심선</td><td>단면의 무게 중심을 연결한 선을 표시하는 데 사용한다.</td></tr>
<tr><td>파단선</td><td>가는 자유 실선, 지그재그 가는 실선</td><td></td><td>대상물의 일부를 파단한 경계 또는 일부를 떼어 낸 경계를 표시하는 데 사용한다.</td></tr>
<tr><td>절단선</td><td>가는 1점 쇄선으로 끝부분 및 방향이 변하는 부분은 굵게 한 것</td><td></td><td>단면도를 그리는 경우, 그 절단 위치를 대응하는 그림에 표시하는 데 사용한다.</td></tr>
<tr><td>해칭</td><td>가는 실선으로 규칙적으로 줄을 늘어놓은 것</td><td></td><td>도형의 한정된 특정 부분을 다른 부분과 구별하는 데 사용한다. 예를 들면 단면도의 절단된 부분을 나타낸다.</td></tr>
<tr><td rowspan="2">특수한 용도의 선</td><td>가는 실선</td><td></td><td>① 외형선 및 숨은선의 연장을 표시하는 데 사용한다.
② 평면이란 것을 나타내는 데 사용한다.
③ 위치를 명시하는 데 사용한다.</td></tr>
<tr><td>아주 굵은 실선</td><td></td><td>얇은 부분의 단선 도시를 명시하는 데 사용한다.</td></tr>
</table>

단원 예상문제

1. 도면에서 치수선이 잘못된 것은?

① 반지름(R) 20의 치수선

② 반지름(R) 15의 치수선

③ 원호(⌒)37의 치수선

④ 원호(⌒)24의 치수선

해설 원호 24의 현을 나타내는 치수선

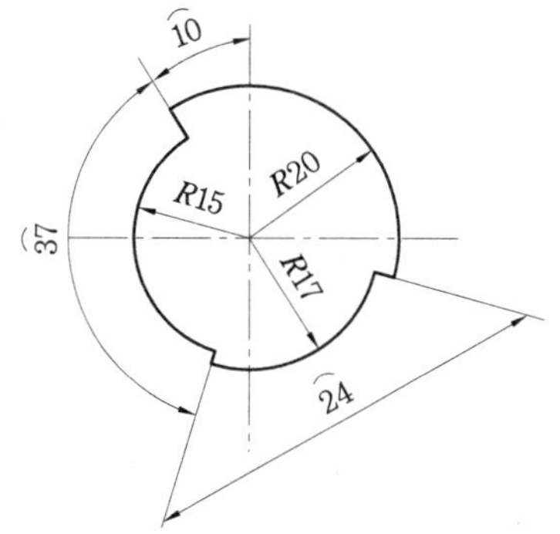

2. 다음 중 치수 기입의 기본 원칙에 대한 설명으로 틀린 것은?

① 치수는 계산할 필요가 없도록 기입해야 한다.

② 치수는 될 수 있는 한 주투상도에 기입해야 한다.

③ 구멍의 치수 기입에서 관통 구멍이 원형으로 표시된 투상도에는 그 깊이를 기입한다.

④ 도면에 길이의 크기와 자세 및 위치를 명확하게 표시해야 한다.

해설 치수는 될 수 있는 한 정면도에 기입해야 한다.

3. 제도에 사용하는 다음 선의 종류 중 굵기가 가장 큰 것은?

① 치수보조선 ② 피치선 ③ 파단선 ④ 외형선

4. 대상물의 일부를 파단한 경계 또는 일부를 떼어낸 경계를 표시할 때의 선의 종류는?

① 가는 실선 ② 굵은 실선 ③ 가는 파선 ④ 굵은 1점쇄선

5. 수면이나 유면 등의 위치를 나타내는 수준면선의 종류는?

① 파선 ② 가는 실선 ③ 굵은 실선 ④ 1점 쇄선

6. 다음 중 가는 실선을 사용하는 선이 아닌 것은?

① 지시선 ② 치수선 ③ 치수보조선 ④ 외형선

해설 외형선은 굵은 실선으로 나타낸다.

7. 물체의 보이지 않는 곳의 형상을 나타낼 때 사용하는 선은?

① 실선 ② 파선 ③ 1점 쇄선 ④ 2점 쇄선

8. 다음 중 가는 실선으로 사용되는 선의 용도가 아닌 것은?

① 치수를 기입하기 위하여 사용하는 선
② 치수를 기입하기 위하여 도형에서 인출하는 선
③ 지식, 기호 등을 나타내기 위하여 사용하는 선
④ 형상의 부분 생략, 부분 단면의 경계를 나타내는 선

해설 파단선: 형상의 부분 생략, 부분 단면의 경계를 나타내는 선

9. 도형이 단면임을 표시하기 위하여 가는 실선으로 외형선 또는 중심선에 경사지게 일정 간격으로 긋는 선은?

① 특수선 ② 해칭 ③ 절단선 ④ 파단선

해설 해칭은 도형의 단면을 표시할 때 사선으로 긋는 선이다.

10. 침탄, 질화 등 특수 가공할 부분을 표시할 때 나타내는 선으로 옳은 것은?

① 가는 파선 ② 가는 1점 쇄선 ③ 가는 2점 쇄선 ④ 굵은 1점 쇄선

11. 반복 도형의 피치 기준을 잡는 데 사용된 선은?

① 굵은 실선 ② 가는 실선 ③ 1점 쇄선 ④ 가는 2점 쇄선

12. 다음 중 가공 부분을 이용하는 특정위치 또는 이동한계의 위치를 나타낼 때 쓰이는 선은 어느 것인가?

① 파선 ② 가는 실선 ③ 굵은 실선 ④ 2점 쇄선

13. 도면에서 가상선으로 사용되는 선의 명칭은?

① 파선 ② 가는 실선 ③ 1점 쇄선 ④ 2점 쇄선

14. 제도에서 가상선을 사용하는 경우가 아닌 것은?

① 인접 부분을 참고로 표시하는 경우
② 가공 부분을 이동 중의 특정한 위치로 표시하는 경우
③ 물체가 단면 형상임을 표시하는 경우
④ 공구, 지그 등의 위치를 참고로 나타내는 경우

해설 물체의 단면 형상임을 표시하는 경우에는 파단선을 사용한다.

정답 1. ④ 2. ② 3. ④ 4. ① 5. ② 6. ④ 7. ② 8. ④ 9. ② 10. ④ 11. ③ 12. ④ 13. ④ 14. ③

제 2 장 기초 제도

1. 투상법

1-1 정투상법

정투상(orthographic projection)은 모든 물체의 형태를 정확히 표현하는 방법을 말한다.

① 제1각법은 대상물을 투상면의 앞쪽에 놓고 투상하게 된다(눈→물체→투상면).

② 제3각법은 대상물을 투상면의 뒤쪽에 놓고 투상하게 된다(눈→투상면→물체).

(1) 투상도의 명칭

① 정면도(front view): 물체 앞에서 바라본 모양을 도면에 나타낸 것으로 물체의 가장 대표적인 면, 즉 기본이 되는 면을 정면도라 한다.

② 평면도(top view): 물체 위에서 내려다본 모양을 도면에 표현한 그림으로, 상면도라고도 한다.

③ 우측면도(right side view): 물체 우측에서 바라본 모양을 도면에 나타낸 그림이며 정면도, 평면도와 함께 많이 사용한다.

④ 좌측면도(left side view): 물체 좌측에서 바라본 모양을 도면에 나타낸 그림이다.

⑤ 저면도(bottom view): 물체 아래쪽에서 바라본 모양을 도면에 나타낸 그림으로 하면도라고도 한다.

⑥ 배면도(rear view): 물체 뒤쪽에서 바라본 모양을 도면에 나타낸 그림이며 사용하는 경우가 극히 드물다.

(2) 제1각법과 제3각법

① 제1각법

㈎ 물품을 제1각 내에 두고 투상하는 방식으로서 투상면의 앞쪽에 물품을 둔다.

㈏ 각 그림은 정면도를 중심으로 하여 아래쪽에 평면도, 왼쪽에 우측면도를 배열한다.

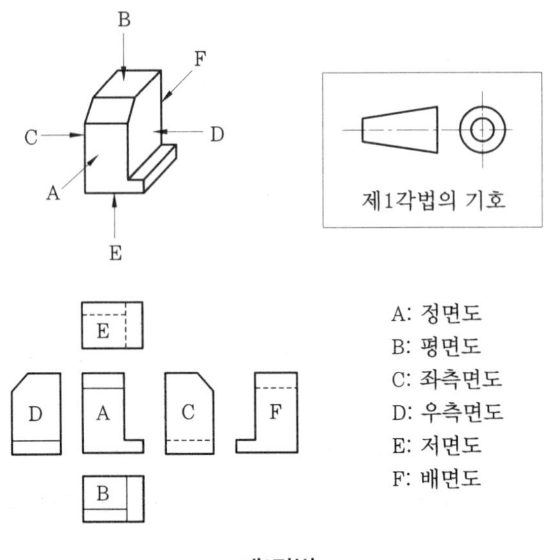

제1각법

② 제3각법

㈎ 물품을 제3각 내에 두고 투상하는 방법으로서 뒤쪽에 물품을 둔다.

㈏ 우측에 우측면도를 배열하는데, 이때 투상면은 유리와 같은 투상체라 생각한다.

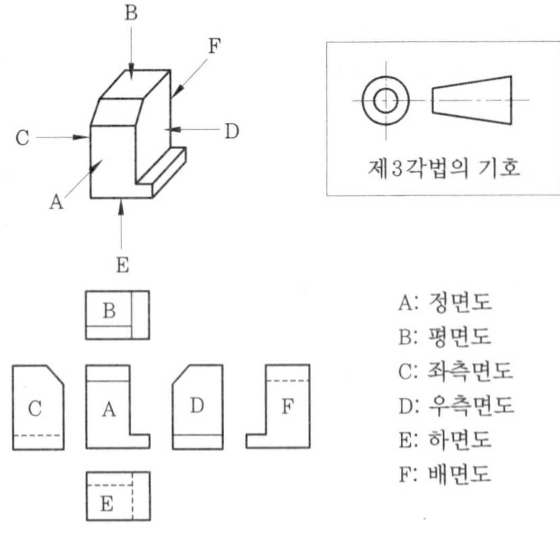

제3각법

단원 예상문제

1. 정투상법에서 눈→투상면→물체의 순으로 투상될 경우의 투상법은?

① 제1각법 ② 제2각법 ③ 제3각법 ④ 제4각법

2. 대상물의 좌표면이 투상면에 평행인 직각 투상법은 어느 것인가?

① 정투상법 ② 사투상법 ③ 등각 투상법 ④ 부등각 투상법

3. 물체의 여러 면을 동시에 투상하여 입체적으로 도시하는 투상법이 아닌 것은?

① 등각투상도법 ② 사투상도법 ③ 정투상도법 ④ 투시도법

해설 정투상도법은 물체 화면을 투상면에 평행하게 놓았을 때의 투상법이다.

4. 제3각법에 따라 투상도의 배치를 설명한 것 중 옳은 것은?

① 정면도, 평면도, 우측면도 또는 좌측면도의 3면도로 나타낼 때가 많다.
② 간단한 물체는 평면도와 측면도의 2면도로만 나타낸다.
③ 평면도는 물체의 특징이 가장 잘 나타나는 면을 선정한다.
④ 물체의 오른쪽과 왼쪽이 같은 때도 우측면도, 좌측면도 모두 그린다.

5. 그림은 3각법의 도면배치를 나타낸 것이다. ㉠, ㉡, ㉢에 해당하는 도면의 명칭이 옳게 짝지어진 것은?

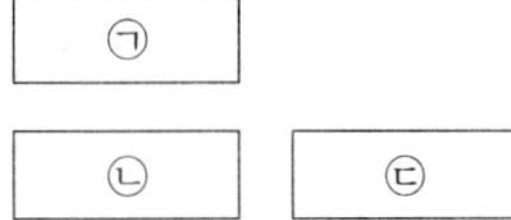

① ㉠-정면도, ㉡-우측면도, ㉢- 평면도
② ㉠-정면도, ㉡-평면도, ㉢- 우측면도
③ ㉠-평면도, ㉡-정면도, ㉢- 우측면도
④ ㉠-평면도, ㉡-우측면도, ㉢- 정면도

6. 그림과 같은 물체를 제3각법으로 옳게 그려진 것은?

① 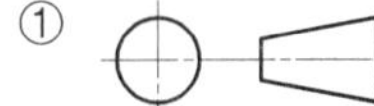 ②  ③  ④ 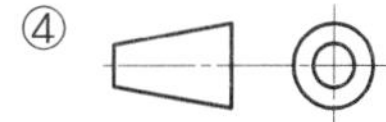

7. 그림과 같은 물체를 제3각법으로 그릴 때 물체를 명확하게 나타낼 수 있는 최소 도면 개수는?

① 1개
② 2개
③ 3개
④ 4개

8. 정투상법에서 물체의 모양과 기능을 가장 뚜렷하게 나타내는 면을 어떤 투상도로 선택하는가?

① 평면도 ② 정면도 ③ 측면도 ④ 배면도

9. 제3각법에서 평면도는 어느 곳에 위치하는가?

① 정면도의 위 ② 좌측면도의 위
③ 우측면도의 위 ④ 정면도의 아래

10. 투상도 중에서 화살표 방향에서 본 정면도는?

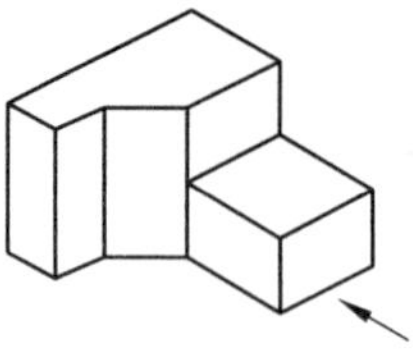

① 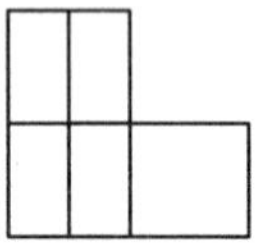 ② 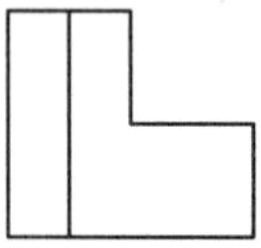 ③ 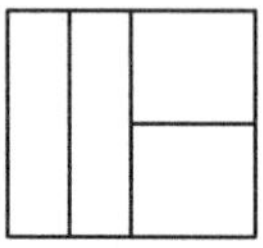 ④

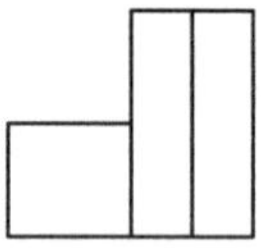

11. 다음과 같은 제품을 3각법으로 투상한 것 중 옳은 것은? (단, 화살표 방향을 정면도로 한다.)

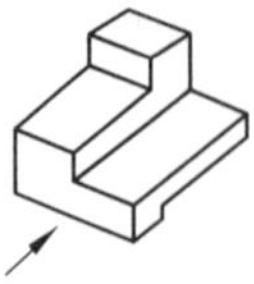

① 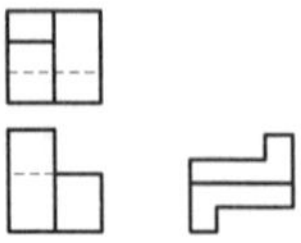 ② 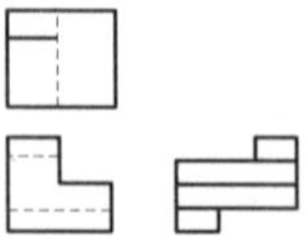 ③ 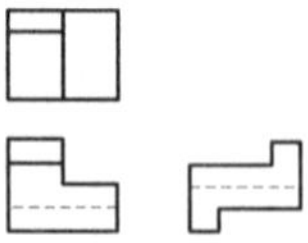 ④

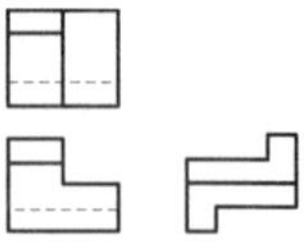

12. 다음 물체를 3각법으로 옳게 표현한 것은?

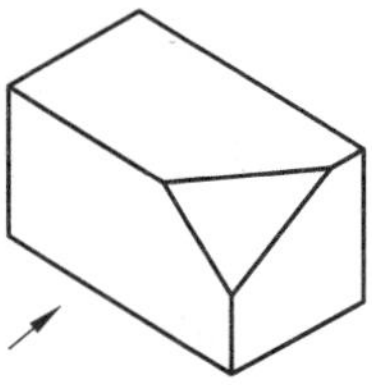

①　　　　②　　　　③　　　　④

13. 아래와 같은 투상도(정면도 및 우측면도)에 대하여 평면도를 옳게 나타낸 것은?

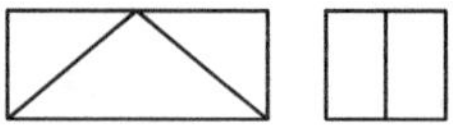

①　　　　②　　　　③　　　　④

14. 화살표 방향이 정면도라면 평면도는?

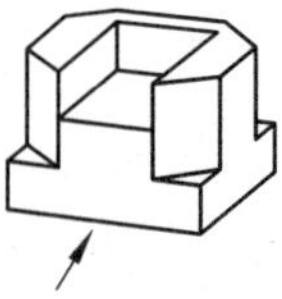

①　　　　②　　　　③　　　　④

15. 제3각법에서 물체의 윗면을 나타내는 도면은?

① 평면도　　② 정면도　　③ 측면도　　④ 단면도

16. 상면도라 하며, 물체의 위에서 내려다본 모양을 나타내는 도면의 명칭은?

① 배면도　　② 정면도　　③ 평면도　　④ 우측면도

17. 다음 투상도 중 물체의 높이를 알 수 없는 것은?

① 정면도　　② 평면도　　③ 우측면도　　④ 좌측면도

18. 다음 물체를 제3각법으로 올바르게 투상한 것은?

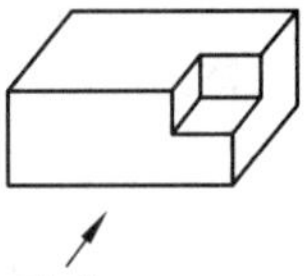

정면

① 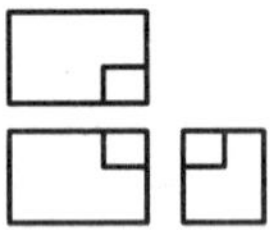　② 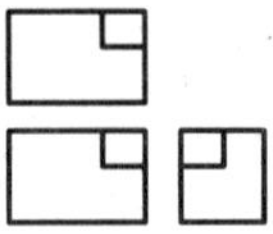　③ 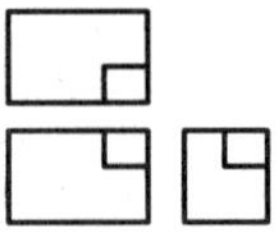　④

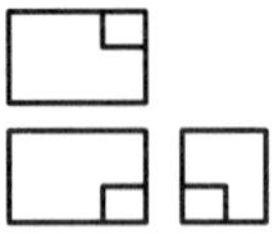

19. 투상도 중에서 화살표 방향에서 본 투상도가 정면도이면 평면도로 적합한 것은?

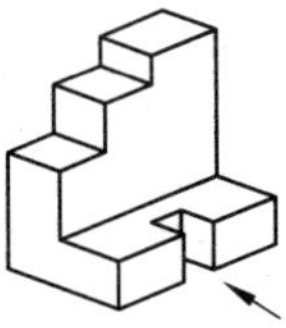

① 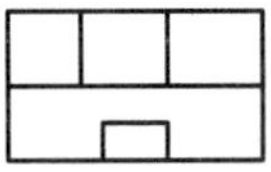　② 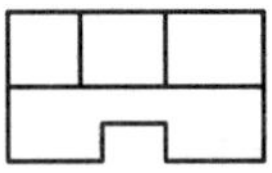　③ 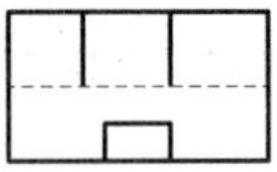　④

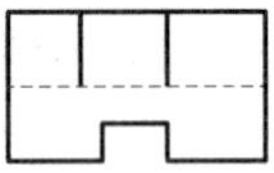

20. 다음 중 물체 뒤쪽 면을 수평으로 바라본 상태에서 그린 그림은?

① 배면도　② 저면도　③ 평면도　④ 흑면도

21. 다음 물체를 3각법으로 표현할 우측면도로 옳은 것은?

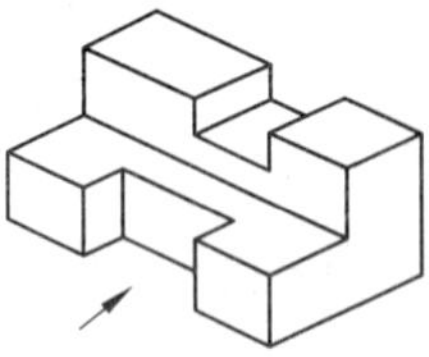

① 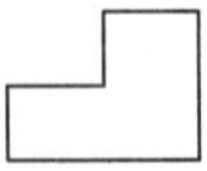　② 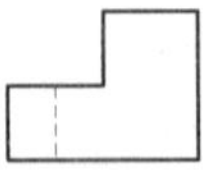　③ 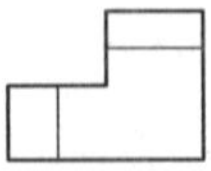　④

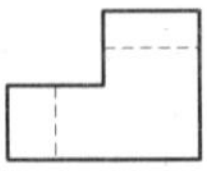

22. 다음 그림에서와 같이 눈→투상면→물체에 대한 투상법으로 옳은 것은?

① 제1각법
② 제2각법
③ 제3각법
④ 제4각법

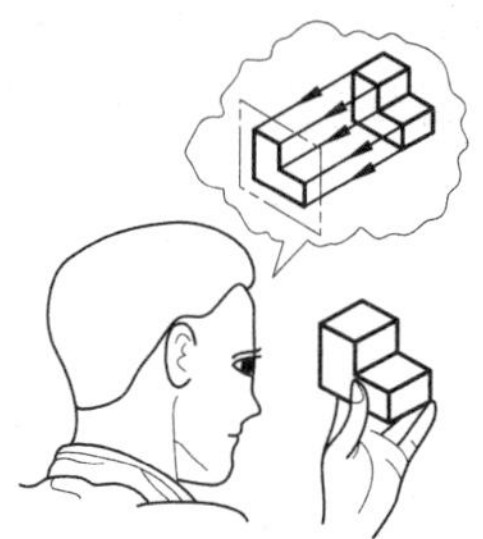

해설 제1각법: 눈→물체→투상면
제3각법: 눈→투상면→물체

정답 1. ③ 2. ① 3. ③ 4. ① 5. ③ 6. ③ 7. ② 8. ② 9. ① 10. ① 11. ④ 12. ④ 13. ① 14. ② 15. ③ 16. ③ 17. ② 18. ① 19. ② 20. ① 21. ④ 22. ③

1-2 축측 투상법

(1) 등각 투상도(isometric drawing)

① 등각 투상도란 정면, 평면, 측면을 하나의 투상면에 보이게 표현한 투상도이다.

② 밑면의 모서리선은 수평선과 좌우 각각 30°를 이루고, 세 축이 120°의 등각이 되도록 입체도로 투상한 것이다.

(2) 이등각 투상도

3좌표축이 이루는 각 중에서 두 개의 각이 같고 한 각이 다른 경우를 이등각 투상도라고 한다.

(3) 부등각 투상도

세 개의 각이 모두 다른 경우를 부등각 투상도라 한다.

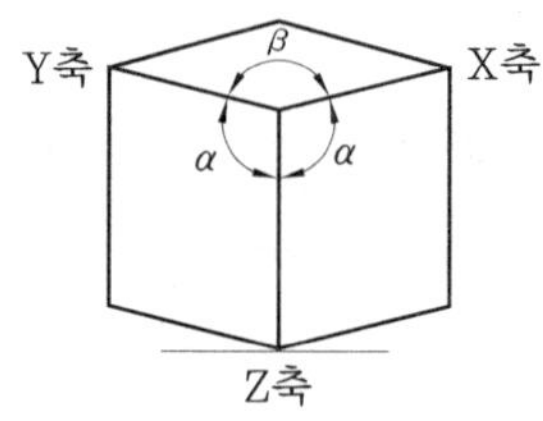

이등각 투상도

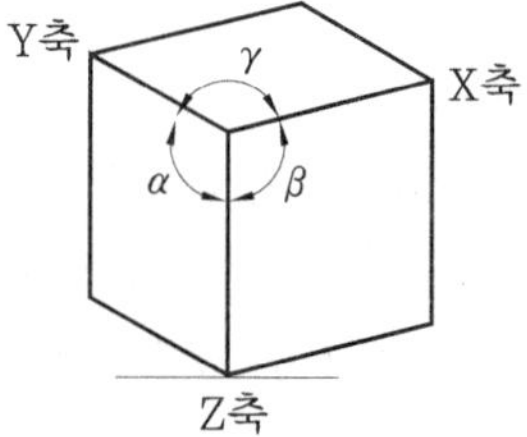

부등각 투상도

단원 예상문제

1. 정면, 평면, 측면을 하나의 투상도에서 동시에 볼 수 있도록 그린 것으로, 직육면체 투상도의 경우 직각으로 만나는 3개의 모서리가 각각 120°를 이루는 투상법은?

① 등각 투상도법 ② 사투상도법
③ 부등각 투상도법 ④ 정투상도법

2. 다음 그림과 같은 투상도는?

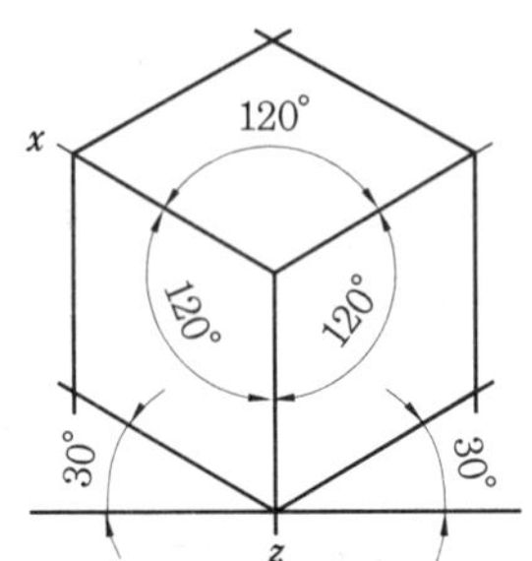

① 사투상도
② 투시 투상도
③ 등각 투상도
④ 부등각 투상도

해설 등각 투상도: 각이 서로 120°를 이루는 3개의 축을 기본으로 하여 이들 기본 축에 물체의 높이, 너비, 안쪽 길이를 옮겨서 나타내는 방법

정답 1. ① 2. ③

1-3 사투상법

① 사투상은 투상선이 투상면을 사선으로 지나는 평행 투상이다.
② 사투상도는 정투상도에서 정면도의 크기와 모양을 그대로 사용한다.
③ 사투상법은 평면도와 우측면도의 길이를 실제 길이와 동일 또는 축소시켜 정면도, 평면도, 우측면도를 동시에 입체적으로 나타내어 물체의 모양을 알기 쉽게 표현하는 방법이다.

단원 예상문제

1. 물체를 투상면에 대해 한쪽으로 경사지게 투상하여 입체적으로 나타내는 것으로, 물체를 입체적으로 나타내기 위해 수평선에 대하여 30°, 45°, 60° 경사각을 주어 삼각자를 편리하게 사용하게 한 것은?

① 투시도 ② 사투상도
③ 등각 투상도 ④ 부등각 투상도

2. 그림과 같이 도시되는 투상도는?

① 투시투상도
② 등각투상도
③ 축측투상도
④ 사투상도

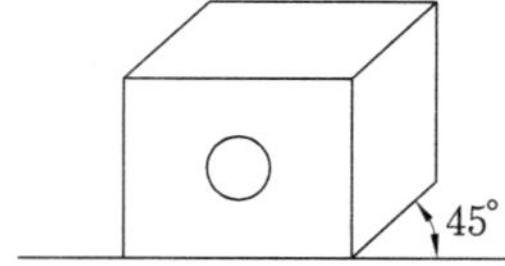

해설 사투상도: 기준선 위에 물체의 정면을 실물과 같은 모양으로 그리고 나서, 각 꼭짓점에서 기준선과 45°를 이루는 경사선을 긋고, 이 선 위에 물체의 안쪽 길이를 실제 길이의 1/2 비율로 그려서 나타내는 투상법

정답 1. ② 2. ④

2. 도형의 표시방법

2-1 투상도의 표시방법

(1) 보조 투상도(auxiliary view)

물체의 경사면의 형을 표시해야 할 때 그 경사면과 대응하는 위치에 필요 부분만 그린 도면이다.

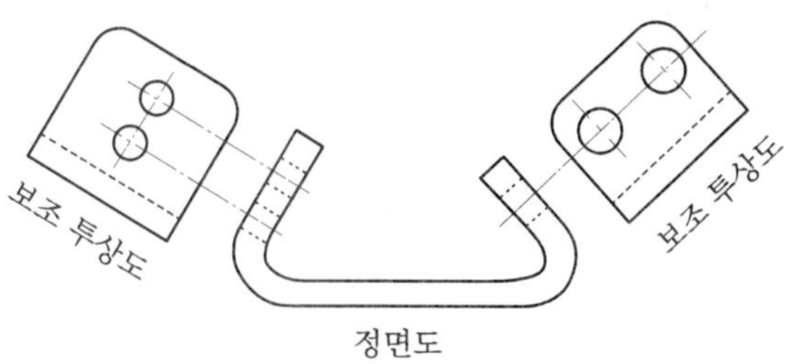

보조 투상도

단원 예상문제

1. 물체의 경사면을 실제의 모양으로 나타내고자 할 경우 그 경사면의 맞은편 위치에 물체가 보이는 부분의 전체 또는 일부분을 그려 나타내는 것은?

① 보조 투상도 ② 회전 투상도 ③ 부분 투상도 ④ 국부 투상도

2. 도면에서 중심선을 꺾어서 연결 도시한 투상도는?

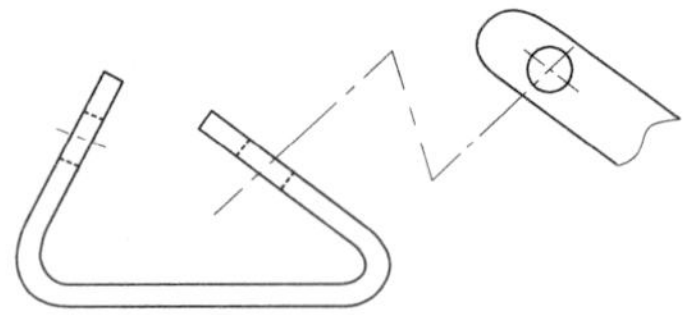

① 보조 투상도 ② 국부 투상도
③ 부분 투상도 ④ 회전 투상도

해설 보조 투상도: 물체의 경사면을 실제의 모양으로 나타낼 때 일부분을 그린 투상도

정답 1. ① 2. ①

(2) 부분 투상도(partial view)

투상도의 일부를 나타낸 그림이다.

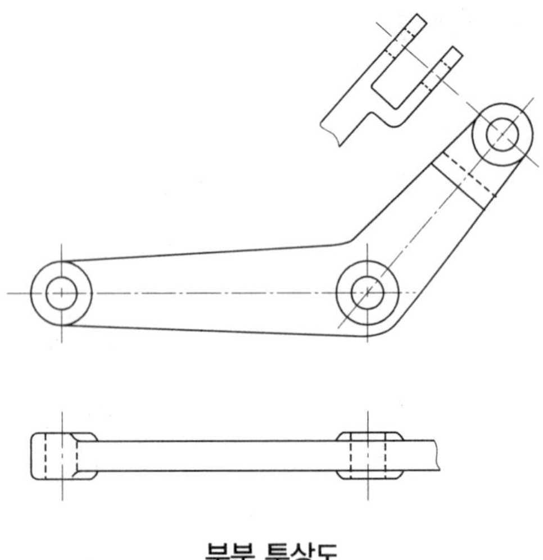

부분 투상도

(3) 회전 투상도(rotation view)

투상면이 어느 정도의 각도를 가지고 있어 실제 모양이 나타나지 않을 때, 원통형체를 가진 부품 중에서 중심으로부터 일정 각도방향으로 암(arm), 보강핀(rib) 및 손잡이(lug)가 나와 있는 부품의 투상도를 그릴 때, 그것들을 회전시켜 일직선으로 정렬하여 그린다.

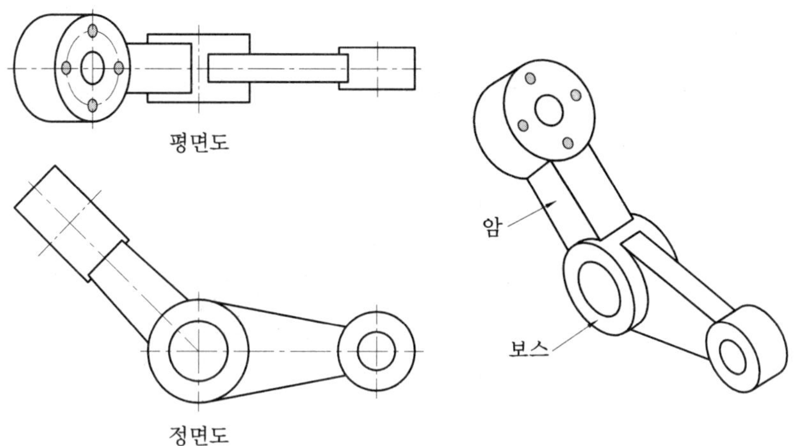

회전 투상도

(4) 전개 투상도

얇은 판을 가공하여 만든 제품 또는 단조품인 경우 필요에 따라 전개도로 나타낸다. 이때는 가공된 실물을 정면도에 그리고 평면도에도 그것을 전개한 그림, 즉 가공 전의 형태를 나타낸다. 또 전개도에는 전개했을 때의 치수를 기입하여야 한다.

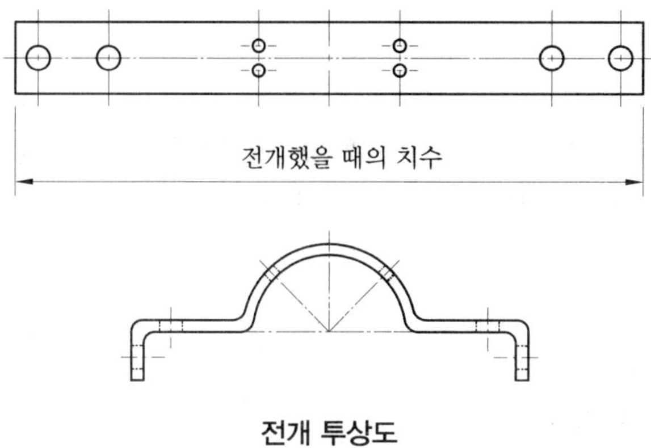

전개 투상도

(5) 복각 투상도

한 투상도에 물체의 앞면과 뒷면에 대한 두 가지 투상(1각법, 3각법)을 적용하여 그린 그림이다.

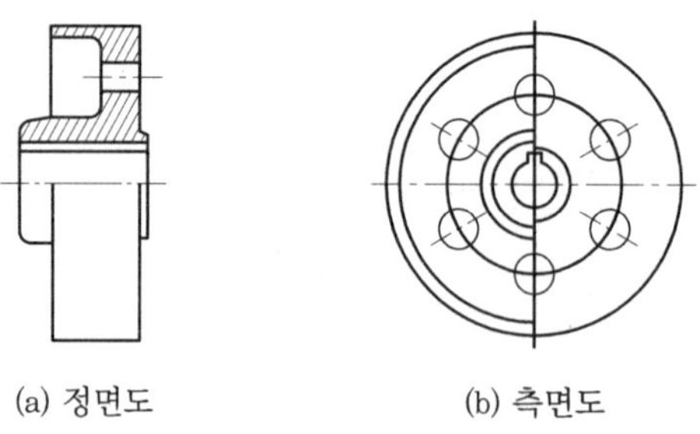

복각 투상도

2-2 단면법(sectioning)

단면이란 물체의 형상 또는 그 내부구조를 더 명확히 나타내기 위하여 주어진 물체의 가상적인 절단면을 말한다.

(1) 단면도의 종류

① 온 단면도(full sectional view, full section): 대상물을 하나의 평면으로 절단하여 단면전체를 그린 것으로 전단면도라고도 한다.

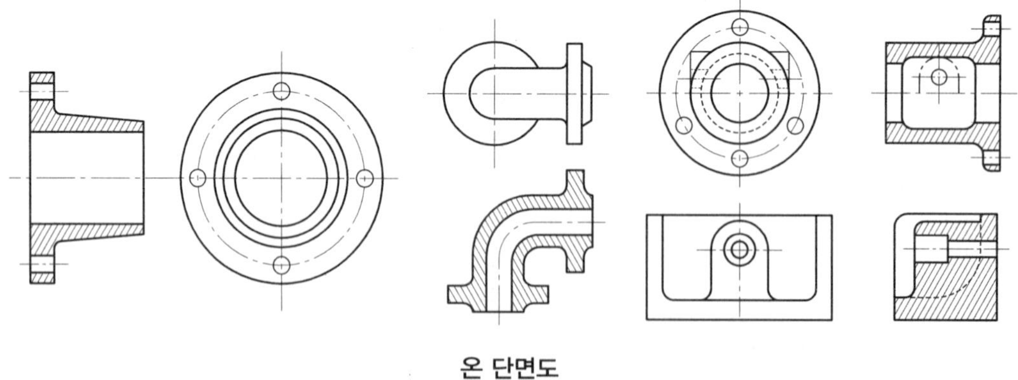

온 단면도

② 한쪽 단면도(half sectional view): 대칭형의 대상물을 대칭 중심선을 경계로 하여 외형도(outside view)의 절반과 전 단면도의 절반을 조합하여 그린 단면도이다.

③ 부분 단면도(partial sectional view): 도형의 대부분을 외형도로 하고 필요로 하는 요소의 일부분을 단면도로 나타낸 그림이다.

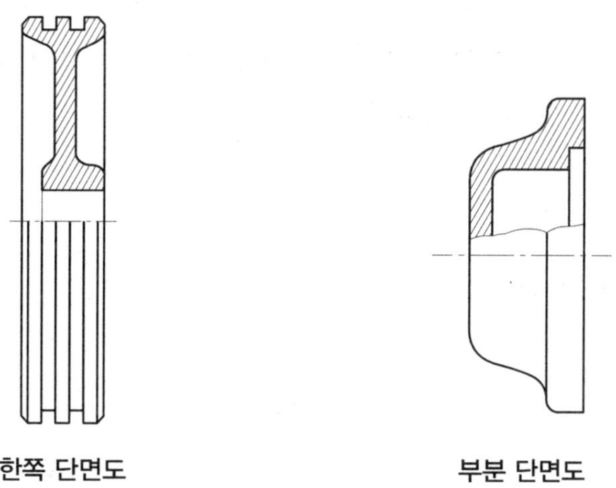

한쪽 단면도　　　　부분 단면도

④ 회전 단면도(revolved section): 핸들이나 바퀴 등의 암(arm) 및 림(rim), 리브(rib), 훅(hook), 축, 구조물의 부재 등의 절단면을 90° 회전하여 그린 단면도이다.

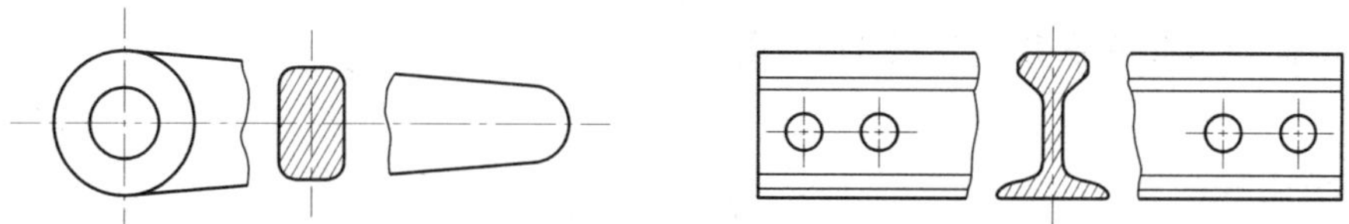

회전 단면도

⑤ 절단 평면(cutting plane): 절단 평면이란 단면을 구성하고자 물체의 절단과정을 표시하기 위해 주어지는 중개물이다.

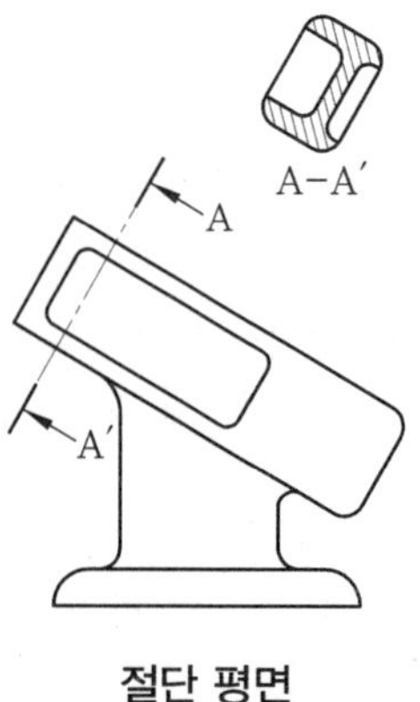

절단 평면

(2) 단면도의 표시방법

가상의 절단면을 정투상법으로 나타낸 투상도를 단면도라고 한다.

① 단면 부분 및 그 앞쪽에서 보이는 부분은 모두 외형선으로 그린다.

② 단면 부분에는 가는 실선으로 빗금을 긋는 해칭, 또는 단면 주위를 색연필로 엷게 칠하는 스머징(smudging)으로 표시한다.

단원 예상문제

1. 다음 그림과 같은 단면도는?

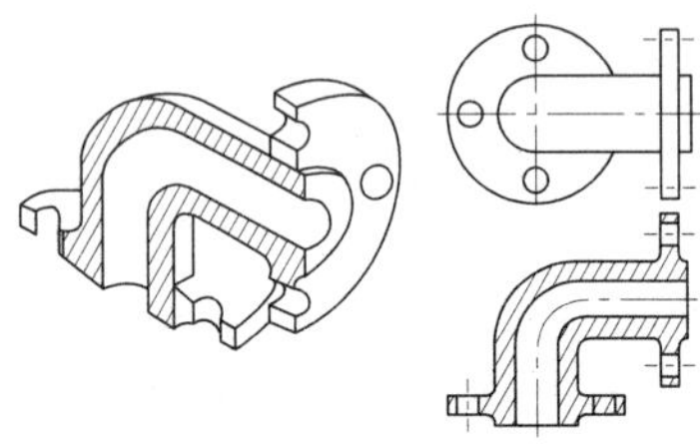

① 전 단면도 ② 한쪽 단면도 ③ 부분 단면도 ④ 회전 단면도

해설 전 단면도: 절단면이 부품 전체를 절단하며 지나가는 단면도

2. 다음 그림과 같은 물체의 온 단면도는?

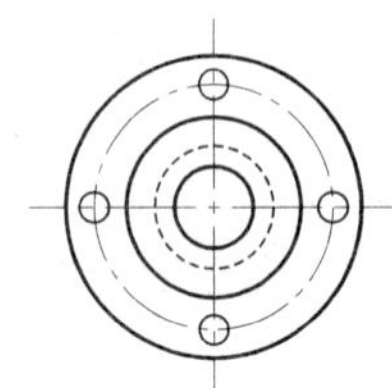

① 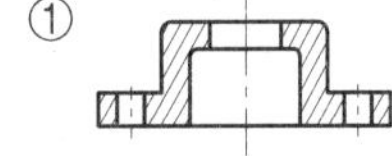 ② 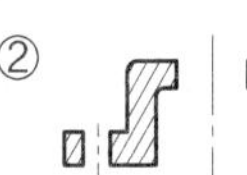 ③ 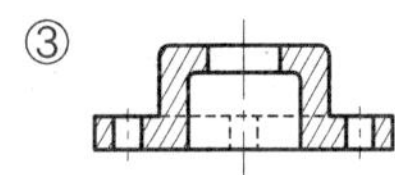 ④ 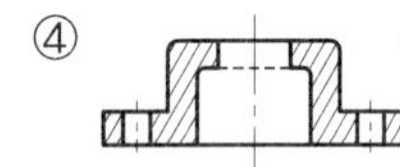

3. 제작물의 일부분을 절단하여 단면 모양이나 크기를 나타내는 단면도는?

① 온 단면도 ② 한쪽 단면도 ③ 회전 단면도 ④ 부분 단면도

해설 온 단면도: 절단면이 부품 전체를 절단하며 지나가는 단면도
한쪽 단면도: 상하 또는 좌우 대칭인 부품의 중심축을 기준으로 1/4만 가상적으로 제거한 후에 그린 단면도
회전 단면도: 절단면을 가상적으로 회전시켜 그린 단면도
부분 단면도: 제작물의 일부만을 절단하여 그린 단면도

4. 다음의 단면도 중 위, 아래 또는 왼쪽과 오른쪽이 대칭인 물체의 단면을 나타낼 때 사용되는 단면도는?

① 한쪽 단면도 ② 부분 단면도 ③ 전 단면도 ④ 회전 도시 단면도

5. 다음 그림과 같은 단면도의 종류는?

① 온 단면도
② 부분 단면도
③ 계단 단면도
④ 회전 단면도

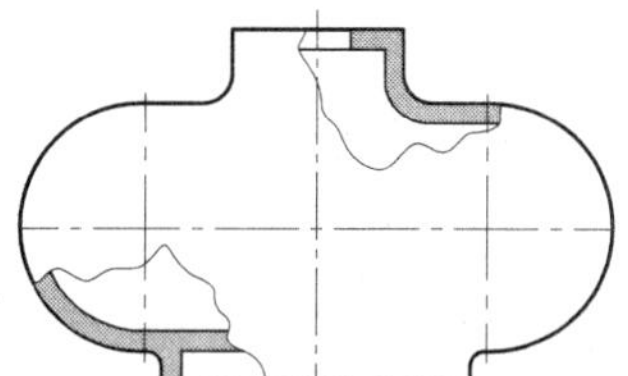

해설 부분 단면도: 제작물의 일부만을 절단하여 그린 단면도

6. 다음 그림과 같이 표시되는 단면도는?

① 온 단면도
② 한쪽 단면도
③ 부분 단면도
④ 회전 단면도

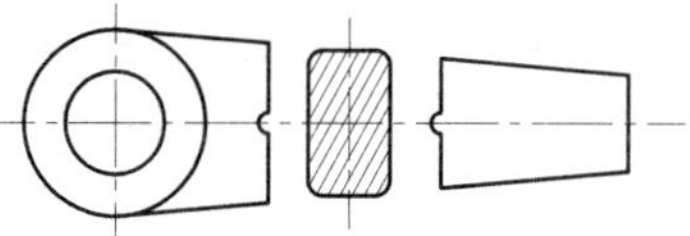

7. 다음 그림과 같이 물체의 형상을 쉽게 이해하기 위해 도시한 단면도는?

① 반단면도
② 부분 단면도
③ 계단 단면도
④ 회전 단면도

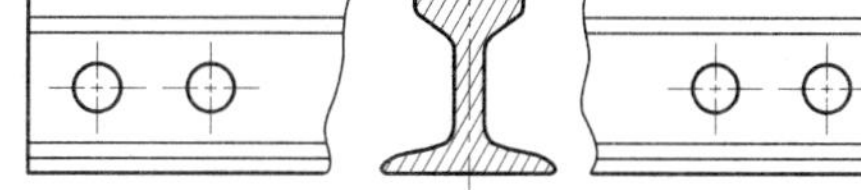

해설 회전 단면도: 절단면을 가상적으로 회전시켜 그린 단면도

8. 다음 그림과 같은 단면도의 종류로 옳은 것은?

① 전 단면도
② 부분 단면도
③ 계단 단면도
④ 회전 단면도

해설 일직선상에 있지 않을 때 투상면과 평행한 2개 또는 3개의 평면으로 물체를 계단모양으로 절단하는 방법이다.

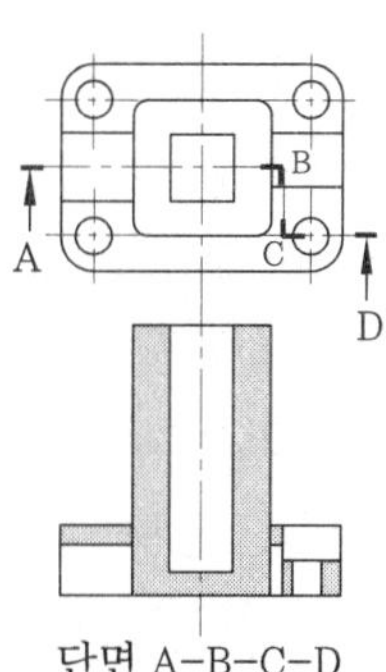

단면 A-B-C-D

9. 다음 그림과 같은 단면도를 무엇이라 하는가?

① 반 단면도
② 회전 단면도
③ 계단 단면도
④ 온 단면도

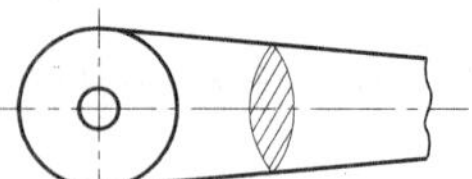

10. 다음 도면에서 Ⓐ로 표시된 해칭의 의미로 옳은 것은?

① 특수 가공부분이다.
② 회전 단면도이다.
③ 키를 장착할 홈이다.
④ 열처리 가공 부분이다.

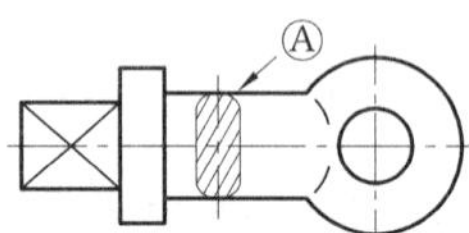

11. 다음 중 회전단면을 주로 이용하는 부품은?

① 볼트 ② 파이프 ③ 훅 ④ 중공축

해설 회전단면: 핸들이나 바퀴 등의 암 및 림, 리브, 훅, 축, 구재물의 부재 등의 절단면을 그릴 때 이용한다.

12. 다음 도면에서와 같이 절단 평면과 원뿔의 밑면이 이루는 각이 원뿔의 모선과 밑면이 이루는 각보다 작은 경우 단면은?

① 원
② 타원
③ 원뿔
④ 포물선

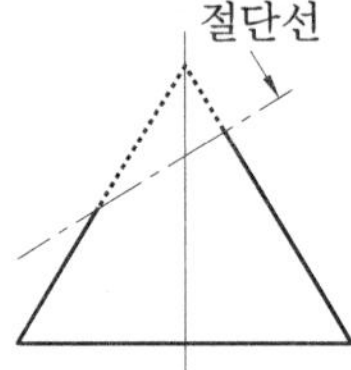

13. 다음 여러 가지 도형에서 생략할 수 없는 것은?

① 대칭 도형의 중심선의 한쪽
② 좌우가 유사한 물체의 한쪽
③ 길이가 긴 축의 중간 부분
④ 길이가 긴 테이퍼 축의 중간 부분

해설 좌우가 유사한 물체의 한쪽은 생략할 수 없다.

정답 1. ① 2. ① 3. ④ 4. ① 5. ② 6. ④ 7. ④ 8. ③ 9. ② 10. ② 11. ③ 12. ② 13. ②

3. 치수기입 방법

3-1 치수의 표시방법

치수 보조 기호

구 분	기 호	사용법	예 시
지름	ϕ	지름 치수 앞에 붙인다.	ϕ60
반지름	R	반지름 치수 앞에 붙인다.	R60
구의 지름	$S\phi$	구의 지름 치수 앞에 붙인다.	$S\phi$60
구의 반지름	SR	구의 반지름 치수 앞에 붙인다.	SR60
정사각형의 변	□	정사각형 한 변의 치수 앞에 붙인다.	□60
판의 두께	t	판 두께 치수 앞에 붙인다.	t=60
45°의 모따기	C	45°의 모따기 치수 앞에 붙인다.	C4
원호의 길이	⌒	원호의 길이 치수 앞에 붙인다.	⌒80
이론적으로 정확한 치수	□	치수 문자를 사각형으로 둘러싼다.	[80]
참고 치수	( )	치수 문자를 괄호 기호로 둘러싼다.	(30)
척도와 다름	–	척도와 다름(비례척이 아님)	<u>50</u>

① 길이의 수치는 원칙적으로 mm 단위로 기입하고 단위기호는 붙이지 않는다.

② 각도의 수치는 일반적으로 도(°)의 단위로 기입하고, 필요한 경우에는 분(′) 및 초(″)를 병용할 수 있다.

③ 수치의 소수점은 아래쪽 점으로 하고 숫자 사이를 적당히 띄어 그 중간에 약간 크게 찍는다.

단원 예상문제

1. 치수를 기입할 때 주의사항 중 틀린 것은?

① 치수 숫자는 선에 겹쳐서 기입한다.
② 치수를 공정별로 나누어서 기입할 수도 있다.
③ 치수 숫자는 치수선과 교차되는 장소에 기입하지 말아야 한다.
④ 가공할 때 기준으로 할 곳이 있는 경우는 그곳을 기준으로 기입한다.

해설 치수 숫자는 선에 겹쳐서 기입하면 안 된다.

2. **도면의 치수 기입법 설명으로 옳은 것은?**

① 치수는 가급적 평면도에 많이 기입한다.
② 치수는 중복되더라도 이해하기 쉽게 여러 번 기입한다.
③ 치수는 측면도에 많이 기입한다.
④ 치수는 가급적 정면도에 기입하되 투상도와 투상도 사이에 기입한다.

3. **도면에 치수를 기입할 때 유의해야 할 사항으로 옳은 것은?**

① 치수는 계산을 하도록 기입해야 한다.
② 치수의 기입은 되도록 중복하여 기입해야 한다.
③ 치수는 가능한 한 보조 투상도에 기입해야 한다.
④ 관련되는 치수는 가능한 한 곳에 모아서 기입하여야 한다.

4. **제도에서 치수 기입법에 관한 설명으로 틀린 것은?**

① 치수는 가급적 정면도에 기입한다.
② 치수는 계산할 필요가 없도록 기입해야 한다.
③ 치수는 정면도, 평면도, 측면도에 골고루 기입한다.
④ 2개의 투상도에 관계되는 치수는 가급적 투상도 사이에 기입한다.

해설 치수는 가급적 정면도에 기입하고, 투상도 사이에 기입한다.

5. **도면에서 단위 기호를 생략하고 치수 숫자만 기입할 수 있는 단위는?**

① inch ② m
③ cm ④ mm

6. **도면의 치수기입에서 "□20"이 갖는 의미로 옳은 것은?**

① 정사각형이 20개이다. ② 단면 지름이 20mm이다.
③ 정사각형의 넓이가 20mm^2이다. ④ 한 변의 길이가 20mm인 정사각형이다.

7. **다음 치수기입 방법의 설명으로 틀린 것은?**

① 도면에서 완성치수를 기입한다.
② 단위는 mm이며 도면 치수에는 기입하지 않는다.
③ 지름 기호 R은 치수 수치 뒤에 붙인다.
④ □10은 한 변이 10mm인 정사각형을 의미한다.

해설 지름 기호 R은 치수 수치 앞에 붙인다.

8. 치수기입의 요소가 아닌 것은?

① 숫자와 문자　② 부품표와 척도　③ 지시선과 인출선　④ 치수 보조기호

9. 치수 숫자와 같이 사용된 기호 t가 뜻하는 것은?

① 두께　② 반지름　③ 지름　④ 모따기

해설 두께: t, 반지름: R, 지름: ϕ, 모따기: C

10. 치수 기입 시 치수 숫자와 같이 사용하는 기호의 설명으로 잘못된 것은?

① ϕ: 지름　② R: 반지름

③ C: 구의 지름　④ t: 두께

해설 C: 45° 모따기

11. 다음 중 "C"와 "SR"에 해당되는 치수 보조 기호의 설명으로 옳은 것은?

① C는 원호이며, SR은 구의 지름이다.

② C는 45도 모따기이며, SR은 구의 반지름이다.

③ C는 판의 두께이며, SR은 구의 반지름이다.

④ C는 구의 반지름이며, SR은 구의 반지름이다.

12. 다음 중 모따기를 나타내는 기호는?

① R　② C　③ □　④ SR

해설 R 반지름, C: 모따기, □: 정사각형의 변, SR: 구의 반지름

13. 다음 기호 중 치수 보조 기호가 아닌 것은?

① C　② R　③ t　④ △

해설 R: 반지름, C: 모따기, t: 두께

14. 반지름이 10mm인 원을 표시하는 올바른 방법은?

① t10　② 10SR　③ ϕ10　④ R10

해설 두께: t, 지름: ϕ, 반지름: R

15. 도면치수 기입에서 반지름을 나타내는 치수 보조 기호는?

① R　② t　③ ϕ　④ SR

해설 R: 반지름, t: 두께, ϕ: 지름, SR: 구의 반지름

16. 제도에서 치수 숫자와 같이 사용하는 기호가 아닌 것은?

① ⊥ ② R ③ □ ④ Y

17. 그림에서 치수 20, 26에 치수 보조 기호가 옳은 것은?

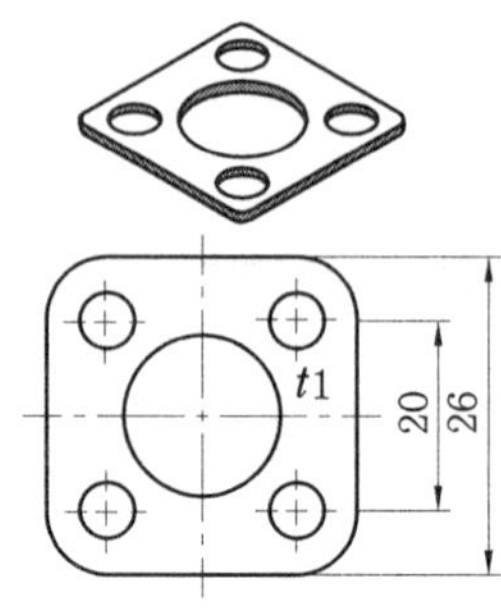

① S ② □ ③ t ④ ( )

18. 다음 그림에서 A부분이 지시하는 표시로 옳은 것은?

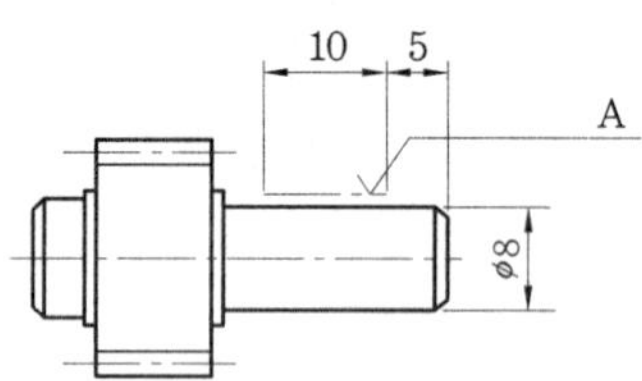

① 평면의 표시법 ② 특정 모양 부분의 표시
③ 특수 가공 부분의 표시 ④ 가공 전과 후의 모양 표시

19. 다음은 구멍을 치수기입한 예이다. 치수기입된 11−ø4에서 11이 의미하는 것은?

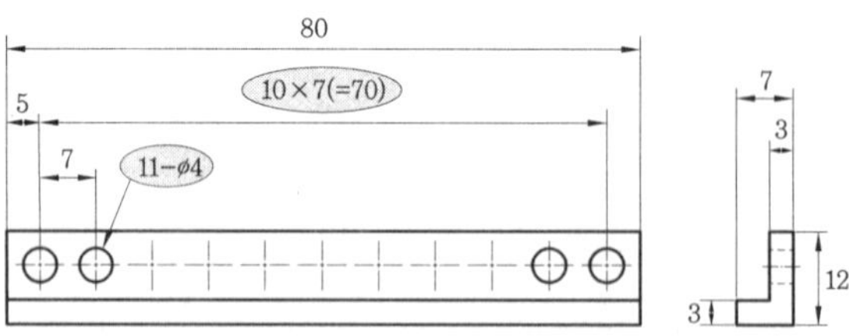

① 구멍의 지름 ② 구멍의 깊이 ③ 구멍의 수 ④ 구멍의 피치

해설 11−ø4는 지름(ø)이 4mm, 구멍이 11개임을 의미한다.

정답 1. ① 2. ④ 3. ④ 4. ③ 5. ④ 6. ④ 7. ③ 8. ② 9. ① 10. ③ 11. ② 12. ② 13. ④ 14. ④ 15. ① 16. ④ 17. ② 18. ③ 19. ③

3-2 치수기입 방법의 일반 형식

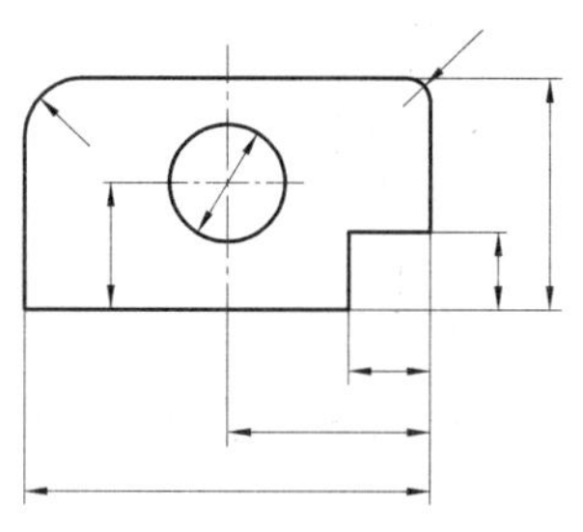

(a) 치수 보조선을 사용한 예

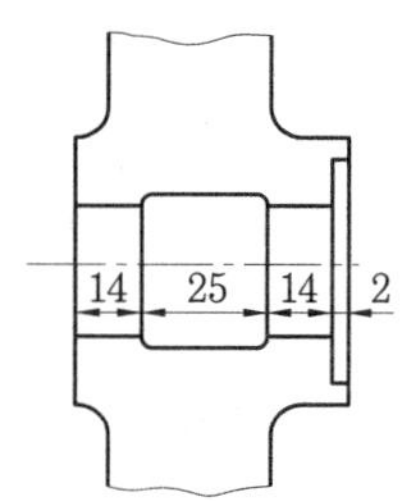

(b) 치수 보조선을 사용하지 않은 예

치수선과 치수 보조선

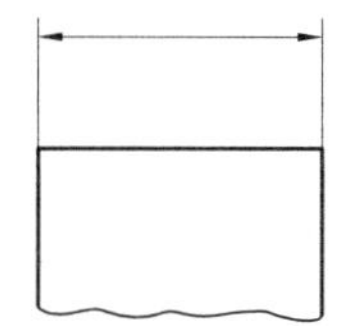

(a) 변의 길이 치수선

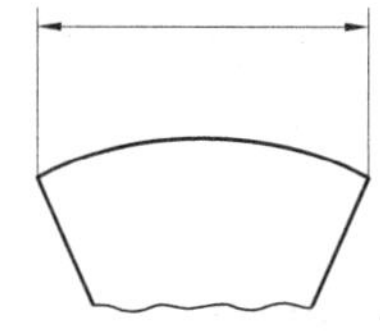

(b) 현의 길이 치수선

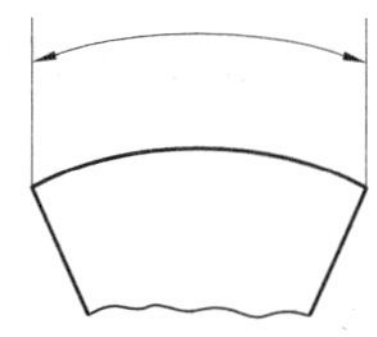

(c) 호의 길이 치수선

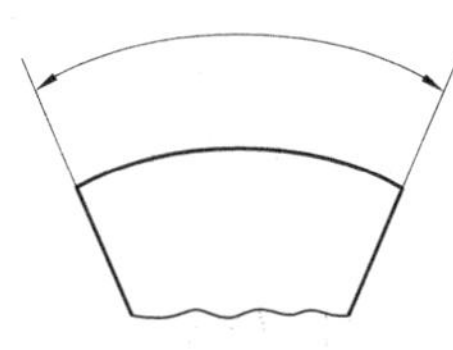

(d) 각도 치수선

치수선 긋기

3-3 스케치

대상물을 보면서 형상을 프리핸드로 그리는 일뿐만 아니라, 기계나 기계부품을 간단히 그려 각 부분의 치수, 재질, 가공법 등을 기입한 그림을 스케치(sketch)라고 한다.

단원 예상문제

1. 현과 호에 대한 설명 중 옳은 것은?

① 호의 길이를 표시한 치수선은 호에 평행인 직선으로 표시한다.
② 현의 길이를 표시하는 치수선은 그 현과 동심인 원호로 표시한다.
③ 원호로 구성되는 곡선의 치수는 원호의 반지름과 그 중심 또는 원호와의 점선 위치를 기입할 필요가 없다.
④ 원호와 현을 구별해야 할 때는 호의 치수 숫자 위에 ∩표시를 한다.

해설 호는 치수 숫자 위에 ∩표시를 하고, 현은 숫자만 기입한다.

2. 다음 도면에 대한 설명 중 틀린 것은?

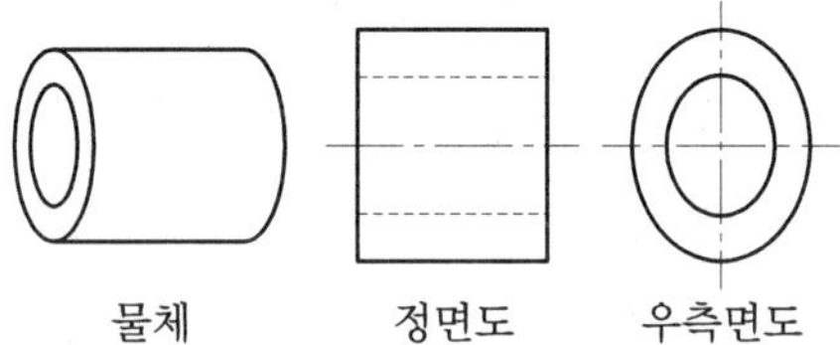

① 원통의 투상은 치수 보조기호를 사용하여 치수기입하면 정면도만으로도 투상이 가능하다.
② 속이 빈 원통이므로 단면을 하여 투상하면 구멍을 자세히 나타내면서 숨은선을 줄일 수 있다.
③ 좌, 우측이 같은 모양이라도 좌, 우측 면도를 모두 그려야 한다.
④ 치수기입 시 치수 보조 기호를 생략하면 우측면도를 꼭 그려야 한다.

해설 좌, 우측의 모양이 같으면 좌, 우측면도는 하나만 그린다.

3. 다음 그림에서 나타난 치수는 무엇을 나타낸 것인가?

① 현
② 호
③ 곡선
④ 반지름

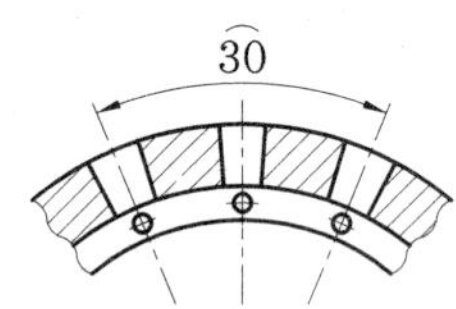

해설 호는 치수 위에 ⌒ 표시를 한다.

4. 다음 도면을 이용하여 공작물을 완성할 수 없는 이유는?

① 치수 20과 25 사이의 5의 치수가 없기 때문에
② 공작물의 두께 치수가 없기 때문에
③ 공작물 하단의 경사진 각도 치수가 없기 때문에
④ 공작물의 외형 크기 치수가 없기 때문에

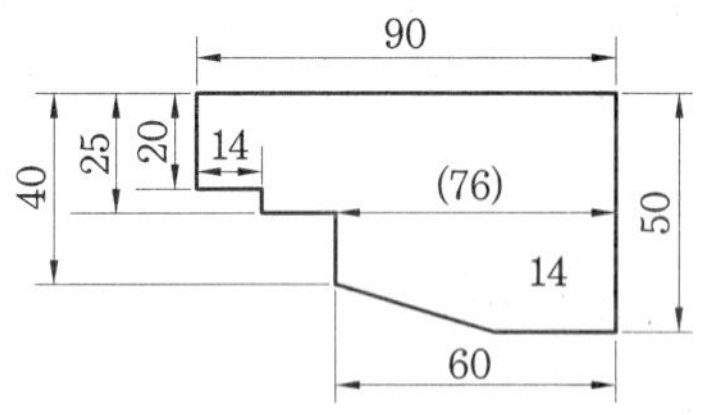

5. 다음 중 치수 기입방법에 대한 설명으로 틀린 것은?

① 외형선, 중심선, 기준선 및 이들의 연장선을 치수선으로 사용한다.
② 지시선은 치수와 함께 개별 주석을 기입하기 위하여 사용한다.
③ 각도를 기입하는 치수선은 각도를 구성하는 두 면 또는 연장선 사이에 원호를 긋는다.
④ 길이, 높이 치수의 표시는 주로 정면도에 집중하며, 부분적인 특징에 따라 평면도나 측면도에 표시할 수 있다.

해설 외형선, 중심선, 기준선 및 이들의 연장선을 치수선으로 사용할 수 없다.

6. 다음 중 치수 보조선과 치수선의 작도 방법이 틀린 것은?

① 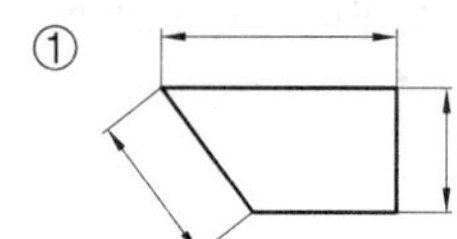

② 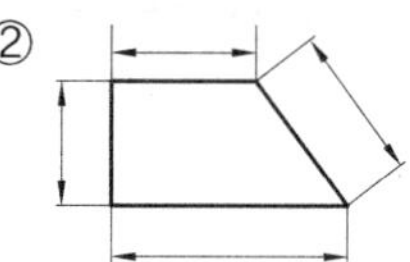

③ 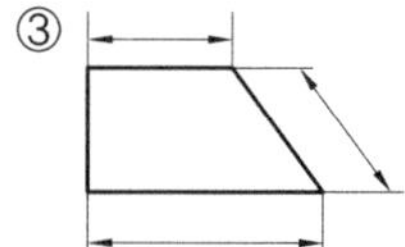

④ 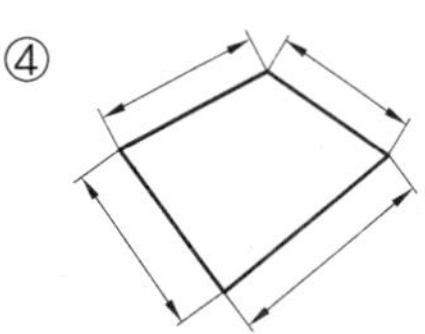

7. 치수 기입을 위한 치수선과 치수보조선 위치가 가장 적합한 것은?

① 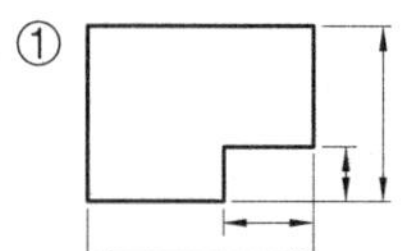

② 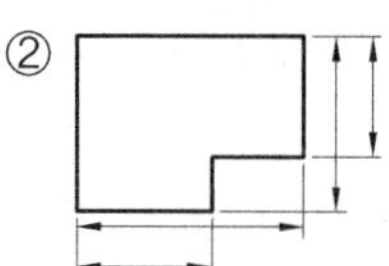

③ 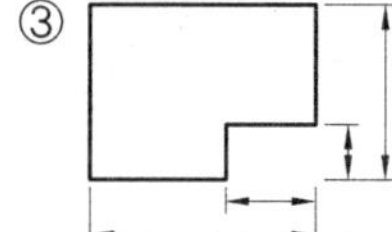

④ 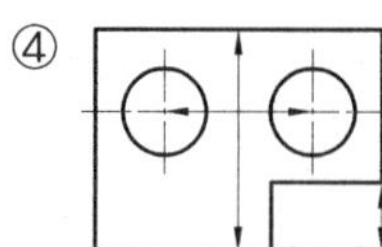

8. 한 도면에서 두 종류 이상의 선이 같은 장소에 겹치게 되는 경우에 선의 우선순위로 옳은 것은?

① 절단선→숨은선→외형선→중심선→무게중심선
② 무게중심선→숨은선→절단선→중심선→외형선
③ 외형선→숨은선→절단선→중심선→무게중심선
④ 중심선→외형선→숨은선→절단선→무게중심선

정답 1. ④ 2. ③ 3. ② 4. ③ 5. ① 6. ③ 7. ① 8. ③

제 3 장 제도의 응용

1. 공차 및 도면해독

1-1 도면의 결 도시방법

(1) 표면 거칠기(surface roughness)

① 중심선 평균 거칠기(R_a): 거칠기 곡선에서 측정길이를 L로 잡고, 이 부분의 중심선을 X축, 세로방향을 Y축으로 하여 거칠기 곡선을 $y=f(x)$로 표시하였을 때, 다음 식으로 구한 값을 미크론(μ) 단위로 나타낸다.

$$R_a=\frac{1}{L}\int_0^L |f(x)|\,dx$$

② 최대 높이(R_{max}): 기준 길이를 잡고, 이 중에서 가장 높은 곳과 낮은 곳의 높이를 μ 단위로 나타낸 것이다.

③ 10점 평균 거칠기(R_z): 기준 길이를 잡고, 이 중 가장 높은 곳에서부터 5번째 봉우리까지의 평균값과 가장 깊은 곳에서부터 5번째 골까지의 평균값과의 차이를 μ단위로 나타낸 것이다.

$$R_z=\frac{(R_1+R_3+R_5+R_7+R_9)-(R_2+R_4+R_6+R_8+R_{10})}{5}$$

단원 예상문제

1. 도면의 표면 거칠기 표시에서 6.3S가 뜻하는 것은?

① 최대높이 거칠기 6.3μm　　② 중심선 평균 거칠기 6.3μm
③ 10점 평균 거칠기 6.3μm　　④ 최소높이 거칠기 6.3μm

2. 대상물의 표면으로부터 임의로 채취한 각 부분에서의 표면 거칠기를 나타내는 기호가 아닌 것은?

① S_{tp} ② S_m
③ R_y ④ R_a

3. 표면 거칠기의 값을 나타낼 때 10점 평균 거칠기를 나타내는 기호로 옳은 것은?

① R_a ② R_s
③ R_z ④ R_{max}

해설 R_a: 중심선 평균 거칠기, R_z: 10점 평균 거칠기, R_{max}: 최대높이

4. KS B ISO 4287 한국산업표준에서 정한 거칠기 프로파일에서 산출한 파라미터를 나타내는 기호는?

① R−파라미터 ② P−파라미터
③ W−파라미터 ④ Y−파라미터

정답 1. ① 2. ① 3. ③ 4. ①

(2) 면의 지시기호

이 기호는 표면의 결, 즉 기계부품이나 구조물과 같은 표면에서의 표면 거칠기, 제거가공의 필요 여부, 줄무늬 방향, 가공방법 등을 나타낼 때 사용한다.

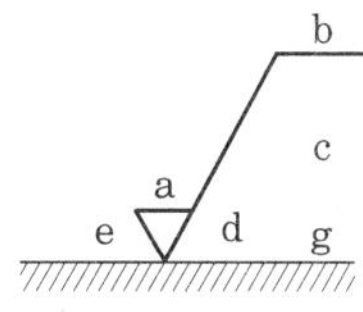

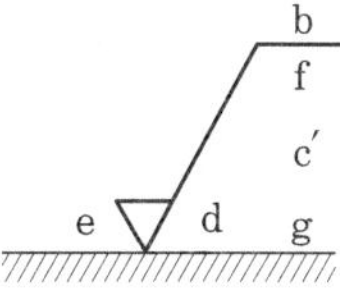

a: 중심선 평균 거칠기의 값
b: 가공 방법
c: 컷오프(cut−off) 값
c′: 기준 길이
d: 줄무늬 방향의 기호
e: 다듬질 여유
f: 중심선 평균 거칠기 이외의 표면 거칠기 값
g: 표면 파상도[KS B 0610(표면 파상도)에 따른다.]
※ a 또는 f 이외는 필요에 따라 기입한다.

면의 지시 기호

가공 방법의 기호

가공 방법	약호		가공 방법	약호	
	I	II		I	II
선반 가공	L	선삭	호닝 가공	GH	호닝
드릴 가공	D	드릴링	버프 다듬질	SPBF	버핑
밀링 가공	M	밀링	줄 다듬질	FF	줄다듬질
리머 가공	FR	리밍	스크레이퍼 다듬질	FS	스크레이핑
연삭 가공	G	연삭	주조	C	주조

줄무늬 방향의 기호

그림 기호	의미	그림
=	기호가 사용되는 투상면에 평행	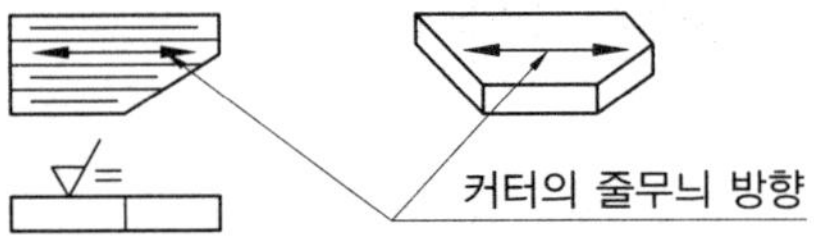 커터의 줄무늬 방향
⊥	기호가 사용되는 투상면에 수직	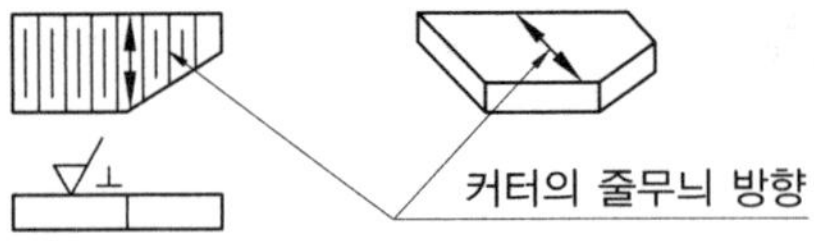 커터의 줄무늬 방향
×	기호가 사용되는 투상면에 대해 2개의 경사면에 수직	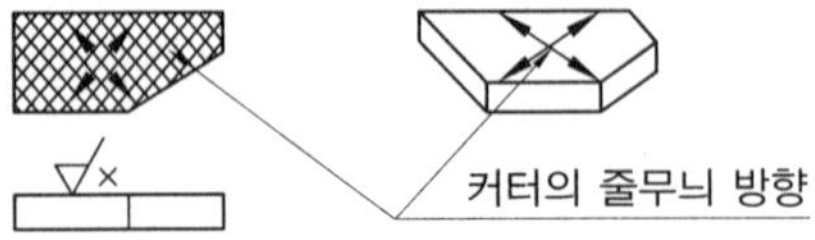 커터의 줄무늬 방향
M	여러 방향	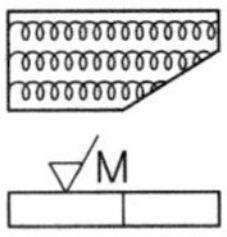 M
C	기호가 적용되는 표면의 중심에 대해 대략 동심원 모양	 C
R	기호가 적용되는 표면의 중심에 대해 대략 반지름 방향	 R

면의 지시기호의 사용 보기

기호	의미
(기호)	제거 가공을 필요로 하는 면
(기호)	제거 가공을 허용하지 않는 면
25	제거 가공의 필요 여부를 문제 삼지 않으며 R_a가 최대 25μm인 면
6.3 1.6	R_a가 상한값 6.3μm에서 하한값 1.6μm까지인 제거 가공을 하는 면
M 25 λ_c0.8	λ_c 0.8 mm에서 R_a가 최대 25μm인 밀링가공을 하는 면
R_{max} =25S	R_{max}가 최대 25μm인 제거 가공을 하는 면
R_z=100 L=2.5	기준길이 L=2.5 mm에서 R_z가 최대 100μm인 제거가공을 하는 면

단원 예상문제

1. 다음 중 "보링" 가공방법의 기호로 옳은 것은?

① B ② D ③ M ④ L

해설 B: 보링(boring), D: 드릴(drill), M: 밀링(milling), L: 선반(lathe)

2. 가공방법의 기호 중 연삭가공의 표시는?

① G ② L ③ C ④ D

해설 G: 연삭, L: 선반, C: 주조, D: 드릴

3. 다음 가공방법의 기호와 그 의미의 연결이 틀린 것은?

① C-주조 ② L-선삭
③ G-연삭 ④ FF-소성가공

해설 FF: 줄다듬질

4. 다음 그림 중에서 FL이 의미하는 것은?

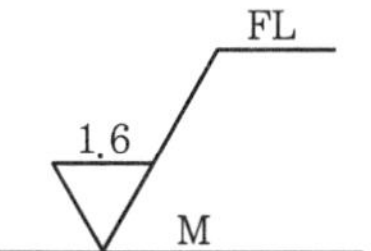

① 밀링가공을 나타낸다.
② 래핑가공을 나타낸다.
③ 가공으로 생긴 선이 거의 동심원임을 나타낸다.
④ 가공으로 생긴 선이 2방향으로 교차하는 것을 나타낸다.

해설 FL: 래핑가공, M: 밀링가공

5. 금속의 가공 공정의 기호 중 스크레이핑 다듬질에 해당하는 약호는?

① FB ② FF ③ FL ④ FS

해설 FB: 버프 다듬질, FF: 줄다듬질, FL: 래핑 다듬질, FS: 스크레이핑 다듬질

6. 표면의 결 표시 방법 중 줄무늬 방향기호 "M"이 의미하는 것은?

M

① 가공에 의한 것의 줄무늬가 여러 방향으로 교차 또는 무방향
② 가공에 의한 것의 줄무늬가 기호를 기입한 면의 중심에 대하여 거의 동심원 모양
③ 가공에 의한 것의 줄무늬가 기호를 기입한 면의 중심에 대하여 거의 방사 모양
④ 가공에 의한 것의 줄무늬 방향이 기호를 기입한 그림의 투영면에 평행

7. 다음 도면에서 3-10 DRILL 깊이 12는 무엇을 의미하는가?

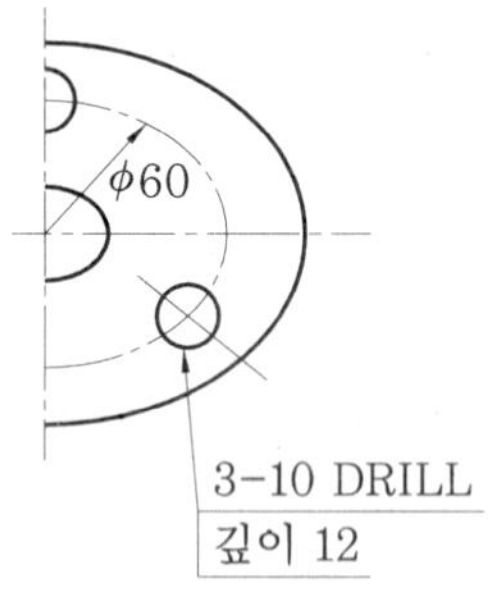

① 반지름이 3mm인 구멍이 10개이며, 깊이는 12mm이다.
② 반지름이 10mm인 구멍이 3개이며, 깊이는 12zmm이다.
③ 지름이 3mm인 구멍이 12개이며, 깊이는 10mm이다.
④ 지름이 10mm인 구멍이 3개이며, 깊이는 12mm이다.

8. 가공면의 줄무늬 방향 표시기호 중 기호를 기입한 면의 중심에 대하여 대략 동심원인 경우 기입하는 기호는?

① X ② M ③ R ④ C

해설 X: 가공으로 생긴 선이 다방면으로 교차, M: 무방향, R: 가공으로 생긴 선이 거의 방사선, C: 가공으로 생긴 선이 거의 동심원

정답 1. ① 2. ① 3. ④ 4. ② 5. ④ 6. ① 7. ④ 8. ④

(3) 다듬질 기호

표면의 결을 지시하는 경우 면의 지시기호 대신에 사용할 수 있는 기호이지만 최근에는 거의 사용되지 않는다. 다듬질 기호는 삼각기호(▽)와 파형기호(~)로 나뉘어 삼각기호는 제거가공을 하는 면에, 파형기호는 제거가공을 하지 않는 면에 사용한다.

다듬질 기호에 대한 표면거칠기 값

다듬질 기호	표면거칠기의 표준 수열		
	R_a	R_{max}	R_Z
▽▽▽▽	0.2a	0.8S	0.8Z
▽▽▽	1.6a	6.3S	6.3Z
▽▽	6.3a	25S	25Z
▽	25a	100S	100Z
~	특별히 규정하지 않는다.		

단원 예상문제

1. 표면의 결 지시 방법에서 대상면에 제거가공을 하지 않는 경우 표시하는 기호는?

① 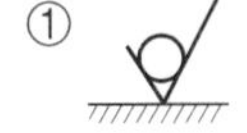
② 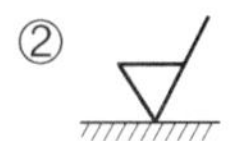
③ 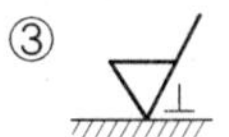
④ 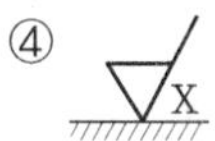

정답 1. ①

1-2 치수공차와 끼워맞춤

(1) 치수공차

① 치수공차의 표시

㈎ 허용한계 치수: 최대치수와 최소치수의 양쪽 한계를 나타내는 치수

㈏ 최대 허용치수: 실치수에 대하여 허용할 수 있는 최대치수

최소 허용치수: 실치수에 대하여 허용할 수 있는 최소치수

㈐ 기준치수: 다듬질의 기준이 되는 치수

㈑ 치수공차: 최대 허용치수와 최소 허용치수의 차

(마) 위 치수 허용차: 최대 허용치수에서 기준치수를 뺀 것
아래 치수 허용차: 최소 허용치수에서 기준치수를 뺀 것
(바) 치수공차: 위 치수 허용차에서 아래치수 허용차를 뺀 것

보기

	$\phi 40^{+0.025}_{0}$	$\phi 40^{-0.025}_{-0.050}$
최대 허용치수	A=40.025 mm	a=39.975 mm
최소 허용치수	B=40.000 mm	b=39.950 mm
치수공차	T=A−B=0.025 mm	t=a−b = 0.025 mm
기준치수	C=40.000 mm	c=40.000 mm
위 치수 허용차	E=A−C=0.025 mm	e=a−c=0.025 mm
아래 치수 허용차	D=B−C=0	d=b−c=0.050 mm

② 도면에 치수공차 기입
(가) 기준치수 다음에 상하의 치수 허용차를 기입한다.
(나) 기준치수보다 허용한계 치수가 클 때에는 치수 허용차의 수치에 (+) 부호를, 작을 경우에는 (−) 부호를 기입한다.

(2) 끼워맞춤

구멍에 축을 삽입할 때, 구멍과 축의 미세한 치수 차이에 의해 헐거워지기도 하고 단단해지기도 하는데, 이렇게 끼워지는 관계를 끼워맞춤(fit)이라고 하며, 헐거운 끼워맞춤, 중간 끼워맞춤, 억지 끼워맞춤의 3종류가 있다.

① 헐거운 끼워맞춤(clearance fit): 구멍의 최소 허용치수가 축의 최대 허용치수보다 클 때의 맞춤이며, 항상 틈새가 생긴다.
② 중간 끼워맞춤(transition fit): 구멍의 허용치수가 축의 허용치수보다 크고, 동시에 축의 허용치수가 구멍의 허용치수보다 큰 경우의 끼워맞춤으로서 실치수에 따라 틈새 또는 죔새가 생긴다.
③ 억지 끼워맞춤(interference fit): 축의 최소 허용치수가 구멍의 최대 허용치수보다 큰 경우의 끼워맞춤으로서 항상 죔새가 생긴다.

(3) 구멍, 축의 표시

구멍의 종류를 나타내는 기호는 로마자 대문자, 축의 종류를 나타내는 기호는 로마자 소문자로 표기한다.

보기

■ 구멍의 표시
ϕ35H7: 구멍 35 mm의 7등급
■ 축의 표시
ϕ35e8: 축 35 mm의 8등급

(4) IT 기본 공차

IT 01~18까지 20등급으로 나눈다. IT 01~4는 주로 게이지류, IT 5~10은 끼워맞춤 부분, IT 11~18은 끼워맞춤 이외의 일반 공차에 적용된다.

(5) 기하공차

기계 혹은 제품에 있는 다수의 부품을 정확한 형상으로 가공할 수 없는 경우, 어느 정도까지의 오차를 허용할 수 있는가, 그 지표를 제공하는 것이 기하공차(geometric tolerance)이다. 기하공차는 이론적으로 정확한 기준, 즉 데이텀 없이 단독으로 형체 공차가 정해지는 단독형체와 데이텀을 바탕으로 하여 정해지는 관련형체로 나뉜다.

기하공차의 종류 및 기호

적용하는 형체	공차의 종류		기호
단독형체	모양공차	진직도 공차	—
		평면도 공차	▱
		진원도 공차	○
단독형체 또는 관련형체		원통도 공차	⌭
		선의 윤곽도 공차	⌒
		면의 윤곽도 공차	⌓

관련형체	자세 공차	평면도 공차	//
		직각도 공차	⊥
		경사도 공차	∠
	위치 공차	위치도 공차	⌖
		동축도 공차 또는 동심도 공차	◎
		대칭도 공차	⌯
	흔들림 공차	원주 흔들림 공차	↗
		온 흔들림 공차	⌰

단원 예상문제

1. 끼워맞춤에 관한 설명으로 옳은 것은?

① 최대 죔새는 구멍의 최대 허용치수에서 축의 최소 허용치수를 뺀 치수이다.
② 최소 죔새는 구멍의 최소 허용치수에서 축의 최대 허용치수를 뺀 치수이다.
③ 구멍의 최소 치수가 축의 최대 치수보다 작은 경우 헐거운 끼워맞춤이 된다.
④ 구멍과 축의 끼워맞춤에서 틈새가 없이 죔새만 있으면 억지 끼워맞춤이 된다.

2. 치수공차를 구하는 식으로 옳은 것은?

① 최대 허용치수－기준치수　② 허용한계 치수－기준치수
③ 최소 허용치수－기준치수　④ 최대 허용치수－최소 허용치수

3. 최대 허용치수와 최소 허용치수의 차는?

① 위치수 허용차　② 아래치수 허용차
③ 치수공차　④ 기준치수

4. 다음 중 위치수 허용차를 옳게 나타낸 것은?

① 치수－기준치수　② 최소 허용치수－기준치수
③ 최대 허용치수－최소 허용치수　④ 최대 허용치수－기준치수

해설 위치수 허용차: 최대 허용치수－기준치수
아래치수 허용차: 최소 허용치수－기준치수

5. 치수공차를 개선하는 식으로 옳은 것은?

① 기준치수－실제치수 ② 실제치수－치수허용차
③ 허용한계 치수－실제치수 ④ 최대 허용치수－최소 허용치수

해설 치수공차: 최대 허용치수와 최소 허용치수의 차

6. 구멍의 치수가 $\phi 50^{+0.24}_{-0.13}$일 때의 치수공차로 옳은 것은?

① 0.11 ② 0.24 ③ 0.37 ④ 0.87

해설 50.024－(－50.013)＝50.037

7. 도면에 기입된 구멍의 치수 제 50H7에서 알 수 없는 것은?

① 끼워맞춤의 종류 ② 기준치수 ③ 구멍의 종류 ④ IT공차등급

8. 가공제품을 끼워맞춤 조립할 때 구멍 최소치수가 축의 최대치수보다 큰 경우로 항상 틈새가 생기는 끼워맞춤은?

① 헐거운 끼워맞춤 ② 억지 끼워맞춤
③ 중간 끼워맞춤 ④ 복합 끼워맞춤

9. 구멍치수 $\phi 45^{+0.025}_{0}$, 축 치수 $\phi 45^{+0.009}_{-0.025}$인 경우 어떤 끼워맞춤인가?

① 헐거운 끼워맞춤 ② 억지 끼워맞춤
③ 중간 끼워맞춤 ④ 보통 끼워맞춤

해설 중간 끼워맞춤: 구멍의 허용치수가 축의 허용치수보다 크고, 동시에 축의 허용치수가 구멍의 허용치수보다 큰 경우의 끼워맞춤

10. 구멍의 치수가 $\phi 45^{+0.025}_{0}$이고, 축의 치수가 $\phi 45^{-0.009}_{-0.025}$인 경우 어떤 끼워맞춤인가?

① 헐거운 끼워맞춤 ② 억지 끼워맞춤
③ 중간 끼워맞춤 ④ 보통 끼워맞춤

해설 헐거운 끼워맞춤: 구멍의 최소 허용치수가 축의 최대 허용치수보다 클 때의 맞춤

11. 치수가 $\phi 15^{+0.008}_{0}$인 구멍과 $\phi 15^{+0.006}_{+0.001}$인 축을 끼워 맞출 때는 어떤 끼워맞춤이 되는가?

① 헐거운 끼워맞춤 ② 중간 끼워맞춤
③ 억지 끼워맞춤 ④ 축 기준 끼워맞춤

해설 중간 끼워맞춤: 구멍의 허용치수가 축의 허용치수보다 큰 동시에 축의 허용치수가 구멍의 허용치수보다 큰 경우의 끼워맞춤

12. 구멍의 최대 허용치수 50.025 mm, 최소 허용치수 50.000 mm, 축의 최대 허용치수 50.000 mm, 최소 허용치수 49.950 mm일 때 최대틈새(mm)는?

① 0.025 ② 0.050 ③ 0.075 ④ 0.015

해설 최대틈새 = 구멍의 최대 허용치수 − 축의 최소 허용치수
= 50.025 − 49.950 = 0.075

13. 구멍 $\phi 42^{+0.009}_{0}$, 축 $42^{-0.009}_{-0.025}$일 때 최대죔새는?

① 0.009 ② 0.018 ③ 0.025 ④ 0.034

해설 최대죔새 = 축의 최대 허용치수 − 구멍의 최소 허용치수
= 0.009 − 0 = 0.009

14. 구멍 $\phi 55^{+0.030}_{0}$, 축 $55^{+0.039}_{+0.020}$일 때 최대틈새는?

① 0.010 ② 0.020 ③ 0.030 ④ 0.039

해설 최대틈새 = 구멍의 최대 허용치수 − 축의 최소 허용치수
= 0.030 − 0.020 = 0.010

정답 **1.** ④ **2.** ④ **3.** ③ **4.** ④ **5.** ④ **6.** ③ **7.** ① **8.** ① **9.** ③ **10.** ① **11.** ② **12.** ③ **13.** ① **14.** ①

2. 재료기호

2-1 재료기호의 구성

(1) 제1부분의 기호

재질을 표시하는 기호(제1부분의 기호)

기호	재질	비고	기호	재질	비고
Al	알루미늄	Aluminium	F	철	Ferrum
AlBr	알루미늄 청동	Aluminium bronze	MS	연강	Mild steel
Br	청동	Bronze	NiCu	니켈 구리 합금	Nickel-copper alloy
Bs	황동	Brass	PB	인청동	Phosphor bronze

Cu	구리 또는 구리합금	Copper	S	강	Steel
HBs	고강도 황동	High strength brass	SM	기계구조용강	Machine structure steel
HMn	고망가니즈	High manganese	WM	화이트 메탈	White metal

(2) 제2부분의 기호

규격명 또는 제품명을 표시하는 기호(제2부분의 기호)

기호	제품명 또는 규격명	기호	제품명 또는 규격명
B	봉(bar)	MC	가단 주철품(malleable iron casting)
BC	청동 주물	NC	니켈 크로뮴강(nickel chromium)
BsC	황동 주물	NCM	니켈 크로뮴 몰리브덴강(nickel chromium molybdenum)
C	주조품(casting)	P	판(plate)
CD	구상 흑연 주철	FS	일반구조용관
CP	냉간 압연 강판	PW	피아노선(piano wire)
Cr	크로뮴강(chromium)	S	일반 구조용 압연재
CS	냉간압연강재	SW	강선(steel wire)
DC	다이 캐스팅(die casting)	T	관(tube)
F	단조품(forging)	TB	고탄소 크로뮴 베어링강
G	고압가스 용기	TC	탄소 공구강
HP	열간 압연 연강판	TKM	기계 구조용 탄소 강관
HR	열간 압연	THG	고압가스 용기용 이음매 없는 강관
HS	열간 압연 강대	W	선(wire)
K	공구강	WR	선재(wire rod)
KH	고속도 공구강	WS	용접 구조용 압연강

(3) 제3부분의 기호

재료의 종류를 표시하는 기호(제3부분의 기호)

기호	의미	보기	기호	의미	보기
1	1종	SHP 1	5A	5종 A	SPS 5A
2	2종	SHP 2	3A	최저 인장강도 또는 항복점	WMC 34 SG 26
A	A종	SWS 41 A			
B	B종	SWS 41 B	C	탄소 함유량(0.10~0.15%)	SM 12C

보기

① SF34 (탄소강 단강품)

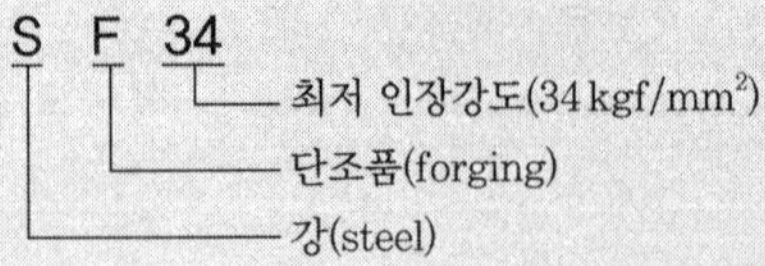

② PW 1 (피아노선 1종)

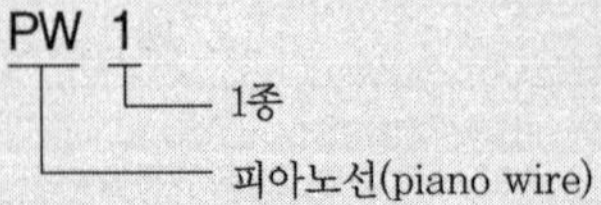

③ SM20C (기계구조용 탄소강)

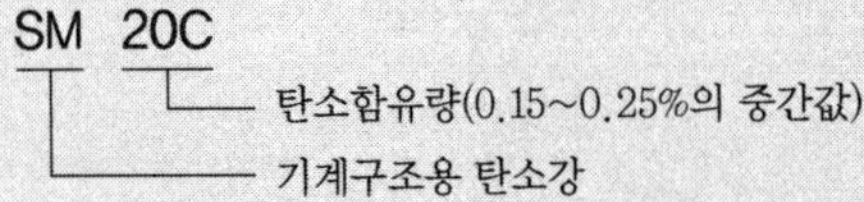

④ BSBMAD□ (기계용 황동 각봉)

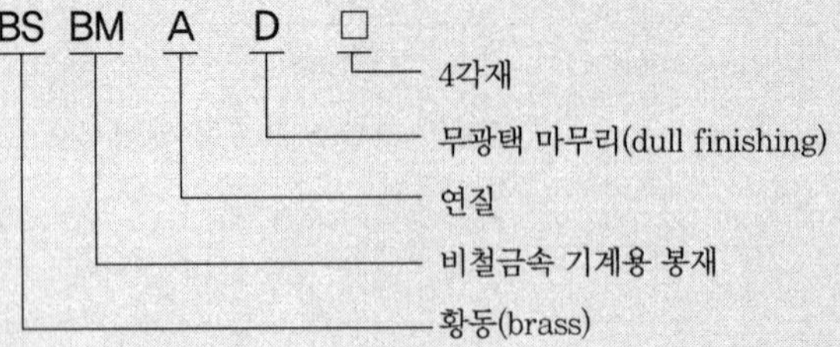

단원 예상문제

1. 한국산업표준에서 규정한 탄소공구강의 기호로 옳은 것은?

① SCM ② STC ③ SKH ④ SPS

해설 SCM: 크로뮴-몰리브덴강, STC 탄소공구강, SKH: 고속도공구강, SPS: 스프링강

2. SM20C에서 20C는 무엇을 나타내는가?

① 최고 인장강도 ② 최저 인장강도 ③ 탄소 함유량 ④ 최고 항복점

해설 SM: 기계구조용 탄소강, 20C: 탄소 함유량

3. 기계재료의 표시 중 SC360이 의미하는 것은?

① 탄소용 단강품 ② 탄소용 주강품
③ 탄소용 압연품 ④ 탄소용 압출품

해설 SC: 탄소용 주강품

4. [보기]의 재료기호의 표기에서 밑줄 친 부분이 의미하는 것은?

| 보기 |

KS D 3752 <u>SM45C</u>

① 탄소 함유량을 의미한다. ② 제조방법에 대한 수치 표시이다.
③ 최저 인장강도가 45 kgf/mm^{2}이다. ④ 열처리 강도 45 kgf/mm^{2}를 표시한다.

해설 SM: 기계구조용 탄소강, 45C: 탄소 함유량

5. 재료기호 "SS400"(구기호 SS41)의 400이 뜻하는 것은?

① 최고 인장강도 ② 최저 인장강도 ③ 탄소 함유량 ④ 두께치수

해설 SS400: 일반구조용 압연강재로서 최저 인장강도 400 MPa

6. 다음 [보기]와 같이 표시된 금속재료의 기호 중 330이 의미하는 것은?

| 보기 |

KS D 3503 SS330

① 최저 인장강도 ② KS 분류기호
③ 제품의 형상별 종류 ④ 재질을 나타내는 기호

해설 SS330: 일반구조용 압연강재로서 최저 인장강도가 330 N/mm^{2}이다.

7. 다음 재료 기호 중 고속도 공구강은?

① SCP ② SKH ③ SWS ④ SM

해설 SKH: 고속도 공구강, SWS: 강선, SM: 기계구조용강

8. 자동차용 디젤엔진 중 피스톤의 설계도면 부품표란에 재질 기호가 AC8B라고 적혀 있다면, 어떠한 재질로 제작하여야 하는가?

① 황동합금 주물 ② 청동합금 주물
③ 탄소강 합금 주강 ④ 알루미늄합금 주물

해설 AC8B는 알루미늄합금 주물로서 A는 알루미늄, C는 주조를 표시한다.

9. GC 200이 의미하는 것으로 옳은 것은?

① 탄소가 0.2%인 주강품
② 인장강도 200 N/mm^2 이상인 회주철품
③ 인장강도 200 N/mm^2 이상인 단조품
④ 탄소가 0.2%인 주철을 그라인딩 가공한 제품

해설 GC 200은 인장강도 200 N/mm^2 이상인 회주철품을 나타낸다.

정답 1. ② 2. ③ 3. ② 4. ① 5. ② 6. ① 7. ② 8. ④ 9. ②

3. 기계요소 제도

3-1 체결용 기계요소

(1) 나사(screw)

① 수나사의 바깥지름과 암나사의 안지름은 굵은 실선으로 그린다.
② 수나사와 암나사의 골지름은 가는 실선으로 그린다.
③ 완전 나사부와 불완전 나사부의 경계는 굵은 실선으로 그리고, 불완전 나사부는 축선과 30°를 이루게 가는 실선으로 그린다.
④ 암나사의 드릴 구멍 끝부분은 굵은 실선으로 120°가 되게 긋는다.
⑤ 보이지 않는 나사부의 조립부를 그릴 때는 수나사를 위주로 그린다.
⑥ 수나사와 암나사의 조립부를 그릴 때는 수나사를 위주로 그린다.
⑦ 나사 부분의 단면에 해칭을 할 경우에는 산봉우리 끝까지 한다.
⑧ 볼트, 너트, 스터드 볼트(stud bolt), 작은나사, 멈춤나사, 나사못은 원칙적으로 약도로 표시한다.

나사 종류를 표시하는 기호 및 나사 호칭에 대한 표시 방법의 보기

구분		나사 종류		나사 종류를 표시하는 기호	나사 호칭에 대한 표시 방법의 보기
일반용	ISO 규격에 있는 것	미터 보통 나사		M	M 8
		미터 가는 나사			M 8×1
		미니추어 나사		S	S 0.5
		유니파이 보통나사		UNC	3/8-16 UNC
		유니파이 가는나사		UNF	No. 8-36 UNF
		미터 사다리꼴 나사		Tr	Tr 10×2
		관용 테이퍼 나사	테이퍼 수나사	R	R 3/4
			테이퍼 암나사	Rc	Rc 3/4
			평행 암나사[(1)]	Rp	Rp 3/4
		관용 평행나사		G	G 1/2
	ISO 규격에 없는 것	30° 사다리꼴 나사		TM	TM 18
		29° 사다리꼴 나사		TW	TW 20
		관용 테이퍼 나사	테이퍼 나사	PT	PT 7
			평행 암나사[(2)]	PS	PS 7
		관용 평행나사		PF	PF 7

주 (1) 이 평행 암나사 Rp는 테이퍼 수나사 R에 대해서만 사용한다.
(2) 이 평행 암나사 PS는 테이퍼 수나사 PT에 대해서만 사용한다.

(2) 볼트 · 너트

볼트와 너트는 기계의 부품과 부품을 결합하고 분해하기가 쉽기 때문에 결합용 기계요소로 널리 사용되고 있으며, 그 종류는 모양과 용도에 따라 다양하다.

일반 볼트와 너트의 각부 명칭은 그림과 같다.

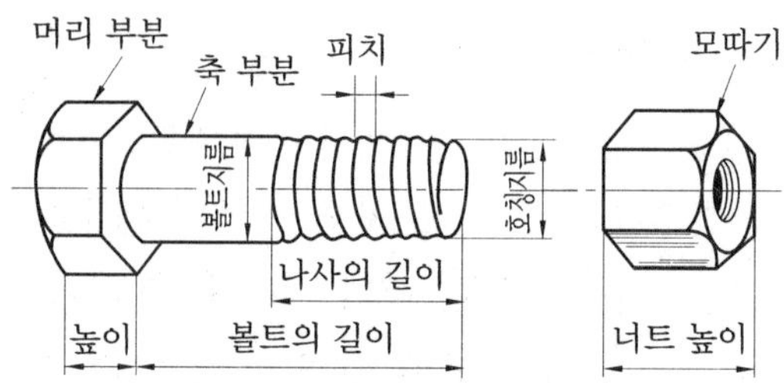

볼트와 너트의 각부 명칭

① 나사 및 너트: 나사머리, 드라이버용 구멍 또는 너트의 모양을 반드시 나타내야 하는 경우에는 다음 표에 나타내는 간략 도시의 보기를 사용한다.

나사 및 너트의 간략 도시의 보기

명칭	간략 도시	명칭	간략 도시
6각 볼트	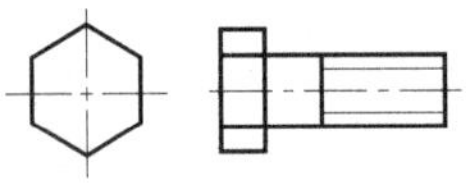	십자 구멍붙이 접시머리 스크루	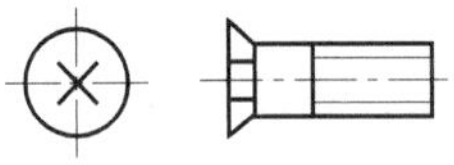
4각 볼트	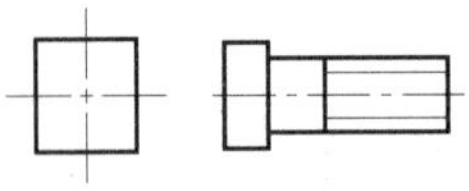	홈붙이 멈춤 나사	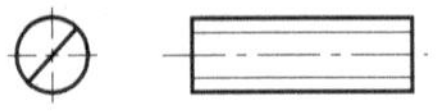
6각 구멍붙이 볼트	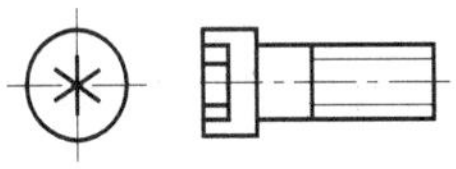	홈붙이 나사 못 및 드릴링 나사	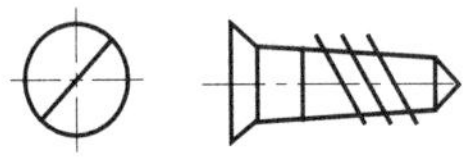
홈붙이 납작머리 스크루	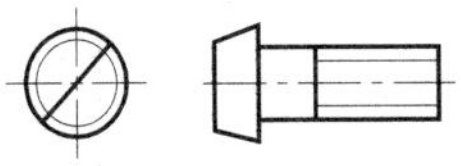	나비 볼트	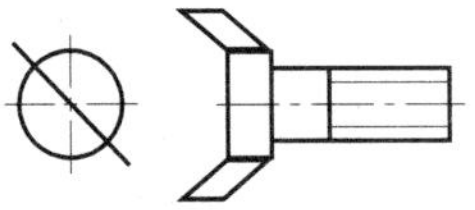
십자 구멍붙이 납작머리 스크루	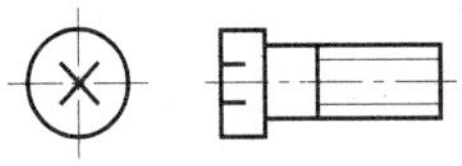	6각 너트	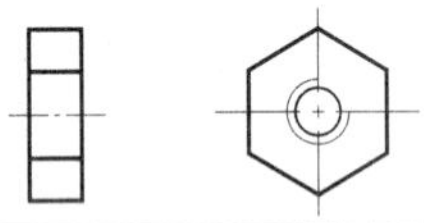
홈붙이 둥근 접시머리 스크루	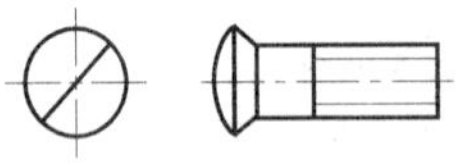	홈붙이 6각 너트	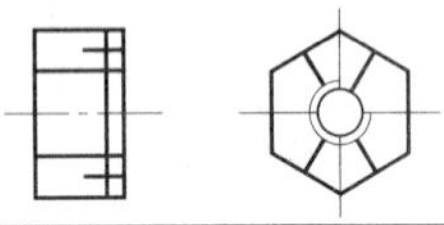
십자 구멍붙이 둥근 접시머리 스크루	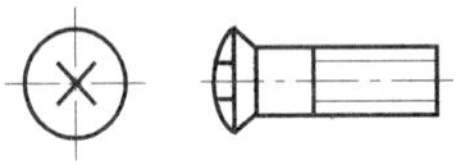	4각 너트	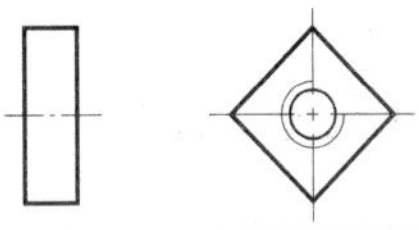
홈붙이 접시머리 스크루	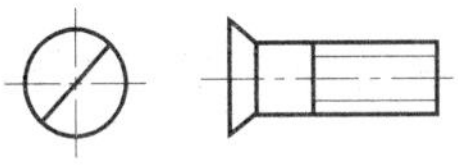	나비 너트	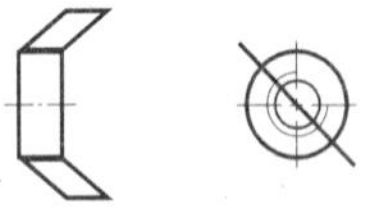

② 작은지름나사의 도시 및 치수 지시

㈎ 지름(도면상의)이 6mm 이하이거나 규칙적으로 배열된 같은 모양 및 치수의 구멍 또는 나사인 경우에는 도시 및 치수 지시를 간략히 하여도 좋다.

㈏ 표시는 일반 도시 및 치수 기입을 하며, 필요한 특징을 모두 기입한다.

㈐ 표시는 다음 그림과 같이 화살표가 구멍의 중심선을 가리키는 인출선 위에 나타낸다.

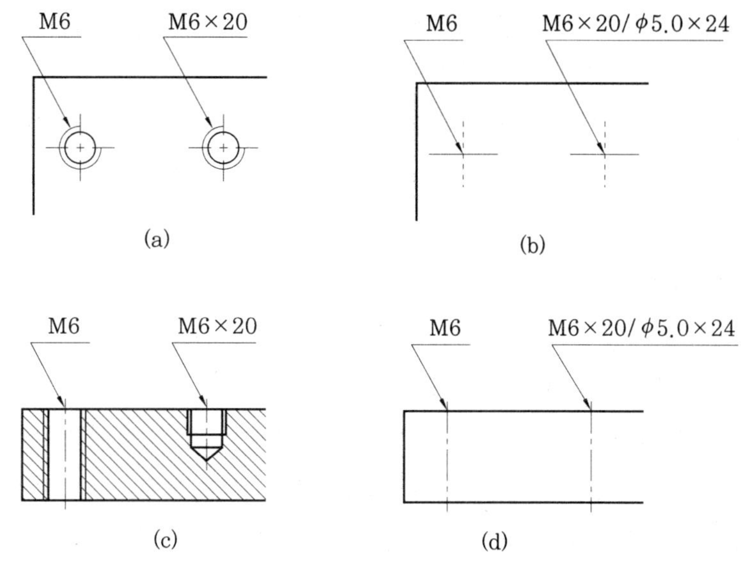

작은 지름의 나사 표시

(3) 키, 핀, 코터

① 키(key): 핸들, 벨트 풀리나 기어 등의 회전체를 축과 고정하여 회전력을 전달할 때 쓰이는 기계요소이다.

② 핀(pin): 기계의 부품을 고정하거나 부품의 위치를 결정하는 용도로 사용되며, 접촉면의 미끄럼 방지나 나사의 풀림 방지용으로도 많이 사용되고 있다.

③ 코터(cotter): 평평한 쐐기 모양의 강편이며, 축 방향에 하중이 작용하는 축과 여기에 끼워지는 소켓을 체결하는데 쓰인다.

3-2 전동용 기계요소

(1) 스퍼 기어의 제도

① 나사의 경우와 같이 치형은 생략하여 표시하는 간략법을 쓴다.

② 이끝원은 굵은 실선으로, 피치원은 가는 1점 쇄선으로, 이뿌리원은 가는 실선 또는 굵은 실선으로 그리거나 완전히 생략하기도 한다.

(2) 헬리컬 기어의 제도

① 스퍼 기어의 피치면에 이끝을 나선형으로 만든 원통 기어를 말한다.

② 측면도는 스퍼 기어와 같으나 정면도에서는 반드시 이의 비틀림 방향을 가는 실선을 이용하여 도시하여야 한다.

③ 이 평행 사선은 나사각에 관계없이 30° 방향으로 그려도 좋으며, 서로 평행하게 3줄을 긋는다.

(3) 베벨 기어의 제도

① 정면도에서 이끝선과 이뿌리선은 굵은 실선으로 도시한다.

② 피치선은 가는 1점 쇄선으로 도시한다.

③ 이끝과 이뿌리를 나타내는 원추선은 꼭지점에 오기 전에 끝마무리한다.

④ 측면도의 이끝원은 외단부와 내단부를 모두 굵은 실선, 피치원은 외단부만 가는 1점 쇄선으로 도시하고, 이뿌리원은 양쪽 끝을 모두 생략한다.

단원 예상문제

1. **나사의 도시에 대한 설명으로 옳은 것은?**

① 수나사와 암나사의 골지름은 굵은 실선으로 그린다.
② 불완전 나사부의 끝 밑선은 45°파선으로 그린다.
③ 수나사의 바깥지름과 암나사의 안지름은 굵은 실선으로 그린다.
④ 완전 나사부와 불완전 나사부의 경계선은 가는 실선으로 그린다.

해설 ① 수나사와 암나사의 골지름은 가는 실선으로 그린다.
② 불완전 나사부의 끝은 축선을 기준으로 30°가 되게 그린다.
④ 완전 나사부와 불완전 나사부의 경계선은 굵은 실선으로 그린다.

2. **나사의 간략도시에서 수나사 및 암나사의 산은 어떤 선으로 나타내는가? (단, 나사산이 눈에 보이는 경우임)**

① 가는 파선 ② 가는 실선
③ 중간 굵기의 실선 ④ 굵은 실선

해설 수나사 및 암나사의 산은 굵은 실선, 수나사 및 암나사의 골은 가는 실선으로 나타낸다.

3. **나사의 제도에서 수나사의 골지름은 어떤 선으로 도시하는가?**

① 굵은 실선 ② 가는 실선
③ 가는 1점 쇄선 ④ 가는 2점 쇄선

4. 그림과 같은 육각볼트를 제작도용 약도로 그릴 때의 설명 중 옳은 것은?

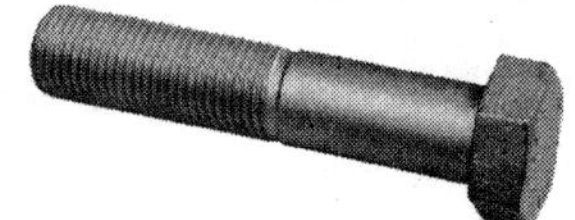

① 볼트 머리의 모든 외형선은 직선으로 그린다.
② 골지름을 나타내는 선은 가는 실선으로 그린다.
③ 가려서 보이지 않는 나사부는 가는 실선으로 그린다.
④ 완전 나사부와 불완전 나사부의 경계선은 가는 실선으로 그린다.

해설 골지름은 가는 실선, 보이지 않는 나사부는 파선, 완전 나사부와 불완전 나사부의 경계선은 굵은 실선으로 그린다.

5. 미터 보통나사를 나타내는 기호는?

① M ② G ③ Tr ④ UNC

해설 M: 미터나사, Tr: 미터 사다리꼴 나사, UNC: 유니파이 보통나사

6. 유니파이 가는나사의 호칭 기호는?

① M ② PT ③ UNF ④ PF

해설 M: 미터 보통 나사, PT: 관용 테이퍼 나사, UNF: 유니파이 가는나사, PF: 관용 평행나사

7. 다음 중 유니파이 보통나사를 표시하는 기호로 옳은 것은?

① TM ② TW ③ UNC ④ UNF

해설 TM: 30°사다리꼴나사, TW: 29°사다리꼴나사, UNC: 유니파이 보통나사, UNF: 유니파이 가는나사

8. 도면에서 "No.8−36UNF"로 표시되었다면 이 나사의 종류로 옳은 것은?

① 톱니나사 ② 유니파이 가는나사
③ 사다리꼴 나사 ④ 관용평형 나사

9. 리드가 12 mm인 3줄 나사의 피치는 몇 mm인가?

① 3 ② 4 ③ 5 ④ 6

해설 피치 $=\frac{l}{n}=\frac{12}{3}=4$

10. 볼트를 고정하는 방법에 따라 분류할 때, 물체의 한쪽에 암나사를 깎은 다음 나사박기를 하여 죄며, 너트를 사용하지 않는 볼트는?

① 관통 볼트　② 기초 볼트　③ 탭 볼트　④ 스터드 볼트

해설 탭 볼트: 너트를 사용하지 않는 볼트

11. 나사의 호칭 M20×2에서 2가 뜻하는 것은?

① 피치　② 줄의 수　③ 등급　④ 산의 수

해설 M20: 미터나사, 2: 피치

12. 2N M50×2-6h 이라는 나사의 표시 방법에 대한 설명으로 옳은 것은?

① 왼나사이다.　② 2줄 나사이다.
③ 유니파이 보통 나사이다.　④ 피치는 1인치당 산의 개수로 표시한다.

해설 2N M50×2-6h는 호칭지름이 50 mm이고 피치가 2 mm인 미터 가는나사이며 2줄 나사로 등급 6을 표시한다.

13. 기어의 잇수가 50개, 피치원의 지름이 200mm일 때 모듈은 몇 mm인가?

① 3　② 4　③ 5　④ 6

해설 $m = \frac{D}{Z} = \frac{200}{50} = 4$

14. 축에 풀리, 기어 등의 회전체를 고정시켜 축과 회전체가 미끄러지지 않고 회전을 정확하게 전달하는 데 사용하는 기계요소는?

① 키　② 핀　③ 벨트　④ 볼트

15. 어떤 기어의 피치원 지름이 100 mm이고 잇수가 20개일 때 모듈은?

① 2.5　② 5　③ 50　④ 100

해설 $m = \frac{D}{Z} = \frac{100}{20} = 5$

16. 기어의 피치원의 지름이 150 mm이고, 잇수가 50개일 때 모듈의 값(mm)은?

① 1　② 3　③ 4　④ 6

해설 $m = \frac{D}{Z} = \frac{150}{50} = 3$

17. 스퍼기어의 잇수가 32이고 피치원의 지름이 64일 때 이 기어의 모듈값은 얼마인가?

① 0.5　② 1　③ 2　④ 4

해설 $m = \frac{D}{Z} = \frac{64}{32} = 2$

18. 동력전달 기계요소 중 회전운동을 직선운동으로 바꾸거나, 직선운동을 회전운동으로 바꿀 때 사용하는 것은?

① V벨트 ② 원뿔키 ③ 스플라인 ④ 랙과 피니언

19. 다음 도형에서 테이퍼 값을 구하는 식으로 옳은 것은?

① $\frac{b}{a}$

② $\frac{a}{b}$

③ $\frac{a+b}{L}$

④ $\frac{a-b}{L}$

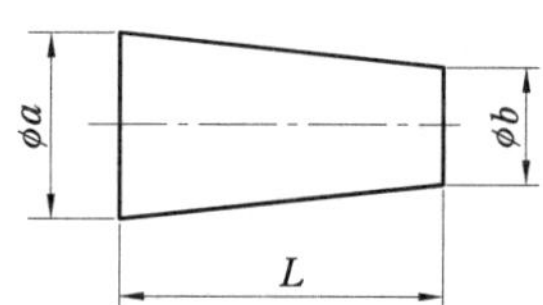

해설 테이퍼 = $\frac{a-b}{L}$

20. 아래와 같은 도형의 테이퍼 값은 얼마인가?

① $\frac{1}{5}$

② $\frac{1}{10}$

③ $\frac{2}{5}$

④ $\frac{2}{10}$

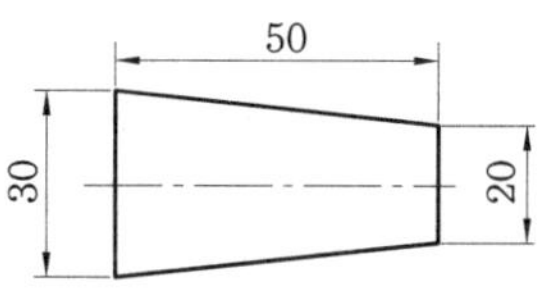

해설 $\frac{30-20}{50}=\frac{10}{50}=\frac{1}{5}$

정답 1. ③ 2. ④ 3. ② 4. ② 5. ① 6. ③ 7. ③ 8. ② 9. ② 10. ③ 11. ① 12. ② 13. ② 14. ① 15. ② 16. ② 17. ③ 18. ④ 19. ④ 20. ①

|제|강|기|능|사|

3편

제강

제 1 장 제강 일반

1. 제강법의 종류 및 특징

1-1 제강

(1) 제강

선철이나 고철을 주원료로 하여 산화제, 용제 및 탈산제 등의 부원료를 이용하여 용해 및 정련함으로서 유해원소를 제거하여 사용 목적에 맞는 성질의 강을 생산하는 것이다.

(2) 강과 주철의 구분

① 강: 탄소 함유량 2.1% 이하

② 주철: 탄소 함유량 2.1% 이상

(3) 선철

① 고로에서 나온 선철은 Fe(93~94%) 외에 C, Si, Mn, P, S 등 5대 원소를 함유한 철을 말한다.

② 주조성: 융점이 낮고, 유동성이 좋으며, 응고 후의 수축이 적고, 가스 흡수나 용해산화손실 및 용해열량이 적은 점 등의 성질이다.

③ 가단성이 없고 인성이 부족하여 주물 외에는 용도가 제한된다.

④ 강: 선철을 고온 용해하여 산화제를 첨가해서 산화정련하면 CO, SiO_2, MnO, P_2O_5 등으로 산화 제거되고 가단성이 있는 강을 제조한다.

1-2 제강기술의 발달

(1) 순산소 상취전로 제강법(LD전로법)

① 개요

(가) 용강 표면의 직상에 고압의 순산소 가스를 취입하여 강을 취정하는 방법으로서 노내를 염기성 내화물로 라이닝하는 염기성법이다.

(나) 순산소를 전로에 상취하여 강을 정련하므로 순산소 상취전로법 또는 산소전로법, 또는 전로법이라고 한다.

(다) 유럽에서는 Linz와 Donawitz 공장의 이름을 따서 LD전로법, 미국에서는 BOF(basic oxygen furnace) 또는 BOP(basic oxygen process), 영국, 캐나다, 호주 등에서는 BOS(basic oxygen steelmaking)라고 부른다.

② 순산소 전로강의 특징

(가) 강중 함유가스(N, O, H)량이 적다.

(나) 고철 사용량이 적어서 Ni, Cr, Mo, Cu, Sn 등의 tramp element가 적다.

(다) 극저탄소강의 제조에 적합: 극저탄소강은 가스, 불순물 원소의 혼입이 적어서 냉간 가공성, 시효성이 문제가 되는 박강판이나 단접성, 용접성이 중시되는 단접관, 전봉관의 제조에 적합하다.

(라) P, S 함량이 낮은 강을 얻을 수 있다.

③ LD전로의 주반응

(가) 산소에 의해 강욕 중의 불순물 원소를 철보다 먼저 산화한다.

(나) mM+nO → MmOn

④ LD전로가 다른 제강법과 다른 점

(가) 기체 산소를 직접 강욕 위에 수직으로 취입하여 화점을 형성시켜 산화 정련을 진행한다.

(나) 반응의 전체 기간을 통하여 일산화탄소 방향에 의한 격렬한 강욕의 교반 운동을 일으켜 반응 접촉면을 화점 부근의 넓은 범위로 확대한다.

(다) 발생한 일산화탄소에 의해서 환원 분위기적인 영향을 받는다.

(2) 평로법

① 평로는 일종의 축열실 반사로로서 독일의 Siemens 형제가 처음으로 예열 방식을 고안하였다.

② 프랑스의 Martin 형제는 축열식 노를 바탕으로 평로강을 만드는데 성공했다.

(3) 전기로법

① Siemens는 H. Dary가 발견한 탄소 아크의 원리를 바탕으로 하여 전기 제강을 제조하였다.

② 전기로에 있어서 대형화 초고압 고전류(UHP)조업으로 발전하였다.

③ 주원료는 고철이었으나 환원철, 펠렛 등 직접법에 의한 철원의 생산이 늘어났다.

(4) 일관제철

철을 만드는 순서는 제선→제강→압연의 순서로 이루어지며, 이와 같은 공정에 필요한 설비를 경제적이고 합리적으로 배치함으로써 생산능률을 높이는 한편, 수송비를 절약하고, 열효율을 좋게 하는 등 생산비를 고려하여 제선, 제강, 압연의 전 공정을 하나의 장소에서 이루어지도록 하는 제철법을 말한다.

단원 예상문제

1. LD전로법은 어느 전로법인가?

① 상취전로 ② 저취전로 ③ 횡취전로 ④ 노상전로

2. LD전로 제강법은 산소가스를 전로의 어느 부분에서 취입하여 강을 제조하는가?

① 하면 ② 상면 ③ 옆면 ④ 옆+하면

3. 산소 전로강의 특징에 관한 설명 중 틀린 것은?

① 극저탄소강의 제조에 적합하다.
② P, S의 함량이 낮은 강을 얻을 수 있다.
③ 강중 N, O, H 함유 가스량이 많다.
④ 고철 사용량이 적어 Ni, Cr 등의 tramp element가 적다.

4. 순산소 상취전로 제강법의 특징이 아닌 것은?

① 생산능률이 타 제강법에 비하여 우수하다.
② 산성 내화물을 사용하기 때문에 내화물 원단위가 낮다.
③ 경제성이 뛰어나다.
④ 타 제강법에 비하여 정련시간이 짧다.

해설 염기성 내화물을 사용하기 때문에 내화물 원단위가 높다.

5. 순산소 상취전로의 장점은?

① 고철 용해에 유리하다.
② 슬로핑이 증가된다.
③ 강괴 과산화가 생긴다.
④ 강욕의 교반력이 약하다.

6. 노내 반응에 근거하는 LD전로의 특징을 설명한 것 중 틀린 것은?

① 공급 산소의 반응효율이 낮고, 탈탄반응이 느리게 진행된다.
② 산화반응에 의한 발열로 정련온도를 충분히 유지 가능하며 스크랩도 용해된다.
③ 취련 말기에 용강 탄소농도의 저하와 함께 탈탄속도가 저하하므로 목표 탄소농도 적중이 용이하다.
④ 발열점이 노 중심의 화점에 집중하여 있어 노 내화물 보호면에서 유리하다.

해설 공급 산소의 반응효율이 높고, 탈탄반응이 빠르게 진행된다.

7. 다음 중 제강 제련 공정에 대한 설명으로 틀린 것은?

① 제선은 환원반응을 하며, 철광석을 환원시켜 용철을 제조하는 공정이다.
② 전로는 산화반응을 하며, 제선공정에서 환원된 Si, Mn, P, Ti 등을 산화 정련하는 공정이다.
③ 연속주조는 응고반응이며, 용융상태의 철강을 고체 상태로 응고시키는 공정이다.
④ 2차 정련은 고체상태로 응고된 강을 열처리 및 응력을 가하여 재질을 향상시키는 공정이다.

해설 2차 정련은 전로나 전기로 등에서 정련이 끝난 후에 산소 제거, 합금철 및 아르곤가스 투입 등의 과정을 거쳐 산화물을 분리하여 최적 상태의 쇳물을 만들어내는 공정이다.

8. 일관 제철법을 설명한 것 중 옳은 것은?

① 제강, 압연의 전 공정을 가진 제철법
② 주선과 제선의 전 공정을 가진 제철법
③ 제선, 제강, 압연의 전 공정을 가진 제철법
④ 조괴, 압연 및 냉간압연의 전 공정을 가진 제철법

9. 제선, 제강, 압연 전 분야의 현대 일관제철 기술에 해당되지 않는 것은?

① 대형화 및 고속화
② 고속화 및 연속화
③ 자동화 및 컴퓨터화
④ 기계화 및 수동화

정답 1. ① 2. ② 3. ③ 4. ② 5. ① 6. ① 7. ④ 8. ③ 9. ④

1-3 제강법의 종류

(1) 베세머 전로

① 1855년 H. 베세머(Bessemer)가 개발한 노체는 규석벽돌로 내장되어 있고 노 밑 바닥에서 바람을 불어 넣는 산성 전로법과 토머스법(Thomas법)의 염기성 전로법이 있다.

② 전로제강법은 원료 용선 중에 공기, 산소 부화공기, 또는 순산소를 취입하여 그 용선 중에 포함된 불순물을 매우 짧은 시간 동안 신속하게 산화시켜 강재나 가스로서 제거하는 동시에 이때 발생하는 산화철을 이용하여 외부로부터 열공급을 하지 않고 용강을 정련하는 제강법이다.

(2) 토머스 전로

① 내화물에 염기성 돌로마이트를 사용해 염기성 슬래그로 정련하기 때문에 탈인, 탈황이 가능하다.

② 염기성이므로 규소 함유량이 낮은 용선을 필요로 하며, 규소의 산화 발열을 이용할 수 없어 2~2.5%의 인의 산화열이 필요하다.

전로법의 종류

송풍 형식	명 칭	내화재의 종류	송풍가스의 종류
저취법	베세머법	산성	공기, 산소부화공기
	토머스법	염기성	공기, 산소부화공기, O_2+H_2O, O_2+CO_2
	Q-BOP법	염기성	순산소
횡취법	표면취법	산성	공기, 산소부화공기
	횡취법	염기성	공기, 산소부화공기
상취법	LD법	염기성	순산소
	칼도(Kaldo)법	염기성	순산소
	로터(Rotar)법	염기성	순산소

단원 예상문제

1. 전로법의 종류 중 저취법이며 내화재가 산성인 것은?

① 로터법 ② 칼도법 ③ LD-AC법 ④ 베세머법

2. 산성 전로 제강법과 염기성 전로 제강법의 설명이 틀린 것은?

① 전로 내장연와에 의해서 산성, 염기성으로 구분한다.
② 염기성 전로는 [P]제거가 가능하다.
③ LD전로의 내화재는 돌로마이트 등이 사용된다.
④ 염기성 전로는 [Si]제거가 불가능하다.

해설 염기성 전로는 [Si]제거가 가능하다.

3. 산성 전로 제강법의 특징이 아닌 것은?

① 원료로 용선을 사용한다.
② 규산질 내화물을 사용한다.
③ 원료 중의 인(P)의 제거가 가능하다.
④ 불순물의 산화열을 열원으로 사용한다.

해설 원료 중의 인(P)의 제거가 어렵다.

4. 염기성 전로법에 해당하는 것은?

① 황(S)의 산화열을 이용한다.
② 탈인(P), 탈황(S)이 불가능하다.
③ 저인(P), 저황(S)의 고품위 광석을 원료로 한다.
④ 탈인(P)과 어느 정도의 탈황(S)을 할 수 있다.

5. 염기성 평로제강법의 특징으로 옳은 것은?

① 소결광을 주원료로 한다.
② 규석질 계통의 내화물을 사용한다.
③ 용선 중의 P, S 제거가 불가능하다.
④ 광석 투입에 의한 반응은 흡열반응이다.

6. 염기성 제강법이 등장하게 된 것은 용선 중 어떤 성분 때문인가?

① C ② Si ③ Mn ④ P

정답 1. ④ 2. ④ 3. ③ 4. ④ 5. ④ 6. ④

1-4 전로 제강법의 특징

① 장입 주원료로서 반드시 용선을 사용한다.

② 외부로부터 열공급을 받지 않고 용선 중의 불순물 성분의 산화열에 의해 강욕의 온도를 높여서 정련한다.

③ 원료 용선의 선택에는 일정한 범위가 있으며, 고철 소화량에도 제한이 있다.

④ 불순물의 산화반응은 대단히 급격히 진행되므로 전체 제강시간은 전로의 용량에 관계없이 신속하게 30분 정도 소요된다.

⑤ 신속법

(가) 성분 조절이 곤란하다.

(나) 1회의 용해 용량이 적을수록 각 용해마다 제조되는 강재의 재질이 불균일하다.

(다) 강의 회수율이 다소 낮으며, 취정 강중에서도 제한이 있다.

⑥ 공기취전로에 의한 취정강: 질소, 산소 등의 불순물 함유량이 높아서 인성이 부족하고 냉간가공이 곤란하여 시효성이 큰 결점이 있지만 용접성과 내마모성은 양호하다.

⑦ 전로법의 설비 및 조업

(가) 설비가 간단하며 비교적 적은 용량의 강이 연속적으로 생산된다.

(나) 부대설비의 용량도 그 생산량에 비하여 소규모이다.

(다) 공장 전체의 설비비와 조업의 비용도 저렴하게 되어 경제적이다.

단원 예상문제

1. 외부로부터 열원을 공급받지 않고 용선을 정련하는 제강법은?

① 전로법 ② 고주파법 ③ 전기로법 ④ 도가니법

2. 전로 제강법의 특징으로 가장 거리가 먼 것은?

① 열공급 없이 용선 중의 불순성분의 산화열에 의해 정련하므로 원료 용선의 선택에 제한이 있다.

② 성분 조절이 다소 곤란하다.

③ 설비 및 조업이 비교적 간단하여 경제성이 높다.

④ 장입 주원료인 고철을 무제한으로 사용이 가능하다.

해설 장입 주원료는 용선을 사용한다.

정답 1. ① 2. ④

2. 제강 원료

2-1 주원료 및 부원료의 역할

(1) 선철

① 용선

㈎ 용광로에서 출탕한 용융 상태의 선철이다.

㈏ 용선은 고로에서 출선된 다음 혼선로, 용선차를 거쳐 전로에 장입한다.

㈐ 용선의 성분은 온도에 영향을 주므로 부원료 등의 조정이 필요하다.

㈑ 선철 중의 C, Si, Mn 등은 산소와 반응하여 열을 발생한다.

㈒ P, S 등은 불순물로 강중에 잔류하지 않는 것이 좋다.

② 선철의 특징

㈎ 철의 5대 불순물 원소 C, Si, Mn, P, S가 다량 함유되어 있다.

㈏ C 3.0~4.5%, Si 0.2~3.0%, Mn 0.5~2%, P 0.02~0.5%, S 0.01~0.1%

㈐ 단단하고 강하지만 취약해서 깨지기 쉽다.

㈑ 탄소를 많이 함유하고 있어 가공이 어렵다.

㈒ 주물로 이용하지만 강을 만들기 위한 원료로도 이용된다.

③ 선철 내 불순물 5대 원소의 특징

㈎ 탄소(C)

㉠ 용선의 온도 및 규소에 의해 포화량이 결정된다.

㉡ 산화반응에 의해 일산화탄소, 이산화탄소로 되어 제거한다.

㉢ 실제 조업에서 함유량은 중요하지 않다.

㈏ 규소(Si)

㉠ 산소와 반응하여 이산화규소로 되어 열량(발열반응), 용제량, 용제 염기도를 변화시킨다.

㉡ 반응식: $Si+O_2=SiO_2$

㉢ 규소 함량이 너무 적을 때: 산화 반응력이 적고 용선의 유동성이 나빠진다.

㉣ 규소 함량이 너무 높을 때

- 산화 반응력이 많아지지만 이산화규소의 양이 증가한다.
- 플럭스로 사용하는 석회석의 양이 증가하여 강재의 양이 증가한다.

- 탈인, 탈황을 촉진한다.
- 슬래그 양이 증가하여 슬로핑(slopping) 증가와 실수율이 저하된다.

ⓜ 용선 배합율이 적을 때는 규소의 양이 약간 많은 것이 유리하다.

ⓑ 통상 함유량: 0.6~0.8%

㈐ 망간(Mn)

㉠ 반응식: Mn+FeO=MnO+Fe

㉡ 강의 성질을 좌우하는 중요한 원소이다.

㉢ 용선 중에 망간의 함유량이 많으면 슬래그 손실이 증가한다.

㉣ 적으면 잔류 망간이 적어 강의 품질이 저하된다.

㉤ 통상 함유량: 0.6~0.8%

㈑ 인(P)

㉠ LD전로에서 인을 제거하는 것이 평로보다 약간 어렵다.

㉡ LD전로에서의 탈인율은 보통 80~90%이다.

㉢ 강중에 인의 함유량이 적을수록 유리하다.

㉣ 용선 중에 인의 함유량이 많을수록 특별취련(double slag)이 필요하다.

㉤ 통상 함유량: 0.15~0.25%

㈒ 황(S)

㉠ 인과 함께 불순물로 매우 좋지 않다.

㉡ LD전로는 평로, 전기로에 비해 탈황율이 약간 나쁘다.

㉢ 보통 조업에서 탈황율은 35~50%이다.

㉣ 선철 중의 황은 적은 편이 유리하다.

㉤ 통상 함유량: 0.02~0.04%

㈓ 기타 불순물: Cu, Ti, As 등으로 0.1% 이하로 조절한다.

(2) 고철

① 종류

㈎ 자가발생고철: 자가환원고철, 자가회수고철

㈏ 구입고철: 시중 가공고철, 시중 노폐고철

② 고철의 특성

㈎ 자가발생고철(환원고철)

㉠ 강재의 제조공정 중에 발생한다.

㉡ 강괴, 블룸, 빌렛, 강관, 봉강 등의 절단철, 용강의 흘림철, 절단철, 압탕, 탕도, 불합격품, 스케일 등

㉢ 별도 가공처리 없이 전량 회수하여 재사용한다.

㉣ 제강 가공처리 없이 전량 회수하여 재사용한다.

㉤ 발생률은 강의 종류나 제품에 따라 차이가 있으나 출강량의 20% 정도이다.

㉥ 품질이 확실하고, 발생량이 안정적이다.

㉦ 특수 합금원소 함유 고철과 저황 고철은 별도 분류하여 사용한다.

㈏ 구입고철

㉠ 가공고철은 기계공장, 철강재 가공 공장, 조선, 자동차 공장에서 발생한다.

㉡ 재활용을 위한 고철의 가공 작업이 필요하다.

㈐ 노폐고철

㉠ 유용성이 소멸되어 폐기처리된 철강 폐기물이다.

㉡ 가공처리를 하여 재사용한다.

㉢ 폐차, 철도, 기계, 선박, 건축자재 등에서 발생한다.

㉣ 재사용 시 분류 정돈을 잘하여 불순물의 혼입을 가급적 방지한다.

㉤ 자력선별법을 통하여 불순물, 비철을 제거한다.

㉥ 품질과 형상이 불안정하므로 전로에 사용하기 전에 적당한 크기로 절단, 압축하여 사용한다.

㈑ 중량고철

㉠ 취련 중 용해가 완료되지 않고 출강 시 노의 바닥에 미용해로 남는다.

㉡ 장입 시 충격으로 노의 내부 벽돌이 손상된다.

㉢ 정량의 고철을 다량으로 장입한 경우 노내 고철이 용선을 덮어 취련개시 중 착화를 방해한다.

(3) 산화제

① 산화제: 산화를 일으키는 물질

② 종류: 철광석, 밀 스케일, 망간광, 산소

③ 산화제 첨가로 인한 분해, 흡열 작용으로 용탕의 온도 냉각 작용을 한다.

㈎ 철광석

㉠ 적철광, 자철광 등을 주로 사용한다.

㉡ P, S의 함유량이 적은 적철광이 유리하다.

㉢ SiO_2 10% 이하, 입도 10~50mm가 적당하다.

㉣ 수분 함량이 적은 것을 사용한다.

㉤ 철광석 대신 소결광을 사용하기도 하지만 큰 차이는 없다.

㈏ 밀 스케일(mill scale)

㉠ 밀 스케일(철 부스러기)은 제철소 내에서 발생하는 부산물이다.

㉡ 철광석보다 산소를 많이 함유하며, 불순물도 적고 저렴하다.

㉢ S을 많이 함유하고 있으므로 주의한다.

㉣ 강괴나 슬래그를 스카핑(scarfing)할 때 발생하는 스카핑 스케일도 산화 정도에 따라 사용 가능하다.

㈐ 망간광

㉠ 철광석보다 산화력이 떨어진다.

㉡ Mn 50% 이상 함유된 광석을 사용한다.

㉢ S, P의 함유량이 적은 것을 사용한다.

(4) 플럭스(flux)

① 개요

㈎ 정련 시 품질이 우수한 강재를 얻기 위해서 좋은 슬래그를 만드는 것이 중요하다.

㈏ 좋은 슬래그를 만들기 위한 조재제: 생석회(CaO), 석회석($CaCO_3$), 형석(CaF_2), 망간광석, 모래

㈐ 조재제가 첨가됨으로 인해 화학조성 및 유동성을 갖춘 슬래그가 생성된다.

㈑ 생성 슬래그 작용

㉠ 정련작업

㉡ 용강의 표면을 덮어 산화를 방지하고, 가스 흡수를 방지하며, 열 손실을 방지한다.

② 석회석과 생석회(산화칼슘)

㈎ 염기성로의 조재제이다.

㈏ 산화칼슘 끓음(lime boiling): 석회석의 노내 반응으로 용강의 격렬한 교반이 일어난다.

$$CaCO_3 \rightarrow CaO + CO_2 - 42,500(cal/mol)$$

단원 예상문제

1. 제강로의 주원료는?

① 탈산제 ② 용선과 고철 ③ 석탄과 용제 ④ 합금철

2. 제강법에서 주원료가 아닌 것은?

① 고철 ② 냉선 ③ 용선 ④ 철광석

해설 철광석은 제선원료이다.

3. LD전로의 주원료인 용선 중에 Si 함량이 과다할 경우 노내 반응의 설명이 틀린 것은?

① 강재량이 증가한다. ② 이산화규소량이 증가한다.
③ 산화반응열이 감소한다. ④ 출강 실수율이 감소한다.

4. 일반적으로 선철에서 철 이외의 5대 원소는?

① 크롬, 몰리브텐, 니켈, 탄소, 텅스템 ② 질소, 탄소, 붕소, 헬륨, 수소
③ 탄소, 황, 망간, 인, 규소 ④ 주석, 납, 카드뮴, 은, 아연

5. 철광석이 산화제로 이용되기 위하여 갖추어야 할 조건을 설명한 것 중 틀린 것은?

① 산화철이 많을 것 ② P 및 S의 성분이 낮을 것
③ 산성 성분인 TiO_2가 높을 것 ④ 결합수 및 부착수분이 낮을 것

6. 제강의 산화제로 쓰이는 철광석에 대한 설명으로 틀린 것은?

① 인(P)이나 황(S)이 적은 적철광이 좋다.
② 광석의 크기는 약 10~50mm가 적당하다.
③ SiO_2는 약 30% 이상의 것이 좋다.
④ 수분이 적어야 좋다.

7. 다음 중 제강공정에서 사용되는 부원료 중 조재제가 아닌 것은?

① 생석회 ② 석회석 ③ 소결광 ④ 연와설

8. 슬래그의 역할이 아닌 것은?

① 정련작용 ② 용강의 산화방지
③ 가스의 흡수방지 ④ 열의 방출작용

해설 열 손실을 방지하는 역할을 한다.

9. 슬래그의 주역할로 적합하지 않은 것은?

① 정련작용 ② 가탄작용
③ 용강산화방지 ④ 용강보온

정답 1. ② 2. ④ 3. ③ 4. ③ 5. ③ 6. ③ 7. ③ 8. ④ 9. ②

3. 용선 예비처리

3-1 용선 준비

(1) 개요

① 용선은 고로(blast furnace)로부터 출선후 혼선로(mixing furnace) 또는 혼선차(torpedo ladle car)에서 예비처리한다.

② 전로에 장입되는 용선 배합비는 70~90%이다.

③ 용선의 온도, 성분 특히 Si 함유량은 최종의 용강온도를 결정하는 중요한 요소로서 냉각제 투입량을 결정하는 요인이 된다.

④ 용선의 5대 성분

C: 4.5~4.7%, S: 0.05% 이하, Si: 0.5~0.9%, Mn: 0.5~1.0%, P: 0.1% 이하

⑤ 전로제강에 큰 영향을 미치는 원소: Si, S

⑥ 용선의 온도

㈎ 출선된 용선의 온도: 1,480~1,550℃

㈏ 취련가능 온도 : 1,200~1,300℃

(2) 용선의 운반

① 혼선로의 용도

㈎ 용선의 저선: 용선 저장

㈏ 보온: 운반 도중 냉각된 열을 승열하는 작업이다.

㈐ 성분의 균질화

㈑ 탈황

② 혼선로 구조

㈎ 동체: 출선, 배재는 롤러 위에 설치한 노체를 경동하여 처리한다.

㈏ 용선차(torpedo car): 용선을 넣는 용기로서 오픈 톱형의 용선 레이들과 혼선차를 사용한다.

㉠ 용기부의 형상은 횡형 원통형으로 양단부는 단주형(conical)으로 대칭형이다.

㉡ 탕유부, 슬래그 라인부, 직통부, 원추부, 경벽 등으로 구성된다.

㉢ 노체 중앙부에 노구를 설치한다.

㉣ 출선할 때는 최대 120~145°까지 경동을 한다.

㉤ 노 내벽은 점토질 연와 및 고알루미나 연와를 사용한다.

㉥ 탄소 성분의 변화는 1~2시간에 0.3~0.5% 저하한다.

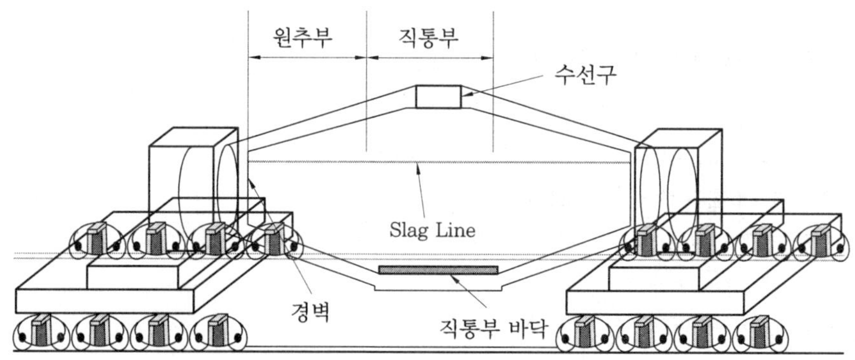

※ Slag Line : 용선이 닿는 최상부

혼선차의 구조와 각부 명칭

③ 혼선차의 수명에 미치는 영향

㈎ 혼선차 바닥에 용선이 낙하되는 거리

㈏ 혼선차의 운반거리

㈐ 용선의 저장기간

(라) 혼선차의 용선 출탕회수
(마) 용선 중의 슬래그(slag) 양
(바) 슬래그의 함량이 혼선차 내장연와를 손상하게 하는 가장 큰 요인이며 탈류작업도 영향이 있다.

단원 예상문제

1. 혼선차(Torpedo Car)의 장점으로 틀린 것은?

① 온도 강하가 적고 철 손실이 적다.
② 작업 인력이 적게 들며 레이들 크레인을 감소시킨다.
③ 레이들을 포함한 혼선로의 건설비가 싸다.
④ 출선구가 커서 슬래그가 전혀 유출되지 않는다.

2. 용선차(Torpedo Car)의 특징 중 옳은 것은?

① 온도 강하가 작고 용선을 직접 전로에 장입한다.
② 작업 인원이 많고 레이들 크레인을 증가시킨다.
③ 출선할 때 출구가 커서 슬래그가 약간 유출된다.
④ 혼선로에 비해 건설비가 비싸고 설비의 대형화에 한계가 없다.

3. 용선을 운반하여 전로 제강에 공급하는 것은?

① 에어 커튼 ② 슬로트 링 ③ 주선기 ④ 토페도 카

해설 토페도 카는 용선을 운반하고 보온, 저장하는 역할을 한다.

4. 고로에서 제조된 용선을 운반, 보온, 저장의 기구로서 현재 가장 널리 사용되고 있는 용기는?

① TLC(Torpedo Ladle Car) ② OL(Open Ladle)
③ 혼선로(Mixer) ④ LDS(Ladle Donawitz Stirring)

5. 제강 전처리로 혼선차(Torpedo Car)를 들 수 있다. 이에 대한 설명 중 틀린 것은?

① 노체 중앙부에 노구가 있다.
② 출선할 때는 최대 120~145°까지 경동시킨다.
③ 노 내벽은 점토질 연와 및 고알루미나 연와로 쌓는다.
④ 탄소 성분의 변화는 1~2시간에 0.3~0.5% 상승한다.

해설 탄소 성분의 변화는 1~2시간에 0.3~0.5% 저하한다.

6. 혼선로에 주입하는 용선의 온도는 어느 정도인가?

① 1,000～1,200℃　　② 1,200～1,320℃

③ 1,500～1,620℃　　④ 1,700℃ 이상이다.

7. 다음 중 혼선로의 기능에 대한 설명으로 틀린 것은?

① 용선을 균일화한다.

② 용선의 저장 역할을 한다.

③ 용선의 보온 역할을 한다.

④ 용선에 인(P)의 양을 높인다.

해설 용선에 인(P)의 양을 낮춘다.

정답 1. ④ 2. ① 3. ④ 4. ① 5. ④ 6. ② 7. ④

3-2 용선의 예비처리 작업

(1) 탈규(De-Si) 작업

① 탈규 처리에 필요한 원료 선정

(가) 규소는 전로 제강에 취련반응의 유효한 열원이지만 Si 함량이 높을 때 산화제나 산소가 필요하다.

(나) 염기도 보정에 산화칼슘이 필요하다.

② 탈규(Si) 처리 시 원료 투입방법

(가) 고로 용선 탕도와 같이 용선이 흐르는 상태에서 처리하는 연속식인 고로 주상 탈규법과 토페도카와 같은 별도의 용기를 이용하여 처리하는 배치(batch)식으로 구분한다.

(나) 배치식은 처리 전의 용선 성분, 온도 및 용선량을 정확히 알 수 있으므로 조업이 안정되며 반응 효율이 높다.

(다) 배치식은 반응 용기의 이동 및 처리 시간이 필요하므로 이에 따른 용선의 온도 저하가 크고, 처리에 따른 슬래그 포밍(slag forming) 때문에 용기의 여유 공간을 확보하여야 하므로 용기의 용선 장입량을 10～30% 감소해야 하는 단점이 있다.

형식	처리 장소	플럭스 첨가 방법
연속식	– 고로 용선통 – 고로 경주통 – 통형 연속 정련로	– 상취법 – 상취법(투사법)
배치식	– 토페도카 – 레이들 – 제강로	– 산화철 취입법 – 기체산소 상취법 – 기체산소 취입법

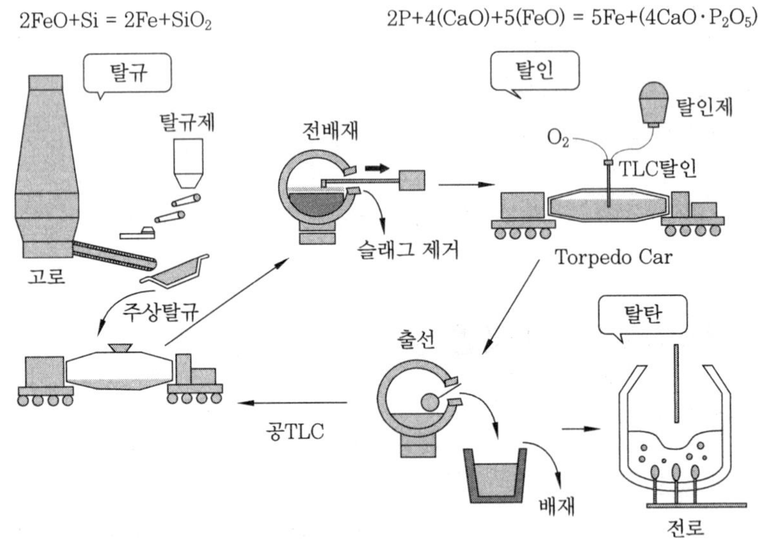

탈규 및 탈인처리

(2) 탈인(De-P) 작업

① 탈인의 조건

㈎ 강재 중 CaO가 많을 것(염기도가 높음)

㈏ 강재 중 FeO가 많을 것(산화력이 큼)

㈐ 온도가 낮을 것

㈑ 강재 중 P_2O_5가 낮을 것

㈒ 강재의 유동성이 좋을 것

② 탈인법의 종류

㈎ TLC(Torpedo Ladle Car) 탈인법

㈏ OLC(Open Ladle Car) 탈인법

㉠ 탈규는 고로 주상에서 실시하고 탈인이나 탈황은 OLC에서 실시한다.

㉡ 여유공간(free board) 확보를 위해 레이들 상부에 스커트(skirt)를 설치한다.

㉢ 처리 중에 발생하는 탈인 슬래그는 스커트와 레이들 사이의 홈을 통하여 연속적으로 배출된다.

㉣ 탈인처리 후 슬래그의 배재없이 곧바로 탈황처리를 할 수 있는 장점이 있다.

㉤ 처리용량에는 한계가 있어 150톤 미만을 적용한다.

③ 전로 탈인법

㈎ 노내 용적이 크므로 슬래그의 슬로핑(slopping)이나 용선의 비산이 없는 상태에서 대량의 산소를 고속으로 취입 가능하다.

㈏ 노저로부터 가스나 분체의 공급 설비를 이용하여 강교반 조건을 얻는 것이 가능하여 짧은 시간에 탈인처리할 수 있는 장점을 가진다.

㈐ 플럭스는 노상으로부터 투입되는 괴상의 생석회와 형석이 있다.

㈑ 산소원은 상취 산소와 괴상 철광석이다.

㈒ 발생하는 열을 스크랩 용해의 열원으로 활용한다.

㈓ CO가스를 배가스 회수설비(OG)에서 회수할 수 있는 장점이 있다.

㈔ 조업은 CaO/O를 낮게 하여 높은 산화력에 의하여 낮은 염기도에서 탈인이 진행된다.

㈕ 예비 탈규처리를 하지 않고 탈규와 탈인을 동시처리하는 장점이 있다.

④ 용선의 탈인제와 탈인반응

㈎ 용선의 탈인제

㉠ CaO계(현재 분CaO 사용 중)

㉡ 괴상 광석, 소결광, 철광석, 밀 스케일(현재 소결반광 사용 중)

㉢ 기산, 상, 저취 O_2(현재 상취하여 처리)

㈏ 탈인반응: $2P+3(CaO)+5(FeO)=5Fe+(3CaO \cdot P_2O_5)$

단원 예상문제

1. 다음 중 전로에서 탈인을 잘 일어나게 하는 조건으로 틀린 것은?

① 강욕의 온도가 높을 때

② 강재의 염기도가 높을 때

③ 강재의 산화력이 높을 때

④ 슬래그의 유동성이 좋을 때

2. **제강작업에서 탈인(P)을 유리하게 하는 조건으로 틀린 것은?**

① 강재의 염기도가 높아야 한다. ② 강재 중의 P_2O_5가 낮아야 한다.
③ 강재 중의 FeO가 높아야 한다. ④ 강욕의 온도가 높아야 한다.

해설 강욕의 온도가 낮아야 한다.

3. **탈인을 촉진시키기 위한 조건으로 틀린 것은?**

① 강욕의 온도가 낮을 것 ② 강재의 유동성이 좋을 것
③ 강재 중의 P_2O_5가 낮을 것 ④ 강재의 산화력과 염기도가 낮을 것

해설 강재의 산화력과 염기도가 높을 것

4. **용선 중의 인(P) 성분을 제거하는 탈인제의 주요 성분은?**

① SiO ② Al_2O_3 ③ CaO ④ MnO

5. **전기로 제강법에서 강욕 표면의 방열을 방지함과 동시에 탈인과 탈황작용에 사용되는 것은?**

① 형석 ② 생석회 ③ 철광석 ④ 코크스

정답 1. ① 2. ④ 3. ④ 4. ③ 5. ②

(3) 탈황(De-S) 작업

① 탈황처리 방법

㈎ 레이들 탈황법(치주법)

㉠ 치주법이라고도 하며, 레이들 중에 미리 탈황제를 넣어 놓고 그 위에 용선을 주입하여 탈황하는 방법이다.

㉡ 보통 소다염 또는 소다염의 복합제를 사용하고, 탈황율은 50% 정도이다.

㈏ 와류법

고로 탕도의 말단 용선이 와류가 되도록 와류기, 또는 와류판(turbulator)을 설치하여 출선 중에 첨가한 탈황제가 와류에 의해 잘 섞이도록 하는 방법이다.

㈐ 회전 드럼법

소형 회전로에 용선과 탈황제(석회가루와 코크스분)를 장입 밀폐한 후 회전시켜 산화칼슘(CaO)에 의한 탈황능을 향상시키는 방법이다.

(라) 기체취입 교환법(gas bubbling method)

㉠ 탈황제를 용선의 표면에 첨가하여 놓고 용선 중에 기체를 취입시켜 기포의 상승에 따른 용선의 교반운동을 이용하여 탈황효과를 얻는 방법이다.

㉡ 노저부에 다공질 내화재를 통하여 N_2 가스를 취입하여 용탕을 교반시키는 포러스 플러그(porous plug)법을 이용한다.

㉢ 가스교반의 목적에는 용강의 청정화, 용강성분의 조정, 용강온도의 균일화 등이 있다.

㉣ 0.001~0.002%의 극저유황강을 제조한다.

㉤ 내화재의 재질은 Al_2O_3, MgO, Mg-Cr, Zircon 등이 있다.

(마) 주입법(injection method)

㉠ 미분체의 탈류제를 가스와 함께 랜스를 통하여 용선 중에 취입하여 탈황시키는 방법이다.

㉡ 용강 중의 개재물을 저감시켜 남아있는 불순물을 구상화하여 고급강 제조를 용이하게 한다.

㉢ 탈류제로 Na_2CO_3 10%와 CaO 90%를 1.1~1.2atm의 공기와 혼합시켜서 취입한다.

(바) 교반법

㉠ 탈류봉을 용선 중에 완전히 침적시킨 후 회전하여 용선과 탈황제를 혼합 교반해서 탈황반응을 촉진하는 방법이다.

㉡ 데마크 와스트베르그(Demag-Ostberg)법은 T자형 내화물제의 파이프상 스틸러(stirrer)를 회전하여 수평관 내의 용선을 원심력에 의하여 탈황시키는 방법이다.

㉢ 랜스를 사용하는 상취법과 다공질의 내화물을 써서 레이들 저부에서 취입하는 포러스 플러그(porous plug)법이 있다.

㉣ 플러그(plug) 재질에는 고순도 알루미나, 마그네시아, 마그크로, 지르콘 등의 내화재가 사용된다.

(사) 요동 레이들법(shaking ladle method)

㉠ 레이들 중의 용기에 편심회전을 주어 탈황하는 방법이다.

㉡ DM 전로법은 편심일방향 회전의 요동 레이들법을 개량하여 정회전식으로 탈황하는 방법이다.

② 탈황제

(가) 고체상태: CaO, CaC_2, $CaCN_2$(석회질소), CaF_2

(나) 용융상태: Na_2CO_3, $NaOH$, KOH, $NaCl$, NaF

(다) 복합탈황제는 배합한 탈황제의 종류, 배합비율에 따라 달라진다.

(라) 탈황능은 탈황조건 중 교환방식, 용선성분, 고로 슬래그의 성질 등에 따라 달라진다.

(마) 탈황효과가 큰 것: CaC_2, Na_2CO_3, $NaOH$, KOH

(바) Na_2CO_3에 의한 탈황반응

$$FeS+Na_2CO_3=Na_2S+Fe+CO$$

$$FeS+Na_2CO_3+2Mn=Na_2S+2MnO+Fe+CO$$

여기서 생성한 Na_2S(m.p. 970℃)는 CO에 의한 용선의 boiling으로 부상하여 제화한다.

(사) Na_2CO_3에 의한 탈황은 흡열반응이므로 용선온도는 저하하나 탈황효과는 온도가 낮을수록 좋다.

(아) CaC_2에 의한 탈황반응

$$CaC_2+S=CaS+2C$$

$$CaC_2+FeS=CaS+2C+Fe$$

㉠ S와 화합하는 물질을 첨가한 탈황방법이다.

㉡ CaC_2의 분해에 의한 Ca와 용선 S와의 직접반응이므로 강력한 탈황이 일어난다.

㉢ 생성한 CaS는 화학적으로 안정하여 복황을 일으키는 일은 없다.

단원 예상문제

1. 치주법이라고도 하며 용선 레이들 중에 미리 탈황제를 넣어 놓고 그 위에 용선을 주입하여 탈황시키는 방법은?

① 교반 탈황법 ② 상취 탈황법

③ 레이들 탈황법 ④ 인젝션 탈황법

2. 제강에서 Kalling법이란?

① 회전로에 의한 탈산법 ② 회전로에서 석회에 의한 탈황법

③ 회전로에서 슬래그 중에 P를 제거 ④ 회전로에서 Si, Mn을 산화제거

3. 가스 교반(bubbling) 처리의 목적이 아닌 것은?

① 용강의 청정화　　② 용강성분의 조정
③ 용강온도의 상승　　④ 용강온도의 균일화

4. 전로에서 분체 취입법(powder injection)의 목적이 아닌 것은?

① 용강 중 황을 감소시키기 위하여
② 용강 중의 탈탄을 증가시키기 위하여
③ 용강 중의 개재물을 저감시키기 위하여
④ 용강 중에 남아있는 불순물을 구상화하여 고급강 제조를 용이하게 하기 위하여

해설 용강 중의 탈황을 처리한다.

5. 레이들 바닥의 다공질 내화물을 통해 캐리어 가스(N_2)를 취입하여 탈황반응을 촉진시키는 탈황법은?

① KR법　　② 인젝션법
③ 레이들 탈황법　　④ 포러스 플러그법

6. T자형 파이프 스틸러(교반기)를 사용하여 용선을 교반시키는 탈황법은?

① 데마크-와스트베르그법　　② 요동 레이들법
③ 터뷰레이터법　　④ 라인슈탈법

7. 용선의 예비처리법 중 레이들 내의 용선에 편심회전을 주어 그때에 일어나는 특이한 파동을 반응물질의 혼합 교반에 이용하는 처리법은?

① 교란법　　② 인젝션법
③ 요동 레이들법　　④ 터뷰레이터법

해설 요동 레이들법: 레이들 내의 용기에 편심회전을 주어 탈황한다.

8. 용선의 황을 제거하기 위해 사용되는 탈황제 중 고체의 것으로 강력한 탈황제로 사용되는 것은?

① CaC_2　　② KOH　　③ NaCl　　④ Na_2CO_3

9. 용선의 탈황반응 결과 일산화탄소가 발생하고 이것의 끓음 현상에 의해 탈황 생성물을 슬래그로 부상시키는 탈황제는?

① 탄산나트륨(Na_2CO_3)　　② 탄화칼슘(CaC_2)
③ 산화칼슘(CaO)　　④ 플루오르화 칼슘(CaF_2)

10. 용선을 전로 장입 전에 용선 예비탈황을 실시할 때 탈황제로서 적당하지 못한 것은?

① 형석 ② 생석회 ③ 코크스 ④ 석회질소

해설 코크스는 제선 연료이다.

11. 제강에서 탈황하기 위하여 CaC_2 등을 첨가하는 탈황법을 무엇이라 하는가?

① 가스에 의한 탈황 방법 ② 슬래그에 의한 탈황 방법

③ S의 함량을 증대시키는 탈황 방법 ④ S와 화합하는 물질을 첨가하는 탈황 방법

정답 1. ③ 2. ② 3. ③ 4. ② 5. ④ 6. ① 7. ③ 8. ① 9. ① 10. ③ 11. ④

(4) 탈산제

① 탈산제는 용융 금속으로부터 산소를 제거하는 역할을 한다.

② 제강용 탈산제: 페로망간(Fe–Mn), 알루미늄

③ 구리용 탈산제: 인, 규소

④ 탈산제의 구비조건

- 산소와의 친화력이 클 것
- 용강 중에 급속히 용해될 것
- 탈산 생성물의 부상속도가 클 것
- 가격이 저렴할 것
- 소량만 사용할 것
- 미반응 탈산원소가 잔류해도 강질을 해치지 않을 것
- 응고할 때 가스 발생이 없어야 할 것

㈎ 망간철

㉠ 페로망간(Fe–Mn) 탈산제로 사용된다.

㉡ 탈산반응: $FeO+Mn \rightarrow MnO+Fe$

㉢ 망간의 양이 많을 경우: $FeS+Mn \rightarrow MnS+Fe$ 반응으로 MnS가 슬래그 속으로 들어간다.

㉣ 탈황작용

㈏ 규소철

㉠ 규소는 망간보다 5배 정도의 탈산력이 있다.

㉡ 페로실리콘(Fe–Si)으로 사용된다.

㉢ 탈산반응: $2FeO+Si \rightarrow SiO_2+2Fe$

㉣ 노, 레이들의 예비탈산에 주로 사용된다.

㉤ 용강이 레이들에서 반 정도 출강되었을 때 첨가하면 탈산효과가 우수하다.

㈐ 알루미늄

㉠ 탈산력이 규소의 17배, 망간의 90배이다.

㉡ 적당량을 첨가하면 결정입 미세화 및 균일화에 효과적이다.

㉢ 너무 많이 첨가하면 강의 취성이 증가한다.

㉣ 탈산반응: $3FeO+2Al \rightarrow 3Fe+Al_2O_3$

㈑ 실리콘망간(Si−Mn)

㉠ 용융점이 약 1135℃이고 출강까지의 시간 단축과 비금속 물질의 감소를 기대할 수 있다.

㉡ Si 20%, Mn 60%가 표준성분이다.

㈒ 탄소

㉠ 가탄제로 코크스, 무연탄 가루, 전극 부스러기 등을 사용한다.

㉡ 수분, 회분, 인, 황 등의 불순물이 적어야 한다.

㉢ 레이들 중에 첨가하여 용강의 탄소를 높이는데 사용된다.

단원 예상문제

1. 탈산제의 구비조건이 아닌 것은?

① 산소와의 친화력이 클 것　② 용강 중에 급속히 용해할 것

③ 탈산 생성물의 부상속도가 적을 것　④ 가격이 저렴하고 사용량이 적을 것

2. 제강작업에 필요한 탈산제의 선택 시 고려해야 할 조건이 아닌 것은?

① 탈산 생성물의 분리성　② 회수율

③ 압축과 인성　④ 불순물의 영향

해설 탈산제의 선택 시 고려사항: 탈산 생성물의 분리성, 회수율, 불순물의 영향

3. 산화정련을 마친 용강을 제조할 때, 즉 응고 시 탈산제로 사용하는 것이 아닌 것은?

① Fe−Mn　② Fe−Si

③ Sn　④ Al

해설 탈산제: Fe−Mn, Fe−Si, Al

4. 탈산 및 탈황작용을 겸하는 것은?

① Mn ② S ③ Al ④ C

5. 제강 반응 중 규소반응에서 ( )에 알맞은 것은?

$$2FeO + Si = 2Fe + (\quad)$$

① SiO ② SiO_2 ③ $2SiO_2$ ④ $3SiO_2$

6. 다음의 탈산제 중 가장 강한 탈산제는?

① Al ② Zr ③ Si ④ Mn

해설 Al은 탈산력이 규소의 17배, 망간의 90배이다.

7. 다음 중 규소의 약 17배, 망간의 90배까지 탈산시킬 수 있는 것은?

① Al ② Fe–Mn
③ Si–Mn ④ Ca–Si

8. 전로 취련작업 후 출강작업 시 가장 친화력이 큰 탈산제는?

① Fe–Mn ② Mo Sponge
③ Fe–Si ④ Al

9. 탈산제로 쓰이지 않는 물질은?

① Mn ② Cu ③ Al ④ Si

10. 용융점이 약 1135℃이고 출강까지의 시간단축과 비금속 물질의 감소를 기대하여 첨가하는 탈산제는?

① Mn–Fe ② Al–Fe ③ Si–Mn ④ Ca–Si

11. 가탄제로 많이 사용하는 것은?

① 석회석 ② 벤토나이트
③ 흑연 ④ 규소

정답 1. ③ 2. ③ 3. ③ 4. ① 5. ② 6. ① 7. ① 8. ④ 9. ② 10. ③ 11. ③

3-3 슬래그 배재

(1) 측온, 샘플링

고로에서 출선된 용선을 전로에 장입하기 전 측온 및 시료 채취 작업을 통한 성분 분석으로 취련작업을 원활히 하기 위한 작업이다.

① 작업 방법

㈎ 자동 작업: 제작된 조작 Deck와 랜스를 사용하여 용선 프로브를 용선 내에 침적하면 측온 및 샘플링 작업이 동시에 행해진다.

㈏ 반자동 작업: 제작된 조작 Deck의 이상 발생으로 현장 패널과 랜스를 사용하는 방법이다.

㈐ 수동 작업: 작업원이 온도계를 가지고 직접 침적시켜 측온하고 샘플링 스픈으로 용선을 담아 주형에 부어 시료를 채취하는 방법이다.

② 자동 반자동 운전 시 측온 샘플링기기 침적 요령: 측온 샘플링을 용선 프로브가 장착된 랜스를 하강 침적시켜 5초 후 랜스를 상승시킨다.

㈎ 침적 깊이가 얕을 경우: 시료 상태 불량으로 성분 분석 불가

㈏ 침적 깊이가 깊을 경우: 랜스 홀더 용손 발생

(2) 배재

① 예비처리된 용선의 슬래그

㈎ CaS, P_2O_5, SiO_2 등의 산화물이 용선에 다량 포함된다.

㈏ CaS가 포함된 슬래그가 전로에 장입되면 탈탄과정에서 발생되는 FeO 등의 산화성 분위기에 의해 용강 중으로 복류되어 S 농도를 상승시키는 원인이 된다.

② 복인 및 복황반응

㈎ 예비처리 탈인반응 과정에서 생성되는 P_2O_5는 전로 조업 시 탈탄반응과 함께 진행되는 탈인반응에 의해 강중 복인은 거의 발생되지 않으나 슬래그 중 P_2O_5 산화물이 증가하면 저인강 제조의 제약 사항이 될 수 있으므로 슬래그 제거가 필요하다.

㈏ 탈류반응은 강환원성 분위기에서 촉진된다.

㈐ 예비처리가 완료된 용선의 슬래그 배재작업은 전로작업에서 반드시 실시한다.

㈑ 배재과정에서 온도하락과 철 손실 방지를 위하여 신속한 배재처리가 요구된다.

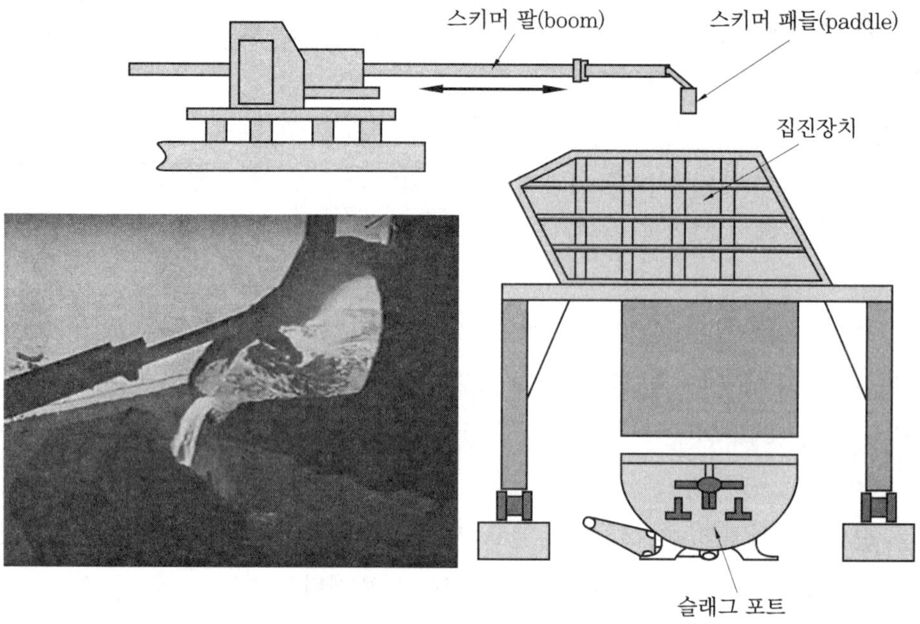

슬래그 배재작업

제 2 장 전로 제강법

1. 전로 조업 준비

1-1 노 보수

(1) 내화물의 종류

① 화학 조성에 의한 분류

분류	주원료	내화물 명칭	주요 화학성분
산성 내화물	점토질 규석질 반규석질	샤모트질 내화물 납석질 내화물 규석질 내화물 반규석질 내화물 규조토 내화물	 $SiO_2+Al_2O_3$ $SiO_2+Al_2O_3$ SiO_2 $SiO_2(Al_2O_3)$
중성 내화물	알루미나질 크롬질 탄소질 탄화규소질	알루미나질 내화물 크롬질 내화물 탄소질 내화물 탄화규소질 내화물	$Al_2O_3(SiO_2)$ Cr_2O_3, Al_2O_3 ,MgO, FeO C SiC
염기성 내화물	마그네시아질 크롬-마그네시아질 백운석질 석회질	마그네시아질 내화물 크롬-마그네시아질 내화물 백운석질 내화물 석회질 내화물	MgO $MgO+Al_2O_3$ CaO · MgO CaO

② 내화도에 따른 분류

종류	SK 번호	사용 온도(℃)
저급 내화물	26~29	1,580~1,650
중급 내화물	30~33	1,670~1,730
고급 내화물	34~42	1,750~2,000
특수 고급 내화물	42 이상	2,000 이상

③ 내화재료의 구비조건

㈎ 높은 온도에서 용융하지 않을 것

㈏ 높은 온도에서 쉽게 연화하지 않을 것

㈐ 급격한 온도 변화에 잘 견딜 것

㈑ 높은 온도에서 형상이 변화하지 않을 것

㈒ 용제 및 기타 물질 등에 대하여 침식 저항이 클 것

㈓ 마멸에 잘 견딜 것

(2) 내화물의 성질 및 용도

① 산성 내화물

SiO_2가 주성분이며, 고온에서 CaO, MgO 등의 염기성 물질과 접촉하면 염류를 만들어 점차 침식이 이루어진다.

㈎ 규석벽돌

㉠ 성질

- 규석은 1,800℃ 고온에서 잘 견디나 자연 상태의 것을 사용하면 변태로 인한 팽창으로 균열이 발생한다.
- 분말에 점토, 석회 등을 혼합 → 압착 → 성형 후 건조하여 소성하여 사용한다.
- 내화도: SK 32~33
- 하중에 대한 벽돌 변형 저항성이 크고 비중도 작다.
- 고온 마멸에 대한 저항성이 우수하다.
- 열팽창성이 커서 200℃ 부근에서 변태 팽창이 일어나므로 노의 가열시 주의한다.

㉡ 용도: 산성 제강로, 전기로, 축열식, 코크스로, 열풍로의 연소실, 균열로

㈏ 반규석벽돌

㉠ 성질

- 규석에 샤모트나 납석질 같은 점토질을 혼합하여 만든 것이다.
- 반복 가열에 의한 규석의 팽창과 점토질의 수축이 상호작용하므로 연속가열에 의한 저항력, 기계적 강도가 우수하다.
- 내화도가 낮은 편이다.

㉡ 용도: 노의 천정, 코크스로, 탕도 벽돌, 슬리브 벽돌

㈐ 내화점토 및 샤모트벽돌의 성질 및 용도

㉠ 내화점토

- 주성분: $Al_2O_3 \cdot 2SiO_2 + H_2O$
- 물을 적시면 강한 접착력이 생기며, 고온도(SK 12~18)로 소성하면 결정수와 유기물이 없어지면서 수축이 발생한다.

㉡ 샤모트

- 샤모트분: 점토를 충분히 소성시킨 것이다.
- 샤모트분과 생점토를 혼합하고 물에 혼합하여 압착, 성형 후 건조 및 소성하여 샤모트벽돌을 제조한다.
- 내화도: SK 30~34
- 백색 또는 등갈색이며 비중과 기공률의 범위가 넓다.
- 열팽창율이 적어 열의 급변에 잘 견디고, 열전도도가 낮으며 가공이 용이하다.
- 용재나 산화성 분위기에 강하지 않다.

㉢ 용도: 샤프트부의 노격, 제강용 평로의 노벽, 코크스의 축열식 노벽, 레이들 벽돌, 탕구의 스토퍼 등의 이형 벽돌 제조

㈑ 납석벽돌

㉠ 성질

- 주성분: $Al_2O_3 \cdot 2SiO_2 + H_2O$
- 결정수가 적어 채굴된 상태 그대로 분말로 만들어 내화점토를 혼합(약 7:3)하여 제조한다.
- 백색이고 샤모트 벽돌에 비해 내화도가 약간 떨어진다.
- 제조가 용이하고 소성온도(SK 10~12)도 낮아 제조 단가가 낮다.
- 기공률이 낮고, 균질성이 있어 용강에 대한 침식저항이 우수하며, 샤모트벽

돌보다 내구력이 우수하다.

㉡ 용도: 제강용 레이들, 탕도용 벽돌, 레이들의 노즐, 가열로

② 중성 내화물

중성 내화물은 산성이나 염기성 물질 어느 것에도 침식하지 않는 것을 주성분으로 하는 내화물이다.

㈎ 크롬 내화물

㉠ 성질

- 주성분: 크롬철광($FeO \cdot Cr_2O_3$)
- 크롬철광에 점결제로 2~5% 생점토 또는 석회와 물을 혼합 → 압착 → 성형 후 건조하여 소성하여 사용한다.
- 색깔이 검고 비중이 크다.(점토벽돌의 2배)
- 온도 급변에 약하지만, 열간하중 강도는 우수하다.
- 내화도: SK 36~38
- 산성, 염기성 용제에도 강하다.
- 높은 온도에서 산화철을 흡수하여 균열(bursting)을 일으키기 쉽고, 스폴링이 발생한다.
- 1,000℃까지의 안전한 가열 속도는 4시간 정도 필요하다.

㉡ 용도: 염기성로 및 가열로의 노저 벽돌에 사용된다.

㈏ 탄소질 내화물

㉠ 성질

- 주성분: 천연흑연, 인조흑연, 코크스분
- 원료에 점토나 콜타르를 점결제로 하여 성형, 건조한 다음 500~1,000℃로 소성, 고화하여 제조한다.
- 탄소벽돌과 흑연벽돌이 있다.
- 산화작용이 심한 화염, 수분, 산화철이 많은 용제, 탄소량이 적은 철과 접촉을 피해야 한다.

㉡ 용도: 고로 노상부, 레이들의 스토퍼, 고로 출선구 충전재

③ 염기성 내화물

염기성 산화물로서 MgO, CaO를 주성분으로 한 내화물이다.

(가) 마그네시아벽돌

㉠ 성질

- 내화도 SK36 이상이다.
- 열팽창계수가 크고 슬로핑(slopping)이 일어나기 쉬우며, 고온부에 많이 이용된다.
- 열전도율이 크고 내광재성이 크다.

㉡ 용도: 염기성 제강로, 노상, 혼선로

(나) 돌로마이트

㉠ 성질

- 주원료: 백운석($CaCO_3 \cdot MgCO_3$)
- MgO의 함유량이 높을수록 내화도가 높다.
- 배소하여 소성 돌로마이트로 만들어 사용한다.
- 돌로마이트를 가열하면 350~850℃에서 $MgCO_3$가 분해되고, 600~950℃에서 $CaCO_3$가 분해된다.

㉡ 용도: LD전로, 평로, 전기로 등의 노상

(3) 전로용 내화물

① 전로용 내화물이 갖는 역할

(가) 산소 취입에 의한 용강과 슬래그의 강력한 교반

(나) 노폐의 경동 또는 회전

(다) 다량의 분진과 가스 발생

(라) 짧은 제강 사이클로 심한 온도 변화

(마) 높은 조업 온도

(바) 장입 시의 기계적 충격

② 전로용 내화물의 요구조건

(가) 염기성 슬래그에 대한 화학적인 내식성

(나) 용강과 슬래그의 교반에 대한 내마멸성

(다) 급격한 온도변화에 대한 내열스폴링성

(라) 장입물에 대한 내충격성

(4) 전로 각 부위별 사용 내화물

① 노정부

㈎ 취련 중에 비산, 지금의 부착이나 더스트(dust)와 더불어 배기가스에 의해 내화물이 약한 부분이다.

㈏ 노정부의 내화물은 내스폴링(spalling)성 고내화도, 내산화성이 요구된다.

㈐ 타르 침적 소성 마그네시아 내화물을 사용한다.

② 장입측 노복부

㈎ 스크랩, 용선의 장입시 내충격, 내마모가 필요하다.

㈏ 열간 강도가 높은 타르 침적 소성 마그네시아나 타르 침적 소성 돌로마이트가 사용된다.

③ 슬래그 라인

㈎ 열간에 슬래그에 의한 마모와 슬래그 성분이 아주 격렬하게 작용되는 곳이다.

㈏ 내식성을 향상시키기 위해서 마그네시아분이 높은 타르 돌로마이트 타르 침적 소성 돌로마이트나 타르 침적 소성 마그네시아 내화물 등이 사용된다.

④ 노저부

㈎ 화학적 침식과 용강의 유동에 의한 마모가 크다.

㈏ 내식성, 내마모성이 요구된다.

⑤ 출강구

㈎ 용강의 유출에 의한 기계적 마모와 취련 중에 고온의 화염이 튀어나오고 취련 종료시에는 찬 외부 공기가 통과하는 등 온도변화가 심한 부분이다.

㈏ 내마모성, 내스폴링성이 요구된다.

㈐ 전용 마그네시아를 주체로 한 타르 침적, 고온 소성 내화물이 사용된다.

(5) 내화도 측정

제게르 추를 사용한다.

(6) 노체수명 연장 기술

① 내화물의 손상 원인

㈎ 화학적 침식: Slag에 의한 용해

㉠ 슬래그와의 화학반응으로 생긴 저융물이 표면에서 용해하거나 내화물 입자

가 이탈하는 현상이다.

㉡ 슬래그 성분과 연와성분과의 화학적 성질 및 통기율, 젖음성 등의 슬래그 침입성에 따라 변화한다.

㉢ 연와성분이 슬래그에 용해되는 속도는 슬래그 중의 포화농도와 실제 농도와의 차에 비례한다.

㉣ 슬래그 중의 내화물 성분(MgO)을 높게 조절하여 슬래그의 용해속도를 낮추어야 한다.

㉤ 전로용 연와에 타르(tar)를 함침시키면 슬래그와의 젖음성을 낮추고 슬래그 중 Fe_2O_3 등의 환원에 의한 침입성을 방지한다.

㉥ 형석을 넣으면 슬래그의 점성을 낮추어 연와 중에 침입이 촉진된다.

(나) 구조적 스폴링: 연와내의 슬래그 침투

㉠ 내화물이 균열하여 표면이 탈락해서 내면이 노출되는 현상이다.

㉡ 열적, 기계적, 구조적 스폴링으로 대별되나 슬래그의 침입으로 내화물 표면에 형성되는 변질층과 미변질층과의 열팽창의 차에 의하여 일어나는 구조적 스폴링이 가장 많다.

㉢ 염기성 연와는 구조적 스폴링이 강하게 나타난다.

(다) 기계적 마모: 용강의 교반, 원료의 투입 충격

㉠ 용선, 고철의 장입 및 용강의 교반에 의해 일어나는 현상이다.

㉡ 연와 또는 슬래그와의 반응생성물의 열간 강도에 의해 달라진다.

㉢ 소성 돌로마이트 연와 중의 불순물이 많으면 열간 강도가 낮아져서 손상 속도가 증가하고 슬래그의 침투도 증가한다.

(라) 열적 스폴링: 간헐조업 및 조업 중의 온도 변화

(마) 산화 탈탄: 비취련 시의 Carbon Bond 손실

(바) 기계적 스폴링: 승열 시에 생기는 기계적 응력

② 노체 내장 내화물 수명에 영향을 주는 제요인

(가) 용선 중의 Si가 높을 때

(나) 염기도가 낮을 때

(다) 슬래그 중의 T-Fe가 높을 때

(라) 산소 사용량이 많을 때

(마) 재취련 회수가 많을 때

(바) 종점 온도가 높을 때

(사) 용강 중의 C 함유량이 저하할 때

(아) 휴지시간이 증가할 때

(자) 형석(CaF_2) 사용량이 많을 때

(차) 냉각제로 사용되는 철광석의 투입량이 많을 때

③ 취련작업

(가) 연와침식에 가장 나쁜 영향을 주는 것은 슬래그 중의 T-Fe이다.

(나) 제조하려는 강종에 따라 요구되는 C가 달라지고 이에 따라 T-Fe도 변동된다.

(다) 노체 수명 향상을 위하여 T-Fe를 가능한 낮게 조절한다.

(라) 재취련도 T-Fe를 적게 해야 한다.

(마) 출강온도가 높으면 연와의 손모도 증가한다.

(바) 조업염기도, 취련시간, 출강회수 등도 영향을 준다.

④ 전로 노체 수명 연장 기술

(가) Zoned lining profile 기술

㉠ 전로내 부위별 적정 내화재 축조기술이다.

㉡ 복합취련전로의 바닥재는 용강와류 등에 의한 침식이 심하므로 고내식성 마그네시아 카본 연와를 사용한다.

㉢ 전로의 취약한 부분인 장입측에는 최고급 전용 마그네시아 카본 재질을 사용한다.

(나) 열간분사 보수기술

㉠ 습식과 건식이 있다.

㉡ 부착두께를 보수하는데 인력에 의한 작업 대신에 원격자동조종을 하여 분사 보수한다.

(다) 계측기술의 진보

㉠ 복사 고온계나 적외선 카메라를 사용하여 철피온도분포를 조사하여 잔존 두께를 추정하는 방법을 쓴다.

㉡ 레이저 광선에 의한 잔존 두께 측정으로 보수한다.

(라) 돌로마이트 사용

㉠ 돌로마이트를 슬래그의 MgO원으로 사용한다.

㉡ 전로를 경동함으로써 노벽에 부착시키는 슬래그 코팅의 효과가 있다.

단원 예상문제

1. 다음 중 염기성 내화물은?

① 규석질 ② 마그네시아질 ③ 납석질 ④ 샤모트질

해설 산성 내화물: 규석질, 납석질, 샤모트질이 있다.

2. 조성에 의한 내화물 분류에서 염기성 내화물에 해당하는 것은?

① 크롬질 ② 샤모트질 ③ 마그네시아질 ④ 고알루미나질

3. 염기성 전로의 내벽 라이닝 물질로 옳은 것은?

① 규석질 ② 돌로마이트 ③ 샤모트질 ④ 알루미나질

4. 다음 중 산성 내화물이 아닌 것은?

① 규석질 ② 납석질 ③ 샤모트질 ④ 돌로마이트질

5. 내화재료의 구비조건으로 틀린 것은?

① 열전도율과 팽창율이 높을 것
② 고온에서 기계적 강도가 클 것
③ 고온에서 전기적 절연성이 클 것
④ 화학적인 분위기 하에서 안정된 물질일 것

해설 열전도율과 팽창율이 작을 것

6. 제강로 내부에 사용되는 내화물의 구비조건으로 틀린 것은?

① 연화점이 높을 것
② 견고하여 큰 힘에 변형되지 않아야 할 것
③ 고온에서 열전도 및 전기전도가 클 것
④ 슬래그나 용융금속에 침식되지 않을 것

해설 고온에서 열전도 및 전기전도가 작을 것

7. 제조법 중 산성법과 염기성법의 구분은 무엇으로 하는가?

① 사용 용융선의 재질에 따라 구분한다.
② 사용하는 로의 종류에 따라 구분한다.
③ 사용하는 내화물의 종류에 따라 구분한다.
④ 첨가 금속의 종류에 따라 구분한다.

해설 내화물의 종류에 따라 산성법과 염기성법으로 구분한다.

8. 다음 중 마그네시아 벽돌에 대한 설명으로 틀린 것은?

① 염기성 내화물이다.

② 내화도가 높아 SK36 이상이다.

③ 슬로핑(slopping)이 일어나기 쉽다.

④ 열전도율이 적고 내광재성이 크다.

해설 마그네시아 벽돌: 열전도율이 크고, 슬로핑(slopping)이 일어나기 쉬운 내화물이다.

9. 전로 내화물이 손상되는 요인이 아닌 것은?

① 기계적 마모 ② 화학적 침식

③ 스폴링 ④ 슬래그 중 MgO 성분

해설 전로 내화물의 손상 요인: 기계적 마모, 화학적 침식, 스폴링

10. 전로작업 중 노체 수명에 대한 설명으로 옳은 것은?

① 용강의 온도가 높게 되면 노체 수명이 길어진다.

② 산소의 사용량이 적으면 노체 수명이 감소한다.

③ 용선 중에 Si량이 증가하면 노체 수명은 감소한다.

④ 형석의 사용량이 증가함에 따라 노체 수명이 길어진다.

11. 전로 내화물의 수명에 영향을 주는 인자에 대한 설명으로 옳은 것은?

① 염기도가 증가하면 노체 사용횟수는 저하한다.

② 휴지시간이 길어지면 노체 사용횟수는 증가한다.

③ 산소사용량이 많게 되면 노체 사용횟수는 증가한다.

④ 슬래그 중의 T-Fe가 높으면 노체 사용횟수는 저하한다.

정답 1. ② 2. ③ 3. ② 4. ④ 5. ① 6. ③ 7. ③ 8. ④ 9. ④ 10. ③ 11. ④

1-2 전로의 설비 관리

1 주요 설비 기능

(1) 전로 본체 설비

① 전로법은 용선과 고철을 전로에 장입하고 랜스(lance)라는 수랭구조의 노즐로부터 고압, 고순도의 산소를 취입해서 용강을 얻는 방법이다.

② 전로의 능력은 1회당의 처리 용강량으로 표시한다.

③ 출강구의 형상은 경사형과 원통형으로 분류한다.

- 경사형 출구: 출강구 퍼짐 방지로 산화가 많다, 사용 수명이 길다, 출강시간 편차가 적다, 슬래그의 유입이 적다.

④ 랜스는 3중관 구조이며, 내측의 관은 정련용의 산소가 흐르고 외측의 2중관은 냉각용 급배수관 구조이다.

⑤ 랜스 선단에는 고압의 산소압력에너지를 유효하게 운동에너지로 변화시켜 초음속의 산소제트를 분사하도록 한 순동제의 노즐이 끼워져 있다.

⑥ 노정에는 송풍구가 없어 노복과 일체이며 출강공은 노복 윗부분에 위치한다.

⑦ 랜스의 승강은 드럼 윈치(drum winch) 방식, 호이스트 방식이다.

⑧ 내화물은 염기성이며 마그네시아, 타르돌로마이트, 최근에는 마그카본벽돌을 사용한다.

⑨ 저질소강을 쉽게 얻을 수 있고, 폐가스에 의한 열손실이 적어 열효율이 높다. 특히 용선 성분에 제약이 없고, 30% 정도의 부스러기 고철의 배합도 가능하다는 특징이 있다.

⑩ 비대칭형 노의 조업상 특징

- 슬로핑(slopping)에 의한 분출 방향이 정해져 있어서 대부분 노하의 슬래그 팬(slag pan)에 떨어진다.
- 출강 시 노구의 위치가 높기 때문에 노구로부터 슬래그가 넘치는 일이 적고 신호나 조업 실수에 의한 재해를 방지할 수 있다.
- 노구로부터 나오는 폐가스가 노상에 높게 올라가지 않아 연도를 낮게 할 수 있다.
- 내장연와의 크기가 달라야 한다.
- 장입, 출강을 동일 측에서 실시해야 한다.

⑪ 노저부: 용탕이 모이는 바닥이며, 튤립(tulip)형을 사용한다.

①: 노구 금물
②: 슬래그카바
③: 트러니언링
④: 출강구
⑤: 노저부
⑥: 노경
⑦: 노고

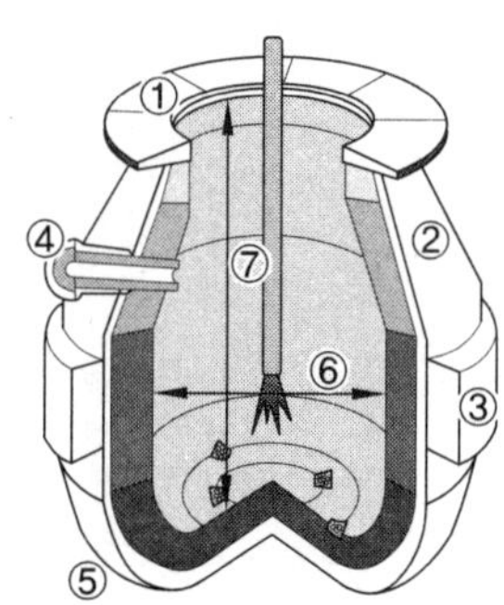

전로 노체 설비 개략도

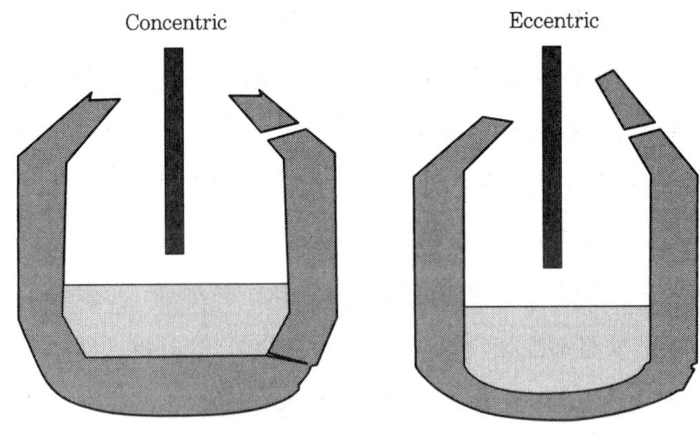

대칭형, 비대칭형 전로

(2) 경동설비

① 노체의 중앙부에 트러니언(trunnion)이 볼트에 의해 설치되고 경동장치로부터 회전토크를 전달한다.

② 트러니언(trunnion) 링: 노체를 지지하는 역할을 한다.

③ 트러니언(trunnion)과 노체 접합부에 열전달을 방지하기 위한 수랭 방식, 이중벽 방식을 적용한다.

④ 노구: 취련 중 전도열 및 복사열을 받아 변형이 되기 쉬우므로 냉각방법 및 교체 가능한 구조로 제작한다.

⑤ 전동구동 방식: 변속 가능한 직류 전동기, 워드레너드 방식 등을 사용한다.

- 직류 전동기: 속도 제어가 용이하다. 전원 및 전동기 가격이 고가이며, 호환성이 떨어진다.
- 교류 워드레너드 방식: 2개의 권선형 교류 전동기를 배열한 구동 방식이다.

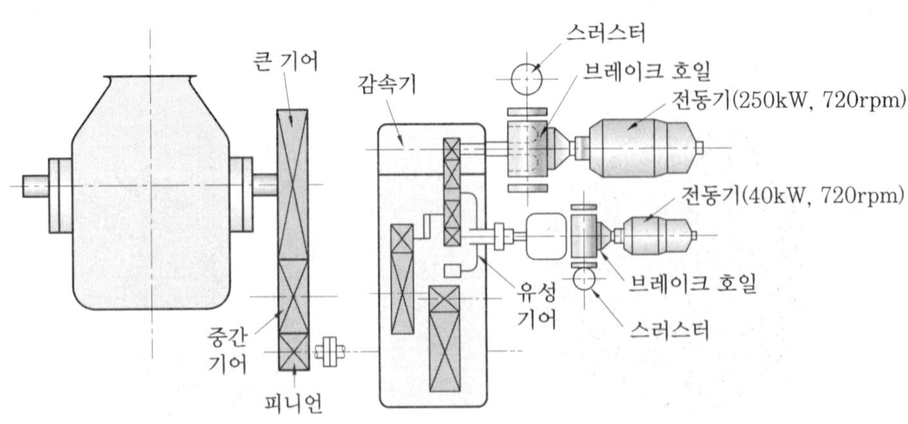

전로 경동설비

(3) 취입설비(랜스)

① 랜스의 구조: 3중관 구조로 내측의 관은 정련용의 산소가 흐르고, 외측의 2중관은 냉각용 급배수관으로 구성되었다.

② 랜스 노즐: 초음속의 산소를 분사시킬 수 있는 드라발 노즐이다.

③ 랜스 노즐의 재질: 열전도율이 좋은 구리(순동)를 사용한다.

④ 노즐의 구멍: 초기에는 1개, 용량이 커짐에 따라 3~4개의 다공노즐을 사용한다.

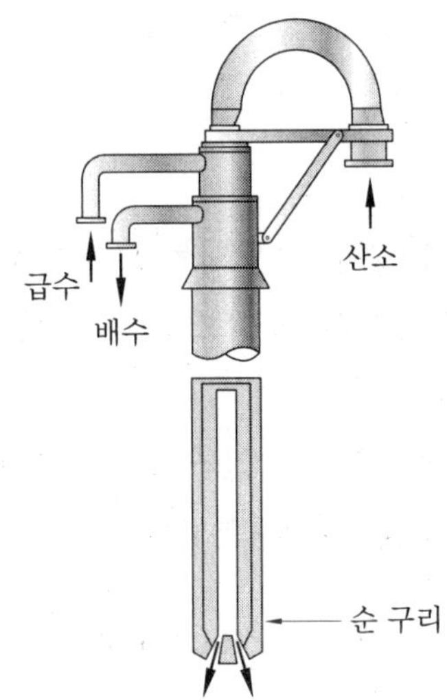

랜스의 구조

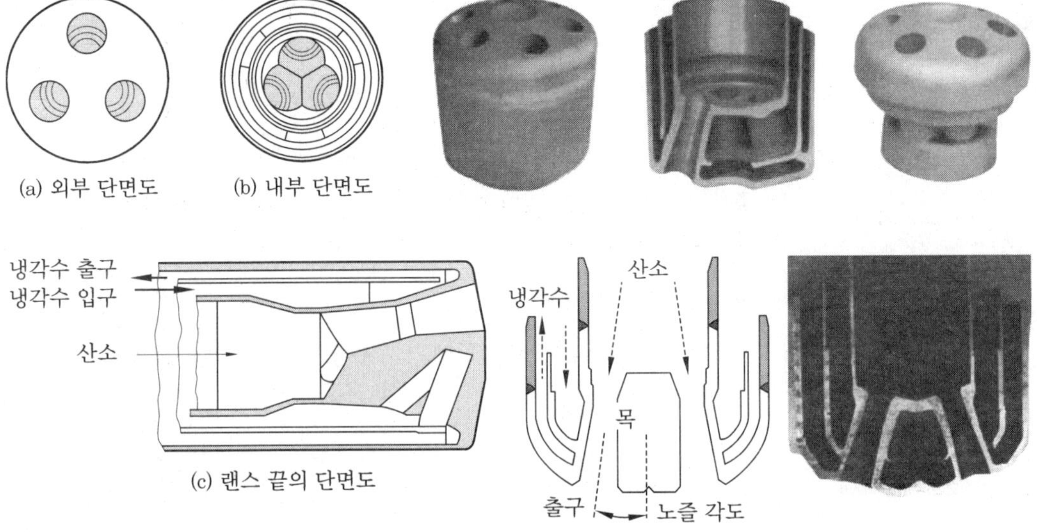

노즐의 단면도 및 다공노즐의 형상

⑤ 다공 노즐의 장점
- 용강의 교반운동이 촉진된다.
- 용강 분출이 감소하여 제강 회수율이 향상된다.

⑥ 옥시퓨얼 랜스(oxyfuel lance)
- 랜스로부터 산소의 연료를 분사하여 열효율이 향상된다.
- 고철 배합율을 50%까지 증가시킬 수 있다.

⑦ LD-AC(Linz-Donawitz-ARBED CNRN): 탈산을 촉진하기 위해 수산화칼슘 가루를 산소와 함께 분사한다.

(4) 출강구

① 기능: 취련과정이 완료된 용강을 전로로부터 레이들에 주입하기 위한 설비이다.
② 형상: 프러그 연와로 교환가능한 슬리브 연와를 내삽하는 조립식의 단공 출강구이다.
③ 재질: 피치 함침된 소성 마그네시아 연와를 사용한다.
④ 출강구 형상: 경사형과 원통형으로 구분한다.

출강구 형상의 비교

		경사형 (tapperd geometry)	원통형 (cylindrical geometry)
그림	출강구		
형상	내측	jet sharped	sharp edged
	외측	well bunched stream	badly bunched stream
출강시간		출강구 사용 초기와 말기의 출강시간 편차가 적다.	출강구 사용 초기와 말기의 출강시간 편차가 크다.
출강시 온도		출강시 온도저하가 크다.	출강시 온도저하가 적다.
산화 정도		출강류 퍼짐방지로 산화가 적다.	출강류는 퍼지며 산화가 심하다.
슬래그 유입 정도		슬래그 유입이 적다.	슬래그 유입이 많다.
출강류 상태		출강구 내에서의 출강류는 곧다.	출강구 내에서의 출강류는 약간 위로 받친다.
출강구 마모		사용수명 증대	출강구 마모가 심하다.

단원 예상문제

1. 다음 중 전로의 용량은?

① 1회 배합량 ② 1회 출강량
③ 1시간 용해량 ④ 1일 생산량

2. 일반 전로의 송풍 풍구 풍함은 LD전로에서는 무엇으로 대치하여 설치되어 있는가?

① 출강구 ② 슬래그 호올
③ 노상 ④ 산소랜스

해설 LD전로에서 산소랜스를 이용하여 송풍 풍구 풍함을 대치한다.

3. LD전로 노체에 사용되는 내화물 중 대표적인 것은?

① 샤모트질 ② 돌로마이트질
③ 지르콘질 ④ 고알루미나질

4. 전로설비에서 출강구의 형상을 경사형과 원통형으로 나눌 때 경사형 출강구에 대한 설명으로 틀린 것은?

① 원통형에 비해 슬래그의 유입이 많다.
② 원통형에 비해 출강류 퍼짐방지로 산화가 많다.
③ 원통형에 비해 출강구 마모는 사용수명이 길다.
④ 원통형에 비해 출강구 사용 초기와 말기의 출강시간 편차가 적다.

해설 원통형에 비해 슬래그의 유입이 적다.

5. 전로의 주요 부분에 대한 기능을 설명한 것 중 틀린 것은?

① 노구 링은 전로 내의 분출물에 의한 노구부 벽돌을 보호하는 것이다.
② 가이드는 열간 낙하물에 의한 노하 설비 및 레일을 보호해준다.
③ 트러니언 링 및 트러니언 샤프트는 노체에 경동력을 전달하는 역할과 노체를 지지해 준다.
④ 슬래그 커버는 분출물에 의한 트러니언, 노구, 냉각수 파이프 등에 슬래그가 부착되는 것을 방지한다.

6. LD전로 제강법에 사용되는 랜스 노즐의 재질은?

① 내열 합금강 ② 구리
③ 니켈 ④ 스테인리스강

7. **LD전로에서 용강 위에 필요한 산소를 취입하기 위한 설비로 노즐이 처음에는 1개의 구멍에서 용량이 대형화됨에 따라 다공노즐로 발전되고 있는 설비는?**

① 용선차 ② 노체 ③ 혼선로 ④ 산소랜스

해설 산소랜스: 용강 위에 필요한 산소를 취입하기 위한 설비

8. **LD전로 설비에 관한 설명 중 틀린 것은?**

① 노체는 강판용접 구조이며 내부는 연와로 내장되어 있다.
② 노구 하부에는 출강구가 있어 노체를 경동시켜 용강을 레이들로 배출할 수 있다.
③ 트러니언 링은 노체를 지지하고 구동설비의 구동력을 노체에 전달할 수 있다.
④ 산소관은 고압의 산소에 견딜 수 있도록 고장력강으로 만들어졌다.

해설 산소관은 고압의 산소에 견딜 수 있도록 구리로 만들어졌다.

정답 **1.** ② **2.** ④ **3.** ② **4.** ① **5.** ② **6.** ② **7.** ④ **8.** ④

(5) 폐가스 처리설비

① OG시스템

㈎ 폐가스: 랜스로부터 취입된 산소제트는 용선의 C와 반응하여 농후한 대량의 폐가스를 발생시킨다. 0.3μ 이하의 미세한 산화 철분으로 적갈색을 띤다.

㈏ 폐가스 처리설비: 대량으로 고온의 폐가스를 냉각하는 설비와 집진하는 설비로 구분한다.

② 폐가스 처리설비의 종류

㈎ 폐가스 냉각설비

연소냉각 방식(보일러 방식)과 비연소 방식(OG법, IRSID-CAFL법)이 있다.

㉠ 연소냉각 방식: 노구 부분에서 공기를 도입하여 연소한 다음 냉각하여 수려기로 보내며 이때 폐열 보일러를 사용하여 폐열을 회수함과 동시에 폐가스를 냉각시키는 방식이다.

• 보일러 방식: 가스 냉각과 발생 증기를 회수하여 열로 사용하는 방식이다.

㉡ 비연소 방식(OG법): 연소시키지 않고 회수하여 화학공업의 원료, 연료 등을 사용하는 방식이다.

• 가스 온도가 낮고 연소용 공기가 없으므로 가스량도 적고, 냉각 및 집진설비의 소형화가 가능하며 전로 상부의 건설구조가 간단하여 건설비가 저렴하다.

- 회수한 가스 분진이 적고, 연소용 및 화학용 원료로 유용하게 이용한다.
- 연소용 원료를 LDG라고 한다.

㈏ 집진설비

㉠ 종류: 전기 집진기, 벤튜리 스크러버, 백 필터

㉡ 전기 집진기: 많은 집진판과 방전선 사이에 냉각된 폐가스를 이끌어 이것에 수만 볼트의 전압을 걸어 방전시켜서 폐가스 중의 산화Fe분을 방전시켜 흡착 집진하는 방법이다.

㉢ 벤튜리 스크러버(venturi scrubber): 폐가스를 좁은 벤튜리 부를 통과시켜 고속화하고 여기에 살수하여 가스 중의 산화Fe분을 습하게 한 다음 분류기에서 가스와 분리시키는 방법이다.

㉣ 전로에서 발생하는 폐가스 중의 연진량은 약 10kg/t이며 주성분은 산화철이고 60%가 Fe성분이다.

단원 예상문제

1. LDG를 회수하기 위하여 사용되는 폐가스 처리방식에 적합한 것은?

① 전 보일러식　② 백 필터식
③ 반 보일러식　④ OG시스템

2. 전로의 OG설비에서 IDF(Induced Draft Fan)의 기능을 가장 적절히 설명한 것은?

① 취련시 외부 공기의 노내 침투를 방지하는 설비
② 후드 내의 압력을 조절하는 장치
③ 취련시 발생되는 폐가스를 흡인, 승압하는 장치
④ 연도 내의 CO가스를 불활성가스로 희석시키는 장치

3. 순산소 상취전로의 취련시 발생하는 LD가스를 회수하기 위해 사용되는 비연소식 폐가스 처리로서, 후드뚜껑으로 로 노구를 밀폐하는 방식은?

① 전 보일러식 폐가스 처리설비
② 반 보일러식 폐가스 처리설비
③ OG시스템에 의한 폐가스 처리설비
④ 백 필터(bag filter)에 의한 폐가스 처리설비

해설 OG시스템은 취련시 LD가스를 회수하기 위해 후드뚜껑으로 로 노구를 밀폐하는 방식이다.

4. 오지(OG)설비 중 가스 누기가 되어 점검하고자 할 때 필요한 안전보호구는?

① 면 마스크 ② 방진 마스크 ③ 송풍 마스크 ④ 방독 마스크

5. LD전로 제강 후 폐가스량을 측정한 결과 CO_2가 1.50kg이었다면 CO_2의 부피는 약 몇 m^3 정도인가? (단, 표준상태이다.)

① 0.76 ② 1.50 ③ 2.00 ④ 3.28

해설 C량: 12, O_2량: 32이므로 CO_2 분자량은 44kg, 표준상태에서 기체 1mole의 부피: 22.4m^3이다.

44kg : 22.4m^3 = 1.5kg : $x$$m^3$, x=약 0.76m^3

6. 폐가스를 좁은 노즐을 통하게 하여 고속화하고 고압수를 안개같이 내뿜게 하여 가스 중 분진을 포집하는 처리 설비는?

① 침전법 ② 이르시드(Irsid)법
③ 백 필터(Bag filter) ④ 벤투리 스크러버(Venturi scrubber)

정답 1. ④ 2. ③ 3. ③ 4. ④ 5. ① 6. ④

2 기타 설비

(1) 산소제조 설비

① 전로에서는 약 50Nm^3/t 정도의 많은 순산소를 사용하므로 LD전로 공장에서 반드시 설치해야 하는 설비이다.

② 공기 중의 산소와 질소를 비점차를 이용하여 액체 공기를 정유해서 산소와 질소를 분리한다.

③ 배관의 중간에 가스 홀더가 설치된다.

④ 취련에 사용하는 압력 10kgf/cm^2 정도이므로 중간에 감압 제어변을 설치한다.

⑤ 1tap의 제강시간(30~40분) 중 취련시간은 12~18분 정도이다.

(2) 원료장입 설비

① 용선의 장입: 혼선로, 혼선차에서 용선을 옮겨 담은 후 크레인으로 장입한다.

② 기타 원료장입: 호퍼(hopper)에서 수랭된 슈트(shute)를 통하여 장입한다.

③ 외부 저장 벙커에 있는 원료는 벨트 컨베이어, 버킷 엘리베이터에 의해 전로 위의 호퍼로 운반한다.

(3) 전로용 내화물

① 전로용 내화물은 산소취입에 의한 용강 및 용재의 교반, 분염 및 가스의 다량발생, 제강 사이클이 짧아 온도변화가 심하고, 장입물의 충격이 큰 것 등 가혹한 조건에서 사용된다.

② 고온조업, 침식성이 높은 용재조건
- 염기성 슬래그에 대한 화학적인 내식성
- 급격한 온도변화에 대한 화학적인 내식성
- 용강이나 용재의 교반에 대한 내마모성
- 급격한 온도변화에 대한 내열 스폴링(spalling)성
- 장입물의 충격에 대한 내충격성

③ 전로의 내장은 마그네시아 돌로마이트계의 타르 본드연와가 사용된다.

④ 타르 함침의 소성 돌로마이트연와가 사용된다.

⑤ 소성 마그네시아 연와 등의 염기성 내화물이 주로 사용된다.

⑥ 수명의 연장에 가장 효과가 있는 것은 노체 연와의 열간보수와 용재에의 돌로마이트 첨가이다.

단원 예상문제

1. LD전로 공장에 반드시 설치해야 할 설비는?

① 산소제조 설비　　② 질소제조 설비
③ 코크스제조 설비　　④ 소결광제조 설비

정답 1. ①

1-3 설비 점검

(1) 일상 정기점검

① 설비관리의 개요

유형고정자산의 총칭인 설비를 활용하여 기업이 목적으로 하는 수익성을 높이는 활동을 말한다.

㈎ 협의적 설비관리: 설비 보전관리

㈏ 광의적 설비관리: 설비계획에서 보전에 이르는 '종합적 관리'이다.

② 설비관리의 목적

최고의 설비를 선정 도입하여 설비의 기능을 최대한으로 활용하고, 기업의 생산성 향상을 도모하는데 있다.

㈎ 설비관리 목적 달성을 위한 6가지 요소: 생산계획 달성, 품질 향상, 원가절감, 납기준수, 재해예방, 환경개선

㈏ 설비관리의 부재로 인해 발생한 손실

㉠ 제품 불량에 의한 손실

㉡ 품질 저하에 따른 손실

㉢ 가동 중 원재료의 손실

㉣ 돌발 고장시 수리비의 지출

㉤ 생산 정지시간의 감산에 의한 손실

㉥ 정지 기간 중 작업자의 작업이 중지되어 대기 시간에 의한 손실

㉦ 생산계획 착오로 인한 납기 연장, 신용의 저하 등에서 오는 유형, 무형의 손실

㉧ 고장 수리 후부터 평상 생산에 들어가기까지의 복구 기간 중의 저능률 조업에 따른 복구 손실

(2) 점검의 분류

① 점검의 종류

주기	명칭	점검 내용
1일	일상 정기점검	수강대차, 서브랜스, 부원료설비(벨트 컨베이어) 등
1~2주	주간 점검	수강대차(감속기), 서브랜스(오일펌프), 부원료설비(vibrator feeder) 등
1달~6주	월간 점검	저취 가스설비 등
분기	분기 점검	
연간	연간 점검	

② 주기별 점검표

점검표는 어떤 목적에 필요한 기계, 기구 등을 설치하거나 설치한 것의 상태를 점검하기 위한 표이다. 점검표의 종류는 목적, 주기, 설비에 따라 나뉘어진다.

1-4 원료 준비

1 주원료: 용선, 냉선, 고철

(1) 용선의 열원

① 용선 중의 C, Si, Mn은 열원으로 사용되며 Si는 가장 중요한 열원이다.

② P, S는 불순물로서 강의 품질에 나쁜 영향을 준다.

(가) 탄소(C)

㉠ C는 용선온도, Si함량에 따라 그 포화량이 정해지며 취련 중에 거의 대부분이 산화반응으로 CO 또는 CO_2가 되어 제거된다.

㉡ 실제 조업에서는 함유량이 중요하지 않다.

(나) 규소(Si)

㉠ Si는 산화반응으로 SiO_2가 되어 열량, 용제량, 용제 염기도를 변화시킨다.

㉡ 열적으로 Si는 0.10%의 증가에 따라 고철배합률은 1.3~1.5%의 증가가 가능하다.

㉢ 용선 중의 Si량이 너무 높으면

- 탈인, 탈황을 해치고 용제량 증가에 의한 슬로핑(용제 및 용강의 분출)이 증가하여 출강 수율이 저하된다.
- 강재량, 산소가스 소비량, 라이닝의 소모가 늘어난다.

㉣ 용선 중의 Si량이 너무 적으면

- 취정 초기에 정련반응이 원활하지 않게 되므로 0.5~1.0%가 적당하다.

(다) 망간(Mn)

㉠ 용선 중 Mn과 정련 종료시의 용강 Mn과는 비례관계이다.

㉡ 용선 Mn을 높이면 용강 Mn이 높아져 Fe-Mn의 첨가량을 감소하여 취련 중에 산화되어 손실된다.

㉢ Mn이 많으므로 원가면으로 좋은 방법이 아니다.

(라) 인(P): P의 양은 0.3% 이하가 이상적이나 취정법에 따라서 0.3~0.5%도 가능하다.

(마) 황(S)

㉠ 저황강을 제조할 때에는 노의 용선 예비처리, double slag법, LD-LC법 등을 이용한다.

㉡ 극저황강을 얻기 위해서는 저황 합금철, 가탄제를 사용한다.

(2) 냉선

① 형선, 황선, 고선 등을 냉선이라 한다.
- 형선: 고로 주선기에서 처리하여 일정한 형으로 제조된 것
- 황선: 고로 탕도에 부착된 것과 용선 레이들 및 TLC에 부착된 것으로 1m 이하, 무게 400kg 이하의 것
- 고선: 폐주형, 폐정반 파쇄품 또는 기계품으로 가공되었다가 파손 및 노후로 사용 못하는 것으로 길이 1m 이하, 무게 400kg 이하의 것

② 냉선은 용선으로부터 현열을 제거한 것이다.
③ 열적으로는 용선과 고철의 중간적인 것으로 취급한다.
④ 성분적으로는 용선과 비슷하므로 강제의 염기도를 계산할 때에 용선과 같이 취급한다.
⑤ 용선이 부족할 때는 열원의 보조로서 냉선을 사용한다.

(3) 고철(scrap)

[고철(scrap)의 발생원에 따른 분류]

① LD전로 조업에서 고철은 잉여의 열을 제거하는 철원을 보충시키는 철원으로써의 역할을 한다.
② 제강 생산성 증대에 필요한 주원료의 하나이다.
③ 고철은 그 발생 원인에 따라 자가 발생고철과 구입고철로 나뉜다.
- 고철: 공장내 발생고철, 반려철(불량강괴, 압연설 등)
- 회수철: 가공설, 노폐설비설, 폐롤 등
- 구입고철: 가공설(조선, 자동차 공장의 발생설), 노폐설(선박, 차량, 토건 강재 등)

㉠ 공장내 발생고철 중 반려철
- 품질도 확실하고 발생량도 안전하므로 가장 좋다.
- 특수합금원소를 함유한 공장내 발생고철 및 저황강설은 따로 분류하여 특정한 강종에서만 사용하는 것이 경제적이다.

㉡ 구입고철
- 공장내 발생고철에 비하여 품질, 형상이 불안정하므로 전로에 사용하기 전에 적당한 크기로 절단하거나 프레스하여 사용한다.

㉢ 중량고철 및 경량고철
- 중량고철을 사용하면 취련 중에 용해가 끝나지 않고 남아서 출강량의 변

동이나 노내온도, 성분 불균일의 원인이 된다.

- 중량고철은 장입 시에 노체연와에 대하여 충격력이 커서 연와수명을 단축시킨다.
- 경량고철을 많이 장입하면 노내에서 고철이 용선 표면을 덮어서 취련개시 시의 착화를 늦추는 원인이 된다.

단원 예상문제

1. LD전로의 가장 중요한 열원으로 사용되는 것은?

① S ② Cu ③ Zn ④ Si

2. 전로 취련 중 공급된 산소와 용선 중의 탄소가 반응하여 무엇을 주성분으로 하는 전로 가스가 발생하는가?

① CO ② O_2 ③ H_2 ④ CH_4

3. LD전로에 취입되는 산소가 가장 많이 소모되는 용도는?

① C의 산화 ② S의 산화
③ Mn의 산화 ④ P의 산화

해설 산소가 가장 많이 소모되는 용도: C의 산화

4. LD전로의 주원료인 용선 중에 Si함량이 과다할 경우 노내 반응의 설명이 틀린 것은?

① 산화반응열이 감소한다.
② 이산화규소량이 증가한다.
③ 강재량이 증가한다.
④ 출강 실수율이 감소한다.

해설 산화반응열이 증가한다.

5. LD전로용 용선 중 Si 함유량이 높을 때의 현상과 관련이 없는 것은?

① 강재량이 많아진다.
② 고철 소비량이 줄어든다.
③ 산소 소비량이 증가한다.
④ 내화재의 침식이 심하다.

해설 Si 함유량이 높으면 고철 소비량이 늘어난다.

6. **상취 산소전로법에서 극저황강을 얻기 위한 방법으로 옳은 것은?**

① 저황(S) 합금철, 가탄제를 사용한다.

② 저용선비조업 또는 고황(S)고철을 사용한다.

③ 용선을 제강 전에 예비탈황 없이 작업한다.

④ 저염기도의 유동성이 없는 슬래그로 조업한다.

해설 극저황강: 저황(S) 합금철, 가탄제를 사용하여 얻는다.

정답 **1.** ④ **2.** ① **3.** ① **4.** ① **5.** ② **6.** ①

2 부원료

(1) 조재제: 용제의 주성분이 되는 것

① 생석회(산화칼슘: CaO)

(가) 생석회는 CaO가 90% 이상이고 용제 중의 주성분

(나) 탈인, 탈황을 위한 염기성 슬래그의 주성분

(다) 생석회의 구비조건

㉠ 연소성으로 반응성이 좋을 것

㉡ 세립이고 정립되어 있어 반응성이 좋을 것

㉢ 흡습성이 작을 것

㉣ S, 슬래그, P가 적게 함유될 것

㉤ 가루가 적어 다룰 때 손실이 적을 것

(라) 투입 시기: 착화 직후부터 투입 개시한다.

② 석회석($CaCO_3$)

(가) 석회석은 전로에 투입되면 급속히 분해하여 CaO가 되므로 생석회와 같은 조재제이나 노내에서 분해할 때에 열을 흡수하는 냉각제 역할을 한다.

(나) 입도: 15~50mm

(다) 화학 성분

석회석의 화학 성분

CaO	SiO_2	MgO	Fe_2O_3	Al_2O_3
54~56	0.5	0.5~1.8	0.3~0.5	0.05~0.2

㈑ 통상 조업 시 사용되는 원단위: 0~30kg/t

㈒ 투입 시기 및 방법

㉠ 투입량이 2t 이하일 때는 1.0t/분으로 착화 후 12분까지 연속 투입한다.

㉡ 투입량이 2~5t 이하일 때는 1.5t/분으로 착화 후 12분까지 연속 투입한다.

㉢ 투입량이 5t 이상일 때는 2.0t/분으로 착화 후 12분까지 연속 투입한다.

* 투입개시 시기 = 철광석 투입개시(분) − 석회석 사용량(t)/투입 속도

㉣ 투입 시기가 12분을 넘을 경우는 넘는 양만큼 전장입한다.

㈓ 용도

㉠ 염기성 강재의 주성분으로 탈P, 탈S을 목적으로 한 염기성 강재를 만들기 위하여 사용한다.

㉡ 용선 배합율이 높은 경우 취련 초기에 장입하여 냉각제 및 매용제로 사용한다.

㉢ 취련 초기에 100kg 정도씩 분할 투입하여 냉각 효과, 조재 효과, 스피팅 방지의 목적으로 사용하며 또 $CaCO_3 \rightarrow CaO + CO_2 - 42,500Cal/mol$ 흡열 반응을 이용하여 취련 후 냉각제로도 사용한다.

③ 규사, 연와설

용선 Si이 낮을 때에 용재량 증가의 목적으로 첨가한다.

④ 그 밖에 조재제로서 압연 스케일, 철광석, 보오크사이트, 형석 등이 사용된다.

(2) 매용제

① 역할: 노내에서 생성한 SiO_2와 함께 생석회의 재화를 촉진한다.

② 밀 스케일(mill scale), 소결광

㈎ 냉각제 역할

㈏ 노내에 첨가되면 FeO 생성

㈐ 출강 실수율 향상

㈑ 산소 사용량 절약

③ 형석

㈎ 주성분

형석의 주성분은 CaF_2이며 불순물로서 SiO_2, Fe_2O_3, $CaCO_3$, Al_2O_3 및 미량의 P, S를 함유한다.

㈏ 용도

㉠ 통상조업 시 소량 사용하며 강재의 유동성을 좋게 하고 반응성을 양호하게 한다.

㉡ 유동성을 향상시키는 이유: 용재의 CaO, SiO_2의 망상구조가 형석의 주성분인 CaF_2의 F_2에 의하여 전단되기 때문이다.

㉢ 대량으로 사용 시에는 슬로핑이 증가하며 전로 내화물의 용손을 촉진한다.

(3) 냉각제

① 철광석이 쓰이나 밀 스케일, 소결광의 냉각효과도 철광석과 거의 같다.

② 냉각제는 주로 취련 중에 노내에 투입되므로 괴상의 산화철이 쓰이는 일이 많다.

③ 산화철은 노내에서 분해 흡열하여 Fe로 되어서 용강의 일부가 된다.

④ 냉각제는 원료선에 따라 고철을 15~30% 사용한다.

⑤ 투입 시기: 취련 개시와 동시에 투입한다.

냉각제 투입 효과

종류	고철	석회석	철광석
냉각능력	1	2.2	2.7

(4) 기타

① 돌로마이트는 전로 내화물이다.

② 수명연장의 목적으로 많이 사용된다.

부원료의 사용 목적에 따른 분류

사용 목적	부원료 명칭
조재제	생석회, 석회석, 규사, 연와설
매용제	밀 스케일, 소결광, 철광석, 형석
냉각제	철광석, 석회석, 밀 스케일, 소결광
기타	돌로마이트, 경소 돌로마이트

단원 예상문제

1. LD전로 조업에 요구되는 생석회의 요구 성질로 틀린 것은?

① 연소성으로 반응성이 좋을 것
② 입자가 클 것
③ 흡습성이 작을 것
④ S, Slag, P가 적게 함유될 것

해설 입자가 작을 것

2. LD전로에 요구되는 산화칼슘의 성질을 설명한 것 중 틀린 것은?

① 소성이 잘 되어 반응성이 좋을 것
② 가루가 적어 다룰 때의 손실이 적을 것
③ 세립이고, 정립되어 있어 반응성이 좋을 것
④ 황, 이산화규소 등의 불순물을 되도록 많이 포함할 것

해설 황, 이산화규소 등의 불순물을 되도록 적게 포함해야 한다.

3. 순산소 상취 전로법에 사용되는 밀 스케일(Mill scale) 또는 소결광의 사용 목적으로 옳지 않은 것은?

① 슬로핑(slopping) 방지제
② 냉각효과 기대
③ 출강 실수율 향상
④ 산소 사용량의 절약

해설 매용제의 사용 목적: 냉각효과 기대, 출강 실수율 향상, 산소 사용량의 절약

4. 슬래그의 생성을 도와주는 첨가제는?

① 냉각제
② 탈산제
③ 가탄제
④ 매용제

5. 산소 전로 제강에서 사용되는 매용제로 가장 적합한 부원료는?

① 흑연, 돌로마이트
② 연와설, 고철
③ 마그네시아, 강철
④ 형석, 밀 스케일

6. 제강 부원료 중 매용제로 사용되는 것이 아닌 것은?

① 석회석
② 소결광
③ 철광석
④ 형석

해설 석회석: 선철용해에 사용되는 용제

7. LD전로에서 고철과 동일 중량을 사용하는 경우 냉각제의 냉각계수가 가장 큰 것은?

① 냉선　② 철광석
③ 생석회　④ 석회석

8. 냉각제 효과로 가장 적합한 것은?

① 고철:석회석:철광석 = 1.2:1.5:2.4　② 고철:석회석:철광석 = 1.5:1.4:3.0
③ 고철:석회석:철광석 = 1.8:1.5:3.2　④ 고철:석회석:철광석 = 1.0:2.2:2.7

9. 전로법에서 냉각제로 사용되는 원료가 아닌 것은?

① 페로실리콘　② 소결광
③ 철광석　④ 밀 스케일

해설 냉각제: 소결광, 철광석, 밀 스케일

10. 순산소 상취전로 제강법에 사용되는 원료 중 냉각능이 가장 높은 것은?

① 고철　② 형석
③ 철광석　④ 석회석

11. 전로 내화물의 노체 수명을 연장시키기 위하여 첨가하는 것은?

① 돌로마이트　② 산화철
③ 알루미나　④ 산화크롬

12. LD전로 조업에서 상호 관련이 틀린 것은?

① 주원료－용선　② 부원료－생석회
③ 탈산제－돌로마이트　④ 가탄제－분코크스

해설 돌로마이트는 전로 내화물의 수명연장의 목적으로 사용한다.

13. 순산소 상취전로 제강법에서 냉각제를 사용할 때 사용하는 양과 시기에 따라 냉각효과가 상관성이 있다는 설명이 가장 옳게 표현된 것은?

① 투입시기를 정련시간 후반에 되도록 소량을 분할 투입하는 것이 냉각효과가 크다.
② 투입시기를 정련시간 초기에 되도록 일시에 다량 투입하는 것이 냉각효과가 크다.
③ 투입시기를 정련시간 초기에 전량을 일시에 투입하는 것이 냉각효과가 크다.
④ 투입시기를 정련시간의 후반에 되도록 일시에 다량 투입하는 것이 냉각효과가 크다.

14. 제강 원료 중 부원료에 속하지 않는 것은?

① 석회석 ② 생석회
③ 형석 ④ 고철

해설 주원료: 고철

15. 다음 중 냉각제가 아닌 것은?

① 규사 ② 석회석
③ 철광석 ④ 밀 스케일

16. 산소 전로법에서 조재제가 아닌 것은?

① 소결광 ② 석회석
③ 생석회 ④ 연와설

정답 1. ② 2. ④ 3. ① 4. ④ 5. ④ 6. ① 7. ② 8. ④ 9. ① 10. ③ 11. ① 12. ③ 13. ① 14. ④ 15. ① 16. ①

1-5 원료 · 부원료 입고관리

1 계량 검수

(1) 원료 · 부원료 성분 확인

① 고로에서 출선된 용선 성분을 확인한다.

② 용선 성분 중의 C, Si, Mn, P, S, Ti, V, Cu, Cr 등의 함유량을 확인한다.

고로 용선 제강 공장 차입 기준

성분	Si	Mn	S	P	Ti	V	Cu	Cr
상한(%)	1.2	0.3	0.08	0.15	0.05	0.04	0.06	0.03
하한(%)	0.3	0.15	규제 범위 없음					

(2) 고로에서 출선된 용선 온도 확인

① 고로에서 출선된 용선 온도는 1,500℃ 내외가 적합하다.

② 용선 예비 처리 후 장입 온도는 최소 1,200℃ 이상이 적합하다.

③ 고로 출선 용선 온도가 과도하게 낮을 경우에는 용선 온도가 양호한 TLC의 용선과 믹싱(mixing)하여 제강 공장으로 차입하도록 지시하며, 1,400℃ 이하일 경우에는 고로 · 제강 담당자와 협의하여 주선 처리 여부를 결정한다.

④ 용선 온도가 낮을 경우에는 탈류 효율이 저하되므로 형석 투입량과 탈류 처리 시간을 늘린다.

⑤ 용선 예비 처리 후 용선 온도가 1,200℃ 이하일 경우에는 용선 표면에 왕겨나 보온재를 투입하여 용선 온도 강하를 최소화한다.

(3) 부원료 품위 확인

① 입고 당시 검수한 부원료 품위 검사 성적서를 확인한다.

② 부원료 주성분의 함유량, 입도, 비중이 기준에 적합한지 확인한다.

③ 기준에 적합하지 않은 부원료는 조업 기준에 따라 처리한다.

④ 기준에 적합한 부원료는 입고 처리한다.

2 원재료 검수 · 계량 검수

(1) 검수 작업

원료가 계약서에 정해진 규격, 수량, 품질 등의 계약 조항과 합치하는지 여부를 검사 · 시험하고 합격 여부를 판정하는 작업이다.

• 부원료 · 합금철 검수 작업: 부원료 · 합금철 납품은 하차 · 하역 장소에 따라 제강 공장 직송 원료와 창고 혹은 야드 입고 원료로 구분할 수 있는데 입고 시에 선정된 검수원이 검수를 실시한다.

① 검수원 선정 및 검수 절차

㈎ 검수원 선정

㈏ 검수원 책임과 권한

㉠ 검수원은 검수 대상 원료의 외관 품질, 수량에 대해 신속, 정확하게 검수해야 하며 검수 품목 입고 즉시 이화학 분석 부서에 시험 분석을 의뢰한다.

㉡ 주기별로 하는 메이커 파이널(maker final) 검수 품목의 공급, 사전 검수 시 이화학 분석 부서 담당자와 검수 일시를 협의 후 공급사 및 물품 보관 창고를 방문하여 검수를 실시한다.

㉢ 사전 검수 일정은 랜덤(random)하게 설정하여 사전 검수 품목의 입고 편차 발생을 예방한다.

㉣ 사전 검수는 주기별, 비주기별로 나누어서 실시한다.

② 품질 확인 시험

㈎ 담당자는 원료의 품질 점검을 위하여 전체 원료에 대하여 임의의 수량을 선정하여 필요한 시험(이화학 시험, 물리적 특성 및 성능 파악)을 실시한다.

㈏ 품질 확인 시험 결과는 관계자 모두에게 즉시 통보하여 기준에 따라 대응한다.

③ 검수 이상 발생품 처리

㈎ 검수 불합격 판정 원료는 사용성 여부를 검토하여 사용 불가 시 공급사에 통보하여 재입고시키도록 하고 불합격품은 반출한다.

㈏ 공급사는 불합격 판정된 원료에 대하여 즉시 반출 · 재입고해야 한다.

㈐ 불합격품 다발 및 장기 미납품에 대하여 필요시 계약 부서에 통보할 수 있다.

(2) 고철(scrap) 검수 작업

고철 검수 작업은 제강 공정에서 사용 또는 관리하는 고철 원료를 공정하고 엄격하게 검수하여 부적합 철 원료를 사용하는 것을 미연에 방지하기 위해 실시한다.

① 검수 업무의 구분

㈎ 이화학 시험: 시험 대상 원료 중 원료 관리 부서에서 시험할 수 없어 의뢰된 원료의 외관, 물성검사 등 이화학 분석을 실시한다.

㉠ 검사 대상 품목: 냉선, HBI, 구매 스케일류 및 검수 과정에서 이화학 분석이 요구되는 철 원료

㉡ 업무 수행 부서: 시험 검사 부서

㈏ 외관, 물성 검사: 원료 중 철 원료 등 원료 사용 부서에서 외관, 물성 검사 업무를 수행한다.

㉠ 검사 대상 품목: 이화학 검사 적용 제외 물품, 고철류 및 강-캔 스크랩

㉡ 업무 수행 부서: 원료 사용 부서

② 고철 선별 방법

㈎ 육안으로 선별한다.

㈏ 자석으로 비철 재료를 제거한다.

㈐ 해체로 이물질을 분류한다.

㈑ 기계 장치를 이용해 선별 및 제거한다.

㈒ 소각으로 불순물을 제거한다.

(3) 원료 및 자재 검사

[품명, 수량 및 기준, 규격 확인 방법]

① 사용하려는 원료의 적합 판정: 해당 원료의 품명, 규격, 수량 등을 대조, 확인하고 용기의 파손 유무와 파손품의 사용 여부, 격리 보관 및 방법 등으로 기재한다.

② 규격 확인 검수의 기본 사항

㈎ 원료 규격서, 발주서 또는 발주 품목 목록, 설명서의 품명, 수량, 납품처, 표시 사항(규격, 제조 번호, 내용량, 제조자, 유효 기간 등)과 이상 유무를 확인해야 한다.

㈏ 납입품을 납품서 또는 송장과 대조하고 품명, 규격, 수량 등을 검수한다. 이 경우의 수량은 포장 단위 또는 납품서 및 송장에 기재된 수량으로 하는 등 검수할 때의 업소 실정에 적합한 확인 방법을 정하여 운영한다.

③ 인수 검사: 인수 검사는 원료 입고 시에 원료 보관 담당자 등이 인수 현장에서 납품사 입회 하에 검수하는 것을 말한다.

㈎ 검사 방법: 육안 검사

㈏ 검사 형식: 전수 확인 검사

㈐ 확인 사항: 품명, 수량, 외관, 봉함의 유무, 표시사항(제조자, 제조 번호, 제조 연월일, 규격, 포장 단위, 유효 기간), 제조자 시험 성적서(필요시)

④ 적부 판정 방법

㈎ 품명, 수량, 표시 사항이 다른 경우에는 부적합으로 한다.

㈏ 외부 포장 등의 파손, 물에 젖거나 침적된 흔적이 뚜렷하거나 곤충이나 쥐의 침해를 받아 이것이 내부 품질에 영향을 미쳤다고 판단될 경우에는 부적합으로 한다.

㈐ 봉함의 유무에 대해서 특히 유의하고, 개봉 등으로 인하여 내부의 오염, 감량 등의 흔적이 있을 경우에는 부적합으로 한다.

㈑ 내부 오염 등이 육안 검사로 판정하기 곤란할 때에는 품질 관리 부서와 협의하여 필요한 조치 후 판정한다.

2. 전로 조업

2-1 원료 투입

(1) 원료 장입

① 주원료인 고철과 용선의 순서로 장입한다.

② 냉재는 장입슈트(shute)를 이용하여 전로에서 요구한 중량을 평량하여 공급한다.

③ 용선은 토페도카와 오픈 레이들을 이용하여 운송된 것을 장입 레이들에 전로 요구량을 출선하여 이루어진다.

④ 혼선로에서 용선을 출선하는 방법도 이용되어진다.

⑤ 혼선로는 고로와 제강공장의 생산 완충을 할 수 있는 저선 설비로 고로에서 출선된 용선을 혼선로에 지속적으로 저장하여 전로에서 필요한 경우에 장입 레이들에 출선하여 공급한다.

⑥ 혼선로는 고로나 제강공정의 설비사고나 조업 이상 시에도 용선을 저장할 수 있고, 저장된 용선을 출선하여 공급할 수도 있으므로 생산의 완충역할을 할 수 있는 방법이다.

⑦ 고철의 수분에 의한 폭발방지를 위해 고철을 먼저 장입한다.

⑧ 용선 배합율: 70~90%

⑨ 주원료 장입 작업은 노 운전자, 크레인 운전자, 신호자 3자의 합동 작업으로 진행되는 것이 일반적인 방법이나 CCTV나 카메라 설비 등을 설치하여 노 운전자와 크레인 운전자가 모니터를 통해 노구 상황을 관찰하면서 장입하는 방법도 시행되고 있다.

(2) 장입순서의 변경

① 우천 시 폭발의 우려가 있을 경우에는 용선, 냉재 순으로 장입할 수도 있다.

② 신로 교체 후 처음 2~3회는 전용선 장입을 하고, 냉재의 장입이 불가피한 경우에는 용선, 냉재 순으로 장입하여 노구부 및 노복부 연와의 기계적 파손에 대처한다.

(3) 전용선 조업

용선 및 냉재 배합율은 요구 강종과 조업상황에 따라 다르며 다음과 같은 경우에는 냉선이나 고철을 장입하지 않고 전용선 조업을 실시한다.

① 탕면 측정 시

② 신로 축조 후 첫 작업 시

③ 고철 장입 크레인 고장 시

(4) 저용선 조업

① 개요: 저용선 조업이란 용선 배합율을 평상 시 조업치보다 저하시켜 조업을 하는 것으로 냉재를 약간의 가열 상태로 장입하면 용선 장입율을 약 55%까지 내릴 수 있는 것으로 이 방법은 고로 개수시의 용선 부족 시 대책으로 행해진다.

② 저용선 작업을 하기 위해서는 열원의 보상을 할 필요가 있으며 그 대책으로는 다음과 같다.

㈎ 발열제(Fe-Si, Si-C, 코크스, Al, 흑연 등 가탄제) 첨가

㈏ 현열(용선온도, 고철온도의 상승) 증가

㈐ 형선의 이용

(5) 부원료 수송장치

① 사일로(silo) 및 지상 호퍼 절출 장치: 랙 피니언 슬라이드 형식으로 호퍼의 각 배출구에 설치되어 있기 때문에 원료의 흐름과 절출, 피더(feeder)의 능력에 맞추어 절출량을 게이트 조정으로 가능하도록 되어 있다.

② 트리퍼 카(Tripper Car): 전로 노상 호퍼 직상부의 벨트 컨베이어 상에 설치되어 있고, 노상 호퍼 상부를 주행하여 수송되어 온 부원료를 지정된 품목 호퍼에 정확히 정지하여 공급하는 장치이다.

③ 레벨계: 호퍼 내에 있어서 원료의 유효 저장량과 하한 잔량의 범위 즉, 항시 사용량을 확보하기 위해 수송의 개시 및 정지를 발신시켜 원활한 저장관리를 추진하는 것이다.

④ 스크린: 노상 각 호퍼에 설치되어 있으며 원료 중의 큰 덩어리 또는 이물질의 혼입을 방지함과 동시에 보행 중의 안전도 겸하기 위해서 설치되어 있다.

⑤ 진동 피더(vibrator feeder): 진동 공진형으로 수동 게이트의 하부에 진동 피더가 설치되어 있으며 이는 호퍼 내의 원료 절출을 행하고 벨트 컨베이어에 잔량을 공

급하는 것이다.

⑥ 벨트 컨베이어: 사일로 및 지상 호퍼로부터 절출된 원료를 노상 호퍼까지 수송하기 위하여 원격조작으로 연동 운전이 가능하다.

(6) 부원료의 평량 및 투입

① 부원료의 노내 투입은 중앙 조작실에서 부원료 투입반에 의해 원격조작 운전으로 투입한다.

② 합금철 및 특정품목은 전로 노측에서 투입된다.

③ 시운전 및 고장에 의해 부원료 계통전원에 이상이 있을 때는 현장에서 직접 투입도 행하나 일반적인 통상조업에서는 중앙 조작실에서의 투입이 행해진다.

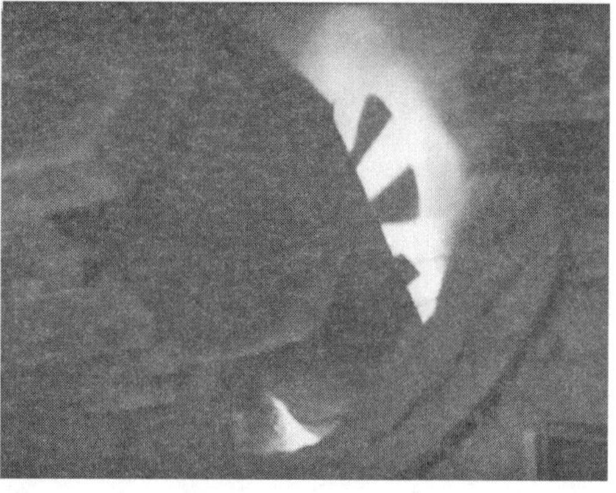

고철 장입

용선 장입

(7) 원료 사용량 계산

① 주원료의 배합

예시		
	- 전장입량: 110,000kg	- 용선량: 92,000kg
	- 황선량: 2,500kg	- 형선량: 5,000kg
	- 고선량: 2,000kg	- 고철량: 8,500kg

㈎ 용선 배합비를 아래와 같이 계산할 수 있다.

용선 배합비 = (용선 장입량/전장입량) × 100

$$\frac{92,000}{110,000} \times 100 \fallingdotseq 83.6(\%)$$

㈏ 냉선 배합비를 아래와 같이 계산할 수 있다.

냉선 배합비 = ((황선 + 형선 + 고선)/전장입량) × 100

$$\frac{9,500}{110,000} \times 100 \fallingdotseq 8.6(\%)$$

㈐ 고철 배합비를 아래와 같이 계산할 수 있다.

고철 배합비 = (고철 장입량/전장입량) × 100

$$\frac{8,500}{110,000} \times 100 \fallingdotseq 7.7(\%)$$

② 전로의 부원료의 배합

㈎ 사용량 예(kg/t)

생석회	석회석	경소 돌로마이트	형석	철광석	소결광 펠렛	스케일	강재 (slag)
42.9	3.1	12.3	1.6	31.8	1.5	6.5	1.9

(나) 석회석, 생돌로마이트, 경소돌로마이트를 사용할 경우는 다음과 같이 생석회 투입량을 결정한다.

생석회 투입량=생석회 필요량−석회석, 생돌로마이트, 경소돌로마이트 중 CaO량

단원 예상문제

1. **전로 정련작업에서 노체를 기울여 미리 평량한 고철과 용선의 장입방법은?**

① 사다리차로 장입 ② 지게차로 장입
③ 크레인으로 장입 ④ 정련작업자의 수작업

2. **LD전로에서 주원료 장입 시 용선보다 고철을 먼저 장입하는 주된 이유는?**

① 고철 사용량 증대 ② 노저 내화물 보호
③ 고철 중 불순물 신속 제거 ④ 고철 내 수분에 의한 폭발완화

3. **우천 시 고철에 수분이 있다고 판단되면 장입 후 출강측으로 느리게 1회만 경동시키는 이유는?**

① 습기를 제거하여 폭발방지를 위해 ② 불순물의 혼입을 방지하기 위해
③ 취련시간을 단축시키기 위해 ④ 양질의 강을 얻기 위해

4. **전로 정련 시 고철 장입량에 의한 폭발 발생에 대하여 설명한 것으로 가장 올바른 것은?**

① 캔 고철은 폭발로부터 안정한 고철이지만 불순원소 상승 때문에 사용이 제한된다.
② 고철 중 수분함량이 높은 경우 고온에서 급격한 수증기 발생으로 폭발이 가능하다.
③ 산화철은 폭발 가능성이 거의 없기 때문에 폭발이 우려되는 경우 산화철 사용을 증가시킨다.
④ 전로에서 HBI를 사용하는 경우 폭발을 방지하기 위해 가능한 슬래그로 코팅하는 것이 필요하다.

해설 고철 중 수분함량이 높은 경우에 폭발의 위험성이 있다.

5. **다음과 같은 경우에 선철 배합률(%)은 약 얼마인가?**
(용선 장입량: 280톤, 냉선 장입량: 10톤, 고철 장입량: 60톤)

① 80.4 ② 82.9
③ 85.5 ④ 89.0

해설 선철 배합률 $= \dfrac{\text{용선}+\text{냉선}}{\text{총장입량}} \times 100 = \dfrac{280+10}{280+10+60} \times 100 \fallingdotseq 82.9$

6. 염기도를 바르게 나타낸 식은?

① $\frac{CaO(\%)}{SiO_2(\%)}$ ② $\frac{SiO_2(\%)}{CaO(\%)}$

③ $SiO_2(\%) \times CaO(\%)$ ④ $SiO_2(\%) - CaO(\%)$

7. 슬래그의 염기도를 2로 조업하려고 한다. SiO_2가 20kg, Al_2O_3가 5kg이라면 $CaCO_3$는 약 몇 kg이 필요한가? (단, 염기도 $= CaO/SiO_2$, $CaCO_3$ 중 유효 CaO는 50%로 한다.)

① 40 ② 60 ③ 80 ④ 100

해설 염기도 $= \frac{CaO}{SiO_2} = \frac{CaO}{20} = 2$

$\therefore$ CaO=40kg

그런데 $CaCO_3$ 중 CaO가 50%이므로 $\therefore$ $CaCO_3$ = 80kg이 필요하다.

정답 1. ③ 2. ④ 3. ① 4. ② 5. ② 6. ① 7. ③

2-2 노내 열정산과 물질정산

(1) 열정산

열정산이란 어느 한 계(system)에 대한 입열량과 출열량의 동시 관계를 에너지 보존법칙에 따라 항목별 열량으로 산정한 것을 말한다.

① 열정산에서 고려할 사항(열정산에 필요한 입열과 출열 항목)

입열	출열
용선의 현열 C, Fe, Mn, P, S 등의 연소열 CO의 잠열 복염 생성열 Fe_3C의 분해열 고철, 매용제의 현열 순산소의 현열	용강의 현열 슬래그의 현열, 연진의 현열 밀 스케일, 철광석의 분해 흡수열 폐가스의 현열 폐가스 중의 CO의 잠열 석회석의 분해 흡수열 냉각수에 의한 손실열 기타 발산열

② LD전로의 열정산 특징

㈎ 입열이 모두 장입물(주로 용선)의 현열과 잠열로 이루어진다.

(나) 고철이 주원료인 동시에 냉각제 역할을 한다.

(다) 과잉열은 철광석, 석회석 등의 냉각제로 흡수된다.

(라) 출열 중에서 폐가스의 현열이 차지하는 비율이 크다.

(마) 폐가스 중의 CO가스를 회수하여 연료 가스로 사용한다.

③ 입열을 증가시켜주는 방법

(가) 출열의 약 1/2을 차지하는 폐가스 현열, 잠열 등을 이용하는 방법

(나) 코크스, Fe-Si 등의 발열제를 장입하는 방법

(다) 고철의 예열에 의하여 고철의 현열을 증가시키는 방법

(라) 랜스 노즐로부터 순산소와 동시에 연료를 분사하며 취련하는 방법

(2) 물질정산

① 물질정산: 하나의 정련 공정의 전 장입물, 전 산출물의 정확한 화학량론적 자료로부터 주요 원소(또는 화합물)의 수지 균형을 계산해내는 것을 말한다.

② 철정산

(가) LD전로의 입물질: 주원료, 부원료, 기타

(나) Fe 정산에 고려되는 물질: 밀 스케일, 철광석, 성분조정용으로 합금철이 있다.

(다) $\text{양괴 실수율} = \dfrac{\text{양괴량}}{\text{용선량} + \text{냉선량} + \text{고철량}} \times 100$

$\text{출강 실수율} = \dfrac{\text{출강량}}{\text{용선량} + \text{냉선량} + \text{고철량}} \times 100$

③ 실수율에 영향을 미치는 제강요인으로는 주원료, 노체형상, 강종 등이 있다.

(가) 주원료: 용선배합율이 증가하면 냉각제를 중량하게 되는데 산화철계 냉각제를 쓰면 실수율은 0.15% 증가한다.

(나) 부원료: 산화철계 부원료인 철광석, 밀 스케일 등을 1kg/t 중량하면 실수율이 약 0.05% 증가한다.

(다) 노체형상: 노체 비용적(m^3/장입 t)이 클수록 슬로핑이 감소하여 실수율이 증가하나 어느 값 이상에서는 일정하게 된다.

(라) 취련방법: 산소 함유량이 많아지면 실수율이 낮아지고, 랜스 높이가 높아지면 soft blow가 되어 슬래그 중 T · Fe가 증가하여 실수율이 낮아진다.

④ 필요 산소량 계산

(가) LD전로의 산소 정산에 있어 입물질로서는 랜스로부터 분출되는 순산소, 철광

석 및 밀 스케일 중의 산소 등이 함유되어 있다.

(나) 석회석이 노내의 분해 반응으로 생성되는 CO_2와 용선 중의 C와 산소와의 반응으로 발생되는 CO_2와의 구별이 안 되어 입물질로서 고려할 필요가 없다.

(다) 출물질에는 C, Si, Mn, P, S, Ti 등의 불순물 원소의 산화 생성물과 강재, Fe 분진 중의 FeO나 Fe_2O_3 등이 있다.

(라) 공급 산소의 70% 가까이는 C의 산화에 소비되고 나머지 30%가 Si, Mn, P, S, Ti 등의 산화에 소비된다.

(마) LD전로의 경우 폐가스 중의 손실산소가 매우 적기 때문에 공급되는 산소의 거의 대부분이 반응에 기여하므로 산화효율이 매우 높은 것이 특징이다.

(바) 산소사용량 계산

예상되는 산소사용량의 계산법은 다음 식에 의한다.

이번 Heat의 산소사용량(Nm^3/Ch)

= 비교 Heat 산소사용량×이번 Heat 선철사용량(T)/비교 Heat 선철사용량(T) + 고철보정량 + 용선성분보정량 + 종점 [C]보정량

단원 예상문제

1. LD전로의 열정산에서 출열에 해당하는 것은?

① 용선의 현열 ② 산소의 현열
③ 석회석 분해열 ④ 고철 및 플럭스의 현열

2. 다음 중 양괴 실수율을 나타내는 식으로 옳은 것은?

① $\dfrac{\text{용선량}+\text{냉선량}}{\text{양괴량}+\text{고철량}}\times 100$ ② $\dfrac{\text{양괴량}+\text{고철량}}{\text{양괴량}+\text{냉선량}}\times 100$

③ $\dfrac{\text{고철량}}{\text{용선량}+\text{냉선량}+\text{양괴량}}\times 100$ ④ $\dfrac{\text{양괴량}}{\text{용선량}+\text{냉선량}+\text{고철량}}\times 100$

3. 다음 사항에 대한 출강 실수율(%)은 약 얼마인가?(단, 용선: 290ton, 고철: 30ton, 냉선: 200kg, 출강용 강량: 300ton이다.)

① 83.7 ② 93.7
③ 100.7 ④ 110.7

해설 출강 실수율 $=\dfrac{\text{출강량}}{\text{용선량}+\text{고철량}+\text{냉선량}}\times 100=\dfrac{300}{290+30+0.2}\times 100 \fallingdotseq 93.7$

4. 출강량이 300톤이고 출강 실수율이 95%라면 전장입량(톤)은?

① 306 ② 316 ③ 326 ④ 336

해설 전장입량×실수율=출강량

$$전장입량=\frac{출강량}{실수율}=\frac{300}{0.95}\fallingdotseq 316$$

5. 다음의 경우 Fe–Mn의 투입량(kg)은 얼마가 되어야 하는가? (전장입량: 100톤, 출강 실수율: 97%, 목표[Mn]: 0.45%, 종점[Mn]: 0.20%, Fe–Mn중 Mn 함유율: 80%, Mn 실수율: 85%)

① 약 357 ② 약 386 ③ 약 539 ④ 약 713

해설 $$계산식=\frac{(전장입량\times 출강실수율)\times(목표함량-종점함량)}{(Fe-Mn중\ Mn\ 함유율)\times(Mn실수율)}$$

$$=\frac{100톤\times 0.97\times(0.0045-0.002)}{0.8\times 0.85}\fallingdotseq 0.3566톤\fallingdotseq 357kg$$

6. LD전로 조업 시 용선 90톤, 고철 30톤, 냉선 3톤을 장입했을 때 출강량이 115톤이었다면 출강 실수율(%)은 약 얼마인가?

① 80.6 ② 83.5 ③ 93.5 ④ 96.6

해설 $$\frac{출강량}{용선량+고철량+냉선량}\times 100=\frac{115}{(90+30+3)}\times 100\fallingdotseq 93.5$$

7. 출강 중 합금철 투입 시 출강량이 140ton이고, 용강 중에 Mn이 없다고 판단될 때, 목표 Mn이 0.25%라면 Mn의 투입량(kg)은?

① 350 ② 450 ③ 490 ④ 520

해설 투입량=출강량×합금성분=140,000kg×0.0025=350kg

8. 비열이 0.6kcal/kgf·℃인 물질 100g을 25℃에서 225℃까지 높이는데 필요한 열량(kcal)은?

① 10 ② 12 ③ 14 ④ 16

해설 열량=온도차×비열=(225−25)×0.06=12

9. 고체 및 액체 연료 발열량의 단위는?

① kcal/kg ② kcal/cm ③ cal/m^3 ④ cal/l

정답 1. ③ 2. ④ 3. ② 4. ② 5. ① 6. ③ 7. ① 8. ② 9. ①

2-3 산소 취련

1 산소 취련과 부원료 투입

① 주원료인 용선, 고철의 장입 후 노체를 바로 세우고 랜스를 내리면서 산소를 취입하는 동시에 부원료인 밀 스케일 또는 철광석 등의 매용제를 첨가한다.

② 밀 스케일, 철광석은 조재제로서 후에 첨가하는 생석회의 조기재화를 촉진하는 작용을 한다.

③ 랜스가 조성의 위치까지 강화하여 산소가 일정한 압력으로 분사되면 착화 하에 취련을 개시한다.

④ 착화를 확인한 후 생석회, 철광석, 형석 등을 차례로 투입한다.

(1) 취련 순서

고철, 용선 장입 후 노체 직립→랜스 하강→취련 개시→부원료 투입→취련 끝→랜스 상승→노체 경동→시료채취 및 온도측정→(재취련)→출강→슬래그 배재

(2) 부원료의 기능

① 생석회의 첨가량은 용선(Si), 용선량, 제조강종 등을 고려하여 결정한다.

② 강재의 염기도는 3.5~4.5가 되도록 첨가한다.

$$\text{염기도} = \frac{\text{슬래그 중 CaO 중량}}{\text{슬래그 중 } SiO_2 \text{ 중량}}$$

③ 원단위로서는 40~60kg/t 정도이다.

④ 생석회는 탈인, 탈황의 작용을 한다. 생석회 자체는 고융점이나 용선 중의 Si가 산화하여 생긴 SiO_2, 매용제로서의 밀 스케일, 철광석과 반응하여 저융점의 용제가 된다.

⑤ 생석회의 구비 조건

㈎ 연소되어 반응성이 양호할 것

㈏ 입자의 크기는 5~35mm 정도일 것

㈐ 가루가 적고 운반 중 부서지지 말 것

㈑ 수송, 저장 중 풍화현상이 적을 것

㈒ P, S, SiO_2 등의 불순물이 적을 것

⑥ CaO원으로서 돌로마이트는 동시에 MgO가 노체연와 보호의 역할을 한다.

⑦ 철광석의 역할

㈎ 냉각제로서의 역할을 한다.

㈏ 노내의 산화반응의 산소공급원이다.

㈐ 환원되어 철(Fe)이 되므로 제품 용강의 일부가 된다.

⑧ 형석의 역할

㈎ 취련 개시 및 취련 도중에 슬래그의 유동성 및 반응성을 향상시킨다.

㈏ 노체 연와를 용손하므로 최근 경소 돌로마이트나 기타 대체 매용제를 사용하여 형석량을 감소시킨다.

⑨ 형석의 주성분은 CaF_2이며 불순물로서 SiO_2, Fe_2O_3, $CaCO_3$, Al_2O_3 및 미량의 P, S를 함유한다.

⑩ 형석의 용해온도는 930℃ 정도이며 염기성 슬래그의 유동성을 좋게 한다.

⑪ 백운석

㈎ 백운석은 $CaCO_3$, $MgCO_3$의 화학식으로 나타내며 제강 전로 클링커(clinker) 용으로도 쓰이나 최근에는 전로용 조재제로 생 돌로마이트 및 연소 돌로마이트가 많이 사용된다.

㈏ 염기성 강재를 만들거나 노내 연와 용손을 줄이기 위하여 사용한다.

2 노내 상황에 따른 산소 취련

(1) 산소의 유량과 기능

① 랜스의 높이: 랜스의 선단으로부터 강욕면까지의 거리(1～3m)

② 산소의 압력(취련압력): 6～12kg/cm^2

③ 전로의 특징

㈎ 랜스 선단의 노즐로부터 분사된 고순도, 고속의 산소제트류에 있다.

㈏ 산소의 순도: 99.5%

㈐ 제트의 유속: 수백 m/sec

㈑ 정련반응: 높은 에너지를 가지는 산소제트가 강욕면에 충돌하여 강욕에의 급속한 산소의 공급과 강욕의 심한 교반이 일어나 정련반응이 진행된다.

④ 산소제트의 영향

㈎ 산소제트의 거동은 분사 산소유량, 취련 압력, 노즐의 지름, 노즐의 개공각도, 노즐의 형상 및 랜스의 높이에 따라 정해진다.

(나) 산소유량(QNm^3/h)과 취련 압력(Pkg/cm^2), 노즐의 단면적(Scm^2) 사이에서 나타나는 식

$Q = \theta_T \times S \times P$($T=300K$에서 $\theta_T \fallingdotseq 1.06$)

(다) 산소유량은 강욕의 산소공급속도이므로 이 크기에 따라 산화반응속도가 정해지고, 취련 소요시간(보통 20분)이 결정된다.

(라) 노즐로부터 충돌압력은 중심에서 최고값이고, 랜스의 높이가 높아지면 그 값은 작아진다.

(마) 화점(fire point, hot spot): 전로에 취입된 산소제트는 강욕 표면에 충돌하여 급격하게 반응하고 국부적으로 고온의 영역이 생기는 현상이다.

(바) 전로의 취정을 위한 O_2가스의 필요량은 산화 제거하는 무게와 그 산화 반응식을 정하면 계산할 수 있다.

소요산소량 및 산화생성물량의 계산 예(용선 100kg에 대하여)

원소	취련전 (%)	취련후 (%)	산화되는 원소의 양		소요산소량(kg)	산화생성물량(kg)
			산화물 조성	kg		
C	4.2	0.05	CO(90%) CO_2(10%)	3.74 0.41	3.74×16/12.01=4.98 0.41×32/12.01=1.09	3.74×28.01/12.01=8.72 0.41×44.01/12.01=1.50
Si	0.6	tr	SiO_2	0.60	0.60×32/28.06=0.68	0.60×60.06/28.06=1.28
Mn	1.2	0.10	MnO	1.10	1.10×16/54.93=0.32	1.10×70.93/54.93=1.42
P	0.3	0.04	P_2O_5	0.26	0.26×40/30.98=0.34	0.26×70.98/30.98=0.60
Fe	3% 산화		FeO O(70%) Fe_2O_3 O(30%)	2.10 0.90	2.10×16/55.84=0.60 0.90×24/55.84=0.37	2.10×71.84/55.84=2.70 0.90×79.84/55.84=1.29
합계			9.11		8.38	

(2) 노즐로부터 분사된 산소제트의 충돌에너지의 분포 상태

① 랜스 노즐에서 분사된 산소제트의 모양: 산소제트는 주위의 기체를 흡수하여 부피를 늘리면서 넓어지면서 강욕으로 향한다.

② 랜스 높이의 산소 충돌 압력

③ 분사된 산소제트에 의한 강욕 충돌면의 변화와 흐름

(가) 랜스 높이가 높거나 취입 압력이 낮을 경우 제트가 닿는 면은 커지나 용탕이

凹자로 패이는 깊이는 얕아진다.

(나) 랜스의 높이나 취입 압력뿐만 아니라 노즐의 구멍 수, 구멍 경사각도에 따라 불순물 원소의 산화속도에 영향을 준다.

(다) 제트 유속이 일정 속도 이상이 되면 강욕면의 패인 부분의 크기, 깊이는 변화가 없이 스플래시(splash)가 발생한다.

– 산소제트 조건은 탈탄반응을 중심으로 강욕 산화반응에 영향을 준다.

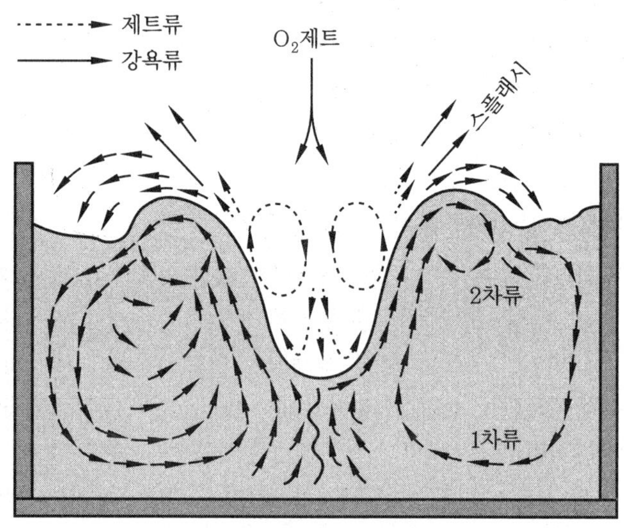

제트 충돌면의 강욕의 운동

(3) 스피팅(spitting) 현상 및 슬로핑(slopping) 현상

① 스피팅 현상(spitting)

(가) 산소제트에 의해 미세한 철 입자가 노구로부터 비산하는 현상

(나) 스피팅의 응급대책으로 형석 등의 매용제를 투입하여 속히 강재를 형성한다.

② 슬로핑(slopping) 현상: 강욕 중 C의 연소가 활발해지고 노구로부터의 화염도가 높은 갈백색을 띠며 용재 및 용강의 노외로 분출하는 현상

(가) 대책: 취련 중 탈탄속도(C의 연소)가 과대하게 되는 것을 방지하고, 이 시기의 용재 상황을 조정한다.

(나) 방법: 취련 초기 산소 압력을 증가시킨다. 강욕 온도의 상승 등으로 초기의 탈탄속도를 증가시킨다. 취련 중기에 석회석, 형석 등을 투입하여 이 시기의 탈탄속도, 용재 상황 등을 조정한다.

③ 베렌(baren)

㈎ 용강이나 용재가 노외로 비산하지 않고 노구 근방에 도우넛형으로 쌓이는 현상

㈏ 베렌 제거 방법으로는 다공노즐을 사용한다.

단원 예상문제

1. 다음 중 전로작업의 일반적인 작업순서로 옳은 것은?

① 출강작업→취련작업→장입작업→배재작업
② 출강작업→배재작업→취련작업→장입작업
③ 장입작업→취련작업→출강작업→배재작업
④ 장입작업→출강작업→배재작업→취련작업

2. 전로조업의 공정을 순서대로 옳게 나열한 것은?

① 원료장입→취련(정련)→출강→온도측정(시료채취)→슬래그 제거(배재)
② 원료장입→온도측정(시료채취)→출강→취련(정련)→슬래그 제거(배재)
③ 원료장입→취련(정련)→온도측정(시료채취)→출강→슬래그 제거(배재)
④ 원료장입→취련(정련)→슬래그 제거(배재)→출강→온도측정(시료채취)

3. 다음의 부원료 중 전로 내화물의 용출을 억제하기 위하여 사용되는 부원료는?

① 생석회(CaO) ② 백운석(MgO) ③ HBI ④ 철광석

해설 백운석(MgO): 내화물의 용출을 억제하기 위하여 사용되는 부원료

4. 제강설비 수리작업 시 일반적인 가연성 가스 허용농도 기준으로 옳은 것은?

① 폭발 하한계의 1/2 이하 ② 폭발 하한계의 1/3 이하
③ 폭발 하한계의 1/4 이하 ④ 폭발 하한계의 1/5 이하

5. Si가 0.71%의 용선 80톤과 고철을 전로에 장입 취련하면 몇 kg의 SiO_2가 발생하는가? (단, 취련 종료 시 용강 중 Si는 0.01%가 남아 있고, 화학반응식은 $Si+O_2 \rightarrow SiO_2$를 이용하여 Si의 원자량은 28, O의 원자량은 16이다.)

① 1500 ② 1200 ③ 560 ④ 140

해설 SiO_2가 되는 Si=용선 중 Si%−용강 중 Si%=0.71−0.01=0.7%

Si량=용선량×Si%=$80000 \times \frac{0.7}{100} = 560$kg

Si는 산소와 반응하여 SiO_2로 될 때 원자비는 28 : 60이다.

∴ 28 : 60=560 : x에서 $x = \frac{60 \times 560}{28} = 1200$kg

6. 용선 100kg 중 Si 함량이 0.5%라 한다. LD전로에서 제강한 결과 Si 전량이 산화제거 된다면 Si산화에 필요한 산소량은 약 몇 kg인가? (단, Si 원자량은 28로 계산)

① 0.47 ② 0.57 ③ 0.67 ④ 0.77

해설 산소사용량=규소량$\times\frac{\text{산소원자량}}{\text{규소원자량}}=0.5\times\frac{32}{28}\fallingdotseq 0.57$

왜냐하면 규소량 : 산소량=규소원자량 : 산소원자량 따라서 이 비율에 따라 계산을 하면 됨
* 산소원자량은 16이지만 산소는 O_2로 존재하므로 32로 계산한다.

7. 용선 사용량이 80톤, 고철 사용량이 20톤, 용선 중 Si의 양이 0.5%이었다면 Si와 이론적으로 반응하는 산소의 양은 약 몇 kg인가? (단, O_2의 분자량은 32, Si의 원자량은 28이다.)

① 157 ② 257 ③ 357 ④ 457

해설 산소사용량=규소량$\times\frac{\text{산소원자량}}{\text{규소원자량}}\times$용선량$=0.005\times\frac{32}{28}\times 80,000\fallingdotseq 457\text{kg}$

8. 탄소 6kg을 완전 연소시키는데 필요한 산소는 몇 kg인가?

① 6 ② 12 ③ 16 ④ 24

해설 산소량=탄소량$\times\frac{\text{산소원자량}}{\text{탄소원자량}}=6\times\frac{32}{12}=16$

9. 순산소 320kg을 얻으려면 약 몇 Nm^3의 공기가 필요한가? (단, 공기 중의 산소의 함량은 21%이다.)

① 1005 ② 1067 ③ 1134 ④ 1350

해설 공기량$=\frac{\text{산소량}}{0.21}=\frac{320}{0.21}=1523.8\text{kg}$

무게비를 부피비로 바꾸면 산소원자 32는 부피로 22.4l이다.

$\therefore\ 32 : 22.4=1523.8 : x,\ x=\frac{22.4\times 1523.8}{32}\fallingdotseq 1067\text{Nm}^3$

10. 용선 중에 Si가 300kg일 때, Si와 결합하는 이론적인 산소량(kg)은? (단, Si 원자량: 28, 산소 원자량: 16)

① 171.4 ② 262.5 ③ 342.9 ④ 462.9

11. 취련 초기 미세한 철입자가 노구로 비산하는 현상은?

① 스피팅(spitting) ② 슬로핑(slopping)
③ 포밍(foaming) ④ 행깅(hanging)

12. 전로제강법에서 일어나는 스피팅(spitting)이란?

① 강재 및 용강을 형성하는 현상이다.
② 노내의 과수분과 가스의 불균형 폭발현상이다.
③ 산소 제트(jet)에 의해 철 입자가 노외로 분출하는 현상이다.
④ 석회석과 이산화탄소의 분해시 생긴 이산화탄소의 비등 현상이다.

13. LD전로에서 슬로핑(slopping)이란?

① 취련압력을 낮추거나 랜스 높이를 높게 하는 현상
② 취련 증가에 용재 및 용강이 노외로 분출되는 현상
③ 취련 초기 산소에 의해 미세한 철 입자가 비산하는 현상
④ 용강 용재가 노외로 비산하지 않고 노구 근방에 도우넛 모양으로 쌓이는 현상

14. 슬로핑(slopping)이 생성될 때 초기 대책으로 옳은 것은?

① 산소 압력을 감소시킨다.
② 강욕의 온도를 저하시킨다.
③ 탈탄속도를 감소시킨다.
④ 석회석, 형석 등을 투입하여 용재 상황을 조정한다.

15. 전로 취련작업 시 발생하는 슬로핑(slopping)을 억제하기 위한 대책으로 적절한 것은?

① 철광석 등의 부원료 투입량을 최대로 한다.
② 산소 공급속도를 감소시키고, 랜스의 높이를 탕면으로부터 낮게 유지한다.
③ 용선 중 규소(Si) 함량을 높게 관리하여 슬래그 양을 크게 한다.
④ 노용/장입량의 값이 작은 노를 선택하여 취련한다.

16. 슬로핑(slopping)이 발생하는 원인이 아닌 것은?

① 용선 배합율이 낮은 경우
② 노내 슬래그의 혼입이 많은 경우
③ 슬래그 배재를 충분히 하지 않은 경우
④ 노내 용적에 비해 장입량이 과다한 경우

해설 용선 배합율이 높은 경우

17. 용강이나 용재가 노 밖으로 비산하지 않고 노구 부근에 도넛형으로 쌓이는 것을 무엇이라 하는가?

① 포밍
② 베렌
③ 스피팅
④ 라인 보일링

18. 순산소 상취전로 제강법에서 슬로핑(slopping)이 일어나기 쉬운 경우에 맞지 않는 것은?

① 노내 용적에 비해 장입량이 많을 경우　② 고철 배합율이 높을 경우
③ 형석을 다량 취련 초기에 투입한 경우　④ 배재를 충분히 하지 않은 경우

해설 노내 용적에 비해 장입량이 적을 경우

정답 1. ③ 2. ③ 3. ② 4. ③ 5. ② 6. ② 7. ④ 8. ③ 9. ② 10. ③ 11. ① 12. ③ 13. ② 14. ④ 15. ② 16. ① 17. ② 18. ①

3 취련 종점(end point) 판정

① 취련 말기가 되면 탈탄반응이 약해지고 불꽃은 짧고 투명해진다.

② 종료점은 불꽃의 현상, 산소 취입량, 취련시간 등을 종합하여 결정한다.

③ 종점 판정에 필요한 불꽃 상황을 변동시키는 요인

(가) 노체 사용횟수

(나) 취련 패턴

(다) 랜스 사용횟수

④ 소정의 종점목표(C) 및 온도에 달했다고 판정되면 랜스를 올리고 산소의 취입을 끝낸 다음 노의 앞쪽(deck)으로 기울여 시료를 채취하고 용강 온도를 측정한다.

⑤ 강욕온도 추측 방법

(가) 화염의 관찰이나 산소의 적산사용량

(나) 취련시간 등에 의해서 강욕 중의 C량

(다) 강욕온도: 1580～1650℃

(라) 샘플 채취 시 용강의 비산에 주의한다.

⑥ 승온 취련, 냉각 조치 등의 보충작업을 실시한다.

⑦ 재취련(reblow): 시험 결과가 목표에 맞지 않으면 재취련한다.

(가) 종점온도가 목표온도보다 낮을 때 또는 종점 C가 목표값보다 높을 때에는 다시 노를 세워 취련하여 온도를 상승시키거나 탈탄하는 작업이다.

(나) C의 저하 목적: 고압력의 산소로 취련한다.(탄소량과 산소는 반비례 관계)

(다) 종점 온도가 높을 때: 고철을 투입하여 강욕을 냉각시킨다.

4 노내 반응

(1) 노내 정련 반응의 개요

전로 내에서는 초음속으로 취입된 산소제트와 용선과의 계면에서 가스-메탈 반응과 생성한 슬래그와 용선과의 계면에서 슬래그-메탈 반응에 따라 C, Si, Mn, P, S 등의 원소가 용선으로부터 제거됨과 동시에 일부의 Fe가 산화된다. 이들의 반응에 의해 강욕은 교반되고 승온한다. 또한 고체 상태로 투입된 생석회와 철광석은 승온과 함께 용해되어 슬래그를 형성하며, 고철도 승온에 따라 용해하여 강욕의 일부로 된다.

(2) 용강의 성질

- 용질의 원자반경이 Fe보다 현저하게 작으면 침입형, 비슷할 때는 치환형이다.
- 침입형 원소: H, O, C, N, 치환형 원소: Ni, Cu, Si, Mn, P, S

(3) 상취전로법에서의 노내 반응

- 전로에서의 노내 반응은 랜스 노즐로부터 공급되는 산소제트에 의하여 진행된다.
- 고순도, 고에너지의 기체 산소류는 화점(fire point)에서 순간적으로 강욕에 흡수되어 산화반응의 구동력으로서 강욕 중의 O(산소)가 된다.
- FeO는 강재-강욕 간에 반응을 중심으로 하는데 비하여 주요한 노내 반응은 가스-용강 간의 반응이며 비교적 단순하다.

O_2(공기) $\rightarrow$ 2O

$Si+2O \rightleftarrows (SiO_2)$

$Mn+O \rightleftarrows MnO$

$C+O \rightarrow CO$

$CO(gas)+O \rightarrow CO_2$

$2CO+O_2$(공기) $\rightarrow 2CO_2$

$Fe+O \rightleftarrows (FeO)$

N_2(공기) $\rightarrow$ 2N

$(FeO)+(SiO_2)=(FeOSiO_2)$

$(MnO)+(SiO_2)=(MnOSiO_2)$

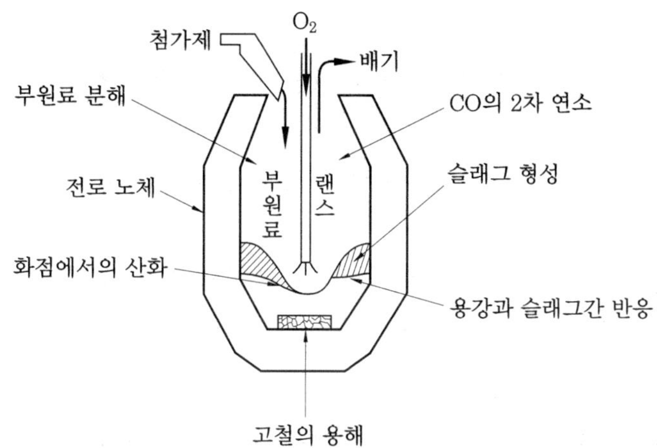

전로 내의 반응 개요

① C의 반응

㈎ 강욕 중의 C는 화점에서 생성된 강욕 중의 O와 반응하고 생성된 CO는 노구로부터 배출된다.

$$C+O \rightarrow CO$$

㈏ 실제 노내에서의 반응속도는 전, 중, 후기의 3단계로 구분한다.

㉠ 전기: 강욕 중의 Si가 아직 높고, 강욕 온도가 낮아서 탈탄반응이 억제된다.

㉡ 중기: 강욕 온도가 상승하여 화점에서의 C의 도달속도가 충분히 커서 공급되는 산소가 거의 100% 탈탄에 소비되고, 공급 산소량에 따라서 최고탈탄속도가 계속되는 시기이다.

㉢ 후기: 탈탄이 진행하여 O 농도가 낮아져서 C의 화점에의 도달속도가 반응의 율속(rate control)이 되어 탈탄속도가 저하된다.

㈐ 탈탄반응의 촉진 조건: 탈탄반응을 촉진하려면 강욕의 강한 교반이 필요하다.

㉠ 온도가 높을 것

㉡ 용재의 유동성이 좋을 것

㉢ 산성강재보다 염기성강재에 유리함

㉣ FeO가 많을수록 유리함

㈑ 취련압력이 낮으면 산소 랜스로부터의 산소제트의 충돌에너지가 작아 강욕의 교반상태가 약화된다.

㈒ 취련압력이 높은 경우는 강욕의 교반상태가 좋아서 C, O의 반응에 의한 강욕의 탈산이 잘 진행하기 때문에 O는 감소한다.

② Si의 반응

㈎ 강욕 중의 Si는 취련 초기에 급속히 산화하여 SiO_2가 되어 용재 중으로 들어간다.

$$Si+2O \rightleftarrows (SiO_2)$$

㈏ 노내에 첨가된 생석회의 재화는 이 SiO_2 및 밀 스케일 등의 매용제에 의하여 진행된다.

㈐ 생석회의 재화는 취련 초기에는 빠르고 중기의 탈탄이 활발한 시기에는 늦고, 말기에 이르면 강재 중(T-Fe)의 증가와 더불어 다시 빨라진다.

③ Mn의 반응

㈎ 전로 내에서 Mn, P의 산화반응은 강욕 중 O와의 반응보다는 강재 중의 FeO의 반응을 고려한다.

$$Mn+FeO \rightleftarrows MnO+Fe$$

㈏ 취련중의 강욕 Mn은 강재 중 FeO의 변화에 따라 변한다.

④ P의 반응

㈎ 강욕 중 P은 강재 중 FeO에 의하여 산화되어 P_2O_5로 되고 강재 중의 CaO와 결합해서 안정한 인산석회($4CaO \cdot P_2O_5$)가 되어 강재 중에 들어간다.

$$2P+4CaO+5FeO=CaO_4 \cdot P_2O_5+5Fe$$

㈏ 강재 중 T-Fe와 탈인 사이에는 강재의 산화력이 클수록 탈인이 잘 진행된다.

㈐ 탈인반응의 조건

㉠ 강재 중 CaO가 많을 것(강재의 염기도가 높을 때)

㉡ 강재 중 FeO가 많을 것(산화력이 클 때)

㉢ 강욕의 온도가 낮을 것

㉣ 강재 중 P_2O_5분이 낮을 것, 즉 P_2O_5/P의 값이 작으면 2중 강재법(double slag법)에서와 같이 P는 강재로 확산하여 탈인이 잘 된다.

㉤ 강재의 유동성이 좋을 것, 즉 형석을 넣는 등 유동성이 좋아지면 탈인반응은 촉진된다.

⑤ S의 반응

㈎ 강재의 염기도를 크게 함과 동시에 강재의 산화도를 낮게 하는 것이 필요하다.

$$CaO+FeS=CaS+FeO$$

㈏ 취련중의 강욕 중 S의 변화는 탈황이 취련 말기의 수분간에 급속히 진행되는 것이 산소 전로의 큰 특징이다.

㉠ 염기도의 상승에 따른 강재의 탈황이 진행된다.

㉡ 강욕의 온도가 상승한다.

㉢ 강재 중 FeO의 상승에 따른 기화 탈황의 진행 결과이다.

㉣ 기화 탈황이 전 탈황에 차지하는 비율은 40% 정도이다.

㈐ 탈황을 촉진하는 방법

㉠ 고염기도의 강재를 형성한다.

㉡ 석회의 재화를 촉진하기 위하여 소프트 블로우하여 T-Fe를 증가시킨다.

㉢ 강재의 유동성을 높여서 탈황속도를 촉진하기 위하여 형석을 증량한다.

㉣ 황 흡수능력을 높이기 위하여 강재량은 증가시킨다.

㈑ 탈황 방법

㉠ 가스에 의한 탈황

㉡ 황의 함량을 높이는 방법

㉢ 황과 결합하는 원소를 첨가하는 방법

㉣ 슬래그-메탈 반응에 의한 방법

㈒ 탈황조건

㉠ 용재의 염기도와 강욕 온도를 높인다.

㉡ 용강 중의 O는 산소전로에서 많은 편이 기화탈황에 유리하나 전기로, 평로에서는 O가 낮은 편이 좋다.

㉢ S의 활량을 높이는 C, Si 등이 용철 중에 있는 편이 탈황에 유리하다.

㉣ S와 친화력이 강한 Ca, Mg 등의 원소를 용강에 첨가한다.

㉤ 강재의 유동성이 좋고 강재량이 많은 편이 좋으며, 용강이 교반되면 더욱 효과적이다.

㈓ 용선 중 S함량이 높았을 때의 현상: 고철 소비량 증가, 강재량 감소, 산소 소비량 증가, 내화재 침식 발생

⑥ N의 거동

㈎ 전로의 탈질은 강욕에서 발생하는 CO가스 기포에의 N의 확산, 배출현상으로 알 수 있다.

㈏ 탈탄속도가 클수록 탈질은 촉진된다.

㈐ 취련 말기에 탈탄속도가 늦어지면 노내에 공기가 침입하여 강중 N이 상승한다.

• 이유는 노내의 N_2분압이 공기 중의 N_2의 침입에 의하여 높아져서 N에 대한 진공정련을 할 수 없기 때문이다.

⑦ H의 거동

㈎ 강중의 H는 석회의 수분량이 주요 수소원이다.

㈏ 대기 중의 수분량도 종점 H에 영향을 준다.

㈐ 취련 중에 대부분의 수소는 기상으로 제거된다.

단원 예상문제

1. 순산소 상취전로의 조업 시 취련종점의 결정은 무엇이 가장 적합한가?

① 비등현상 ② 불꽃상황

③ 노체 경동 ④ 슬래그 형성

해설 취련종점의 결정: 불꽃상황

2. 전로 취련 종료 시 종점 판정의 실시기준으로 적당하지 않은 것은?

① 취련시간 ② 불꽃의 형상

③ 산소 사용량 ④ 부원료 사용량

3. 제강작업 시 종점에서의 강중 산소량과 탄소량의 관계는?

① 서로 비례관계에 있다.

② 서로 반비례관계에 있다.

③ 일정범위까지는 비례하나 그 이후는 반비례한다.

④ 일정치 않다.

해설 종점에서의 강중 산소량과 탄소량의 관계는 서로 반비례관계에 있다.

4. LD전로 취련시 종점 판정에 필요한 불꽃상황을 반응시키는 요인이 아닌 것은?

① 노체 사용횟수 ② 취련 패턴

③ 랜스 사용횟수 ④ 출강구 상태

5. 용강의 성분을 알아보기 위해 샘플 채취시 가장 주의하여야 할 것은?

① 실족 추락에 주의 ② 용강류 비산에 주의

③ 낙하물에 의한 주의 ④ 누전에 의한 감전 주의

6. 전로의 노내 반응은?

① 환원반응 ② 배소반응

③ 산화반응 ④ 황화반응

7. 용강 속의 원소 중 물질의 원자반경이 Fe보다 작은 침입형인 것은?

① H ② P ③ S ④ Cu

해설 침입형 원소: H, O, C, B, N

8. 제강 반응 중 탈탄속도를 빠르게 하는 경우가 아닌 것은?

① 온도가 높을수록
② 철광석 투입량이 적을수록
③ 용재의 유동성이 좋을수록
④ 산성강재보다 염기성강재에 FeO가 많을수록 유리

해설 철광석 투입량이 많을수록 탈탄속도를 빠르게 한다.

9. 노내 반응에 근거한 LD전로의 특징과 관계가 적은 것은?

① Metal-slag교반이 심하고, 탈C, 탈P 반응이 거의 동시에 진행된다.
② 산화반응에 의한 발열로 정련온도를 충분히 유지한다.
③ 강력한 교반에 의하여 강중 가스 함유량이 증가한다.
④ 공급 산소의 반응효율이 높고 탈탄반응이 빠르게 진행된다.

해설 강력한 교반에 의하여 강중 가스 함유량이 감소한다.

10. LD전로 조업에서 탈탄속도가 점차 감소하는 시기에서의 산소 취입 방법은?

① 산소 취입 중지 ② 산소제트 압력을 점차 감소
③ 산소제트 압력을 점차 증가 ④ 산소제트 유량을 점차 증가

11. LD전로에서 일어나는 반응 중 [보기]와 같은 반응은?

| 보기 |

$C+FeO \rightarrow Fe+CO(g)$

$CO+\frac{1}{2}O_2 \rightarrow CO_2(g)$

① 탈탄반응 ② 탈황반응
③ 탈인반응 ④ 탈규소반응

12. 전로 내에서 산소와 반응하여 가장 먼저 제거되는 것은?

① S ② P ③ Si ④ Mn

13. **전로의 노내 반응 중 틀린 것은?**

① $Si+O_2 \rightarrow SiO_2$
② $2P+\frac{5}{2}O_2 \rightarrow P_2O_5$
③ $C+O \rightarrow CO$
④ $Si+S \rightarrow SiS$

해설 Si와 S의 반응을 하지 않는다.

14. **노내 반응에 근거하는 LD전로의 특징을 설명한 것 중 틀린 것은?**

① 메탈-슬래그의 교반이 일어나지 않으며, 취련 초기에 탈인반응과 탈탄반응이 활발하게 동시에 일어난다.
② 취련 말기에 용강 탄소농도의 저하와 함께 탈탄속도가 저하하므로 목표 탄소농도 적중이 용이하다.
③ 산화반응에 의한 발열로 정련온도를 충분히 유지가능하며, 스크랩도 용해된다.
④ 공급산소의 반응효율이 높고, 탈탄반응이 극히 빠르게 진행하고 정련시간이 짧다.

해설 탈인과 탈황이 취련 말기의 수분 간에 급속히 진행된다.

15. **제강에서 탈황시키는 방법으로 틀린 것은?**

① 가스에 의한 방법
② 슬래그에 의한 결합방법
③ 황과 결합하는 원소를 첨가하는 방법
④ 황의 함량을 감소시키는 방법

해설 탈황 방법에는 가스에 의한 방법, 슬래그에 의한 결합방법, 황과 결합하는 원소를 첨가하는 방법, 황의 함량을 높이는 방법이 있다.

16. **LD 전로용 용선 중 S함유량이 높았을 때의 현상과 관련이 없는 것은?**

① 강재량이 떨어진다.
② 고철 소비량이 줄어든다.
③ 산소 소비량이 증가한다.
④ 내화재의 침식이 심하다.

해설 S함유량이 높았을 때: 강재량 감소, 산소 소비량 증가, 내화재 침식 발생, 고철소비량 증가

17. **LD전로의 노내 반응 중 저질소강을 제조하기 위한 관리항목에 대한 설명 중 틀린 것은?**

① 용선 배합비(HMR)를 올린다.
② 탈탄속도를 높이고 종점 [C]를 가능한 높게 취련한다.
③ 용선 중의 티타늄 함유율을 높이고, 용선 중의 질소를 낮춘다.
④ 취련 말기 노 안으로 가능한 한 공기를 유입시키고, 재취련을 실시한다.

정답 1. ② 2. ④ 3. ② 4. ④ 5. ② 6. ③ 7. ① 8. ② 9. ③ 10. ② 11. ① 12. ③ 13. ④ 14. ① 15. ④ 16. ② 17. ④

2-4 출강

(1) 합금철, 탈산제

① 합금철, 탈산제의 역할: 용강에 첨가되어 강의 물성을 결정하는 중요한 역할을 한다.

② 첨가 시기에 따른 분류

㈎ Cu, Ni, Mn과 같이 취련 전에 장입하여 취련 중에 용해, 균일화를 도모하는 것

㈏ 취련종료 후 전로 내에 첨가하여 강욕의 예비탈산을 하는 것

㈐ 용탕을 받기 전에 레이들에 미리 첨가하여 놓는 것

㈑ 출강 중에 레이들 내에 첨가하는 것

③ 합금철, 탈산제가 갖추어야 할 조건

㈎ 회수율이 좋을 것

㈏ 불순물이 적을 것

㈐ 탈산 생성물의 분리가 좋을 것

㈑ 값이 저렴할 것

④ 합금 탈산제의 용도

㈎ Fe-Mn(H.C)

㉠ 보통 탈산제로 이용되며 용강 중에 첨가한다.

$FeO + Mn \rightarrow MnO + Fe$

㉡ 강의 조직을 미세하게 하고 항장력이나 기계적 성질을 양호하게 한다.

㉢ 탈산 외에 S와 결합하여 탈황작용도 한다.

$Fes + Mn \rightarrow MnS + Fe$

㉣ 일반적으로 출강 시 레이들에 투입하지만 대량으로 사용하는 경우에는 일부를 노내에 투입한다.

㈏ Fe-Si

㉠ 규소의 탈산력은 Mn의 5배에 해당되며 Si 75~80%의 고 Fe-Si를 사용한다.

$2FeO + Si \rightarrow SiO_2 + 2Fe$

㉡ 소량으로 큰 탈산 효과가 있으며 림드강에는 쓰이지 않는다.

㉢ 로 또는 레이들 중의 예비 탈산에 사용되며 고 규소철은 주로 용강 중의 규소 첨가에 사용된다.

(다) Si−Mn

㉠ 용강 중의 Si 및 Mn 조정 및 탈산제로 이용

㉡ 출강까지의 시간 단축과 비금속물질의 감소를 기대하며 용융점은 1,135℃ 이하이다.

(라) Fe−Cr

㉠ 합금 원소로서의 Cr 첨가용

㉡ 대량으로 사용하면 용강 온도가 저하하지 않지만 발열제를 첨가하면 발열하는 Fe−Cr도 있다.

(마) Ca−Si

㉠ Ca은 탈산력이 강하며 S와도 결합하기 쉬워서 탈산, 탈황을 겸한다.

㉡ 용융점은 1,110℃ 이하이며 출강 전 또는 레이들에 첨가한다.

(바) Al

㉠ 탈산력이 강하며 규소의 약 17배, Mn의 90배에 이른다.

㉡ 적당량을 첨가하면 결정입자를 약 미세화하고 또한 균일화한다.

$$3FeO + 2Al \rightarrow 3Fe + Al_2O_3$$

㉢ 여분의 Al이 강중에 남아 있으면 강이 메지게 되므로 사용할 때 최소한으로 한다.

㉣ Al−잉고트: 출강 시 레이들 내 탈산 조정

Al−숏: 조괴 주입 시 탈산 조정

Al−바아: 조괴 양괴의 탕부족 시, Over 주입 시 및 잔괴 주형 주입 시 탈산용

Al−와이어: 샘플 조제 시 기포방지용

Al−펠렛: 용강내 Al 성분 조정용

(사) 가탄제

㉠ 분 코크스: 용강내 C 성분 조정 및 신로 승열시

㉡ 구입 코크스: 용강내 C 성분 조정 이상의 각종 합금철의 첨가는 일반 탄소강에서는 그리 큰 문제는 아니지만 합금강에서는 다량의 합금철을 투입하기 때문에 이에 따른 용강의 온도 강하, 그에 따른 P의 문제 등이 있다.

⑤ 첨가방법

(가) 주로 일종의 원소로 되어 있는 것(Al, 동설 등)

(나) 2종 이상의 원소로 되어 있는 것(Fe−Mn, Si−Mn, Fe−Cr 등)

(다) 용해를 촉진하기 위해 발열성 처리를 해 놓은 것(발열 Fe−Nb 등)

㈑ 강종 H의 저감 대책으로서 미리 가열하여 놓은 것

(2) 출강 시 유의 사항

① 출강구 관리의 양호성 여부는 출강 중에 탈산 조정, 합금 원소 첨가를 실시하기 때문에 강의 품질 및 합금철 실수율 등에 커다란 영향을 끼친다.

② 일반적으로 출강구 관리에서는 출강 시간을 길게 유지하면 슬래그 절단이 잘 되고, 레이들 내 슬래그 두께가 얇아지고, 첨가제의 실수율이 향상되며, 복인량도 감소한다고 할 수 있다.

③ 출강 시간이 길어지면 작업 능률이 저하하고, 노체 연와가 용손되며, 용강 온도가 떨어지므로 강종에 따라 적당한 출강 시간 관리가 필요하다.

④ 출강류가 흩어지면 질소의 혼입 가능성이 커지므로 주의해야 한다.

(3) 출강작업

① 측온 및 시료채취

㈎ 측온 및 시료채취는 랜스를 완전히 올린 후 노체를 기울여 침지 열전대로 측온을 하고 스픈에 의한 샘플링을 실시한다.

㈏ 강욕온도: 1580～1650℃

㈐ 강욕 성분 확인: 탄소 함량을 기준

㈑ 종점 C함량: 목적 강종의 규격값 이하

㈒ Mn, P, S, O 등의 함량은 종점 C값 및 취련조건에 따라 결정한다.

㈓ P, S는 가능한 낮은 함량이 필요하다.

㈔ 재취련: 종점온도가 목표온도보다 낮을 때, 또는 종점 C가 목표값보다 높을 때에는 다시 노를 세워 취련하여 온도의 상승 또는 탈탄을 실시한다.

㈕ 온도상승 목적: C가 필요 이상 저하하지 않도록 낮은 산소압력으로 취련한다.

㈖ C의 저하를 목적으로 할 때는 고압력으로 취련한다.

㈗ 종점온도가 높을 때 조절방법: 고철 투입을 통해 온도를 강하한다.

② 출강

㈎ 소정의 온도, 성분으로 조정한 용강은 노를 반대쪽으로 기울여 출강한다.

㈏ 취련 작업 종료 후 합금철을 투입하고 레이들로 출강한 다음 탈산제나 합금철을 출강량의 3% 정도 첨가하여 정련 작업을 완료한다.

㈐ 출강 소요 시간은 보통 3～6분 정도이다.

㈑ 출강구의 공경이 너무 크면 출강류에 용재가 많이 혼입하여 합금철, 탈산제의 실수율을 저하한다.

㈒ 공경이 너무 작으면 출강시간이 연장되어 제강능률이 저하된다.

- 출강류의 공기산화에 의한 합금철 및 탈산제의 실수율이 저하된다.
- 출강 중의 온도가 강화되는 등의 문제점이 발생한다.

㈓ 출강 중의 레이들 내에 강종성분에 따라서 합금철, 탈산제를 첨가한다.

㈔ 출강 중에 첨가 가능한 합금철, 탈산제의 최대량은 용강량의 3% 정도이다.

㈕ 출강이 끝난 후 노중에 남아있는 슬래그를 슬래그 포트(slag pot)로 배출하여 1회의 제강 작업이 완료되며, 이후 다음 작업을 위해 열간 보수 작업을 실시한다.

㈖ 주원료 장입에서 배재 완료까지 경과 시간은 1회당 30～40분 정도이며 그 중 취련시간은 12～18분 정도이다.

③ 슬래그 배재 및 코팅

㈎ 출강 종료 후 노체를 다시 장입 측으로 경동하여 노구로부터 배재하며, 슬래그 코팅을 위하여 1/3 정도는 노내에 남긴다.

㈏ 출강 종료 후 노체 보호를 위해 슬래그를 노내에 남기고 여기에 생석회, 경소 돌로마이트 등을 일정량 첨가하여 생성된 슬래그를 노체 연와에 코팅이 되도록 한다.

㈐ 최근에는 코팅 효율을 높이기 위해 랜스로 질소가스를 분사하여 노벽에 슬래그를 코팅하여 취련 작업 중 내화물과 용강 및 내화물과 슬래그와의 직접적인 접촉에 의한 내화물 침식을 억제시키는 질소 스플래시 코팅(N_2 splash coating) 기술이 개발되어 코팅 효율을 높일 수 있으며, 코팅시간의 단축 및 노체 수명을 연장시킬 수 있다.

㈑ 질소 스플래시 코팅을 실시하면 종래의 방법보다 입구 마모의 경우 24.5% 감소하며, 출강구 마모의 경우 17.8% 감소하고, 트러니언의 경우 33.2% 감소하여 전체적인 노체 수명 연장에 탁월한 효과가 있다.

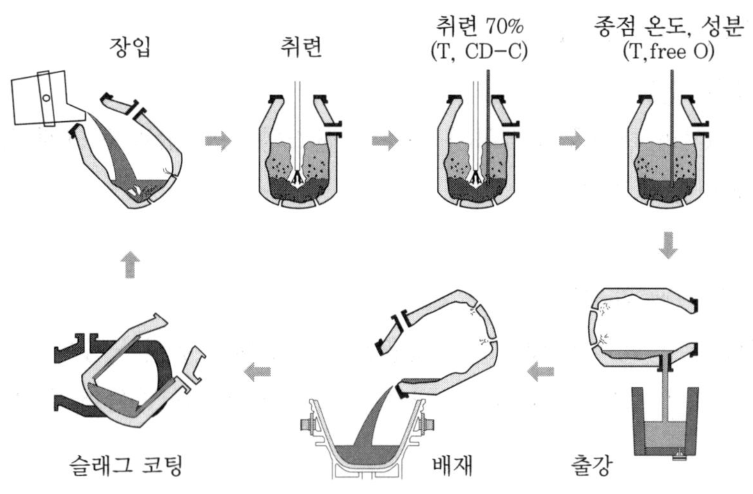

전로 조업 과정

단원 예상문제

1. LD전로의 1회 취련시간은 약 어느 정도인가?

① 20분 ② 40분
③ 50분 ④ 1시간

정답 1. ①

2-5 특수 조업법

(1) 소프트 블로우(soft blow)법

① 일반 LD전로법에서 고탄소 저인강을 제조할 때 또는 고인선 취련조업 시 탈탄보다 탈인 효과를 높이는 방법이다.

② 소프트 블로우법은 강욕면에 대한 산소의 충돌 에너지를 적게 하기 위하여 취입 산소의 압력을 낮추거나 랜스의 높이를 보통 조업보다 높여 작업하는 방법이다.

③ 특징

(가) 전체 철이 높은 발포성 강재가 형성되어 탈인 반응을 촉진한다.

(나) 고탄소강의 제조에 효과적이다.

(다) 산화성 슬래그 생성을 촉진하고 고염기성 조업을 하면 탈인, 탈황을 동시에 효과적으로 할 수 있다.

(2) 하드 블로우(hard blow)법

① 탈탄반응을 촉진시킨다.

② 산화철(FeO)의 생성을 억제하기 위하여 산소의 취입 압력을 크게 하고 랜스 거리를 낮게 하는 방법이다.

(3) 이중 강재(double slag)법

소프트 블로우 등의 탈P 대책으로 불충분한 경우에는 취련 도중에 P_2O_5의 함유량이 많아진 용재를 노외로 배출하고 재차 새로운 정련재를 만들어 취련을 계속하는 방법이다.

① 조업효과

㈎ 용강 중의 인과 황 함유량이 저하된다.

㈏ 고탄소, 저인강의 제조에 적합하다.

㈐ 취련 말기의 복인 작용을 억제한다.

② 단점

㈎ 대형 전로의 보급으로 1차 슬래그 제거가 어렵다.

㈏ 두 번에 걸친 슬래그 제거 작업으로 제강 시간이 길어진다.

(4) 캐치 카본법과 가탄법

① 캐치 카본법

㈎ 목표 탄소농도에 도달하였을 때 취련을 끝내어 출강하는 방법이다.

㈏ 특징

㉠ 취련 시간의 단축

㉡ 취련 산소량의 감소

㉢ 철분의 재화 손실의 감소

㉣ 강중의 산소 용해의 감소

㉤ 탈인 반응은 불충분함

② 가탄법

㈎ 강중의 탄소를 목표값보다 적게 취련하여 인, 황을 목표값보다 작게 한 다음 가탄제를 첨가하여 성분을 맞추는 방법이다.

㈏ 용강의 산화 손실과 용해 산소량이 쳐지는 단점이 있다.

(5) 저용선 배합 조업

① 강괴 생산 계획량에 비하여 용선량이 부족한 경우 고철 배합율을 높여서 부족한 열량을 보충하는 방법이다.

② 열량을 보충하는 방법

㈎ Fe-Si이나 탄화칼슘과 같은 발열제를 첨가한다.

㈏ 취련용 산소와 함께 연료를 첨가한다.

㈐ 별도 가열로에서 장입 고철을 가열한다.

(6) 합금강의 제조

① LD전로에서의 합금철 제조

㈎ 적은 용선에 고압의 산소를 취입하여 보일링 정련으로 고온 정련을 하면 환원 정련이 가능하다는 장점을 활용하여 제조한다.

㈏ 취련할 때 이중 강재법으로 탈인을 한다.

㈐ 출강 전의 용강에 환원성 분위기를 부여한다.

㈑ 탈산제의 첨가로 강중의 산소를 충분히 낮추어 탈산생성물을 부상, 분리한다.

㈒ 복인 작용에 주의한다.

② 합금철 첨가 방법

㈎ 합금철을 전로 내 또는 출강 중의 레이들에 투입한다.

㈏ 합금철을 별도의 전기로에서 용해하여 용융 상태로 투입한다.

㈐ 슬래그를 완전히 제거한 후 Fe-Si과 Fe-Cr을 동시에 투입하고, 탈탄을 억제하기 위해 저압 취련을 하면서 규소의 발열반응으로 크롬을 용해한다.

단원 예상문제

1. 전로의 특수 조업법 중 강욕에 대한 산소제트 에너지를 감소시키기 위하여 취련 압력을 낮추거나 또는 랜스 높이를 보통보다 높게 하는 취련 방법은?

① 소프트 블로우(soft blow)
② 스트랜츠 블로우(strength blow)
③ 더블 슬래그(double slag)
④ 2단 취련법

2. 순산소 상취전로 제강법에서 소프트 블로우(soft blow)의 의미는?

① 취련 압력을 낮추고 산소유량은 높여서 랜스 높이를 낮추어 취련하는 것이다.
② 취련 압력을 낮추고 산소유량도 낮추며 랜스 높이를 높여 취련하는 것이다.
③ 취련 압력을 높이고 산소유량은 낮추며 랜스 높이를 높여 취련하는 것이다.
④ 용강이 넘쳐 나오지 않게 부드럽게 취련하기 위해 높이만을 높여 취련하는 것이다.

3. LD 조업에서 소프트 블로우(soft blow)법 중 틀린 것은?

① 탈인이 잘 된다.
② 산소압력을 높인다.
③ 가스와 용강간의 거리가 멀다.
④ 산소 이용율이 저하된다.

해설 산소압력을 낮춘다.

4. 소프트 블로우(Soft blow)법에 대한 설명으로 틀린 것은?

① 고탄소강의 용제에 효과적이다.
② Soft blow를 하면 T · Fe가 높은 발포성강재(foaming slag)가 생성되어 탈인이 잘 된다.
③ 산화성 강재와 고염기도 조업을 하면 탈인, 탈황을 효과적으로 할 수 있다.
④ 취련압력을 높이거나 랜스 높이를 보통보다 낮게 하는 취련하는 방법이다.

해설 취련압력을 낮추거나 랜스 높이를 보통보다 높여 취련하는 방법이다.

5. LD 조업에서 하드 블로우(hard blow)법은?

① 탈탄과 탈인반응이 동시에 진행된다.
② 취련압력을 높인다.
③ 가스와 용강간의 거리가 멀다.
④ 산소 이용율이 저하된다.

6. 전로에 하드 블로우(hard blow)의 설명으로 틀린 것은?

① 랜스로부터 산소의 유량이 많다.
② 탈탄반응을 촉진시키고 산화철의 생성량을 낮춘다.
③ 랜스로부터 산소가스의 분사압력을 크게 한다.
④ 랜스의 높이를 높이거나 산소압력을 낮추어 용강면에서의 산소 충돌에너지를 적게 한다.

해설 랜스의 높이를 낮게 하거나 산소압력을 크게 하여 용강면에서의 산소 충돌에너지를 크게 한다.

7. 목표하는 탄소 %에서 취련을 종료시키는 취련법은?

① Flat Blowing법 ② EMBR법
③ Catch (C)법 ④ Double Slag법

8. 캐치 카본(Catch Carbon)법에 대한 설명으로 틀린 것은?

① 취련시간의 단축 ② 산소 사용량의 감소
③ 강중의 산소의 감소 ④ 탈인이 잘 됨

해설 탈인반응이 불충분하다.

9. 전로에서 저용선 배합 조업 시 취해야 할 사항 중 틀린 것은?

① 용선의 온도를 높인다.
② 고철을 냉각하여 배합한다.
③ 페로실리콘과 같은 발열체를 첨가한다.
④ 취련용 산소와 함께 연료를 첨가한다.

해설 가열로에서 장입고철을 가열하여 배합한다.

정답 1. ① 2. ② 3. ② 4. ④ 5. ② 6. ④ 7. ③ 8. ④ 9. ②

2-6 특수 전로법

(1) 칼도(Kaldo)법

① 조업법

(가) 고인(P)의 토마스선을 원료로 하여 저인(P), 저질소의 고급강을 취련하는 상취 전로 제강법이다.

(나) 노체의 라이닝은 마그네시아연와와 샤모트연와로서 내부 라이닝은 타아르 · 돌로마이트연와를 사용한다.

② 장점

(가) 용강과 슬래그의 반응 면적이 커서 반응속도가 크므로 초기 탈인이 가능하다.

(나) 취련 중에 용강에서 발생하는 CO가스를 노안에서 연소시키므로 열효율이 좋아 용선 배합률을 50%까지 낮출 수 있다.

(다) 폐가스의 열량이 적어 폐가스 설비는 작아도 가능하다.

③ 단점

㈎ 내화물의 소모가 많다.

㈏ 취련 시간이 길어진다.

㈐ 생산성은 LD전로보다 매우 낮으므로 대형 설비를 사용해야 한다.

(2) 로터(Rotor)법

① 회전법에 의한 고인선 처리를 목적으로 개발된 조업법이다.

② 저P, 저S의 고급강을 직접 취정한다.

③ 원통형이고 원료 및 산소가스를 장입하고 다른 편으로부터 폐가스의 강재를 제거한다.

④ 산소가스는 별도로 조절할 수 있는 2개의 수랭 랜스로부터 로내에 분사한다.

(3) LD-AC법(OLP법)

① 조업법

㈎ 조재제인 산화칼슘 분말을 산소와 동시에 취입하는 방법이다.

㈏ 산소 본관으로부터 나누어진 2차 산소가 산화칼슘 분말의 반출 장치로 유도되어 필요한 양의 산화칼슘을 산소 랜스에 혼합한다.

② 특징

㈎ 넓은 성분 범위의 용선을 원료로 사용할 수 있어 고로의 원료제한이 없다.

㈏ 반응성이 좋은 슬래그가 급속히 생성되므로 탈인에 효과적이다.

㈐ 고탄소 저인강 제조에 유리하다.

㈑ LD전로에 비해 제강시간이 길어지는 단점이 있다.

단원 예상문제

1. 고인선을 원료로 하여 저인 저질소의 고급강을 얻을 수 있는 방법은?

① Kaldo법 ② OG법 ③ 횡취법 ④ RH법

2. 고인선을 처리하는 방법으로 노체를 기울인 상태에서 고속으로 회전시켜며 취련하는 방법은?

① LD-AC법 ② 칼도법 ③ 로우터법 ④ 이중강재법

3. 칼도(kaldo)법에 대한 설명이 틀린 것은?

① 고인선 처리에 유리하다.

② 반응속도가 크다.

③ 내화물의 소요가 많다.

④ 노구를 통해 Ar, N 가스와 탄화수소를 취입하여 정련하는 방법이다.

해설 칼도(kaldo)법 : 전로 노체를 회전하면서 산소를 강욕면상에 분출시켜 취련하는 방법으로 고인선 처리에 유리하고, 반응속도가 크고, 내화물의 소요가 많다.

4. 조재제인 생석회분을 취련용 산소와 같이 강욕면에 취입하는 전로의 취련 방식은?

① RHB법 ② TLC법 ③ LNG법 ④ OLP법

5. LD전로에서 제강작업 중 사용하는 용도로 옳게 설명한 것은?

① 정련을 위해 산소를 용탕 중에 불어 넣기 위한 랜스를 서브 랜스(sub lance)라 한다.

② 노 용량이 대형화함에 따라 정련효과를 증대시키기 위해 단공노즐을 사용한다.

③ 용강 내 탈인을 촉진시키기 위한 특수 랜스로 LD-AC 랜스를 사용한다.

④ 용선 배합율을 증대시키기 위한 방법으로 산소와 연료를 동시에 불어 넣기 위해 옥시퓨얼 랜스(Oxyfuel lance)를 사용한다.

6. 산소 랜스를 통하여 산화칼슘을 노 안에 장입하는 방법은?

① 칼도(kaldo)법 ② 로터(rotor)법

③ LD-AC법 ④ 오픈 헬스(open hearth)법

정답 1. ① 2. ② 3. ④ 4. ④ 5. ③ 6. ③

2-7 복합취련(OBM/Q-BOP)법

(1) OBM

① 전로의 풍구에 탄화수소의 분해열로 풍구를 냉각 및 보호한다.

② 노저 수명이 종래의 50~70회에서 200~300회로 연장된다.

③ 질소 함량 문제도 해결한다.

(2) Q-BOP(순산소 저취 전로법)

① 개요

2중관 풍구를 통하여 순산소와 가스, 액체연료뿐만 아니라 분체석회 등도 동시

에 노저로부터 취입할 수 있다.

② 장점

㈎ 용강 중의 O, 슬래그 중의 FeO가 낮아서 Fe실수율이 높고 C, O의 값이 평형값에 가까워서 극저탄소강의 제조에 적합하다.

㈏ 종점에서의 Mn량이 높다.

㈐ 슬로핑, 스피팅이 없어 제강실수율이 높다.

㈑ 취련시간이 단축되고 폐가스의 효율적인 회수가 가능하다.

㈒ 탈황과 탈인이 잘 된다.

㈓ 상취전로의 랜스가 필요 없어 건물 높이를 낮출 수 있다.

③ 단점

㈎ 노저를 교환할 필요가 있고 내화물 원단위가 상취전로보다 높다.

㈏ 풍구 냉각용 연료가 필요하고 이에 기인하는 강중 수소함량이 증가한다.

④ 설비

㈎ LD전로에 비하여 높이/지름비(H/D)가 작고 노저는 교환할 수 있는 분리식으로 되어 있다.

㈏ 노저에는 노 용량에 따라 10~20여 개의 풍구를 중심축에 평행으로 설치한다.

㈐ 취련 중에는 내관에서 순산소를 취입하고, 내관과 외관 사이에서는 풍구 냉각용으로 천연가스, 부탄, 프로판 등의 탄화수소가스를 취입한다.

㈑ 탈인, 탈황을 목적으로 산소가스 중에 분체의 매용제를 혼합하여 취입한다.

㈒ 풍구로부터 필요에 따라 질소, 아르곤 등을 공급한다.

㈓ 저취전로에서는 풍구 위에 용선이 있으므로 풍구에의 용선의 침입을 막기 위하여 용선 정압보다 높은 가스압력을 주어야 한다.

㈔ 노를 기울였을 때에는 풍구로부터의 강욕 깊이가 낮아지므로 연진이나 철립의 비산을 막기 위하여 가스압을 낮춘다.

⑤ 저취전로의 정련

㈎ 각 성분의 거동

㉠ 취련 초기에는 Si, Mn이 먼저 산화된다. 상취전로에서는 초기에 Mn의 70% 이상이 산화되는데 대하여 저취전로에서는 초기에 30~40%가 산화되고, 중기에 복 Mn을 일으킨 다음, 말기에 급속히 산화된다.

㉡ 탈인도 초기와 말기에 진행된다.

㉢ 저취전로에서는 매용제로서 생석회, 형석 등의 분말을 풍구로부터 취입하므로 용강과의 반응계면적이 커져서 취련 초기부터 CaO 농도가 높은 슬래그가 형성된다.

㉣ 취련 전 기간에 걸쳐 T-Fe, MnO 농도는 LD전로보다 낮은 수준으로 변화한다.

㈏ 탈탄 및 슬래그 중 전 철분

㉠ 화점(fire point)이 강욕저부에 있어서 교반이 취련 말기까지 잘 되므로 산소효율은 LD전로보다 좋다.

㉡ 저탄소 구역에서의 탈탄산소효율은 저취전로쪽이 높다.

㉢ 취련 종료시점에서 강중 O가 낮아서 합금철, 탈산제의 사용량이 감소되어 탈산생성물, 즉 비금속개재물의 저감에 기여할 수 있다.

㈐ 강중의 Mn, P

㉠ 저취전로의 슬래그, 용철의 산화도는 상취전로보다 낮아서 Mn의 산화가 상취전로보다 현저하게 적다.

㉡ 종점 Mn이 높으므로 Fe-Mn의 소비가 감소한다.

㉢ P의 분배비는 LD전로보다도 높아서 탈인이 잘 된다.

㈑ 탈황

㉠ 저취전로의 탈황은 특히 염기도가 2.5 이상에서 상취전로보다 훨씬 우수하다.

㉡ 노외 탈황을 하지 않은 용선을 사용해도 저황강을 쉽게 얻을 수 있다.

㈒ 강중 질소, 수소

㉠ 기포가 용철중을 상승하는 과정에서 finishing 효과에 의하여 탈질속도가 높으며 취련 40% 시기까지 10ppm 정도로 저하한다.

㉡ 취련종료 시의 수소는 풍구 냉각제로 공급되는 탄화수소의 분해에 의하여 3~5ppm으로 상취전로보다 1~3ppm 정도 높다.

(3) OBM/ Q-BOP법의 특징

① 특징

㈎ 순산소 상취전로의 랜스 설비가 필요 없어 건물 높이를 낮출 수 있으므로 설비투자액이 저렴하다.

㈏ 고철 배합율을 상취전로보다 5~7% 높일 수 있다.

㈐ 강재의 동일 FeO 수준에 대하여 상취전로보다 탈인이 잘되고 탈황도 우수하다.

㈑ 강욕 중의 C, O 함유량의 관계는 상취전로보다 낮다.

㈒ 강재 중의 FeO는 탄소가 0.1%가 될 때까지 5% 수준, 17% 이상은 되지 않으므로 철분실수율이 약 2% 정도 증가한다.

㈓ 노저를 교환하므로 내화물 원단위가 증가한다.

㈔ 냉각가스로 수소를 포함한 가스를 사용하는 경우에는 강욕 중 수소함량이 증가한다.

② 복합 취련법의 분류

㈎ 저취가스의 종류에 따라

㉠ 산화성 가스인 산소를 사용하는 방법(강욕교반, 산화반응이 동시에)

㉡ 불활성 가스인 아르곤, 또는 질소를 사용하는 방법

㈏ 저취 방법

㉠ 포러스 플러그를 사용하는 방법

㉡ 관형(단관, 이중관) 풍구를 사용하는 방법

㈐ 산화성 저취가스의 문제점

㉠ 상취 산소량 절감 방법

㉡ 풍구의 효과적인 절감 방법

㉢ 풍구의 교체 방법

단원 예상문제

1. 저취산소전로법(Q-BOP)의 특징에 대한 설명으로 틀린 것은?

① 탈황과 탈인이 어렵다.

② 종점에서의 Mn이 높다.

③ 극저탄소강의 제조에 적합하다.

④ 취련시간이 단축되고, 폐가스의 효율적인 회수가 가능하다.

해설 탈황과 탈인이 쉽다.

2. 저취 전로조업에 대한 설명으로 틀린 것은?

① 극저탄소까지 탈탄이 가능하다.

② 철의 산화손실이 적고, 강중에 산소가 낮다.

③ 교반이 강하고, 강욕의 온도, 성분이 균질하다.

④ 간접반응을 하기 때문에 탈인 및 탈황이 효과적이지 못하다.

3. 저취전로법에 대한 특징의 설명 중 틀린 것은?

① 극저탄소(0.04%C)까지 탈탄이 가능하다.
② 직접반응 때문에 탈인, 탈황이 양호하다.
③ 교반이 강하고, 강욕의 온도 및 성분이 균질하다.
④ 철의 산화손실이 많고, 강중 산소가 비율이 높다.

해설 철의 산화손실이 적고, 강중 산소가 비율이 낮다.

4. 복합취련 조업법의 설명으로 틀린 것은?

① 기존 상취전로를 개조하여 사용할 수 있다.
② 소량의 저취가스로 강욕의 온도 성분의 균일화가 가능하다.
③ 저취풍구 수명에 한계가 있다.
④ 상취전로보다 조업이 단순하고 안정하다.

해설 상취전로보다 조업이 복잡하고 불안정하다.

5. 복합취련법에 대한 설명으로 틀린 것은?

① 취련시간이 단축된다.
② 용강의 실수율이 높다.
③ 위치에 따른 성분 편차는 없으나 온도의 편차가 발생한다.
④ 강욕 중의 C와 O의 반응이 활발해지므로 극저탄소강 등 청정강의 제조가 유리하다.

6. 복합취련 조업에서 상취산소와 저취가스의 역할을 옳게 설명한 것은?

① 상취산소는 환원작용, 저취가스는 냉각작용을 한다.
② 상취산소는 산화작용, 저취가스는 교반작용을 한다.
③ 상취산소는 냉각작용, 저취가스는 산화작용을 한다.
④ 상취산소는 교반작용, 저취가스는 환원작용을 한다.

7. 복합취련의 특징을 설명한 것 중 틀린 것은?

① 청정강 제조에 유리하다.
② 노체 내화재의 수명이 길어진다.
③ 위치에 따른 성분과 온도의 편차가 크다.
④ 취련시간이 단축되고 용강의 실수율이 높다.

해설 위치에 따른 성분과 온도의 편차가 적다.

8. 전로제강의 진보된 기술로 상취의 문제점을 보완한 복합취련에 대한 설명으로 틀린 것은?

① 일반적으로 전로 상부에는 산소, 하부에는 불활성 가스인 아르곤이나 질소가스를 불어 넣는다.

② 상취로 하는 것보다 용강의 교반력이 우수하며 온도와 성분이 균일해지는 이점이 있다.

③ 취련시간을 단축시킬 수 있으며 따라서 내화물 수명을 연장시킬 수 있다.

④ 용강 중의 C와 O의 반응정도가 상취에 비해 약해지므로 고탄소강 제조에 적합하다.

해설 용강 중의 C와 O의 반응정도가 상취에 비해 강하므로 고탄소강 제조에 부적합하다.

9. 전로 복합취련법에 사용되는 가스로 옳지 않은 것은?

① 수소 ② 산소

③ 질소 ④ 아르곤

해설 전로 복합취련법에 사용되는 가스: 산소, 질소, 아르곤

정답 1. ① 2. ④ 3. ④ 4. ④ 5. ③ 6. ② 7. ③ 8. ④ 9. ①

제 3 장 전기로 제강법

1. 전기로 제강법의 특징

1-1 전기로의 원리와 특징

(1) 전기로의 원리

① 전기 에너지를 이용하여 금속을 용융 정련하는 방식이다.

② 전기로에는 전기를 열원으로 하는 아크로, 유도로, 저항로가 있다.

전기로

(2) 전기로의 특징

① 용강의 온도조절이 용이하고 열효율이 우수하다.

② 노 내의 분위기를 자유롭게 조절이 가능(산화, 환원)하고, 용강 중에 P과 S 같은

불순물의 제거가 용이하다.

③ 열효율이 좋아 용해작업 시 열손실을 최소화한다.

④ 사용 원료에 대한 제약이 적고, 모든 강종의 정련에 적합하여 특수강 제조에 유리하다.

⑤ 타 제강법보다 설비비가 적게 들고, 장소 제약이 적다.

⑥ 전력 소모량이 많다.

⑦ 고강의 고철 사용으로 제조원가가 높다.

단원 예상문제

1. 전기로와 전로의 가장 큰 차이점은?

① 열원 ② 취련 강종

③ 용제의 첨가 ④ 환원제의 종류

해설 전기로의 열원: 전기, 전로의 열원: 용탕

2. 전기를 열원으로 하여 합금을 용해하는 로가 아닌 것은?

① 유도로 ② 저항로

③ 아크로 ④ 용선로

해설 용선로: 코크스를 열원으로 주철을 용해하는 로

3. 전기로 제강법에 대한 설명으로 옳은 것은?

① 일반적으로 열효율이 나쁘다.

② 용강의 온도 조건이 용이하지 못하다.

③ 사용원료의 제약이 적고, 모든 강종의 정련에 용이하다.

④ 노내 분위기를 산화 및 환원한 상태로만 조절이 가능하며, 불순원소를 제거하기 쉽지 않다.

4. 전기로의 특징에 관한 설명으로 틀린 것은?

① 용강의 온도 조절이 쉽다.

② 사용원료의 제약이 적다.

③ 합금철을 모두 직접 용강 속으로 넣을 수 있다.

④ 노 안의 분위기는 환원 쪽으로만 사용할 수 있다.

해설 노내 분위기를 산화 및 환원의 어느 상태로도 조절할 수 있다.

5. 전기로 제강법의 특징을 설명한 것 중 틀린 것은?

① 열효율이 좋다.
② 용강의 온도조절이 용이하다.
③ 실수율이 좋고 용강의 분포가 균일하다.
④ 사용원료에 제약이 많고 스테인리스강의 정련에만 적합하다.

해설 사용원료에 제약이 적고 모든 종류의 강종에 적합하다.

6. 전기로 제강법의 장점으로 틀린 것은?

① 열효율이 좋다.
② 용탕의 성분 조절이 쉽다.
③ 불순물 혼입이 많다.
④ 주조용 금속의 용해손실이 크다.

해설 주조용 금속의 용해손실이 적다.

정답 1. ① 2. ④ 3. ③ 4. ④ 5. ④ 6. ④

1-2 전기로의 종류

분류		형식
아크식 전기로	직접 아크전기로	– 비노상 가열식: 에루(Heroult)식 로 – 노상 가열식: 지로드(Girod)식 로
	간접 아크전기로	– 간접식: 스타사노(Stassano)식 로 – 직접 · 간접식: 레너펠트(Rennafelt)식 로
유도식 전기로		– 저주파 유도로: 에이젝스 왓트(Ajax–Wyatt)로 – 고주파 유도로: 에이젝스 노드랩(Ajax–Northrup)로

(1) 에루식 전기로

① 특징

㈎ 전기로의 용량은 1회의 용해량으로 표시한다.

㈏ 고온을 얻을 수 있고 용강의 산화를 방지하며 가스를 함유하는 일이 적고, 탈인 탈황 능력이 있다.

㈐ 양질의 강 또는 공구강, 특수강 등의 제조에 적합하다.

㈑ 가열력이 크기 때문에 차가운 냉재를 다량 장입할 수 있어 원료 선택이 자유롭다.
㈒ 전력비가 높고 탄소전극의 소모가 많은 결점이 있다.

② 장입방식

㈎ 노체만을 이동시키는 노체 이동식
㈏ 노체는 고정시키고 전극지지기구와 천정을 같이 궤도 위를 수평으로 이동하는 gantry식
㈐ 전극지지기구와 천정이 주축을 중심으로 하여 선회하는 스윙식

(2) 에이젝스 노드랩식 로(Ajax-Northrup induction furnace)

① 형식

㈎ 무철심 고주파 유도로
㈏ 무철심 솔레노이드 중에 용해시킬 재료를 넣고 고주파 전류를 통하면 재료 중에 2차 유도전류가 발생하여 그 저항열로 재료를 용해하는 방식
㈐ 전류 주파수: 1,000~60,000Hz

② 특징

㈎ 구조가 간단하고 취급이 용이하다.
㈏ 온도 조절이 용이하다.
㈐ 고주파 전원을 필요로 하며, 전력 효율을 높이기 위한 축전기 설비가 필요하여 설비비가 고가이다.
㈑ 고열을 발생할 수 없어 슬래그에 의한 정련을 할 수 없다.
㈒ 자가 발생고철의 재용해에 주로 이용된다.

(3) 고주파 유도로

① 원리

1차 측에 전류를 통하면 2차 측에 해당하는 피가열체에 유도전류가 생겨, 이로 인하여 가열되는 원리이다.

② 특징

㈎ 정련은 할 수 없으나 분위기에 의한 오염이 적다.
㈏ 합금성분 조절이 용이하다.
㈐ 고합금강 제조에 적합하다.

㈑ S에 대하여 용강의 자동교반 효과가 크게 기여하므로 강종 면에서 거의 제한이 없다.

③ 설비

㈎ 노체는 코일 내측에 내화물 도가니를 형성시킨 경동식 구조이다.

㈏ 부속설비의 계철(繼鐵)은 코일 외주에 배치하여 자속의 누출을 방지함과 동시에 라이닝의 팽창에 대하여 코일을 배후에서 받쳐주는 역할을 한다.

㈐ 도가니 바닥으로부터 용강이 누출되는 것을 감지하기 위하여 노저에 안테나를 설치한다.

㈑ 고주파로는 thyristor식을 많이 채용한다.

㈒ 전원을 공급하는 전기설비로는 고압반, 변압기, 인버터, 로 제어반, 콘덴서 등을 설치한다.

㈓ 유도저항 증가에 따른 전류의 손실 방지와 전력 효율을 개선하기 위한 진상 콘덴서를 설치한다.

㈔ 염기성 내화재로서 MgO를 많이 사용한다.

④ 고주파 발생장치

㈎ 진공관 발진장치

㈏ 방전 간극 발진장치

㈐ 고주파 발전기

⑤ 진공 고주파 유도로의 특징

㈎ 정련의 온도, 분위기의 종류와 압력, 시간 등에 영향을 받지 않는다.

㈏ 폭넓은 범위에서 사용 가능하다.

㈐ 정련에 유리한 자기 교반작용이 있다.

㈑ 성분 조절을 정확하게 할 수 있다.

㈒ 함유가스, 함유 비금속 개재물, 유해원소 등을 쉽게 제거한다.

㈓ 순수하고 열간 가공성이 좋은 재질을 얻을 수 있다.

㈔ 진공 설비에 대한 투자비가 많고 노의 용량이 작아진다.

단원 예상문제

1. 아크식 전기로에 속하지 않는 것은?

① 에루식 전기로 ② 고주파 유도전기로
③ 스태사노식 전기로 ④ 지로우드식 전기로

해설 아크식 전기로(에루식, 스태사노식, 지로우드식), 유도식 전기로(고주파 유도전기로)

2. 전기로 형식의 설명 중 옳은 것은?

① 스테사노(Stassano)로는 간접 아크로에 해당한다.
② 레너펠트(Rennerfelt)로는 직접 아크로에 해당한다.
③ 에루우(Heroult)로는 유도식 전기로에 해당한다.
④ 에이젝스 왓트(Ajax–wyatt)로는 아크식 전기로에 해당한다.

3. 유도식 전기로의 형식에 속하는 전기로는?

① 스타사노로 ② 노상 가열로
③ 에루식로 ④ 에이작스 노드럴로

4. 고급의 합금강 용해에 가장 적합한 로는?

① 고주파 유도로 ② 평로
③ 용선로 ④ 도가니로

5. 고주파 유도로에 대한 설명으로 옳은 것은?

① 피산화성 합금 원소의 실수율이 낮다.
② 노내 용강의 성분 및 온도조절이 용이하지 않다.
③ 용강을 교반하기 위해 유도 교반장치가 설치되어 있다.
④ 산화성 합금 원소의 회수율이 높아 고합금강 용해에 유리하다.

6. 고주파 유도로의 설비에 속하지 않는 것은?

① 소화탑 ② 전원 ③ 콘덴서 ④ 노체

7. 고주파 유도로에서 유도저항 증가에 따른 전류의 손실을 방지하고 전력 효율을 개선하기 위한 것은?

① 노체 설비 ② 노용 변압기
③ 진상 콘덴서 ④ 고주파 전원장치

8. 고주파 유도로에 사용되는 염기성내화물 중 가장 널리 사용되는 것은?

① MgO ② SiO_2 ③ CaF_2 ④ Al_2O_3

정답 1. ② 2. ① 3. ④ 4. ① 5. ④ 6. ① 7. ③ 8. ①

2. 전기로 조업 준비

2-1 노체 및 설비 점검

1 전기로 주 설비

(1) 노체

① 아크로는 산성 또는 염기성 내화재로 내장(lining)한 노의 천장에서 3개의 전극을 넣어 용해재료를 통해서 아크를 발생시켜 그 아크열과 저항열에 의해 용해하는 노이다.

② 노의 크기는 노 용량(용해 용량), 노의 안지름 및 변압기 용량으로 표시한다.

(2) 노 천장(roof) 및 상승 선회 장치

① 노체 상부에 밀폐를 위해 설치되는 노 천장은 노내 주원료의 장입, 노상의 보수를 위해서 열어야 할 때가 있다. 노 천장 상승 선회 장치는 이 기능을 수행하기 위해 노 천장을 지지하고 회전시키는 설비이다.

② 유압 램(ram) 상승 방식과 킹 핀(king pin)에 의한 역선회 방식이 있다.

유압 램 상승 방식과 킹 핀 방식의 비교

방식	특징
유압 램 방식	실린더와 결합한 램의 노 천장, 전극 승강 기구들을 일체로 해서 노각으로부터 400mm 정도 상승시켜 선회하는 방식
킹 핀 방식	① 유압 또는 전동기로 노 천장만을 400mm 정도 상승시키고 노 천장을 지지하는 기구, 전극 승강 기구를 전동기 또는 유압 실린더로 지지점 킹 핀을 중심으로 반원주상에 설치된 레일을 따라 이동한다. ② 노 천장 상승, 선회는 대기 상태에서 행하기 때문에 될 수 있는 한 작동 시간을 단축시키는 것이 생산성 향상에 유리하다.

(3) 노 경동 장치

① 기능: 주원료 용해 후 용강의 정련 시 불순물인 슬래그의 배출, 정련 완료 후 용강의 출강을 위해서는 노체를 전후로 기울이는 장치

② 구성: 경동 로커(locker), 경동 포스트, 경동 실린더 등으로 구성된다.

(4) 전극 장치

① 기능: 노용 변압기에서 들어간 전류는 수랭 케이블을 지나 원형 모선에 접촉되며 전극 파지장치를 통해 전극으로 전달되는 장치

② 구성: 원형 모선, 전극 홀더, 전극 마스트 암, 전극 마스트, 전극 수랭관으로 구성된다.

③ 전극 사용 재료: 주로 인조 흑연전극을 사용한다.

④ 전극의 분류: 초고전력용(UHP), 고전력용(HP), 보통전력용(RP)

⑤ 고전력 조업에 사용되는 전극의 조건

㈎ 전기 비저항이 적을 것

㈏ 열팽창계수가 작을 것

㈐ 기계적 강도가 클 것

㈑ 탄성률이 너무 크지 않을 것

⑥ 전극재료의 구비조건

㈎ 고온에서 산화되지 않을 것

㈏ 전기전도율 및 강도가 높을 것

㈐ 과부하에 잘 견딜 것

㈑ 불순물이 적을 것

㈒ 열팽창계수가 작을 것

㈓ 온도의 급변에 잘 견딜 것

(5) 노용 변압기

① 대용량의 리액턴스(reactance)를 내장 또는 병용하여 노내에 큰 전류가 흘러도 하부 송전선에 충격 전류가 흐르지 않도록 되어 있다.

② 전압도 용해용, 정련용으로 적어도 6단계 이상 바꿀 수 있게 되어 있다.

2 전기로 부대 설비

(1) 집진 설비

① 전기로에서 발생하는 분진을 외부로 방출하지 않도록 하는 장치이다.

② 분진의 양은 고철 종류에 따라 다르지만 보통 12kg/조강 t으로 분류한다.

(2) 부원료 설비

① 수입 설비: 덤프트럭이나 기타의 방법(포장 입고 등)으로 입고되는 부원료를 받아 컨베이어를 통해 각 저장 호퍼로 이동시키는 설비로 수입 호퍼와 수입 컨베이어로 이루어진다.

② 이송 설비: 각 부원료의 호퍼에서 나온 부원료를 사용처에 따라 별도의 컨베이어를 통해 이송하는 설비로 호퍼 하부의 피더, 컨베이어, 계량 호퍼 등으로 구성한다.

③ 투입 설비: 이송된 부원료를 사용처에 투입하는 위치에서 투입 호퍼에 저장해 두었다가 케이트를 열어 투입하는 설비로 구성한다.

(3) 장입 대차 및 버킷

① 스크랩을 노 내에 장입하기 위해 사용하는 장치이다.

② 가장 많이 사용되는 것은 하부의 판이 2개로 분리되면서 보권을 사용해 하부판을 벌려주는 구조의 클램 쉘(clam shell) 방식을 사용한다.

(4) 열간 보수기: 손상된 내화물 부분에 노즐을 통해 부정형 내화물을 분사 및 소결시키는 작업을 하는 장치이다.

(5) 수랭 랜스

① 비소모성 수랭 랜스로 스크랩에 내재되어 있는 C 및 Fe에 산소를 취입하여 그 반응열로 스크랩을 용해시키고, 스크랩이 용해되어 형성된 용탕에 산소를 취입하여 탄소와 산소가 반응하여 용강의 온도를 상승시키는 역할을 한다.

② 강종의 산화성 이물질을 산화시켜 슬래그로 부상시키는 산화 정련을 시행한다.

③ 정련 중 가탄으로 포밍 슬래그를 형성하여 아크의 손실 방지와 효율을 극대화하며 소리가 밖으로 새어 나오지 않게 하는 역할을 한다.

(6) 조연 버너

① 아크에 의해 잘 녹지 않는 부분을 용해시키기 위해 노체에 버너를 설치한다.

② LNG와 산소를 이용하여 랜싱의 역할을 수행하는 기능이다.

단원 예상문제

1. 전기로에 사용되는 흑연전극의 구비조건 중 틀린 것은?

① 고온에서 산화되지 않을 것

② 전기전도도가 양호할 것

③ 화학반응에 안정해야 할 것

④ 열팽창 계수가 커야 할 것

해설 열팽창 계수는 작아야 한다.

2. 전기로의 전극에 대용량의 전력을 공급하기 위해 반드시 구비해야 하는 설비는?

① 집진기 ② 변압기 ③ 수랭패널 ④ 장입장치

해설 변압기: 전력 공급

정답 1. ④ 2. ②

2-2 열간 보수

1 전기로 열간보수 방법

• 손상된 내화물 부분에 노즐을 통해 내화물을 분사하여 소결시키는 작업이다.

• 열간 보수를 하는 동안에는 조업을 할 수 없다.

(1) 전기로 열간 보수재의 기능

① 조업의 안전성 확보: 열간 상태에서 내장 연와를 보수재로 보완하여 연와의 침식 상태를 균일하게 해줌으로써 노체 수리 주기를 계획적으로 조정하여 조업의 안정성을 높여준다.

② 내화물 원단위 절감: 연와의 수명을 향상시켜 내화물 원단위를 절감할 수 있다.

③ 생산성 향상: 비상 발생 시 돌발적인 수리가 용이하므로 설비 가동률을 높여 생산성을 향상할 수 있다.

(2) 열간 보수재의 부착 과정

① 보수재가 노즐 선단에서 수분과 접촉한 후 일어나는 유동 침투 및 경화 현상이 보수재의 접착력을 좌우한다.

② 사용 바인더에 의해 초기 부착이 완전히 진행되기 전까지는 일부 rebound loss가 발생하며 초기 부착이 완료된 후는 원활하게 부착된다.

(3) 바인더의 역할

① 열간 보수재에서는 수분과의 혼련 시간이 매우 짧고 투사 후 핫 페이스(hot face)에 접하게 되므로 짧은 시간에 입자 크기별로 분리된 입자들이 고르게 분포되도록 한다.

② 시공 후 혼련물과 보수 표면과의 부착성이 양호하게 한다.

③ 시공 후 용강에서 시공체 표면의 마그네시아 결정 성장을 촉진함으로써 내침식성이 증진되도록 한다.

(4) 입도: 일반적인 스프레이재의 최적 입도 분포는 대립, 중립, 미립의 비율이 각각 50%, 30%, 20%이다.

(5) 수랭 패널

UHP 전기로의 투입 전력 밀도 증가에 의해 발생하는 노벽 핫 스포트(hot spot) 부위를 냉각시키기 위해 노벽에 수랭 패널을 전기로에 설치한다.

① 수랭 패널의 종류

㈎ 동 패널: 일반적으로 열부하가 높은 용강 가까운 부위에 사용되며 재킷형과 파이프형이 사용된다.

㈏ 철제 패널: 동 패널 이외의 사용 부위에 사용되며 재킷형과 파이프형이 사용된다.

② 수랭 패널의 손상 요인

㈎ 열응력 반복에 의한 피로: 어느 정도 사용된 후 크랙이 발생하여 그곳에서부터 균열이 진행되어 발생한다.

㈏ 국부적 돌발 파손: 아크 불꽃 집중, 용강과의 접촉, 산소 중단시의 미스 블로잉(miss blowing) 등의 원인으로 발생한다.

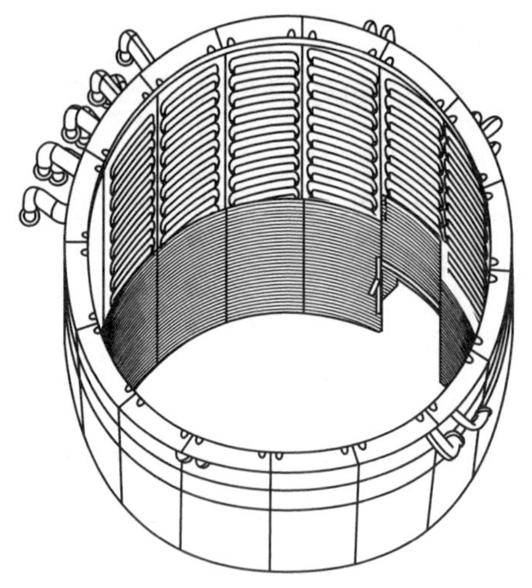

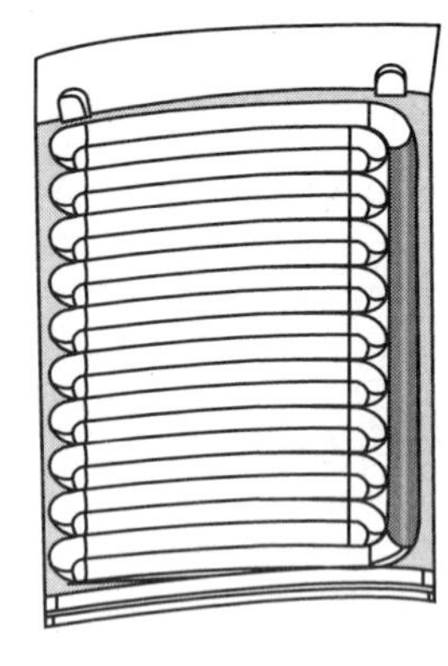

전기로 수랭 패널

(6) 시공조건에 따른 특성

① 부착률과 노즐 각도 간의 관계: 열간 보수기의 노즐 각도와 보수재 부착률의 관계는 보수기의 노즐 각도가 45°에서 가장 잘 떨어지며 90°에서 부착률이 가장 높다.

② 노즐 길이와 토출 각도 간의 관계: 노즐 길이와 토출 각도와의 관계는 반비례한다.

③ 공기 압력에 따른 부착률과 거리와의 관계

㈎ 보수기의 공기 압력이 높으면 거리가 멀어져야 부착률이 높아지고 공기 압력이 낮으면 거리가 가까워야 부착률이 높아진다.

㈏ 가장 적정한 압력과 거리는 공기 압력 2kg/cm에 거리가 0.5m일 때 부착률이 가장 높다.

④ 초기 부착률과 온도 간의 관계: 열간 상태의 온도가 1,000~1,100℃일 때 부착률이 가장 높고 그 이상의 온도에서는 초기 부착률이 떨어진다.

2 전기로 내화물 재질 특성

(1) 전기로 구조에 따른 내화물

① 노천정 내화물

㈎ 산성 및 염기성로에 모두 규석벽돌을 사용하는 이유

㉠ 가격이 싸다.

㉡ 내화도가 높고 품질의 변화가 적다.

㉢ 열간 강도가 크므로 천정 및 아치 연와에 적합하다.

㉣ 석회, 산화철에 대하여 강하고, 내화도가 저하되지 않는다.

㉤ 내화도: SK34

(나) 천정연와에 적합한 품질

㉠ 내화도가 높을 것

㉡ 내스폴링성

㉢ 내강재성

㉣ 연화 시의 점성이 높을 것

㉤ 하중연화점이 높을 것

② 노벽용 내화물

(가) 노벽의 고열부는 MgO-C계 연와가 사용되고 저열부에는 비소성 $MgO-Cr_2O_3$ 계 연와를 사용한다.

(나) 고내화도와 내강재성이 필요하다.

(다) 규석연와 또는 염기성 연와를 사용한다.

(라) 강재선 이하의 노벽에는 마그네시아 또는 크롬-마그네시아재를 사용한다.

(마) 국부적으로 용손이 심한 핫 스포트부에는 전주 연와를 사용한다.

(바) 용손 방지책: 수랭함을 설치하여 대형로나 고전력조업의 노에 효과적이다.

③ 노상부 내화물

(가) 전기로의 밑 부분에 용탕이 남아있는 부분이다.

(나) 단열연와 및 샤모트 연와를 사용한다.

(다) 조업 중에 발생하는 노상의 국부손상에는 잔용강을 완전히 제거한 후 돌로마이트 클링커나 마그네시아 클링커로 보수한다.

(라) 노상부 내화물은 일반적으로 소성마그네시아(MgO) 연와를 축조하고 그 위에 부정형 MgO를 스탬핑한다.

(마) 스탬핑재로는 MgO가 85~95%인 해수 마그네시아 클링커를 주로 사용한다.

(바) 노상 내화물은 마그네시아(MgO)질 스탬프재와 돌로마이트(dolomite)질 스탬프재를 주로 사용한다.

(2) 내화물의 손상 기구

① 스폴링(spalling)에 의한 손상

(가) 열적 스폴링: 단순한 온도 변화(급열 또는 급랭)의 경우 재료의 강도를 초월하는 응력 발생 시 파괴되는 현상이다.

(나) 기계적 스폴링

㉠ 내화물이 기계적 힘에 의해 박리되는 현상으로 젖은 내화물을 급격히 가열할 때 내화물 내부에 발생된 증기에 따라 박리되는 경우이다.

㉡ 원통형의 내장재 내측부터 가열할 때 내면이 외부보다 고온이 되어 내면의 팽창이 커지면서 팽창대의 부족으로 내화물이 압축되어 박리되는 경우이다.

(다) 구조적 스폴링

㉠ 화학적 스폴링이라고도 한다.

㉡ 내화물이 고온에서 사용되는 도중에 가열 면에 변질층이 생겨 변질층의 수축, 변질층의 팽창 계수의 차이, 외부 압력, 온도 변화 등이 작용되어 균열 발생으로 박리되는 현상이다.

② 슬래그에 의한 화학적 침식

(가) 슬래그 등의 융액의 화학적 작용에 의한 내화물의 손상을 부식이라고 한다.

(나) 고온 융액에 의한 침식 현상

㉠ 단순 용해 형태: 내화물 재질이 고온 융액에 대하여 일정한 용해도를 갖는 경우이다.

㉡ 반응 용해 형태: 융액과 내화물이 계면에서 반응하는 경우이다.

㉢ 내화물 재질을 변질시키는 형태: 고온 융액이 내화물 조직 내에 침입 혹은 침투하는 경우이다.

(다) 그래파이트(C)의 산화

내화물 중에 함유된 그래파이트는 대기 중의 산소, 용강 중의 용존 산소 그리고 슬래그 중의 금속 산화물 등과 접촉한 경우 다음과 같이 반응하여 벽돌의 손상이 진행된다.

$$C + \frac{1}{2}O_2 = CO \quad \cdots\cdots \text{식(1)}$$

$$C + FeO = Fe + CO \quad \cdots\cdots \text{식(2)}$$

일반적으로 탄소 함유 내화물은 식(1)과 식(2)에 의하여 바탕(matrix) 부위의 손상이 이루어지고 그 후 골재가 이탈되어 내화물이 침식된다.

단원 예상문제

1. 전기로 제강법에서 천정연와의 품질에 대한 설명으로 틀린 것은?

① 내화도가 높을 것
② 내스폴링성이 좋을 것
③ 하중연화점이 낮을 것
④ 연화 시의 점성이 높을 것

해설 하중연화점이 높을 것

2. 전기로의 밑 부분에 용탕이 있는 부분의 명칭은?

① 노체 ② 노상 ③ 천정 ④ 노벽

정답 1. ③ 2. ②

3. 전기로 조업

3-1 원료

(1) 주원료

① 고철(모든 장입재 중 90%): 철 스크랩, 자가발생 스크랩, 노폐 스크랩, 선반 스크랩, 가공 스크랩 등이 있으며 특수강은 선철 10~20%를 배합한다.

② 기피하는 원소: Cu, Zn, Sn 원소는 강재의 열간 및 냉간 가공성을 악화시키는 원소이다.

③ 탄소량: 0.3~0.4%, 인, 황은 0.05% 이하

④ 환원도$=\dfrac{\text{환원으로 제거된 산소량}}{\text{철광석 중의 전 산소량}}\times 100$

⑤ 금속화율$=\dfrac{\text{환원철 중의 금속철}}{\text{환원철 중의 전 철분}}\times 100$

⑥ 환원철을 전기로에 사용하는 경우

- 제강시간이 단축된다.
- 생산성이 향상된다.
- 형상 품위 등이 일정하여 취급이 쉽다.
- 전기로의 자동조업이 쉽다.
- 맥석분이 많으므로 석회가 필요하고 가격이 고철보다 비싸다.

⑦ 주원료의 분류 및 특성

㈎ 형상에 의한 분류

㉠ HMS(Heavy Metal Scrap): 가장 비중이 크며 장입성이 우수하고 회수율도 높다.

㉡ 압축 고철: 부피를 줄이고 비중을 늘려 장입성을 좋게 한 스크랩이다.

- 생압: virginity(처녀성)가 높은 자동차 강판용 소재 등 일관 제철소에서 나온 생철을 압축한 것
- 번들: B급 및 비중이 낮은 것을 압축한 것
- 선반설 압축: 선반설을 비중을 높이기 위하여 압축한 것
- 기요틴: 형상이 긴 것을 기계로 절단하여 비중을 높인 것

㈏ 성분 혹은 virginity(처녀성)에 의한 분류

㉠ A급: virginity가 우수하여 불순 성분인 P, S, Cu 등이 낮다.

㉡ B급: 중간 정도의 virginity이며 그 비중이 큰 것부터 작은 것까지 포함된다.

㉢ C급: 주로 비중이 낮은 박판류에 도금이 되어 있어 Sn, Cu가 높다.

㉣ 선철(pig iron): Cu가 전혀 없으며 C가 높고 맥석 성분이 함유되어 있다.

㈐ 비중에 의한 분류

㉠ 중량 철 스크랩

㉡ 경량 철 스크랩: 장입성 등을 고려할 때 비중이 낮은 것

㈑ 발생에 의한 분류

㉠ 선철: 고로 등에서 철광석을 이용하여 1차 제선한 철로 비중이 가장 크다.

㉡ 철 스크랩: 1회 이상 재생처리된 철을 말한다.

㈒ 주원료의 등급별 특징 및 등급 기준(국내 철 스크랩): A급~D급으로 분류한다.

㈓ 환원: 사내 제강, 압연 등 생산 과정에서 부산물을 발생하는 지금, 연주 절단설, 압연 제품 절단설 등

㈔ 수입 철 스크랩: 외부에서 구입한 철

단원 예상문제

1. 아크식 전기로의 주원료로 가장 많이 사용되는 것은?

① 고철 ② 보크사이트 ③ 소결광 ④ 철광석

2. 고철을 주원료로 하여 고급강 생산에 적합한 것으로 생산비중이 점차 커지고 있는 제강법은?

① 염기성 전로법 ② 산성 전로법
③ 전기로법 ④ 평로법

해설 전기로법: 고철을 주원료로 하여 고급강 생산

3. 철광석의 환원도를 표시하는 환원율은?

① $환원율 = \frac{환원으로\ 제거된\ 산소량}{철광석\ 중의\ 전\ 산소량} \times 100$

② $환원율 = \frac{철광석\ 중의\ 전\ 산소량}{환원으로\ 제거된\ 산소량} \times 100$

③ $환원율 = \frac{환원철\ 중의\ 금속철}{환원철\ 중의\ 전\ 철분} \times 100$

④ $환원율 = \frac{환원철\ 중의\ 전\ 철분}{환원철\ 중의\ 금속철} \times 100$

4. 전기로에 환원철을 사용했을 때의 장점은?

① 생산성이 향상된다. ② 맥석분이 많다.
③ 제강시간이 연장된다. ④ 대량의 산화칼슘이 필요하다.

5. 전기로에 환원철을 사용하였을 때의 설명으로 틀린 것은?

① 제강시간이 단축된다. ② 철분의 회수가 용이하다.
③ 다량의 산화칼슘이 필요하다. ④ 전기로의 자동조작이 필요하다.

해설 철분의 회수가 어렵다.

6. 환원철을 전기로에 사용할 때의 장점으로 옳은 것은?

① 제강시간이 길다.
② 생산성이 향상된다.
③ 형상 품위 등이 일정하여 취급이 어렵다.
④ 자동조업이 쉬운 장점이 있으나, 맥석분이 많으므로 석회가 필요하고 가격이 고철보다 비싸다.

정답 1. ① 2. ③ 3. ① 4. ① 5. ② 6. ②

(2) 부원료

① 용제의 목적

㈎ 용융성 강재를 만들어 용강 중의 불순물을 산화 제거한다.

㈏ 용강의 표면을 덮어 노내 가스접촉을 방지한다.

㈐ 전극으로부터 탄소흡수를 방지한다.

㈑ 염기성 아크로에서는 염기성 슬래그 생성을 위한 플럭스를 사용한다.

② 용제의 종류

㈎ 석회석

㉠ 석회석($CaCO_3$)은 CaO를 주성분으로 한 천연광석이다.

㉡ 석회석은 전기로에서 염기성 슬래그를 제조하여 탈인과 탈황 작용을 한다.

㉢ CaO 함량이 높고 P, S, SiO_2 등 불순성분이 적어야 한다.

㉣ 석회석은 열분해 반응이 흡열 반응으로 열손실이 있다.

㈏ 생석회

㉠ 생석회(CaO)는 석회석을 소성로에서 900℃ 이상 가열하여 CO_2를 제거한 것으로 제강과정에서 석회석보다 용해하기 쉽고 열손실도 적다.

㉡ 생석회는 흡습성이 강해서 소석회($Ca(OH)_2$)를 형성하여 분화되기 쉬우므로 운반 및 보관에 유의한다.

㉢ 환원기에 사용할 때에는 수분의 분해에 따라 용강 중의 수소 함량을 상승시키므로 충분히 건조된 것만 사용한다.

㈐ 형석

㉠ 형석(CaF_2)은 융점이 935℃의 저온에서 생석회의 융점을 낮추는 역할을 한다.

㉡ 강재의 유동성을 향상시키므로 탈인 및 탈황 반응을 촉진한다.

㉢ 지나치게 사용하면 내화물 용손이 심해지므로 주의해야 한다.

㈑ 경소 돌로마이트

㉠ 돌로마이트를 통상 900℃ 전후에서 소성하여 활성도가 높게 제조한다.

㉡ 전기로 내 MgO계 내화물의 노상 보호를 위해 투입한다.

㉢ 통상적으로 50% MgO+35% CaO로 구성된다.

㈒ 괴탄

㉠ 주성분이 C로서 강의 탄소량 조정 및 전기로에서 야금학적 효과를 부여한다.

㉡ 입도는 5~50mm 정도이다.

㈓ 가탄제

㉠ 선철, 코크스, 무연탄, 전극설 등이 사용된다.

㉡ S, P가 적을 것

㉢ 전극설이 가장 좋으며 코크스분보다 회분이 적고 휘발분이 없어서 많이 사용한다.

㈔ 산소가스 및 철광석

[산소가스]

㉠ 산소 사용의 목적

- 용해촉진(cutting)
- 산화탈탄(Bessemerizing)
- 노 수리용

㉡ 산소 사용 효과

- 산소의 공급이 직접적이어서 정련시간 단축
- 강욕 중에 생성된 CO가스 방출효과
- 빠른 온도상승
- 탈탄은 발열반응으로 공급 감소

[철광석]: 산화제로 사용한다.

㉠ 철분함량이 높아야 한다.

㉡ 일반적으로 60% 이상 사용한다.

㉢ 유해한 P, S이 낮고 SiO_2분도 10% 이하이다.

㉣ 크기는 50~100mm 정도의 괴광이 효과적이다.

③ 합금철

㈎ 합금철은 페로알로이(ferroalloy)라고도 하며, 제강 과정에서 용탕의 탈산 혹은 탈류 등 불순물을 제거하거나 철 이외의 성분 원소 첨가를 목적으로 사용하는 철 합금이다.

㈏ 합금철은 강이나 주철의 제조에 필수로 사용되는 부원료이다.

㉠ 제강에서 공통적으로 탈산, 탈류용으로 사용되는 것: Fe–Si, Fe–Mn, Fe–Si–Mn

㉡ 강의 성질을 개선하기 위해 성분 첨가용으로 사용되는 것

- 스테인리스강의 주원료로 사용되는 것: Fe–Cr, Fe–Si, Fe–Ni, El–Ni
- 성분 첨가용으로 사용되는 것: Fe–Mo, Mo briquette, Fe–V, Fe–Nb, Fe–B, Fe–W, Fe–Ti

단원 예상문제

1. 석회석은 어느 성분을 이용하는 것인가?

① $MgCO_3$ ② CaO
③ SiO_2 ④ Fe_2O_3

2. 형석과 석회석은 주로 무엇으로 사용하는가?

① 용제 ② 탈산제 ③ 산화제 ④ 주원료

3. 935℃에서 용융하여 생석회의 융점을 저하시키고 강재의 유동성을 좋게 하여 탈황작용이 큰 용제는?

① 석회석 ② 철광석 ③ 형석 ④ 산소

해설 형석: 생석회의 융점 저하, 강재의 유동성 증가, 탈황작용

4. 강재의 유동성을 향상시키는데 가장 효과적인 것은?

① 탄소분 ② 모래 ③ 형석 ④ 흑연

5. 전기로에 사용되는 형석의 설명 중 틀린 것은?

① 935℃의 저온에서 용융한다.
② 탈인에 직접적으로 큰 영향이 있다.
③ 노의 내화재를 용손하지 않으므로 사용에 제한이 없다.
④ 생석회의 융점을 낮춘다.

해설 지나치게 사용하면 노의 내화재를 용손하므로 사용에 제한이 있다.

6. 제강조업에서 소량의 첨가로 염기도의 저하없이 슬래그의 용융온도를 낮추어 유동성을 좋게 하는 것은?

① 생석회 ② 석회석 ③ 형석 ④ 철광석

7. 전기로 정련 중 형석을 사용하는 가장 큰 목적으로 옳은 것은?

① 반응속도를 느리게 한다.
② 온도상승을 촉진한다.
③ 염기도를 높게 한다.
④ 슬래그의 유동성을 좋게 한다.

해설 강재의 유동성을 향상시키고, 탈인 및 탈황 반응을 촉진한다.

8. 전로조업에서 취련 개시 및 취련 도중에 첨가하여 슬래그의 유동성을 향상시켜 반응성을 높여 주는 것은?

① 형석 ② 생석회
③ 연와설 ④ 돌로마이트

9. 돌로마이트(doromite)연와의 주성분으로 옳은 것은?

① $CaO + SiO_2$ ② $MgO + SiO_2$
③ $CaO + MgO$ ④ $MgO + CaF_2$

10. 아크식 전기로 제강에서 산소 사용의 목적이 아닌 것은?

① 용해촉진 ② 산화탈탄
③ 산화정련 ④ 박판제조

11. 전기로 제강시 산소를 사용함으로서 나타나는 효과가 아닌 것은?

① 산소에 의한 탈탄은 흡열반응이므로 전력공급이 많아진다.
② 산소의 공급은 직접적이어서 정련시간이 단축된다.
③ 강욕 중에 생성된 CO가스의 방출을 쉽게 한다.
④ 온도 상승이 빠르다.

해설 산소에 의한 탈탄은 발열반응이므로 전력공급이 적어진다.

12. 가탄제로 많이 사용하는 것은?

① 흑연 ② 규소
③ 석회석 ④ 벤토나이트

13. 제강작업에 사용되는 합금철이 구비해야 하는 조건 중 틀린 것은?

① 용강 중에 있어서 확산속도가 클 것
② 산소와의 친화력이 철에 비하여 작을 것
③ 화학적 성질에 의해 유해원소를 제거시킬 것
④ 용강 중에 있어서 탈산 생성물이 용이하게 부상 분리될 것

해설 산소와의 친화력이 철에 비하여 크다.

정답 1. ② 2. ① 3. ③ 4. ③ 5. ③ 6. ③ 7. ④ 8. ① 9. ③ 10. ④ 11. ① 12. ① 13. ②

(3) 원료 배합

전기로 조업에 미치는 주원료의 영향은 다음과 같다.

① 제품의 크랙에 미치는 영향: Cu값이 높을수록 제품의 크랙 발생이 증가하며 압연 제품 재공 발생의 주요인이 된다.

② 생산성의 영향: 철 스크랩의 비중 확보로 장입 시간을 단축하고 용해성이 좋은 것을 장입하여 생산성을 향상시킬 수 있다.

③ 회수율: Fe 함량이 높은 것의 배합비를 늘려 회수율을 향상시킬 수 있다.

④ 겉보기 비중과 전력 원단위

(가) 겉보기 비중이 크면 미용해 철 스크랩이 고온까지 남아 있거나 보일링 현상이 일어난다.

(나) 겉보기 비중이 작으면 철 스크랩이 국부적으로 용해되어 불연속적으로 철 스크랩이 무너지며 아크의 손실이 발생한다.

(4) 원료 장입

- 장입이란 전기로 내 원재료(고철류)와 부원료(생석회 및 괴탄류) 투입을 말한다.
- 대부분의 제강 회사는 장입 버킷(bucket)을 이용한 상부 장입(top charge)법을 채택하고 있으며 장입 버킷의 구조 및 용량은 작업 특성에 맞게 적용한다.

① 장입 횟수: 대부분의 전기로는 2회 장입을 하는 경우가 많다.

② 장입량: 장입량은 공장 건설 시의 생산성과 노의 용적을 염두에 두고 결정한다.

③ 등급별 버킷 장입 순서

(가) 버킷의 최하부는 전기로 노상 내화물 보호를 위하여 충격이 적도록 쿠션 역할을 할 수 있는 것을 장입한다.

(나) 경량 철 스크랩을 눌러서 버킷에 장입을 용이하게 한다. 중량 철 스크랩은 표면적이 작아 용해성이 나쁘므로 노내의 잔탕에 잠길 수 있도록 저부에 장입하며 특히, 상부에 장입할 경우 전기로 통전 시 스크랩이 붕괴되어 전극을 절손시키므로 주의해야 한다.

(다) 노내 버너 및 작업 도어 수랭 랜스가 커팅할 수 있는 중량의 것을 장입한다.

(라) 경량 철 스크랩 위를 다시 눌러 장입을 쉽게 하고 통전 초기 아크와 전극을 안정시킬 수 있는 중·경량의 것을 다시 장입한다.

④ 장입 시 고려 사항

(가) 선철이 한 곳에 집중되면 덩어리로 뭉쳐 녹지 않아서 작업이 지연될 수 있으므

로 중량과 경량 사이 한 곳에 집중되지 않도록 주의한다.

(나) 선반설을 노의 중하부에 장입하면 그 발생열이 타 철 스크랩에 전달되어 에너지 측면의 효율을 기대할 수 있으나 상부에 장입 시 집진으로 빨려 들어가 집진백에 고착하여 집진 효율을 저하시킬 수 있다.

(다) 탄소가 높은 스케일이나 주물설이 포함된 경우 지나치게 많이 장입하면 보일링을 유발할 우려가 있다.

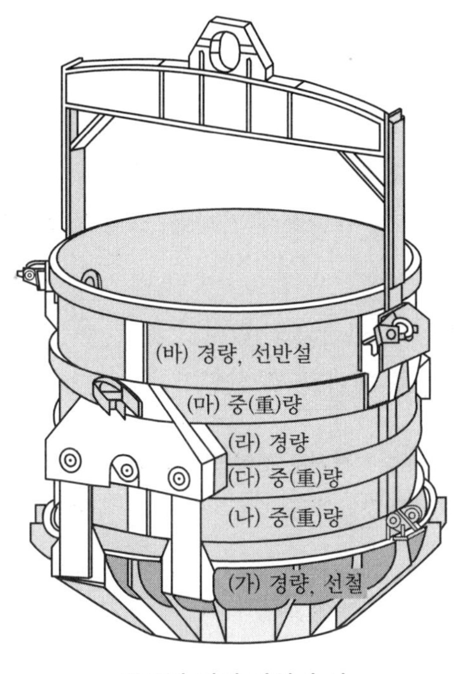

등급별 버킷 장입 순서

3-2 조업

1 전기로 조업 방법 설정

(1) 냉재법과 용재법

① 냉재법

(가) 고철과 같은 냉재를 장입하여 용해 정련하는 방법이다.

(나) 가장 일반적인 조업 방법이다.

② 용재법

(가) 고로 또는 큐폴라의 용선을 일부 장입하는 방법이다.

㈏ 평로나 전로에서 용강을 장입하여 초정련한다.

㈐ 이중조업(duplex process)이라고도 한다.

(2) 산화정련의 정도에 따른 조업 방법

① 완전산화법

㈎ 산소 또는 철광석을 사용하여 원료 중의 C, Si, Mn 및 P 등을 산화제거함과 동시에 비등정련에 의해서 강욕 중의 수소가스도 제거한다.

㈏ 고급 전기로강의 용제에서 많이 이용한다.

② 일부산화법이나 무산화법

㈎ 산화정련을 거의 또는 전혀 하지 않고 바로 환원작업하는 방법이다.

㈏ 진공탈가스법과 조합시켜 무산화에 가까운 조업 방법이다.

③ 보통법

㈎ 이회강재법(double slag)이라고도 한다.

㈏ 산화정련이 끝난 강재를 제거한 후 환원강재를 만들어 정련하는 방법이다.

전기로 조업법의 분류

분류	조업법	작업 요령	특징
노 바닥재(슬래그)	염기성 조업법	염기성: 마그네시아, 돌로마이트(CaO분이 많은 염기성 슬래그)	유해원소(P,S 등) 제거가 용이하다. 값싼 고철을 사용한다.
	산성조업법	규산질: 규석, 개니스터 등(규산포화철, 망간, 실리케이트 슬래그)	탈인, 탈황이 불가능하다. 원료 엄선이 필요하다.
장입원료	냉재법	냉재(고철)	용해시간이 길다.
	용재법	용선 등 30~60%	용해시간이 짧다. 산화정련시간이 길다.
산화정련	완전산화법	용해 또는 용락 후 산소나 철광석으로 Si, C, P 등을 산화한다.	탈인 용이, 탈수소도 가능하다. 원료 중의 C, Si, P 등 제약이 적다.
	무산화법	산화정련이 없다.	원료의 제약이 많다. 합금회수 등의 특수용도로 사용한다.
환원정련	보통법	산화정련 후 제재, 환원 슬래그로 정련, 출강	탈인, 탈황에 유리하다. 정련시간이 길다.
	단제법	산화정련 후 슬래그의 일부 또는 전부 제거, 출강	탈인, 탈황에 불리하다, 정련시간이 짧다, 수소함량이 적다.

④ 단제법

㈎ 산화정련 종료 후 일부 또는 전부의 강재를 제거하고 합금을 노내나 레이들내에 첨가하여 성분을 조정하는 방법이다.

㈏ 단제법과 진공탈가스나 특수한 레이들 정련법과 조합시키는 조업법이 발달했다.

2 조업하기

(1) 원료 장입작업

① 전로의 출강 후에 노내 보수작업이 끝나면 원료를 노내에 장입한다.

② 조업시 원료장입과 출강할 때의 전원은 장입시, 출강시 모두 끈다.

③ 고철 40~60%, 환원철 10~30%, 절삭층 5~10%가 장입된다.

④ 원료의 장입 순서: 경량물→중량물→그 외에 중정도의 것

⑤ 상부 장입(top charging) 방법

㈎ 노정경사형(tilt top): 소형로에서 사용하며 천정에 설치한 전동기, 수압 등으로 운전하는 기중기

㈏ 지지대 리프트 타입(gantry lift type): 전극 기둥과 천정을 올리는 장치가 지지대 크레인에 붙어 있고 장입상 위의 궤도를 이동하는 장치

㈐ 회전 타입(swing type): 천정과 전극 기둥을 지지하는 설비를 올려 전동기 혹은 수압장치에 의하여 노의 옆쪽에서 움직이는 장치

(2) 용해기 작업

① 노벽의 손모를 적게 하기 위한 낮은 전압과 대전류로 송전한다.

② 용락(melt down): 전압을 낮추어 노벽이나 천정의 용손을 방지하면서 산화정련 작업을 하는 시기

③ 레이들의 외부 철판에는 지름 10~20mm의 구멍을 여기저기 뚫어 건조 불충분시 가스의 탈출을 돕는다.

단원 예상문제

1. 전기로 제강조업 시 원료장입과 출강할 때의 전원상태는 각각 어떻게 해야 하는가?

① 장입시는 on, 출강시는 off ② 장입시는 off, 출강시는 on
③ 장입시, 출강시 모두 on ④ 장입시, 출강시 모두 off

2. 레이들이나 턴디시의 외부 철판에 지름 10~20mm의 구멍을 여기저기 뚫는 이유는?

① 건조 불충분시 가스의 탈출을 위하여 ② 레이들 연와의 수축 때문에
③ 레이들 연와를 자연 건조시키기 때문에 ④ 레이들의 무게를 줄이기 위하여

정답 1. ④ 2. ①

(3) 산화 정련기 작업

① 산화기 조업의 목적

(가) 품질이 좋은 강을 만들기 위하여 환원기에서 제거할 수 없는 유해원소(S, P, 불순물, 가스, 수소 등)를 산소나 철광석에 의한 산화 정련으로 제거한다.

(나) 탄소량을 조정한다.

(다) 강욕 온도의 균일화 및 온도가 상승한다.

(라) 환원조작을 용이하게 할 수 있도록 강욕을 만드는 작업이다.

(마) 산화정련 중 용강의 온도는 1600~1630℃가 적당하다.

② 산화기 반응

[산화기]

㉠ 산소를 용강에 취입하면 용강 중의 각 원소는 다음과 같은 순서로 반응을 일으켜 제거된다.

$Si+2O \rightarrow SiO_2$, $Mn+O \rightarrow MnO$, $2Cr+3O \rightarrow Cr_2O_3$, $2P+5O \rightarrow P_2O_5$, $C+O \rightarrow CO$

㉡ 산화기에 철광석과 산소의 사용으로 산화 정련 시간이 단축된다.

㉢ 고합금강 재생고철을 많이 배합하여 합금원소를 회수 가능하다.

㉣ 극저탄소강 제조가 가능하다.

(가) 규소의 제거

㉠ 가장 먼저 산화되어 용락될 때는 이미 0.05% 이하로 떨어진다.

㉡ 규소가 많을 때는 이산화규소로 되어 슬래그의 염기도를 저하시키고 탈인 반

응을 저해한다.

㉢ 슬래그의 염기도를 높일 필요가 있을 때는 산화칼슘을 추가한다.

(나) 망간의 제거

㉠ 이론적으로는 규소가 완전히 산화된 후 망간의 산화가 시작된다.

㉡ 실제 조업에서는 많은 양의 망간이 규소와 함께 제거된다.

㉢ 가용 중의 망간 양은 강욕의 비등이 충분히 일어나고 강욕이 과산화되지 않을 정도로 유지된다.

㉣ 망간 양이 0.15% 이하로 유지되도록 수시로 페로망간을 투입한다.

㉤ 온도가 높을 때는 망간의 산화가 약하게 일어나므로 고온 정련을 실시한다.

(다) 크롬의 제거

㉠ 크롬 산화는 망간과 같이 온도가 낮을 때 잘 진행된다.

㉡ 크롬을 회수하려면 높은 온도에서 정련한다.

㉢ 산화 취련은 고온 정련이 가능하므로 스테인리스강 고철의 용해가 가능하다.

㉣ 크롬 제거를 쉽게 하기 위하여 산화 비등과 동시에 일부 슬래그를 제거하고 산화크롬이 적은 슬래그를 넣어 산화작업을 반복한다.

㉤ 제품의 크롬 규격이 0.2% 이하의 강에서는 산화 말기에 크롬량을 0.1% 이하로 유지해야 한다.

(라) 인의 제거

㉠ 인은 산화제와 반응하여 P_2O_5가 되고 이것이 산화철과 결합하여 $3FeO \cdot P_2O_5$가 된다.(158℃ 전후)

㉡ 산화칼슘과 결합하여 안정한 $3CaO \cdot P_2O_5$가 되기도 한다.

㉢ 탈인을 유리하게 하는 조건

- 비교적 저온도에서 탈인 작용을 할 것
- 슬래그 중에 산화제일철(FeO)이 많을 것
- 슬래그의 염기도가 클 것
- 슬래그 중에 P_2O_5가 적을 것
- 슬래그 중의 규소, 망간, 크롬 등과 같은 탈인을 저해하는 원소(C, Si, Mn, Cr 등)가 적을 것
- 슬래그 중의 형석(플로오르화칼슘)이 탈인을 촉진시킬 것

(마) 탄소의 제거

㉠ 탄소는 온도가 높을수록 제거가 용이하다.

㉡ 규소, 망간, 인 등의 원소가 적을수록 제거가 용이하다.

㉢ 생성물인 CO의 발생에 의한 비등 현상도 활발해진다.

㉣ 탄소 제거는 주로 비등작용을 일으키고 탈수소 효과를 높인다.

㉤ 산화 말기 탄소량은 규격 하한보다 조금 적은 것이 유리하다.

㉥ 탄소량을 너무 적게 하면 환원기에 탄소를 더 투입해야 한다.

㉦ 비등 정련을 받지 않은 가탄제를 환원기에 사용하는 것은 용강 중의 수소, 인 등의 불순물을 증가시키고 환원 시간이 연장될 수 있다.

(바) 수소의 제거

㉠ 산화기에서 매우 중요한 조작의 하나이다.

㉡ 용강 중의 수소 함유량에 따라 재료의 품질에 큰 영향을 끼친다.

㉢ 수소는 CO가스의 산하 비등 작용을 통하여 기계적으로 제거된다.

㉣ 끓음 작용이 격렬하고 전체적으로 발생하는 것이 좋다.

㉤ 탈수소를 유리하게 하는 조건

- 강욕온도가 충분히 높을 것
- 강욕 중의 규소, 망간, 크롬 등의 탈산 원소를 적게 함유할 것
- 적당히 탈가스가 되도록 슬래그의 두께가 두껍지 않을 것
- 탈탄 속도가 클 것(비등이 활발할 것)
- 산화제와 첨가제에 수분을 함유하지 않을 것
- 대기 중의 습도가 낮을 것

(4) 산화기의 조업

① 조업법

(가) 용락 후 산화칼슘을 투입한다.

(나) 슬래그의 염기도를 적정하게 유지한다.

(다) 강욕 온도를 충분히 높인 후 산소를 취입한다.

(라) Si나 Mn 등이 먼저 산화 제거된 후 소정의 탄소량까지 탈탄시키고 산화 정련을 실시한다.

(마) 산화반응의 진행에 따라 강욕 온도는 상승하고 비등현상은 격렬하게 발생(산화기 작업에서 가장 중요)한다.

(바) 강욕 중의 수소는 2ppm 이하로 감소한다.

② 강욕 온도가 낮을 경우

(가) 탈탄반응이 충분하게 진행되지 않으므로 산소 사용량이 증가한다.

(나) 과도한 산화철을 용강 중에 남기게 되어 과산화 상태가 되는 문제가 발생한다.

(다) 정련시간의 연장이나 노 바닥의 손상을 가져온다.

(라) 품질 좋은 강을 얻을 수 없다.

③ 슬래그 제거

(가) 산화 정련한 용강을 환원기로 옮기기 위해 산화제를 제거하는 작업이다.

(나) 산화정련에 의해 제거되는 불순물은 대부분 산화제에 흡수된다.

(다) 산화정련이 완료되면 슬래그는 오염된다.

(라) 슬래그 오염은 환원정련을 저해하는 요소이므로 80~90%의 제재 작업이 필요하다.

(마) 염기성 전기로의 슬래그 조성

	CaO	SiO_2	MgO	CaS	CaC_2	FeO	MnO
산화기 슬래그	40~45%	15~20%	–	–	–	10~20%	–
환원기 슬래그	55~65%	10~20%	5~10%	1~2%	0.5~2%	<1.0%	<1.0%

단원 예상문제

1. 전기로 정련 시 산화기의 가장 큰 목적은?

① 탈인 ② 보온
③ 배재 ④ 냉각

2. 전기로 산화정련작업에서 일어나는 화학반응식이 아닌 것은?

① $Si+2O \rightarrow SiO_2$ ② $Mn+O \rightarrow MnO$
③ $2P+5O \rightarrow P_2O_5$ ④ $O+2H \rightarrow H_2O$

3. 전기로의 산화기 정련작업에서 산화제를 투입하였을 때 강욕 중 각 원소의 반응 순서로 옳은 것은?

① Si→P→C→Mn→Cr ② Si→C→Mn→P→Cr
③ Si→Cr→C→P→Mn ④ Si→Mn→Cr→P→C

4. 전기로 제강법에서 산화제를 첨가하면 강욕 중 반응을 일으켜 가장 먼저 제거되는 것은?

① C　② P　③ Mn　④ Si

해설 산화제를 첨가하면 강욕 중 반응을 일으켜 Si가 가장 먼저 제거된다.

5. 전기로 산화기 반응으로 제거되는 원소는?

① Ca　② Cr　③ Cu　④ Al

6. 아크식 전기로 조업에서 탈수소를 유리하게 하는 조건은?

① 탈가스 방지를 위해 슬래그의 두께를 두껍게 한다.
② 끓음이 발생하지 않도록 탈산속도를 적게 한다.
③ 대기 중의 습도를 높게 한다.
④ 강욕온도를 충분히 높게 한다.

7. 탈수소를 유리하게 하는 조건이 아닌 것은?

① 탈탄속도가 클 것　② 대기 중의 습도가 낮을 것
③ 슬래그의 두께가 두꺼울 것　④ 용강의 온도가 충분히 높을 것

해설 슬래그의 두께가 작을 것

8. 전기로 산화정련작업에서 제거되는 것은?

① Si, C　② Mo, H_2　③ Al, S　④ O_2, Zr

9. 산화제를 강욕 중에 첨가 또는 취입하면 강욕 중에서 다음 중 가장 늦게 제거되는 것은?

① Cr　② Si　③ Mn　④ C

해설 강욕 중에 늦게 제거되는 순서: Si → Mn → Cr → P → C

10. 정상적인 전기아크로의 조업에서 산화슬래그의 표준성분은?

① MgO, Al_2O_3, Cr_2O_3　② CaO, SiO_2, FeO
③ CuO, CaO, MnO　④ FeO, P_2O_5, PbO

정답 1. ① 2. ④ 3. ④ 4. ④ 5. ② 6. ④ 7. ③ 8. ① 9. ④ 10. ②

(5) 환원기 작업

① 목적

㈎ 염기성, 환원성 강재 하에서 정련을 하여 탈산과 탈황을 함과 동시에 합금첨가와 강욕온도를 조정한다.

㈏ 환원 강재를 사용하는 탈산에는 확산 탈산법과 강제 탈산법(석출 탈산법)이 있다.

② 탈산의 종류

㈎ 확산 탈산법

㉠ 환원 슬래그인 화이트 슬래그(white slag) 또는 카바이드 슬래그(carbide slag)에 의해 강욕을 탈산한다.

㉡ 탈산이 종료되면 규소를 첨가한다.

㉢ 환원 시간이 길어지고, 강욕 성분의 변동도 잘 일어난다.

㈏ 강제 탈산법

㉠ 강욕의 직접 탈산을 주체로 하는 작업이다.

㉡ 산화기 슬래그를 제거한 다음 Fe-Si, Fe-Mn, 금속 Al 등을 강욕 중에 초기 탈산제로 직접 첨가한다.

㉢ 탈산 생성 부산물을 부상 분리와 동시에 조제재(생석회, 규석, 형석 등)를 투입하여 빠르게 환원 슬래그를 형성하는 환원 정련법이다.

㉣ 강욕 성분의 변동이 작다.

㉤ 탈산과 탈황 반응이 빠르게 진행되어 환원 시간이 단축된다.

③ 제재 직후의 탈산과 가탄

㈎ 제재 직후의 탈산에서는 Mn의 최저 첨가

㈏ Si은 Mn의 1/6~2/3 첨가

㈐ 가탄은 제재 직후의 강욕에 세분의 전극설 투입 동시에 탈산제 첨가하여 통전

④ 환원기 강재의 조제와 탈산 및 탈황

㈎ 조제재는 생석회, 형석을 사용한다.

㈏ 강재의 환원제로서 탄분 및 Fe-Si을 사용한다.

㈐ 탄분의 사용량이 적어지면 카바이드 슬래그에서 화이트 슬래그로 변화된다.

㈑ 카바이드 슬래그는 고탄소강의 경우에 생성이 쉽고 환원성이 강하나 환원정련시 및 출강시에 탄소가 상승하므로 환원기 후반에 탄소의 사용을 피하고 출강

전에는 화이트 슬래그로 하는 것이 보통이다.

(마) CaC_2는 FeO를 환원한다.

$CaC_2+2FeO=CaO+2Fe+2CO$

(바) 카바이드 슬래그는 강력한 환원제이지만 용강을 가탄하는 불안이 있으므로 저탄소강으로 만들지 않는 것이 보통이다.

⑤ 강욕 성분의 조정

(가) 탄소

㉠ 탄소는 카바이드 슬래그로부터 증가한다.

㉡ 부족한 경우 선철이나 가탄제를 첨가한다.

(나) Si

㉠ Fe-Si는 일반강에서는 최종 탈산제로 사용된다.

㉡ 첨가 후 10~15분에 출강한다.

(다) Mn

㉠ 제제 직후에 규격 최저값으로 첨가한다.

(라) S

㉠ 불순물 원소로서 낮을수록 좋은 품질이다.

㉡ 황을 제거하려면 카바이드 슬래그에 의한 환원이 효과적이다.

㉢ 황량이 높은 쾌삭강에는 주로 레이들을 이용한다.

(6) 환원기 작업 순서

① 제재 직후의 가탄

② 초기 합금 첨가에 의한 탈산

- 제재 직후 첨가: Fe-Mn
- 최종 탈산제 첨가: Fe-Si
- 탈산제: 금속 Al 등

③ 용재가 생성되면 환원제를 살포한다.

- 환원제는 용재 중의 FeO를 환원한다.

④ FeO가 함유된 강재는 흑색, 함유되지 않으면 화이트 슬래그가 된다.

- 화이트 슬래그가 유지되도록 환원제를 적당히 첨가한다.
- 화이트 슬래그를 유지하기 위하여 코크스 분을 첨가하나 가탄(C)될 염려가 있다.

⑤ 저탄소강을 용해할 때는 가탄을 방지하기 위하여 Fe–Si이나 Ca–Si을 미립으로 첨가한다.

⑥ 성분 조정 및 온도 조정

3 샘플 채취 및 온도 측정

(1) 샘플 채취

① 조재제 투입 후 10~15분이 경과하면 화이트 슬래그 또는 약카바이드 슬래그가 생기는데 용강과 슬래그를 충분히 교반하여 분석 시료를 채취해서 분석한다.

② 분석 결과와 용강량으로부터 첨가해야 할 합금철량을 계산하여 필요량을 첨가한다.

(2) 용강온도 측정

① 환원기에 조재제를 첨가한 경우에는 용해와 제재에 의한 온도 강하를 보충하기 위해 승온 탭을 사용한다.

② 10~15분 후에 슬래그가 형성되고 용강 온도가 회복되면 곧바로 전압을 바꾸어 천천히 전류를 낮추고 출강 온도가 되도록 조정한다.

③ 온도는 일반적으로 침적 고온계(immersion pyrometer)를 사용한다.

단원 예상문제

1. 아크식 전기로 조업 중에 환원기 작업의 주목적은?

① 탈산과 탈황 ② 탈인 ③ 탈규소 ④ 탈질소

2. 전기로 제강법 중 환원기의 목적으로 옳은 것은?

① 탈인 ② 탈규소 ③ 탈황 ④ 탈망간

3. 전기로 제강법에서 환원기 작업의 특성을 설명한 것 중 틀린 것은?

① 강욕 성분의 변동이 적다.

② 환원기 슬래그를 만들기 쉽다.

③ 탈산이 천천히 진행되어 환원 시간이 늦어진다.

④ 탈황이 빨리 진행되어 환원 시간이 빠르다.

해설 탈산이 빠르게 진행되어 환원 시간이 빨라진다.

4. 제강에서 가장 강한 탈산제는?

① $CaCO_3$ ② CaC_2 ③ CaO ④ Mill scale

5. 전기로 제강조업에서 환원기에 증가하는 원소는?

① P ② S ③ V ④ C

6. 일반강을 제조하는 염기성 전기로 조업에서 환원정련 작업 중 가장 먼저 투입하는 탈취제는?

① Fe–Si ② Fe–Mn ③ Ca–Si ④ Al

정답 1. ① 2. ③ 3. ③ 4. ② 5. ④ 6. ②

3-3 출강

(1) 출강 방식

① tea spout 방식

㈎ 노체 측벽에 출강구가 있으며 출강할 때 용강과 슬래그가 함께 배출되는 방식이다.

㈏ 구조가 간단하고 보수가 용이하다.

㈐ 출강할 때 슬래그가 함께 유출되어 레이들 내에서 출강류에 의한 강력한 교반으로 용강과 슬래그의 반응이 촉진되는 장점이 있다.

㈑ 용강의 2차 정련 과정에서 환원성 슬래그를 제조할 필요가 있을 경우에는 오히려 악영향을 미치는 단점이 있다.

② CBT(Center Bottom Tapping) 방식

㈎ 2차 정련 기술이 일반화됨에 따라 청정도를 높인 강을 제조하기 위해서는 슬래그의 유출을 최대한 억제하는 것이 바람직하다.

㈏ 전기로 출강 과정에서 슬래그의 유출을 방지하기 위한 노저 출강법이 개발 · 보급되었다.

㈐ 처음에는 노저 중앙에서 출강하는 CBT 방식을 적용했으나 출강구 관리가 어려워 현재는 편심 출강법(EBT) 방식으로 거의 대체되었다.

③ EBT(Eccentric Bottom Tapping) 방식

㈎ 출강측 바닥 부위에 수직 하향의 출강구를 설치하고 외측에 설치한 스토퍼(stopper)를 열어서 출강하는 방식이다.

㈏ 산화 정련 중에는 용탕 면이 출강구보다 높지만 출강구를 올리빈사가 주성분인 필러(filler)재로 충진하여 용강의 유출을 방지한다.

㈐ 노체를 경동하여 출강구의 직상의 용강 깊이가 증가하면 철정압에 의해 출강구를 충진한 필러가 밀려나가며 출강이 시작된다.

(2) 탈산

① 탈산 시 유의 사항

㈎ 탈산은 산소를 제거하여 용강이 응고할 때까지 가스를 발생하지 않도록 하며 탈산 생성물인 개재물량을 저감시킨다.

㈏ FeO가 슬래그에서 용강으로 들어오는 속도보다 급속히 탈산 생성물이 제거되어야 한다.

② 탈산 방법

㈎ 석출 탈산(강제, 화학 탈산)

㉠ 주요 탈산 원소: Mn, Si, Al 등이며 Fe-Mn, Fe-Si 합금철 또는 Si-Mn의 합금

㉡ 석출 탈산을 효과적으로 하기 위한 조건

- 탈산제가 용강 중에 신속히 용해할 것
- 탈산 원소의 산소에 대한 친화력이 강할 것
- 탈산 생성물의 부상 속도가 클 것

㈏ 확산 탈산

용강-슬래그 간의 산소의 분배를 이용해서 슬래그로 탈산하는 방법을 확산 탈산이라 한다.

㈐ 탄소에 의한 탈산

감압 또는 진공 탈가스 시에 탄소에 의한 탈산이 이루어지는 것이다.

③ 레이들 내 탈산

㈎ 산소와의 친화력이 강한 순서: Zr → Al → Ti → Si → V → Cr → Mn

㈏ 합금철, 탈산제, 가탄제로 주로 사용하는 것: Fe-Mn, Fe-Si, Si-Mn, Ca-Si, Al, 분탄 등

(다) 탈산제를 노 내에 투입하면 레이들에서만 탈산한 용강보다 청정도가 높다.

(3) 슬래그 포밍(slag forming) 조업

① 포밍 슬래그(foaming slag)의 목적

(가) 롱 아크(long arc), 전압 증가에 의한 전력 증대

(나) 복사열 손실을 억제시켜 열효율 증대: foam 보호(93%), 미보호(36%)

(다) arc 복사와 화염으로부터 내화물 보호

(라) 질소 픽업(pick-up) 방지

② 포밍 슬래그(foaming slag)에 미치는 인자

(가) 슬래그 표면장력

(나) 슬래그 염기도의 영향

(다) 슬래그 중 PO의 영향

(라) 슬래그 중 FeO의 영향

(마) 미반응 탄소 입자 영향

(4) 출강 작업

① 성분과 온도 정정 후 용강 진정 상태를 조사한 다음 출강한다.

② 아크식 전기로 조업 순서

- 노 보수 → 장입 → 용해기 → 산화기 → 제재 → 환원기 → 출강

단원 예상문제

1. 전기 아크로의 조업 순서를 옳게 나열한 것은?

① 원료장입→용해→산화→슬래그 제거→환원→출강

② 원료장입→용해→환원→슬래그 제거→산화→출강

③ 원료장입→산화→용해→환원→슬래그 제거→출강

④ 원료장입→환원→용해→산화→슬래그 제거→출강

정답 1. ①

3-4 전기로 조업의 신기술

(1) 초고전력 조업(UHP)

단위시간당의 투입전력량을 증가시켜 용해, 승열시간을 단축함으로써 생산성을 향상시킨다.

① UHP 조업의 특징

㈎ 동일로 용량에 대하여 2~3배의 대전력을 투입한다.

㈏ 저전압 대전류의 저역율(70% 정도)에 의한 굵고 짧은 아크로 조업이다.

② 저전압, 대전류 조업을 하게 된 동기

㈎ 전압이 높고 긴 아크보다 저전압, 대전류의 짧은 아크가 용락 전후의 노벽에 미치는 영향이 적다.

㈏ 아크의 안정성이 증가하고 동일전력의 경우 종전보다 플리커(flicker) 현상이 적어진다.

㈐ 용락 이후의 용강의 열전달 효율이 높아진다.

㈑ 용해시간을 단축하고 생산성을 향상시키고, 열효율이 좋아서 전력 원단위를 저하한다.

(2) 전기로에서의 환원철의 이용

① 전기로에서의 환원철은 비교적 저온에서 고체 상태의 철광석을 환원한 것으로 괴광석을 환원한 그대로의 해면철(sponge)을 이용한다.

② 분광석을 일단 펠릿으로 만들어 환원한 환원 펠릿(지름 10mm 정도)을 이용한다.

③ 해면철이나 환원철분을 일정한 크기로 가압성형한 환원 조개탄(briquette)(90×60×30mm 정도)을 이용한다.

④ 환원철은 금속화율이 90% 이상이다.

⑤ C, Si, P, S, Cu 등의 불순물이 적어서 강과 비슷한 성분이나 맥석을 5~10% 함유한다.

단원 예상문제

1. 단위 시간에 투입되는 전력량을 증가시켜 장입물을 용해시키는 것은?

① HP법　② RP법　③ UHP법　④ URP법

2. 전기로 조업에서 UHP 조업이란?

① 고전압 저전류 조업으로 사용 전류량 증가
② 저전압 저전류 조업으로 전력 소비량 감소
③ 저전압 대전류 조업으로 단위시간당 투입 전력량 증가
④ 고전압 대전류 조업으로 단위시간당 사용 전력량의 감소

해설 UHP법(초고전력 조업): 단위시간에 투입되는 전력량을 증가시켜 장입물을 용해시키는 조업

3. UHP 조업에 대한 설명으로 틀린 것은?

① 초고전력 조업이라고도 한다.
② 용해와 승열시간을 단축하여 생산성을 높인다.
③ 동일 용량인 노내에서는 PR 조업보다 많은 전력이 필요하다.
④ 고전압 저전류의 투입으로 노벽 소모를 경감하는 조업이다.

해설 고전압 저전류의 투입으로 노벽 소모를 증가시킨다.

4. 전기로 조업의 신기술인 초고전력 조업(UHP 조업)의 특징에 해당되는 것은?

① 단위 시간당 전력투입량을 최저로 하여 생산원가를 낮춘다.
② 일반적으로 전압은 낮게, 전류는 높게 하여 효율을 높인다.
③ 보통 전력조업(RP조업)의 0.2~0.3배로 전력을 투입한다.
④ 아크 발생은 가능한 길게 또는 가늘게 하는 것이 유리하다.

정답 1. ③ 2. ③ 3. ④ 4. ②

제 4 장 노외 정련법

1. LF 정련

1-1 LF(Ladle Furnace) 정련의 개요 및 특징

(1) 개요

① 출강 전에 전기로에서 미리 환원 슬래그를 만들고 레이들에 용강과 함께 출강하여 아크 가열함으로써 전기로의 환원기를 생략하는 방법이다.

② LF는 강환원성 슬래그에 의한 탈산, 탈류, 개재물 형태 제어, 아크 가열에 의한 합금철 용해, 성분, 온도 조정 기능을 지니고 있어서 제강시간 단축에 의한 생산성 향상으로 전로공장에서 특수강 생산을 가능하게 하였다.

③ LF법에 의해 슬래그 정련을 실시함으로써 전로, 전기로법에 상관없이 다품종, 고품질 용강을 생산할 수 있다.

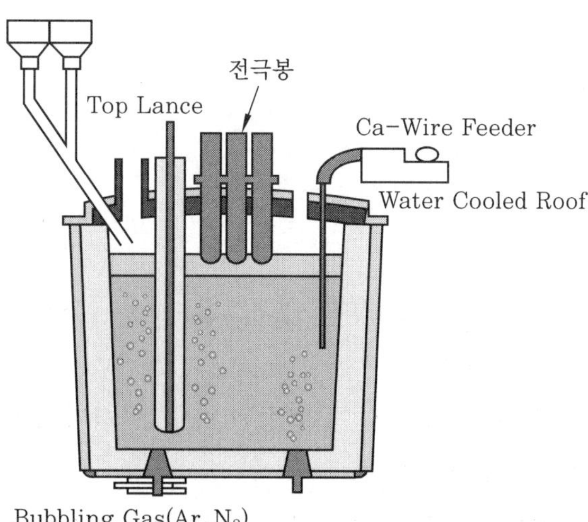

LF 모형도

(2) 특징

① 바닥 버블링(bottom bubbling)에 의한 강력 교반으로 탈류 및 개재물을 제어하며, 3개의 흑연 전극봉을 이용하여 아크로 인해 승온이 가능한 설비이다.

② 전후 공정의 적절한 버퍼 역할을 하여 후 공정이 원하는 온도, 연주에서 원하는 연주 연결시간 등을 맞춰주는 역할을 하고 있다.

(3) LF 주요 기능

① 용강 승온: 전기 아크 열을 이용한다.(4℃/min)

② 용강 탈류: 상부 슬래그, 분체 분사(Ca-Si) 기능들을 이용해 극저류강을 생산한다.

③ 청정강 제조: PI 및 상부, 바닥 버블링을 통한 강중 개재물 형상제어, 부상분리를 촉진한다.

④ 온도, 성분의 미세조정: 합금철 보정 및 상부, 바닥 버블링을 통한 온도, 성분의 균질화(아르곤 가스 취입)를 한다.

⑤ 일반강의 대량생산 공정이다.

⑥ 조업 안정 및 제조비용 최소화 추구 공정이다.

(4) LF대차

용강 레이들을 LF처리 및 보온재 투입 위치로 이동하는 장치이다.

1-2 배재

(1) 슬래그 상태 판단 및 슬래그 제거

① 경동대(ladle stand)

㈎ 래들 틸팅 스탠드는 배재기로 용강 슬래그를 제거 시 용강 래들의 경동을 위해 설치되며 유압으로 작동한다.

㈏ "U"형 틸팅 프레임은 공장 바닥에 고정된 유압 실린더에 연결되어 있으며 3개의 리미트 S/W에 의해 제어한다.

㈐ 용량은 480ton이며, 2개의 유압 실린더에 의해 구동된다.

㈑ 틸팅 각도는 0~30°, 틸팅 속도는 최고 60°/min이다.

② 배재기(slag skimmer)

㈎ 수강레이들 내에 표면에 부상되어 있는 슬래그를 제거하는 설비이다.

㈏ 상하 좌우 이동이 가능하며 실드(shield)는 교체가 가능하다.

③ 개재물과 슬래그

㈎ 개재물은 용강 정련과정에서 다양한 형태로 나타나고 연주 노즐 막힘의 주원인이다.

㈏ 최종제품 가공 시 각종 크랙의 원인이다.

㈐ 개재물의 종류

㉠ 내부 개재물: 탈산과정에서 발생한다.

㉡ 외부 개재물: 슬래그 가둠, 내화물의 파괴, 공기에 의한 재산화에 의해 발생한다.

㈑ 개재물 제거의 3단계

㉠ 개재물의 슬래그/메탈 표면으로 이동

㉡ 계면으로의 개재물의 분리

㉢ 개재물로부터의 용해에 의한 개재물의 제거

(2) 보온재

① 보온재는 용강보온, 재산화 방지, 비금속 개재물 흡수 등을 목적으로 투입한다.

② 고규산질과 고염기성으로 분류한다.

고규산질 플럭스	- 주성분이 SiO_2로 가장 많이 사용되는 왕겨가 대표적이다. - 보온성은 우수하나 재산화 방지 및 개재물 흡수능이 없다.
고염기성 플럭스	- 주성분이 CaO로서 보온작용은 거의 없다. - 용해되어 용융 슬래그에 용강의 재산화 방지 및 개재물 흡수능이 우수하다. - 고청정성이 요구되는 강종에 주로 사용된다.

③ 보온재 제조공정 순서: 왕겨 → 소각로 → 혼합기 → 성형기 → 건조로 → 냉각시설 → 포장시설

1-3 수송설비

① 합금철 수입 호퍼(under receiving hopper): LF에서 사용되는 합금철을 저장 호퍼로 이송하기 위해 지상에 저장하는 설비

② 내부 버킷 컨베이어: 합금철 수입 호퍼(under receiving hopper)에 저장 불출된 합금철을 진동 피더로부터 받아 고층 호퍼 상부의 컨베이어 벨트로 이송하는 설비
③ 이송 벨트 컨베이어: 내부 버킷 컨베이어에서 수송된 합금철을 저장 호퍼로 이송하는 설비
④ 셔틀 컨베이어: 내부 버킷 컨베이어로부터 합금철을 받아서 저장 호퍼로 분배 저장하는 설비
⑤ 저장 호퍼: 저장된 각 합금철을 무게 측정 카로 배출하는 설비
⑥ 무게 측정 카: 각각의 저장 호퍼(16개소)의 장입 장소로 옮겨가며 진동 피더로부터 절출된 합금철을 받아 설정량을 평량 후 진동 피더를 작동시켜 연결 호퍼로 배출하는 설비
⑦ 연결 호퍼: 평량된 합금철을 일시 저장하는 설비

1-4 합금철 성상 및 특성

(1) 제강공장에서 사용되는 합금철의 요구 특성

① 쉽게 용해되고 빠른 확산이 필요하다.
② 합금철내 불순물이 적어야 한다.
③ 형상, 가격 등 사용성이 확보되어야 한다.

(2) 주요 합금철이 강에 미치는 영향

구분	목적
Al	용강의 탈산 및 오스테나이트 입도 미세화를 통한 강도 및 항복점을 상승시키고 질소(N)가 고정되어 시효성이 감소, 저온에서 가공성이 나빠진다.
Ni	강의 오스테나이트 영역을 확대하고 인성을 증가시키며 특히 저온에서 인성을 향상시킨다.
Ca	개재물의 부상분리 및 중심편석을 억제한다.
Cr	강의 인장 성질 및 내마모성을 향상시킨다.
Nb	상온 및 고온에서 강도를 증가시키며, 특히 항복점을 증가시킨다.
Cu	Cu석출에 의하여 시효경화를 부여하고, 일반적으로 인장강도, 경도, 항복점은 Cu함유량과 함께 상승하고, 연신율과 단면감소율은 감소한다.

(3) 합금철 투입 목적

① 알루미늄

㈎ 용강 및 슬래그의 탈산, 합금철 성분으로 S-Al 확보를 위해 사용한다.

㈏ 탈산에 의하여 형성된 Al_2O_3 개재물은 슬래그 층으로 부상하며, 부상하지 않은 Al_2O_3는 노즐의 막힘을 유발하므로 버블링을 통하여 충분히 분리부상시켜야 한다.

㈐ Al 자체는 탈류능이 전혀 없으나, 용강이 탈산이 안 될 경우 탈류가 불가하며 CaO+S의 반응에 의하여 남은 산소와 반응하므로 탈류에 꼭 필요한 성분이다.

② 생석회(CaO)

㈎ 탈산생성물인 Al_2O_3 개재물과 합쳐 저융점의 슬래그를 형성시키고, 탈류능을 향상한다.

㈏ 일반적으로 C/A가 1.3~1.7일 경우 가장 저온의 슬래그 상태를 만들며 높을수록 탈류능이 가장 좋다.

㈐ C/A가 1.3~1.8을 벗어날수록 고융점으로 재화도 불량하고 탈류능도 떨어진다.

③ 형석

㈎ 단일 성분으로 가장 저융점의 부원료이며, SiO_2의 연결고리를 끊어 점도 및 융점을 하락시키는 슬래그 매용제의 역할을 한다.

㈏ 주성분이 CaF_2이고, 점도를 낮추는 특성 때문에 탈류능도 우수하나 다량으로 사용할 경우 내화물 침식을 가중시킨다.

④ Ca wire

㈎ 탈산생성물인 Al_2O_3를 저융점화시키기 위하여 투입한다.

㈏ Ca는 공업적으로 사용하는 금속 중에서 산소와 가장 반응성이 우수하여 가장 늦게 투입하여야 한다.

㈐ Ca 성분이므로 탈류능은 우수하나 가격이 비싸 비효율적이며, CaS에 의한 노즐 막힘 가능성이 있다.

1-5 정련

(1) 승온작업 설비

[Arm & Mast 장치]

전로 출강온도의 하강, 합금철 실수율 증대, [P]의 Reblowing의 감소를 위해 아크에 의해 용강을 승온시키기 위한 장치이다.

(2) 전극봉 리프팅 장치

전극봉 승강장치는 전극봉 리프팅 기구, 상하 가이드 롤러, 전극봉 리프팅 실린더의 3개 항목으로 구성된다.

(3) 수랭 커버

① 수랭 커버는 유압실린더, 벨크랭크, 체인, 턴버클에 의해 연결되며 턴버클의 조정으로 커버의 높이를 미세 조정할 수 있다.

② 승강 스트로크는 500mm이고 하강 시 커버 외경 벽은 레이들 상부보다 150mm 아래 위치한다.

(4) 전극봉

① 전극봉은 탄소덩어리인 석탄을 가열하여 녹으면서 석탄 입자끼리 다시 뭉쳐져 높은 강도의 덩어리가 만들어지고, 이 코크스를 2,500℃ 이상에서 재처리하면 인조흑연이 만들어지며 이것으로 전극봉을 만든다.

② 전극봉 제조순서

원료 → 파쇄 → 배합 → 압출 → 성형 → 소성 → 함침 → 흑연화 → 가공 → 제품

↓ ↑

함침 → 소성

③ 인조흑연의 장점

장점	내역
내마모성이 강하다.	전기 조건에 따라 구리의 1/3 ~ 1/10 수준이다.
가공속도가 빠르다.	전기 조건에 따라 구리의 1.5~3배, 거친 가공일수록 유리하다.
기계 가공성이 좋다.	절삭 저항은 주철의 1/10, 가공 능률은 약 5배이다.
가볍다.	비중은 구리의 1/5, 대형 전극 사용이 유리하다.
내열성이 좋다.	승화온도 3,650℃로 고온에서도 연화하지 않는다.
열팽창계수가 작다.	구리의 1/4 수준으로 치수 안정성이 좋다.
접착이 가능하다.	순간접착제로 접착 가능, 도전성 접착제는 더욱 좋다.
표면다듬질이 쉽다.	가공표면의 흠을 샌드페이퍼로 쉽게 없앨 수 있다.

④ 전극봉의 연속적 소모의 요소

(가) 산화에 의한 소모: 일산화탄소 또는 이산화탄소가 되기 위하여 산소와 반응하기 때문에 쉽게 고온에서 소모되어진다.

(나) 승화에 의한 소모: 고온에서 흑연은 증발하므로 전극봉 상부에서 가동 중에 승화작용이 일어난다.

(다) 흡수에 의한 소모: 흑연은 쇳물에 의해 쉽게 녹는 성질이 있으므로 짧은 아크 가동이 진행되거나 전극봉을 담갔을 때는 전극봉의 소모가 증가된다.

(라) 스폴링에 의한 소모

㉠ 전극봉 상부에서 스폴링이 일어나는 것은 열의 압력에 의해 열이 방출되는 결과를 낳는다. 방출이 확대되어짐에 따라 압력이 증가된다.

㉡ 과도한 전류, 짧은 아크가 원인이다.

1-6 탈산작업

(1) 탈산반응

① 용강 탈산: 용강 중 f[O] 산소를 제거하는 일이다.

② 용강 중 f[O]: 전로 공정에서 용선내 불순성분([C], [Si], [P] 등)을 순산소를 이용하여 산화제거시키며, 이 결과로 용선에서 용강으로 바뀌며 이때 용강 중 산소가 존재한다.

③ 용강 중 f[O] 존재 시: 용강 중 f[O]는 용강 성분조정 시 합금철의 실수율 하락과 연속주조 시 주편품질 열위(균열, 표면결함, 내식성 저하) 등의 문제를 야기시킨다.

④ 탈산 방법: 탄소에 의한 탈산 및 산소와 결합하기 쉬운 첨가물(탈산제)을 가해서 산화물로 만들어 제거한다.(탈산력: Mn 〈 Si 〈 Ti 〈 Al 〈 Mg 〈 Ca 순으로 이루어진다.)

(2) 용강탈산 이론

① 탈산제가 임계 이상 첨가되면 평형하는 산소가 증가한다.
→ 탈산성분과 강중 산소와의 상호작용 때문에 나타나는 현상이다.

② 동일한[%Al] 수준에서 접촉하고 있는 탈산생성물 종류에 따라 평형 산소가 낮아진다.
(활동도 영향) → 단독 탈산 대비 [Si, Mn] 등 복합탈산 시 탈산 효율이 증가한다.

1-7 버블링 작업(bubbling, rinsing)

(1) 버블링 작업 방법

① 일명 교반작업이라고 하며 전로에서 1차 정련을 완료한 용강을 레이들로 출강 중에 실시한다.

② 탈산제와 합금철, 부원료 등을 첨가한다.

③ 용강에 Ar 등 불활성가스를 취입하여 불순물(비금속 개재물 등)을 부상분리한다.

④ 용강온도/용강성분을 균질화시키기 위한 야금 조작이다.

(2) 버블링에 의한 개재물 제거 기구

① 개재물과 용강의 비중 차이에 의한 개재물의 부상으로 부상속도는 Stoke's Law를 적용한다.

② 개재물 합체에 의한 부상분리

③ 버블에 의한 부상분리

④ 레이들 내화물에 의한 개재물 제거

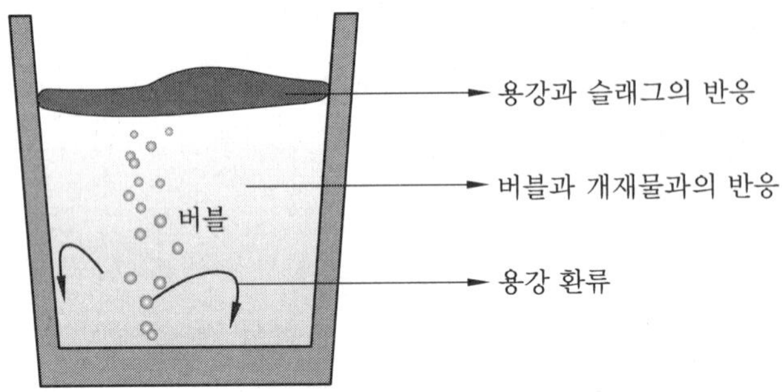

버블링 모형도

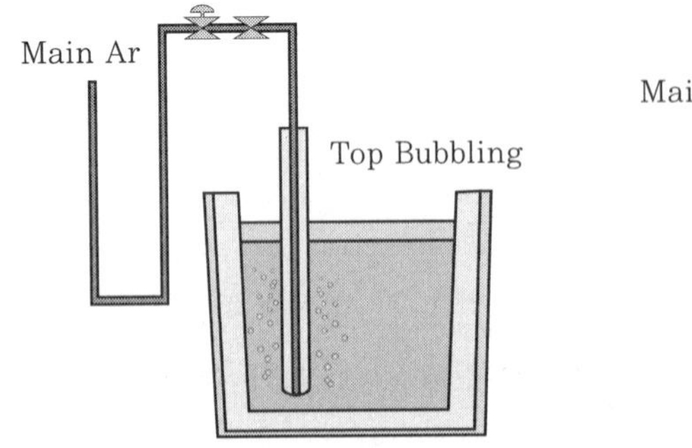

Top Bubbling 모형도

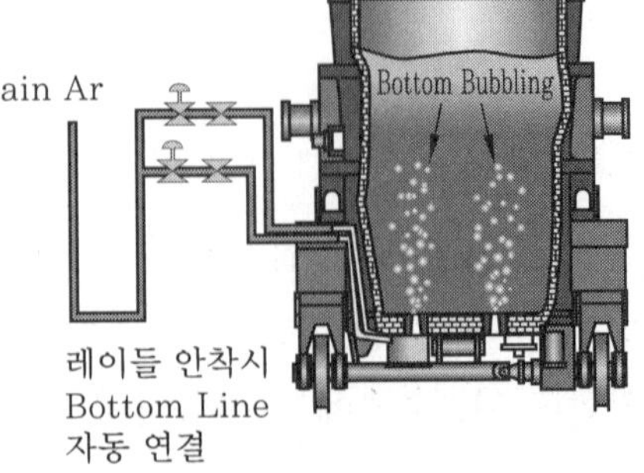

Bottom Bubbling 모형도

버블링의 분류

분류 방법	버블링 종류	내용
취입 방법	Top bubbling	레이들 상부로부터 가스를 취입
	Bottom bubbling	레이들 하부로부터 가스를 취입
버블링 시기	전 bubbling	LF도착 직후 실시하는 버블링
	조정	부원료/합금철 투입 후 실시
	후 bubbling	정련처리 말기
	Rinse	Ca처리 후 LF출발 직전
가스 종류	Ar bubbling	Ar가스 사용
버블링 강도	강 bubbling	$20Nm^3/hr$ 이하 유량 사용
	약 bubbling	$60\sim120Nm^3/hr$ 이하 유량 사용

1-8 2차 정련 처리 목적

① 2차 정련처리 시 실시되는 용강 교반은 용강성분 및 온도의 균일화를 목적으로 한다.

② 슬래그 making, 용강과 슬래그 간의 반응 효율을 향상시킨다.(탈P, S)

③ 탈산 및 기타 작업의 결과로 발생된 개재물의 분리 부상 등이 있다.

2. 진공 정련

2-1 진공 정련의 효과 및 이론

(1) 진공 정련의 효과

① 분위기 중의 O_2에 의한 산화 손실이 적고 또한 H_2, N_2 또는 SiO_2 등의 황계 가스로 오염되지 않는 금속을 생산한다.

② 금속 내에 흡수 용해되어 있는 가스상 원소는 그 분압의 저하로 방출(탈가스)한다.

③ 증발성의 높은 불순물을 휘발 제거한다.

④ 반응 생성물이 가스상으로 되는 용융 금속 내의 정련 반응을 유효하게 진행한다.

(2) 진공 정련의 이론

① 용질의 평형분압 이하로 분위기를 낮추어 용질을 기화 제거한다.

② 용질이 관여하는 반응으로 반응 생성물이 기체로 될 때 분위기 압을 낮추면 대기보다 용질의 평형 농도가 적게 반응이 진행된다.

2-2 슬래그

(1) 슬래그 조성과 물성

① Al 탈산강에서 적정 슬래그(CaO 50~55% SiO_2 10~12% Al_2O_3 30~35%)

② Si 탈산강에서 적정 슬래그(CaO 20~40% SiO_2 40~60% Al_2O_3 15~20%)

③ 미세한 개재물은 교반에 의한 분리가 어려워 저융점 슬래그를 조성하여 제거한다.

(2) 슬래그의 적정 관리

① 전로에서부터 조업 편차를 줄인다.

② 슬래그 유출량의 최소 관리이다.

2-3 진공조건 준비

(1) 진공설비

① 레이들 정련법의 분류

㈎ 진공설비나 가열설비 유무로 구별되고 한편 반응용기로도 분류한다.

㈏ 레이들을 이용하는 방법은 반응용기를 레이들 내의 용강에 침지하고 그 반응용기로 용강을 공급하면서 정련하는 방법이다.

㈐ 용강의 열용량도 크고 처리 중 온도 강하가 적기 때문에 반응 조를 별도의 용기로 하는 방법(RH법, CAS-OB법)이 일반적이다.

② 진공펌프 구성: 진공조, 레이들 승강장치, 진공펌프 시스템, 진공 흡인라인

③ 합금철 이송 및 투입 설비

㈎ 이송설비: Pilling Bunker → Vertical Conveyor → Shuttle Conveyor → High Level Storage Bunker로 단계적으로 수송된다.

㈏ 합금철 투입: Shuttle Conveyor → Vacuum Lock → Rotary Feeding Hopper 또는 Vacuum Hopper를 통해서 진공 Vessel 내부로 투입된다.

레이들 정련법 분류

진공 기능	정련 용기			가열 가능
	레이들	중간 레이들↔레이들	레이들↔반응조	
유	Ladle 탈Gas법	유적 탈Gas법 (출강중 탈Gas법)	DH법 RH법	무
	VOD법 VAD법 ASEA-SKF법		RH-OB법 RH-KTB법 RH-MFB법	유
무	간이 Ladle 정련법		CAS법	무
	LF법 PLF법 NK-AP법		CAS-OB법	유

(2) 부대설비

① 이송 대차: 용강을 레이들에 안착해서 처리완료 이후 후공정으로 이송하는 설비

② 연와 보수 설비: 침적관 및 하부조 용손 부위를 보수하는 설비

③ 내화물 축조 및 건조 설비: 내화물을 축조하고 사전 예열하는 설비

2-4 정련

[진공 정련]

(1) 탈탄 반응 영역

① 진공조 내에서 진공도에 따른 용강의 표면 탈탄

② 취입된 Ar 기포의 부상 중 기포 탈탄

③ 용강 내부로부터 CO가스가 발생하는 내부 탈탄

(2) 탈탄 반응

① [C] 및 [O]의 용강 측의 물질 이동

② 계면 화학 반응

③ CO가스의 기상 내 물질이동의 혼합 율속

(3) 극저탄소강 제조에 반응계수를 증대할 목적으로 RH법에서 적용되는 기술

① 진공조 내로 Ar가스 취입
② 진공조 내 용강에 산소가스 상취
③ 철광석 분체의 상취
④ 수소가스의 취입 등 여러 가지 방법이 적용되어진다.

(4) 진공조 벽 지금 부착 방지 및 제거 방법

① RH처리 이후 지금을 용해하거나 진공조 벽의 예열을 강화하고 스플래시(splash) 등에 부착 응고되지 않도록 처리한다.
② 처리 시에도 가열로 온도를 높게 하여 지금 부착을 방지하는 방법을 적용한다.

2-5 진공 탈가스법

(1) 진공 탈가스법의 효과

① 가스성분의 제거(H, N, O 등)
② 비금속 개재물의 저감
③ 온도 및 성분의 균일화
④ 내질 및 기계적 성질의 향상

(2) 진공 탈가스법의 종류

① 유적 탈가스법(stream droplet degassing process: BV법)
(가) 1950년 Bochumer Verein사에서 처음으로 공업화된 방법이다.
(나) 진공실 내에 미리 레이들 또는 주형을 놓고 진공실 내를 배기하여 감압한 후 위의 레이들로부터 용강을 주입하는 방법이다.
(다) 용강이 진공실 내에 들어가면 용강 중에 용해한 가스가 급격한 압력 저하 때문에 방출되고 용강은 분산유적이 되어 분리된다.
(라) 진공실 내에 레이들을 놓으면 첨가제를 넣을 수 있고, 이 레이들에서 각종 주형에 분할 주입할 수도 있으며, 연속주조에 유리하다.

㈒ 배기 속도는 배기능력, 용강의 가스 함량, 강괴의 크기 등에 따라 다르나 보통 2~7t/min 정도이다.

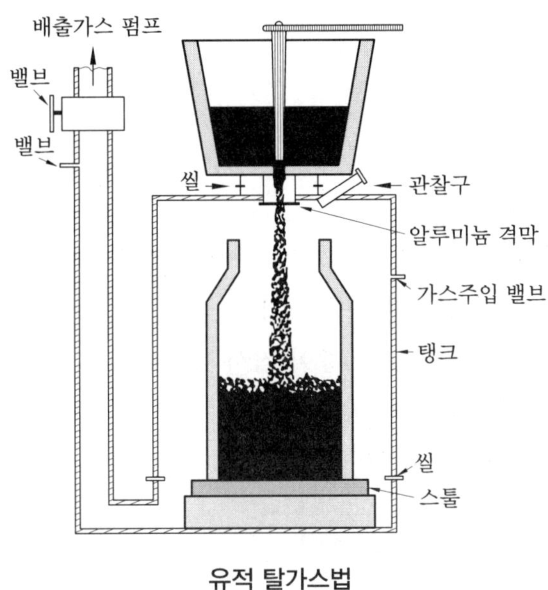

유적 탈가스법

② 흡인 탈가스법(DH법)

DH 탈가스법은 1956년 Dortmunt Hőrder Hüttenunion사에서 개발한 방법으로서 진공조 하부에 있는 흡인관을 용강에 담그고 진공조 내를 감압하면 용강은 1기압에 상당한 높이까지 진공조 내를 상승한다. 그 후 진공조를 상승 또는 레

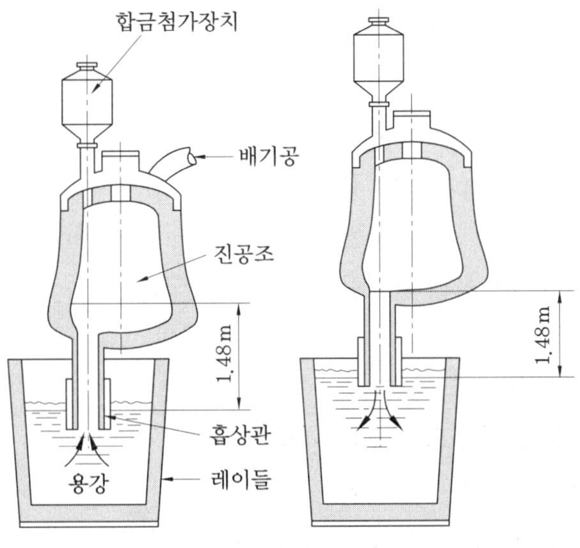

DH법의 원리

이들을 하강하면 그 높이만큼 용강면은 진공조 내를 하강한다.

㈎ 미탈산강을 처리하여 감압 하의 CO반응을 활발히 일으켜서 탈탄과 탈산을 효과적으로 진행시키는 방법이다.

㈏ 극저탄소강 제조에 적합하다.

㈐ 탈수소 처리

㈑ 탈질소 처리

③ 순환 탈가스법(RH법)

- 흡인용관과 배출용관 2개의 관을 용강 중에 넣으면 쇳물은 1기압 상당의 높이까지 올라온다. 이때 아르곤 가스를 흡입하면 기포를 함유한 상승관은 비중이 작아져서 상승하고 하강관 측은 비중이 커서 내려간다.
- 진공 탈가스법의 대표적인 정련방법이다.
- 탈가스법을 전기로 내에서 적용한다.

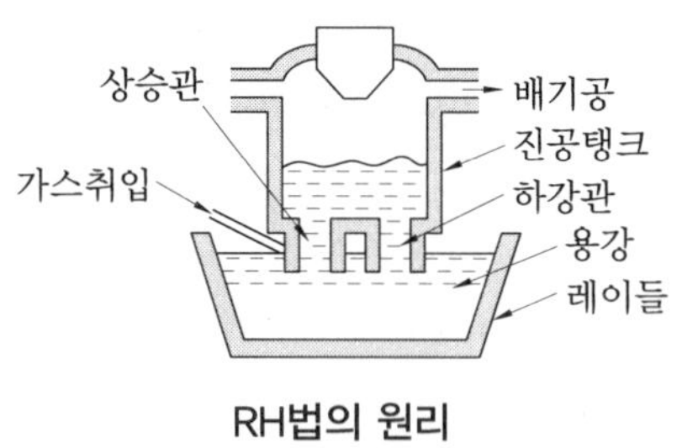

RH법의 원리

㈎ 설비: 진공조, 진공조 지지장치, 배기장치, 진공펌프, 합금첨가장치, 진공조의 예열장치 및 제어장치가 있다.

㈏ 작업조건

㉠ 용강의 환류 속도: 10~40톤/분

㉡ 환류 속도 조절은 Ar가스의 취입량으로 조절한다.

㉢ 용강이 진공조를 1회 통과하는데 소요되는 시간: 3~5분

㉣ RH처리를 20분간 하면 용강은 3~5회 진공조를 환류할 수 있다.

㈐ O, H, N가스 제거 장소

㉠ 상승관에 취입된 가스 표면

㉡ 상승관, 하강관, 진공조 내부의 내화물 표면

㉢ 진공조 내에서 노출된 용강 표면

㉣ 취입가스와 함께 비산하는 스플래시(splash) 표면

(라) 극저탄소강을 제조하기 위한 반응계수 증대 목적

㉠ 진공조 내로 Ar가스 취입

㉡ 진공조내 용강에 산소가스 상취

㉢ 철광석 분체의 상취

(마) 가열장치

㉠ 진공처리 중의 온도 강하와 내화물에 의한 스플래시의 부착을 방지할 목적으로 코크스로가스, 고로가스, 천연가스, 중유, 경유 등을 사용하여 진공조를 예열한다.

㉡ 노내에 저항가열체를 넣어 그 복사열을 이용하는 전기저항 가열방식을 채용한다.

④ 레이들 탈가스법(LD법)

(가) 대형 진공조 내에 용강의 레이들을 놓고 용강을 교반하면서 용강면을 진공 분위기로 노출시켜 탈가스 처리하는 방법이다.

(나) 용강을 교반하는 방법

㉠ 레이들 바깥쪽에 설치된 저주파 코일로 인한 전자력을 이용하는 방법이다.

㉡ 레이들 밑부분의 포러스 플러그(porous plug)를 거쳐 Ar가스로 교반하는 방법이다.

단원 예상문제

1. 진공 탈가스법의 처리 효과에 대한 설명으로 틀린 것은?

① 기계적 성질이 향상된다.

② H, N, O가스 성분이 증가된다.

③ 비금속 개재물이 저감한다.

④ 온도 및 성분이 균일화를 기할 수 있다.

해설 H, N, O가스 성분이 감소된다.

2. 진공 탈가스의 효과에 해당되지 않는 것은?

① 탈수소

② 비금속 개재물 감소

③ 성분 균일화

④ scab 감소

3. 유적 탈가스법의 표기로 옳은 것은?

① RH ② DH
③ TD ④ BV

4. 정련법 중 진공실 내에 레이들 또는 주형을 설치하여 진공실 밖에서 실(seal)을 통해 용강을 떨어뜨리면 진공실의 급격한 압력 저하로 용강 중 가스가 방출하는 방법은?

① 흡인 탈가스법 ② 유적 탈가스법
③ 순환 탈가스법 ④ 레이들 탈가스법

5. 진공실 내에 미리 레이들 또는 주형을 놓고 진공실 내를 배기하여 감압한 후 위의 레이들로부터 용강을 주입하는 탈가스법은?

① 유적 탈가스법(BV법) ② 흡인 탈가스법(DH법)
③ 출강 탈가스법(TD법) ④ 레이들 탈가스법(LD법)

6. 레이들에 있는 용강을 진공 그릇 안에 들어있는 주형에 흘려 내리면서 탈가스 하는 방법은?

① 흡인 탈가스법 ② 유적 탈가스법
③ 순환 탈가스법 ④ 주형 탈가스법

7. 레이들에 들어있는 용강을 윗부분의 진공탱크로 흡인하는 것을 반복하여 탈가스 하는 것은?

① 유적 탈가스법 ② 순환 탈가스법
③ 흡인 탈가스법 ④ 레이들 탈가스법

8. DH법의 특징 중 옳은 것은?

① 탈수소는 가능하나 탈산은 어렵다.
② 용강의 교반없는 연속성 조업이다.
③ 미탈산 상태의 용강처리가 불가능하다.
④ 극저탄소강의 제조가 가능하다.

9. 진공 탈가스법은?

① OV법 ② DH법 ③ OG법 ④ DL법

10. 미탈산 상태의 용강을 처리하여 감압 하에서 CO 반응을 이용하여 탈산할 수 있고, 대기 중에서 제조하지 못하는 극저탄소강의 제조가 가능한 탈가스법은?

① RH 탈가스법(순환 탈가스법) ② BV 탈가스법(유적 탈가스법)
③ DH 탈가스법(흡인 탈가스법) ④ TD 탈가스법(출강 탈가스법)

11. 용강의 탈가스법이 아닌 것은?

① 흡입 탈가스법 ② 유적 탈가스법
③ 순환 탈가스법 ④ 비연소 폐가스법

해설 탈가스법: 흡입 탈가스법, 유적 탈가스법, 순환 탈가스법

12. 그림은 DH법(흡인 탈가스법)의 구조이다. ( )의 구조 명칭은?

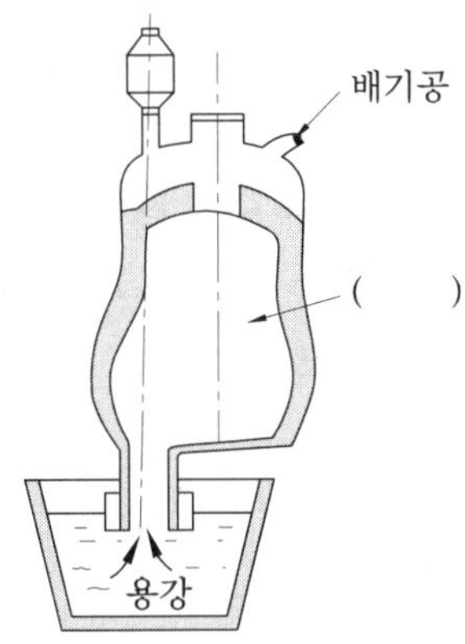

① 레이들 ② 취상관
③ 진공조 ④ 합금 첨가장치

13. DH 탈가스법에서 일어나는 주요 반응이 아닌 것은?

① 탈규소 반응 ② 탈탄 반응
③ 탈산 반응 ④ 탈수소 반응

14. 진공조 하부에 상승관과 하강관 2개의 관이 설치되어 있어 용강이 진공조 내를 순환하면서 탈가스 하는 순환 탈가스법은?

① LF법 ② DH법
③ RH법 ④ TDS법

15. 그림은 어떤 진공 탈가스 설비 장치의 개략도인가?

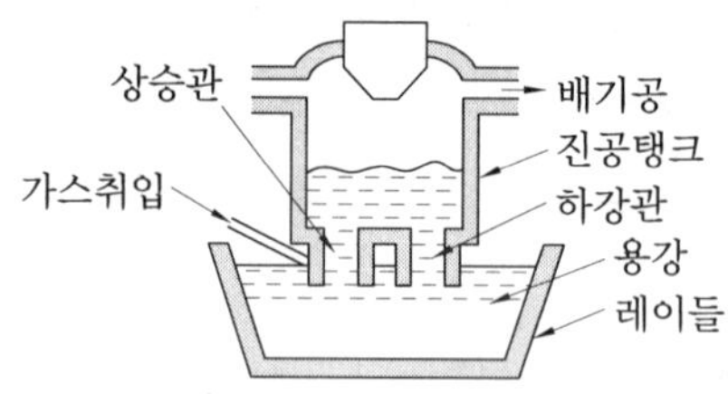

① DH법(흡인 탈가스법) ② RH법(순환 탈가스법)
③ BV법(유적 탈가스법) ④ AOD법(Argon Oxygen Decarburization)

해설 RH법(순환 탈가스법): 전로 정련을 마친 용강을 RH진공조에서 산소 취입에 의한 진공 탈탄시키는 방법

16. 진공 탈가스법의 가장 대표적인 방법은?

① LF법 ② RH법 ③ KR법 ④ HD법

17. RH 탈가스법에서 일어나는 주요 반응으로 틀린 것은?

① 탈규소 반응 ② 탈탄 반응 ③ 전기로법 ④ 평로법

해설 RH 탈가스법에서 일어나는 주요 반응: 탈산, 탈수소, 탈질소, 탈탄

18. 다음 RH 설비구성 중 주요설비가 아닌 것은?

① 주입장치 ② 배기장치 ③ 진공조 지지장치 ④ 합금철 첨가장치

19. 진공조에 의한 순환 탈가스 방법에서 탈가스가 이루어지는 장소로 부적합한 것은?

① 상승관에 취입된 가스 표면
② 취입가스와 함께 비산하는 스플래시 표면
③ 진공조 내에서 노출된 용강 표면
④ 레이들 상부의 용강 표면

20. RH법에서는 상승관과 하강관을 통해 용강이 환류하면서 탈가스가 진행된다. 그렇다면 용강이 환류되는 이유는 무엇인가?

① 상승관에 가스를 취입하므로
② 레이들을 승 · 하강하므로
③ 하부조를 승 · 하강하므로
④ 레이들 내를 진공으로 하기 때문에

21. 흡인 탈가스법(DH법)에서 제거되지 않는 원소는?

① 산소 ② 탄소 ③ 규소 ④ 수소

22. RH 정련시 환류용으로 사용되는 기체는?

① 질소 ② 수소
③ 이산화탄소 ④ 아르곤

23. 노외 정련 설비 중 RH법에서 산소, 수소, 질소가 제거되는 장소가 아닌 것은?

① 상승관에 취입된 가스 표면
② 진공조 내에서 용강의 내부 중심부
③ 취입가스와 함께 비산하는 스플래시 표면
④ 상승관, 하강관, 진공조 내부의 내화물 표면

해설 진공조 내에서 노출된 용강 표면

24. RH법에서 불활성 가스인 Ar은 어느 곳에 취입하는가?

① 하강관 ② 상승관
③ 레이들 노즐 ④ 진공로 측벽

25. 순환 탈가스법(RH법)에서 상승관에 취입하는 가스는?

① 수소 ② 질소
③ 부탄 ④ 아르곤

26. 순환 탈가스법에서 용강을 교반하는 방법은?

① 아르곤 가스를 취입한다.
② 레이들을 편심 회전시킨다.
③ 스터러를 회전시켜 강제 교반한다.
④ 산소를 불어 넣어 탄소와 직접 반응시킨다.

27. RH법에서 진공조를 가열하는 이유는?

① 진공조를 감압시키기 위해
② 용강의 환류 속도를 감소시키기 위해
③ 진공조 안으로 합금 원소의 첨가를 쉽게 하기 위해
④ 진공조 내화물에 붙은 용강 스플래시를 용락시키기 위해

28. 고순도강 제조를 위한 레이들 정련 기능으로 진공 탈가스법(탈수소)이 아닌 것은?

① DH법 ② LF법 ③ RH법 ④ VOD법

해설 LF법: 레이들에 옮겨서 환원정련하는 법

29. 노외 정련법에 해당되지 않는 방법은?

① Rotor법 ② RH법 ③ DH법 ④ AOD법

해설 Rotor법: 회전법에 의한 고인선 처리를 목적으로 취련하는 방법

30. 다음 중 노외 정련법으로 틀린 것은?

① AOD ② 조괴법

③ 레이들 정련법 ④ 진공 탈가스법

정답 1. ② 2. ④ 3. ④ 4. ② 5. ① 6. ② 7. ③ 8. ④ 9. ② 10. ③ 11. ④ 12. ③ 13. ① 14. ③ 15. ② 16. ② 17. ① 18. ① 19. ④ 20. ① 21. ③ 22. ④ 23. ② 24. ② 25. ④ 26. ① 27. ④ 28. ② 29. ① 30. ②

2-6 레이들 정련법

(1) 목적

① 생산성의 향상

㈎ ASEA-SKF법, VAD법 및 가열장치를 가지고 있으므로 탈황, 성분조정이 가능하고 전기로 등에서의 환원기를 완전히 생략할 수 있으므로 대략 10~20% 정도 생산성이 향상된다.

㈏ VOD법, MVOD법 등에서는 산화정련도 노외에서 하므로 전기로 등에서는 용해와 일부 탈탄만을 하고 노외 정련과 병행하여 조업할 수 있어 30~40% 정도 생산성이 향상된다.

② 내화물의 수명연장

㈎ 스테인리스강의 진공탈탄을 하는 VOD법, MVOD법, RH-OB법 등에서는 전로 또는 전기로의 내화물의 수명이 현저하게 연장된다.

㈏ 18Cr-8Ni강의 O_2취련 말기의 온도는 1,800℃ 정도가 되어 내화물에 유리하다.

③ Cr 회수율의 향상

㈎ 스테인리스강을 용제할 때의 가장 중요한 사항의 하나는 Cr 회수율을 높이는 것이다.

㈏ 대기용제를 하면 O_2취련 중의 Cr산화가 많아서 이것을 환원하기 위하여 많은 Fe-Cr이 필요하다.

㈐ 용강과 강재와의 교반이 충분하지 않아서 Cr 회수율은 80~85% 정도이다.

(2) 효과

전기로 등에서 실시하는 환원기 정련(탈산, 탈황, 성분조절)을 노외에서 하는 방법이다.

(3) 종류

① ASEA-SKF법

㈎ 진공 장치와 가열 장치가 있어 진공처리와 함께 탈황, 성분조정, 온도조정을 한다.

㈏ 용해 정련된 용강을 레이들에 받아서 이 레이들에서 유도 교반하면서 진공 탈가스, 아크 가열을 하며, 이 사이에 적당한 슬래그에 의한 정련과 합금을 첨가

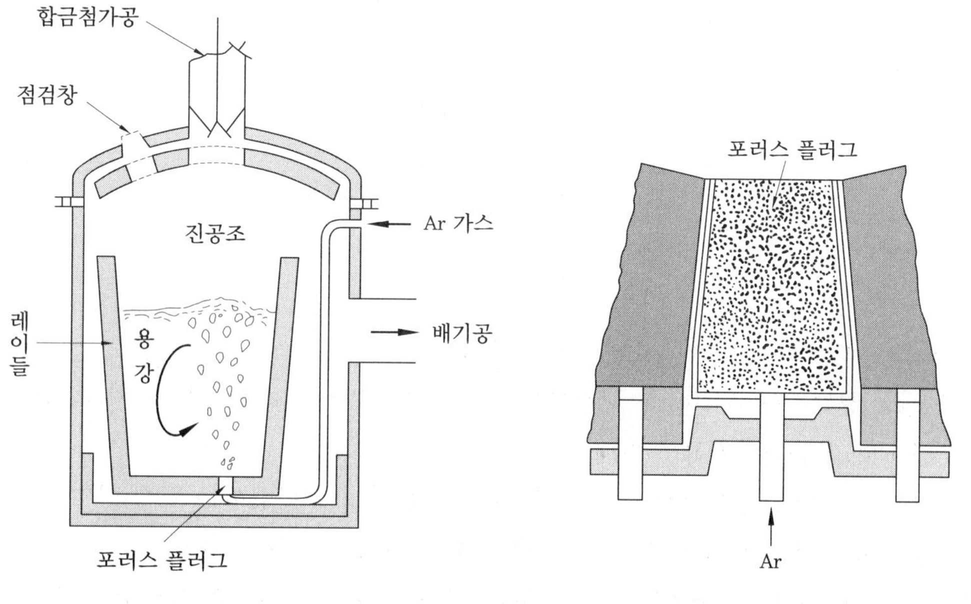

레이들 탈가스법

가스 취입용 포러스 플러그

하는 방법이다.

② VAD(Vacuum Arc Degassing)법

㈎ Finkle-Mohr법이라고도 한다.

㈏ 감압하에서 아크 가열을 하면서 Ar가스를 취입하여 용강을 교반하는 방법이다.

㈐ 레이들을 진공실 내에 넣고 배기와 동시에 아크 가열을 하고 감압하는 방법이다.

③ LF(Ladle Furnace)법

㈎ 진공설비는 없고 용강 위의 슬래그 중에서 아크를 발생시키는 서브머지드 아크(submerged arc) 정련을 하는 방법이다.

㈏ 합성 슬래그를 첨가하여 Ar에 의한 교반을 하면서 레이들 내를 강환원성 분위기를 유지한 상태로 정련한다.

㈐ 정련설비가 싸고, 탈산, 탈황, 성분조정 등이 용이하다는 이점이 있다.

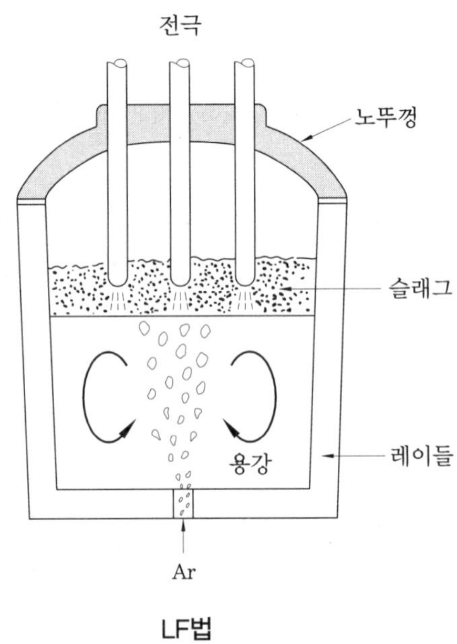

LF법

④ VOD(Vacuum Oxygen Decarburization)법

㈎ 진공 탈탄하는 Witten법, 전로와 조합할 때는 LD-Vac법, 전기로와 조합할 때를 Elo-Vac법이라고도 한다.

㈏ 레이들 탈가스법과 비슷하며 진공실 상부에 산소를 취입하는 랜스가 있는 점과 산소의 탈탄으로 인해 CO가스가 발생 배기 능력을 증강시킨다.

㈐ 조업은 전로 및 전기로와 조합하여 탄소를 0.4~0.5%로 산화 정련한 것을

VOD용 레이들에 받는다.

(라) 아르곤 가스를 저취하면서 감압한다.

(마) CO가스에 의한 비등현상이 왕성한 초기에 너무 감압하면 용강이 레이들 밖으로 넘쳐흐른다.

(바) 스테인리스강의 진공 탈탄법으로 널리 사용된다.

(사) 산소 취련 중의 C의 변화는 진공도, 배가스량, 배가스의 연속분석 등으로 판정한다.

(아) 탈탄이 끝난 후에도 Ar교반을 계속하여 탈산제를 첨가하고 또 필요하면 합금류를 첨가하여 처리를 끝낸다.

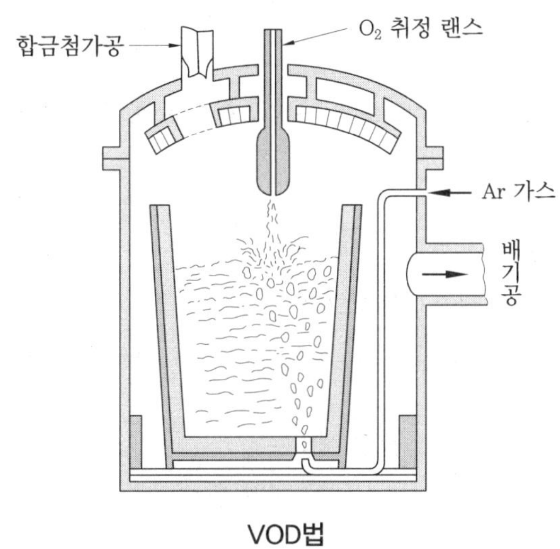

VOD법

단원 예상문제

1. 레이들 정련 효과를 설명한 것 중 틀린 것은?

① 생산성이 향상된다. ② 내화의 수명이 연장된다.
③ 전력원단위가 상승한다. ④ Cr 회수율이 향상된다.

해설 전력원단위가 감소한다.

2. 진공장치와 가열장치를 갖춘 방법으로 탈황, 성분조정, 온도조정 등을 할 수 있는 특징이 있는 노외 정련법은?

① LD법 ② AOD법
③ RH-OB법 ④ ASEA-SKF법

3. 레이들 용강을 진공실 내에 넣고 아크 가열을 하면서 아르곤 가스 버블링하는 방법으로 Finkel-Mohr법이라고도 하는 것은?

① DH법 ② VOD법 ③ RH-OB법 ④ VAD법

4. Submerged arc 정련하는 것으로 탈산, 탈황 및 승온이 가능한 노외 정련법은?

① LF법 ② AOD법 ③ VOD법 ④ RH법

5. LF(Ladle Furnace) 조업에서 LF 기능과 거리가 먼 것은?

① 용해기능 ② 교반기능
③ 정련기능 ④ 가열기능

6. 노외 정련법 중 LF(Ladle Furnace)의 목적과 특성을 설명한 것 중 틀린 것은?

① 탈수소를 목적으로 한다.
② 탈황을 목적으로 한다.
③ 탈산을 목적으로 한다.
④ 레이들 내 용강온도의 제어가 용이하다.

해설 LF(Ladle Furnace)의 목적: 탈황, 탈산, 성분조정, 용강온도 제어

7. 다음 중 정련 원리가 다른 노외 정련 설비는?

① LF ② RH ③ DH ④ VOD

8. 다음 VOD(Vacuum Oxygen Decaburization)법에 대한 설명으로 틀린 것은?

① boiling이 왕성한 초기에 급감압하여 용강을 안정화시킨다.
② 스테인리스강의 진공 탈산법으로 많이 사용한다.
③ VOD법을 Witten법이라고도 한다.
④ 산소를 탈탄에 사용한다.

해설 boiling이 왕성한 초기에 너무 감압하면 용강이 레이들 밖으로 넘쳐흐른다.

9. 스테인리스강 제조에 쓰이는 방법으로 전로 또는 전기로와도 조합하여 사용할 수 있는 노외 정련법은?

① ASEA-SKP법 ② VOD법
③ VAD법 ④ CD법

해설 VOD법: 진공 탈탄법으로 전로 또는 전기로와도 조합하여 스테인리스강 제조에 사용

10. 전기로의 노외 정련작업의 VOD 설비에 해당되지 않는 것은?

① 배기 장치를 갖춘 진공실 ② 아르곤 가스 취입장치
③ 산소 취입용 랜스 ④ 아크 가열장치

정답 1. ③ 2. ④ 3. ④ 4. ① 5. ① 6. ① 7. ① 8. ① 9. ② 10. ④

2-7 AOD(Argon Oxygen Decarburization)법

(1) 개요

① 진공설비를 사용하지 않고 불활성 가스와 O_2와의 혼합가스를 취입하여 CO가스를 희석해서 CO분압을 낮춤으로서 C를 우선적으로 제거하는 방법이다.

② AOD법은 전기로 등에서 완전히 용해만을 하여 1,600℃ 정도에서 출강하고 레이들의 용강을 AOD로에 옮겨 정련을 개시한다.

③ AOD노체는 전로와 비슷한 모양과 설비를 가진다.

④ O_2와 Ar가스를 취입하는 풍구(tuyere)는 노저 부근의 측벽에 설치되어 있어 희석된 가스 기포가 상승할 때 탈탄반응이 일어나도록 설치한다.

⑤ 스테인리스강 제조에 적합하다.

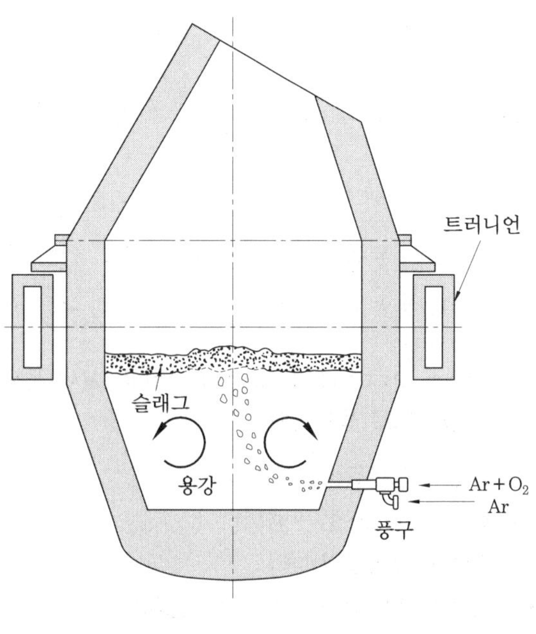

AOD법

⑥ 용강과 강재의 강렬한 교반으로 Cr은 거의 100% 환원한다.

⑦ 탈황도 잘 되어 단시간으로 0.010% 이하로 탈황 처리된다.

(2) AOD법과 VOD법의 비교

① AOD법은 대기 중에서 강렬한 교반을 수반하는 정련을 하므로 탈황, 성분조정에는 유리하나 수소함량, 정련 후의 출강 때의 공기오염에 대해서는 VOD법이 유리하다.

② AOD법은 진공설비가 없으므로 건설비는 싸나 조업비의 약 80% 정도를 Ar가스와 내화재가 차지하므로 이것들의 가격에 좌우된다. 원료비와 실수율은 VOD법보다 유리하다.

③ AOD법에서는 상당히 높은 고탄소 용강으로부터의 신속한 탈탄과 탈황이 가능하므로 생산성은 VOD법보다 크다.

④ AOD법은 스테인리스강의 제조에만 이용되나, VOD법은 탈가스 장치로서도 이용할 수 있어 각종 강종에 적용할 수 있다.

단원 예상문제

1. 불활성 가스와 O_2와의 혼합가스를 취입하고, CO가스를 희석해서 CO분압을 낮춤으로서 탄소를 우선적으로 제거하는 방법은?

① CVD법 ② AOD법 ③ LNC법 ④ GDC법

2. AOD(Argon Oxygen Decarburization)에서 O_2, Ar가스를 취입하는 풍구의 위치가 설치되어 있는 곳은?

① 노상 부근의 측면 ② 노저 부근의 측면

③ 임의로 조절이 가능한 노상 위쪽 ④ 트러니언이 있는 중간 부분의 측면

해설 O_2, Ar가스를 취입하는 풍구의 위치가 설치되어 있는 곳: 노저 부근의 측면

3. AOD(Argon Oxygen Decarburization)법과 VOD(Vacuum Oxygen Decarburization)법의 설명으로 옳은 것은?

① AOD법에 비해 VOD법이 성분조정이 용이하다.

② AOD법에 비해 VOD법이 온도조절이 용이하다.

③ VOD법에 비해 AOD법이 탈황율이 높다.

④ VOD법에 비해 AOD법이 일반강의 탈가스가 가능하다.

정답 1. ② 2. ② 3. ③

2-8 스테인리스강 제조법

(1) 전기로에 의한 용제법(보통법)

① 설비

(가) 전주교반 장치: 스테인리스강과 같은 고합금강에서는 강욕 성분의 균일화, 슬래그 정련의 효율 향상에 필요하다.

(나) 집진장치: 산소취련 시의 화염은 보통강에서보다 고온이고 폐가스 발생량도 많으므로 설치해야 한다.

(다) 산소흡입장치: 보통 소모형 랜스 파이프를 직접 강욕에 취입하며 원격조작으로 랜스를 이동하는 조절동작이 가능하여야 한다. 고정식 수랭형 비소모 랜스를 사용할 때도 있다.

② 원료

(가) 스테인리스강 제조용 원료로서는 Cr원으로서 장입용에 고탄소, 중탄소 Fe-Cr, 첨가용으로 저탄소 Fe-Cr을 사용한다. Ni원으로서 Fe-Ni, 금속Ni, 산화Ni, 고철로서는 스테인리스 스크랩, 보통 고철, 기타 각종 첨가용 합금 원료가 사용된다.

(나) 품질상 유의할 점은 P은 정련과정에서 거의 제거되지 않으므로 규제해야 하고, Pb, Sn, Zn, As 등의 미량원소는 품질에 나쁜 영향을 주므로 정련기능을 고려하여 규제한다.

(2) 조업

- 전기로만 정련을 끝내는 보통법에서는 주원료를 용해하는 용해기, 탈탄반응을 하는 산화기, 산화된 Cr을 회수하는 환원기, 탈산과 성분조정 및 온도조정을 하는 완성기로 분류한다.
- 염기성 조업이 일반적이나 산성법도 주물용에 이용한다.

① 용해기

(가) 주원료와 함께 석회 등의 용제를 초장입하고 통전 용해한다.

(나) 용해기에 Cr의 일부는 산화하나 그 양은 원료의 조성, 용해시간, 집진기에 의한 노내 공기유통량 등의 영향을 받는다.

(다) Si가 높은 배합은 용해기의 Cr산화 방지와 산화기의 급속한 온도상승에 효과적이다.

② 산화기

㈎ 용락 후 또는 미용해물이 남아 있는 시점에서 강욕 내에 O_2를 취입하면 C, Si, Cr, Mn, Fe 등의 산화열로 욕온은 급속히 상승한다.

㈏ 강욕, 슬래그, 분위기의 성분과 온도는 변화하며 강욕 온도는 산화 말기에 1,900℃까지 상승한다.

㈐ C가 낮아질수록 Cr의 산화속도는 빨라지고 Ni 함량이 많아지면 저탄소 역에서의 탈탄도 잘 일어난다.

③ 환원기

㈎ O_2 취련 후 냉각제로서 스테인리스 스크랩, 추가합금원료를 넣고 환원제로서 Fe-Si 등을 첨가하여 Cr환원을 한다.

㈏ CaO, 형석 등의 염기성 조제재를 첨가하면 산화 Cr이 많은 슬래그는 급속히 유동상태가 되어 Cr환원이 진행된다.

㈐ 환원효율은 강욕의 교반작용이 클수록 높아지므로 기계교반, 중성가스 취입, reladling 등 교반을 촉진하는 것이 좋다.

㈑ Fe-Si, Si-Cr 등의 환원제는 입도가 작은 것이 좋다.

④ 완성기

㈎ 탈산: Si, Mn을 주로 하고 필요에 따라 Al, Ti, Ca 등의 강제 탈산제를 사용한다. Si 탈산제에서는 염기도가 높은 편이 탈산력이 강하다.

㈏ 탈황: 주로 완성기 및 출강 시에 강욕의 교반, 레이들에서의 Ar 취입에 의하여 탈황이 이루어진다. 탈황율을 높이려면 고염기성, 유동성이 좋은 환원 슬래그($CaO-Al_2O_3$계 등)를 사용한다.

㈐ 수소: 탈탄기에는 CO 비등(boiling)에 의하여 수소의 일부가 제거되나 환원기에는 첨가제, 석회, 슬래그, 대기 등에서 수소가 욕중에 들어간다.

㈑ 성분조정: 성분조정상 유의할 점은 reladling, 전자교반 기타의 교반처리를 하지 않은 상태에서의 Cr분석에서는 오차가 생기므로 사전처리가 요구된다.

㈒ 출강온도: 출강온도의 설정은 출강 시의 레이들 중의 온도 저하, 조괴온도, 용해강종의 융점, 노외 정련의 경우에는 적절한 정련개시 온도를 고려하여 작업기준을 설정한다.

㈓ 레이들 중의 Ar교반: 연속주조에서는 주입기간의 온도 균일화가 요구되므로 레이들 중에서 포러스 플러그(porous plug)로부터 Ar을 취입하여 온도, 성분의 균일화와 함께 개재물의 부상분리, 탈황 촉진을 실시한다.

(3) VOD법을 위한 전기로 조업(Elo-Vac)

① 전기로 중에서 C 0.30~0.60%까지 예비탈탄하고 탈탄 중에 산화한 Cr을 환원한 다음 슬래그를 제거하고 VOD공정에 넘긴다.

② 배합 Cr량은 노외 정련과정에서 값비싼 저탄소 Fe-Cr의 추가 장입이 없도록 규격값까지 배합한다.

③ 예비 탈탄량은 특별한 기준은 없으나 Cr실수율면에서 고탄소역에서 취련을 끝낸다.

단원 예상문제

1. 스테인리스강의 전기로 조업 과정의 순서로 옳은 것은?

① 산화기→환원기→완성기→용해기→출강
② 용해기→산화기→환원기→완성기→출강
③ 환원기→산화기→용해기→완성기→출강
④ 완성기→산화기→환원기→용해기→출강

정답 1. ②

3. 특수용해 정련법

3-1 종류

(1) 진공 유도 용해법(VIM법)

① 진공 유도로 중에서 장입물을 용해하고 진공 하에서 주조를 하는 용해법이다.

② 불순물의 유입이 적고 탈산 효과가 우수하다.

③ 합금원소의 정확한 성분 조절이 용이하다.

④ 증발하기 쉬운 금속의 첨가가 어렵고, 편석의 우려도 있다.

(2) 진공 아크 용해법(VAR법)

① 개요

㈎ 소모 전극식 진공아크 재용해법(consumable electrode vacuum arc remelting)이며, consel arc법이라고도 한다.

㈏ 고진공 10^{-3}~10^{-2}mmHg 하의 수랭 구리 도가니 속에서 소모 전극을 아크 방전으로 용해하여 떨어뜨려서 도가니 속에서 적층 용해시키는 방법이다.

㈐ 개재물 부상분리, 적층 응고에 의한 재질 개선 효과가 있다.

㈑ 효과

㉠ 내화물과의 접촉이 없는 진공 정련법이다.

㉡ 용융 pool 중으로부터의 가스방출 및 불용성 불순물을 부상분리시킨다.

㉢ 저부로부터 일정한 속도로 적층 응고하므로 균일하고 건전한 강괴를 얻을 수 있다.

② 설비

㈎ 노체, 도가니, 급수설비, 진공배기계, 전극구동계 및 전원으로 분류한다.

㈏ 소형로에는 도가니 이동, 대형로에서는 노체이동 방식이다.

㈐ 도가니는 주형의 역할과 양극이 되므로 통전성을 요하고, 보통 순동제로 모양은 원통형이 많다.

3-2 조업법

① 제품강의 품질은 소모전극의 품질, 진공도, 용해조건 등에 의하여 결정한다.

② 소모전극은 보통 아크로, 유도로 또는 진공 유도로에서 용해하여 주조, 단조 또는 압연해서 필요한 치수로 만든다.

③ 용해의 3단계

- 초기 용해: 저전류로 시작하여 아크 안정까지의 기간이다.
- 정상 용해: 적당한 용해속도가 얻어지는 전류로 전극의 대부분을 용해하는 기간이며, 장시간이 필요하다.
- hot top: 정상 용해 때의 평형 pool 깊이는 도가니 지름의 1/2에 이르므로 단계적으로 전류를 낮추어 두부에 발생하기 쉬운 수축공을 없게 하는 조작이다.

3-3 제품의 품질

(1) 가스 성분의 제거

수소, 산소, 질소가 모두 감소하고 있으나 질소의 감소는 비교적 적으며, 질소와 결합하기 쉬운 원소가 함유된 강에서는 탈질효과가 적다.

(2) 개재물의 감소, 미세화

① 산화물계 개재물이 특히 적어지고 조직도 미세화되며 소재 흠도 적어진다.

② VAR특징으로서 큰 개재물이 부상 분리하는 효과 때문이다.

(3) 기계적 성질의 개선

① 인성이 개선되어 연신율, 단면수축률이 커진다.

② 충격값이 향상하고 또 천이온도가 저온으로 이동한다.

③ 가로 세로의 방향성이 감소한다.

④ 피로 강도가 향상한다.

⑤ 크리프(creep) 강도가 향상한다.

⑥ 가공성의 향상, 내열성, 전자기적 성질이 향상된다.

(4) 용도

① 항공기 구조재, 각종 터빈재, 터빈 블레이드재, 원자로 부품, 고급 베어링강 등에 사용된다.

② 초내열합금의 대부분은 VIM-VAR의 이중용해로 제조된다.

단원 예상문제

1. **진공 아크 용해법(VAR)을 통한 제품의 기계적 성질 변화로 옳은 것은?**

① 피로 및 크리프 강도가 감소한다.

② 가로 세로의 방향성이 증가한다.

③ 충격값이 향상되고, 천이온도가 저온으로 이동한다.

④ 연성은 개선되나, 연신율과 단면 수축율이 낮아진다.

정답 1. ③

제 5 장 연속주조 및 조괴법

1. 연속주조법

1-1 개요

① 연속주조법: 분괴압연공정을 거치지 않고 용강으로부터 직접 빌렛, 슬라브, 시이트 바 등의 반제품을 연속적으로 제조하는 방법

② 형식: 수직곡형, 만곡형, 수평형

- 전 만곡형은 고속화에 따른 미응고 길이의 증가 때문에 원호 모양으로 설치하여 주편의 길이 조절이 용이하다.

③ BSR법: 미응고의 액상이 있는 상태에서 압연하는 법

④ sizing mill법: 완전 응고 후에 압연하는 법

- 주편의 품질 개선
- 생산량 증가
- 주편의 현열 이용 등의 이점

(1) 특징

① 균열, 분괴의 공정을 생략할 수 있다.

② 생산에 필요한 설비, 자재, 노동력, 동력, 시간을 감소시킨다.

③ 제품의 회수율을 높인다.

④ 건설비, 가공비가 적고 소량다품종 수요에 응하기 쉽다.

⑤ 공정이 짧지만 생산능률이 낮은 결점이 있다.

(2) 연속주조 공정

① 턴디시를 통한 용강의 스트랜드별 공급

② 턴디시로부터 주형내로의 용강의 배분
③ 수랭 주형 내에서의 응고단면의 형상
④ 더미바를 이용한 주편의 인출
⑤ 주형 직하 1, 2차 냉각대에서의 스프레이에 의한 냉각
⑥ 가스 절단에 의한 더미바의 제거 및 주편의 소정길이 절단
⑦ 공랭, 수랭방식에 의한 주편의 냉각
⑧ 주편응고길이(metallugical length): 주형내 용강표면으로부터 주편의 내부 코어가 완전 응고될 때까지의 길이

단원 예상문제

1. 조괴 분괴압연을 단일 공정으로 하여 용강으로부터 직접 빌릿, 블룸, 스래브를 제조하는 방법은?

① 연속주조법 ② 노외 정련법
③ 직접 환원법 ④ 예비 처리법

2. 연속주조에서 생산되는 주제품은?

① 슬랩과 박판 ② 후판과 블룸
③ 압연코일과 빌릿 ④ 빌릿과 슬랩

3. 슬랩(slab)용으로 쓰이는 주형의 단면 모양은?

① ② ③ ④

해설 슬랩(slab): 두께 45mm의 편평하고 큰 강편

4. 연속주조기의 설치 높이를 낮추기 위해 원호 모양의 구부러진 주형을 사용하는 연속주조 형식은?

① 수직형 ② 수직 만곡형
③ 전 만곡형 ④ 수평형

5. 연주법에서 완전응고 후 압연하는 sizing mill법은 교정기를 나온 주편이 재가열되어 압연기에 들어가게 된다. 이 방법의 장점이 아닌 것은?

① 강조직의 조대화 ② 주편의 품질 개선
③ 생산량의 증가 ④ 주편의 현열 이용

6. 연속주조법의 특징 중 틀린 것은?

① 균열, 분괴의 공정을 생략하여 생산공정을 간단히 한다.
② 생산성을 높인다.
③ 빌릿의 재질이 나쁘다.
④ 제품의 회수율을 높인다.

해설 빌릿의 재질이 우수하다.

7. 조괴법에 비하여 연속주조법의 장점이 아닌 것은?

① 강괴 실수율이 높다.
② 생산성이 향상된다.
③ 다품종 강종 생산이 가능하다.
④ 열 손실이 적다.

해설 단순한 강종 생산이 가능하다.

8. 연속주조법의 장점으로 맞지 않는 것은?

① 실수율이 좋다.
② 기계화, 자동화가 용이하다.
③ 림드강의 박판제조로 용이하다.
④ 잠재 위험요인을 제거한다.

9. 연속주조법의 장점이 아닌 것은?

① 자동화가 용이하다.
② 단위 시간당 생산능률이 높다.
③ 소비에너지가 많다.
④ 조괴법에 비하여 용강 실수율이 높다.

10. 연속주조의 생산성 향상 요소가 아닌 것은?

① 강종의 다양화
② 주조속도의 증대
③ 연연주 준비시간의 합리화
④ 사고 및 전로와의 간섭시간 단축

11. 연속주조의 주조 설비가 아닌 것은?

① 턴디시
② 더미바
③ 주형이송대차
④ 2차 냉각장치

해설 주형이송대차: 주형을 교체할 때 필요한 이송장치

12. 연속주조공정에 해당하는 주요 설비가 아닌 것은?

① 몰드(mold)
② 턴디시(turndish)
③ 더미바(dummy bar)
④ 레이들 로(ladle furnace)

13. 연주작업 중 주형 내 용강표면으로부터 주편의 내부 코어(core)가 완전 응고될 때까지의 길이는?

① 주편응고길이(metallugical length)
② 주편응고 테이퍼 길이
③ AMCL(Air Mist Coilling Length)
④ EMBRL(Electromagnetic Mold Break Ruler Length)

정답 1. ① 2. ④ 3. ③ 4. ③ 5. ① 6. ③ 7. ③ 8. ③ 9. ③ 10. ① 11. ③ 12. ④ 13. ①

1-2 연속주조 설비

1 주요 설비 명칭 및 기능

(1) 레이들

① 출강으로부터 연속주조기의 턴디시까지 용강을 옮길 때 사용하는 용기이다.
② 레이들에 용강을 받기 전에 800℃로 예열한다.
③ 버블링 작업(bubbling, rinsing)

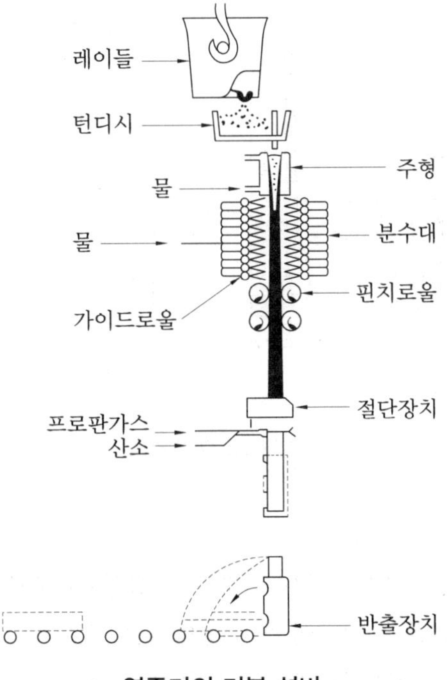

연주기의 기본 설비

(가) 레이들에서 받은 용강에 Ar 등 불활성가스를 취입하여 불순물(비금속 개재물 등)을 부상 분리한다.

(나) 용강온도/용강성을 균질화시키는 야금 조작이다.

④ 가스 취입방법

(가) 내화물로 제조, 혹은 피복한 파이프에 의한 상취법

(나) 레이들 저부에 있는 포러스 플러그(porous plug)를 통한 저취입

⑤ 가스 취입법의 효과

(가) 용강온도의 균일화

(나) 용강 중의 개재물(Al_2O_3 등)을 부상 분리시켜 청정도 향상

(다) 성분 균일화와 성분조정

(2) 턴디시(tundish)

① 역할: 레이들과 주형 중간에 쇳물을 받아서 주형으로 분배하는 과정

(가) 주형에의 주입량을 조절한다.

(나) 쇳물을 각 스트랜드로 분배하는 역할을 한다.

(다) 쇳물에 개재물이 부상 분리될 수 있는 시간을 준다.

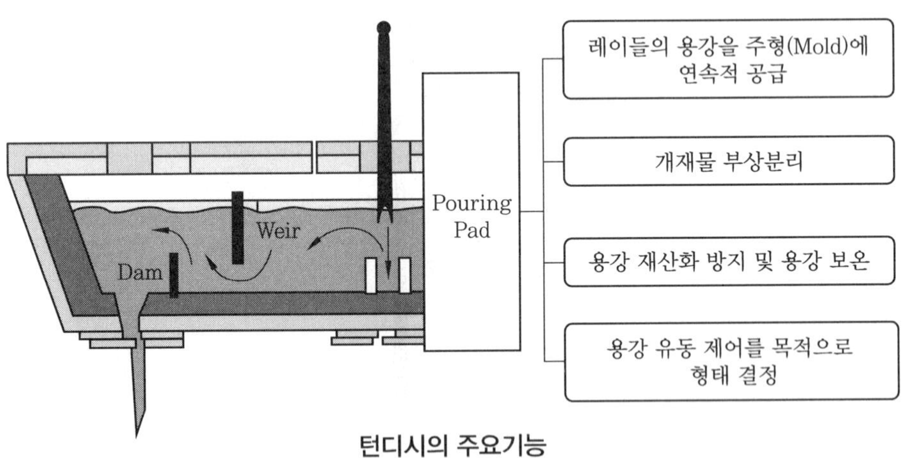

턴디시의 주요기능

② 주입법

(가) 개방 주입법: 용강 주입시 개방형태로 주입하는 방식으로 용강류가 대기와 접촉하므로 산화물이 발생(개재물로 주형에 혼입)한다.

(나) 침지노즐법: 용탕을 주입할 때 침지노즐을 사용하여 용탕을 주입하는 방식으로

주형에 주입하는 동안 용강이 공기와 접촉하지 않도록 턴디시로부터 주형에 주입되는 용강의 재산화, 스플래시 방지 등을 위하여 턴디시로부터 주형내에 잠기는 내화물이다.

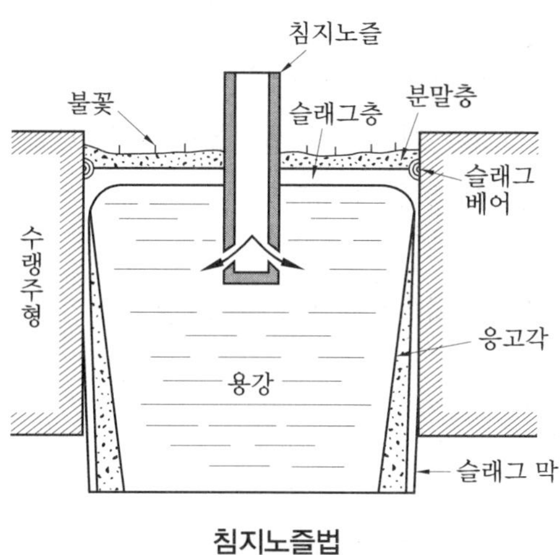

침지노즐법

③ 레이들과 턴디시의 실링(sealing) 방법(무산화 주조법)

㈎ 슈라우드 노즐(shroud nozzle) 사용

㈏ Ar실링 슈라우드 노즐(shroud nozzle) 사용

㈐ Ar실링 카버 사용

㈑ Ar체임버 사용

④ 턴디시의 예열온도와 용강온도

㈎ 턴디시의 예열온도: 1,000℃

㈏ 턴디시의 용강온도: 1,550℃

⑤ 복수의 스트랜드에 적합한 턴디시의 형태로 보트(boat)를 사용한다.

⑥ 턴디시 내 노즐의 재질: 지르콘, 고급 알루미나, 마그네시아

⑦ 노즐 막힘의 원인

㈎ 용강온도 저하에 따른 용강의 응고

㈏ 석출물이 용강 중에 섞여 노즐이 좁아지고 막히게 되는 경우

㈐ 용강으로부터의 석출물이 노즐에 부착 성장하여 좁아지고 막히는 경우

⑧ 턴디시 노즐 막힘 사고 방지법

㈎ 포러스 노즐

(나) 가스취입 스토퍼

(다) 가스 슬리브 노즐 사용

⑨ 주조속도

(가) 문제점

㉠ 응고각이 엷어지므로 break out의 발생률이 많아진다.

㉡ 개재물의 부상분리가 곤란하므로 재재물이 증가한다.

㉢ 중심편석, 내부균열의 위험이 있다.

(나) 문제점 해결

㉠ 주조법의 개선(용강처리, 턴디시의 깊이 관리)

㉡ 스프레이 냉각 개선

㉢ 롤 피치의 단축

㉣ 다단교정의 실시

㉤ 압축주조 등 고속화를 위한 각종 개선책 실시

⑩ 주조온도

(가) 주조온도의 영향

㉠ 주조온도가 너무 낮으면 턴디시 노즐에 용강이 부착하고, 완전히 막혀서 주조 불능 상태가 된다.

㉡ 주조온도가 너무 높으면 응고각의 발달이 늦어서 break out으로 주편의 일부가 파단되어 내부 용강이 유출될 위험성이 발생한다.

(나) 주조온도 관리법

㉠ 가스 취입(gas bubbling)에 의해 주조온도를 균일화한다.

㉡ 턴디시 또는 주형내 용강 중에 철분 등의 냉각제를 투입한다.

㉢ 저온일 때는 턴디시 노즐의 유도가열 등을 실시한다.

⑪ 용강 유량조절 방법

(가) 정압방식: 노즐이 막히는 일이 많고 스트랜드 간의 노즐 폐쇄도의 차이가 발생한다.

(나) 노즐 개도 조정방식: 스토퍼 방식이 쓰여져 왔으나 고장이 많아 슬라이딩 노즐 방식이 쓰인다.

단원 예상문제

1. 연속주조에서 주편 내 개재물 생성 방지 대책으로 틀린 것은?

① 레이들 내 버블링 처리로 개재물을 부상 분리시킨다.
② 가능한 한 주조온도를 낮추어 개재물을 분리시킨다.
③ 내용손성이 우수한 재질의 침지노즐을 사용한다.
④ 턴디시 내 용강 깊이를 가능한 크게 한다.

해설 가능한 한 주조온도를 높여 개재물을 분리시킨다.

2. 연속주조 용강 처리 시 버블링용 가스로 가장 적합한 것은?

① BFG ② Ar
③ COG ④ O_2

3. 연속주조에서 레이들에 용강을 받은 후 용강 내에 불활성 가스를 취입하여 교반 작업을 하는 이유가 아닌 것은?

① 용강 중의 가탄 ② 용강의 온도 균일화
③ 용강의 청정도 향상 ④ 용강 중 비금속 개재물 분리 부상

4. 연속주조 설비 중 용강을 받아 스트랜드 주형에 공급하는 것은?

① 레이들 ② 턴디시
③ 더미바 ④ 가이드 롤

5. 연속주조에서 주형에 들어가는 용강의 양을 조절하여 주는 것은?

① 턴디시 ② 핀치롤
③ 더미바 ④ 에이프런

6. 턴디시의 역할로 틀린 것은?

① 주형에 들어가는 용강의 성분 조정 ② 주형에 들어가는 용강의 양 조절
③ 용강 중의 비금속개재물 부상 ④ 각 스트랜드에 용강을 분배

해설 주입량 조절, 비금속개재물 부상분리, 용강 분배의 역할을 한다.

7. 턴디시의 역할과 관계가 없는 것은?

① 용강의 탈산 ② 주형으로 주입량 조절
③ 용강을 연주기에 분배 ④ 개재물 부상 분리

8. 연속주조 설비의 각 부분에 대한 설명 중 옳은 것은?

① 더미바(dummy bar): 주조 종료시 주형 밑을 막아주며 주조 시 주편을 냉각시킨다.
② 핀치롤(pinch roll): 주조된 주편을 적정 두께로 압연해주며, 벌징(bulging)을 유발시킨다.
③ 턴디시(tundish): 레이들과 주형의 중간 용기로 용강의 분배와 일시저장 역할을 한다.
④ 주형(mold): 재질은 알루미늄을 많이 쓰며, 대량생산에 적합한 블록형이 보편화되어 있다.

9. 다음 그림은 턴디시를 나타내는 것으로 (라)의 명칭은?

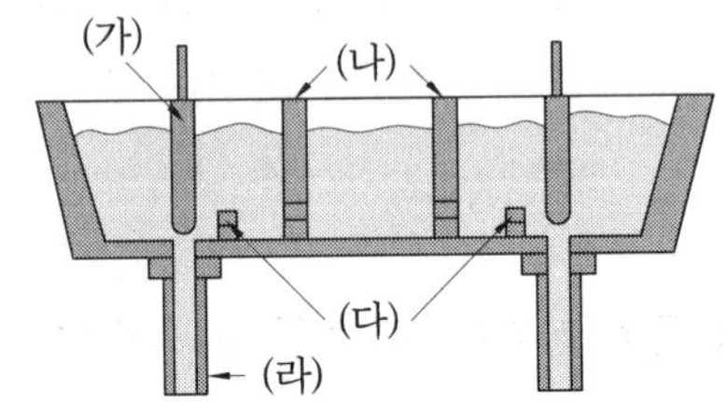

① 댐(dam)
② 위어(weir)
③ 스토퍼(stopper)
④ 침지노즐(nozzle)

10. 연속주조 작업 중 턴디시로부터 주형에 주입되는 용강의 재산화, splash 방지 등을 위하여 턴디시로부터 주형 내에 잠기는 내화물은?

① Shroad 노즐
② 침지 노즐
③ Long 노즐
④ Top 노즐

11. 강의 연속주조법에서 주편의 품질 및 조업의 안정과 엄격한 용강온도 조절을 위해 레이들 내에 취입하는 불활성 가스는?

① 수소 ② 염산 ③ 산소 ④ 아르곤

12. 연속주조 설비에서 턴디시(tundish)의 예열온도는?

① 500℃ ② 700℃ ③ 1000℃ ④ 1400℃

13. 연속주조 설비 중 턴디시 내 노즐의 재질로써 적당치 않은 것은?

① 지르콘
② 산화규소
③ 고급 알루미나
④ 마그네시아

해설 턴디시 내 노즐의 재질: 지르콘, 고급 알루미나, 마그네시아

14. 턴디시에서 주형으로 용강을 공급할 때 다(多)스트랜드에 적합한 턴디시의 형태는?

① V형 ② Y형 ③ T형 ④ boat형

15. 연속주조법에서 노즐의 막힘 원인과 거리가 먼 것은?

① 석출물이 용강 중에 섞이는 경우
② 용강의 온도가 높아 유동성이 좋은 경우
③ 용강온도 저하에 따라 용강이 응고하는 경우
④ 용강으로부터 석출물이 노즐에 부착 성장하는 경우

해설 용강의 온도가 낮고 유동성이 좋지 않은 경우

16. 턴디시에 용강을 공급하기 위하여 사용하는 것이 아닌 것은?

① 포러스 노즐 ② 경동장치
③ 가스 취입 스토퍼 ④ 가스 슬리브 노즐

17. 연속주조법에서 고속주조 시 나타나는 현상으로 틀린 것은?

① 개재물의 부상 분리가 용이하다. ② 응고층이 얇아진다.
③ 내부 균열의 위험성이 있다. ④ 중심부 편석의 가능성이 크다.

해설 개재물의 부상 분리가 곤란하므로 개재물이 증가한다.

18. 연속주조 작업 중 주편의 일부가 파단되어 내부 용강이 유출되는 현상은?

① 주편 절단 ② 주편 인출
③ 브레이크 아웃(Break-out) ④ 벌징(Bulging)

19. 연주법에서 주편품질에 미치는 주조온도의 영향을 설명한 것 중 옳은 것은?

① 용강 내에 혼재하는 개재물의 부상온도는 높은 편이 좋고, 응고에 따른 매크로 편석에 대하여는 고온주조를 해야 한다.
② 용강 내에 혼재하는 개재물의 부상온도는 낮은 편이 좋고, 응고에 따른 매크로 편석에 대하여는 저온주조를 해야 한다.
③ 용강 내에 혼재하는 개재물의 부상온도는 높은 편이 좋고, 응고에 따른 매크로 편석에 대하여는 저온주조를 해야 한다.
④ 용강 내에 혼재하는 개재물의 부상온도는 낮은 편이 좋고, 응고에 따른 매크로 편석에 대하여는 고온주조를 해야 한다.

정답 1. ② 2. ② 3. ① 4. ② 5. ① 6. ① 7. ① 8. ③ 9. ④ 10. ② 11. ④ 12. ③ 13. ② 14. ④ 15. ② 16. ② 17. ① 18. ③ 19. ③

(3) 주형(mold)

① 역할: 턴디시에서 용강을 받아 수랭된 주형에서 주형 단면적 모양으로 1차적으로 응고가 시작된다.

② 주형의 요구 성질

㈎ 용강의 냉각속도가 주편의 인발속도를 결정하므로 열전도 및 내마모성 등의 기계적 성질이 요구된다.

㈏ 동판 내면에 크롬도금을 한다.

③ 용강의 융착방지: 주형을 상하로 유압식과 전동기, cam결합에 의한 기계식으로 진동하여 융착을 방지한다.

④ oscillation mark

㈎ 주형의 진동으로 주형 표면에 횡방향으로 줄무늬가 생긴다.

㈏ 조업조건이 나쁘면 난잡한 마크를 발생시키고, 발생, 균열 또는 개재물 혼재를 일으켜 품질이 저하된다.

(4) 윤활제

① 채종유: 주형과 용강 또는 응고각과의 부착 및 마찰을 방지하기 위하여 사용한다.

② 파우더의 기능

㈎ 용강면을 덮어서 공기 산화와 열방산을 방지한다.

㈏ 용융한 파우더가 주형벽으로 흘러서 윤활제로 작용한다.

㈐ 용강면에서 용융 슬랙이 되어 쇳물 중에 함유된 알루미나 등의 개재물을 녹여서 강의 질을 높여준다.

㈑ 파우더: Al_2O_3-SiO_2-CaO계의 합성광재를 사용한다.

㈒ 융점 및 점성의 조절에 알칼리 물질을 소량 첨가한다.

㈓ 용융속도의 조절을 목적으로 미분탄소를 첨가한다.

㈔ 융점은 1000~1200℃, 점성은 5~20poise(1400℃에서), 염기도는 0.6~1.2 정도이다.

(5) 핀치롤

① 역할: 주형으로부터 응고된 주편을 인발하는 장치로서 주편 끝은 더미바에 의해 인출 안내된다.

② 롤 구성

㈎ 2~3쌍의 롤로 구성된다.

㈏ 한쪽 롤은 고정, 반대쪽 롤은 일정한 압력으로 주편을 압착한다.

㈐ 주편이 변형을 일으키지 않을 정도로 압력을 크게 하지 않는다.

㈑ 직류 전동기로 구동하며, 원격조정으로 속도를 조절한다.

(6) 더미바

① 역할: 쇳물을 처음 주입할 때 아래쪽을 막는 설비로서 핀치롤까지 주편을 인출한다.

② 방식: 체인식, 스리드식

(7) 2차 냉각장치

① 역할: 주형에서 나온 주편에 물을 뿌려 냉각, 응고시키는 냉각장치로서 2차 냉각대에는 용강의 정압에 의해 주편이 부푸는 것을 방지하기 위해 롤러 에이프런(roller apron)을 설치한다.

② 스프레이 노즐의 종류

㈎ 분극 스프레이 노즐: 롤러 에이프런의 좁은 롤 사이로 분무가 가능해 가장 많이 사용된다.

㈏ 분무상 스프레이 노즐

㈐ 원뿔상 스프레이 노즐

(8) 절단 장치

• 가스 절단: 산소, 아세틸렌, 프로판

단원 예상문제

1. 연속주조에서 용강의 1차 냉각이 되는 곳은?

① 더미바 ② 레이들 ③ 턴디시 ④ 몰드

2. 연속주조에서 가장 일반적으로 사용되는 몰드의 재질은?

① 구리 ② 내화물

③ 저탄소강 ④ 스테인리스 스틸

3. 주형과 주편의 마찰을 경감하고 구리판과의 융착을 방지하여 안정한 주편을 얻을 수 있도록 하는 것은?

① 주형 ② 레이들
③ 슬라이딩 노즐 ④ 주형 진동장치

4. 주형의 진동 때문에 표면에 횡방향으로 줄무늬가 남게 되는 것은?

① Series Mark ② Oscillation Mark
③ Camming ④ Powdering

5. 연속주조 시 소형의 bloom, billet 생산 연주기에서 가장 많이 사용되는 윤활제는?

① 터빈유 ② 산화크롬
③ 중유 ④ 채종유

6. 연속주조 시 사용되는 몰드 파우더의 사용 목적으로 틀린 것은?

① 부상한 개재물의 용해흡수 ② 응고 수축물의 확대방지
③ 용강의 보존 ④ 주형과 주편과의 윤활

7. Mold Flux 사용방법의 설명 중 옳지 않은 것은?

① 용강의 보온을 위해 생파우더가 몰드의 전 표면을 덮고 있어야 한다.
② 투입시는 용강 레벨에 충격을 주지 않도록 한다.
③ 재산화 방지와 부상 개재물과 관계없이 용강표면의 탕면이 보일 때 파우더를 투입한다.
④ 용강의 레벨 변화폭이 클수록 슬래그 베어 형성을 증가시킨다.

8. 몰드 플럭스의 주요 기능을 설명한 것 중 틀린 것은?

① 주형 내 용강의 보온작용 ② 주형과 주편 간의 윤활작용
③ 부상한 개재물의 용해흡수작용 ④ 주형 내 용강 표면의 산화촉진작용

해설 주형내 용강 표면의 산화방지작용

9. 연속주조 시 탕면상부에 투입되는 몰드 파우더의 기능으로 맞지 않는 것은?

① 용강의 공기 산화방지 ② 윤활제의 역할
③ 강의 청정도 상승 ④ 산화 및 환원의 촉진

10. 파우더 캐스팅(Powder casting)에서 파우더의 기능이 아닌 것은?

① 용강면을 덮어서 공기 산화를 촉진시킨다.
② 용융한 파우더가 주형벽으로 흘러서 윤활제로 작용한다.
③ 용탕 중에 함유된 알루미나 등의 개재물을 용해하여 강의 재질을 향상시킨다.
④ 용강면을 덮어서 열방산을 방지한다.

해설 용강면을 덮어서 공기 산화를 방지한다.

11. 연속주조 주형(mold) 파우더의 기능으로 맞는 것은?

① 용강이 깨끗하게 되어 청정강을 생산한다.
② 브레이크 아웃을 방지하며 슬래그 생성을 용이하게 한다.
③ 공기산화를 조장하나 비금속 개재물을 감소한다.
④ 응고속도를 증가시켜 생산량을 증가시킨다.

12. 연주 파우더에 포함된 미분 카본(C)의 역할은?

① 윤활작용을 한다.
② 용융속도를 조절한다.
③ 점성을 저하시킨다.
④ 보온 작용을 한다.

13. 연속주조 설비 중 2차 냉각대를 지나 더미바 및 주편을 잡아당기기 위한 롤은?

① 자유롤
② 핀치롤
③ 수평롤
④ 에이프런롤

14. 연속주조기에서 몰드 및 가이드 에이프런에서 냉각 응고된 주편을 연속적으로 인발하는 장치는?

① 반송롤
② 핀치롤
③ 몰드 진동장치
④ 사이드 센터롤

15. 연속주조 설비에서 주조를 처음 시작할 때 주형의 밑을 막는 것은?

① 핀치롤
② 턴디시
③ 더미바
④ 전단기

16. 연속주조기에서 더미바(dummy bar)의 역할은?

① 주편 안내 유도
② 롤러 테이블의 이동
③ 스탠드 쉘을 지지
④ 브레이크 아웃 방지

17. 롤러 에이프런의 설명으로 옳은 것은?

① 수축공의 제거
② 턴디시의 교환 역할
③ 주조 중 폭의 증가 촉진
④ 주괴가 부푸는 것을 막음

18. 용강의 정압에 의하여 주괴가 부푸는 것을 막기 위해 일련의 자유롤로 되어 있는 것은?

① 스트랜드
② 섬머지드노즐
③ 스트레이너
④ 롤러 에이프런

19. 연속주조 가스절단장치에 쓰이는 가스가 아닌 것은?

① 산소
② 프로판
③ 아세틸렌
④ 발생로 가스

해설 가스절단장치에 쓰이는 가스: 산소, 프로판, 아세틸렌

20. 연속주조 설비의 기본적인 배열 순서로 옳은 것은?

① 턴디시→주형→스프레이 냉각대→핀치롤→절단장치
② 턴디시→주형→핀치롤→절단장치→스프레이 냉각대
③ 주형→스프레이 냉각대→핀치롤→턴디시→절단장치
④ 주형→턴디시→스프레이 냉각대→핀치롤→절단장치

정답 1. ④ 2. ① 3. ④ 4. ② 5. ④ 6. ② 7. ③ 8. ④ 9. ④ 10. ① 11. ① 12. ② 13. ② 14. ② 15. ③ 16. ① 17. ④ 18. ④ 19. ④ 20. ①

1-3 연속주조의 조업

(1) 조업 조건 및 용강 주입 순서

① 조업 조건

(가) 설비 요인: 기종, 주편 크기 및 형상, 주형진동기구, 냉각기구, 인발기구

(나) 조업 요인: 주조온도, 주조속도, 진동수와 진폭, 냉각수, 윤활제 재질

② 용강 주입 순서

(가) 용강 주입 순서: 레이들→턴디시→노즐→주형

(나) 주형내의 유사 주편(dummy bar)을 삽입하여 밑을 막아주고 용강을 주입한다.

(다) 주편을 더미바에 접속시켜 인하하면 주형에서 인출되어 나온다.

(라) 주편이 핀치 롤을 통과한 곳에서 더미바를 해체한다.

(마) 분말 윤활제(연주 파우더): 주형내의 용강표면에 분말 윤활제를 첨가하면 용강의 열로 녹은 용융물은 주형과 주편의 사이에서 윤활작용을 한다.

(바) 주형을 나온 주편에 냉각수 스프레이로 중심까지 냉각시킨다.

(2) 주조 작업

① 레이들 내 용강 처리

(가) 레이들에 주입된 용강에 불활성가스를 취입하여 교반(bubbling 또는 rinsing) 처리 또는 진공 탈가스 처리를 한다.

(나) 버블링 처리

㉠ 주입온도를 조절한다.

㉡ 용강의 청정화를 위한 Al_2O_3 등 개재물의 부상분리를 촉진한다.

㉢ 성분 균일화와 성분조정

② 턴디시

(가) 턴디시 내장 연와는 용강 부착이 적은 납석질 연와나 샤모트질 연와를 사용한다.

(나) 용강 출구 부근이나 슬래그 라인부에는 용손을 적게 하기 위한 고알루미나질을 사용한다.

(다) 노즐은 용손이 적은 지르콘질, 지르코니아질을 사용한다.

(라) 노즐의 막힘 현상 원인

㉠ 용강온도 저하에 따른 용강의 응고

㉡ 석출물이 용강 중에 섞여 노즐이 좁아지고 막히게 되는 경우

㉢ 용강으로부터의 석출물이 노즐에 부착 성장하여 좁아지고 막히는 경우

③ 주조 속도와 온도

(가) 주조 속도는 생산성, 품질을 좌우하는 중요한 요인이다.

(나) 주조 속도는 break out이나 bulging 등 조업상의 문제나 표면흠, 주편의 내부 균열 등 품질상의 문제에 영향을 준다.

(다) 고온 주조는 break가 발생한다.

(라) 저온 주조는 턴디시 노즐에 용강 부착, 주조불능 상황이 발생한다.

④ 주형 진동

(가) 주형 내 구속에 의한 사고

㉠ 주형 직하에서 일어나는 구속성 브레이크 아웃이다.

㉡ 설비 내에서 응고의 불균일로 인해 일어나는 브레이크 아웃이다.

(나) 브레이크 아웃 발생에 따른 손실

㉠ 설비의 휴지에 따른 생산성 감소

㉡ 대기시간 발생

㉢ 주조 중 용강의 비상처리

(다) 주형 진동의 목적

㉠ 주편의 주형 내 구속에 의한 사고를 방지한다.

㉡ 안정된 조업 유지

㉢ 진동 방법

- 진동 타형: 사인 커브 사용
- 소진폭 : 대사이클 수 조업

⑤ 주형 냉각

(가) 1차 냉각

㉠ 주형에 주입된 용강을 간접 응고

㉡ 주형 외측에 냉각수를 공급하여 동판에 의한 간접 응고

㉢ 표층은 응고셀, 내부는 미응고 용강

㉣ 냉각속도 ΔT=냉각수의 출측온도−냉각수의 입측온도

㉤ 1차 냉각에서 중요한 인자: 냉각수 수질

㉥ 사용 냉각수: 연수

㉦ 방식제: 인산염

(나) 2차 냉각

㉠ 주편에 직접 살수하는 냉각수와 설비를 냉각시켜주는 냉각수로 분류

㉡ 주편의 표면 품질 및 내부 품질에 영향을 미치는 인자

㉢ 스프레이 노즐 분무에 의한 직접 냉각

㉣ 2차 냉각 조절: 비수량(0.5~2.0l/kg. Steel)

(다) 주편 응고길이는 주형 내 응고표면으로부터 주편의 코어부(내부)가 완전히 응고될 때까지의 길이이다.

(3) 정정 작업

① 주편 절단

(가) TCM(Torch Machine)

㉠ 연주기에서 연속 주조되어 나오는 반제품(slab)을 공정 지시 길이로 산소와 가스를 사용하여 절단하는 장치이다.

㉡ TCM은 mold, bender, segment, approach roller table, shifting roller table, run out roller table로 구성되는 연주 설비에서 approach roller table과 shifting roller table의 전용 레일 위에 설치한다.

㉢ TCM은 두 개의 구동 대차에 의해 레일상에서 전후로 주행하고 TCM 상부에 설치된 레일에 버너가 좌우로 주행할 수 있도록 구성한다.

㉣ 길이는 measuring roll impulse와 machine 주행 장치에 설치된 positioner impulse가 합산되어 측정한다.

㈏ head crop

㉠ 몰드에 주입된 용강이 슬래브 또는 블룸 등으로 생산될 때 더미바와 연결되어 처음에 만들어지는 주편이다.

㉡ 주편 중에 이물질이 많고 편석 등이 심하여 품질이 안정적이지 못하기 때문에 후공정에서 제품으로 사용이 불가능한 부분이다.

㈐ tail crop

㉠ 몰드에 주입된 용강이 슬래브 또는 블룸 등으로 생산될 때 가장 마지막에 만들어지는 주편이다.

㉡ 주편에 이물질이 많고 편석 등이 심하여 품질이 안정적이지 못하기 때문에 후공정에서 제품으로 사용이 불가능한 부분이다.

㈑ 발열재(iron) 파우더

㉠ STS강 등 일반 산소와 NG 가스만 가지고 절단이 되지 않는 고합금강 등에는 발열재 파우더를 첨가하여 절단한다.

㉡ 발열재 파우더는 Br 첨가와 순도 99%의 순철을 첨가하는데 일반적으로 순철 분말을 사용한다.

㉢ 발열재 파우더의 공급량이 일정하지 않으면 주편 절단면이 고르게 절단되지 않으므로 철분말의 공급 압력 조정은 매우 중요한 작업 중의 하나이다.

② 주편 절단 작업

㈎ TCM 메인 토치 노즐

㉠ 주편 절단에 사용되는 토치는 대형 토치로 불꽃 길이에 따라 700mm 두께의 주편도 절단한다.

㉡ TCM 메인 토치 노즐의 크기는 생산되는 주편의 두께에 따라 결정된다.

㈏ TCM 예비 토치 노즐

㉠ 주편을 절단하는 도중에 메인 토치 노즐에 이상이 발생하면 주편을 절단할 수 없으므로 TCM 메인 토치 노즐을 대체할 수 있는 예비 토치 노즐을 이용한다.

㉡ 예비 토치 노즐의 역할은 메인 토치 노즐의 역할과 같다.

㈐ 절단(cutting) 순서

예비 클램핑 작동 → #1, 2 토치 하강되면서 전진 → edge(에지) bar 감지 → #1, 2 토치 상승(토치 끝단과 주편 표면과의 거리가 130mm 정도 되어야 함) → #1, 2 토치 50mm 전진 후 대기 → 메인 클램핑 → 100mm 절단 완료 시점 절단 종료 확인 → #1, 2 토치와 TCM 본체 홈 위치로 이동 → 절단 완료

㈑ 클램핑

㉠ 주편 절단 시 TCM 본체가 흔들리지 않도록 주편과 TCM 본체를 지지해 주는 장치이다.

㉡ TCM 본체에서 에어 실린더로 동작되어 주편 상부에 안착하고 주편이 인출되는 속도에 맞게 TCM과 같이 이동한다.

㉢ 클램핑이 정확하게 이루어지지 않으면 주편 절단 길이가 달라진다.

㈒ 주편 마킹

㉠ 몰드에 용강이 주입되어 주편이 만들어지고 TCM 설비에서 지시한 길이만큼 주편이 절단된 후에는 주편 고유 번호가 필요하다.

㉡ 주편 고유 번호는 후공정인 압연 공정까지 지속적으로 이어지고 주편이 가지고 있는 고유의 특성 및 성질 등을 포함하고 있으므로 중요하다.

㈓ HCR

㉠ HCR(Hot Charge Rolling), HDR(Hot Direct Rolling)재는 수랭을 하지 않고 열편 상태로 후공정으로 이송한다. 그 외에 강종은 상황에 따라 수랭 및 공랭을 실시한다.

㉡ 마텐자이트 계열 강종은 수랭 시 조직이 깨지면서 주편에 크랙이 발생할 수 있으므로 주의한다.

㉢ 수랭을 실시하는 강종은 주로 오스테나이트계 강종이다.

③ 주편 정정 작업

㈎ 정정 설비

㉠ 정정 설비는 크게 주편 입고 설비, 주편 보관 설비, 주편 불출(이송) 설비로 분류한다.

㉡ 정정 설비는 주편 입고 설비에 준하는 항목으로 연주 TCM에서 절단된 주편을 정정 라인으로 입고하여 강종 및 규격에 따라 정정 야드(yard)에 산적한다.

㉢ 주편 표면의 결함 등을 소재 상태에서 제거하기 위한 방법으로는 주편 표면 연삭 방법에 따라 토치를 이용한 스카핑(scarfing), 연삭돌을 이용한 그라인딩, 쇠구슬을 이용한 숏 블라스트 등을 사용한다.

㈏ scarfer machine 설비

㉠ 스카핑(scarfing)의 목적

- 강 또는 주편 표면의 결함 등을 소재 상태에서 완벽하게 제거한 후 후속 공정인 압연 공정으로 이송하여 양질의 제품을 확보한다.
- 기계 장치(scarfer)를 이용하여 신속하게 대용량으로 처리한다.

㉡ 스카핑 유닛의 기능 및 역할

- 냉간 또는 열간 주편 표면을 설정된 값으로 균일하고 평판하게 스카핑되도록 설계된 연속 노즐 스카핑 유닛이다.
- 유닛은 산소와 연료 가스를 적절한 온도와 깊이로 주편 표면에 고압 산소를 분사하여 스카핑을 한다.
- 유닛은 4개의 블럭으로 조합되어 1세트의 유닛을 구성하고 scarfing machine member manifold에 취부되어 있으며 예열 산소와 연료 가스로 주편을 예열한 후 슬롯의 고압 산소로 스카핑을 실시한다.

㉢ 숏 블라스트 작업

- 주편 표면에 작은 쇠구슬을 강한 압력으로 분사하여 주편 표면 스케일을 제거하는 방법이다.
- 숏 블라스트 작업 시 발생되는 분진 및 화염 등은 환경에 악영향을 미치므로 집진 설비를 설치한다.

(4) 연연주법

① 연연주 또는 다연주법: 생산능률을 높이기 위하여 몇 개의 레이들 용강을 계속해서 주조하는 방법

② 사이클 타임(t): 주조시간+(준비시간+대기시간)$=t_c+t_p+t_w$

단원 예상문제

1. 연속주조에서 조업조건의 내용을 설비 요인과 조업 요인으로 나눌 때 조업 요인에 해당되지 않는 것은?

① 주조온도
② 윤활제 재질
③ 진동수와 진폭
④ 주편크기 및 향상

2. 주조의 생산능률을 높이기 위해서 여러 개의 레이들 용강을 계속해서 사용하는 방법은?

① Oscillation mark
② Gas bubbling
③ 무산화 주조법
④ 연-연주법(漣-漣鑄法)

3. 연속주조에서 주조 중 레이들의 용강이 주입이 완료될 때 레이들을 주입위치로 바꾸어 계속적으로 주조를 하는 방식은?

① 고속연주법
② 연연주법
③ 수평연속연주법
④ 회전연속연주법

4. 다음 중 연속주조의 사이클 타임을 나타내는 식으로 옳은 것은?

① 주조시간÷(준비시간-대기시간)
② 주조시간+(준비시간+대기시간)
③ 주조시간-(준비시간-대기시간)
④ 주조시간÷(준비시간×대기시간)

정답 1. ④ 2. ④ 3. ② 4. ②

1-4 조업이상시 조치

(1) 초기 작업 이상시 조치

① break-out 발생 기구

(가) break-out의 정의

㉠ break-out은 연속 주조 작업 중 1차 냉각대인 몰드에서 용강이 충분한 응고셀을 형성하지 못하고 몰드를 통과 후 철정압에 견디지 못하고 용강이 유출되는 현상이다.

㉡ break-out은 연주에서 가장 큰 조업 사고 중 하나로 발생 시 조업을 계속 진행하지 못할뿐더러 복구 작업에 많은 시간이 소요된다.

㉢ 주조 초기에 발생하면 몰드 및 벤더를 교체해야 하며 주조 중기에 발생하면 주편 정체로 이어져 복구 시간이 초기에 비해 3~4배 이상 소요된다.

㈏ break-out의 종류

㉠ 구속성 break-out

- 구속성 break-out은 상부의 응고 셸이 하부의 응고 셸과 분리되어 몰드에 부착되며 점차 넓은 영역으로 확대되어 몰드 하부에 도달할 때 용강이 유출되는 현상이다.
- 몰드에 투입되는 몰드 파우더의 점성 불량 및 수분 함유, 성분 편중, 염기도 불량 등의 원인으로 발생한다.
- 용강 청정성 불량으로 이물질에 의한 냉각 불균일 때문에 발생한다.

㉡ 홀(hole성) break-out

응고 셸이 불균일하게 성장하여 요철이 많이 생성되었을 때 응고 셸이 얇은 곳에서 철정압을 이기지 못하여 용강이 유출되는 현상이다.

㈐ break-out 방지 기구

㉠ BOPS(Break Out Prediction System)

- BOPS는 break-out 예지 장치이다.
- 몰드에 온도 센서를 부착하여 몰드 내 구간별 온도의 차이를 알람이나 버저로 작업자에 통보한다.

㉡ BODS(Break Out Direct System)

- BODS는 열화상 카메라에 의한 break-out 예지 장치이다.
- 몰드 직하 또는 break-out이 발생할 수 있는 부분에 열화상 카메라를 부착하여 이상사항을 알려주는 장치이다.

(2) 중기 작업 이상시 조치

① 몰드 내 용강 주입 방법

㈎ 슬라이드 게이트 방식

㉠ 몰드에 주입되는 용강의 개재물을 방지하기 위하여 스타트 튜브(starter tube)라는 캡(cap)을 씌워 초기 침지 노즐 내 이물질 혼입을 방지하고 턴디시 탕면을 확보하는 방식이다.

㉡ 5~7t 시점에 몰드 내 주입을 개시한다.

㈏ 스토퍼 방식

㉠ 초기 레이들 개공과 동시에 용강이 스토퍼 사이로 유출되어 몰드 내 용강이 주입되면 바로 주입을 개시해야만 몰드 오버플로(over flow) 발생을 방지한다.

㉡ 레이들 출발 시 용강 온도가 낮거나 턴디시 예열이 적으면 턴디시 탕면 5~7t에서 개공해야 몰드 오버플로(over flow) 발생을 방지한다.

㉢ 레이들 출발 온도나 턴디시 예열 온도가 정상이면 턴디시 탕면 15~18t 사이에서 몰드 주입을 개시하여 턴디시 내에서 충분한 개재물 분리 부상 시간을 가지도록 하는 것이 품질에 유리하다.

② 턴디시 내 용강의 청정도

㈎ 턴디시 용량이 작을 때

㉠ 턴디시 용강량이 작은 상태에서 몰드 내 용강 주입이 이루어지면 용강이 턴디시 내에 머무르는 시간이 짧아 개재물 분리 부상에 좋지 않다.

㉡ 용강이 머무르는 시간이 짧은 만큼 용강 온도가 확보되어 초기 몰드 내 용강 주입 작업에는 유리하다.

㉢ 턴디시 내 용량이 작으면 대기와의 접촉을 차단하기가 용이하여 턴디시 내 실링(밀봉)이 쉬운 장점이 있다.

㉣ 연연주 연결 작업 시 급격히 턴디시 탕면이 하락하면 연연주 연결 작업에 불리하다.(단점)

㈏ 턴디시 용량이 클 때

㉠ 턴디시 내 용강량이 많은 상태에서 용강 주입이 이루어지면 턴디시에 용강이 머무르는 시간이 길어져 개재물 분리 부상에 유리하여 초주편 품질에는 유리하다.

㉡ 턴디시 용량이 대형화되면 턴디시 내 실링은 불리하여 대기와의 접촉이 쉬워지는 단점이 있으나 턴디시 플럭스 등을 투입하여 대기와의 접촉을 차단한다.

㉢ 턴디시 내 용강량이 많으면 연연주 연결 시 연결 작업 도중에 다른 이상 작업(예: 자연 개공 불가 등)이 발생하여도 시간적 여유가 있어 연연주 연결 작업 등에 장점이 된다.

(3) 말기 작업 이상시 조치

① 레이들 내의 용강 처리

㈎ 레이들 내 용강의 청정성을 향상시키기 위해서는 성분이 균일하게 분포하도록 불활성 가스를 이용한 버블링이 필요하다.

(나) 고청정도를 요하는 강종은 2차 정련이라 하여 LF, RH방법 등을 이용하여 청정도를 향상한다.

(다) 대기와의 접촉 발생 시 2차 재산화가 발생할 수 있으므로 레이들 상부에 보온재를 투입하여 재산화와 레이들 내 온도하강을 방지한다.

(라) 레이들 내 온도 하락을 방지하기 위해서 연주에서 레이들 커버를 사용하면 1ch 주조 시간(40~55분 소요)에 3~6℃의 온도 하락을 방지한다.

② 턴디시 내의 용강 처리

(가) 턴디시 내 개재물 제거 및 산화 방지를 위해서 턴디시 용량을 대형화하여 주조 작업 시 턴디시 내 용강이 머무르는 시간을 확보하고 부상 분리를 용이하게 하는 것이 유리하다.

(나) 레이들에서 턴디시, 턴디시에서 몰드 주입 시 무산화 주조를 위한 슈라우드 노즐을 사용하고 턴디시 내에 불활성 가스를 이용한 실링(sealing)을 실시하여 대기와의 접촉을 차단한다.

③ 주조 속도

(가) 주조 속도가 빠르면 몰드 내에서 주편의 응고가 급속히 진행되고 주조 방향이 하향으로 이루어지기 때문에 몰드 내에서는 개재물의 분리 부상이 불리하다.

(나) 주조 온도를 높이는 것은 개재물의 분리 부상에는 유리하지만 BO 등의 설비 사고에는 취약한 단점이 있다.

(다) 주조 속도를 낮추는 것이 개재물 분리 부상에는 유리하지만 주조 시간이 길어져 용강의 온도가 하락하고 침지 노즐 막힘 현상으로 주조를 중단해야 하는 상황이 발생한다.

④ 침지 노즐

(가) 종전에는 침지 노즐은 내용손성 및 개재물 면에서 실리카 재질에 비해 우수한 알루미나 흑연질노즐을 주로 사용한다.

(나) 최근에는 복합 재질을 적절하게 배합하여 몰드 탕면과 몰드 파우더 용융층(가장 마모가 심함)이 겹치는 부분에 사용하여 다연연주(7~12연연주) 작업 시에도 침지 노즐 교환 없이 1개의 노즐로도 펑크(puncture) 없이 지속적으로 사용한다.

2. 조괴법

2-1 조괴 설비

① 조괴: 전로 또는 전기로 등의 제강로에서 정련한 용강을 레이들에 받아 이것을 일정한 형상의 주형(ingot case, ingot mold)에 주입 응고시켜서 만든 주괴를 말한다.

② 다음 공정에서 분괴, 압연되거나 단조되어서 각종 제품으로 가공 형성된다.

(1) 레이들

① 강판의 외곽 내면이 벽돌인 경우 점토질이나 납석질을 사용한다.

② 내화재의 용손을 적게 하여 수명을 길게 하기 위해서 지르콘질, 고알루미나질, 마그네시아질 벽돌을 사용한다.

(2) 노즐과 스토퍼

① 용강을 주입하기 위해 레이들 바닥에 노즐을 설치하고 노즐 상부에서 스토퍼로 조작하여 노즐을 개폐하여 주입작업한다.

② 노즐연와 형상은 내장식과 외장식이 있으나 외장식을 일반적으로 많이 사용한다.

③ 조괴작업의 주입류가 산란되지 않도록 노즐 길이(L)와 지름(D)의 비(L/D)를 크게 하여 사용한다.

④ 노즐에는 샤모트질, 스토퍼 헤드에는 흑연질 내화재를 사용한다.

⑤ 흑연질은 용강의 침식에 견디고 내스폴링성(열충격에 의한 파편 발생에 견딤)이 좋으며, 열간강도가 크고 사용 중에 노즐에 점착하지 않는 성질이 있다.

⑥ 스토퍼에는 샤모트-고알루미나질을 사용한다.

(3) 슬라이딩 노즐(sliding nozzle)

① 슬라이딩 노즐 방식은 상하 2개의 판상 내화물에 뚫린 노즐 구멍을 개폐함으로서 주입조작하는 방식이다.

② 하판의 구동장치로는 유압 또는 전동방식이 사용된다.

③ 노즐 작동방식은 직진 왕복, 회전, 직진시판공급이다.

④ 장점

- 노즐 스토퍼 방식은 1회 밖에 사용하지 못하나, 5~10회의 연소 사용으로 인건비를 절약한다.
- 주입사고가 적어지고 원격조작을 하므로 작업이 안전하다.
- 주입속도의 조절이 용이하다.

단원 예상문제

1. 강의 연속주조 작업에 최근 많이 채용되고 있는 노즐 방식은?

① 상주식 ② 경사식
③ 슬라이드 밸브식 ④ 스토퍼식

정답 1. ③

2-2 조괴 주입작업

(1) 주입법의 종류

① 상주법: 용강을 주형 위에서 직접 주형 안을 채우는 방법이다.

② 하주법: 용강을 세워 놓은 주형 밑으로 용강이 들어가게 하여 점차 주형 안에 용강이 차도록 하는 방법이다.

상주법과 하주법의 장단점

분류	상주법	하주법
장점	– 강괴 내의 개재물이 적음 – 정비작업이 간단하여 자재가 절감됨 – 다량생산에 적합함 – 강괴 실수율이 양호함	– 잉곳의 표면이 깨끗함 – 작은 강괴를 한꺼번에 생산함 – 주입시간이 단축됨 – 주입속도, 탈산 조정이 쉬움 – 주형 사용횟수가 증대되어 주형 원단위가 저감됨
단점	– 용강의 스플래시(splash)로 강괴표면이 불량함 – 용강의 공기산화에 의한 탈산생성물 발생 – 부상분리에 어려움 – 주형 원단위가 높음	– 정반 유출사고가 상주법에 비해 많음 – 용강온도가 낮으면 주입이 불량함 – 재기접촉에 의한 산화물 혼입

단원 예상문제

1. 상주법의 특징이 아닌 것은?

① 주입속도가 빨라지기 쉽다. ② 강괴표면이 깨끗하다.
③ 큰 강괴를 만들 때 좋다. ④ 경비가 적게 든다.

2. 상주법으로 강괴를 제조하는 경우에 대한 설명으로 틀린 것은?

① 양괴 실수율이 높다.
② 강괴 표면이 우수하다.
③ 내화물에 의한 개재물이 적다.
④ 탈산 생성물이 많아 부상분리가 어렵다.

해설 강괴 표면이 거칠다.

3. 주입작업 시 하주법에 대한 설명으로 틀린 것은?

① 용강이 조용하게 상승하므로 강괴 표면이 깨끗하다.
② 주형 내 용강면을 관찰할 수 있어 탈산 조정이 쉽다.
③ 주형 내 용강면을 관찰할 수 있어 주입속도 조정이 쉽다.
④ 작은 강괴를 한꺼번에 많이 얻을 수 없고 주입시간은 짧아진다.

4. 하주법을 실시했을 때의 설명으로 틀린 것은?

① 소형의 강괴를 일시에 여러 개 주입할 수 있어 주입시간이 단축된다.
② 용강이 조용히 상승하므로 강괴 표면이 깨끗하다.
③ 용강온도가 낮아도 주입이 쉽고, 한 번에 제품을 생산한다.
④ 주형 내 용강면 관찰이 용이하므로 주입속도, 탈산 조정이 쉽다.

해설 용강온도가 낮으면 주입이 어렵고, 한 번에 여러 개의 제품을 생산한다.

5. 상주법과 하주법에 대한 설명으로 틀린 것은?

① 상주법은 접촉하지 않으므로 강괴 내의 개재물이 적다.
② 상주법은 주입속도가 빠르며, 스플래시(splash)에 의한 표면 기포가 생기기 쉽다.
③ 하주법은 용강이 빠르게 상승하므로 강괴 표면이 미려하지 못하다.
④ 하주법은 주형 내 용강면을 관찰할 수 있으므로 주입속도 조정 및 탈산조정이 쉽다.

해설 하주법은 용강이 느리게 상승하므로 강괴 표면이 미려하다.

정답 1. ② 2. ② 3. ④ 4. ③ 5. ③

(2) 주입할 때 유의사항

① 주입온도와 주입속도

② 강종에 따른 탈산 조정

③ 산란이 없는 주입류를 얻을 것

④ 주형중심에 주입할 것

⑤ 온도측정 시 용강비산에 의한 화상에 주의할 것

(3) 주입온도에 따른 현상

① 주입온도가 높을 때

- 강괴에 균열이 생기기 쉽다.
- 정반에 용착하기 쉽다.

② 주입온도가 너무 낮을 때

- 탕주름 현상이 나타난다.
- 2중 표피 등의 결함이 발생한다.

(4) 주입속도에 따른 현상

① 주입속도가 너무 빠르면

- 강괴의 균열이 발생한다.
- 림드강에서는 급속히 용강압력이 증가하여 리밍 액션이 나빠진다.

② 주입속도가 너무 늦으면

- 산화에 의한 결함이 발생한다.
- 주입할 때 온도에 따라 주입속도를 조절한다.

(5) 주입속도 표시: 단위 시간당(min)의 용강상승 높이(mm), 또는 단위 시간당 주입된 용강량으로 표시한다.

(6) 주입속도의 조절은 노즐지름의 크기로 하며, 노즐로부터 유출되는 용강량은 다음과 같다.

$$V = \alpha \cdot \rho \cdot \sqrt{2gh}$$

여기서 V: 단위 시간당 용강유출량[g/sec], α: 노즐의 단면적[cm^2]

ρ: 용강의 비중[g/cm^3], h: 레이들 내 용강의 높이[cm], g: 중력가속도[cm^2]

단원 예상문제

1. 조괴주입 중 온도측정 시 안전상 가장 유의해야 할 것은?

① 수분에 의한 오차범위
② 열전대 교환시 눈금
③ 용강비산에 의한 화상
④ 레이들과 격돌

2. 노즐로부터 유출되는 용강량을 구하는 식은?

(단, V: 단위 시간당 용강유출량(g/s)
α : 노즐의 단면적(cm^2)
ρ: 용강의 밀도(g/cm^3)
h: 레이들 내 용강의 높이(cm)
g: 중력가속도(cm/s^2)

① $V=\sqrt{\alpha\rho \cdot 2gh}$
② $V=\sqrt{\dfrac{\alpha\rho}{2gh}}$
③ $V=\dfrac{\alpha\rho}{\sqrt{2gh}}$
④ $V=\alpha\rho \cdot \sqrt{2gh}$

해설 용강량 : $V=\alpha\rho \cdot \sqrt{2gh}$

정답 1. ③ 2. ④

(7) 형발 작업

① 주입종료에서 반출을 위한 형발까지의 시간을 트랙 타임(track time)이라 한다.
② 강괴가 완전 응고 전에 주형을 움직이면 수축관 등의 상황이 악화된다.
③ 너무 늦추면 균열로에서 강괴의 균열 시간이 길어진다.
④ 주형의 회전율이 낮아지고 주형 소비량이 증가한다.
⑤ 너무 빠르면 편석 및 수축관이 악화되고, 너무 늦으면 생산성 저하와 주형회전율이 감소한다.
⑥ 주조 후 주편 냉각작업 시에는 살수전 주위 작업자를 대피시키고, 안전보호장비 등을 착용한다.

단원 예상문제

1. 조괴작업에서 트랙타임(T.T)이란?

① 제강주입 시작–분괴 도착시간까지
② 형발완료–분괴장입 시작시간까지
③ 제강주입 시작시간–분괴장입 완료시간
④ 제강주입 완료시간–균열로에 장입 완료시간

2. 강괴의 발취작업에서 발취를 너무 늦추었을 때 어떤 현상이 발생하는가?

① 강괴의 열적 균일화 시간이 길어진다.
② 주형소비량이 작고 주형의 회전율이 크다.
③ 편석, 수축관, 균열 등의 상황이 더욱 악화된다.
④ 강괴의 결함 및 성품과 발취시기와는 관계가 없다.

해설 강괴의 발취를 너무 늦추면 균열로에서 강괴의 균열 시간이 길어진다.

3. 주조 후 주편 냉각작업 시 틀린 것은?

① 살수전 주위 작업자를 대피시킨다.
② 안면보호면, 방열복을 착용한다.
③ 몰드 안을 살펴보면서 살수한다.
④ 몰드에서 멀리 떨어져서 살수한다.

해설 안전사항: 작업자 대피

정답 1. ④ 2. ① 3. ③

2-3 강괴의 종류

(1) 킬드강(Killed steel)

① 정련된 용강을 레이들 중에서 Fe-Mn, Fe-Si, Al 등으로 완전 탈산시킨 강으로 재질이 균일하고 기계적 성질 및 방향성이 좋아 합금강, 단조용강, 침탄강의 원재료로 사용된다. 킬드강은 보통 탄소함유량이 0.3% 이상이다.
② 가스의 방출이 없이 조용하게 응고한다.
③ 압탕의 비용 및 압탕부를 절단하는 관계로 실수율이 낮아져서 비싸지는 단점이 있다.

(2) 세미킬드강(semi-killed steel)

① 킬드강과 림드강의 중간 정도의 것으로 Fe-Mn, Fe-Si으로 탈산시켜 탄소함유량이 0.15~0.3%로 일반구조용강, 강판, 원강의 재료로 사용된다.
② 파이프량이 적고 강괴 실수율이 좋은 특징이 있다.
③ 탈산이 너무 약하면 표피부에 기포가 나타나서 표면결함의 원인이 된다.
④ 탈산이 너무 지나치면 파이프가 커져서 실수율이 낮아지는 원인이 된다.

(3) 림드강(rimmed steel)

① 탈산 및 기타 가스처리가 불충분한 상태의 강괴이다. 즉 Fe-Mn으로 약간 탈산시킨 강괴로 불충분한 탈산으로 인한 용강이 비등작용이 일어나 응고 후 많은 기포가 발생되며 주형의 외벽으로 림(rim)을 형성하는 리밍액션 반응(rimming action)이 생긴다.

② 보통 저탄소강(0.15%C 이하)의 구조용강재로 사용된다.

(4) 캡드강(capped steel)

① 이 강괴는 림드강을 변형시킨 것으로 용강을 주입한 후 뚜껑을 씌어 용강의 비등을 억제시켜 림 부분을 얇게 하므로 내부의 편석을 적게 한 강괴이다.

② 림드강에 탈산제를 가하여 리밍액션을 중지시켜 응고시킨 케미컬 캡드강과 주입 후 바로 뚜껑을 덮어 리밍액션을 억제하고 내부를 조용히 응고시켜서 중심부 편석을 적게 한 메커니컬 캡드강이 있다.

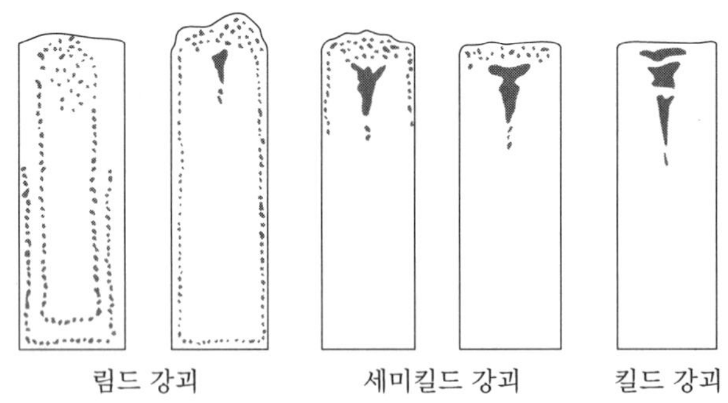

탈산도에 따른 강괴 형상

단원 예상문제

1. 킬드강(killed steel)의 특성이 아닌 것은?

① 파이프(pipe)가 심하다.
② 탄소의 성분 범위가 비교적 넓다.
③ 표면이 깨끗하다.
④ 편석이 적다.

해설 표면은 림드강이 깨끗하다.

2. 주로 킬드강에 사용되는 주형은?

① 상광형 ② 하광형 ③ 원형 ④ 직각형

3. 강괴의 비교 설명 중 옳은 것은?

① 세미킬드강은 합금강 제조용이며, 상광형에 하주법으로 주입한다.
② 킬드강은 20.5% 탄소인 레일강에 적용되며 수축관이 생긴다.
③ 킬드강은 고급강재에 적용되며 기포가 생기지 않는다.
④ 캡드강은 0.15% 이하의 저탄소강이며, 중심부 편석이 많다.

4. 응고하는 동안 기체의 발생이 가장 적은 강괴는?

① 킬드강 ② 세미킬드강 ③ 림드강 ④ 캡드강

5. 주형 내에서 C+O→CO의 반응을 일으키지 않는 것은?

① 림드강 ② 캡드강 ③ 세미킬드강 ④ 킬드강

6. 용강의 탈산을 완전하게 하여 주입하므로 가스 발생없이 응고되며, 고급강, 합금강 등에 사용되는 강은?

① 림드강 ② 킬드강 ③ 캡드강 ④ 세미킬드강

7. 완전 탈산한 강으로 주형 상부에 압탕 틀을 설치하여 이곳에 파이프를 집중 생성시켜 분괴압연한 후 이 부분을 잘라내는 강괴는?

① 림드강 ② 캡드강 ③ 킬드강 ④ 세미킬드강

해설 킬드강: 용강의 탈산을 완전히 한 강이다.

8. 탈산도에 따라 강괴를 분류할 때 탈산도가 큰 순서로 옳게 나열된 것은?

① 킬드강>림드강>세미킬드강
② 킬드강>세미킬드강>림드강
③ 림드강>세미킬드강>킬드강
④ 림드강>킬드강>세미킬드강

9. 중간 정도 탈산한 강으로 강괴 두부에 입상 기포가 존재하지만 파이프량이 적고 강괴 실수율이 좋은 것은?

① 캡드강 ② 림드강 ③ 킬드강 ④ 세미킬드강

10. 세미킬드강에 대한 설명으로 틀린 것은?

① 주입속도가 늦으면 성장하기 쉬우므로 상주, 하광형의 빠른 주입이 좋다.
② 강괴 실수율이 양호하다.
③ 과탈산시 파이프가 커져서 실수율이 낮아진다.
④ 약탈산하면 표면흠이 양호하다.

해설 약탈산하면 표면흠이 거칠다.

11. 용강에 탈산제를 전혀 첨가하지 않거나 소량 첨가해서 주입하여 강괴 내에 많은 기포가 함유되어 강괴 두부에 수축관을 생성하지 않고 강괴 전부를 쓸 수 있는 강종은?

① 캡드강 ② 림드강 ③ 킬드강 ④ 세미킬드강

12. 림드강(rimmed steel) 제조 시 FeO+C⇄Fe+CO의 반응에 의해 응고할 때 강에 비등작용을 일으키는 현상은?

① 보일링(Boiling) ② 스피팅(Spitting)
③ 리밍액션(Rimming action) ④ 베세마어징(Bessemerizing)

13. 강괴작업 시 리밍작용은 어떤 기체가 발생하여 일어나는 것인가?

① CO가스 ② CO_2가스 ③ O_2가스 ④ H_2가스

해설 리밍작용: 림드강에서 C+O→CO가스에 의해 기포가 발생한다.

14. 탈산도에 따른 강괴의 면 조직을 표시한 것 중 림드강괴의 형상은?

① ② ③ ④

해설 탈산이 불충분하기 때문에 용강 속에서 CO가스가 발생하여 기포가 생성되는 강괴이다.

15. 일반적으로 림드강과 세미킬드강의 중간 성질로 제조되는 강은?

① 킬드강 ② 캡트강
③ 코어 킬드강 ④ 알루미늄 세미킬드강

16. 미케니컬 캡트강에서 용강을 주입한 후 뚜껑을 덮는 이유는?

① 림층의 두께 증가 ② 스프레쉬흠 제거 ③ 림드작용 촉진 ④ 중심부 편석 감소

정답 1. ③ 2. ① 3. ③ 4. ① 5. ④ 6. ② 7. ③ 8. ② 9. ④ 10. ④ 11. ② 12. ③ 13. ①
14. ① 15. ② 16. ④

제 6 장 제강 품질 검사

1. 결함의 종류

1-1 표면결함

• 표면결함의 종류: 탕주름, 균열, 2중 표피, 선상흠

(1) 수축관(pipe)

① 용융금속의 응고, 수축에 따라 강괴의 상층 중앙부위에 공간이 형성된 것으로 차후 가공의 한 과정인 압연 가공시 길게 늘어나 형성된 결함을 말한다.

② 수축관의 방지책

(가) 압탕(hot top)을 설치한다.

(나) 삼공주형을 사용한다.

(다) 용강 두부에 발열 보온재를 덮어준다.

(라) 강중 C를 많게 한다.

1-2 내부결함

• 내부결함의 종류: 편석, 개재물, 기포, 수축관(수축관은 내부, 외부에도 사용됨)

(1) 기공(porosity)

용융금속의 응고과정 중 가스가 탈출하지 못하고 둥근 형태로 금속내부에 남아있는 결함을 말한다.

(2) 편석(segregation)

편석은 금속이 응고될 때 원소나 화합물의 분포가 일정하지 않아 나타나는 결함으로 응고시간이 길수록 편석이 증가한다.

① 편석의 종류

㈎ 매크로 편석

㈏ 마이크로 편석: 수지상정 사이에 생기는 국부적 편석

② 용강과 응고강에서 생기는 편석

㈎ 부편석: 먼저 응고한 강의 용질농도가 적을 때 생기는 편석

㈏ 정편석: 나중에 응고하는 부분에 용질원소가 농축되어 생기는 편석

㈐ 편석도: 응고강 중의 용질농도/용질의 레이들 분석 값

③ 강괴의 크기에 따른 편석도

㈎ 용강이 주형내에서 응고할 때 먼저 응고하는 저부 및 외주부에는 용질원소가 적은 부편석이 발생한다.

㈏ 나중에 응고하는 중앙 상부에는 용질원소가 많은 정편석이 발생한다.

④ 용질원소에 따른 편석도

㈎ 용질원소의 편석도는 철과 용질원소가 공존하는 고-액상 농도비로부터 추측한다.

㈏ 편석계수: 1-Ko는 값이 클수록 편석하기 쉽다.

㈐ 탄소강에서는 S편석이 가장 크고 P, C, Mn순으로 작아진다.

⑤ 용강의 교반에 따른 편석도

㈎ 주형 중의 용강에서 가스가 발생하거나 동요되면 용강이 교반되어 편석을 조장한다.

㈏ 림드강에서는 리밍액션(rimming action)에 의한 교반작용 때문에 조용히 응고하는 킬드강보다는 편석이 심하게 발생한다.

㈐ 탈산도가 적은 킬드강보다는 림드강에서 편석이 심하게 발생한다.

⑥ 편석에 대한 대책

㈎ 편석하기 쉬운 유해성분 함량을 줄인다.

㈏ 편석 성분을 상부에 모이게 하여 분괴 후 끊어 낸다.

㈐ 강괴중량을 적게 하거나 연속주조법을 써서 빌렛이나 슬라브를 제조한다.

㈑ 같은 방향으로 응고하면 매크로 편석은 나타나지 않는다.

단원 예상문제

1. 강괴의 결함 중 표면결함에 속하지 않는 것은?

① 탕주름 ② 균열 ③ 편석 ④ 2중 표피

해설 내부결함: 편석

2. 강괴의 결함 중 내부결함이 아닌 것은?

① 편석 ② 개재물 ③ 탕주름 ④ 수축관

3. 킬드강의 파이프 방지책으로 사용되는 방법이 아닌 것은?

① 압탕(hot top)을 사용한다. ② 삼공주형을 사용한다.
③ 강중 C를 적게 한다. ④ 용강 두부에 발열 보온재를 덮어준다.

해설 강중 C를 많게 한다.

4. 연주주편에 발생하는 내부결함이 아닌 것은?

① 중심 편석 ② 중심 수축공
③ 대형 개재물 ④ 방사선 균열

해설 방사선 균열: 주편을 인발할 때에 응고각이 주형내벽의 Cu를 마모시켜 Cu분이 주편에 침투되어 Cu취화를 일으키므로 국부적으로 미세한 균열이 발생한 것이다.

5. 강괴에 편석이 일어나는 원인을 설명한 내용이 옳은 것은?

① 큰 강괴는 작은 강괴에 비해 편석이 적다.
② 편석은 용강을 교반함으로서 감소시킬 수 있다.
③ 킬드강은 림드강보다 편석이 심하다.
④ 응고시간이 길수록 편석이 증가한다.

6. 강괴 내에 있는 용질 성분이 불균일하게 존재하는 현상을 무엇이라고 하는가?

① 기포 ② 백점
③ 편석 ④ 수축관

7. 용강이 주형에 주입되었을 때 평균 농도보다 이상 부분의 성분 품위가 높은 부분을 무엇이라 하는가?

① 터짐(crack) ② 콜드 셧(cold shut)
③ 정편석(positive segregation) ④ 비금속 개재물(non metallic inclusion)

8. 탈산된 탄소강에 있어서 가장 편석되기 쉬운 용질원소로 짝지어진 것은?

① 탄소, 규소 ② 황, 인
③ 인, 망간 ④ 탄소, 망간

9. 다음 중 탄소강에서 가장 편석을 심하게 일으키는 원소는?

① S ② Si ③ Cr ④ Al

해설 편석 원인: S

10. 다음 중 강괴의 편석 발생이 적은 상태에서 많은 순서로 나열한 것은?

① 킬드강–캡드강–림드강 ② 킬드강–림드강–캡드강
③ 캡드강–킬드강–림드강 ④ 캡드강–림드강–킬드강

11. 강괴 내부가 외부보다 불순 성분원소 농도가 큰 것을 편석이라 하여 품질에 나쁜 영향을 미친다. 편석을 줄이는 대책으로 틀린 것은?

① 일방향성 응고를 시킨다.
② 편석하기 쉬운 유해성분의 함량을 적게 한다.
③ 고합금강에서는 강괴의 중량을 최대한 많이 나가게 한다.
④ 편석 성분을 Hot top부에 모이게 하여 분괴 후에 잘라낸다.

해설 고합금강에서는 강괴의 중량을 최대한 적게 나가게 한다.

정답 1. ③ 2. ③ 3. ③ 4. ④ 5. ④ 6. ③ 7. ③ 8. ② 9. ① 10. ① 11. ③

(3) 비금속 개재물(inclusion)

금속의 용융 및 응고과정에서 슬래그, 산화물과 같은 비금속물이 들어가 생긴 결함을 말한다. 주로 선상 모양으로 검출된다. 강괴는 모두 비금속물질을 함유하고 있으며 그 대부분은 공기에 의한 산화물이나 그 밖의 황화물, 질화물, 탄화물 등이 있다. 용강의 응고에서 불순물이 있는 금속은 순금속보다 용융점이 낮다.

① 발생기원별

㈎ 내부 개재물(용강의 탈산이나 탈황반응으로 생긴 것): 생성 시기와 온도에 따라 다음과 같이 나타난다.

㉠ 1차 개재물: 액상선보다 높은 온도에서 생긴 것

㉡ 2차 개재물: 응고구간에서 생긴 것

㈏ 외래 개재물(내화물이나 강재의 혼입으로 생긴 것)

② 개재물의 크기별

㈎ 매크로 개재물(육안으로 판정할 수 있는 것): 매크로 개재물은 외래 개재물 또는 내생개재물의 1차 개재물이며, 주로 산화물계 개재물이다.

㈏ 마이크로 개재물(현미경에서 청정도로 측정되는 것): 주로 2차 개재물이며 결정립 조정이나 절삭성 개선과 같은 유용한 경우도 있다.

③ 분포 형태별

㈎ A계 개재물: 가공으로 점성 변형한 것(황화물, 규산염 등)으로, 황화물계는 A_1계 개재물, 규산염계는 A_2계 개재물로 나눈다.

㈏ B계 개재물: 가공 방향으로 집단을 이루어 불연속적 입상의 개재물이 정렬된 것(Al_2O_3)이다.

㈐ C계 개재물: 점성 변형하지 않고 불규칙하게 분산하여 존재하는 것(입상 산화물 등)이다.

④ 주편 내 개재물의 생성요인과 방지 대책

㈎ 레이들 내 용강의 청정

㉠ 레이들 내 버블링 처리에 의하여 개재물을 부상분리시킨다.

㉡ 박판용 슬래브에서는 특히 탈산의 제어가 필요하다.

㈏ 턴디시 내 개재물 제거 및 산화방지

㉠ 연속주조에서는 주형 내에서 응고가 급속히 진행되고 또 하향으로 주조되기 때문에 주형 내에서의 개재물의 부상제거에 불리하다.

㉡ 주조온도를 높이는 편이 개재물 부상에 유리하다.

㉢ 주입속도가 커서 침지노즐에서 유출되는 용강류의 초속이 크게 되어 개재물이 하부까지 침입되므로 침지노즐의 구멍을 크게 하거나 다공노즐을 써서 유출속도를 늦추거나 유출각도를 크게 해서 용강류 그 하부까지 침입하지 않도록 한다.

㈐ 침지노즐의 재질과 파우더의 성질

㉠ 주형 내의 개재물 증가요인은 침지노즐의 용손과 파우더의 혼입이다.

㉡ 내용손성이 우수한 알루미나 흑연질 노즐이 용융 실리카질보다 개재물면에서는 유리하다.

㉢ 파우더의 혼입을 방지하기 위하여 오픈 주조보다 침지노즐에 의한 주조가 좋고 침지 깊이가 깊을수록 위험성이 감소한다.

㉣ 파우더의 역할
– 용강의 보온 기능을 한다.
– 산화방지와 주형에서 부상하는 부유물을 용해 흡수한다.
– 박판재의 경우는 알루미나 흡수능이 높은 파우더가 필요하다.

(4) 블로우 홀(blow hole), 핀 홀(pin hole)

블로우 홀은 강괴가 응고할 때 가스가 용탕에 기포상태로 남아 크기가 2mm 이상이며 핀 홀은 미세한 기포로 남은 결함이다.

[발생 원인]

① 탕면의 변동이 심한 경우
② 윤활유 중에 수분이 있는 경우
③ 몰드 파우더에 수분이 많은 경우

(5) 백점

백점은 응고시에 방출된 고용 수소가 열간가공시 잔류 응력에 의해서 미세한 헤어 클랙(hair crack)의 형태로 나타나는 결함이다.

단원 예상문제

1. 비금속 개재물에 대한 설명 중 옳은 것은?
① 용강보다 비중이 크다. ② 제품의 강도에는 영향이 없다.
③ 압연 중 균열의 원인은 되지 않는다. ④ 용강의 공기 산화에 의해 발생한다.

2. 강괴의 비금속 개재물 생성 원인이 아닌 것은?
① 슬래그가 강재에 혼입 ② 내화재가 침식하여 강재에 혼입
③ 대기에 의한 산화 ④ 주형과 정반에 도포 실시

3. 용강의 응고에서 불순물이 있는 금속은 순수한 금속보다 용융점이 어떠한가?
① 불순물 금속이 높다. ② 불순물 금속이 낮다.
③ 두 금속 모두 같다. ④ 불순물과는 관련이 없다.

해설 불순물 금속이 용융점이 낮다.

4. 강괴 중에 발생하는 비금속 개재물의 생성 원인에 대한 설명으로 틀린 것은?

① 공기 중 질소의 혼입 때문 ② 용강이 공기에 의한 산화 때문
③ 여러 반응에 의한 반응 생성물 때문 ④ 내화물의 용식 및 기계적 혼입 때문

해설 공기 중 산소의 혼입 때문이다.

5. 연주 조업 중 주편 표면에 발생하는 블로우홀이나 핀홀의 발생 원인이 아닌 것은?

① 탕면의 변동이 심한 경우 ② 윤활유 중에 수분이 있는 경우
③ 몰드 파우더에 수분이 많은 경우 ④ Al선 투입 중 탕면 유동이 있는 경우

해설 블로우홀이나 핀홀의 발생 원인: 탕면의 변동, 수분 흡수

정답 1. ④ 2. ④ 3. ② 4. ① 5. ④

(6) 강괴의 결함 발생원인과 방지책

결함명	원인	방지책
수축관(pipe)	• 킬드강 파이프 부산화 • 세미킬드강 과탈산 • 림드강 가스 과도방출	• 적정 탈산 • 내부 파이프부 외부공기차단 • hot top 설치
2중 표피(double skin)	• 스플래시 • 킬드강 과도 압탕 • 림드강 탕면 일시 저하 • 강괴의 파단 • 정반사고	• 스플래시 캔 설치 • 적정 압탕 • 적정 탈산, 주입속도 유지 • 요철 정반 사용
탕주름(ripple surface)	• 저온, 저속 주입 • 주입중 용강의 동요 • 하주시	• 고온, 고속 주입 • 주형 도포 • 주형 카바 사용
균열(crack)	• 고온, 고속 주입 • 고온 주형 사용 • 주형 설계 불량 • 조기 형발 • 편심 주입	• 저온, 저속 주입 • 하주 • 적정온도의 주형 사용 • 적정 형발 시간 준수
거북등표면(crazing) 망상흠	• crazing된 주형 사용 • 림드강 과탈산 • 리밍액션 불량 • 세미킬드강 약탈산	• 주형교환 • 적정 탈산 • 활발한 리밍액션 유지

결함명	원인	방지책
선상흠	• 림드강, 세미킬드강 약탈산	• 적정 탈산 • 활발한 리밍액션 유지
딱지흠(scab)	• 주입류 불량 • 스플래시 • 저온, 저속 주입 • 편심주입 • 주형 내부 용손, 박리	• 정상주입 • 고온, 고속 주입 • 편심주입 억제 • 주형장치 및 도포철저 • 주형수리 또는 교환
이물흠(비금속개재물)	• 내화물 혼입 및 부착 • 주형, 탕도 청소불량 • 슬래그 혼입	• 정치 및 청소 철저 • 주형도포
백점(flake)	• 과포화 수소 • 응력	• 수소량 감소 • 적정 냉각속도 유지

단원 예상문제

1. 강괴의 결함 중 수축관에 대한 설명이 옳은 것은?

① 주로 킬드강에 발생한다.
② 강괴의 위부분과 중심축에는 생기지 않는다.
③ 용접온도에서 압연하면 전부 압착된다.
④ 수축관과 핫 톱과는 관련이 없다.

2. 강괴 결함 중 수축관(pipe)에 대한 방지법이 틀린 것은?

① 적정탈산
② 내부 pipe부 외부공기 차단
③ Hot Top 설치
④ 고온, 고속주입

3. 금속 주입 혹은 킬드강의 경우 주철 탈산의 부적당으로 강괴 표면의 일부가 2중으로 된 결함은?

① 균열(crack)
② 더블스킨(double skin)
③ 칠정(chill)
④ 스플래시(splash)

4. 이중표피(double skin) 결함이 발생하였을 때 예상되는 가장 주된 원인은?

① 고온고속으로 주입할 때
② 탈산이 과도하게 되었을 때
③ 주형의 설계가 불량할 때
④ 상주 초기 용강의 스플래시(splash)에 의한 각이 형성되었을 때

5. 표면결함 중 이중 표피 결함의 방지법이 아닌 것은?

① 오목 정반을 사용한다.
② 스플래시 캔을 사용한다.
③ 주형 내부에 도료를 바른다.
④ 저속 주입 및 주형 커버를 사용한다.

6. 상주법으로 주입시 용강의 비산에 의해 강괴 하부에 생기는 이중 표피(double skin)의 원인 및 방지법으로 틀린 것은?

① 상주 초기에 용강의 splash(비말)에 의한 각의 형성 및 강괴 하부에 생긴다.
② Splash can을 사용한다.
③ 주형 내부에 도료를 바른다.
④ 볼록 정반을 사용한다.

해설 이중 표피(double skin)의 원인: 용강의 splash(비말)에 의한 각의 형성 및 강괴 하부에 생긴다. 대책: Splash can 사용, 주형 내부에 도료 바르기

7. 용강을 고온, 고속으로 주입할 때 강괴 표면에 나타나는 결함은?

① 수축관 ② 편석 ③ 주름살 ④ 균열

8. 고온, 고속주조 시 주로 발생되는 결함으로 제품의 품질에 치명적인 영향을 미치는 결함명은?

① 터짐(crack)
② 비금속개재물(non metallic inclusion)
③ 내부편석(segregation)
④ 콜드 셧(cold shut)

9. 백점의 원인이 되는 주 가스는?

① 산소 ② 수소 ③ 질소 ④ 아르곤

10. 강괴의 응고 시 과포화된 수소가 응력발생의 주원인으로 발생한 결함은?

① 수축관
② 코너 크랙
③ 백점(Flake)
④ 방사상 균열

11. 단조나 열간 가공한 재료의 파단면에 은회색의 반점이 원형으로 집중되어 나타나는 결함은 주로 강의 어떠한 성분 때문인가?

① 수소 ② 질소 ③ 산소 ④ 이산화탄소

12. 강괴 결함 중 딱지흠(스캡)의 발생 원인이 아닌 것은?

① 주입류가 불량할 때
② 저온, 저속으로 주입할 때
③ 강탈산 조업을 하였을 때
④ 주형 내부에 용선이나 박리가 있을 때

13. 개재물 혼입의 방지법이 아닌 것은?

① 내화재 개량 ② 주형도료 사용 ③ 저속주입 ④ 주형 탕도의 청소

정답 1. ① 2. ④ 3. ② 4. ④ 5. ④ 6. ④ 7. ④ 8. ① 9. ② 10. ③ 11. ① 12. ③ 13. ③

2. 주편의 품질

2-1 주편의 표면 품질

연속주조에서 얻은 주편의 표면결함에는 다음과 같은 종류가 있다.

(1) 표면균열

① 표면세로균열(longitudinal facial crack)
② 모서리 세로균열(longitudinal corner crack)
③ 표면가로균열(transverse facial crack)
④ 모서리 가로균열(transverse corner crack)
⑤ 방사선 균열(star crack, hot shortness)

(2) 표면결함

① 슬래그 물림(entrapped scum slag spot)
② 기포(blow holes, pin holes)
③ 세로함몰(longitudinal depression)
④ 가로함몰(transverse depression)

[표면균열과 방지법]

① 표면세로균열

(가) 주조방향에 따라서 주편에 생기는 균열이다.

(나) 슬래브에서는 광폭 중앙부에 생기는 일이 많으나 블룸에서는 거의 생기지 않는다.

(다) 주형 내에서의 초기의 응고각(shell) 두께가 불균일하게 되면 응력집중이 생기면서 미소균열이 발생하여 2차 냉각으로 확대된다.

(라) 세로균열의 원인

㉠ 주형 테이퍼, 편평비(슬래브 폭과 두께와의 비)

㉡ 주형내 용강 흐름

㉢ 오실레이션 파우더 등이 있으므로 강종 및 주형 크기별로 적정 조건 파악

㉣ 파우더의 점도가 낮고 완전 용해시간이 길수록 균열은 증가한다.

② 모서리 세로균열

(가) 주로 블룸, 빌레트에 생기며 그 발생 요인에는 주형 형상, 주형내 1차 냉각, 주조온도 등이 있다.

(나) 1차 냉각이 불균일할 때, 주조온도가 높을 때에도 모서리 세로균열이 많이 발생한다.

③ 표면가로 균열

(가) 만곡형 연주기에서 슬래브 주편 상면에 오실레이션 마크에 따라서 발생하는 균열이다.

(나) Al, Nb, V, Cu 등의 합금원소 첨가에 의해서 조장되고 2차 냉각대의 냉각조건에 크게 영향을 받는다.

④ 모서리 가로균열

(가) 2차 냉각에서 모서리부는 표면에 비하여 과냉되기 쉬우므로 탄소강에서도 나타나는 일이 있다.

(나) 소형의 빌레트에서는 메니스커스(meniscus) 근방에서 발생하는 깊은 오실레이션 마크에 의한 균열이 있다.

⑤ 방사선 균열

(가) 주편을 인발할 때에 응고각이 주형 내벽의 Cu를 마모시켜 Cu분이 주편에 침투되어 Cu취화를 일으키므로 국부적으로 미세한 균열이 발생한다.

(나) 균열의 형태가 방사상으로 되어 있어 스타 크랙(star crack)이라고도 한다.

단원 예상문제

1. 주조방향에 따라 주편에 생기는 결함으로 주형내 응고각(shell) 두께의 불균일에 기인한 응력발생에 의한 것으로 2차 냉각과정으로 더욱 확대되는 결함은?

① 표면가로 균열 ② 방사상 크랙
③ 표면세로 균열 ④ 모서리 세로 크랙

2. 주편을 인발할 때에 응고각이 주형벽 내의 Cu를 마모시켜 Cu분이 주편에 침투되어 Cu취하를 일으켜 국부에서 균열을 일으키는 일명 스타 크랙이라 불리는 결함은?

① 슬래그 물림 ② 방사상 균열
③ 표면 가로균열 ④ 모서리 가로균열

정답 1. ③ 2. ②

2-2 주편의 내부 품질

연속주조 주편에 발생하는 내부결함에는 다음과 같은 종류가 있다.

- 중심편석(axial segregation)
- 중심 수축공(central unsoundness, axial porosity)
- 내부균열(internal crack)
- 대형 개재물(large inclusion)

(1) 중심편석

① 주편의 중심편석은 야금적 요인 외에 연주기 특유의 기계적 요인에도 크게 영향을 받으며 그 발생기구도 복잡하고 형태도 다양하다.

② 고온 주조하면 선상 또는 점상의 중심편석이 생기고 주상정이 발달하며 저온주조하면 V상 편석이 생기고 중심부에 등축정이 발달한다.

③ 중심편석의 발생에는 응고조직의 영향이 크며, 등축정이 증가할수록 중심편석은 경감한다.

④ 등축정은 용강 과열도가 낮으면 증가하므로 저온 주입이 효과적이다.

⑤ 기계적 요인: 롤 얼라인먼트, 롤 피치, 압하량 등, 슬래브에서는 주편의 벌징(bulging)은 중심편석을 악화시키는 요인이 된다.

⑥ 중심편석 방지법

㈎ 중심부의 등축정을 확대하고 최종응고에서의 벌징을 방지하여야 한다.

㈏ 등축정 구역 확대에는 저온주조 외에 REM첨가, 강선첨가, 전자교반 등이 효과적이다.

⑦ 슬래브의 벌징(bulging) 방지에는 롤 얼라인먼트의 정비, 응고 최종부에서의 롤 피치의 단축화가 효과적이다.

(2) 중심 수축공

① 응고 최종구역에서 bridging의 발생과 응고수축에 의하여 생기는 주편 중심부의 수축공이다.

② 저온주조 및 전자, 교반으로 등축정이 많이 생길 때는 작게 분산된다.

③ 수축공 내면이 가열에 의하여 산화되지 않으면 압연 시에 압착되기는 하나 수소성 결함을 유발하는 점에서 문제가 된다.

④ 수소성 결함의 방지책: 중심편석의 경감과 동시에 용강의 탈가스처리 또는 주편의 서냉에 의한 탈수소 대책이 효과적이다.

(3) 내부균열

① 슬래브에 생기는 내부균열은 취약한 응고계면에 인장력이 작용하여 수지상정(dendrite) 간에 균열이 생기고 이 속에 농화용강이 침입하여 형성된다.

② 롤간 벌징(bulging), 미스 얼라인먼트에 기인하는 비정상 벌징 또는 열응력에 기인한다.

③ 완전히 응고되지 않은 상태에서 핀치롤에 의하여, 만곡 및 교정 또는 필요 이상의 압력을 받을 때에도 발생한다.

④ 방지 대책

㈎ 롤 피치의 단축화, 롤 얼라인먼트의 관리에 의한 벌징(bulging) 방지가 효과적이다.

㈏ 핀치롤의 다수 교정, 다단만곡 및 압하력의 조정이 필요하다.

(4) 개재물

① 주편의 개재물은 그 형태로부터 Mn 실리케이트계의 구형 대형 개재물과 알루미

나 클러스터로 대별된다. 전자는 눈 관찰이 가능한 크기이며 초음파탐상으로도 검출된다.

② 대형 개재물은 후강판의 라미네이션 또는 제관시의 용접결함의 원인이 되며, 후자는 박강판의 실버흠 등에서 문제가 된다.

③ 주편 내 개재물의 생성요인과 방지 대책

㈎ 레이들 내 용강의 청정: 레이들 내 버블링 처리에 의하여 개재물을 부상분리시킨다.

㉠ 용강 성분의 영향도 크며 박판용 슬래브에서는 탈산의 제어가 필요하다.

㉡ C의 감소로 대형 개재물이 증가하는 것은 레이들 및 턴디시 간의 2차 산화를 받기 때문에 Mn, Si에 의한 영향은 침지노즐 등 내화물의 용손이 발생한다.

㈏ 턴디시 내 개재물 제거 및 산화방지: 턴디시 내 개재물을 부상분리하기 위하여 용강 깊이를 크게 하는 것이 유리하며, 레이들에서 턴디시를 거쳐 주형에 이르는 용강류의 2차산화(재산화)를 방지하기 위하여 다음과 같이 한다.

㉠ Na, Ar 등에 의한 씰링

㉡ 슬래그 중의 FeO, MnO의 저감

㉢ 턴디시 밀폐

㉣ 슬래그 중의 SiO_2 저감

㈐ 주조온도와 주조속도: 연속주조에서는 주형 내에서 응고가 급속히 진행되고 또 하향으로 주조되기 때문에 주형 내에서의 개재물의 부상제거에 불리하다. 따라서 주조온도를 높이는 편이 개재물 부상에 유리하다.

㈑ 침지노즐의 재질과 파우더의 성질: 주형 내의 개재물의 증가요인으로 침지노즐의 용손과 파우더의 혼입이 있다. 내용선성이 있는 알루미나 흑연질 노즐이 용융 실리카질보다 개재물면에서 유리하다. 파우더의 혼입을 방지하는 점으로 오픈주조보다 침지노즐에 의한 주조가 좋고 침지 깊이가 깊을수록 위험성은 감소된다.

단원 예상문제

1. 연속주조 공정에서 중심편석과 기공의 저감 대책으로 틀린 것은?

① 균일 확산처리한다.
② 등축점의 생성을 촉진한다.
③ 압하에 의한 미응고 용강의 유동을 억제한다.
④ 주상정 간의 입계에 용질 성분을 농축시킨다.

2. 고탄소강 주조 시 일반강에 비해 턴디시(turndish) 내의 용강 과열도가 낮아야 하는 가장 주된 이유는?

① 편석 및 내부 균열방지
② 용강 성분의 균일화
③ 주형내 용강의 탈산
④ 불활성 기체의 활발촉진

3. 연속주조 주편의 벌징(bulging)의 주요인은?

① 철정압 ② 주조속도
③ 주조온도 ④ 주편 두께

4. 턴디시에서 재산화를 방지하기 위한 조치로 가장 효과가 적은 것은?

① 슬래그 중의 FeO, MnO의 저감
② 턴디시 밀폐
③ 슬래그 중의 SiO_2 저감
④ 슬래그 중의 SiO_2 증대

해설 재산화를 방지하기 위한 조치: 슬래그 중의 FeO, MnO의 저감, 턴디시 밀폐, 슬래그 중의 SiO_2 저감

정답 1. ④ 2. ① 3. ① 4. ④

제 7 장 안전 및 환경관리

1. 안전관리

1-1 보호구

(1) 보호구의 개요

① 근로자의 신체 일부 또는 전체에 착용해 외부의 유해 · 위험요인을 차단하거나 그 영향을 감소시켜 산업재해를 예방하거나 피해의 정도와 크기를 줄여주는 기구이다.

② 보호구만 착용하면 모든 신체적 장해를 막을 수 있다고 생각해서는 안 된다.

(2) 보호구 착용의 필요성

① 보호구는 재해예방을 위한 수단으로 최상의 방법이 아니다.

② 작업장 내 모든 유해 · 위험요인으로부터 근로자 보호가 불가능하거나 불충분한 경우가 존재하는데 이에 보호구를 지급하고 착용하도록 한다.

③ 보호구의 특성, 성능, 착용법을 잘 알고 착용해야 생명과 재산을 보호할 수 있다.

(3) 보호구의 구비조건

① 착용 시 작업이 용이할 것

② 유해 · 위험물에 대하여 방호성능이 충분할 것

③ 재료의 품질이 우수할 것

④ 구조 및 표면 가공성이 좋을 것

⑤ 외관이 미려할 것

(4) 보호구의 종류와 적용 작업

보호구의 종류	작업장 및 적용 작업
안전모	물체가 떨어지거나 날아올 위험 또는 근로자가 떨어질 위험이 있는 작업
안전화	떨어지거나 물체에 맞거나 물체에 끼이거나 감전, 정전기 대전 위험이 있는 작업
방진마스크	분진이 심하게 발생하는 선창 등의 하역작업
방진 또는 방독마스크	허가 대상 유해물질을 제조하거나 사용하는 작업
호흡용 보호구	분진이 발생하는 작업
송기마스크	• 밀폐공간에서 위급한 근로자 구출 작업 • 탱크, 보일러, 반응탑 내부 등 통풍이 불충분한 장소에서의 용접 • 지하실이나 맨홀 내부, 그 밖에 통풍이 불충분한 장소에서 가스 공급 배관을 해체하거나 부착하는 작업 • 밀폐된 작업장의 산소농도 측정 업무 • 측정 장비와 환기장치 점검 업무 • 근로자의 송기마스크 등의 착용 지도 · 점검 업무 • 밀폐 공간 작업 전 관리감독자 등의 산소농도 측정 업무
안전대, 송기마스크	산소결핍증이나 유해가스로 근로자가 떨어질 위험이 있는 밀폐 공간 작업
방진마스크(특등급), 송기마스크, 전동식 호흡보호구, 고글형 보안경, 전신보호복, 보호장갑과 보호신발	석면 해체 · 제거 작업
귀마개, 귀덮개	소음, 강렬한 소음, 충격소음이 일어나는 작업
보안경	• 혈액이 뿜어 나오거나 흩뿌릴 가능성이 있는 작업 • 공기정화기 등의 청소와 개 · 보수 작업 • 물체가 흩날릴 위험이 있는 작업
보안면	불꽃이나 물체가 흩날릴 위험이 있는 용접작업

단원 예상문제

1. 분진 발생에 의한 호흡기의 방호 보호구는?

① 방열차단기 ② 차광용 안경
③ 방진마스크 ④ 방수용 마스크

해설 분진이 심하게 발생하거나, 석면 등을 해체 · 제거할 때 사용한다.

2. 수강대차 사고로 기관차 유도 출강 시 안전 보호구로 적당하지 않은 것은?

① 방열복 ② 안전모
③ 안전벨트 ④ 방진마스크

3. 출강작업의 관찰 시 필히 착용해야 할 안전장비는?

① 방열복, 방호면 ② 운동모, 귀마개
③ 방한복, 안전벨트 ④ 면장갑, 운동화

해설 출강작업 관찰 시 안전장비: 방열복, 방호면

4. 대차 연결부 지금부착 점검 시 필히 착용하지 않아도 되는 보호 장비는?

① 안전모 ② 보안경
③ 방진마스크 ④ 방독마스크

정답 1. ③ 2. ③ 3. ① 4. ④

1-2 산업재해

(1) 산업재해의 원인

① 인적 원인

㈎ 심리적 원인: 무리, 과실, 숙련도 부족, 난폭, 흥분, 소홀, 고의 등

㈏ 생리적 원인: 체력의 부작용, 신체결함, 질병, 음주, 수면부족, 피로 등

㈐ 기타: 복장, 공동작업 등

② 물적 원인

㈎ 건물(환경): 환기불량, 조명불량, 좁은 작업장, 통로불량 등

㈏ 설비: 안전장치 결함, 고장난 기계, 불량한 공구, 부적당한 설비 등

③ 사고의 간접 원인

㈎ 기술적 원인

㉠ 건물, 기계장치 설계불량 ㉡ 구조, 재료의 부적합
㉢ 생산 공정의 부적당 ㉣ 점검, 장비 보존 불량

㈏ 교육적 원인

㉠ 안전의식의 부족 ㉡ 안전수칙의 오해

㉢ 경험, 훈련의 미숙
㉣ 작업방법의 교육 불충분
㉤ 유해 위험 작업의 교육 불충분

㈐ 작업관리적 원인
㉠ 안전관리 조직 결함
㉡ 안전수칙 미제정
㉢ 작업준비 불충분
㉣ 인원배치 부적당
㉤ 작업지시 부적당

④ 재해 원인과 상호관계
㈎ 불안정 행동
㉠ 인간의 작업행동의 결함(전체 재해의 54%)
㉡ 무리한 행동(16%)
㉢ 필요 이상 급한 행동(15%)
㉣ 위험한 자세, 위치, 동작(8%)
㉣ 작업상태 미확인(6%)

㈏ 불안전 상태
㉠ 기계설비의 결함(전체 재해의 46%)
㉡ 보전불비(17%)
㉢ 안전을 고려하지 않은 구조(15%)
㉣ 안전커버가 없는 상태(6%)
㉤ 통로, 작업장 협소(7%)

⑤ 재해의 경향
㈎ 재해가 가장 많은 계절: 여름(7~8월)
㈏ 재해가 가장 많은 요일: 토요일
㈐ 재해가 가장 많은 작업: 운반작업
㈑ 재해가 가장 많은 전동장치: 벨트

단원 예상문제

1. 재해발생의 주요 요인 중 불안전한 상태에 해당되는 것은?

① 권한 없이 행한 조작
② 안전장치를 고장내거나 기능 제거
③ 보호구 미착용 및 위험한 장소에서 작업
④ 불량한 정리 정돈

2. 사고의 원인 중 불안전한 행동에 해당되지 않는 것은?

① 위험한 장소 접근
② 안전방호장치의 결함
③ 안전장치의 기능 제거
④ 복장보호구의 잘못 사용

해설 안전방호장치의 결함은 불안전한 상태와 관련이 있다.

정답 1. ④ 2. ②

1-3 산업 재해율

(1) 재해율

① 재해 발생의 빈도 및 손실의 정도를 나타내는 비율

② 재해 발생의 빈도: 연천인율, 도수율

③ 재해 발생에 의한 손실 정도: 강도율

(2) 재해 지표

① $연천인율=\frac{재해건수}{평균근로자수(재적인원)}\times 1000$

② $도수율=\frac{재해건수}{연근로시간수}\times 10^6$

③ 연천인율과 도수율과의 관계

$연천인율=도수율\times 2.4$

$도수율=\frac{연천인율}{2.4}$

④ $강도율=\frac{근로손실일수}{연근로시간수}\times 1000$

단원 예상문제

1. 사업장의 재해발생 경향을 알기 위해서 확률적으로 통계화시킨 것으로 안전 도수율을 나타낸 것은?

① (사상자수/년평균근로자수)×100
② (재해발생건수/년근로시간수)×1000000
③ (근로손실일수/년근로시간수)×1000
④ (재해발생건수/년평균근로자수)×1000000

2. 각 사업장의 안전관리 지수인 도수율을 나타내는 계산식으로 옳은 것은?

① $\frac{연사상자수}{연평균근로자수}\times 1000$ 시간
② $\frac{연평균근로자수}{연사상자수}\times 1000$ 시간
③ $\frac{재해발생건수}{연근로시간수}\times 100$만 시간
④ $\frac{연근로시간수}{재해발생건수}\times 100$만 시간

3. 다음 강도율의 설명 중 옳은 것은?

① 연근로시간 100만 시간당 연노동손실일 수
② 연근로시간 1000 시간당 연노동손실일 수
③ 연근로시간 100만 시간당 발생한 사상자 수
④ 연근로시간 1000 시간당 발생한 사상자 수

4. 재해율 중 강도율을 구하는 식으로 옳은 것은?

① $\frac{\text{총근로시간수}}{\text{근로손실일수}} \times 1000$

② $\frac{\text{근로손실일수}}{\text{총근로시간수}} \times 1000$

③ $\frac{\text{근로손실일수}}{\text{총근로시간수}} \times 1000000$

④ $\frac{\text{총근로시간수}}{\text{근로손실일수}} \times 1000000$

정답 1. ② 2. ③ 3. ② 4. ②

1-4 기계 설비의 안전 작업

① 시동 전에 점검 및 안전한 상태를 확인한다.
② 작업복을 단정히 하고 안전모를 착용해야 한다.
③ 작업물이나 공구가 회전하는 경우는 장갑 착용을 금지한다.
④ 공구나 가공물의 탈부착 시에는 기계를 정지시켜야 한다.
⑤ 운전 중에 주유나 가공물 측정은 금지한다.

1-5 재해 예방

(1) 사고 예방

① 안전조직관리 → 사실의 발견(위험의 발견) → 분석 평가(원인 규명) → 시정 방법의 선정 → 시정책의 적용(목표 달성)
② 예방 효과: 근로자의 사기 진작, 생산성 향상, 비용 절감, 기업의 이윤 증대 등이 있다.

(2) 재해 예방의 원칙

원 칙	내 용
손실 우연의 원칙	재해에 의한 손실은 사고가 발생하는 대상의 조건에 따라 달라지며, 즉 우연이다.
원인 계기의 원칙	사고와 손실의 관계는 우연이지만 원인은 반드시 있다.
예방 가능의 원칙	사고의 원인을 제거하면 예방이 가능하다.
대책 선정의 원칙	재해를 예방하려면 대책이 있어야 한다. – 기술적 대책(안전기준 선정, 안전설계, 정비점검 등) – 교육적 대책(안전교육 및 훈련 실시) – 규제적 대책(신상 필벌의 사용: 상벌 규정을 엄격히 적용)

단원 예상문제

1. 다음 중 재해예방의 4원칙에 해당되지 않는 것은?

① 결과 가능의 원칙
② 손실 우연의 원칙
③ 원인 연계의 원칙
④ 대책 선정의 원칙

2. 사고예방의 5단계 순서로 옳은 것은?

① 조직 → 평가분석 → 사실의 발견 → 시정책의 적용 → 시정책의 선정
② 조직 → 평가분석 → 사실의 발견 → 시정책의 선정 → 시정책의 적용
③ 조직 → 사실의 발견 → 평가분석 → 시정책의 적용 → 시정책의 선정
④ 조직 → 사실의 발견 → 평가분석 → 시정책의 선정 → 시정책의 적용

3. 하인리히의 사고예방의 단계 5단계에서 4단계에 해당되는 것은?

① 조직
② 평가분석
③ 사실의 발견
④ 시정책의 선정

해설 1단계: 안전관리 조직, 2단계: 사실의 발견, 3단계: 평가 분석, 4단계: 시정책의 선정, 5단계: 시정책의 적용

정답 1. ① 2. ④ 3. ④

1-6 산업 안전과 대책

(1) 안전 표지와 색채 사용도

① 금지표지: 흰색 바탕에 빨간색 원과 45°각도의 빗선

② 경고표지: 노란색 바탕에 검은색 삼각테

③ 지시표지: 파랑색의 원형에 지시하는 내용은 흰색

④ 안내표지: 녹색 바탕의 정방형, 내용은 흰색

안전 · 보건표지의 색채, 색도기준 및 용도

색 채	용도	정지신호, 소화설비 및 그 장소, 유해행위의 금지
빨간색	금지	화학물질 취급장소에서의 유해 · 위험 경고
노란색	경고	화학물질 취급장소에서의 유해 · 위험 경고 이외의 위험 경고, 주의표지 또는 기계방호물
파란색	경고	특정 행위의 지시 및 사실의 고지
녹색	지시	비상구 및 피난소, 사람 또는 차량의 통행표지
흰색	안내	파란색 또는 녹색에 대한 보조색
검은색		문자 및 빨간색 또는 노란색에 대한 보조색

(2) 가스관련 색채

가스	색채	가스	색채
산소	녹색	액화이산화탄소	파란색
액화암모니아	흰색	액화염소	갈색
아세틸렌	노란색	LPG	회색

(3) 화재 및 폭발 재해

① 화재의 분류

구 분	명 칭	내 용
A급	일반화재	- 연소 후 재가 남은 화재(일반 가연물) - 목재, 섬유류, 플라스틱 등
B급	유류화재	- 연소 후 재가 없는 화재 - 가연성 액체(가솔린, 석유 등) 및 기체(프로판 등)
C급	전기화재	- 전기 기구 및 기계에 의한 화재 - 변압기, 개폐기, 전기다리미 등
D급	금속화재	- 금속(마그네슘, 알루미늄 등)에 의한 화재 - 금속이 물과 접촉하면 열을 내며 분해되어 폭발하며, 소화 시에는 모래나 질석 또는 팽창질석을 사용

② 화재의 3요소: 연료, 산소, 점화원(점화에너지)

단원 예상문제

1. 안전에 관계되는 위험한 장소나 위험물 안전표지 등에서 노란색은 무엇을 나타내는가?

① 위험, 안내 ② 위험, 항공 ③ 경고, 주의 ④ 안전, 진행

해설 빨강－금지, 노랑－경고, 파랑－지시, 녹색－안내

2. 산업현장, 공장, 광산, 건설현장 및 선박 등에서 안전을 유지하기 위하여 사용한 안전표지의 종류가 아닌 것은?

① 금지표시 ② 경고표시 ③ 지시표시 ④ 체력표시

해설 안전표지: 금지표시, 경고표시, 지시표시

3. [그림]의 안전 보건표지는 무엇을 나타내는가?

① 출입금지 ② 진입금지 ③ 고온경고 ④ 위험장소 경고

4. 다음 중 냄새가 나지 않고 가장 가벼운 기체는?

① H_2S ② NH_3 ③ H_2 ④ SO_2

5. 일반용 가스용기의 외부 도색을 표시한 것 중 연결이 잘못된 것은?

① 산소－녹색 ② 수소－청색
③ 액화암모니아－백색 ④ 액화염소－갈색

해설 산소－녹색, 수소－황색, 액화암모니아－백색, 액화염소－갈색

6. 금속화재를 설명한 것 중 가장 옳은 것은?

① A급 화재로 소화할 때 수용액(물)을 사용한다.
② B급 화재로 소화 시 포말소화기 등을 사용한다.
③ C급 화재로 소화 시 유기성 소화액이나 분말소화기를 사용한다.
④ D급 화재로 소화 시 건조사(모래)를 사용한다.

7. 다음 중 B급 화재가 아닌 것은?

① 그리스 ② 타르 ③ 가연성 액체 ④ 목재

해설 A급 화재: 목재, B급 화재: 그리스, 타르, 가연성 액체

8. 물질 연소의 3요소로 옳은 것은?

① 가연물, 산소 공급원, 공기
② 가연물, 산소 공급원, 점화원
③ 가연물, 불꽃, 점화원
④ 가연물, 가스, 산소 공급원

9. 전기화재(C급) 발생 시 가장 좋은 소화 방법은?

① 분말 소화기 사용
② 해사 사용
③ CO_2 소화기 사용
④ 살수 실시

해설 전기화재(C급) 소화방법: CO_2 소화기를 사용한다.

10. 전기설비 화재시 가장 적합하지 않은 소화기는?

① 포말 소화기
② CO_2 소화기
③ 인산염류 분말소화기
④ 할로겐 화합물 소화기

11. 공장의 전기 배선함에서 작은 화재가 발생하였을 때 올바른 소화 방법은?

① 소화전의 물로 소화
② 포소화기로 소화
③ CO_2 소화기로 소화
④ 스프링클러를 작동시켜 소화

정답 1. ③ 2. ④ 3. ③ 4. ③ 5. ② 6. ④ 7. ④ 8. ② 9. ③ 10. ① 11. ③

2. 환경관리

2-1 인간과 환경

① 일하는 환경은 복잡 미묘한 기계나 설비 도구로 가득 차 있다.

② 휴식 환경은 바닥에서 침대로 바뀌고 휴식 방법이 다양하다.

③ 먹는 환경은 인스턴트식품에 의해서 언제 어느 곳에서나 원하는 시간에 섭취할 수 있다.

2-2 환경 관련 관리 요소

(1) 작업자의 안전성에 영향을 주는 사고 요인

① 딴 곳을 바라보며 조작하는 태도
② 생략된 간단한 동작
③ 아슬아슬한 작업동작
④ 하마터면 실수할 뻔한 순간들
⑤ 속도의 변화(시간이 맞지 않음)
⑥ 손이나 발의 미끄러짐
⑦ 어떻게 할까 하고 망설임
⑧ 하던 작업을 다시 하는 반복 행위

(2) 작업조건과 환경조건

① 온도, 습도 등 온열조건
② 조명 및 채광조건
③ 소음, 진동, 동요의 조건
④ 환기와 기적
⑤ 유해광선
⑥ 유해 위험물의 발생(분진, 가스, 흄, 스모그, 더스트 등)
⑦ 폐기물
⑧ 통로, 비상구, 위험구역의 관리

(3) 작업환경과 건강 장해

① 온습조건에 의한 장해: 열중증(일사병, 열사병), 열허탈, 동상, 냉난방병
② 조명에 의한 장해: 유해광선에 의한 시력장해, 전리방사성 물질에 의한 신경장해
③ 소음, 진동에 의한 장해: 난청, 관절통, 백치병, 관절변형증 등의 진동장해
④ 유해가스, 증기 및 분진에 의한 장해: 금속열병, 납중독, 유기용제중독, 수은중독, 진폐, 직업암 등
⑤ 이상기압에 의한 장해: 감압병(잠수병)
⑥ 작업자세의 의한 장해: 허리병, 등병, 관절병 등

단원 예상문제

1. 현장에서 설비점검을 하고자 할 때 가장 올바른 방법은?

① 시간을 절약하기 위해 지름길을 택하여 점검
② 항상 안전통로를 이용하여 점검
③ 시간이 없을 때는 뛰어서 점검
④ 간단한 수공구는 휴대할 필요 없음

2. 신입사원이 공장에 전입되었을 때 가장 올바른 안전작업 방법은?

① 가정교육을 잘 받아서 부모 교육대로 이행한다.
② 학교 동문 선배가 있어 지시대로 이행한다.
③ 책에서 배운 대로 이행한다.
④ 상급자의 교육 내용대로 이행한다.

3. 사업주는 1년에 1회 이상 근로자에 대한 건강진단을 실시하여야 한다. 일반 건강진단의 검사 항목이 아닌 것은?

① 백내장 검사
② 자각증상 및 타각증상
③ 체중, 시력 및 청력
④ 형청, GOT 및 GPT 총콜레스테롤

4. 부주의에 대한 사고 방지의 3가지 원칙이 아닌 것은?

① 과거의 관행 그대로 준수한다.
② 작업을 쉽게 한다.
③ 작업을 표준화한다.
④ 잠재 위험요인을 제거한다.

해설 3가지 원칙: 작업을 쉽게, 작업을 표준화, 잠재 위험요인 제거

5. 감전에 의한 재해를 예방하기 위한 방법이 아닌 것은?

① 정전 시 반드시 표시판에 게시한다.
② "손대지 말 것" 표지판 스위치는 반드시 운전 연락자가 취급한다.
③ 운전 정지 중에는 통전에 대비하여 스위치를 On으로 한다.
④ 통전 부근에는 절대로 금속 사다리 사용을 금한다.

해설 스위치를 Off로 한다.

6. 제강공장에서 작업 시 동료에게 큰 재해가 발생하였을 때 가장 올바른 우선 처치방법은?

① 우선 상급자에게 연락한다.
② 재해자 가족에게 우선 연락한다.
③ 112로 우선 연락한다.
④ 119로 우선 연락한다.

7. 정전이 발생되어 수리작업 시 지켜야 할 안전수칙에 어긋나는 것은?

① 정전을 확인하고 접지한 후 작업에 임한다.
② 필요한 보호구를 착용한 후 작업에 임한다.
③ 복구작업일 때는 지휘명령 계통에 따라 작업을 한다.
④ 작업원이 판단하여 단독작업을 하여도 된다.

해설 작업원이 판단하여 단독작업을 하면 안 된다.

8. 자동차 운전 중 공장 앞 주차장에서 주차를 할 때 옳은 것은?

① 2선에 주차　② 골선에 주차
③ 주차선 안에 주차　④ 배기구가 화단측으로 주차

9. 제강의 고소 작업에서 추락의 재해를 방지하기 위한 것은?

① 방진마스크　② 안전벨트　③ 면장갑　④ 운동화

10. 제강공장에서 고철 슈트 하부를 통행하려고 한다. 가장 옳은 방법은?

① 크레인이 견고하여 그대로 통과한다.
② 안전모를 착용하고 그대로 통과한다.
③ 고철 슈트가 통과한 후에 통행한다.
④ 크레인 운전자에게 통보한 후 통행한다.

해설 하부를 통행하려고 할 때 고철 슈트가 통과한 후에 통행한다.

11. 재해사고 조사의 주된 목적은?

① 비슷한 재해의 재발 방지를 위하여
② 산재 통계 작성을 위하여
③ 안전사고를 알리기 위하여
④ 품질관리 계획을 수립하기 위하여

12. 분진에 의한 재해 방지법으로 틀린 것은?

① 건식작업 방법을 택한다.
② 방진마스크를 착용한다.
③ 집진시설이나 배기시설을 한다.
④ 원료를 분진이 발생하지 않는 것으로 바꾼다.

해설 습식작업 방법을 택하는 것이 좋다.

13. 제강 작업장에서의 안전수칙으로 틀린 것은?

① 지정 안전보호구 착용
② 정리, 정돈 철저
③ 알지 못하는 물건 취급 금지
④ 출입금지 구역 안전장치 제거

14. 다음 중 무재해운동의 이념 3원칙이 아닌 것은?

① 무의 원칙
② 전원 참가의 원칙
③ 이익의 원칙
④ 선취 해결의 원칙

15. 자체 안전점검에서 체크리스트를 작성할 때의 유의사항으로 틀린 것은?

① 사업장에 적합하고 독자적인 내용일 것
② 일정 양식을 정하여 점검대상을 정할 것
③ 정기적으로 검토하여 재해방지에 실효성이 있게 수정된 내용일 것
④ 위험성이 적거나 긴급을 요하지 않는 것부터 순서대로 작성할 것

해설 위험성이 있거나 긴급을 요하는 것부터 순서대로 작성해야 한다.

16. 재해가 발생되었을 때 대처사항 중 가장 먼저 해야 할 일은?

① 보고를 한다.
② 응급조치를 한다.
③ 사고원인을 파악한다.
④ 사고대책을 세운다.

해설 재해가 발생되었을 때에는 우선적으로 응급조치를 한다.

17. 제강공장의 크레인의 주요 안전장치와 관련이 가장 먼 것은?

① 반발 예방장치
② 과부하 방지장치
③ 권과 방지장치
④ 비상 정지장치

해설 크레인의 주요 안전장치: 과부하 방지장치, 권과 방지장치, 비상 정지장치

18. 위험예지 훈련의 4단계에 맞지 않는 것은?

① 1단계: 현상파악

② 2단계: 본질 추구

③ 3단계: 대책수립

④ 4단계: 피드백 수립

해설 4단계는 행동계획을 정하는 '목표설정'을 하는 단계이다.

19. 대화하는 방법으로 브레인스토밍(Brain storming: BS)의 4원칙이 아닌 것은?

① 자유비평 ② 대량발언

③ 수정발언 ④ 자유분방

해설 브레인스토밍의 4원칙: 비평금지, 대량발언, 수정발언, 자유분방

20. 재해발생 시 일반적인 업무처리 요령을 순서대로 나열한 것은?

① 재해발생→재해조사→긴급처리→대책수립→원인분석→평가

② 재해발생→긴급처리→재해조사→원인분석→대책수립→평가

③ 재해발생→대책수립→재해조사→긴급처리→원인분석→평가

④ 재해발생→원인분석→긴급처리→대책수립→재해조사→평가

21. 무재해 시간의 산정방법을 설명한 것 중 옳은 것은?

① 하루 3교대 작업은 3일로 계산한다.

② 사무직은 1일 9시간으로 산정한다.

③ 생산직 과장급 이하는 사무직으로 간주한다.

④ 휴일, 공휴일에 1명만이 근무한 사실이 있다면 이 기간도 산정한다.

22. 안전점검표 작성 시 유의사항에 관한 설명 중 틀린 것은?

① 사업장에 적합한 독자적인 내용일 것

② 일정 양식을 정하여 점검대상을 정할 것

③ 점검표의 내용은 점검의 용이성을 위하여 대략적으로 표현할 것

④ 정기적으로 검토하여 재해 방지에 실효성 있게 개조된 내용일 것

해설 점검표의 내용은 점검의 용이성을 위하여 자세히 표현해야 한다.

23. 교육훈련 방법 중 강의법의 장점에 해당하는 것은?

① 자기 스스로 사고하는 능력을 길러준다.
② 집단으로서 결속력, 팀워크의 기반이 생긴다.
③ 토의법에 비하여 시간이 길게 걸린다.
④ 시간에 대한 계획과 통제가 용이하다.

24. 수공구 중 드라이버 사용방법에 대한 설명으로 틀린 것은?

① 날끝이 홈의 폭과 길이가 다른 것을 사용한다.
② 날끝이 수평이어야 하며 둥글거나 빠진 것을 사용하지 않는다.
③ 작은 공작물이라도 한 손으로 잡지 않고 바이스 등으로 고정시킨다.
④ 전기 작업 시 금속부분이 자루 밖으로 나와 있지 않고 절연된 자루를 사용한다.

해설 날끝이 홈의 폭과 길이가 같은 것을 사용한다.

25. 용선 장입 시 안전사항으로 관계가 먼 것은?

① 작업 전 노전 통행자를 대피시킨다.
② 작업자를 노 정면으로부터 대피시킨다.
③ 코팅 슬랙이 굳기 전에 용선을 장입한다.
④ 걸이 상태를 확인한다.

해설 코팅 슬랙이 굳은 다음 용선을 장입한다.

26. 산소 랜스 누수 발견 시 안전사항으로 관계가 먼 것은?

① 노를 경동시킨다.
② 노전 통행자를 대피시킨다.
③ 누수의 노내 유입을 최대한 억제한다.
④ 슬래그 비산을 대비하여 장입측 도그 하우스를 완전히 개방시킨다.

27. 출강구 확인 작업 시 안전사항으로 틀린 것은?

① 불티 비산 및 산소 역류에 주의한다.
② 슬래그 비산에 의한 화상에 유의한다.
③ 불티 비산에 의한 화상에 유의한다.
④ 작업 중 산소 누출 시는 즉시 밸브를 개방한다.

해설 작업 중 산소 누출 시는 즉시 밸브를 잠근다.

28. 용강 유출에 대비한 유의사항 및 사고 시에 취할 사항으로 틀린 것은?

① 용강 유출시 주위 작업원을 대피시킨다.
② 주위의 인화물질 및 폭발물을 제거한다.
③ 액상의 용강 유출 부위에 수랭으로 소화한다.
④ 용강 폭발에 주의하고 방열복, 방호면을 착용한다.

해설 액상의 용강 유출 부위에 모래나 질석으로 소화한다.

29. 전로내 관찰 시 안전사항으로 가장 관계가 먼 것은?

① 앞면 보호구를 착용한다.
② 전로 경동시 노구 정면에서 정확히 관찰한다.
③ 노 경동을 여러 번 한 후 정밀 점검한다.
④ 슬래그 자연낙하 위험을 없앤 후 점검한다.

해설 전로 경동시 노구 정면을 피하여 관찰한다.

30. 노구로부터 나오는 불꽃(flame)관찰 시 슬래그량의 증가로 노구 비산 위험이 있을 때 작업자의 화상 위험을 방지하기 위해 투입되는 것은?

① 진정제
② 합금철
③ 냉각제
④ 가탄제

31. 전로작업 시 안전사항과 관계가 먼 것은?

① 패널 및 버튼 오작동
② 장입물의 비산이나 폭발
③ 용선차에 출선 시 용선비산
④ 슬래그 유출 및 내화벽돌 탈락

32. 취련 중에 노하 청소를 금하는 가장 큰 이유는?

① 감전사고가 우려되므로
② 질식사고가 우려되므로
③ 실족사고가 우려되므로
④ 화상재해가 우려되므로

33. 주편 수동 절단 시 호스에 역화가 되었을 때 가장 먼저 취해야 할 일은?

① 토치에서 고무관을 뺀다.
② 토치에서 나사 부분을 죈다.
③ 산소밸브를 즉시 닫는다.
④ 노즐을 빼낸다.

정답 1. ② 2. ④ 3. ① 4. ① 5. ③ 6. ④ 7. ④ 8. ③ 9. ② 10. ③ 11. ① 12. ①
13. ④ 14. ③ 15. ④ 16. ② 17. ① 18. ④ 19. ① 20. ② 21. ④ 22. ③ 23. ④ 24. ①
25. ③ 26. ④ 27. ④ 28. ③ 29. ② 30. ① 31. ③ 32. ④ 33. ③

|제|강|기|능|사|

부록

1. 실기 필답형 기출문제
2. 필기 기출문제

1. 실기 필답형 기출문제

■ 본 문제는 최근 10년간 실제 출제된 문제를 선별하여 수록하였습니다.

01 산소를 취입하는 설비의 명칭을 쓰시오.

정답 랜스(lance)

02 산소랜스 노즐의 재질을 쓰시오.

정답 순동

03 취련 중 산소랜스 냉각수 유량이 경보치 이하로 낮아진다면 어떠한 상황이 발생되는가?

정답 산소랜스가 과열된다.

04 취련 중 노내 온도 및 탄소 함량을 알기 위한 측정 장치의 명칭을 쓰시오.

정답 서브랜스 프로브

05 외부 공기의 침입을 방지하여 2차 연소를 막고 배기가스를 회수하는 장치의 명칭을 쓰시오.

정답 스커트(skirt)

06 불꽃 판정을 하여 목표 탄소를 캐치하기 위하여 취련 말기에 상한까지 상승시키는 장치를 쓰시오.

정답 스커트

07 전로가스를 회수하기 위한 장치를 쓰시오.

정답 폐가스 냉각설비(OG 폐가스 처리장치)

08 일반적인 전로 작업에서 랜스를 교환하는 시기를 쓰시오.

정답 지금이 다량 부착했을 때, 탈탄 불량 시, 누수 시

09 자동 탕면 측정설비의 명칭을 쓰시오.

정답 서브랜스 프로브(sub-lance prove), 보조랜스

10 취련 중 노구와 스커트의 간격이 클 때의 조업상 예상되는 발생 상황을 쓰시오.

정답 외부 공기(산소) 침입(유입)

11 **취련 중 노구와 스커트의 간격이 좁을 경우에 조업상 예상되는 발생 상황을 쓰시오.**

정답 불꽃 판정이 곤란하다.

12 **취련 중 슬로핑이 발생할 우려가 있을 때 긴급히 조치할 상황은 무엇인가?**

정답 ① 산소유량을 줄인다.
② 산소분사 압력을 낮게 진정제를 투입한다.
③ 산소랜스를 상향 조정한다.

13 **복합 취련하는 상황에서 저취로 취입되는 가스는 무엇인가?**

정답 Ar, 질소

14 **취련 종료 시점에서 갑자기 용강온도가 낮을 때 무엇을 보고 판정하는가?**

정답 노구 불꽃

15 **취련 초기 노구로부터 용선이 분출되고 있는 이유와 조치 방법을 쓰시오.**

정답 ① 이유: 슬래그의 양이 적어서
② 조치 방법: 석회석, 형석, 밀 스케일 등을 투입하여 슬래그를 형성한다.

16 **취련 중 노내에 형석을 투입하는 이유를 쓰시오.**

정답 슬래그의 유동성과 반응성을 좋게 하기 위해

17 **취련 중 발생하는 배기가스 회수 시스템의 명칭을 쓰시오.**

정답 OG시스템

18 **취련 종료 후 성분 분석을 실시하는 불꽃시험 판정 항목을 쓰시오.**

정답 ① 불꽃의 색깔 ② 길이 ③ 파형

19 **취련 종료 후 종점온도가 목표온도보다 지나치게 높을 때 투입하는 냉각제를 쓰시오.**

정답 철광석, 소결광, 밀 스케일, 석회석

20 **취련 종점을 판정하는 화염의 양과 불꽃 투명도의 상태를 쓰시오.**

정답 화염의 양은 감소, 투명도는 증가한다.

21 **전로(LD)의 용량을 어떻게 표현하는지 쓰시오.**

정답 1회당 처리 용강량(1회당 출강량)

22 **전로(LD)의 취련 방식을 쓰시오.**

정답 상취법, 저취법, 복합 취련법, 서브랜스법

23 **전로(LD)의 내부 라이닝의 재질을 쓰시오.**

정답 돌로마이트

24 **랜스를 상·하강시키는 설비의 명칭을 쓰시오.**

정답 TR장치(랜스경동장치)

25 **전로 조업에서 중기에 노외로 용융물이 분출되었을 때의 현상을 무엇이라 하는가?**

정답 슬로핑(slopping)

26 **벤튜리 스크러버의 기능을 쓰시오.**

정답 가스 냉각 및 연진의 집진(포집)

27 **극 저탄소강을 제조 생산하기 위한 랜스 높이의 조정 방법을 쓰시오.**

정답 랜스 높이를 낮게 조정한다.

28 **용선 270톤, 고철 30톤을 장입하여 전장입량이 300톤이라고 할 때 HMR을 구하시오.**

정답 $HMR = \frac{270}{300} \times 100 = 90\%$

29 **전로 출강 후 불순물을 제거한 정련 공정을 쓰시오.**

정답 2차 정련(노외 정련)

30 **전로 조업 중 갑자기 랜스 와이어가 절단되었을 때의 조치 방법을 쓰시오.**

정답 비상정지하고 랜스 호이스트를 이용하여 랜스를 들어 올린 후 교체한다.

31 **전로의 TTT를 공정별로 쓰시오.**

정답 원료 장입 → 취련 개시 → 취련 종료 → 측온 및 시료채취 → 출강 → 슬래그 배재(제거)

32 **용선이 비산할 때 밖으로 튀어나가는 것을 차단하기 위한 장치의 명칭을 쓰시오.**

정답 스커트(skirt)

33 **취련 조업 도중 화염이 심하게 분출하고 있을 때의 조치 방법을 쓰시오.**

정답 산소유량 감소, 분사 압력 감소

34 **전로 조업에서 일반용선 장입 시 황(S) 성분을 반드시 확인하여야 하는 조업상의 이유를 쓰시오.**

정답 적열취성 방지, 편석 방지

35 **전로를 90° 기울인 상태에서 브레이크의 개방 버튼을 누르면 어떻게 되겠는가?**

정답 전로가 자동복귀한다.(전로가 직립한다.)

36 **전로 조업 중 사용된 물을 재활용하기 위하여 물을 냉각 청정화시키는 설비의 명칭을 쓰시오.**

정답 냉각탑(cooling water)

37 **전로 정련반응을 보고 반응이 활발한가, 활발하지 못한가를 판정하는 작업 방법을 쓰시오.**

정답 불꽃판정(화염의 양, 투명도 체크)

38 **전로에서 탈탄반응을 촉진시키기 위한 조업상 조치 방법을 쓰시오.**

정답 랜스 높이를 낮게 조정, 고온도 조업, hard blow 조업

39 **전로 조업 중 취련 초기 탈인 효과를 높이기 위한 랜스 높이 조정 방법을 쓰시오.**

정답 랜스를 높인다. 랜스를 높이면 soft blow, 저온도 조업

40 **전로 조업 중 탈산의 시기를 쓰시오.**

정답 진공정련 시, 출강 직전, 출강 직후

41 **전로 조업 중 탈탄 반응이 최대가 되는 시기를 쓰시오.**

정답 취련 중기

42 **전로 조업 중 슬래그를 배재하지 않고 용선을 장입하였을 때 어떤 현상이 생기겠는가?**

정답 boiling 또는 폭발

43 출강 완료 후 슬래그 배재 작업에서 슬래그 포트에 over flow가 발생하였을 때의 조치 방법을 쓰시오.

정답 슬래그 진정제(석회석) 투입

44 전로 조업에서 투입되는 부원료를 쓰시오.

정답 CaO(생석회), Ca_2CO_3(석회석), CaF_2(형석), mill scale, Fe_2O_3, Fe−Mn(페로망간), Fe−Si(페로실리콘)

45 부원료 중 CaF_2(형석), CaO(생석회)를 투입하는 시기(착화 전과 착화 후)를 쓰시오.

정답 ① 착화 전: CaF_2(형석) ② 착화 후: CaO(생석회)

46 부원료 중 생성된 용존산소를 제거하는 탈산제를 쓰시오. (전로 탈산제와 전기로 냉각제는 서로 같음)

정답 Al, Fe−Mn, Fe−Si, Si−Mn, Fe−V 등

47 전로작업 중 노하 청소작업 시 주요한 안전수칙을 쓰시오.

정답 전로의 지금 낙하주의, 고온의 낙하물 주의

48 용선 예비처리를 하지 않은 일반 용선에서 장입 전 확인을 하여야 하는 성분을 쓰시오.

정답 S, P

49 용선 레이들에서 용선 중의 슬래그를 제거하는 장치의 명칭을 쓰시오.

정답 스키머

50 고로에서 출선된 용선이 장시간 대기되어 레이들 표면 상태가 응고되었다. 조치 방법을 쓰시오.

정답 용선을 boiling한다.

51 용선준비반에서 알아야 할 가장 중요한 조업상황이 무엇인지 쓰시오.

정답 고로의 출선 상황

52 용선장입 레이들을 일상 점검하려고 한다. 중요한 점검사항을 쓰시오.

정답 레이들 용손 상태, 지금 부착 여부, 건조 상태

53 **용선준비반 슬래그 팬(slag pan)의 역할을 쓰시오.**

정답 출강 후 슬래그 제거

54 **영구장 연와가 돌출되었다. 보수방법을 쓰시오.**

정답 연와를 해체하고 신내화벽돌로 축조 후 라이닝한다.

55 **순환 탈가스(RH)가 이루어지는 공정의 명칭을 쓰시오.**

정답 버블링

56 **레이들 내부의 용선 표면에 슬래그가 과다하게 많을 때 유입장치인 Arm으로 전진 후진하여 슬래그를 긁어내는 장치의 명칭을 쓰시오.**

정답 스키머

57 **레이들 내의 내화물을 건조, 예열시키는 장치의 명칭을 쓰시오.**

정답 레이들 드라이어

58 **레이들 바닥에 porous 또는 multiple을 이용하여 개재물을 부상 분리하는 공정의 명칭을 쓰시오.**

정답 blowing, 교반, 버블링

59 **용선 예비처리의 주작업의 기능을 쓰시오.**

정답 슬래그 제거(탈황, 탈인, 탈규소)

60 **출강 중에 레이들 내로 슬래그가 다량 혼입되었다. 예상되는 문제점을 쓰시오.**

정답 ① 비금속 개재물 증가 ② 편석 증가
③ 성분 분석 조절이 불리

61 **수강 대차, 슬래그 대차, 포트 대차 운전자가 하여야 할 운전 방법을 쓰시오.**

정답 전후 장애물 확인, 전원상태 확인

62 **노체를 지지하고 경동시키는 장치의 명칭을 쓰시오.**

정답 트러니언 링(trunnion ring)

63 **전로를 경동시켜주는 핵심 기어의 명칭을 쓰시오.**

정답 불기어(웜기어로 구성)

64 **전로를 승열한 후 자동개시 전, 전로 경동 점검을 실시한다. 주요 점검 내용을 쓰시오.**

정답 ① 랜스 높이가 최고점에 있을 것
② 스커트 위치가 상한일 것
③ 후드대차 취련 규정 위치일 것
④ 경동전동기가 운전 중일 것

65 **랜스 선단부에 구멍이 생겨 냉각수가 누수되는 경우에 랜스를 교환하지 않고 취련작업을 하면 어떤 문제점이 발생하는가?**

정답 폭발한다.

66 **전로 경동 작업 시 고속경동 범위를 넘어서도 고속으로 경동이 되는 경우 조치 방법을 쓰시오.**

정답 비상정지 버튼을 눌러 멈추게 한 뒤 복귀 조작한다.

67 **갑자기 IDF 급수펌프가 정지되었다. 어떻게 되겠는가?**

정답 배기가스 온도 급상승, 배기가스 처리 불가

68 **취련종료 후 노내 배재를 하지 않은 상태에서 2~3회 전후로 경동시키는 이유를 쓰시오.**

정답 용강온도를 강하시키기 위해

69 **전로취련 종료 후 슬래그 코팅 작업방법을 쓰시오.**

정답 배재 시 슬래그를 남긴 후 노체를 직립하여 슬래그 코팅을 한다.

70 **노체를 지지하고, 전후 경동이 되도록 노 외각 양측에 설치된 설비는 어느 것인가?**

정답 트러니언 링 축(trunnion ring shaft)

71 **OG시스템의 기능을 쓰시오.**

정답 취련 중 발생하는 배기가스의 연진을 제거하고 품위정도에 따라 연도로 방출, 또는 회수하여 연료로 재사용한다.

72 **배기가스 설비에서 1차 집진기 내부에 이상 압력이 생길 경우, 안전을 위해 설치된 설비의 명**

칭을 쓰시오.

정답 상부안전밸브(상부안전변)

73 저취전로에 비해 상취전로의 단점을 쓰시오.

정답 ① 저취전로는 탈탄이 이루어진 후 탈인이 이루어지나, 상취전로는 탈탄과 탈인이 완전히 분리되어 일어나지 않는다.
② 취련시간이 30~40분으로 저취전로(15~20분)에 비해 길다.

74 산소밸브는 스테인리스강 또는 고합금강으로 만든다. 이유를 쓰시오.

정답 냉각수에 의한 부식 방지

75 전로 노구에 설치된 노구 금물(mouth ring)의 기능을 쓰시오.

정답 분출물에 의한 노구부 축조연와 및 노구 보호

76 IDF(Induce Draft Fan)의 기능을 쓰시오.

정답 배기가스 흡인, 승압

77 제강작업에서 발생된 폐가스 내 분진을 포집하기 위하여 배가스를 섬유 사이로 통과시켜 집진하는 설비의 명칭을 쓰시오.

정답 백필터, 벤튜리 스크러버

78 전로에 용선을 장입하는 설비의 명칭을 쓰시오.

정답 용선 레이들(장입 레이들)

79 전로 출강 시 수강하는 장비의 명칭을 쓰시오.

정답 수강 레이들(주입 레이들)

80 취련 중 발생한 가스를 회수할 수 없을 경우 대책을 쓰시오.

정답 굴뚝(stacker)으로 보낸다.

81 취련 중 갑자기 slury tank 수위가 낮아졌을 때 확인해야 할 설비의 부분 명칭을 쓰시오.

정답 Diaphragam control valve(다이아크램 조절 밸브)

82 **취련 중 삼방변에 고장이 발생했을 때의 조치 방법을 쓰시오.**

정답 by pass밸브(변)를 열어 배기가스를 연도로 방출한다.

83 **dust catcher 출구 가스온도가 100℃를 넘었을 때 체크하는 곳은 어디인가?**

정답 2차 집진기(벤튜리)

84 **취련 초기에 노내 분출물이 발생하는 경우에 대한 조치사항을 쓰시오.**

정답 진정제 투입(CaO, $CaCO_3$)

85 **저취가스의 패턴 중 유량과 압력이 높은 패턴으로 조업할 경우 취련 조업에 미치는 영향을 쓰시오.**

정답 탈탄이 잘 된다.

86 **출강작업 중 갑자기 정전이 발생하였다. 조치 방법을 쓰시오.**

정답 전로를 비상 복귀한다.

87 **취련 중 복사부 온도가 90℃를 넘었을 때 즉시 확인하여야 하는 곳은 어느 것인가?**

정답 OG시스템, sub lance

88 **산소랜스에 지금이 다량 부착되어 정상조업이 어려울 때 어떠한 조치를 취해야 하는가?**

정답 지금 절단 후 랜스를 교환한다.

89 **고철 내 수분이 다량 함유되면 어떤 사고가 예상되는가?**

정답 폭발사고

90 **시료채취(spoon sample) 중 용강 비산으로 인한 화상을 방지하기 위해 어떤 안전 보호구를 착용하여야 하는가?**

정답 작업화, 방화복, 방화장갑, 방화포, 보호안경 등

91 **착화되지 않은 상태의 조업에서 부원료를 투입하면 어떤 현상이 일어나는가?**

정답 착화를 방해하여 취련이 안 된다.

92 **취련 개시 후 투입하여야 할 부원료를 쓰시오.**

정답 CaO(생석회), Ca_2CO_3(석회석), CaF_2(형석), 밀 스케일

93 **고철 장입 기중기의 고장으로 고철을 장입할 수 없을 때 조업상의 조치 방법을 쓰시오.**

정답 모두 용선으로만 장입하여 조업을 실시한다.

94 **전로 내 용선온도가 강하되고 있을 때의 대책을 쓰시오.**

정답 Fe-Si, Fe-Mn, Al 등의 발열체를 투입, hard blow 실시, 재취련 또는 승인취련 실시

95 **고철을 장입할 때 사용되는 장비의 명칭을 쓰시오.**

정답 스크랩 슈트(scrap shute)

96 **전로 내 용선온도가 강하되고 있을 때의 대책을 쓰시오.**

정답 ① Fe-Si, Fe-Mn, Al 등의 발열체를 투입 ② hard blow 실시
③ 재취련 또는 승인취련 실시

97 **산소가 흡입되는 랜스 부근의 용강 온도는 몇 ℃ 정도까지 올라가는가?**

정답 2,000~3,000℃

98 **용선이 담겨있는 장입 레이들을 전로로 이동하는 장비의 명칭을 쓰시오.**

정답 기중기

99 **전로 조업에서 탈인을 촉진하기 위해 랜스를 통해 산소를 불어넣을 때 어떤 가루를 같이 분사시키는가?**

정답 수산화칼슘($Ca(OH)_2$)

100 **전로 조업에서 산소와 연료를 동시에 분사시켜 열효율을 높이는 랜스의 명칭을 쓰시오.**

정답 옥시퓨얼 랜스(oxyfuel lance)

101 **폐가스의 냉각설비 종류를 쓰시오.**

정답 공기 냉각방식, 보일러 방식, 비연소 방식(OG법)

102 **폐가스의 집진 방식의 종류를 쓰시오.**

정답 전기에 의한 방식, 살수에 의한 방식, 여과에 의한 방식

103 **폐가스 냉각방식 중 전로 위에 있는 연도 안에서 연소시키고 다시 냉각함으로써 연소 공기량에 수배의 공기를 혼입시키는 방법을 무엇이라 하는가?**

정답 공기 냉각방식

104 **폐가스 냉각방식 중 열교환의 결과 적극적으로 열을 증기로써 회수하고자 하는 방식을 무엇이라 하는가?**

정답 보일러 방식

105 **폐가스 냉각방식 중 전로로부터 배출되는 가스에 공기가 혼입되지 않도록 제어하고 흡인하여 70~80%의 CO가스를 회수하는 방식을 무엇이라 하는가?**

정답 비연소 방식(IRSID법, OG법)

106 **취련 시 용강이 랜스에서 분출된 산소에 의해서 미세한 철입자가 노구로부터 비산하는 현상을 무엇이라 하는가?**

정답 스피팅(spitting)

107 **취련 시 슬래그에 거품이 일어나는 현상을 무엇이라 하는가?**

정답 포밍(foaming)

108 **랜스를 순 구리로 사용하는 이유는 무엇인가?**

정답 열전도율이 좋다, 산화 스케일이 생기지 않는다, 녹이 슬지 않는다.

109 **취련이 끝난 후 서브랜스 측정으로 노내 용강에 대하여 알 수 있는 항목 2가지는 무엇인가?**

정답 온도, 성분, 강중 산소량

110 **스커트를 신속히 하강시키는 이유는?**

정답 외부공기 혼입방지, 폭발방지

111 **취련 종료 후 출강온도가 목표온도보다 지나치게 높았을 때 냉각제를 투입하는 방법을 쓰시오.**

정답 분할 투입한다. 목표 온도보다 2~3℃ 높을 때는 노체를 흔들어 준다.

112 **LD전로의 화점은 대략 어느 정도인가?**

정답 2,000℃ 이상

113 **LD전로 조업에서 화점이란 무엇인가?**

정답 산소와 용철이 부딪치는 점

114 **LD전로의 내부 라이닝은 주로 어느 재질을 사용하며, 그 이유는 무엇인가?**

정답 ① 재질: 돌로마이트
② 이유: 내식성이 우수하고 염기성 슬래그에 강하기 때문이다.

115 **벤튜리 스크러버는 어디에 있으며, 그 기능을 쓰시오.**

정답 ① 위치: 전로 배기가스관 내에 설치
② 기능: 가스냉각 및 연진포집(집진)

116 **용선 중의 불순물을 제거하는 정련공정을 간단히 설명하고, 제강시간을 쓰시오.**

정답 ① 정련공정: 용선 중 불순물은 산소에 의해 산화 제거
② 제강시간: 30~40분 정도

117 **보통 조업 중 산소랜스의 높이는 얼마로 조정하는가?**

정답 1~3m

118 **냉각탑의 기능을 쓰시오.**

정답 물을 냉각 청정화하여 재사용하는 설비

119 **슬래그 팬의 교환 시점은 언제인가?**

정답 슬래그가 $\frac{2}{3}$ 정도 채워졌을 때

120 **설비의 윤활을 위해 주유하여야 하는 설비는 어느 것인가?**

정답 감속장치, Bull gear(불기어), 트러니언(trunnion) 축수 등

121 **취련 작업 시 석회석을 취련 개시 전 투입과 개시 후 투입에 대한 영향을 쓰시오.**

정답 ① 취련 개시 전: 착화를 어렵게 한다.
② 취련 개시 후: 슬로핑(slopping) 방지

122 soft blowing법에서 랜스를 높이는 조업상의 이유 3가지를 쓰시오.

정답 ① 탈인반응 촉진 ② 랜스 보호 ③ 스피팅 방지 ④ 조제촉진

123 전로 슬래그 배재 후 노내 슬래그와 용강 중 O_2가 잔류해 있다면, 장입 중 어떤 현상이 발생하겠는가?

정답 심한 폭발현상

124 고탄소강, 저유 저인강 제조 시 출강 중 레이들에서의 복인 방지를 위한 조치사항 2가지를 쓰시오.

정답 ① 슬래그 중 Ti, Fe를 많게 한다. ② 염기도를 높게 한다.
③ CaO 투입 ④ 출강구 관리 철저

125 취련 초기 사용되는 밀 스케일의 조업상 효과 2가지를 쓰시오.

정답 ① 슬래그화 촉진 ② 냉각제 ③ 슬래그 중 T-Fe 상승

126 노전 용강 샘플링시 spoon을 슬래그 코팅시키는 이유 2가지를 쓰시오.

정답 ① sample spoon 용손 방지
② 표준시료를 얻는다.
③ 용강의 산화방지

127 다음은 LD전로의 계통도이다. (   )에 맞는 것을 넣으시오.

정답 노구 → (skirt) → 하부 hood → (상부 hood) → (복사부) → (IDF) → 삼방변 → (회송변) → holder

128 염기성 전로에서 탈인 반응을 촉진시키기 위한 조업상 조치사항 2가지를 쓰시오.

정답 ① 산화도 증가 ② 염기도 증가 ③ 온도를 낮춘다.

129 스커트(skirt)의 역할 2가지를 쓰시오.

정답 ① 외부공기 침입 방지 ② hood내 압력 조정
③ CO가스 희박 방지

130 취련 중 노구로부터 화염이 많이 유출될 때 hood Fe 콘트롤은 어떻게 하여야 하며 이 때 확인해야 할 계기는?

정답 ① hood Fe control: hood 압을 낮춘다.

② 확인할 계기: IDF 댐퍼, PA 댐퍼, skirt 조작

131 **전로 트러니언 링 중심에는 공기 및 물의 통로가 있다. 각각의 역할을 쓰시오.**

정답 ① 공기: trunnion ring부 냉각 ② 물: 노구 냉각

132 **LD전로의 가스 회수설비 중 수봉변의 기능을 쓰시오.**

정답 비회수 시 물을 채워 가스 역류방지

133 **혼선로의 기능 3가지를 쓰시오.**

정답 ① 혼선 ② 저선 ③ 보온 ④ 탈유

134 **냉선의 종류 3가지를 쓰시오.**

정답 ① 형선 ② 횡선 ③ 고선

135 **용선보다 고철을 먼저 장입하는 이유를 쓰시오.**

정답 수분에 의한 폭발방지

136 **스피팅이 발생되었을 때의 조치사항을 쓰시오.**

정답 형석, 밀 스케일 투입에 의한 조제촉진을 한다, 랜스를 높인다.

137 **슬로핑(slopping)의 발생 원인과 대책을 각각 3가지 쓰시오.**

정답 ① 원인: 슬래그량이 많다, 슬래그 이상산화, Si가 높다, 경량고철이 많다.
② 대책: 진정제 투입, 랜스를 낮춘다, 석회석 투입, 산소량 감소

138 **hood의 기능은?**

정답 ① 폐가스 냉각 ② 노내 압력 조정

139 **다공노즐 사용 시의 효과를 2가지 쓰시오.**

정답 ① 회수율 향상 ② 취련 작업개선 ③ 슬로핑 감소

140 **불꽃 상황을 변화시키는 요인 3가지를 쓰시오.**

정답 ① 노체 사용 횟수 ② 산소 취부조건 ③ 랜스 사용 횟수 ④ 슬래그 량 ⑤ 강욕의 온도

141 **재취련을 해야 할 경우 그 이유 2가지를 쓰시오.**

정답 ① 종점 C가 높다. ② 종점 온도가 낮다. ③ 취련 중 사고 발생으로 설비가 정지되었다.

142 **종점 온도가 목표치보다 10℃ 정도 높았을 때의 조치사항을 쓰시오.**

정답 노를 경동시킨다.

143 **용선 90톤, 고철 20톤, 용선(Si) 0.6%, 염기도 4일 경우 아래 물음에 답하시오.**

(1) 산소 취입 시 용선 중의 P와 산소의 반응식은?

정답 $2P+5O \rightarrow P_2O_5$

(2) 용선 중 Si량은 몇 kg인가?

정답 90톤×0.006=540kg

144 **스크랩의 냉각 효과는 용선 1톤당 1kg을 투입하면 몇 ℃가 저하하는가?**

정답 약 25℃

145 **탕면 측정 작업은 무엇을 하는 작업인가?**

정답 노내 장입된 용선의 높이를 측정하는 작업

146 **탕면 측정 시 필요한 도구 3가지를 쓰시오.**

정답 ① 측정통 ② 망치 ③ 쐐기 ④ 보호장구

147 **노구 지금제거 작업이란 무엇인가?**

정답 취련 중 슬로핑(slopping)이나 스피팅(spitting)에 의한 노구에 지금이 부착하였을 때 제거하는 작업

148 **출강구 침식이 상하면 출강구를 교환해야 한다. 그 이유 2가지를 쓰시오.**

정답 ① 용강의 비산으로 설비 사고 우려
② 불량강괴 원인
③ 철편침식 우려

149 **전로 경동조건을 다음 사항에 맞게 그 위치를 쓰시오.**

정답 ① 랜스: N점 ② skirt: 상한위치 ③ hood 이동대차: 중앙

150 취련 종점 판정기준 3가지를 쓰시오.

정답 ① 산소 사용량 ② 취련 시간 ③ 불꽃의 모양, 색깔, 형태로 판정

151 산소 사용량의 오차 원인 2가지를 쓰시오.

정답 ① 주, 부원료 영향 오차 ② 용선성분 분석 오차 ③ 고철과 냉선의 성분 변동

152 3방변의 역할은?

정답 폐가스 회수

153 N_2 purge의 목적을 쓰시오.

정답 OG설비 보호

154 랜스 구조는 3중관으로 되어 있다. 각 관의 기능을 쓰시오. (좌측에서 내측으로)

정답 ① 배수 ② 급수 ③ 산소 공급

155 노즐을 순동으로 하는 이유는?

정답 열전도율 양호

156 전로 내장연와로 가장 많이 사용되는 연와는?

정답 타르 돌로마이트

157 트러니언 링(trunnion ring)의 기능 3가지를 쓰시오.

정답 ① 노체 지지 ② 노의 회전력 전달 ③ 고철 장입 시 충격변형 방지 ④ 열변형 방지

158 랜스 사용 횟수가 많아지면 랜스의 높이를 높게 하는 이유를 쓰시오.

정답 ① 노저부 보호 ② 교반 촉진

159 합금철의 투입 시기와 장소는?

정답 ① 시기: 출강 시 레이들 높이의 1/2~2/3 사이
② 장소: 출강구 직하

160 **합금철을 출강 시 $\frac{2}{3}$ 이상 시점에서 투입했다면 어떠한 현상이 일어나는가?**

정답 ① blowing 현상 ② 용강 온도저하 ③ 성분 불균일

161 **베렌(baren)의 발생 원인과 대책을 쓰시오.**

정답 ① 원인: 노즐의 영향 ② 대책: 다공노즐 사용

162 **시료의 C%는 불꽃으로 판정한다. 판정요인 3가지를 쓰시오.**

정답 ① 수량 ② 색깔 ③ 형태

163 **청색불꽃이 노외에 발생 시 노 운전자가 노를 어떻게 해야 하는가?**

정답 노 경동 금지

164 **다음 사항에 대한 출강실수율을 구하시오. (소수점 이하 1단위까지)**

용선 장입량: 295ton, 고철 장입량 : 15ton, 양괴량 : 297ton, 레이들 지금 : 1ton
기타 지금: 0.5ton, slag량: 1.5ton, 잔괴: 4.5ton

정답 출강실수율: $\frac{\text{출강량}}{\text{전장입량}} \times 100 = \frac{303}{310} \times 100 \fallingdotseq 97.7\%$

165 **제강작업 4단계를 쓰시오.**

정답 장입 → 취련 → 출강 → 배재

166 **복인 현상 방지법 3가지를 쓰시오.**

정답 ① 저온조업 ② 고 염기도 조업 ③ 출강 중 생석회 투입 ④ slag 과다 혼입방지

167 **가탄법이란?**

정답 탄소 함유량이 목표치보다 낮게 취련한 경우 목표 탄소량까지 탄소를 첨가하는 것

168 **랜스 높이는 무엇을 말하는가?**

정답 강욕 표면에서 랜스 선단까지의 거리

169 **다음 용어를 설명하시오.**

정답 ① 제강시간: 주원료 장입 개시부터 배재 종료까지의 경과시간에서 장입시간, 휴지시간을 뺀 시간

② 종점성분: 취련 종료 후 전로를 경동시켜 채취한 용강시료의 분석차

170 **다음의 경우 Fe-Mn의 투입량을 계산하시오.**

장입량: 90ton, 출강실수율: 95%, 목표 Mn%: 0.35%, 종점 Mn%: 0.12%
P-Mn 중 Mn%: 75%, Mn 실수율: 70%

정답 $\frac{(90,000 \times 0.95) \times (0.0035 - 0.0012)}{(0.75 \times 0.70)} \fallingdotseq 374.6\text{kg}$

171 **밀 스케일(mill scale) 분해에 의해 발생하는 산소량은 100kg당 몇 Nm인가?**

정답 $100 : x = 72 : 11.2 \rightarrow x = 15.5$

172 **탄소와 산소에서 CO가 발생하는 반응은 $C + \frac{1}{2}O_2 \rightarrow CO$이다. 여기서 산소 67.2L와 반응하는 탄소는 몇 gr인가?**

정답 CO 1몰의 부피가 11.2L이기 때문에
$x : 67.2 = 12 : 11.2 \rightarrow x = 72\text{gr}$

173 **1kgf을 태우는데 필요한 산소량은 몇 Nm이 필요한가?**

정답 $28x = 22.4 \rightarrow x = \frac{22.4}{28} = 0.8\text{Nm}$

174 **취련 후반에 노내로 투입되는 석회석의 역할을 쓰시오.**

정답 탈황, 냉각

175 **출강구 교환작업 시 필요한 도구와 재료 3가지를 쓰시오.**

정답 ① 도구: 에어포스, 에어브레이커, 정
② 재료: 마그네시아, 돌로마이트, 슬리브

176 **전로 취련 후의 온도 측정 방법 2가지를 쓰시오.**

정답 ① sub lance ② immersion

177 **전로 작업에서 노구 지금을 제거하는 이유 2가지를 쓰시오.**

정답 ① 설비사고 방지(노구 지금 탈락)
② 정확한 불꽃 판정
③ 재해 방지

178 **고철과 냉선을 마그네틱 크레인이나 덤프트럭을 이용해 슈트로 덤핑시키는 작업 공정을 순서대로 나열하시오.**

보기
제강 1호 고철, 사내발생 고철, 형설, 분괴크롬

정답 사내발생 고철 → 형설 → 분괴크롬 → 제강 1호 고철

179 **스택 사이드(stack side)변의 기능을 쓰시오.**

정답 취련 중 비회수 시 배기가스를 연도(굴뚝)로 보낸다.

180 **LD전로의 산소랜스 설비 중 다공노즐이 단공노즐보다 유리한 점은?**

정답 ① 슬로핑(slopping) 감소 ② 출강 실수율 향상 ③ 취련 작업 개선

181 **전로 내화물 축조 부위 중 노복부(장입측)를 가장 두껍게 하는 이유는?**

정답 용선, 고철 장입 시 내충격 내마모성 요구

182 **LD전로의 제강시간(T.T.T)은 어느 정도가 이상적인가?**

정답 30~40분

183 **탕면 측정을 실시하는 이유는?**

정답 정확한 취련 패턴 유지

184 **전로 배가스 설비 중 I.D.F의 기능은?**

정답 전로 배가스를 습압, 유인하여 배공한다.

185 **우천 시 고철 장입 후 노를 2~3회 경동시켜주는 이유는?**

정답 습기에 의한 폭발방지

186 **출강완료 시점에서 강과 슬래그의 구별 방법 2가지를 쓰시오.**

정답 ① slag sheck ball ② ladle cutting ③ 색깔

187 **부원료 수송작업 시 트리퍼(tripper)의 역할은?**

정답 각 부원료별로 노상 호퍼(hopper)에 분류 저장

188 용선 100톤, 고철 20톤, 냉선 5톤을 장입하여 105톤의 강괴를 얻었다. 그 중 7톤이 불량 강괴이었다면 양괴 실수율은 얼마인가?

정답 $\frac{\text{용선량}}{\text{전장입량}} \times 100 = \frac{98}{125} \times 100 = 78.4\%$

189 by pass변의 기능을 쓰시오.

정답 ① 삼방변 고장일 때 배기가스를 연도로 방출하는 기능
② CO가스가 규정치 이하일 때 바이패스변을 열어 연도로 방출하는 기능

190 냉각제 종류 3가지를 쓰시오.

정답 ① 철광석 ② 석회석 ③ 밀 스케일 ④ 소결광

191 조재제 종류 3가지를 쓰시오.

정답 ① 생석회 ② 석회석 ③ 규사 ④ 연와설

192 슬래그의 역할 3가지를 쓰시오.

정답 ① 불순물 제거 ② 용강의 산화방지 ③ 가스 흡수방지 ④ 열손실 방지

193 고철과 용선 장입 시 필요한 인원 3명은?

정답 ① 노경동자 ② 신호자 ③ 크레인 운전공

194 취련 중에 투입되는 형석의 역할을 쓰시오.

정답 ① 슬래그의 유동성 향상 ② forming 좋은 슬래그 형성

195 출강구에 사용되는 연와가 구비해야 할 조건을 쓰시오.

정답 내마모성, 내스폴링성

196 내화물의 수명에 영향을 주는 요인에 대한 설명이다. 수명을 연장시키려면 다음 조건에 대해 어떻게 해야 하는가? (증가, 감소로 표기)

정답 ① 용강 중 Si: 감소 ② 염기도: 증가
③ 슬래그 중의 T-Fe: 감소 ④ 산소 사용량: 감소

197 상취법에 대해 복합 취련의 특징에 대한 다음 조건에 따른 맞는 표기는?(높다. 낮다로 표시)

정답 ① 실수율: 높다. ② 용강교반력: 높다. ③ O_2원단위: 낮다. ④ 건설비: 낮다.

198 **불꽃색이 붉은 것과 흰 것 중 어느 편이 강욕 온도가 높은가?**

정답 ① 흰색: 고온 ② 적색: 저온

199 **화력이 센 것과 약한 것은 어느 편이 C%가 높겠는가?**

정답 약한 것

200 **연와 보호방법 2가지를 쓰시오.**

정답 ① 슬래그 코팅 ② 노복부 kneader 재보강 ③ spray 실시 ④ 재취련 억제

201 **전로에 고철을 사용하는 경우 2가지를 쓰시오.**

정답 ① 용손 부족 시 ② 냉각 시 ③ 발열 시

202 **분출 발생으로 제강에 미치는 영향을 쓰시오.**

정답 ① track time이 길어진다. ② 실수율 저하

203 **출강구가 넓어졌을 때 발생되는 현상을 품질과 관련지어 설명하시오.**

정답 슬래그 유출로 복P, 복S로 강의 품질이 저하된다.

204 **석회석을 1회에 다량으로 투입하면 노내 강욕은 어떠한 변화가 일어나는가?**

정답 와류현상

205 **전로 제강용 주원료인 용선을 100% 장입해야 하는 경우를 2가지 쓰시오.**

정답 ① 신로 축로 시 ② 탕면 측정 시 ③ 영구연와 돌출 시
④ 장입 크레인 고장으로 고철 장입이 곤란한 경우

206 **전로 조업 중 사용되는 서브랜스(sub lance)의 기능 2가지를 쓰시오.**

정답 ① 용강 온도 측정 ② 성분분석용 시료 채취 ③ 탕면 측정

207 **전로 조업 중 온도와 성분을 자동으로 측정하는 제어기술을 무엇이라고 하는가?**

정답 다이나믹 컨트롤(dynamic control)

208 **전로 정련에서 중요하게 다루고 있는 탈인(P)을 촉진하기 위한 조건 2가지를 쓰시오.**

정답 ① 강재의 염기도가 높을 때 ② 산화력이 클 때 ③ 용강 온도가 낮을 때
④ 강재 중에 P_2O_5가 낮을 때 ⑤ 강재량이 많을 때 ⑥ 강재의 유동성이 좋을 때

209 **전로 조업 중 발생하는 베렌(baren)의 의미는 무엇인가?**

정답 용강과 슬래그가 노외로 비산하지 않고 노구 근방에 도넛 모양으로 쌓이는 현상

210 **전로 조업에서 고철을 장입할 때 중량물을 사용하지 않는 이유를 쓰시오.**

정답 ① 성분조정 불균일 ② 온도 조절 불균일 ③ 노저 내화물 손상

211 **전로 조업에서 용선 장입 레이들의 슬래그를 제거하는 설비의 명칭을 쓰시오.**

정답 스키머

212 **다음 기기의 명칭과 기능을 쓰시오.**

취련 관련	전로 조업	용선 예비처리	전로 가동	전로 부대설비
1. 랜스 2. 서브랜스 3. 로구 4. 스커트 5. 호퍼 6. 크레인	1. 전로 2. 트러니언 3. 삼방변 4. 벤튜리 스크러버 5. IDF	1. 토페도카 2. 스태커 3. 수강 레이들 4. 슬래그 포트 5. 장입 레이들	1. 마우스링 2. 출강구 3. 출재구 4. 장입구 5. 베런	1. 후드 2. 연도 3. 수봉변 4. 안전변

213 **전기로에 장입되는 주원료를 쓰시오.**

정답 고철 또는 합금강 제조 시는 고철, 냉선, Fe−Cr, Fe−Ni 등

214 **주·부원료의 장입방법을 쓰시오.**

정답 ① 주원료: 장입 바스켓을 이용한 노정 장입
② 부원료: 컨베이어벨트를 이용하여 전기로 및 레이들로 장입, bag로 장입, 문장입법, 노정장입법(손장입법, 기계장입법)

215 **고철을 장입하는 설비는 어느 것인가?**

정답 장입 바스켓, 장입 기중기, 고철 장입슈트, 장입 크레인

216 **전기로 장입물 중 부도체가 있을 때 아크소리는 어떻게 되겠는가?**

정답 부도체가 있을 경우 아크소리는 발생되지 않으며 전극절손 위험이 높다.

217 **원료를 2회 분할하여 장입 시 1차 장입물이 60% 용해되었을 때 2차 장입을 실시하였다. 2차 장입 시 미용해 고철을 남기는 이유는 무엇인가?**

정답 2차 장입 시 장입물 낙하에 의한 노내 내화물 파손예방, 용강 및 강재의 비산방지, 에너지 손실 최소화

218 **경고철과 중고철을 장입하는 바스켓을 지적하고 장입 순서를 쓰시오.**

정답 장입 순서: 바닥부터(장입물 → 중량물 → 중간 정도의 것 → 경량물)

219 **고철 장입 시 경고철을 바스켓의 바닥에 제일 먼저 넣는 이유를 쓰시오.**

정답 바스켓(노) 바닥을 보호하기 위해

220 **고철 중에 밀폐된 통은 선별을 철저히 하여 제거해야 한다. 선별 작업 종류와 방법 및 이유를 쓰시오.**

정답 ① 선별 작업: 수작업에 의한 선별, 고철장입 크레인에 의한 선별
② 선별 이유: 과열 시 폭발하여 수랭패널 및 전장 내화물 파손, 안전사고 위험이 높다.

221 **전기로의 조업에 맞는 원료의 배합비를 설정하시오.(원료를 제시할 것)**

정답 고철: 40~60%, 회수철: 10~30%, 프레스 또는 절삭칩: 5~10%
특수강 제조 시는 선철 10~30%를 배합하는 경우도 있다.

222 **전기로 작업 중 경량 고철의 과량 장입으로 고철이 노 밖으로 나왔을 때 조치방법을 쓰시오.**

정답 장입 바스켓이나 대형 중량물을 이용하여 크레인으로 평탄작업을 실시한다.

223 **전기로 조업에서 고철용해시간을 단축하기 위하여 첨가하여야 할 장입물은?**

정답 산소, 가탄제(괴탄, 분탄)

224 **전기로에 장입하기 위하여 장입물을 운반하는 설비는?**

정답 장입 바스켓, 고철 장입 슈트, 벨트 컨베이어 등

225 **열원을 투입하는 곳은 어느 곳인가?**

정답 ① 주열원: 트랜스포머(변압기)에서 전류를 공급하여 아크를 발생
② 보조열원: 산소를 공급해 주는 제트버너와 수랭 랜스 부분

226 산소를 취입하는 곳은 어디인가?

정답 전기로에 있는 slag door를 통하여 용탕에 취입한다.

227 용해온도 측정은 어디에서 무엇으로 하는가?

정답 노압에서(보상도선) 소모형 열전대로 측정한다.

228 전기로의 용해온도는 몇 ℃ 정도가 되겠는가?(육안 측정)

정답 ① 일반강일 때: 1600~1620℃
② 스테인리스강일 때: 약 1700℃

229 전기로에서 탈인반응을 촉진시키고자 한다. 조업상 조치사항 3가지를 쓰시오.

정답 ① 저온도 조업 ② 산화성 분위기 조업 ③ 고염기도 조업
④ 슬래그 중 오산화인이 적어야 한다.
⑤ 슬래그 중에 탈인 저해원소(Si, Mn, Cr)가 적어야 한다.

230 전기로의 합금철 투입 장소를 지적하고 시기를 쓰시오.

정답 ① 산화되기 어려운(Mn, Cr, Ni, Cu) 것: 산화성 강재를 제거한 후 첨가
② 산화하기 쉬운(V, Si, Al, Ti, Cu) 것: (환원기) 출강 전 20~30분에 첨가

231 고철용해 말기에 저전압, 고전류 조업을 하는 이유는?

정답 노벽 소모를 경감하고 전효율을 높이기 위해
(노벽과 열전의 국부적 손상을 줄이고 남은 고철을 신속히 녹이기 위해)

232 용해작업 중 고철 용락 장입 시 '점호기'를 쓰시오.

정답 전압과 전류를 중간으로 하고 목적은 아크로부터 노 천정 보호, 아크의 안정, 전극을 고철 중에 신속 침투를 용이하게 한다.

233 용해 작업에서 전력 투입 시 아크 길이를 바르게 조장하는 방법을 쓰시오.

정답 전압이 높으면 아크 길이를 길게, 낮으면 짧게 조정한다.

234 전기로 작업에서 노벽의 침식을 방지하기 위해서 전압과 전류를 바르게 조정하는 방법을 쓰시오.

정답 전압은 낮게, 전류는 높게(저전압 고전류) 한다.

235 전기로 조업 중 전압을 높이거나 낮출 때 노내에 미치는 영향을 쓰시오.

정답 아크열의 변화에 의해 노 내화물 침식 증가

236 전기로 조업 중 전류가 높으면 아크의 굵기는 어떻게 조정하여야 하는가?

정답 아크 굵기를 굵게 조정한다.

237 전기로의 용해 작업공정을 설명하시오.

정답 원료 준비작업 → 원료 투입 → 용해 작업 → 산화정련 → 배재 → 환원 → 정련 → 출강

238 전력이 가장 많이 투입되는 시기는 언제인가?

정답 용해기

239 전기로 용해작업 중 물이 새어 나왔을 때 점검해야 할 곳과 조치사항을 쓰시오.

정답 노전에서 루프(roop) 및 패널(panel)을 점검하고 누수 시는 조업을 중단하고 냉각수 밸브를 차단한다.

240 전기로에 장입하는 부원료를 2가지 쓰시오.

정답 생석회, 석회석, 돌로마이트, 전극가루, 형석, 합금철(Si−Mn, Fe−Si 등)

241 조재제의 종류 3가지와 역할을 쓰시오.

정답 ① 석회석: 탈산, 탈황 ② 생석회: 탈인, 탈황
③ 형석, 합금철(Si−Mn, Fe−Si 등): 형석은 슬래그 유동성 향상, 합금철은 탈산제

242 정련 도중 산화 및 환원시기를 설명하고 이들의 조업방법을 쓰시오.

정답 ① 산화기: 장입물 용해로부터 산화성 강재 배출까지이며 산소나 철광석 등을 투입하여 불순물(C, P, S, Mn, H_2)을 산화제거한다.
② 환원기: 산화기 강재 제거 후부터 출강까지이며 합금철 등을 투입하여 용강의 성분 조정, 온도를 조절하고 탈산, 탈황한다.

243 제재작업은 어디에서 하는가?

정답 노전에서 노를 경사지게 하여 실시한다.

244 출강온도 측정 요령을 쓰시오.

정답 출강 전에 소모성 열전대로 측정(장입 레이들에 출강해서 측온장치로 측정)

245 **수랭식 산소 송풍랜스 노즐을 순동으로 하는 이유는 무엇인가?**

정답 열전도율이 우수하고 산화스케일이 생기지 않는다.

246 **무게를 측정하는 장치는 어느 것인가?**

정답 로드셀

247 **지금 부착을 방지하기 위하여 용강 레이들 바닥에 투입하는 것은 무엇인가?**

정답 생석회

248 **정련공정을 순서대로 쓰시오.**

정답 장입 → 용해기 → 산화기 → 제재 → 환원기 → 출강

249 **산화 정련기에서 작업하는 과정을 모두 쓰시오.**

정답 산소나 철광석 등의 산화제를 투입하여 불순물(C, P, Mn, Si)을 산화 제거한다.

250 **슬래그 포트에 과산화가 발생했을 때 조치사항을 쓰시오.**

정답 슬래그 포트에 진정제를 투입하여 슬래그의 넘침을 방지한다.

251 **탄소를 투입하였을 때 얻어지는 조업상 효과는 무엇인가?**

정답 ① 발열반응에 의한 전력 절감
② 탈산작용에 의한 블로우 홀 방지
③ 가스 발생에 의한 버블링 효과로 용강 탈수소

252 **슬래그를 만들기 위해 투입되는 조재제의 예를 쓰시오.**

정답 석회석, 생석회, 형석, 흑연

253 **정련 작업에서 탈인 작업이 가능한 시기를 쓰시오.**

정답 산화 정련기

254 **환원 정련에서 슬래그의 유동성을 향상시키기 위해 투입되는 광석을 쓰시오.**

정답 형석

255 **환원 정련에서 만들어지는 슬래그 2가지를 쓰시오.**

정답 화이트 슬래그, 카바이트 슬래그

256 **탈황작업을 하기 위한 조업 요령을 쓰시오.**

정답 고온도 조업, 고 염기도 조업, 환원성 분위기 조업, Mn 첨가 조업

257 **클리닝 조업 시 노내 지금 부착이 많아진다. 아크 길이의 조정 방법을 쓰시오.**

정답 아크 길이를 길게 한다.

258 **출탕한 용강을 버블링하는 곳은 어디인가?**

정답 레이들에서 실시(VOD에서 실시하기도 함)

259 **출강완료 후 탈수소, 탈질소, 탈탄, 탈산 목적으로 처리하는 곳은 어디인가?**

정답 레이들 진공탱크

260 **노저의 출강 요령을 쓰시오.**

정답 출강온도에 도달되면 레이들을 준비하고 노저 게이트를 열어 출강한다.

261 **출강 후 레이들에 투입되는 보온재를 쓰시오.**

정답 왕겨, 탄화왕겨

262 **출강 직전 인(P)의 목표 성분이 높게 포함될 우려가 있다. 산화제로 정련작업을 하기 위하여 첨가하는 것을 쓰시오.**

정답 순산소, 철광석, 밀 스케일

263 **강중에 불순물 양이 많은 강종일수록 출강 온도는 어떻게 되는가?**

정답 낮아진다.

264 **출탕 시 각도를 너무 크게 하면 안 된다. 어떤 설비와의 접촉 방지를 위한 것인가?**

정답 WCP(냉각장치 또는 냉각판넬)와 접촉 방지

265 **슬래그 라인 하부 용탕이 있는 곳은 어디인가?**

정답 노상

266 스테인리스강 제조 시 용강과 강재를 동시에 출탕하는 이유를 쓰시오.

정답 ① 공기 중 질소의 혼입을 최소화하기 위해서
② 합금철의 회수율을 높이기 위해서

267 출탕 성분 중 탄소량이 목표치에 미달되었을 때 투입되는 부원료의 예를 들고, 조치사항을 쓰시오.

정답 ① 부원료: 분 코크스, 전극가루
② 조치사항: 가탄제를 투입하여 버블링 실시

268 출탕 시 출탕구 점검항목 2가지를 쓰시오.

정답 출강구의 형상, 지금 부착 여부

269 출강 온도가 높을 때와 낮을 때 어떤 조치를 해야 하는가?

정답 ① 높을 때: 냉각제 투입 ② 낮을 때: 보온재 투입

270 출강구에 사용되는 연와의 예를 들고 구비조건을 쓰시오.

정답 ① 사용 재료: 돌로마이트
② 구비조건: 내마멸성이 클 것, 냉열성이 높을 것, 내식성이 좋을 것

271 원활한 장입물 용해를 위한 전극 연결 방법을 쓰시오.

정답 전극 소켓에 니플을 끼워 조립한다.

272 전기로 조업 전 설비 점검 중 전극 절손 시에는 어떤 조치를 해야 하는가?

정답 전원을 즉시 차단하고 전극을 들어내고 새로 연결 후 통전 개시한다.

273 노 보수를 위한 보수 기기와 보수재를 쓰시오.

정답 ① 보수 기기: 보수재 투시기, 보수재 믹서, 삽, 바아 로렉터
② 보수재: 마그네시아 클링커, 백순석, 건닝재

274 연와 충격 방지, 간헐조업 수축방지를 위하여 전기로 노상에 사용하는 연와를 쓰시오.

정답 분말 스탬프재

275 **전극 연결 시 상하 전극 사이에 틈이 발생하면 용해 작업 중 무슨 현상이 발생할 수 있겠는가?**

정답 전극 절손사고 발생

276 **노상 보수에서 건식 방법에 알맞은 보수재를 예를 들고 사용 방법을 쓰시오.**

정답 고마그네시아 재질의 건식 보수재를 노상에 골고루 뿌려 치밀하게 충전시킨다.

277 **용해작업 중 전극 길이 조정(노 천정에서)의 적정한 시점은 언제로 하여야 하며 그 이유는 무엇인가?**

정답 ① 시점: 통전 후 2~3분 후가 적당
② 이유: 전극 소모방지

278 **열간 보수기 사용 시 보수재가 막히는 것을 방지하기 위해서는 어떤 조치를 해야 하는가?**

정답 산소를 불어 완전히 제거하거나 로텍터나 분사기를 이용한다.

279 **전기로에서 산성 내화물을 사용하지 못하는 이유를 쓰시오.**

정답 염기성 슬래그에 의한 내화물 용손이 심하므로

280 **새로운 로의 축조 후 고철 장입 전 노상 보호를 위한 사전 작업을 쓰시오.**

정답 노상 위에 생석회를 편 다음 경량고철 장입(노상에 철판을 편 다음 경량고철 장입)

281 **전극지지 장치 중 홀더의 안전상 점검사항은 무엇인가?**

정답 절연상태 확인

282 **흑연과 니플을 보관하는 장소를 쓰시오.**

정답 먼지가 적고 습기가 없는 전극창고(포장상태로 보관할 것)

283 **전극의 재질 불량이나 고전류로 인하여 전극 끝에 금이 가고 떨어져 나가는 상태를 무엇이라고 하는가?**

정답 박리현상(스폴링)

284 **전극의 지름을 필요 이상으로 크게 하면 전극에 어떤 영향이 미치겠는가?**

정답 산화소모가 커진다.

285 전기로 조업에서 1차 용해 완료 후 전극의 위치는 어느 것인가?

정답 상한위치(최고 상층 위치)

286 인조흑연 전극을 많이 사용하는 이유를 쓰시오.

정답 ① 전기전도도가 좋다. ② 산화손실이 적다. ③ 전극의 강도가 높다.
④ 접합 부분의 열손실 및 전류 손실이 적다.

287 전극의 교환은 전극 하부가 어느 정도 마모되었을 때 교환하는가?

정답 $\frac{2}{3}$ 정도 마모 시

288 무연탄, 피치, 코크스, 오일 등을 혼합하여 제조한 전극의 예를 쓰시오.

정답 인조흑연 전극

289 전극봉이 절손되어 전기로 내부 용강에 낙하되었을 때에 어떤 조치를 하여야 하는가?

정답 전극 포집기를 이용하여 낙하된 전극을 끌어올린다.

290 편심 바닥 출강구 하부에 지금 부착 시 반드시 제거하는 이유를 쓰시오.

정답 지금 낙하로 인한 인명사고, 설비사고 방지 및 출강을 원활하게 하기 위해

291 노상연와 국부 손상 발생 시 어떤 조치 사항이 필요한가?

정답 노상 보수재를 투입한다.

292 출강 중 용강이 레이들에서 끓어 넘치고 있을 때 진정시키기 위해 투입되는 합금철을 2가지 쓰시오.

정답 Al, Fe-Si, Fe-Mn

293 슬래그 라인의 침식이 과다하게 발생할 경우 어떠한 조치를 해야 하는가?

정답 출강 후 침식이 심한 부위에 열간 보수를 실시하고, 차후 조업 시 조재제 투입량을 조정하여 슬래그에 의한 침식을 방지한다.

294 산화정련에 탄소를 떨어뜨리기 위해 용강 중에 산소를 투입하는 과정에서 노내 용강이 밖으로 넘치는 경우 어떻게 조치해야 하는가?

정답 산소 투입을 중지시킨 후 보온재나 진정제 투입

295 **전기로 내에서 산소 취입 시 산소랜스가 휘어진 상태로 압입되면 노내에 어떤 영향을 주며, 어떠한 조치를 하여야 하는가?**

정답 ① 영향: 국부적 연화침식을 가속화시킨다.
② 조치사항: 작업을 중단하고 휘어진 부분을 절단하고 교체한다, 휨을 교정한다.

296 **용해 작업 중 용탕이 과다하게 끓고 있다. 원인과 대책을 쓰시오.**

정답 ① 원인: 노상 내화물에 국부적인 과다 용손 및 대형고철의 미용해로 발생한다.
② 대책: 장입량을 축소하여 출강 후 노상을 확인 보수한다.

297 **용해시간이 지나치게 길어질 경우 어떠한 조치를 해야 하는가?**

정답 전력 손실을 막기 위해 고열재를 장입하여 신속히 용해한다.

298 **환원기 강재인 화이트 슬래그는 어떤 탈산제를 투입했을 때 발생되는가?**

정답 Fe-Si

299 **레이들 진공탱크 처리의 기능은 무엇인가?**

정답 용강 중에 탈수소, 탈질소, 탈탄, 탈산을 한다.

300 **노저 출강방법을 채택하고 있는 이유는 무엇인가?**

정답 용강 상부의 슬래그 유입을 방지할 수 있어 고급강 생산에 유리하다.

301 **보온재로 왕겨, 탄화왕겨를 사용하는 이유는 무엇인가?**

정답 용강온도 보호(용강온도 유지)

302 **출강 직전 인의 목표 성분이 높게 나올 때 조치사항은 무엇인가?**

정답 순산소, 철광석, 밀스케일

303 **화이트 슬래그의 성분 비율을 쓰시오.**

정답 석회(12) : 형석(2) : 탄소(1)

304 **주원료에 불순물이 혼재되어 있다고 가정할 때 점검할 수 있는 기구들을 쓰시오.**

정답 마그네틱 크레인(자석에 달라붙는 고철을 분리하여 이동, 남은 재료는 나무, 시멘트, 플라스틱, 유리 등)

305 **주원료를 장입하는 구동설비는 어느 것이 있는가?**

정답 ① 노체 이동식: 노체만을 잡아당기는 방식
② 갠트리(gantry)식: 노체는 고정시키고 전극 받침기구와 천정이 함께 위를 수평이동
③ 스윙(swing)식: 전극 받침기구와 천정이 주축을 중심으로 선회

306 **전기로의 장입 설비에 대한 기능을 쓰시오.**

정답 ① 고철장 크레인: 여러 종류의 고철을 배합비에 맞춰 버킷에 장입
② 웨잉장치: 장입할 고철의 정확한 중량 확인
③ 장입대차: 장입물(고철 및 부원료)을 운반하는 차
④ 장입 크레인: 버킷에 장입된 고철을 전기로 내부로 투입
⑤ 천정 선회장치: 전기로 천정을 이동시켜 장입 버킷에 전기로 상부를 열어주는 장치

307 **전기로 조업에서 고철 용해시간을 단축하기 위하여 첨가하여야 할 장입물을 쓰시오.**

정답 ① 산소: 고철 중 불순원소의 산화반응열에 의한 고철 용해시간 단축
② 가탄제(괴탄, 분탄): 산소와 반응하여 발열반응을 일으킴

308 **전기로 조업 중 전류가 낮으면 아크의 굵기는 어떻게 조정하여야 하는가?**

정답 전류가 낮으면 아크 굵기는 가늘게 조정한다.

309 **전기로의 통전의 순서를 쓰시오.**

정답 통전 준비작업 → 실내조작 → 선압 및 전류설정 → 통전 → 조작판 감시 → 전극 길이 조정 → 전압과 전류 조정 → 용락

310 **전기로 제강에서 환원기 작업 중 환원 슬래그를 사용하여 탈산하는 방법은 무엇인가?**

정답 확산탈산법, 강제탈산법(석출탈산)

311 **전기로 조업에서 환원철 사용의 장점을 쓰시오.**

정답 제강시간 단축, 생산성 향상, 취급 용이, 자동조업 용이

312 **전기로 조업에서 환원철 사용의 단점을 쓰시오.**

정답 ① 맥석분이 많다.
② 다량의 촉매가 필요하다.
③ 철분회수가 불량하다.
④ 가격이 고가이다.

313 **용강 탈산제의 종류와 용도를 쓰시오.**

정답 ① Al: 강 탈산용으로 사용 ② Fe-Si: 잔괴 및 강괴 탈산용

314 **전기로 조업 중 성분분석 후 전압을 낮추어 노벽이나 천정의 용손을 방지하면서 산화정련작업에 들어가는 시기를 무엇이라 하는가?**

정답 용락(melt down)

315 **용융 슬래그의 중요한 기능을 쓰시오.**

정답 ① P, S 등의 유해성분 제거 ② 산소를 운반하는 매개자로서 산화철을 보유
③ 노내 분위기로부터 산소, 기타 가스에 의한 오염방지

316 **배재구는 무엇인가?**

정답 용강의 측온 및 샘플링을 실시하고, 슬래그를 제거하기 위한 장입구

317 **고온계를 사용하여 용탕의 온도를 측정하는 방법을 쓰시오.**

정답 ① 측온은 소모형 열전대를 이용하여 측정한다.
② 홀더를 소모형 열전대에 끼운다.
③ 도어를 300~400mm 연다.
④ 홀더를 노 중심으로 45° 각도로 용탕에 삽입한다.
⑤ 열전대의 80~90% 정도까지 침적한다.
⑥ 측온 시간은 8초 이내로 한다.

318 **용해말기 산소컷팅 작업의 요령을 쓰시오.**

정답 미용해 고철 하단부에 산소를 취정하여 고철 붕괴를 촉진

319 **용해작업에서 각 시기별 전압 전류에 대하여 쓰시오.**

구분	전압	전류	특징
점호기	중간 전압	중간 전류	노 천정 보호
보링기	약간 고전압	고전류	신속히 노저까지 뚫고 들어가기 위해
탕류 형성기	고전압	중전류	롱아크조업(노상을 아크로부터 보호)
주 용해기	최고전압	최고전류	롱아크조업(신속용해 목적)
용해말기	전압 낮춤	고전류	노벽 과열점의 국부적 손상 줄임

320 **용강의 성분 또는 온도조정은 어느 시기에 하는가?**

정답 환원 정련기

321 **용강의 성분 및 온도조정을 하기 위하여 투입한 것은 무엇인가?**

정답 합금철

322 **냉각수 배관에서 냉각수 온도 확인용 열전대 부착 위치와 기능을 쓰시오.**

정답 ① 위치: 냉각수 배수 배관에 설치
② 기능: 냉각라인을 순환하여 나온 냉각수의 온도를 측정

323 **정련공정에서 산화기의 주목적은 무엇인가?**

정답 용강의 불순물 제거, 탈인

324 **정련공정에서 환원기의 주목적은 무엇인가?**

정답 탈황과 탈산

325 **슬래그 유출방지나 노상연와 보호를 위해 설치된 장비는 무엇인가?**

정답 WCP

326 **산화정련 후 알루미늄이 괴상태일 때 적정 투입요령을 쓰시오.**

정답 전기로 작업구 및 부원료 투입장치를 이용하여 노내 투입

327 **출강 중 냉각수가 단수되었다. 점검할 설비는 무엇이며, 어떤 조치를 해야 하는가?**

정답 ① 확인: 노내 수랭패널의 손상 여부를 확인
② 조치: 출강량을 늘려 노내 용탕 전량을 줄여 수랭패널 및 천정의 손실을 최소화

328 **전기로 전극의 종류를 설명하시오.**

정답 ① 초고전력용(UHP) ② 고전력용(HP) ③ 보통 전력용(RP)

329 **최종 제품이 요구하는 품질의 용강을 생산하기 위하여 진공 탈가스법을 통하여 제거되는 유해 가스의 명칭 3가지를 쓰시오.**

정답 ① 산소 ② 수소 ③ 질소

330 제강에서 출강한 레이들내 용강 상부에 전극을 설치하여 정련하는 LF(Ladle Furnace)의 주요 목적 2가지를 쓰시오.

정답 ① 승온 ② 탈황 ③ 비금속 개재물 제거 ④ 불순물 제거

331 용선레이들 내 용강 상부에서 제거된 슬래그를 담은 용기의 명칭을 쓰시오.

정답 슬래그 포트(slag pot)

332 석회석($CaCO_3$)에서 분해되어 생성된 것으로 용선 탈황(S)과 탈인(P)을 위하여 많이 사용되는 원료는 무엇인가?

정답 생석회(CaO)

333 용강온도나 성분측정을 생략하고 출강하는 QDT(quick direct tapping)의 목적을 쓰시오.

정답 ① 생산성 향상 ② 노저 수명 연장

334 전류 효율을 높이기 위해 전로 상부에 산소가스를 취입하고 전로 하부에 질소, 아르곤가스를 취입하는 취련법은?

정답 복합 취련법

335 노외 정련법 중 PI(powder injection)에서 탈황과 개재물 제어를 위하여 랜스를 통해 용강 중에 취입되는 분체는?

정답 ① Ca−Si ② $CaO-CaF_2$

336 고철장입 크레인 고장으로 고철장입이 불가능할 경우 조치사항을 쓰시오.

정답 ① Al 용선 조업 ② Al 용선 장입

337 턴디시의 기능은 무엇인가?

정답 용강의 공급량 조절

338 턴디시의 운반기구의 기능을 쓰시오.

정답 천정크레인에 연결하여 운반하며, 축로장으로 이동 시에는 트레일러에 실어서 이동

339 턴디시의 용강을 몰드로 공급할 때 양을 조정하는 설비는 무엇인가?

정답 스토퍼(stopper)

340 침지노즐의 역할은 무엇인가?

정답 턴디시 내에 충전된 용강을 주형으로 유입시킬 때 대기 중의 공기와 접촉을 차단한다.

341 침지노즐을 적정온도까지 예열하지 않고 주조 작업을 개시하면 어떤 현상이 생기는가?

정답 노즐 막힘

342 턴디시 침지노즐을 예열하여 사용할 경우 주된 작업 개시 약 몇 분 전에 예열을 실시하는가?

정답 30분 전

343 연주기 설비 중 스토퍼의 역할은 무엇인가?

정답 용강이 주형으로 주입될 때 주입되는 양을 제어한다.

344 주조 작업 개시 직전 침지노즐의 유격을 확인하여 다시 한 번 힘껏(tight) 조여 주는 이유는 무엇인가?

정답 용강 주입 시 주입되는 용강에 의해 침지노즐의 결손을 방지하기 위해

345 턴디시 준비 작업 시 점검할 항목 2가지를 쓰시오.

정답 ① 턴디시 노즐 수의 센터링은 정확한지 확인한다.
② 턴디시 내의 예열 상태가 균일하게 되어 있는지 확인한다.

346 턴디시를 예열하여 연속주조 작업을 수행할 경우 약 몇 ℃까지 예열하여 주조 작업을 하는가?

정답 1,000~1,100℃

347 턴디시에 침지노즐을 부착할 때 확인할 사항을 쓰시오.

정답 ① 침지노즐이 턴디시 노즐 수에 제대로 부착되었는지 확인한다.
② 침지노즐 센터링이 제대로 되었는지 확인한다.

348 연속주조 작업 완료 후 턴디시 내에 용강이 남아있는 경우 제거시키는 것은?

정답 스크레이퍼

349 연속주조 작업 중 침지노즐 막힘의 원인과 대책을 쓰시오.

정답 (1) 원인: ① 용강온도 저하에 따른 용강의 응고
② 석출물이 용강 중에 섞여 노즐이 좁아지고 막히게 되는 경우

(2) 대책: ① 첫 장입 레이들 출강온도를 높여주어 턴디시에서 용강온도 저하를 방지하여 용강의 응고를 방지한다.
② 주로 알루미늄 킬드강에서 많이 발생하는데 용강의 탈인, 탈황, 탈산이 잘 되도록 하여 알루미나 및 비금속개재물에 의한 노즐 막힘을 방지하고, 또한 주입 중에 재산화를 방지함으로서 노즐 막힘을 방지한다.

350 턴디시 연연주비에 대하여 쓰시오.

정답 연속적 주조가 가능한 레이들 개수

351 턴디시를 예열할 때 사용되는 가스를 쓰시오.

정답 LPG, LNG

352 턴디시 내에 대기의 유입을 방지하기 위해 사용되는 물질을 쓰시오.

정답 왕겨, 염기성 플럭스(MgO, CaO, $CaCO_3$ 등)

353 턴디시에서 주형으로 주입되는 용강량을 제어하는 장치를 쓰시오.

정답 스토퍼

354 턴디시 내에 용강을 주형으로 유입시킬 때 대기 중에 공기와 접촉을 차단하기 위한 노즐은 무엇인가?

정답 침지노즐

355 턴디시에 용강의 온도강하 방지를 목적으로 투입하는 물질을 쓰시오.

정답 MgO, CaO, 왕겨

356 몰드의 형식을 쓰시오.

정답 블록식, 튜브식, 조립주형

357 주형 설치 후 점검사항 중 인 아웃사이드(in out side) 테이퍼의 차이는 얼마 이내로 하는가?

정답 1% 정도

358 주형 테이퍼 조정 방법을 쓰시오.

정답 클램프를 오픈한 후 +로 조정하면 테이퍼가 커지고, -로 조정하면 작아진다.

359 **몰드 교환 후 몰드와 벤딩, 배열 측정 시 기준점을 쓰시오.**

정답 게이지를 상부몰드(M/D)와 하부롤 사이에 0.1mm 넣고 하부롤과 간격을 0~0.1mm로 조정한다.

360 **주형 폭 조정 시 밖으로 벌릴 때의 조정 방법을 쓰시오.**

정답 이동은 유압잭에 의한 원터치(one touch) 방식으로 폭을 변경한다.

361 **주형진동 장치가 작동되지 않는 상태에서 계속 주조하면 어떠한 현상이 생기는가?**

정답 용강이 주형벽에 부착한다.(break out 발생)

362 **주형 테이퍼는 주형의 어느 부분을 기준하여 설정하는가?**

정답 주형 최상부 너비와 최하단부 너비(각 사이즈와 튜브(주형) 길이에 의해)

363 **조립식 주형의 장변과 단변의 틈의 허용한계는 어느 정도인가?**

정답 0.3mm

364 **주형 동판의 오차와 마모상태 점검 시 이용하는 기구는 무엇인가?**

정답 thicknees gage

365 **주형 점검시 주형 직하의 롤과 주형동판 장변의 배열 허용오차는 어느 정도인가?**

정답 0.3mm

366 **주조 폭을 결정하는 주형설비를 지적하고 그 명칭을 쓰시오.**

정답 주형 폭 변경장치(유압식)

367 **주형을 상하로 진동시켜 주는 장치를 쓰시오.**

정답 오실레이터

368 **주형을 지나 1차, 2차 냉각한 후에 응고된 슬래브를 절단하기 위한 설비를 쓰시오.**

정답 토치

369 **주형과 주편 사이로 유입되는 슬래그의 막을 조정하는 것은 어느 것인가?**

정답 오실레이션 스트로크

370 **주형을 진동시키는 조업상 이유를 쓰시오.**

정답 용강의 용착방지

371 **주조 개시 시 주형 내에 사용되는 실링재를 쓰시오.**

정답 종이, 종이테이프, 단열판, 플라스틱, 석면사

372 **몰드와 설비 내에서 미응고 용강을 전자기력으로 제어하는 설비를 쓰시오.**

정답 EMS(용강전자교반장치)

373 **연속주조 작업에 사용되는 일반적인 주형의 재질은 무엇으로 되어 있는지 쓰시오.**

정답 순동, 순동에 크롬 도금

374 **몰드 내에서 전자기력을 이용하여 침지노즐로부터 토출되는 용강의 유동속도를 제어하는 설비는 어느 것인가?**

정답 용강 회전장치(EMS)

375 **몰드 오버 플로우(over flow)의 발생 원인과 대책을 쓰시오.**

정답 (1) 원인: 노즐 확대 또는 하부 인발기 고장
(2) 대책: ① 노즐 확대기는 탕유입량을 조정하거나 인발속도를 빠르게 한다.
② 하부 인발기 고장 시에는 신속히 주입을 중지한다.

376 **스팀 배기장치의 명칭을 쓰시오.**

정답 몰드(M/D) 챔버 팬

377 **주편을 드라이븐 롤(driven roll) 또는 핀치롤까지 인발 유도하는 장치의 명칭을 쓰시오.**

정답 더미바

378 **주조 개시 시에 몰드에 실링작업을 하는 이유를 쓰시오.**

정답 용강온도 보호, 산화방지, 부상 개재물 응집, 윤활작용

379 **몰드 실링작업 요령을 쓰시오.**

정답 더미바를 튜브(주형) 하단에서 150~250mm까지 up 회전시킨 후 더미바와 주형 사이 간격을 종이테이프로 막고 중간 부위에 적당한 냉재를 투입한다.

380 **몰드 실링작업 시 더미바 헤드와 주형 동판과의 간격은 어느 정도로 하여야 하는가?**

정답 10mm

381 **드라이브 롤(driven roll) 또는 핀치롤의 위치와 기능을 쓰시오.**

정답 핀치롤은 자유롤 뒤에 있으며 기능은 주편을 지지하고 소정의 속도로 인발하고 주편을 고정한다.

382 **더미바 삽입방식 중 상부 삽입방식을 활용하는 이유를 쓰시오.**

정답 작업속도 향상, 생산성 향상

383 **일반적인 주조 작업 시 더미바를 삽입할 경우 주형 상단으로부터 어느 위치에서 정지시키는가?**

정답 메니스커트부에서 300mm 이하 지점

384 **연속주조 작업 개시 시 더미바를 인출하는 시기는 언제인가?**

정답 자동 주입 시 용강이 250~300mm 채워졌을 때

385 **주조 폭을 결정하는 더미바 상부를 지적하고 그 명칭을 쓰시오.**

정답 더미바 헤드

386 **더미바 헤드용 폭의 최대편차는 얼마인가?**

정답 10mm

387 **더미바 하부 삽입방식에서 리프팅 디바이스 조작 요령을 쓰시오.**

정답 더미바 헤드가 분리되어 롤 통과 직전 롤을 업 시킨다.

388 **더미바 설비 점검 시 중요한 점검사항을 쓰시오.**

정답 ① 미리 (윗)부분 손상 정도 확인
② 굴곡은 정상 작동되는지 확인
③ 고착 또는 반대 방향으로 너무 휘어지는지 확인
④ 핀 이완은 없는지 확인

389 **더미바의 설비 중 각 요소별 명칭과 더미바의 기능을 쓰시오.**

정답 ① 명칭: 헤드부, 링크부, 몸체부, pin부, 꼬리부
② 기능: 주조 처음 시작할 때 주형 밑을 막아준다.

390 **냉각수 설비는 무엇인가?**

정답 스프레이식 또는 에어미스트식

391 **1차 냉각수로 이용되는 물은 무엇인가?**

정답 연수

392 **캡핑(capping)작업을 실시하는 이유는 무엇인가?**

정답 차후 주조 작업이 용이하도록 하기 위해(주조 작업 완료 후 몰드에서 시행하며 주조 속도 감소, 파우더 용융)

393 **연속주조 작업의 주편 냉각방법은 무엇인가?**

정답 후레이트형, 홀콘형, 스퀴어링형

394 **연속주조에서 사용되는 냉각수 2가지를 쓰시오.**

정답 연수, 해수, 간수, 담수 등

395 **일반적인 연속주조 작업에서 주조속도는 얼마까지 최소냉각 수량을 적용하는가?**

정답 0.5m/s

396 **연속주조 작업 중 2차 냉각수 펌프가 이상이 생겼다. 어떠한 조치를 하여야 하는가?**

정답 비상 냉각수가 공급되면 최저속도를 유지하고, 빠른 시간 내 조치가 안 되면 주입중지 한다.

397 **1차 주형 냉각수의 온도가 입출측 온도차를 약 몇 ℃를 초과하면 주조 작업을 중단하는가?**

정답 10℃

398 **주형 냉각수 온도가 급격히 상승한 상태에서 주조 작업을 계속하면 어떠한 현상이 생기는가?**

정답 튜브(주형) 배선에 물이 끓는 현상이 발생하여 냉각불량이 일어나 브레이크 아웃의 원인이 된다.

399 에어 갭(air gap)이 발생하는 이유를 쓰시오.

정답 튜브(주형)와 빌렛 표면과의 사이에 공간이 발생하는 것으로 응고속도가 너무 빠르거나 주형이 손상되었을 때 발생한다.

400 1차 냉각이란 무엇인가?

정답 주형에서 냉각을 말하며 주형에 냉각수를 보내어 용강의 열을 빼앗아 셀을 형성시키는 것이다.

401 기계 냉각이란 무엇인가?

정답 빌렛이 롤 등의 기계와 접촉에 의한 냉각을 말한다.

402 최소 냉각 수량이란 무엇이며 언제 공급되어지는지 쓰시오.

정답 주형 또는 스프레이에 최소수량으로 공급해야 되는 양으로 주입속도가 낮았을 때 제일 적게 공급한다.

403 냉각 형식에서 스프레이 노즐의 위치는 어느 것인가?

정답 2차 냉각대 파이프에 부착

404 비수량에 대하여 쓰시오.

정답 $\frac{\text{2차 냉각수}}{\text{주편량}} \times 100$

405 2차 냉각수란 무엇인지 쓰시오.

정답 냉각수 스프레이로 빌렛에 직접 뿌리는 것으로 하부존으로 갈수록 수량을 줄인다.

406 주조준비 작업에 필요한 공구는 어느 것이 있는가?

정답 턴디시 청소용기, 몰드 씰링용 봉, 게이지

407 연속주조기에서 출강 시 레이들이 하는 역할을 쓰시오.

정답 출강으로부터 연속주조기의 턴디시까지 용강을 옮길 때 사용한다.

408 주조 작업 직전 최종적으로 주형 내를 확인하여야 할 주조 준비사항을 쓰시오.

정답 레이들은 예열되어 있는가, 몰드 스프레이는 정상인가, 자재준비는 되었는가, 턴디시는 예열되어 있는가, 기계구동성은 정상인가

409 레이들 내에서 용강의 버블링을 하는 이유를 쓰시오.

정답 ① 용강온도 균일화 ② 용강 성분 균일화
③ 비금속 개재물 부상분리(용강 청정화)

410 주형과 벤딩간의 배열을 측정하는 기구는 어느 것인가?

정답 R게이지, thickness gage

411 주형 교환 후 롤 배열 측정 시 기준이 되는 설비의 명칭을 쓰시오.

정답 Foot roll

412 연속주조 설비 자동롤 갭 측정장치에 의한 롤갭의 허용범위를 쓰시오.

정답 0.5mm 이내

413 생산 현장에서 일반적인 작업 중 턴디시 용강류의 실링작업 방법을 쓰시오.

정답 아크 가스실링, 질소가스 실링, 롱노즐 취부, 침적노즐 취입

414 설비 길이(metalugical length)란 무엇인가?

정답 메니스커트부에서 응고 완료지점까지의 길이

415 주조위치에서 레이들을 지지하고 수강위치와 주조위치 사이로 레이들을 회전시키는 설비의 명칭을 쓰시오.

정답 레이들 터릿

416 주조 작업에 사용되는 몰드 플럭스(파우더)의 기능을 쓰시오.

정답 용강 산화방지, 연손실 방지, 개재물 부상, 윤활작용

417 주조 작업시 주형 내에 몰드 플럭스 대용으로 사용되는 윤활유의 명칭을 쓰시오.

정답 채종유

418 벌징(bulging)의 원인과 대책을 쓰시오.

정답 ① 원인: 고온 고속주입으로 세그멘트 간격이 벌어지는 것
② 대책: 저속 주입을 한다.

419 **주조 작업 도중 침지노즐의 슬래그 라인을 변경하는 이유를 쓰시오.**

정답 노 내화물 집중 용손을 방지하여 수명 연장을 위해

420 **턴디시 내 용강의 측온작업을 실시하여 기준온도보다 높을 때는 어떤 조치사항이 필요한가?**

정답 높으면 저속 주입하고, 낮으면 고속 주입한다.

421 **주조 작업 완료 후 주형에 캡핑할 때 직접 살수를 금지하는 이유를 쓰시오.**

정답 폭발사고 방지

422 **주조 작업 중 면세로 균열이 발생하였을 때의 조치사항을 쓰시오.**

정답 고온 고속 주입 시 생성되므로 저속 주입한다.

423 **초기 주조 작업 시 데킬 형성을 확인하는 것은 어느 것인가?**

정답 파우더

424 **초기 주조 작업 시 스틱(stick)을 사용하여 주형 내의 용강부를 확인하는 이유를 쓰시오.**

정답 주조 작업을 용이하게 하기 위해서

425 **초기 주조 작업 시 측면 지지롤은 트랙킹상 어느 시점에서 전진시키는가?**

정답 2m

426 **제강으로부터 용강을 인수받아 주조위치로 이동, 상승, 하강하는 설비의 명칭을 쓰시오.**

정답 레이들 크레인, 레이들 카

427 **주조 작업 초기 조업사고 시 주편 길이가 어느 정도일 때 상부로 인출하는가?**

정답 1m 이내

428 **주조 작업 완료 후 주편이 주형 하단을 빠져나가면 주편인발 속도는 어떻게 하는가?**

정답 주조 속도를 정상속도로 인발시킨다.

429 **주조 작업을 위한 사용 레이들 확인 시 점검 항목을 쓰시오.**

정답 레이들 연화 손상정도, 노즐 냉각수 상태, 예열 상태, 슬라이딩 노즐 마모 및 작동 상태

430 **최근 생산현장에서 채택하는 무산화 주조의 작업을 쓰시오.**

정답 아르곤 실링, 쉬라이드 노즐 사용, 롱노즐 사용

431 **연속주조 작업 중 용강온도가 기준온도보다 약 10℃ 높을 때 필요한 조치사항을 쓰시오.**

정답 주조속도를 낮춘다.

432 **면 가로터짐의 원인과 대책을 쓰시오.**

정답 ① 원인: 오실레이션 마크에 의함, 주형 진동조건, 롤 얼라이먼트, 몰드 얼라이먼트, 2차 냉각대의 부적당, 화학적 조성 불량
② 대책 : 오실레이션 스트로크 작게, 사이클 up, 2차 냉각대의 적정화

433 **전자교반장치 기능을 쓰시오.**

정답 용강교반장치(EMS)이며 용강을 회전시켜 편석을 방지하여 내용물을 균일화한다.

434 **주조 작업 중 외부공기 침입을 막기 위하여 사용되는 불활성가스를 쓰시오.**

정답 아르곤 가스

435 **용강 과열도란 무엇인가?**

정답 과열도=턴디시 온도-이론응고온도

436 **주조 중 인발되어 나오는 주편의 표면이 검게 나왔다. 필요한 조치사항을 쓰시오.**

정답 과냉현상이므로 2차 냉각대 이상 상태를 확인하여 조치한다.

437 **스카핑 작업요령을 쓰시오.**

정답 크랙, 핀홀, 마찰 흠 등의 표면결함을 토치로 제거하는 방법이다.

438 **오실레이션 마크를 체크하고 발생 원인을 쓰시오.**

정답 ① 오실레이션 상승 시 몰드 파우더가 밀려들고 내려갈 때 막아져 오실레이션 마크가 발생한다.
② 스트로크가 길면 심하고 좌, 우 흔들림이 있어도 불균일하다.

439 **주조 작업 중 착용하여야 할 안전 보호장구의 명칭 5가지를 쓰시오.**

정답 보안경, 마스크, 작업화, 보호복, 보호장갑, 작업모 등

440 **연속주조 작업 중 회송(미처리)이 발생되었다. 조치사항을 쓰시오.**

정답 용강, 성분, 온도, 용강량을 확인 통보한다.

441 **주편을 TCM(Torch Cutt Machine)으로 절단한 후 주편 하단부에 절단설이 발생한다. 이것을 제거하여 주는 설비의 명칭은 무엇인지 쓰시오.**

정답 절단설 제거장비

442 **주조 중 침지노즐이 막히는 원인과 대책을 쓰시오.**

정답 ① 원인: Al_2O_3 등 개재물에 의한 막힘, 저온에 의한 막힘
② 대책: 버블링 등으로 개재물 제거, 용강의 온도를 적정온도까지 높인다.

443 **HDR(Hot Direct Rolling) 작업에서 압연 전 공정에서 모서리 부분의 열보상을 하는 설비의 명칭을 쓰시오.**

정답 유도 가열로

444 **몰드 내 용강 높이를 제어하는 설비의 명칭은 무엇인가?**

정답 노즐 스토퍼

445 **주형 진동으로 생긴 주편 표면의 횡방향 줄무늬는 무엇이라고 하는가?**

정답 오실레이션 마크

446 **중심 편석의 결함을 방지하기 위하여 연주기 내에 설치하는 설비의 명칭을 쓰시오.**

정답 용강교반장치(EMS)

447 **용강의 공급량 등을 조정하는 설비는 무엇인가?**

정답 턴디시

448 **턴디시 예열용 버너를 점화시키는 것은 어느 것인가?**

정답 턴디시 카에 턴디시를 장치한 후 LPG 가스 토치에 의해 점화

449 **턴디시 내에 산소 유입을 막기 위해 사용하는 물질은 무엇인가?**

정답 왕겨, 염기성 플럭스

450 **연주 수처리에서 사용하는 약품 4가지를 쓰시오.**

정답 방식제, 미생물 살균제, PH조정제, 응집제

451 **몰드내 용강이 헌팅될 때 항상 일정하게 유지시켜 주는 곳은 어느 것인가?**

정답 슬라이드 게이트

452 **주입 전 턴디시 내부 이물질이 있어 청소를 안했을 경우 발생하는 연주사고는 무엇인가?**

정답 노즐 크로스

453 **T/D 노즐이 수직으로 조립되지 않은 경우 발생되는 사고는?**

정답 브레이크 아웃, 주편 품질불량

454 **T/D 내화물 조립 상태가 불량할 때 발생하는 사고는?**

정답 용강 유출 사고 발생

455 **주형의 재질은 열전도도가 좋아야 냉각효과가 크기 때문에 주로 어떠한 금속을 사용하는가?**

정답 구리

456 **주형 냉각수 온도는 최저 몇 ℃ 이상으로 공급하는가?**

정답 15℃

457 **주형 냉각수의 사용온도 범위는 몇 ℃인가?**

정답 15~30℃

458 **더미바 세팅 후 주형 내에 수분이 있으면 어떠한 사고가 발생하는가?**

정답 폭발

459 **주입용구의 준비에서 산소파이프 및 소켓의 용도는 무엇인가?**

정답 레이들 노즐 개공

460 **연주 주입상 필요한 공구 중 스토퍼봉은 어디에 사용하는가?**

정답 노즐 폐공

461 **레이들 노즐에는 두 가지가 있는데 연속주조에서 많이 사용하는 노즐은?**

정답 슬라이드 노즐, 스토퍼 노즐

462 **버블링 작업에 주로 사용하는 불활성 기체 2가지를 쓰시오.**

정답 Ar, N_2

463 **턴디시 노즐 캡을 사용시 노즐에 충진재를 채우지 않으면 어떠한 상황이 발생하는가?**

정답 내화물 급팽창으로 균열이 발생하여 폭발한다.

464 **주입 초기 탕면을 300~400mm로 높이는 이유를 쓰시오.**

정답 턴디시 내부의 불순물을 용강 위로 부상시키기 위해

465 **연주 주입에 적절한 주입 초기의 턴디시 용강의 온도는 몇 ℃인가?**

정답 1550℃

466 **용강의 온도가 기준보다 높을 때와 낮을 때 조치사항을 각각 2가지 쓰시오.**

정답 ① 높을 때: 턴디시에 냉재 투입, 주입속도를 낮춘다.
② 낮을 때: 턴디시에 보온재 투입, 주입속도를 높인다.

467 **연속주조 주편 냉각방식 2가지를 쓰시오.**

정답 ① 간접방식(몰드에 의한 방식)
② 직접방식(수랭에 의한 방식)

468 **연속주조용 용강 처리작업 중 버블링 작업의 목적을 쓰시오.**

정답 ① 용강의 성분 균일화 ② 용강의 온도 균일화
③ 가스의 제거 ④ 불순물의 분리 부상

469 **연속주조 작업 중 후속 용강 레이들 공급이 지연되고 있다. 조치방법을 쓰시오.**

정답 용강온도를 확인하며, 주조 속도를 늦춘다.

470 **연속주조 작업용 조립식 주형의 폭 조정 방법은 어떻게 하는가?**

정답 동관을 밖으로 벌린 후 안으로 밀어 넣으면서 조정한다.

471 **연속주조 작업 중 주형 내 용강 높이를 제어하는 설비를 쓰시오.**

정답 ① 주형용강 높이 제어장치 ② MLAC ③ ECLM

472 **연속주조 조업에서 연연주비란 무엇인가?**

정답 연주수/레이들 수

473 **연속주조 작업 중 용강유출 사고가 발생하였다. 조치사항을 쓰시오.**

정답 연속주조 작업을 중지하고 냉각수를 증량 공급한다.

474 **연속주조 설비의 2차 냉각방식 2가지를 쓰시오.**

정답 ① 스프레이 냉각 ② 에어미스트(air mist) 냉각

475 **다음 기기의 명칭과 기능을 쓰시오.**

T/D 준비	주형 준비	더미바	냉각수	주조 준비	주조 작업
1. 스토퍼 2. 턴디시 댐 3. 침지노즐 4. 턴디시 커버 5. 슈라우드 6. 롤노즐	1. 동판 2. 냉각자켓 3. 드레인 볼트 4. 측면지지롤 5. 풋볼	1. 더미바 2. 더미바 헤드 3. 어깨부 4. 링크부 5. 시프팅 테이블	1. 1차냉각장치 2. 2차냉각장치 3. 기계냉각장치 4. 컬버트 5. 덕트	1. 몰드커버 2. 턴디시 히팅 버너 3. 샘플러 4. 측온봉 5. 탈산재	1. 비상 레이들 2. 주조 레이들 3. 스윙타워 4. 핀치 롤 5. TCM 6. 런아웃 롤러 테이블

2. 필기 기출문제

2008년 2월 3일 시행 문제

제강기능사

1. 주철의 일반적 성질을 설명한 것 중 틀린 것은?

① 용탕이 된 주철은 유동성이 좋다.
② 공정주철의 탄소량은 4.3% 정도이다.
③ 강보다 용융온도가 높아 복잡한 형상이라도 주조하기 어렵다.
④ 주철에 함유한 전탄소는 흑연+화합탄소로 나타낸다.

해설 강보다 용융온도가 낮아 복잡한 형상이라도 주조하기 쉽다.

2. 다음 중 자기변태에 대한 설명으로 옳은 것은?

① 자기적 성질의 변화를 자기변태라 한다.
② 결정격자의 결정구조가 바뀌는 것을 자기변태라 한다.
③ 일정한 온도에서 급격히 비연속적으로 일어나는 변태이다.
④ 원자배열이 변하여 두 가지 이상의 결정구조를 갖는 것이 자기변태이다.

해설 자기변태: 격자의 배열은 그대로 유지하고 자성만을 변화시키는 것이다.

3. 다음 중 구리에 대한 일반적인 설명으로 틀린 것은?

① 열과 전기의 전도율이 높다.
② 내식성이 있어 선박용으로 사용된다.
③ 구리의 비중은 약 2.7 정도이다.
④ 상온에서 결정구조는 면심입방격자이다.

해설 구리의 비중은 약 8.96 정도이다.

4. 다음 성분 중 질화층의 경도를 높이는데 기여하는 원소로만 나열된 것은?

① Al, Cr, Mo　　② Zn, Mg, P
③ Pb, Au, Cu　　④ Au, Ag, Pt

5. 다음 중 주철에서 칠드 층을 얇게 하는 원소는?

① Co　　② Sn
③ Mn　　④ S

6. 주석청동의 용해 및 주조에서 1.5~1.7%의 아연을 첨가할 때의 효과로 옳은 것은?

① 수축율이 감소된다.
② 침탄이 촉진된다.
③ 취성이 향상된다.
④ 가스가 혼입된다.

해설 1.5~1.7%의 아연을 첨가하면 수축율이 감소된다.

7. 주석-구리-안티몬의 합금으로 주석계 화이트메탈이라고 하는 것은?

① 인코넬　　② 배빗메탈
③ 콘스탄탄　　④ 알클래드

정답 1. ③　2. ①　3. ③　4. ①　5. ①　6. ①　7. ②

8. 다음 중 체심입방격자의 표시기호로 옳은 것은?

① LCP ② BCC
③ BCT ④ LCC

9. 담금질의 깊이를 깊게 하고, 크리프 저항과 내식성을 증가시키며 뜨임메짐을 방지하는 데 효과가 큰 원소는?

① Mn ② W
③ S ④ Mo

10. 금속에 관한 다음 설명 중 틀린 것은?

① 전기전도율은 일반적인 경우 순수한 금속보다 합금이 우수하다.
② 열전도율은 일반적인 경우 합금보다 순수한 금속일수록 우수하다.
③ 금속을 가열시키면 녹아서 액체가 되는 지점의 온도를 용융온도 또는 용융점이라 한다.
④ 금속의 비열은 물질 1g의 온도를 1℃만큼 높이는데 필요한 열량으로 cal/g℃로 표시한다.

해설 전기전도율은 합금보다 순금속이 우수하다.

11. 다음 중 금속의 가공경화에 대한 설명으로 옳은 것은?

① 경도 및 인장강도가 증가하나, 연신율은 감소한다.
② 경도 및 인장강도가 감소하나, 연신율은 증가한다.
③ 취성 및 인성이 증가하고 연신율 또한 증가한다.
④ 점성 및 취성이 증가하고, 기계 가공성을 나빠지게 한다.

12. Al의 실용합금으로 알려진 실루민의 적당한 규소 함유량은?

① 0.5~2% ② 3~5%
③ 6~9% ④ 10~13%

13. 다음 중 비정질 합금의 특징에 대한 설명으로 틀린 것은?

① 구조적으로 규칙성을 가지고 있다.
② 열에 강하며, 결정 이방성을 갖는다.
③ 균질한 재료이며, 전기 저항성이 크다.
④ 고온에서 결정화하여 완전히 다른 재료가 된다.

해설 열에 약하며, 결정 이방성이 없다.

14. 다음 비철합금 중 비중이 가장 가벼운 것은?

① 아연합금 ② 니켈합금
③ 알루미늄합금 ④ 마그네슘합금

해설 아연합금: 4.19, 니켈합금: 8.9, 알루미늄합금: 2.7, 마그네슘합금: 1.74

15. 철강재료에 황(S)이 함유되어 있으면 고온에서 가공할 때 균열이 생겨 가공이 어려워진다. 이러한 균열을 어떤 취성이라고 하는가?

① 저온취성 ② 청열취성
③ 뜨임취성 ④ 적열취성

해설 황이 함유되어 있으면 열간가공 시 균열을 발생시키는 적열취성의 원인이 된다.

16. 다음 선의 종류 중 굵기가 다른 것은?

① 치수보조선 ② 치수선
③ 지시선 ④ 외형선

해설 굵은 실선: 외형선, 가는 실선: 치수보조선, 치수선, 지시선

정답 8. ② 9. ④ 10. ① 11. ① 12. ④ 13. ② 14. ④ 15. ④ 16. ④

17. 다음 중 한쪽 단면도(반 단면도)에 대한 설명으로 가장 적절한 것은?

① 물체 전체를 직선으로 절단하여 앞부분을 잘라내고, 남은 뒷부분의 단면 모양을 그린 것이다.
② 주로 대칭 모양의 물체를 중심선 기준으로 내부 모양과 외부 모양을 동시에 표시하는 방법이다.
③ 일부분을 잘라내고 필요한 내부 모양을 그리기 위한 방법이며, 파단선을 그어서 단면 부분의 경계를 표시한 것이다.
④ 암, 리브, 축과 같은 구조물에 사용하는 형상, 각강 등의 절단면 단면 모양을 90°로 회전시켜 투상도의 안이나 밖에 그린 것이다.

18. 다음 입체도를 제3각법으로 바르게 투상한 것은?

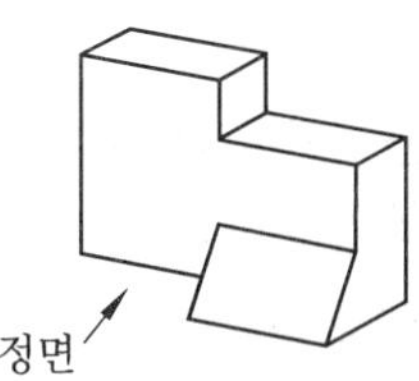

①
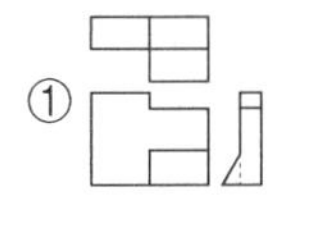
②
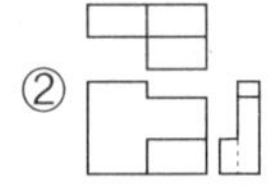
③
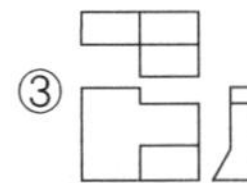
④
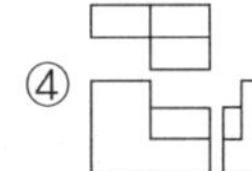

19. 일반적으로 도면의 표제란이 기입되는 위치는 제도용지의 어느 부분인가?

① 오른쪽 위 ② 오른쪽 아래
③ 왼쪽 위 ④ 왼쪽 아래

20. 기어제도에서 피치원은 어떤 선으로 그리는가?

① 가는 실선 ② 굵은 실선
③ 가는 은선 ④ 가는 일점쇄선

21. 다음 중 나사의 리드(lead)를 구하는 식으로 옳은 것은? (단, 줄수: n, 피치: p)

① $L = \frac{n}{P}$ ② $L = n \times P$
③ $L = \frac{P}{n}$ ④ $L = \frac{n \times P}{2}$

해설 나사의 리드(lead): $L = n \times P$

22. 다음 중 회전단면을 주로 이용하는 부품은?

① 파이프 ② 기어
③ 훅크 ④ 중공축

23. 정투상도법에서 눈→투상면→물체의 순으로 투상할 경우의 투상법은?

① 제1각법 ② 제2각법
③ 제3각법 ④ 제4각법

해설 제3각법: 눈→투상면→물체

24. 다음 중 구멍이 최초 치수가 축의 최대 치수보다 큰 경우로서 미끄럼 운동이나 회전 운동이 필요한 부품에 적용되는 끼워맞춤은?

① 헐거운 끼워맞춤 ② 억지 끼워맞춤
③ 중간 끼워맞춤 ④ 가열 끼워맞춤

정답 17. ② 18. ① 19. ② 20. ④ 21. ② 22. ③ 23. ③ 24. ①

25. "KS D 3503 SS330"에서 인장강도를 표시한 것은?

① 35 ② 03
③ 3503 ④ 330

26. 치수를 옮기거나, 선과 원주를 같은 길이로 분할할 때 사용하는 제도용구는?

① 운형자 ② 컴퍼스
③ 디바이더 ④ 형판

27. 도면을 접을 때는 A4크기를 원칙으로 하고 있다. A4용지의 크기(mm)는?

① 146×210 ② 210×297
③ 297×420 ④ 420×594

28. 다음 사항에 대한 출강 실수율은 약(%) 얼마인가?(단, 용선: 290ton, 고철: 30ton, 냉선: 200kg, 출강용 강량: 300ton이다.)

① 83.7 ② 93.7
③ 100.7 ④ 110.7

해설 출강실수율

$$= \frac{\text{출강량}}{\text{용선량} + \text{고철량} + \text{냉선량}} \times 100$$

$$= \frac{300}{290+30+0.2} \times 100 \fallingdotseq 93.7$$

29. 주조의 생산능률을 높이기 위해서 여러 개의 레이들 용강을 계속해서 사용하는 방법은?

① Oscilation mark
② Gas bubbling
③ 무산화 주조법
④ 연-연주법(漣-漣鑄法)

30. 다음 그림은 DH법(흡인탈가스법)의 구조이다. ( )의 구조 명칭은?

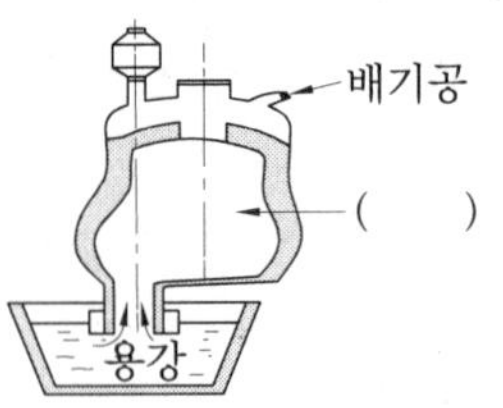

① 레이들 ② 취상관
③ 진공조 ④ 합금 첨가장치

해설 진공조에서 강중의 가스가 제거된다.

31. 레이들 용강을 진공실 내에 넣고 아크 가열을 하면서 아르곤 가스 버블링하는 방법으로 Finkel-Mohr법이라고도 하는 것은?

① DH법 ② VOD법
③ RH-OB법 ④ VAD법

32. 다음 중 혼선로의 기능에 대한 설명으로 틀린 것은?

① 용선을 균일화한다.
② 용선의 저장 역할을 한다.
③ 용선의 보온 역할을 한다.
④ 용선에 인(P)의 양을 높인다.

해설 용선에 인(P)의 양을 낮춘다.

33. 전기로 제강법에서 천정연와의 품질에 대한 설명으로 틀린 것은?

① 내화도가 높을 것
② 내스폴링성이 좋을 것
③ 하중연화점이 낮을 것
④ 연화 시의 점성이 높을 것

해설 하중연화점이 높아야 적합하다.

정답 25. ④ 26. ③ 27. ② 28. ② 29. ④ 30. ③ 31. ④ 32. ④ 33. ③

34. 전로의 노내 반응은?

① 환원반응 ② 배소반응
③ 산화반응 ④ 황화반응

35. 취련 초기 미세한 철입자가 노구로 비산하는 현상은?

① 스피팅(spitting) ② 슬로핑(slopping)
③ 포밍(foaming) ④ 행깅(hanging)

해설 스피팅(spitting): 취련 초기 미세한 철입자가 노구로 비산하는 현상

36. Mold flux의 주요 기능을 설명한 것 중 틀린 것은?

① 주형내 용강의 보온작용
② 주형과 주편간의 윤활작용
③ 부상한 개재물의 용해흡수작용
④ 주형내 용강표면의 산화 촉진작용

해설 주형내 용강표면의 산화 억제작용

37. 전로작업 중 노체 수명에 대한 설명으로 옳은 것은?

① 용강의 온도가 높게 되면 노체 수명이 길어진다.
② 산소의 사용량이 적으면 노체 수명이 감소한다.
③ 용선 중에 Si량이 증가하면 노체 수명은 감소한다.
④ 형석의 사용량이 증가함에 따라 노체 수명이 길어진다.

38. 다음 중 전기로 제강법에 대한 설명으로 옳은 것은?

① 일반적으로 열효율이 나쁘다.
② 용강의 온도 조절이 용이하지 못하다.
③ 사용원료의 제약이 적고, 모든 강종의 정련에 용이하다.
④ 노내 분위기를 산화 및 환원 한 가지 상태로만 조절이 가능하며, 불순원소를 제거하기 쉽지 않다.

해설 전기로 제강법은 열효율이 우수하고, 용강의 온도 조절이 용이하다.

39. 다음 중 규소의 약 17배, 망간의 90배까지 탈산시킬 수 있는 것은?

① Al ② Fe–Mn
③ Si–Mn ④ Ca–Si

40. 다음 중 강괴의 편석 발생이 적은 상태에서 많은 순서로 나열한 것은?

① 킬드강–캡드강–림드강
② 킬드강–림드강–캡드강
③ 캡드강–킬드강–림드강
④ 캡드강–림드강–킬드강

41. 주형과 주편의 마찰을 경감하고 구리판과의 융착을 방지하여 안정한 주편을 얻을 수 있도록 하는 것은?

① 주형 ② 레이들
③ 슬라이딩 노즐 ④ 주형 진동장치

42. 이중표피(double skin) 결함이 발생하였을 때 예상되는 가장 주된 원인은?

① 고온고속으로 주입할 때
② 탈산이 과도하게 되었을 때
③ 주형의 설계가 불량할 때
④ 상주 초기 용강의 스플래시(splash)에 의한 각이 형성되었을 때

정답 34. ③ 35. ① 36. ④ 37. ③ 38. ③ 39. ① 40. ① 41. ④ 42. ④

43. 제강법에서 사용하는 주원료가 아닌 것은?

① 고철 ② 냉선
③ 용선 ④ 철광석

해설 철광석: 제선원료

44. 각 사업장의 안전관리 지수인 도수율을 나타내는 계산식으로 옳은 은 것은?

① $\frac{\text{연사상자수}}{\text{연평균근로자수}} \times 1000$ 시간

② $\frac{\text{연평균근로자수}}{\text{연사상자수}} \times 1000$ 시간

③ $\frac{\text{재해발생건수}}{\text{연근로시간수}} \times 100$만 시간

④ $\frac{\text{연근로시간수}}{\text{재해발생건수}} \times 100$만 시간

해설 도수율: $\frac{\text{재해발생건수}}{\text{연근로시간수}} \times 100$만 시간

45. 주입 작업 시 하주법에 대한 설명으로 틀린 것은?

① 주형 내 용강면을 관찰할 수 있어 주입속도 조정이 쉽다.
② 용강이 조용하게 상승하므로 광괴 표면이 깨끗하다.
③ 주형 내 용강면을 관찰할 수 있어 탈산 조정이 쉽다.
④ 작은 강괴를 한꺼번에 많이 얻을 수 있으나, 주입시간은 길어진다.

해설 작은 강괴를 한꺼번에 많이 얻을 수 있으나, 주입시간은 짧다.

46. 다음 중 탄소강에서 가장 편석을 심하게 일으키는 원소는?

① S ② Si ③ Cr ④ Al

47. 다음 중 백점의 가장 큰 원인이 되는 것은?

① 산소 ② 질소
③ 수소 ④ 아르곤

해설 백점은 강괴의 응고 시 과포화된 수소가 응력발생의 주원인으로 발생한 결함이다.

48. 전기설비 화재 시 가장 적합하지 않은 소화기는?

① 포말 소화기
② CO_2소화기
③ 인산염류 분말소화기
④ 할로겐 화합물 소화기

49. 제강작업에 사용되는 합금철이 구비해야 하는 조건 중 틀린 것은?

① 용강 중에 있어서 확산속도가 클 것
② 산소와의 친화력이 철에 비하여 작을 것
③ 화학적 성질에 의해 유해원소를 제거시킬 것
④ 용강 중에 있어서 탈산 생성물이 용이하게 부상 분리될 것

해설 산소와의 친화력이 철에 비하여 크다.

50. 다음 중 산성 내화물이 아닌 것은?

① 규석질 ② 납석질
③ 샤모트질 ④ 돌로마이트질

해설 산성 내화물: 규석질, 납석질, 샤모트질
염기성 내화물: 돌로마이트질

51. 다음 중 전기로에서 사용하는 가탄제로 적합하지 않은 것은?

① 생석회 ② 선철
③ 무연탄 ④ 전극설

해설 생석회: 용제

정답 43. ④ 44. ③ 45. ④ 46. ① 47. ③ 48. ① 49. ② 50. ④ 51. ①

52. 다음 중 탈인(P)을 촉진시키는 것으로 틀린 것은?

① 강재의 산화력과 염기도가 낮을 것
② 강재의 유동성이 좋을 것
③ 강재 중 P_2O_5가 낮을 것
④ 강욕의 온도가 낮을 것

해설 강재의 산화력과 염기도가 클 것

53. [그림]의 안전 보건표지는 무엇을 나타내는가?

① 출입금지 ② 진입금지
③ 고온 경고 ④ 위험장소 경고

54. 전로의 특수조업법 중 강욕에 대한 산소제트 에너지를 감소시키기 위하여 취련 압력을 낮추거나 또는 랜스 높이를 보통보다 높게 하는 취련 방법은?

① 소프트 블로우(soft blow)
② 스트랜츠 블로우(strength blow)
③ 더블 슬래그(double slag)
④ 2단 취련법

55. 연속주조에서 주형에 들어가는 용강의 양을 조절하여 주는 것은?

① 턴디시 ② 핀치롤
③ 더미바 ④ 에이프런

56. 다음 중 전로작업의 일반적인 작업순서로 옳은 것은?

① 출강작업→취련작업→장입작업→배재작업
② 출강작업→배재작업→취련작업→장입작업
③ 장입작업→취련작업→출강작업→배재작업
④ 장입작업→출강작업→배재작업→취련작업

57. 진공탈가스법의 처리효과에 대한 설명으로 틀린 것은?

① 기계적 성질이 향상된다.
② H, N, O가스 성분이 증가된다.
③ 비금속 개재물이 저감한다.
④ 온도 및 성분의 균일화를 기할 수 있다.

해설 H, N, O가스 성분이 감소된다.

58. 아크로식 전기로에서 탈수소를 유리하게 하는 조건 중 틀린 것은?

① 슬래그의 두께가 두껍지 않을 경우
② 대기 중의 습도가 낮을 것
③ 강욕의 온도를 낮출 것
④ 탈산속도가 클 것

해설 강욕의 온도를 높일 것

59. 출강 중 합금철 투입 시 출강량이 140ton이고, 용강 중에 Mn이 없다고 판단될 때, 목표 Mn이 0.25%라면 Mn의 투입량(kg)은?

① 350 ② 450
③ 490 ④ 520

60. 다음 중 무재해운동의 이념 3원칙이 아닌 것은?

① 무의 원칙 ② 전원 참가의 원칙
③ 이익의 원칙 ④ 선취 해결의 원칙

해설 무재해운동의 이념 3원칙: 무의 원칙, 전원 참가의 원칙, 선취 해결의 원칙

정답 52. ① 53. ③ 54. ① 55. ① 56. ③ 57. ② 58. ③ 59. ① 60. ③

2009년 1월 18일 시행 문제

제강기능사

1. 금속결정에서 공간격자를 이루는 최소 단위 격자의 3개 모서리의 길이를 무엇이라 하는가?

① 결정 ② 공간격자
③ 격자상수 ④ 결정입자

2. 열간가공에서 마무리 온도(finishing temperature)란?

① 전성을 회복시키는 온도를 말한다.
② 고온가공을 끝맺는 온도를 말한다.
③ 상온에서 경화되는 온도를 말한다.
④ 강도, 인성이 증가되는 온도를 말한다.

3. 양백(nickel silver)의 주성분에 포함되지 않는 것은?

① Cu ② Ni
③ Zn ④ Sn

해설 양백(nickel silver): Cu-Zn-Ni

4. 보통 주철보다 Si함유량을 적게 하고 적당한 양의 Mn을 첨가한 용탕에 금형 또는 칠메탈이 붙어있는 모래형에 주입하여 필요한 부분만을 급냉시켜 만드는 주철을 무엇이라고 하는가?

① 가단주철 ② 냉경주철
③ 에시큘러 주철 ④ 구상흑연 주철

5. 소성변형이 일어나면 금속이 경화하는 현상을 무엇이라 하는가?

① 가공경화 ② 탄성경화
③ 취성경화 ④ 자연경화

6. 탈산도에 따라 제조되는 강괴의 종류에 해당되지 않는 것은?

① 림드강 ② 킬드강
③ 캡드강 ④ 평로강

해설 강괴: 킬드강, 림드강, 캡드강

7. 형상기억 효과를 나타내는 합금에서 나타나는 변태는?

① 펄라이트 변태 ② 마텐자이트 변태
③ 페라이트 변태 ④ 레데뷰라이트 변태

8. 재료에 외력을 가하였다가 힘을 제거하면 전혀 변형되지 않는 처음 상태로 돌아가는 성질은?

① 소성 ② 탄성
③ 취성 ④ 연성

9. Al-Si계 합금의 개량처리에 사용되는 나트륨의 첨가량과 용탕의 적정 온도로 옳은 것은?

① 약 0.01%, 약 750~800℃
② 약 0.1%, 약 750~800℃
③ 약 0.01%, 약 850~900℃
④ 약 0.1%, 약 850~900℃

정답 1. ③ 2. ② 3. ④ 4. ② 5. ① 6. ④ 7. ② 8. ② 9. ①

10. 다음 중 금속에 대한 일반적인 설명으로 옳은 것은?

① 열과 전기에 부도체이다.
② 금속 고유의 광택을 갖는다.
③ 이온화하면 음(-)이온이 된다.
④ 소성변형이 없기 때문에 가공하기 쉽다.

11. 다음 중 산화가 가장 빨리 일어나는 금속은?

① Cu　　② Fe
③ Ni　　④ Al

해설 산화의 순서: K〉Ca〉Na〉Ma〉Al〉Zn〉Fe〉Sn〉Pb〉H〉Cu

12. 물과 얼음의 평형상태에서 자유도는 얼마인가?

① 0　　② 1
③ 2　　④ 3

해설 $F=C-P+2=1-2+2=1$

13. Cu를 환원성 분위기에서 가열하면 연성이나 전성이 감소되는 현상은 무엇 때문인가?

① 풀림취성　　② 수소취성
③ 고온취성　　④ 상온취성

14. 다음 중 Ni-Cr강에 대한 설명으로 옳은 것은?

① Ni-Cr강은 강인하나, 점성과 담금질성이 나쁘다.
② 봉, 핀, 선재, 판재, 볼트, 너트 등에 널리 사용한다.
③ 뜨임 취성을 생성시키기 위해 Mo, Li, V 등을 첨가한다.
④ Cr은 페라이트를 강화하고, Ni은 탄화물을 석출하여 조직을 치밀하게 한다.

15. 내부의 강인성과 표면의 높은 경도를 가지는 성질이 필요할 때에는 표면을 경화시켜야 한다. 이런 용도로 만들어진 강은?

① 표면 경화용 합금강
② 공구용 합금강
③ 내식-내열용 합금강
④ 특수 용도용 합금강

16. 핸들이나 바퀴의 암, 리브, 레일, 축 등의 절단면을 90° 회전시켜 나타내는 단면도는?

① 온 단면도
② 한쪽 단면도
③ 회전 단면도
④ 부분 단면도

17. 제도 도면의 치수 기입 원칙에 대한 설명으로 틀린 것은?

① 치수선은 부품의 모양을 나타내는 외형선과 평행하게 그어 표시한다.
② 길이, 높이 치수의 표시 위치는 되도록 정면도에 표시한다.
③ 치수는 계산하여 구할 수 있는 치수를 기입하지 않으며, 지시선은 굵은 실선으로 표시한다.
④ 대상물의 기능, 제작, 조립 등을 고려하여 필요하다고 생각되는 치수를 명료하게 기입한다.

해설 치수는 계산하여 구할 수 있는 치수를 기입하며, 지시선은 가는 실선으로 표시한다.

정답 10. ② 11. ④ 12. ② 13. ② 14. ② 15. ① 16. ③ 17. ③

18. 다음 표면기호 기입에서 기호 L이 뜻하는 것은?

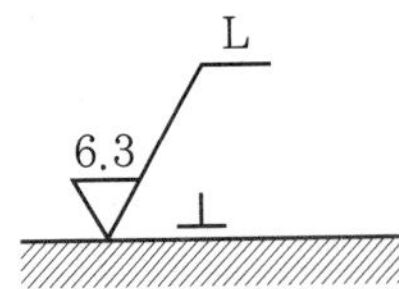

① 연삭가공 ② 선반가공
③ 밀링가공 ④ 줄가공

19. 다음과 같은 물체의 테이퍼 값은?

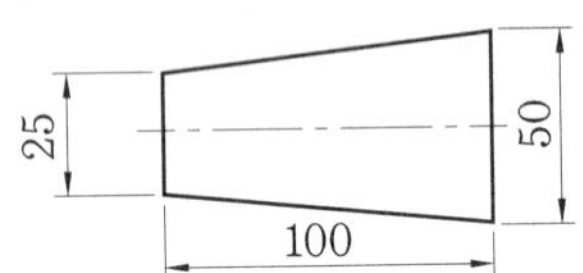

① $\frac{1}{4}$ ② $\frac{1}{5}$ ③ $\frac{1}{8}$ ④ $\frac{1}{25}$

해설 테이퍼: $\frac{a-b}{l}=\frac{50-25}{100}=\frac{1}{4}$

20. 단면도형에서 물체의 면이 단면임을 나타낼 때 사용되는 선은?

① 해칭선 ② 절단선
③ 가상선 ④ 지시선

21. 그림의 물체를 제3각법으로 투상했을 때 평면도는?

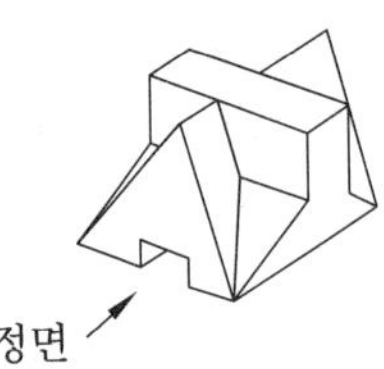

① 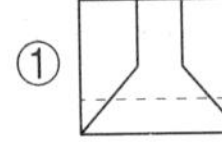 ② 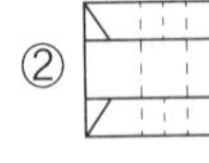
③ 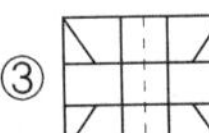 ④ 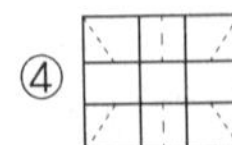

22. 도면에서 2종류 이상의 선이 같은 장소에 겹치게 될 경우 우선순위를 올바르게 나타낸 것은?

① 외형선→숨은선→치수 보조선→중심선→무게 중심선→절단선
② 외형선→숨은선→절단선→중심선→무게 중심선→치수 보조선
③ 외형선→치수 보조선→숨은선→무게 중심선→중심선→절단선
④ 외형선→무게 중심선→숨은선→절단선→중심선→치수 보조선

23. 재료 기호 GC200에서 GC가 의미하는 것은?

① 회주철 ② 합금공구강
③ 화이트 메탈 ④ 냉간압연강판

24. 제품의 구조 원리, 기능, 취급방법 등의 설명을 목적으로 하는 도면으로 참고자료 도면이라 하는 것은?

① 주문도 ② 설명도
③ 승인도 ④ 견적도

25. 다음 중 위치 공차를 나타내는 기호는?

① ⊥ ② ⌖
③ 〓 ④ ▱

26. 선의 굵기가 가는 실선과 굵은 실선의 굵기 비율로 옳은 것은?

① 1:2 ② 2:3
③ 1:4 ④ 2:5

정답 18. ② 19. ① 20. ① 21. ② 22. ② 23. ① 24. ② 25. ② 26. ①

27. 다음 정투상도에 대한 설명으로 틀린 것은?

① 제3각법은 물체를 제3각 안에 놓고 투상하는 방법으로 눈→투상면→물체의 순서로 놓는다.
② 제1각법은 물체를 제1각 안에 놓고 투상하는 방법으로 눈→물체→투상면의 순서로 놓는다.
③ 전개도법에는 평행선법, 삼각형법, 방사선법을 이용한 전개도법의 세 가지가 있다.
④ 한 도면에는 제1각법과 제3각법을 같이 사용해서 그려야 한다.

해설 한 도면에는 제1각법과 제3각법 중 한 가지만 사용해서 그려야 한다.

28. 정상적인 전기아크로의 조업에서 산화 슬래그의 표준성분은?

① MgO, Al_2O_3, Cr_2O_3
② CaO, SiO_2, FeO
③ CuO, CaO, MnO
④ FeO, P_2O_5, PbO

29. 다음 중 제강반응 중 탈탄속도를 빠르게 하는 경우가 아닌 것은?

① 온도가 높을수록
② 철광석의 투입량이 많을수록
③ 용재의 유동성이 좋을수록
④ 염기성강재보다 산성강재에 유리

해설 탈탄반응을 촉진하려면 강욕의 강한 교반이 필요하고, 산성강재보다 염기성강재에 유리하다.

30. 산화재를 강욕 중에 첨가 또는 취입하면 강욕 중에서 가장 먼저 제거되는 것은?

① Cr ② Si
③ Mn ④ P

31. 용강에 탈산제를 전혀 첨가하지 않거나 소량 첨가해서 주입하여 강괴 내에 많은 기포가 함유되어 강괴 두부에 수축관을 생성하지 않고 강괴 전부를 쓸 수 있는 강종은?

① 캡드강 ② 림드강
③ 킬드강 ④ 세미킬드강

32. 가스교반(bubbling) 처리의 목적이 아닌 것은?

① 용강의 청정화
② 용강성분의 조정
③ 용강온도의 상승
④ 용강온도의 균일화

33. 연속주조 설비에서 주조를 처음 시작할 때 주형의 밑을 막는 것은?

① 핀치롤 ② 턴디시
③ 더미바 ④ 전단기

34. 전로조업의 공정을 순서대로 옳게 나열한 것은?

① 원료장입→취련(정련)→출강→온도측정(시료채취)→슬래그 제거(배재)
② 원료장입 → 온도측정(시료채취) → 출강→취련(정련)→슬래그 제거(배재)
③ 원료장입→취련(정련)→온도측정(시료채취)→출강→슬래그 제거(배재)
④ 원료장입→취련(정련)→슬래그 제거(배재)→출강→온도측정(시료채취)

정답 27. ④ 28. ② 29. ④ 30. ② 31. ② 32. ③ 33. ③ 34. ③

35. 다음 중 용강의 점성을 상승시키는 것은?

① W ② Si
③ Mn ④ Al

36. 사고의 원인 중 불안전한 행동에 해당되는 것은?

① 작업환경의 결함
② 생산공정의 결함
③ 위험한 장소 접근
④ 안전방호장치의 결함

37. 다음 중 재해예방의 4원칙에 해당되지 않는 것은?

① 결과기능의 원칙
② 손실우연의 원칙
③ 원인연계의 원칙
④ 대책선정의 원칙

해설 재해예방의 4원칙: 손실우연의 원칙, 원인연계의 원칙, 예방가능의 원칙, 대책선정의 원칙

38. 용강 중에 생성된 핵이 성장하는 기구에 해당되지 않는 것은?

① 확산에 의한 성장
② 산화에 의한 성장
③ 부상속도의 차에 의한 충돌에 기인하는 응집 성장
④ 용강의 교반에 의한 충돌에 기인하는 응집 성장

해설 환원에 의한 성장

39. DH 탈가스법에서 일어나는 주요 반응이 아닌 것은?

① 탈규소 반응 ② 탈탄 반응
③ 탈산 반응 ④ 탈수소 반응

해설 DH 탈가스법: 탈탄 반응, 탈산 반응, 탈수소 반응

40. 아크식 전기로의 작업순서를 옳게 나열한 것은?

① 장입→산화기→용해기→환원기→출강
② 장입→용해기→산화기→환원기→출강
③ 장입→용해기→환원기→산화기→출강
④ 장입→환원기→용해기→산화기→출강

41. 용강이나 용재가 노 밖으로 비산하지 않고 노구 부분에 도넛형으로 쌓이는 것을 무엇이라 하는가?

① 포밍 ② 베렌
③ 스피팅 ④ 라인 보일링

42. 노외 정련 설비 중 RH법에서 산소, 수소, 질소가 제거되는 장소가 아닌 것은?

① 상승관에 취입된 가스 표면
② 진공조 내에서 용강의 내부 중심부
③ 취입가스와 함께 비산하는 스플래시 표면
④ 상승관, 하강관, 진공조 내부의 내화물 표면

해설 진공조 내에서 노출된 용강 표면에서 O, H, N가스가 제거된다.

43. 제강에서 탈황하기 위하여 CaC_2 등을 첨가하는 탈황법을 무엇이라 하는가?

① 가스에 의한 탈황 방법
② 슬래그에 의한 탈황 방법
③ S의 함량을 증대시키는 탈황 방법
④ S와 화합하는 물질을 첨가하는 탈황 방법

정답 35. ① 36. ③ 37. ① 38. ② 39. ① 40. ② 41. ② 42. ② 43. ④

44. LD전로 주원료 장입 시 용선보다 고철을 먼저 장입하는 주된 이유는?

① 고철 내 수분에 의한 폭발방지
② 노저 내화물 보호
③ 고철 중 불순물 신속 제거
④ 고철 사용량 증대

45. 진공 탈가스법의 처리 효과가 아닌 것은?

① 비금속개재물을 저감시킨다.
② H, N, O 등의 가스성분을 증가시킨다.
③ 유해원소를 증발시켜 제거한다.
④ 온도 및 성분을 균일화한다.

해설 H, N, O 등의 가스성분을 감소시킨다.

46. 강괴 내부가 외부보다 불순 성분원소 농도가 큰 것을 편석이라 하여 품질에 나쁜 영향을 미친다. 편석을 줄이는 대책으로 틀린 것은?

① 일방향성 응고를 시킨다.
② 편석하기 쉬운 유해성분의 함량을 적게 한다.
③ 고합금강에서는 강괴의 중량을 최대한 많이 나가게 한다.
④ 편석 성분을 Hot top부에 모이게 하여 분괴 후에 잘라낸다.

해설 고합금강에서는 강괴의 중량을 최대한 적게 나가게 한다.

47. 1기압하에서 14.5℃의 순수한 물 1g을 1℃ 올리는데 필요한 열량은?

① 1J ② 1lb
③ 1cal ④ 1BTU

해설 비열: 1기압하에서 14.5℃의 순수한 물 1g을 1℃ 올리는데 필요한 열량(cal)

48. 고주파 유도로에서 유도저항 증가에 따른 전류의 손실을 방지하고 전력 효율을 개선하기 위한 것은?

① 노체 설비
② 노용 변압기
③ 진상 콘덴서
④ 고주파 전원장치

49. 산소 전로법에서 조재제가 아닌 것은?

① 소결광 ② 석회석
③ 생석회 ④ 연와설

해설 조재제: 석회석, 생석회, 연와설

50. 탄소 6kg을 완전 연소시키는데 필요한 산소는 몇 kg인가?

① 6 ② 12
③ 16 ④ 24

해설 산소량: $\text{탄소량} \times \dfrac{\text{산소원자량}}{\text{탄소원자량}}$

$= 6 \times \dfrac{32}{12} = 16$

51. 전기로 제강법에서 전극의 구비조건으로 틀린 것은?

① 온도의 급변에 견뎌야 할 것
② 열팽창 속도가 클 것
③ 화학반응에 안정해야 할 것
④ 전기전도도가 양호할 것

해설 열팽창 속도가 작을 것

52. 다음 중 혼선로의 역할이 아닌 것은?

① 용선의 균일화 ② 용선의 저장
③ 탈인 반응 ④ 탈황 반응

정답 44. ① 45. ② 46. ③ 47. ③ 48. ③ 49. ① 50. ③ 51. ② 52. ③

53. 용강속의 원소 중 물질의 원자반경이 Fe보다 작은 침입형인 것은?

① H　　② P
③ S　　④ Cu

해설 침입형 원소: H, O, C, B

54. 전기로 제강법의 특징을 설명한 것 중 틀린 것은?

① 열효율이 좋다.
② 용강의 온도조절이 용이하다.
③ 합금철을 직접 용강 중에 첨가하여 실수율이 좋다.
④ 용강 중의 인, 황, 기타의 불순원소를 제거할 수 없어 특수강 제조에는 사용하지 않는다.

해설 용강 중의 인, 황, 기타의 불순원소를 제거할 수 있어 특수강 제조에 사용한다.

55. 935℃에서 용융하여 생석회의 융점을 저하시키고 강재의 유동성을 좋게 하여 탈황작용이 큰 용제는?

① 석회석　　② 철광석
③ 형석　　④ 산소

56. 연주법에서 Cycle time을 구하는 식으로 옳은 것은?

① 주조시간−준비시간−대기시간
② 주조시간+준비시간+대기시간
③ 주조시간/(준비시간+대기시간)
④ 대기시간/(준비시간+주조시간)

57. 염기성 제강법이 등장하게 된 것은 용선 중 어떤 성분 때문인가?

① C　　② Si
③ Mn　　④ P

58. 다음 중 양괴 실수율을 나타내는 식으로 옳은 것은?

① $\frac{\text{용선량}+\text{냉선량}}{\text{양괴량}+\text{고철량}}$

② $\frac{\text{양괴량}+\text{고철량}}{\text{용선량}+\text{냉선량}}$

③ $\frac{\text{고철량}}{\text{용선량}+\text{냉선량}+\text{양괴량}}$

④ $\frac{\text{양괴량}}{\text{용선량}+\text{냉선량}+\text{고철량}}$

59. 탈인을 촉진시키기 위한 조건으로 틀린 것은?

① 강욕의 온도가 낮을 것
② 강재의 유동성이 좋을 것
③ 강재 중의 P_2O_5가 낮을 것
④ 강재의 산화력과 염기도가 낮을 것

해설 강재의 산화력과 염기도는 높아야 한다.

60. 연주법에서 Powder Casting의 기능이 아닌 것은?

① 주형벽으로 흘러 윤활제 역할을 한다.
② 용강면을 덮거나 열방산을 방지한다.
③ 용강면에서 용융 슬래그가 되어 공기 산화를 촉진시킨다.
④ 용강 중에 함유된 개재물을 용해하여 청정도를 높인다.

해설 용강면에서 용융 슬래그가 되어 공기 산화를 방지한다.

정답 53. ① 54. ④ 55. ③ 56. ② 57. ④ 58. ④ 59. ④ 60. ③

2010년 1월 3일 시행 문제

제강기능사

1. 절삭공구용으로 사용되고 있는 18-4-1형 고속도 공구강의 주성분으로 옳은 것은?

① 텅스텐(W)-몰리브덴(Mo)-아연(Zn)
② 텅스텐(W)-바나듐(V)-베릴륨(Be)
③ 텅스텐(W)-크롬(Cr)-바나듐(V)
④ 텅스텐(W)-알루미늄(Al)-코발트(Co)

해설 고속도강: 18%텅스텐(W)-4%크롬(Cr)-1%바나듐(V)

2. 그림과 같은 조밀육방격자에서 배위수는 몇 개인가?

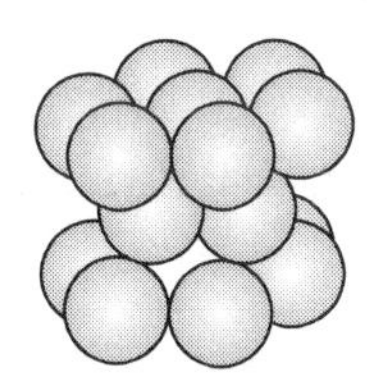

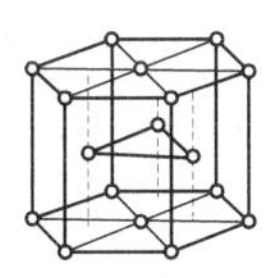

① 2개　② 4개
③ 8개　④ 12개

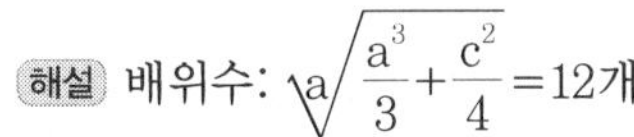

해설 배위수: $\sqrt{a\sqrt{\frac{a^3}{3}+\frac{c^2}{4}}}=12$개

3. 다음 중 연질 자성재료에 해당하는 것은?

① 페라이트 자석　② 알니코 자석
③ 네오디뮴 자석　④ 센더스트

4. 그림은 A, B 두 성분으로 되어 있는 합금의 농도표시이다. 임의의 점 P가 점 B에 가까워지면 농도는?

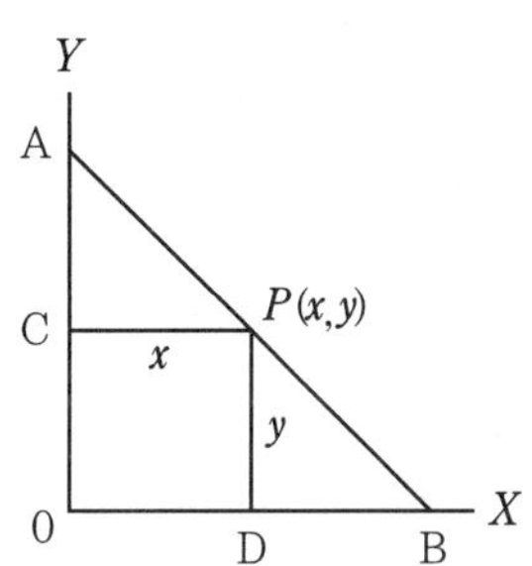

① A의 농도는 증가하고 B의 농도는 감소한다.
② A의 농도는 감소하고 B의 농도는 증가한다.
③ A, B의 농도 둘 다 증가한다.
④ A, B의 농도 둘 다 감소한다.

5. Cr-Ni강이라고도 하며, Cr_2O_3라는 치밀하고도 일정한 산화피막을 형성하여 칼, 식기, 취사 용구, 화학 공업장치 등의 용도에 적합한 것은?

① 주강　② 규소강
③ 저합금강　④ 스테인리스강

6. 6:4황동에 1~2% Fe를 넣은 것으로 강도가 크고 내식성이 좋아 광산기계, 선박용 기계, 화학기계 등에 널리 사용되는 것은?

① 델타메탈　② 포금
③ 규소황동　④ 문쯔메탈

7. 비중이 약 1.74이고, 공기 중에서 가열하면 발화하면서 심하게 연소하는 것은?

① Zn　② Hg　③ Mg　④ Sn

정답 1. ③　2. ④　3. ②　4 ②　5. ④　6. ①　7. ③

8. **탄소강에 함유된 원소들의 영향을 설명한 것 중 옳은 것은?**

① Mn은 탈산효과는 없으나 O와 결합하여 MnO로 되어 있다.
② Si는 α고용체 중에 고용되어 경도, 인장강도, 탄성한계를 낮추고, 연신율, 충격값을 증가시킨다.
③ Cu는 고탄소강에서 2.5% 정도이면 양호하나, 인장강도, 탄성계수를 낮추고 부식에 대한 저항을 감소시킨다.
④ P는 Fe와 결합하여 Fe_3P를 만들고 결정 입자의 조대화를 촉진시킨다.

9. **다음 중 슬립(slip)에 대한 설명으로 옳은 것은?**

① 원자밀도가 가장 큰 격자면과 최대인 방향에서 잘 일어난다.
② 원자밀도가 가장 큰 격자면과 최소인 방향에서 잘 일어난다.
③ 원자밀도가 가장 작은 격자면과 최대인 방향에서 잘 일어난다.
④ 원자밀도가 가장 작은 격자면과 최소인 방향에서 잘 일어난다.

10. **다음 중 Fe-C 평형상태도에서 나타나지 않은 반응은?**

① 공정반응　　② 포정반응
③ 편정반응　　④ 공석반응

11. **금속의 일반적인 특성을 설명한 것 중 틀린 것은?**

① 열과 전기에 도체이다.
② 전성과 연성이 나쁘다.
③ 금속 고유의 광택을 갖는다.
④ 고체 상태에서 결정 구조를 가진다.

해설 전성과 연성이 좋다.

12. **다음 중 형상기억합금으로 가장 대표적인 것은?**

① Fe-Ni　　② Fe-Co
③ Cr-Mo　　④ Ni-Ti

13. **주철의 주조성을 알 수 있는 성질로 짝지어진 것은?**

① 유동성, 수축성　　② 감쇠성, 피삭성
③ 경도성, 강도성　　④ 내열성, 내마멸성

14. **28%Ni-5%Mo-Fe합금으로 염산에 대하여 내식성이 있고 가공성과 용접성을 겸비한 합금은?**

① 히스텔로이 비　　② 모넬메탈
③ 콘스탄탄　　④ 퍼말로이

15. **알루미늄의 성질에 대한 설명으로 틀린 것은?**

① 비중이 약 2.7이다.
② 전기전도율은 Ag, Cu, Au 다음으로 우수하다.
③ 산화알루미늄의 보호피막이 있어 내식성이 우수하다.
④ 알칼리 수용액 중에는 침식되지 않으나 수산화 암모늄 중에는 잘 부식된다.

해설 알칼리 수용액 중에 침식되고 수산화 암모늄 중에는 잘 견딘다.

정답 8. ④　9. ①　10. ③　11. ②　12. ④　13. ①　14. ①　15. ④

16. 척도 2:1인 도면에서 실물 치수가 120mm 인 제품의 도면에서의 길이(mm)는?

① 30　　② 60
③ 120　　④ 240

해설 척도 2:1이므로 120×2이다.

17. 다음 중 도면을 그릴 때 선의 접속 부근에서 접촉 시 선긋기 방법으로 틀린 것은?

해설 선의 접속 부근에서 선이 닿아야 한다.

18. 다음 치수 기입법 중 원호의 길이를 옳게 도시한 것은?

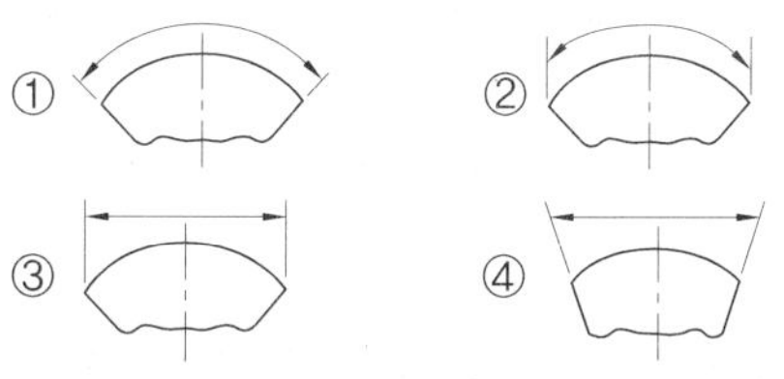

19. 도형의 치수기입 방법을 설명한 것 중 옳은 것은?

① 치수는 중복기입을 원칙으로 한다.
② 치수는 계산이 필요하도록 기입한다.
③ 치수는 가급적 도형(투상도) 내부에 기입한다.
④ 치수는 될 수 있는 대로 주투상도에 기입해야 한다.

20. 회주철품을 나타내는 KS 재료기호는?

① WWC 250　　② GC 250
③ BCM 250　　④ GMC 250

21. 그림과 같은 물체의 정면을 화살표 방향으로 하였을 때 평면도는?

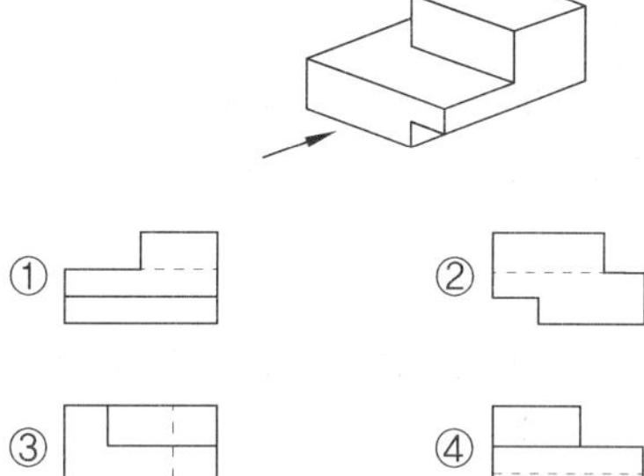

①　　②
③　　④

22. 다음 중 표제란에 기입하는 사항이 아닌 것은?

① 척도　　② 투상법
③ 재단마크　　④ 도면 번호

23. 제도용지에 대한 설명으로 틀린 것은?

① A0 제도용지의 넓이는 약 $2m^2$이다.
② B0 제도용지의 넓이는 약 $1.5m^2$이다.
③ A0 제도용지의 크기는 841×1189이다.
④ 제도용지의 세로와 가로의 비는 $1:\sqrt{2}$이다.

해설 A0 제도용지는 1189×841의 넓이로서 약 $1m^2$이다.

24. 정면, 평면, 측면을 하나의 투상도에서 동시에 볼 수 있도록 그린 것으로 직육면체 투상도의 경우 직각으로 만나는 3개의 모서리는 각각 120°를 이루는 투상법은?

① 등각 투상도법　　② 사투상도법
③ 부등각 투상도법　　④ 정투상도법

정답 16. ④ 17. ② 18. ② 19. ④ 20. ② 21. ③ 22. ③ 23. ① 24. ①

25. 도면에서 중심선을 꺾어서 연결 도시한 투상도는?

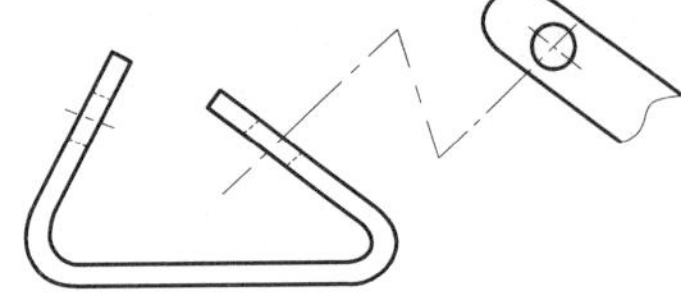

① 보조 투상도　② 국부 투상도
③ 부분 투상도　④ 회전 투상도

26. 나사의 종류 중 미터 사다리꼴 나사를 나타내는 기호는?

① Tr　② PT
③ UNC　④ UNF

해설 PT: 관용테이퍼나사, UNC: 유니파이보통나사, UNF: 유니파이가는나사

27. 다음 중 공차값이 가장 작은 치수는?

① $50^{+0.02}_{-0.01}$　② 50 ± 0.01
③ $50^{+0.03}_{0}$　④ $50^{0}_{-0.03}$

해설 치수공차: 최대허용치수−최소허용치수

28. 물질 연소의 3요소로 옳은 것은?

① 가연물, 산소 공급원, 공기
② 가연물, 산소 공급원, 점화원
③ 가연물, 불꽃, 점화원
④ 가연물, 가스, 산소 공급원

29. 미탈산 상태의 용강을 처리하여 감압하에서 CO반응을 이용하여 탈산할 수 있고, 대기 중에서 제조하지 못하는 극저탄소강의 제조가 가능한 탈가스법은?

① RH 탈가스법(순환 탈가스법)
② BV 탈가스법(유적 탈가스법)
③ DH 탈가스법(흡인 탈가스법)
④ TD 탈가스법(출강 탈가스법)

30. 중간 정도 탈산한 강으로 강괴 두부에 입상 기포가 존재하지만 파이프량이 적고 강괴실수율이 좋은 것은?

① 캡드강　② 림드강
③ 킬드강　④ 세미킬드강

31. 용강 유출에 대비한 유의사항 및 사고 시에 취할 사항으로 틀린 것은?

① 용강 유출 시 주위 작업원을 대피시킨다.
② 주위의 인화물질 및 폭발물을 제거한다.
③ 용강 유출 부위에 수랭으로 소화한다.
④ 용강 폭발에 주의하고 방열복, 방호면을 착용한다.

해설 용강 유출 부위에 수랭 소화를 피한다.

32. LD전로 1charge의 조업과정이 옳게 표시된 것은?

① 장입→취련→측온→출강→슬래그 배출
② 취련→장입→측온→슬래그 배출→출강
③ 측온→장입→취련→출강→슬래그 배출
④ 출강→장입→취련→슬래그 배출→측온

33. 공장의 전기 배선함에서 작은 화재가 발생하였을 때 올바른 소화방법은?

① 소화전의 물로 소화
② 포말 소화기로 소화
③ CO_2 소화기로 소화
④ 스프링클러를 작동시켜 소화

정답 25. ② 26. ① 27. ② 28. ② 29. ③ 30. ④ 31. ③ 32. ① 33. ③

34. 전기로 전극으로서 구비하여야 할 성질로 틀린 것은?

① 고온에서 산화도가 높아야 한다.
② 열팽창계수가 작아야 한다.
③ 화학반응에 안정해야 한다.
④ 온도의 급변에 잘 견딜 수 있어야 한다.

해설 고온에서 산화도가 낮아야 한다.

35. 다음 중 턴디시의 역할과 관계없는 것은?

① 용강을 탈산한다.
② 개재물을 부상분리한다.
③ 용강을 연주기에 분배한다.
④ 주형으로 주입량을 조절한다.

36. 강의 연속주조법에서 주편의 품질 및 조업의 안정과 엄격한 용강 온도 조절을 위해 레이들 내에 취입하는 불활성가스는?

① 수소 ② 염산
③ 산소 ④ 아르곤

37. 강괴 결함 중 딱지흠(스캡)의 발생 원인이 아닌 것은?

① 주입류가 불량할 때
② 저온, 저속으로 주입할 때
③ 탈산력이 증가할 때
④ 주형 내부에 용손이나 박리가 있을 때

38. 노내 반응에 근거하는 LD전로의 특징을 설명한 것 중 틀린 것은?

① 공급 산소의 반응효율이 낮고, 탈탄반응이 느리게 진행된다.
② 산화반응에 의한 발열로 정련온도를 충분히 유지 가능하며 스크랩도 용해된다.
③ 취련말기에 용강 탄소 농도의 저하와 함께 탈탄속도가 저하하므로 목표 탄소 농도 적중이 용이하다.
④ 발열점이 노 중심의 화점에 집중하여 있어 노 내화물 보호면에서 유리하다.

해설 공급 산소의 반응효율이 높고, 탈탄반응이 빠르게 진행된다.

39. 다음 중 탄소강에서 편석을 가장 심하게 일으키는 원소는?

① S ② Si
③ Cr ④ Al

40. LD전로의 부속설비인 랜스 노즐의 재질은?

① 순동 ② 철
③ 알루미늄 ④ 실루민

41. LD전로에서 용강을 위해 필요한 산소를 취입하기 위한 설비로 노즐이 처음에는 1개의 구멍에서 용탕이 대형화됨에 따라 다공노즐로 발전되고 있는 설비는?

① 용선차 ② 노체
③ 혼선로 ④ 산소랜스

42. 진공실 내의 레이들 또는 주형을 놓고 진공실 내를 배기하여 감압한 후 위의 레이들로부터 용탕을 주입하는 방법은?

① 유적 탈가스법(BV법)
② 순환 탈가스법(RH법)
③ 흡인 탈가스법(DH법)
④ 레이들 탈가스법(LD법)

정답 34. ① 35. ① 36. ④ 37. ③ 38. ① 39. ① 40. ① 41. ④ 42. ①

43. 다음 중 마그네시아 벽돌에 대한 설명으로 틀린 것은?

① 염기성 내화물이다.
② 내화도가 높아 SK36이상이다.
③ 슬로핑(slopping)이 일어나기 쉽다.
④ 열전도율이 적고 내광재성이 크다.

해설 마그네시아 벽돌: 염기성 내화물, 열전도율이 크고, SK36이상, 슬로핑(slopping)이 일어나기 쉽다.

44. 강괴의 응고 시 과포화된 수소가 응력발생의 주된 원인으로 발생한 결함은?

① 백점 ② 코너 크랙
③ 수축관 ④ 방사상 균열

45. 다음 RH설비 구성 중 주요설비가 아닌 것은?

① 주입장치 ② 배기장치
③ 진공조 지지장치 ④ 합금철 첨가장치

46. 상주법과 하주법에 대한 설명으로 틀린 것은?

① 상주법은 접촉하지 않으므로 강괴 내의 개재물이 적다.
② 상주법은 주입속도가 빠르며, 스플래시(splash)에 의한 표면 기포가 생기기 쉽다.
③ 하주법은 용강이 빠르게 상승하므로 강괴 표면이 미려하지 못하다.
④ 하주법은 주형 내 용강면을 관찰할 수 있으므로 주입속도 조정 및 탈산조정이 쉽다.

해설 하주법은 용강이 느리게 상승하므로 강괴 표면이 미려하다.

47. 전기로의 밑부분에 용강이 있는 부분의 명칭은?

① 노체 ② 노상
③ 천정 ④ 노벽

48. 제강공장의 크레인의 주요 안전장치와 관련이 가장 먼 것은?

① 반발 예방장치 ② 과부하 방지장치
③ 권과 방지장치 ④ 비상 정지장치

49. 연속주조기에서 더미바(dummy bar)의 역할은?

① 주편 안내 유도
② 롤러 테이블의 이동
③ 스탠드 쉘을 지지
④ 블랙 아웃 방지

50. 연속주조법에서 고속 주조 시 나타나는 현상으로 틀린 것은?

① 개재물의 부상분리가 용이하다.
② 응고층이 얇아진다.
③ 내부 균열의 위험성이 있다.
④ 중심부 편석의 가능성이 크다.

해설 개재물의 부상분리가 곤란하므로 개재물이 증가한다.

51. 불활성 가스와 O_2와의 혼합가스를 취입하고, CO가스를 희석해서 CO분압을 낮춤으로서 탄소를 우선적으로 제거하는 방법은?

① CVD법 ② AOD법
③ LNC법 ④ GDC법

정답 43. ④ 44. ① 45. ① 46. ③ 47. ② 48. ① 49. ① 50. ① 51. ②

52. 슬로핑(slopping)이 생성될 때 초기 대책으로 옳은 것은?

① 산소 압력을 감소시킨다.
② 강욕의 온도를 저하시킨다.
③ 탈탄속도를 감소시킨다.
④ 석회석, 형석 등을 투입하여 용재 상황을 조정한다.

53. 전기로 제강법에서 탈수소를 유리하게 하는 조건으로 틀린 것은?

① 강욕 온도가 충분히 높을 것
② 탈탄속도가 작을 것
③ 대기 중에 습도가 낮을 것
④ 적당한 foamy 슬래그를 만들고, 슬래그층이 너무 두껍지 않을 것

해설 탈탄속도가 크면 탈수소에 유리하다.

54. 전로의 주요 부분에 대한 기능을 설명한 것 중 틀린 것은?

① 노구 링은 전로 내의 분출물에 의한 노구부 벽돌을 보호하는 것이다.
② 가이드는 열간 낙하물에 의한 노하 설비 및 레일을 보호해준다.
③ 트러니언 링 및 트러니언 샤프트는 노체에 경동력을 전달하는 역할과 노체를 지지해준다.
④ 슬래그 커버는 불출물에 의한 트러니언, 노구, 냉각수 파이프 등에 슬래그가 부착되는 것을 방지한다.

55. 제강법에서 사용하는 주원료가 아닌 것은?

① 고철 ② 냉선
③ 용선 ④ 철광석

해설 철광석: 제선 원료

56. 혼선로의 기능에 대한 설명으로 틀린 것은?

① 용선을 보온한다. ② 용선을 저장한다.
③ 탈인 반응을 한다. ④ 용선을 균질화한다.

해설 탈황 반응을 한다.

57. LD전로 조업 시 용선 95톤, 고철 25톤, 냉선 2톤을 장입했을 때 출강량이 110톤이었다면 출강실수율(%)은 약 얼마인가?

① 80.6 ② 85.6
③ 90.2 ④ 95.6

해설 $$출강실수율 = \frac{출강량}{전장입량} \times 100 = \frac{110}{95+25+2} \times 100 \fallingdotseq 90.2$$

58. 전기로 제강법에서 강욕 표면의 방열을 방지함과 동시에 탈인과 탈황작용에 사용되는 것은?

① 형석 ② 생석회
③ 철광석 ④ 코크스

59. 치주법이라고도 하며 용선 레이들 중에 미리 탈황제를 넣어 놓고 그 위에 용선을 주입하여 탈황시키는 방법은?

① 교반 탈항법 ② 상취 탈황법
③ 레이들 탈황법 ④ 인젝션 탈황법

60. 용융점이 약 1135℃이고 출강까지의 시간 단축과 비금속 물질의 감소를 기대하여 첨가하는 탈산제는?

① Mn–Fe ② Al–Fe
③ Si–Mn ④ Ca–Si

정답 52. ④ 53. ② 54. ② 55. ④ 56. ③ 57. ③ 58. ② 59. ③ 60. ③

2011년 2월 13일 시행 문제

제강기능사

1. 다음 중 비정질 합금의 제조법 중 기체 급냉법에 해당되는 것은?

① 단롤법 ② 원심법
③ 스퍼터링법 ④ 스프레이법

2. 고속도강의 특징을 설명한 것 중 틀린 것은?

① 고속도강은 2차 경화강이다.
② 고온에서 경도의 감소가 적은 것이 특징이다.
③ 마텐자이트는 안정되어 1900℃까지 고속 절삭이 가능하다.
④ 주요 성분은 0.8~1.5%C, 18%W, 4%Cr, 1%V 그 외 Fe이다.

해설 마텐자이트는 안정되어 600℃까지 고속 절삭이 가능하다.

3. 다음의 동합금 중 석출경화(시효경화) 현상을 나타내며, 강도와 경도가 가장 큰 합금은?

① 청동 ② 황동
③ 알루미늄 ④ 베릴륨 동

4. 금속의 결정격자 중 면심입방격자의 원자수는 몇 개인가?

① 2개 ② 3개
③ 4개 ④ 5개

해설 면심입방격자의 원자수: 귀속원자: $\frac{1}{8}\times 8=1$, 원자: 3개, 모두 1+3=4개

5. 주물용 Al 합금 중 Al–Cu계 합금의 인공시효 온도는 약 몇 ℃에서 시효처리 하는가?

① 50~100 ② 100~160
③ 200~260 ④ 300~360

6. 다음 금속의 비중 대소 비교가 올바르게 표기된 것은?

① Pb<Fe<Au ② Ir<Hg<Sb
③ Li<Mg<Cu ④ Ti<Al<Zn

해설 Li(0.53)<Mg(1.74)<Cu(8.96)

7. 순금속과 합금에 대한 일반적인 공통 성질 중 옳은 것은?

① 열과 전기의 양도체이다.
② 전성 및 연성이 나쁘다.
③ 빛에 대하여 투명체이다.
④ 수은을 제외하면 상온에서 고체이며 비결정체이다.

8. 변태 초소성의 조건과 원칙에 대한 설명 중 틀린 것은?

① 재료에 변태가 있어야 한다.
② 감도지수(m)의 값은 거의 0(zero)의 값을 갖는다.
③ 변태 진행 중에 작은 하중에도 변태 초소성이 된다.
④ 변태점을 오르내리는 열사이클을 반복으로 가한다.

해설 감도지수(m)의 값은 0.3~1로 큰 조건하에서 생긴다.

정답 1. ③ 2. ③ 3. ④ 4. ③ 5. ② 6. ③ 7. ① 8. ②

9. 재료를 실온까지 온도를 내려서 다른 형상으로 변형시켰다가 다시 온도를 상승시키면 어느 일정한 온도 이상에서 원래의 형상으로 변화하는 성질을 이용한 합금으로 대표적인 합금이 Ni-Ti계인 합금의 명칭은?

① 형상기억합금 ② 비정질합금
③ 제진합금 ④ 클래드합금

10. 재료의 조성이 니켈 36%, 크롬 12%, 나머지는 철(Fe)로서 온도가 변해도 탄성률이 거의 변하지 않는 것은?

① 라우탈 ② 엘린바
③ 진정강 ④ 퍼말로이

11. 다음 중 주철에서 유동성을 좋게하는 원소가 아닌 것은?

① S ② Si
③ P ④ Mn

해설 주철에서 유동성을 방해하는 원소: S

12. 구리에 5~20%Zn을 첨가한 황동으로, 강도는 낮으나 전연성이 좋고 색깔이 금색에 가까우므로 모조금이나 판 및 선 등에 사용되는 것은?

① 톰백 ② 켈밋
③ 포금 ④ 문쯔메탈

13. 다음 중 저용융점 합금에 대한 설명으로 틀린 것은?

① 저용융점 합금의 재료로는 Pb이 있다.
② 용융점이 낮은 합금은 Bi를 많이 품는다.
③ 화재경보기, 압축공기용 안전밸브 등에 사용한다.
④ 저용융점 합금은 거의 약 650℃ 이하의 용융점을 갖는다.

해설 저용융점 합금은 거의 약 210℃ 이하의 용융점을 갖는다.

14. 다음 철강재료에서 인성이 가장 낮은 것은?

① 주철 ② 탄소공구강
③ 합금공구강 ④ 고속도공구강

15. 철을 분류할 때 주철, 강, 순철로 분류하는 것은 어떤 원소의 함유량에 따른 것인가?

① C ② P
③ S ④ Mn

해설 철강재료를 분류하는데 기준이 되는 원소는 C이다.

16. SF340A에서 SF가 의미하는 것은?

① 주강 ② 탄소강 단강품
③ 회주철 ④ 탄소강 압연강재

해설 SF(Steel Forging): 탄소강 단강품

17. 제도 도면에 거의 사용하지 않는 척도는?

① 1 : 1 ② 1 : 2
③ 2 : 1 ④ 3 : 1

해설 도면에 사용하는 척도로는 1 : 1, 1 : 2, 2 : 1이 있다.

정답 9. ① 10. ② 11. ① 12. ① 13. ④ 14. ① 15. ① 16. ② 17. ④

18. 다음 물체를 3각법으로 옳게 표현한 것은? (단, 화살표 방향은 정면도이다.)

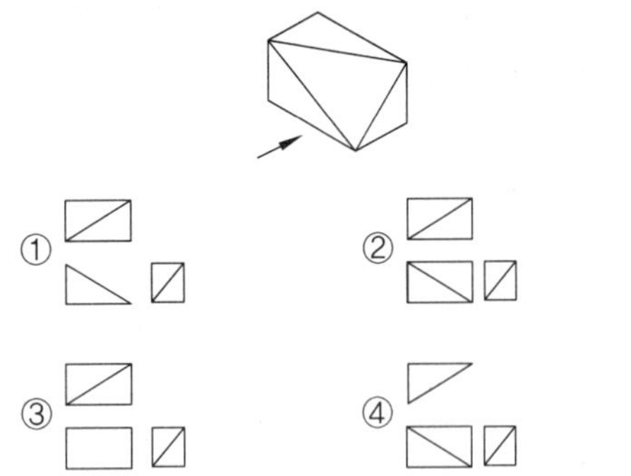

19. 다음 중 가는 실선으로 그리는 선이 아닌 것은?

① 보이는 물체의 면들이 만나는 윤곽을 나타내는 선
② 회전 단면을 한 부분의 윤곽을 나타내는 선
③ 가상의 상관관계를 나타내는 선
④ 치수선 그리고 치수보조선

해설 굵은 실선은 보이는 물체의 면들이 만나는 윤곽을 나타내는 선이다.

20. 구멍의 치수가 $\varnothing 50^{+0.020}_{0}$, 축의 치수가 $\varnothing 50^{-0.025}_{-0.050}$ 일 때의 끼워맞춤은?

① 헐거운 끼워맞춤 ② 중간 끼워맞춤
③ 억지 끼워맞춤 ④ 가열 끼워맞춤

해설 헐거운 끼워맞춤: 구멍의 최소 허용치수(0)가 축의 최대 허용치수(−0.025)와 같거나 큰 경우의 결합

21. 어떤 물체의 실물을 보고 프리핸드로 그린 도면으로 필요한 사항을 기입하여 완성한 도면은?

① 부품도 ② 설명도
③ 스케치도 ④ 조립도

22. 제작도면으로 사용할 완성된 도면이 되기 위한 선의 우선순위로 옳은 것은?

① 외형선 → 치수선 → 해칭선 → 숨은선 → 중심선 → 파단선 → 숫자, 문자, 기호
② 해칭선 → 외형선 → 파단선 → 숨은선 → 중심선 → 숫자, 문자, 기호 → 치수선
③ 숫자, 문자, 기호 → 외형선 → 숨은선 → 중심선 → 파단선 → 치수선 → 해칭선
④ 중심선 → 숫자, 문자, 기호 → 외형선 → 숨은선 → 해칭선 → 파단선 → 치수선

23. 도면의 표면기호에서 가공방법을 나타내는 기호로 "M"이 기입되어 있다면 어떤 가공을 의미하는가?

① 브로치 가공 ② 리머가공
③ 선반가공 ④ 밀링가공

해설 브로치 가공: BL, 리머가공: FR, 선반가공: L, 밀링가공: M

24. 도면의 지시선 위에 "46−ø20"이라고 기입되어 있을 때의 설명으로 옳은 것은?

① 지름이 20mm인 구멍이 46개
② 지름이 46mm인 구멍이 20개
③ 드릴 치수가 20mm인 드릴이 46개
④ 드릴 치수가 46mm인 드릴이 20개

해설 46−ø20: 지름이 20mm인 구멍이 46개

25. 물체의 단면을 표시하기 위하여 단면 부분에 흐리게 칠하는 것을 무엇이라 하는가?

① 리브(rib) ② 널링(knurling)
③ 스머징(smudging) ④ 해칭(hatching)

정답 18. ② 19. ① 20. ① 21. ③ 22. ③ 23. ④ 24. ① 25. ③

26. 그림과 같은 단면도의 종류가 옳은 것은?

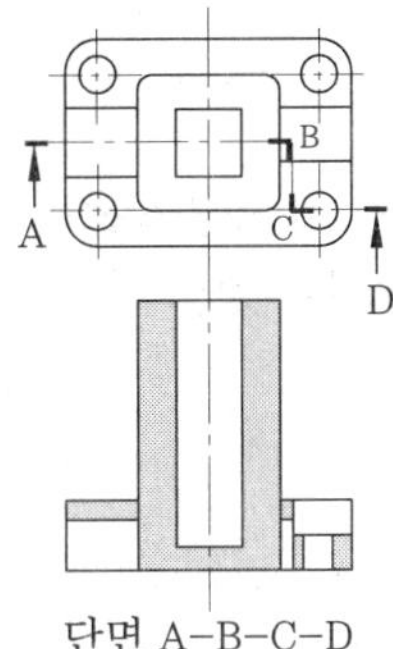

단면 A-B-C-D

① 회전 단면도 ② 부분 단면도
③ 계단 단면도 ④ 전 단면도

해설 계단식으로 되어 있을 경우 가는 1점쇄선으로 표시한다.

27. 산업의 부문별 KS 기호로 옳은 것은?

① KS A-기계 ② KS B-기본
③ KS C-전자 ④ KS D-금속

해설 KS A-기본, KS B-기계, KS C-전기, KS D-금속

28. 다음 중 연속주조의 사이클 타임을 나타내는 식으로 옳은 것은?

① 주조시간÷(준비시간-대기시간)
② 주조시간+(준비시간+대기시간)
③ 주조시간-(준비시간-대기시간)
④ 주조시간÷(준비시간×대기시간)

29. 제강에서 탈황시키는 방법으로 틀린 것은?

① 가스에 의한 방법
② 슬래그에 의한 결합 방법
③ 황과 결합하는 원소를 첨가하는 방법
④ 황의 함량을 감소시키는 방법

해설 황의 함량을 증가시키는 방법

30. 전기로 제강법에서 산화제를 첨가하면 강욕 중 반응을 일으켜 가장 먼저 제거되는 것은?

① C ② P ③ Mn ④ Si

31. 다음 중 전로에서 탈인을 잘 일어나게 하는 조건으로 틀린 것은?

① 강욕의 온도가 높을 때
② 강재의 염기도가 높을 때
③ 강재의 산화력이 높을 때
④ 슬래그의 유동성이 좋을 때

해설 강욕의 온도가 낮을 때

32. 전로 내화물의 노체 수명을 연장시키기 위하여 첨가하는 것은?

① 돌로마이트 ② 산화철
③ 알루미나 ④ 산화크롬

33. 하주법을 실시했을 때의 설명으로 틀린 것은?

① 소형의 강괴를 일시에 여러 개 주입할 수 있어 주입시간이 단축된다.
② 용강이 조용히 상승하므로 강괴 표면이 깨끗하다.
③ 용강온도가 낮아도 주입이 쉽고, 한 번에 제품을 생산한다.
④ 주형 내 용강면 관찰이 용이하므로 주입속도, 탈산 조정이 쉽다.

해설 용강온도가 낮으면 주입이 어렵다. 하주법은 한 번에 여러 개의 제품을 생산한다.

정답 26. ③ 27. ④ 28. ② 29. ④ 30. ④ 31. ① 32. ① 33. ③

34. 다음 중 제강공정에서 사용되는 부원료 중 조재제가 아닌 것은?

① 생석회 ② 석회석
③ 소결광 ④ 연와설

해설 소결광: 제선 원료

35. 전로 취련작업 시 발생하는 슬로핑(slopping)을 억제하기 위한 대책으로 적절한 것은?

① 철광석 등의 부원료 투입량을 최대로 한다.
② 산소 공급속도를 감소시키고, 랜스의 높이를 탕면으로부터 낮게 유지한다.
③ 용선 중 규소(Si) 함량을 높게 관리하여 슬래그 양을 크게 한다.
④ 노용/장입량의 값이 작은 노를 선택하여 취련한다.

36. 제강의 산화제로 쓰이는 철광석에 대한 설명으로 틀린 것은?

① 인(P)이나 황(S)이 적은 적철광이 좋다.
② 광석의 크기는 약 10~15mm가 적당하다.
③ SiO_2의 함유량은 약 30% 이상의 것이 좋다.
④ 수분이 적어야 한다.

해설 SiO_2의 함유량은 약 10% 이하의 것이 적당하다.

37. LD전로의 가장 중요한 열원으로 사용되는 것은?

① S ② Cu ③ Zn ④ Si

38. 다음 중 염기성 내화물에 속하는 것은?

① 규석질 ② 돌로마이트질
③ 납석질 ④ 샤모트질

해설 규석질, 납석질, 샤모트질은 산성 내화물이다.

39. 강괴 작업 시 리밍작용은 어떤 기체가 발생하여 일어나는 것인가?

① CO가스 ② CO_2가스
③ O_2가스 ④ H_2가스

해설 리밍작용: 림드강에서 C+O→CO가스에 의해 기포 발생

40. 다음 중 진공탈가스 처리의 효과가 아닌 것은?

① H, N, O 등의 가스 성분이 증가된다.
② 비금속 개재물이 저감된다.
③ 온도 및 성분이 균일화된다.
④ 기계적 성질이 향상된다.

해설 H, N, O 등의 가스 성분이 감소된다.

41. 다음 중 제강 제련공정에 대한 설명으로 틀린 것은?

① 제선은 환원반응을 하며, 철광석을 환원시켜 용철을 제조하는 공정이다.
② 전로는 산화반응을 하며, 제선공정에서 환원된 Si, Mn, P, Ti 등을 산화 정련하는 공정이다.
③ 연속주조는 응고반응이며, 용융상태의 철강을 고체상태로 응고시키는 공정이다.
④ 2차 정련은 고체상태로 응고된 강을 열처리 및 응력을 가하여 재질을 향상시키는 공정이다.

해설 2차 정련은 전로나 전기로 등에서 정련이 끝난 후에 산소 제거, 합금철 및 아르곤가스 투입 등의 과정을 거쳐 산화물을 분리해서 최적 상태의 쇳물을 만들어내는 공정이다.

정답 34. ③ 35. ② 36. ③ 37. ④ 38. ② 39. ① 40. ① 41. ④

42. 전로 복합취련법에 사용되는 가스로 옳지 않은 것은?

① 수소 ② 산소
③ 질소 ④ 아르곤

해설 전류 효율을 높이기 위해 전로 상부에 산소를 취입하고 전로 하부에 질소, 아르곤가스를 취입한다.

43. 표면결함 중 이중 표피결함의 방지법이 아닌 것은?

① 오목 정반을 사용한다.
② 스플래시 캔을 사용한다.
③ 주형 내부에 도료를 바른다.
④ 저속 주입 및 주형 커버를 사용한다.

44. 자체 안전점검에서 체크리스트를 작성할 때의 유의사항으로 틀린 것은?

① 사업장에 적합하고 독자적인 내용일 것
② 일정 양식을 정하여 점검대상을 정할 것
③ 정기적으로 검토하여 재해방지에 실효성이 있게 수정된 내용일 것
④ 위험성이 적거나 긴급을 요하지 않는 것부터 순서대로 작성할 것

해설 위험성이 있거나 긴급을 요하는 것부터 순서대로 작성해야 한다.

45. 용강이 주형에 주입되었을 때 강괴의 평균 품위보다 이상 부분의 성분 품위가 높은 부분을 무엇이라 하는가?

① 터짐(crack)
② 콜드 셧(cold shut)
③ 정편석(positive segregation)
④ 비금속개재물(non metallic inclusion)

46. 재해발생의 주요 요인 중 불안전한 상태에 해당되는 것은?

① 권한 없이 행한 조작
② 안전장치를 고장내거나 기능 제거
③ 보호구 미착용 및 위험한 장소에서 작업
④ 불량한 정리 정돈

47. 슬래그의 염기도를 2로 조업하려고 한다. SiO_2가 20kg, Al_2O_3가 5kg이라면 $CaCO_3$는 약 몇 kg이 필요한가? (단, 염기도=CaO/SiO_2, $CaCO_3$ 중 유효 CaO는 50%로 한다.)

① 40 ② 60 ③ 80 ④ 100

해설 염기도$=\frac{CaO}{SiO_2}=\frac{CaO}{20}=2$

$\therefore CaO=40kg$

그런데 $CaCO_3$중 CaO가 50%이므로

$\therefore CaCO_3=80kg$이 필요하다.

48. 전기로 제강법에서 천정연와의 품질에 대한 설명으로 틀린 것은?

① 내화도가 높을 것
② 내스폴링성이 좋을 것
③ 하중연화점이 낮을 것
④ 연화 시의 점성이 높을 것

해설 하중연화점이 높을 것

49. 전기로 제강법의 특징을 설명한 것 중 틀린 것은?

① 열효율이 좋다.
② 용강의 온도 조절이 용이하다.
③ 실수율이 좋고 용강의 분포가 균일하다.
④ 사용원료에 제약이 많고 스테인리스강의 정련에만 적합하다.

해설 사용원료에 제약이 적고 모든 종류의 강종에 적합하다.

정답 42. ① 43. ④ 44. ④ 45. ③ 46. ④ 47. ③ 48. ③ 49. ④

50. 복합취련의 특징을 설명한 것 중 틀린 것은?

① 청정강 제조에 유리하다.
② 노체 내화재의 수명이 길어진다.
③ 위치에 따른 성분과 온도의 편차가 크다.
④ 취련시간이 단축되고 용강의 실수율이 높다.

해설 위치에 따른 성분과 온도의 편차가 적다.

51. 용강의 탈산을 완전하게 하여 주입하므로 가스의 방출이 없이 조용하게 응고되는 강은?

① 세미킬드강 ② 림드강
③ 캡드강 ④ 킬드강

해설 킬드강: 탈산을 완전히 한 강괴

52. 전기로 정련 중 형석을 사용하는 가장 큰 목적으로 옳은 것은?

① 반응속도를 느리게 한다.
② 온도상승을 촉진한다.
③ 염기도를 높게 한다.
④ 슬래그의 유동성을 좋게 한다.

53. 특수조업법 중 강욕에 대한 산소제트 에너지를 감소시키기 위해 취련압력을 낮추거나 또는 랜스 높이를 보통보다 높게 취련하는 방법은?

① Soft blow법
② 고용선 조업법
③ LD-AC법
④ OLP법

54. 연주법에서 주조 초기에 하부를 막아 용강이 새지 않도록 하는 장치는?

① 더미바(dummy bar)
② 핀치롤(pinch roll)
③ 턴디시(turndish)
④ 스트레이너(strainer)

55. 순산소 상취전로의 취련시 발생하는 LD가스를 회수하기 위해 사용되는 비연소식 폐가스 처리로서, 후드뚜껑으로 로 노구를 밀폐하는 방식은?

① 전 보일러식 폐가스 처리설비
② 반 보일러식 폐가스 처리설비
③ OG 시스템에 의한 폐가스 처리설비
④ 백 필터(bag filter)에 의한 폐가스 처리설비

56. 주조방향에 따라 주편에 생기는 결함으로 주형내 응고각(shell) 두께의 불균일에 기인한 응력발생에 의한 것으로 2차 냉각과정으로 더욱 확대되는 결함은?

① 표면가로 균열 ② 방사상 크랙
③ 표면세로 균열 ④ 모서리 세로 크랙

57. 전기로 제강 시 산소를 사용함으로서 나타나는 효과가 아닌 것은?

① 산소에 의한 탈탄은 흡열반응이므로 전력공급이 많아진다.
② 산소의 공급은 직접적이어서 정련시간이 단축된다.
③ 강욕 중에 생성된 CO가스의 방출을 쉽게 한다.
④ 온도 상승이 빠르다.

해설 산소에 의한 탈탄은 발열반응이므로 전력공급이 적어진다.

정답 50. ③ 51. ④ 52. ④ 53. ① 54. ① 55. ③ 56. ③ 57. ①

58. 그림은 어떤 진공 탈가스 설비 장치의 개략 도인가?

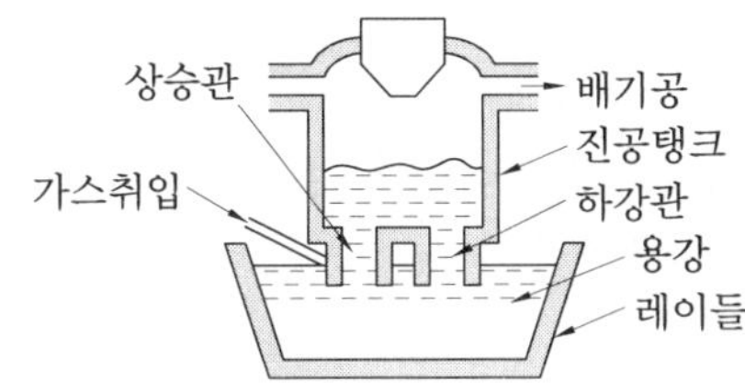

① DH법(흡인 탈가스법)
② RH법(순환 탈가스법)
③ BV법(유적 탈가스법)
④ AOD법(Argon Oxygen Decarburization)

해설 전로 정련을 마친 용강을 RH진공조에서 산소 취입에 의한 진공 탈탄시키는 방법을 RH법(순환 탈가스법)이라 한다.

59. 다음 중 규소의 약 17배, 망간의 90배까지 탈산시킬 수 있는 것은?

① Al ② Fe-Mn
③ Si-Mn ④ Ca-Si

60. 파우더 캐스팅(Powder casting)에서 파우더의 기능이 아닌 것은?

① 용강면을 덮어서 공기 산화를 촉진시킨다.
② 용융한 파우더가 주형벽으로 흘러서 윤활제로 작용한다.
③ 용탕 중에 함유된 알루미나 등의 개재물을 용해하여 강의 재질을 향상시킨다.
④ 용강면을 덮어서 열방산을 방지한다.

해설 용강면을 덮어서 공기 산화를 방지한다.

정답 58. ② 59. ① 60. ①

2012년 2월 12일 시행 문제

제강기능사

1. 4%Cu, 2%Ni, 1.5%Mg이 첨가된 알루미늄 합금으로 내연기관용 피스톤이나 실린더 헤드 등으로 사용되는 재료는?

① Y합금 ② Lo-Ex합금
③ 라우탈 ④ 하이드로날륨

해설 알루미늄 합금으로 4%Cu, 2%Ni, 1.5%Mg이 첨가된 내열합금은 Y합금이다.

2. 고탄소 크롬베어링강의 탄소함유량의 범위(%)로 옳은 것은?

① 0.12~0.17 ② 0.21~0.45
③ 0.95~1.10 ④ 2.20~4.70

3. 금속의 표면에 Zn을 침투시켜 대기 중 철강의 내식성을 증대시켜 주기 위한 처리법은?

① 세라다이징 ② 크로마이징
③ 칼로라이징 ④ 실리코나이징

4. 탄소강의 표준조직에 해당하는 것은?

① 펄라이트와 마텐자이트
② 페라이트와 소르바이트
③ 펄라이트와 페라이트
④ 페라이트와 베이나이트

5. 흑연을 구상화시키기 위해 선철을 용해하여 주입 전에 첨가하는 것은?

① Ca ② Cr
③ Mg ④ Na_2CO_3

해설 구상화 주철: Mg을 첨가하여 흑연을 구상화한 주철

6. 라우탈은 Al–Cu+Si합금이다. 이중 3~8%의 Si을 첨가하여 형성되는 성질은?

① 주조성 ② 내열성
③ 피삭성 ④ 내식성

7. 다음 중 용융점이 가장 낮은 금속은?

① Zn ② Sb ③ Pb ④ Sn

해설 Sn: 231.9℃, Zn: 419℃, Sb: 650.5℃, Pb: 327.4℃

8. α고용체+용융액$\rightleftarrows\beta$고용체의 반응을 나타내는 것은?

① 공석반응 ② 공정반응
③ 포정반응 ④ 편정반응

9. 다음 중 반자성체에 해당하는 금속은?

① 철(Fe) ② 니켈(Ni)
③ 안티몬(Sb) ④ 코발트(Co)

해설 강자성체: 철(Fe), 니켈(Ni), 코발트(Co), 반자성체: 안티몬(Sb)

10. 백선철을 900~1000℃로 가열하여 탈탄시켜 만든 주철은?

① 칠드주철 ② 합금주철
③ 편상흑연주철 ④ 백심가단주철

정답 1. ① 2. ③ 3. ① 4. ③ 5. ③ 6. ① 7. ④ 8. ③ 9. ③ 10. ④

11. 고속베어링에 적합한 것으로 성분이 Cu+Pb인 합금은?

① 톰백 ② 포금
③ 켈밋 ④ 인청동

12. 금속간 화합물에 대한 설명으로 옳은 것은?

① 변형하기 쉽고 인성이 크다.
② 일반적으로 복잡한 결정구조를 갖는다.
③ 전기저항이 낮고 금속적인 성질이 우수하다.
④ 성분금속 중 낮은 용융점을 갖는다.

해설 금속간 화합물: 복잡한 결정구조, 전기저항이 높고, 융점이 높다.

13. 알루미늄의 특성을 설명한 것 중 옳은 것은?

① 온도에 관계없이 항상 체심입방격자이다.
② 강에 비하여 비중이 가볍다.
③ 주조품 제작 시 주입온도는 1000℃이다.
④ 전기전도율이 구리보다 높다.

해설 알루미늄은 비중이 2.7로서 가볍다.

14. 문쯔메탈이라 하며, 탈아연 부식이 발생하기 쉬운 동합금은?

① 6-4황동 ② 주석청동
③ 네이벌 황동 ④ 어드미럴티 황동

15. 소성변형이 일어나면 금속이 경화하는 현상을 무엇이라 하는가?

① 가공경화 ② 탄성경화
③ 취성경화 ④ 자연경화

16. 그림과 같은 육각 볼트를 제작용 약도로 그릴 때의 선의 종류를 설명한 것 중 옳은 것은?

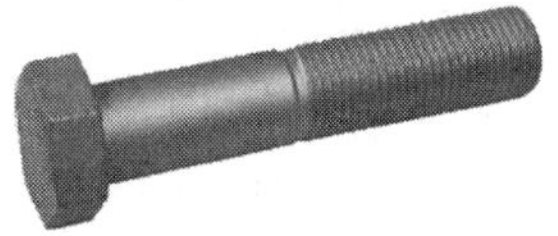

① 볼트 머리의 모든 외형선은 직선으로 그린다.
② 골지름을 나타내는 선은 굵은 실선으로 그린다.
③ 가려서 보이지 않는 나사부는 가는 실선으로 그린다.
④ 완전 나사부와 불완전 나사부의 경계선은 굵은 실선으로 그린다.

17. 척도를 기입하는 방법으로 틀린 것은?

① 척도에서 1:2는 축척이고, 2:1은 배척이다.
② 척도는 도면의 오른쪽 아래에 있는 표제란에 기입한다.
③ 표제란이 없을 경우에는 척도의 기입을 생략해도 무방하다.
④ 같은 도면에 다른 척도를 사용할 때 각 품번 옆에 사용된 척도를 기입한다.

해설 표제란이 없을 경우에 척도를 반드시 기입한다.

18. 위 치수 허용차와 아래 치수 허용차와의 차는?

① 기준선 공차 ② 기준공차
③ 기본공차 ④ 치수공차

정답 11. ③ 12. ② 13. ② 14. ① 15. ① 16. ④ 17. ③ 18. ④

19. 투상도의 선정 방법으로 틀린 것은?

① 숨은선이 적은 쪽으로 투상한다.
② 물체의 오른쪽과 왼쪽이 대칭일 때에는 좌측면도는 생략할 수 있다.
③ 물체의 길이가 길 때, 정면도와 평면도만으로 표시할 수 있을 경우에는 측면도를 생략한다.
④ 물체의 모양과 특징을 가장 잘 나타낼 수 있는 면을 평면도로 선정한다.

해설 물체의 모양과 특징을 가장 잘 나타낼 수 있는 면을 정면도로 선정한다.

20. 표면 거칠기 기호에 의한 줄다듬질의 약호는?

① FB　② FS　③ FL　④ FF

해설 FB: 버프 다듬질, FS: 스크레이퍼 다듬질, FL: 래핑 다듬질, FF: 줄다듬질

21. 제도에서 타원 등의 기본 도형이나 문자, 숫자, 기호 및 부호 등을 원하는 모양으로 정확하게 그릴 수 있는 것은?

① 형판　② 운형자
③ 지우개판　④ 디바이더

22. 물체를 중심에서 반으로 절단하여 단면도로 나타내는 것은?

① 부분 단면도　② 회전 단면도
③ 온 단면도　④ 한쪽 단면도

23. 치수 숫자와 같이 사용하는 기호 중 구의 반지름 치수를 나타내는 기호는?

① SR　② □　③ t　④ C

24. 제도 도면의 치수 기입 원칙에 대한 설명으로 틀린 것은?

① 치수선은 부품의 모양을 나타내는 외형선과 평행하게 그어 표시한다.
② 길이, 높이 치수의 표시 위치는 되도록 정면도에 표시한다.
③ 치수는 계산하여 구할 수 있는 치수는 기입하지 않으며, 지시선은 굵은 실선으로 표시한다.
④ 대상물의 기능, 제작, 조립 등을 고려하여 필요하다고 생각되는 치수를 명료하게 기입한다.

해설 치수는 계산하여 구할 수 있는 치수를 기입하고, 지시선은 가는 실선으로 표시한다.

25. KS D 3503에 의한 SS330으로 표시된 재료기호에서 330이 의미하는 것은?

① 재질 번호　② 재질 등급
③ 탄소 함유량　④ 최저 인장강도

26. 한국산업표준 중에서 공업 부문에 쓰이는 제도의 기본적이며 공통적인 사항인 도면의 크기, 투상법, 선작도 일반, 단면도, 글자, 치수 등을 규정한 제도 통칙은?

① KS A 0005　② KS B 0005
③ KS D 0005　④ KS V 0005

27. 화살표 방향에서 본 투상도가 정면도이면 평면도로 옳은 것은?

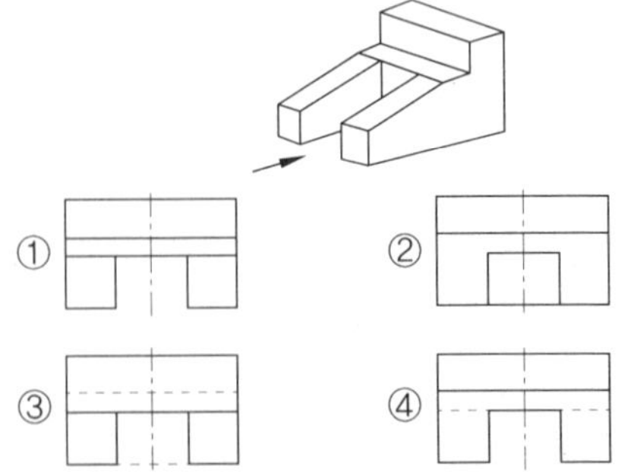

정답 19. ④　20. ④　21. ①　22. ③　23. ①　24. ③　25. ④　26. ①　27. ①

28. 탈산 및 탈황작용을 겸하는 것은?

① Mn ② Si ③ Al ④ C

29. 다음 중 무재해운동의 3원칙이 아닌 것은?

① 무의 원칙 ② 전원 참가의 원칙
③ 이익 집단의 원칙 ④ 선취 해결의 원칙

30. 내화재료의 구비조건으로 틀린 것은?

① 열전도율과 팽창율이 높을 것
② 고온에서 기계적 강도가 클 것
③ 고온에서 전기적 절연성이 클 것
④ 화학적인 분위기하에서 안정된 물질일 것

해설 열전도율과 팽창율이 낮을 것

31. 전기로 제강법에서 탈인을 유리하게 하는 조건 중 옳은 것은?

① 슬래그 중에 P_2O_5가 많아야 한다.
② 슬래그의 염기도가 커야 한다.
③ 슬래그 중 FeO가 적어야 한다.
④ 비교적 고온도에서 탈인 작용을 한다.

해설 탈인은 슬래그의 염기도가 커야 유리하다.

32. 흡인 탈가스법(DH법)에서 제거되지 않는 원소는?

① 산소 ② 탄소
③ 규소 ④ 수소

33. 전로조업에서 취련 개시 및 취련 도중에 첨가하여 슬래그의 유동성을 향상시켜 반응성을 높여 주는 것은?

① 형석 ② 생석회
③ 연와설 ④ 돌로마이트

34. 산화제를 강욕 중에 첨가 또는 취입하면 강욕 중에서 다음 중 가장 늦게 제거되는 것은?

① Cr ② Si
③ Mn ④ C

해설 강욕 중 늦게 제거되는 순서로는 Si→Mn→Cr→P→C이다.

35. 제강 전처리로 혼선차(Torpedo Car)를 들 수 있다. 이에 대한 설명 중 틀린 것은?

① 노체 중앙부에 노구가 있다.
② 출선할 때는 최대 120~145°까지 경동시킨다.
③ 노 내벽은 점토질 연와 및 고알루미나 연와로 쌓는다.
④ 탄소 성분의 변화는 1~2시간에 0.3~0.5% 상승한다.

해설 탄소 성분의 변화는 1~2시간에 0.3~0.5% 저하한다.

36. 진공조 하부에 상승관과 하강관 2개의 관이 설치되어 있어 용강이 진공조 내를 순환하면서 탈가스 하는 순환 탈가스법은?

① LF법 ② DH법
③ RH법 ④ TDS법

37. 연속주조공정에 해당하는 주요 설비가 아닌 것은?

① 몰드(mold)
② 턴디시(turndish)
③ 더미바(dummy bar)
④ 레이들 로(ladle furnace)

정답 28. ① 29. ③ 30. ① 31. ② 32. ③ 33. ① 34. ④ 35. ④ 36. ③ 37. ④

38. 연주작업 중 주형 내 용강표면으로부터 주편의 내부 코어(core)가 완전 응고될 때까지의 길이는?

① 주편응고길이(metallugical length)
② 주편응고 테이퍼 길이
③ AMCL(Air Mist Coilling Length)
④ EMBRL(Electromagnetic Mold Break Ruler Length)

39. 전기로 노외 정련작업의 VOD 설비에 해당되지 않는 것은?

① 배기 장치를 갖춘 진공실
② 아르곤 가스 취입장치
③ 산소 취입용 가스
④ 아크 가열장치

40. 복합 취련법에 대한 설명으로 틀린 것은 어느 것인가?

① 취련시간이 단축된다.
② 용강의 실수율이 높다.
③ 위치에 따른 성분 편차는 없으나 온도의 편차가 심하다.
④ 강욕 중의 C와 O의 반응이 활발해지므로 극저탄소강 등 청정강의 제조가 유리하다.

41. 용선 사용량이 80톤, 고철 사용량이 20톤, 용선 중 Si의 양이 0.5%이었다면 Si와 이론적으로 반응하는 산소의 양은 약 몇 kg인가? (단, O_2의 분자량은 32, Si의 원자량은 28이다.)

① 157 ② 257
③ 357 ④ 457

해설 $\text{산소사용량} = \text{규소량} \times \dfrac{\text{산소원자량}}{\text{규소원자량}} \times \text{용선량}$

$$= 0.005 \times \frac{32}{28} \times 80,000 \fallingdotseq 457\text{kg}$$

42. 전로 취련 종료 시 종점판정의 실시기준으로 적당하지 않는 것은?

① 취련시간
② 불꽃의 형상
③ 산소 사용량
④ 부원료 사용량

43. LD전로에 요구되는 산화칼슘의 성질을 설명한 것 중 틀린 것은?

① 소성이 잘 되어 반응성이 좋을 것
② 세립이고 정립되어 있어 반응성이 좋을 것
③ 황, 이산화규소 등의 불순물을 되도록 많이 포함할 것
④ 가루가 적어 다룰 때의 손실이 적을 것

해설 황, 이산화규소 등의 불순물을 되도록 적게 포함할 것이 요구된다.

44. Soft blow법에 대한 설명으로 틀린 것은?

① 고탄소강의 용제에 효과적이다.
② Soft blow를 하면 T · Fe가 높은 발포성 강재(foaming slag)가 생성되어 탈인이 잘 된다.
③ 산화성 강재와 고염기도 조업을 하면 탈인, 탈황을 효과적으로 할 수 있다.
④ 취련압력을 높이거나 랜스 높이를 보통보다 낮게 하는 취련하는 방법이다.

해설 취련압력을 낮추거나 랜스 높이를 보통보다 높여 취련하는 방법이다.

정답 38. ① 39. ④ 40. ③ 41. ④ 42. ④ 43. ③ 44. ④

45. 철광석이 산화제로 이용되기 위하여 갖추어야 할 조건을 설명한 것 중 틀린 것은?

① 산화철이 많을 것
② P 및 S의 성분이 낮을 것
③ 산성 성분인 TiO_2가 높을 것
④ 결합수 및 부착수분이 낮을 것

해설 산성 성분인 TiO_2가 낮을 것

46. 재해가 발생되었을 때 대처사항 중 가장 먼저 해야 할 일은?

① 보고를 한다.
② 응급조치를 한다.
③ 사고원인을 파악한다.
④ 사고대책을 세운다.

47. 연주법에서 주편품질에 미치는 주조온도의 영향을 설명한 것 중 옳은 것은?

① 용강 내에 혼재하는 개재물의 부상온도는 높은 편이 좋고, 응고에 따른 매크로 편석에 대하여는 고온주조를 해야 한다.
② 용강 내에 혼재하는 개재물의 부상온도는 낮은 편이 좋고, 응고에 따른 매크로 편석에 대하여는 저온주조를 해야 한다.
③ 용강 내에 혼재하는 개재물의 부상온도는 높은 편이 좋고, 응고에 따른 매크로 편석에 대하여는 저온주조를 해야 한다.
④ 용강 내에 혼재하는 재재물의 부상온도는 낮은 편이 좋고, 응고에 따른 매크로 편석에 대하여는 고온주조를 해야 한다.

48. 강괴 내에 있는 용질 성분이 불균일하게 존재하는 현상을 무엇이라고 하는가?

① 기포 ② 백점
③ 편석 ④ 수축관

49. 고인(P) 선철을 처리하는 방법으로 노체를 기울인 상태에서 고속으로 회전하여 취련하는 방법은?

① 가탄법 ② 로터법
③ 칼도법 ④ 캐치카아본법

50. 다음 VOD(Vacuum Oxygen Decaburization) 법에 대한 설명으로 틀린 것은?

① boiling이 왕성한 초기에 급 감압하여 용강을 안정화시킨다.
② 스테인리스강의 진공 탈산법으로 많이 사용한다.
③ VOD법을 Witten법이라고도 한다.
④ 산소를 탈탄에 사용한다.

해설 boiling이 왕성한 초기에 너무 감압하면 용강이 레이들 밖으로 넘쳐흐른다.

51. 제강설비 수리작업 시 일반적인 가연성 가스 허용농도 기준으로 옳은 것은?

① 폭발 하한계의 1/2 이하
② 폭발 하한계의 1/3 이하
③ 폭발 하한계의 1/4 이하
④ 폭발 하한계의 1/5 이하

52. 다음 중 강괴의 편석 발생이 적은 상태에서 많은 순서로 나열한 것은?

① 킬드강–캡드강–림드강
② 킬드강–림드강–캡드강
③ 캡드강–킬드강–림드강
④ 캡드강–림드강–킬드강

정답 45. ③ 46. ② 47. ③ 48. ③ 49. ③ 50. ① 51. ③ 52. ①

53. 염기성 내화물의 주 종류가 아닌 것은?

① 크로마그질 ② 규석질
③ 돌로마이트질 ④ 마그네시아질

해설 규석질: 산성 내화물

54. 아크식 전기로의 작업순서를 옳게 나열한 것은?

① 장입→산화기→용해기→환원기→출강
② 장입→용해기→산화기→환원기→출강
③ 장입→용해기→환원기→산화기→출강
④ 장입→환원기→용해기→산화기→출강

55. 진공아크용해법(VAR)을 통한 제품의 기계적 성질 변화로 옳은 것은?

① 피로 및 크리프 강도가 감소한다.
② 가로세로의 방향성이 증가한다.
③ 충격값이 향상되고, 천이온도가 저온으로 이동한다.
④ 연성은 개선되나, 연신율과 단면수축율이 낮아진다.

56. 용선의 탈황반응 결과 일산화탄소가 발생하고 이것의 끓음 현상에 의해 탈황 생성물을 슬래그로 부상시키는 탈황제는?

① 탄산나트륨(Na_2CO_3)
② 탄화칼슘(CaC_2)
③ 산화칼슘(CaO)
④ 플루오르와 칼슘(CaF_2)

57. 전기로 조업에서 환원철을 사용하였을 때의 설명으로 옳은 것은?

① 맥석분이 적다.
② 철분의 회수가 적다.
③ 생산성이 저하된다.
④ 다량의 산화칼슘이 필요하다.

58. 연주법에서 완전응고 후 압연하는 sizing mill법은 교정기를 나온 주편이 재가열되어 압연기에 들어가게 된다. 이 방법의 장점이 아닌 것은?

① 강조직의 조대화 ② 주편의 품질 개선
③ 생산량의 증가 ④ 주편의 현열 이용

59. 주입작업 시 하주법에 대한 설명으로 틀린 것은?

① 용강이 조용하게 상승하므로 강괴 표면이 깨끗하다.
② 주형 내 용강면을 관찰할 수 있어 탈산조정이 쉽다.
③ 주형 내 용강면을 관찰할 수 있어 주입속도 조정이 쉽다.
④ 작은 강괴를 한꺼번에 많이 얻을 수 없고 주입 시간은 짧아진다.

해설 작은 강괴를 한꺼번에 많이 얻을 수 있고 주입 시간은 짧아진다.

60. 고주파 유도로에서 유도 저항 증가에 따른 전류의 손실을 방지하고 전력 효율을 개선하기 위한 것은?

① 노체 설비 ② 노용 변압기
③ 진상 콘덴서 ④ 고주파 전원장치

정답 53. ② 54. ② 55. ③ 56. ① 57. ④ 58. ① 59. ④ 60. ③

2013년 1월 27일 시행 문제

제강기능사

1. 다음 중 진정강(killed steel)이란?

① 탄소가 없는 강
② 완전 탈산한 강
③ 캡을 씌워 만든 강
④ 탈산제를 첨가하지 않은 강

2. 처음에 주어진 특정한 모양의 것을 인장하거나 소성변형한 것이 가열에 의하여 원래의 상태로 돌아가는 현상은?

① 석출경화 효과 ② 시효현상 효과
③ 형상기억 효과 ④ 자기변태 효과

3. Fe-C 평형상태도에서 δ(고용체)+L(융체)⇄γ(고용체)로 되는 반응은?

① 공정점 ② 포정점
③ 공석점 ④ 편정점

해설 포정점 반응: δ(고용체)+L(융체)⇄γ(고용체)

4. 강대금(steel back)에 접착하여 바이메탈 베어링으로 사용하는 구리(Cu)-납(Pb)계 베어링 합금은?

① 켈밋 ② 백동
③ 배빗메탈 ④ 화이트메탈

5. 동합금 중에서 가장 큰 강도와 경도를 나타내며 내식성, 도전성, 내피로성 등이 우수하여 베어링, 스프링, 전기접점 및 전극재료 등으로 사용되는 재료는?

① 인청동 ② 베릴륨 동
③ 니켈청동 ④ 규소동

6. 라우탈 합금의 특징을 설명한 것 중 틀린 것은?

① 시효경화성이 있는 합금이다.
② 규소를 첨가하여 주조성을 개선한 합금이다.
③ 주조 균열이 크므로 사형 주물에 적합하다.
④ 구리를 첨가하여 피삭성을 좋게 한 합금이다.

해설 주조 균열이 작아 금형 주물에 적합하다.

7. 금속의 성질 중 전성에 대한 설명으로 옳은 것은?

① 광택이 촉진되는 성질
② 소재를 용해하여 접합하는 성질
③ 얇은 박으로 가공할 수 있는 성질
④ 원소를 첨가하여 단단하게 하는 성질

8. Fe-C계 평형상태도에서 냉각시 Acm선이란?

① δ고용체에서 γ고용체가 석출하는 온도선
② γ고용체에서 시멘타이트가 석출하는 온도선
③ α고용체에서 펄라이트가 석출하는 온도선
④ γ고용체에서 α고용체가 석출하는 온도선

정답 1. ② 2. ③ 3. ② 4. ① 5. ② 6. ③ 7. ③ 8. ②

9. 오스테나이트계의 스테인리스강의 대표강인 18-8스테인리스강의 합금 원소와 그 함유량이 옳은 것은?

① Ni(18%)-Mn(8%)　② Mn(18%)-Ni(8%)
③ Ni(18%)-Cr(8%)　④ Cr(18%)-Ni(8%)

10. 급냉 또는 상온가공 후 시효(aging)를 단단하게 하는 방법을 무엇이라 하는가?

① 시효경화　② 개량처리
③ 용체화 처리　④ 실루민 처리

11. 실용되고 있는 주철의 탄소 함유량(%)으로 가장 적합한 것은?

① 0.5~1　② 1.0~1.5
③ 1.5~2　④ 3.2~3.8

12. 열팽창계수가 아주 작아 줄자, 표준자 재료에 적합한 것은?

① 인바　② 센더스트
③ 초경합금　④ 바이탈륨

13. 80Cu-15Zn 합금으로서 연하고 내식성이 좋으므로 건축용, 소켓, 체결구 등에 사용되는 합금은?

① 실루민　② 문쯔메탈
③ 틴 브라스　④ 레드 브라스

14. 탄소강 중에 포함되어 있는 망간강의 영향이 아닌 것은?

① 고온에서 결정립 성장을 억제시킨다.
② 주조성을 좋게 하고 황의 해를 감소시킨다.
③ 강의 담금질 효과를 증대시켜 경화능을 크게 한다.
④ 강의 연신율은 그다지 감소시키지 않으나, 강도, 경도, 인성을 감소시킨다.

해설 강의 연신율은 그다지 감소시키지 않으나, 강도, 경도, 인성을 증가시킨다.

15. 특수강에서 함유량이 증가하면 자경성을 주는 원소로 가장 좋은 것은?

① Cr　② Mn　③ Ni　④ Si

16. 다음 그림에서 나타난 치수 보조기호의 설명이 옳은 것은?

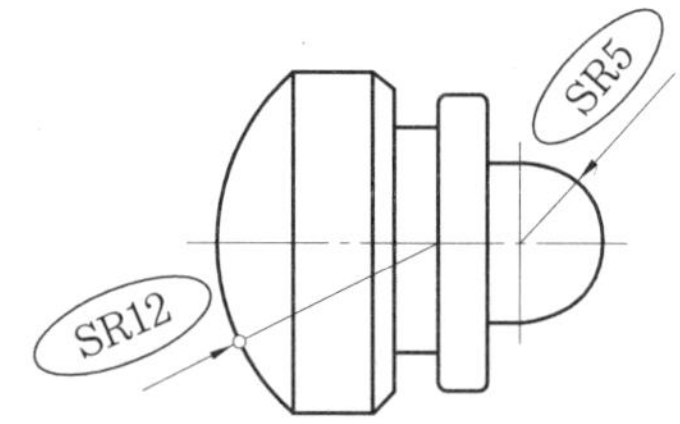

① 반지름　② 참고치수
③ 구의 반지름　④ 원호의 길이

17. 연삭의 가공방법 중 센터리스 연삭의 기호로 옳은 것은?

① GI　② GE　③ GCL　④ GCN

18. 강종 SNCM8에서 영문 각각에 대해 옳게 표시된 것은?

① S-강, N-니켈, C-탄소, M-망간
② S-강, N-니켈, C-크롬, M-망간
③ S-강, N-니켈, C-탄소, M-몰리브덴
④ S-강, N-니켈, C-크롬, M-몰리브덴

해설 SNCM8: S-강, N-니켈, C-크롬, M-몰리브덴

정답 9. ④　10. ①　11. ④　12. ①　13. ④　14. ④　15. ①　16. ③　17. ③　18. ④

19. 대상물의 구멍, 홈 등과 같이 한 부분의 모양을 도시하는 것으로 충분한 경우에 도시하는 방법은?

① 보조 투상도 ② 회전 투상도
③ 국부 투상도 ④ 부분 확대 투상도

20. 물체의 각 면과 바라보는 위치에서 시선을 평행하게 연결하면 실제의 면과 같은 크기의 투상도를 보는 물체의 사이에 설치해 놓은 투상면을 얻게 되는 투상법은?

① 투시도법 ② 정투상법
③ 사투상법 ④ 등각 투상법

해설 대상물의 좌표면이 투상면에 평행인 투상법이다.

21. 15mm 드릴 구멍의 지시선을 도면에 바르게 나타낸 것은?

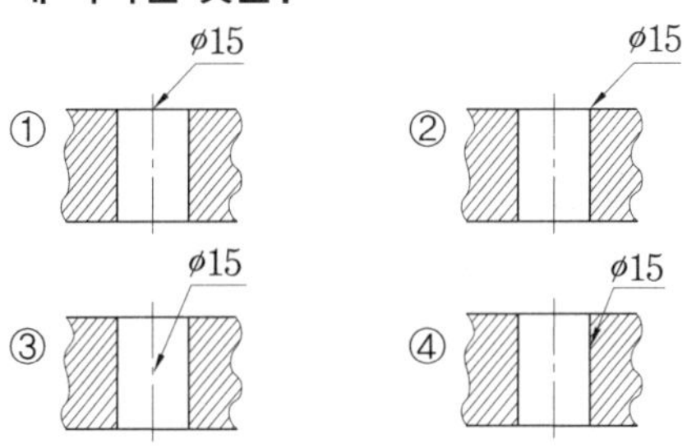

22. 투상도에서 화살표 방향을 정면도로 하였을 때 평면도는?

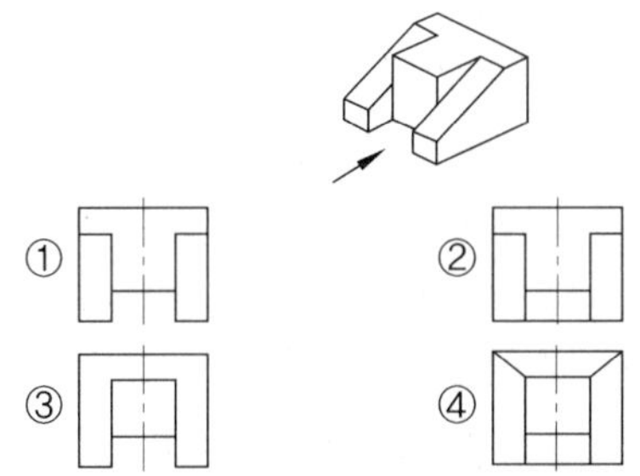

23. 미터 가는나사로서 호칭지름 20m, 피치 1mm인 나사의 표시로 옳은 것은?

① M20-1 ② M20×1
③ TM20×1 ④ TM20-1

24. 도면의 종류를 사용 목적 및 내용에 따라 분류할 때 사용 목적에 따라 분류한 것이 아닌 것은?

① 승인도 ② 부품도
③ 설명도 ④ 제작도

해설 사용 목적에 의한 분류: 승인도, 설명도, 제작도

25. 다음 중 최대죔새를 나타낸 것은?

① 구멍의 최소허용치수+축의 최대허용치수
② 구멍의 최대허용치수+축의 최소허용치수
③ 축의 최소허용치수-구멍의 최대허용치수
④ 축의 최대허용치수-구멍의 최소허용치수

26. 물체의 실제 길이 치수가 500mm인 경우 척도 1:5 도면에서 그려지는 길이(mm)는?

① 100 ② 500
③ 1000 ④ 2500

27. 용도에 따른 선의 종류와 선의 모양이 옳게 연결된 것은?

① 가상선-굵은 실선
② 숨은선-가는 실선
③ 피치선-굵은 2점 쇄선
④ 중심선-가는 1점 쇄선

정답 19. ③ 20. ② 21. ① 22. ① 23. ② 24. ② 25. ④ 26. ① 27. ④

28. Si가 0.71%의 용선 80톤과 고철을 전로에 장입 취련하면 몇 kg의 SiO_2가 발생하는가? (단, 취련 종료 시 용강 중 Si는 0.01%가 남아 있고, 화학반응식은 $Si+O_2 \rightarrow SiO_2$를 이용하여 Si의 원자량은 28, O의 원자량은 16이다.)

① 1500 ② 1200 ③ 560 ④ 140

해설 SiO_2가 되는 Si = 용선 중 Si% − 용강 중 Si%
= 0.71 − 0.01 = 0.7%
Si량 = 용선량 × Si% = $80000 \times \frac{0.7}{100}$ = 560kg
Si는 산소와 반응하여 SiO_2로 될 때 원자비는 28:60이다.
$\therefore 28:60 = 560:x$에서 $x = \frac{60 \times 560}{28} = 1200$kg

29. 전기로 산화기 반응으로 제거되는 원소는?

① Ca ② Cr ③ Cu ④ Al

30. 전로의 반응속도 결정요인과 관련이 가장 적은 것은?

① 산소 사용량
② 산소 분출압
③ 랜스 노즐의 직경
④ 출강시 알루미늄 첨가량

31. 전기로의 밑부분에 용탕이 있는 부분의 명칭은?

① 노체 ② 노상 ③ 천정 ④ 노벽

32. 전기로의 특징에 관한 설명으로 틀린 것은?

① 용강의 온도 조절이 쉽다.
② 사용원료의 제약이 적다.
③ 합금철을 모두 직접 용강 속으로 넣을 수 있다.
④ 노 안의 분위기는 환원 쪽으로만 사용할 수 있다.

해설 노 안의 분위기는 자유롭게 산화, 환원으로 사용할 수 있다.

33. 전로에서 주원료 장입 시 용선보다 고철을 먼저 장입하는 안전상 이유로 가장 적합한 것은?

① 폭발방지
② 노구 지금 탈락방지
③ 용강유출 사고방지
④ 랜스 파손에 의한 충돌방지

34. 산소랜스를 통하여 산화칼슘을 노 안에 장입하는 방법은?

① 칼도(kaldo)법
② 로터(rotor)법
③ LD-AC법
④ 오픈 헬스(open hearth)법

35. 산화광(Fe_2O_3, PbO, WO_3)을 환원하여 금속을 얻고자 할 때 환원제로서 가장 거리가 먼 것은?

① 카본(C) ② 수소(H_2)
③ 일산화탄소(CO) ④ 질소(N_2)

해설 환원제: 카본(C), 수소(H_2), 일산화탄소(CO)

36. 산성전로 제강법의 특징이 아닌 것은?

① 원료로 용선을 사용한다.
② 규산질 내화물을 사용한다.
③ 원료 중의 인(P)의 제거가 가능하다.
④ 불순물의 산화열을 열원으로 사용한다.

해설 원료 중의 인(P)의 제거가 어렵다.

정답 28. ② 29. ② 30. ④ 31. ② 32. ④ 33. ① 34. ③ 35. ④ 36. ③

37. 고주파 유도로에 사용되는 염기성내화물 중 가장 널리 사용되는 것은?

① MgO ② SiO_2
③ CaF_2 ④ Al_2O_3

38. 강괴 중에 발생하는 비금속 개재물의 생성 원인에 대한 설명으로 틀린 것은?

① 공기 중 질소의 혼입 때문
② 용강이 공기에 의한 산화 때문
③ 여러 반응에 의한 반응 생성물 때문
④ 내화물의 용식 및 기계적 혼입 때문

해설 공기 중 산소의 혼입 때문이다.

39. 용선의 황을 제거하기 위해 사용되는 탈황제 중 고체의 것으로 강력한 탈황제로 사용되는 것은?

① CaC_2 ② KOH
③ NaCl ④ Na_2CO_3

40. 제강작업에 사용되는 합금철이 구비해야 하는 조건 중 틀린 것은?

① 산소와의 친화력이 철에 비하여 클 것
② 용강 중에 있어서 확산속도가 작을 것
③ 화학적 성질에 의해 유해원소를 제거시킬 것
④ 용강 중에서 탈산 생성물이 용이하게 부상 분리될 것

해설 합금철은 용강 중에 확산속도가 크다.

41. 슬로핑(slopping)이 발생하는 원인이 아닌 것은?

① 용선 배합율이 낮은 경우
② 노내 슬래그의 혼입이 많은 경우
③ 슬래그 재재를 충분히 하지 않은 경우
④ 노내 용적에 비해 장입량이 과다한 경우

해설 용선 배합율이 높은 경우이다.

42. 그림은 DH법(흡인탈가스법)의 구조이다. ( )의 구조 명칭은?

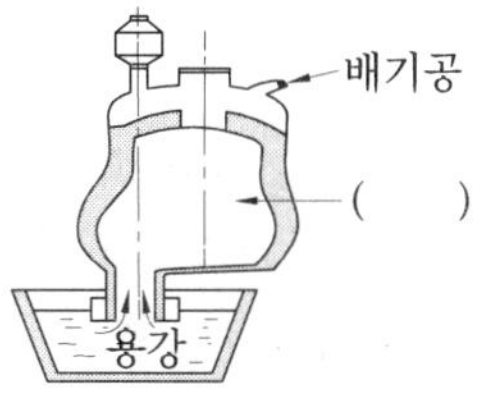

① 레이들
② 취상관
③ 진공조
④ 합금 첨가장치

43. 제강조업에서 소량의 첨가로 염기도의 저하 없이 슬래그의 용융온도를 낮추어 유동성을 좋게 하는 것은?

① 생석회 ② 석회석
③ 형석 ④ 철광석

44. 재해율 중 강도율을 구하는 식으로 옳은 것은?

① $\frac{\text{총 근로시간수}}{\text{근로손실일수}} \times 1000$

② $\frac{\text{근로손실일수}}{\text{총 근로시간수}} \times 1000$

③ $\frac{\text{근로손실일수}}{\text{총 근로시간수}} \times 1000000$

④ $\frac{\text{총 근로시간수}}{\text{근로손실일수}} \times 1000000$

정답 37. ① 38. ① 39. ① 40. ② 41. ① 42. ③ 43. ③ 44. ②

45. 상주법으로 강괴를 제조하는 경우에 대한 설명으로 틀린 것은?

① 내화물에 의한 개재물이 적다.
② 주형 정비작업이 간단하다.
③ 강괴표면이 우수하다.
④ 대량생산이 적합하다.

해설 강괴표면이 거칠다.

46. 완전 탈산한 강으로 주형 상부에 압탕 틀(hot top)을 설치하여 이곳에 파이프를 집중 생성시켜 분괴압연한 후 이 부분을 잘라내는 강괴는?

① 림드강 ② 캡드강
③ 킬드강 ④ 세미킬드강

해설 정련된 용강을 레이들 중에서 Fe-Mn, Fe-Si, Al 등으로 완전 탈산시킨 강으로 재질이 균일하다.

47. 롤러 에이프런의 설명으로 옳은 것은?

① 수축공의 제거
② 턴디시의 교환 역할
③ 주조 중 폭의 증가 촉진
④ 주괴가 부푸는 것을 막음

48. 단조나 열간가공한 재료의 파단면에 은회색의 반점이 원형으로 집중되어 나타나는 결함은 주로 강의 어떤 성분 때문인가?

① 수소 ② 질소
③ 산소 ④ 이산화탄소

49. 몰드 플럭스의 주요 기능을 설명한 것 중 틀린 것은?

① 주형 내 용강의 보온작용
② 주형과 주편 간의 윤활작용
③ 부상한 개재물의 용해 흡수작용
④ 주형 내 용강 표면의 산화 촉진작용

해설 주형 내 용강 표면의 산화 방지작용을 한다.

50. 전기 아크로의 조업순서를 옳게 나열한 것은?

① 원료장입 → 용해 → 산화 → 슬래그 제거 → 환원 → 출강
② 원료장입 → 용해 → 환원 → 슬래그 제거 → 산화 → 출강
③ 원료장입 → 산화 → 용해 → 환원 → 슬래그 제거 → 출강
④ 원료장입 → 환원 → 용해 → 산화 → 슬래그 제거 → 출강

51. 연속주조에서 조업조건의 내용을 설비요인과 조업요인으로 나눌 때 조업요인에 해당되지 않는 것은?

① 주조온도
② 윤활제 재질
③ 진동수와 진폭
④ 주편 크기 및 향상

해설 조업요인: 주조온도, 윤활제 재질, 진동수와 진폭

52. LF(Ladle furnace)조업에서 LF기능과 거리가 먼 것은?

① 용해기능 ② 교반기능
③ 정련기능 ④ 가열기능

해설 LF기능: 교반기능, 정련기능, 가열기능

정답 45. ③ 46. ③ 47. ④ 48. ① 49. ④ 50. ① 51. ④ 52. ①

53. 주형의 밑을 막아주고 핀치로까지 주편을 인발하는 것은?

① 몰드 ② 레이들
③ 더미바 ④ 침지노즐

54. 전로 제강법의 특징을 설명한 것 중 틀린 것은?

① 성분을 조절하기 위한 부원료 등의 조절이 필요하다.
② 장입 주원료인 고철을 무제한으로 사용이 가능하다.
③ 강의 최종성분을 조절하기 위하여 용강에 첨가하는 합금철, 탈산제가 있다.
④ 용선중의 C, Si, Mn 등은 취련 중에 산화와 화학반응에 의해 열을 발생한다.

해설 장입 주원료인 용선을 무제한으로 사용이 가능하다.

55. 슬래그의 역할이 아닌 것은?

① 정련작용 ② 용강의 산화방지
③ 가스의 흡수방지 ④ 열의 방출작용

56. 저취 전로조업에 대한 설명으로 틀린 것은?

① 극저탄소(C: 0.04%)까지 탈탄이 가능하다.
② 교란이 강하고, 강욕의 온도, 성분이 균질하다.
③ 철의 산화손실이 적고, 강중에 산소가 낮다.
④ 간접반응을 하기 때문에 탈인 및 탈황이 효과적이지 못하다.

해설 간접반응을 하기 때문에 탈인 및 탈황이 효과적이다.

57. 비금속 개재물에 대한 설명 중 옳은 것은?

① 용강보다 비중이 크다.
② 제품의 강도에는 영향이 없다.
③ 압연 중 균열의 원인은 되지 않는다.
④ 용강의 공기 산화에 의해 발생한다.

58. 출강작업의 관찰 시 필히 착용해야 할 안전장비는?

① 방열복, 방호면 ② 운동모, 귀마개
③ 방한복, 안전벨트 ④ 면장갑, 운동화

59. [보기]의 반응은 어떤 반응식인가?

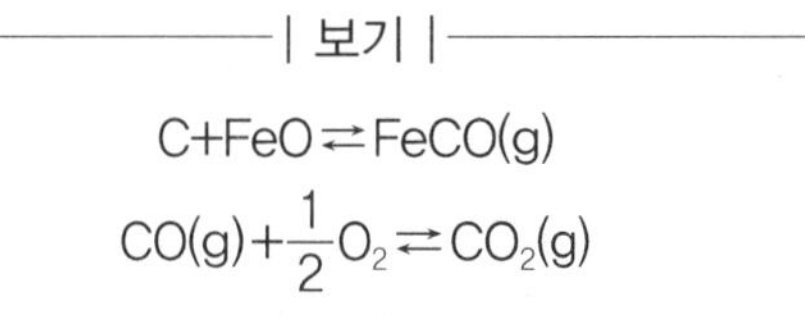

| 보기 |

$$C+FeO \rightleftarrows FeCO(g)$$

$$CO(g)+\frac{1}{2}O_2 \rightleftarrows CO_2(g)$$

① 탈인반응 ② 탈황반응
③ 탈탄반응 ④ 탈규소반응

해설 탄소가 산소와 결합하여 탄소를 제거한다.

60. 턴디시 노즐 막힘 사고를 방지하기 위하여 사용되는 것이 아닌 것은?

① 포러스 노즐 ② 경동장치
③ 가스취입 스터퍼 ④ 가스슬리브 노즐

정답 53. ③ 54. ② 55. ④ 56. ④ 57. ④ 58. ① 59. ③ 60. ②

2014년 7월 20일 시행 문제

제강기능사

1. 금속의 응고에 대한 설명으로 옳은 것은?

① 결정입계는 가장 먼저 응고한다.
② 용융금속이 응고할 때 결정을 만드는 핵이 만들어진다.
③ 금속이 응고점보다 낮은 온도에서 응고하는 것을 응고잠열이라 한다.
④ 결정입계에 불순물이 있는 경우 응고점이 높아져 입계에는 모이지 않는다.

2. 주철명과 그에 따른 특징을 설명한 것으로 틀린 것은?

① 가단주철은 백주철을 열처리로에 넣어 가열해서 탈탄 또는 흑연화 방법으로 제조한 주철이다.
② 미하나이트 주철은 저금주철이라고 하며, 흑연이 조대하고, 활모양으로 구부러져 고르게 분포한 주철이다.
③ 합금주철은 합금강의 경우와 같이 주철에 특수원소를 첨가하여 내식성, 내마멸성, 내충격성 등을 우수하게 만든 주철이다.
④ 합금주철은 보통주철이라고 하며, 펄라이트 바탕조직에 검고 연한 흑연이 주철의 파단면에서 회색으로 보이는 주철이다.

해설 미하나이트 주철은 고급주철이라고 하며, 흑연이 미세하고, 균일하게 분포한 주철이다.

3. 공업적으로 생산되는 순도가 높은 순철 중에서 탄소 함유량이 가장 적은 것은?

① 전해철　② 해면철
③ 암코철　④ 카보닐철

4. 다음 중 재료의 연성을 파악하기 위하여 실시하는 시험은?

① 피로시험　② 충격시험
③ 커핑시험　④ 크리프시험

5. Al–Cu–Si계 합금으로 Si을 넣어 주조성을 좋게 하고 Cu를 넣어 절삭성을 좋게 한 합금의 명칭은?

① 라우탈　② 알민합금
③ 로엑스 합금　④ 하이드로날륨

6. 산화성 산, 염류, 알칼리, 함황가스 등에 우수한 내식성을 가진 Ni–Cr합금은?

① 엘린바　② 인코넬
③ 콘스탄탄　④ 모넬메탈

7. Cu–Pb계 베어링 합금으로 고속 고하중 베어링으로 적합하여 자동차, 항공기 등에 쓰이는 것은?

① 켈밋　② 백동
③ 배빗메탈　④ 화이트메탈

8. 금속에 열을 가하여 액체 상태로 한 후 고속으로 급냉시켜 원자의 배열이 불규칙한 상태로 만든 합금은?

① 제진합금　② 수소저장합금
③ 형상기억합금　④ 비정질합금

해설 비정질합금은 구성 금속원자의 배열이 규칙성이 없이 불규칙한 상태이다.

정답 1. ② 2. ② 3. ① 4. ③ 5. ① 6. ② 7. ① 8. ④

9. 금속의 일반적인 특성이 아닌 것은?

① 전성 및 연성이 나쁘다.
② 전기 및 열의 양도체이다.
③ 금속 고유의 광택을 가진다.
④ 수은을 제외한 고체 상태에서 결정구조를 가진다.

해설 전성 및 연성이 좋다.

10. Y합금의 조성으로 옳은 것은?

① Al-Cu-Mg-Si ② Al-Si-Mg-Ni
③ Al-Cu-Ni-Mg ④ Al-Mg-Cu-Mn

11. Fe-Fe_3C 상태도에서 포정점 상에서의 자유도는? (단, 압력은 일정하다.)

① 0 ② 1
③ 2 ④ 3

해설 F=C-P+1=2-3+1=0

12. 베어링용 합금에 해당되지 않는 것은?

① 루기메탈 ② 배빗메탈
③ 화이트메탈 ④ 엘렉트론 메탈

해설 엘렉트론 메탈은 마그네슘합금이다.

13. 다음의 금속 중 재결정 온도가 가장 높은 것은?

① Mo ② W
③ Ni ④ Pt

해설 Mo: 900℃, W: 1200℃, Ni: 600℃, Pt: 450℃

14. 6-4황동에 대한 설명으로 옳은 것은?

① 구리 60%에 주석을 40% 합금한 것이다.
② 구리 60%에 아연을 40% 합금한 것이다.
③ 구리 40%에 아연을 60% 합금한 것이다.
④ 구리 40%에 주석을 60% 합금한 것이다.

15. 구상흑연주철이 주조상태에서 나타나는 조직의 형태가 아닌 것은?

① 페라이트형 ② 펄라이트형
③ 시멘타이트형 ④ 헤마타이트형

16. 회주철을 표시하는 기호로 옳은 것은?

① SC360 ② SS330
③ GC250 ④ BMC270

17. 특수한 가공을 하는 부분 등 특별한 요구사항을 적용할 수 있는 범위를 표시하는데 사용하는 선은?

① 굵은 파선 ② 굵은 1점쇄선
③ 가는 1점쇄선 ④ 가는 2점쇄선

18. 간단한 기계장치 장치부를 스케치하려고 할 때 측정용구에 해당되지 않는 것은?

① 정반 ② 스패너
③ 각도기 ④ 버니어캘리퍼스

19. 도형의 일부분을 생략할 수 없는 경우에 해당되는 것은?

① 물체의 내부가 비었을 때
② 같은 모양이 반복될 때
③ 중심선을 중심으로 대칭할 때
④ 물체가 길어서 한 도면에 나타내기 어려울 때

정답 9. ① 10. ③ 11. ① 12. ④ 13. ② 14. ② 15. ④ 16. ③ 17. ② 18. ② 19. ①

20. 다음 투상도에서 화살표 방향이 정면도일 때 우측면도로 옳은 것은?

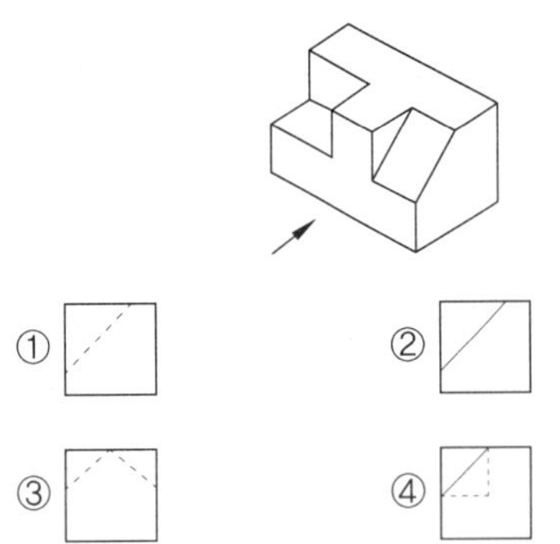

21. 다음 그림에 대한 설명으로 틀린 것은?

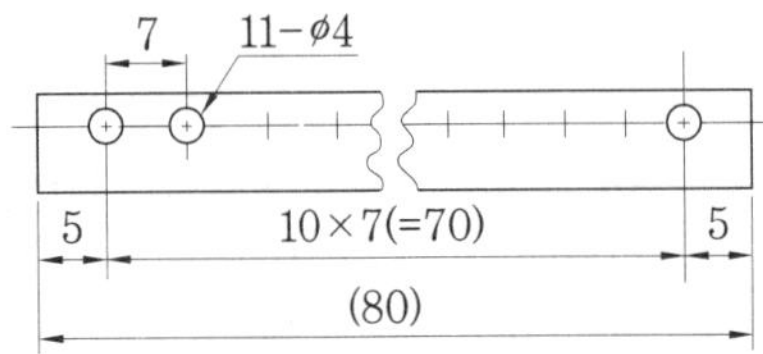

① 80은 참고치수이다.
② 구멍의 개수는 10개이다.
③ 구멍의 지름은 4mm이다.
④ 구멍 사이의 총 간격은 70mm이다.

해설 구멍의 개수는 11개이다.

22. 그림과 같은 방법으로 그린 투상도는?

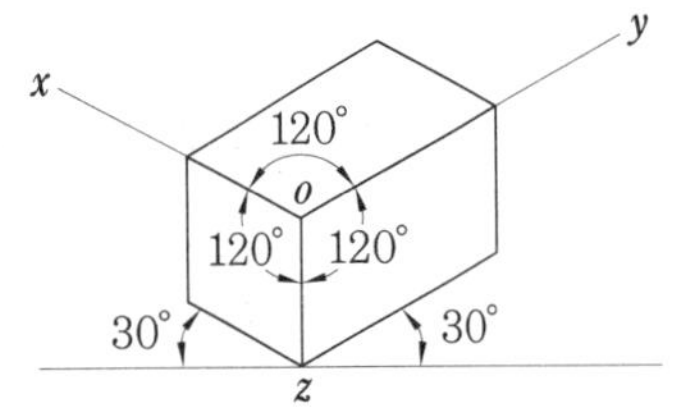

① 정투상도 ② 평면도법
③ 등각투상도 ④ 사투상도

해설 등각투상도는 각이 서로 120°를 이루는 3개의 축을 기본으로 하여 이들 기본 축에 물체의 높이, 너비, 안쪽 길이를 옮겨서 나타내는 방법이다.

23. 제도에 있어서 척도에 관한 설명으로 틀린 것은?

① 척도는 도면의 표제란에 기입한다.
② 비례척이 아닌 경우 NS로 표기된다.
③ 같은 도면에서 서로 다른 척도를 사용한 경우에는 해당 그림 부근에 적용한 척도를 표시한다.
④ 척도는 A:B로 표시하며, 현척에서는 A, B를 다같이 1, 축척의 경우 B를 1, 배척의 경우 A를 1로 나타낸다.

해설 척도는 A:B로 표시하며, 축척의 경우 A를 1, 배척의 경우 B를 1로 나타낸다.

24. 치수 보조기호에 대한 설명이 잘못 짝지어진 것은?

① R25: 반지름이 25mm
② t5: 판의 두께가 5mm
③ SR450: 구의 반지름이 450mm
④ C45: 동심원의 길이가 45mm

해설 C45: 모따기 45mm

25. 한국산업표준에서 ISO규격에 없는 관용 테이퍼나사를 나타내는 기호는?

① M ② PF
③ PT ④ UNF

정답 20. ④ 21. ② 22. ③ 23. ④ 24. ④ 25. ③

26. 끼워맞춤의 방식 및 적용에 대한 설명 중 옳은 것은?

① 구멍은 영문의 대문자, 축은 소문자로 표기한다.
② 부품 번호에 영문 대문자가 사용되기 때문에 구멍과 축은 다같이 소문자로 사용한다.
③ 표준품을 사용해야 하는 경우와 기능상 필요한 설계 도면에서는 구멍기준 끼워맞춤 방식을 적용한다.
④ 구멍의 축보다 가공하거나 검사하기가 어려울 때는 어떤 끼워맞춤도 선택하지 않는다.

27. 한국산업표준에서 표면거칠기를 나타내는 방법이 아닌 것은?

① 최소높이 거칠기(Rc)
② 최대높이 거칠기(Ry)
③ 10점 편균 거칠기(Rz)
④ 산술평균 거칠기(Ra)

28. 전로 공정에서 주원료에 해당되지 않는 것은?

① 용선 ② 고철
③ 생석회 ④ 냉선

해설 생석회는 부원료에 속한다.

29. 제강 반응 중 탈탄속도를 빠르게 하는 경우가 아닌 것은?

① 온도가 높을수록
② 철광석 투입량이 적을수록
③ 용재의 유동성이 좋을수록
④ 산성강재보다 염기성강재에 유리

해설 철광석 투입량이 많을수록 탈탄속도를 빠르게 한다.

30. 전로법의 종류 중 저취법이며 내화재가 산성인 것은?

① 로터법 ② 칼도법
③ LD-AC법 ④ 베세머법

31. 연속주조법에서 노즐의 막힘 원인과 거리가 먼 것은?

① 석출물이 용강 중에 섞이는 경우
② 용강의 온도가 높아 유동성이 좋은 경우
③ 용강온도 저하에 따라 용강이 응고하는 경우
④ 용강으로부터 석출물이 노즐에 부착 성장하는 경우

해설 용강의 온도가 낮고 유동성이 좋지 않은 경우

32. 연주 파우더에 포함된 미분 카본(C)의 역할은?

① 윤활작용을 한다.
② 용융속도를 조절한다.
③ 점성을 저하시킨다.
④ 보온 작용을 한다.

33. 아크식 전기로의 주원료로 가장 많이 사용되는 것은?

① 고철 ② 철광석
③ 소결광 ④ 보크사이트

정답 26. ① 27. ① 28. ③ 29. ② 30. ④ 31. ② 32. ② 33. ①

34. 슬래그의 역할이 아닌 것은?

① 정련 작용을 한다.
② 용강의 재산화를 방지한다.
③ 가스의 흡수를 방지한다.
④ 열손실이 일어난다.

해설 열손실을 방지한다.

35. 하인리히의 사고예방의 단계 5단계에서 4단계에 해당되는 것은?

① 조직
② 평가분석
③ 사실의 발견
④ 시정책의 선정

해설 1단계: 안전관리 조직, 2단계: 사실의 발견, 3단계: 평가분석, 4단계: 시정책의 선정, 5단계: 시정책의 적용

36. 노외정련법 중 LF(Ladle Furnace)의 목적과 특성을 설명한 것 중 틀린 것은?

① 탈수소를 목적으로 한다.
② 탈황을 목적으로 한다.
③ 탈산을 목적으로 한다.
④ 레이들 내 용강온도의 제어가 용이하다.

해설 LF(Ladle Furnace)의 목적: 탈황, 탈산, 성분조정, 용강온도 제어

37. 상취 산소전로법에 사용되는 밀 스케일(mill scale) 또는 소결광의 사용 목적이 아닌 것은?

① 슬로핑(slopping) 방지제
② 냉각 효과의 기대
③ 출강 실수율의 향상
④ 산소 사용량의 절약

38. LD전로의 열정산에서 출열에 해당하는 것은?

① 용선의 현열
② 산소의 현열
③ 석회석 분해열
④ 고철 및 플럭스의 현열

39. 다음 중 턴디시의 역할과 관계가 없는 것은?

① 용강을 탈산한다.
② 개재물을 부상분리한다.
③ 용강을 연주기에 분해한다.
④ 주형으로 주입량을 조절한다.

해설 용강을 주입한다.

40. 전기로 제강법에서 환원기 작업의 특성을 설명한 것 중 틀린 것은?

① 강욕 성분의 변동이 적다.
② 환원기 슬래그를 만들기 쉽다.
③ 탈산이 천천히 진행되어 환원 시간이 늦어진다.
④ 탈황이 빨리 진행되어 환원 시간이 빠르다.

해설 탈산이 빠르게 진행되어 환원 시간이 빨라진다.

41. 용강 1톤 중의 C를 0.10% 떨어뜨리는데 필요한 이론 산소량(Nm^3)은? (단, 반응은 $C+\frac{1}{2}O_2 \rightarrow CO$에 따라 완전 반응했다고 가정한다.)

① 930　② 93
③ 9.3　④ 0.93

정답 34. ④ 35. ④ 36. ① 37. ① 38. ③ 39. ① 40. ③ 41. ④

42. 전로 조업법 중 강욕에 대한 산소제트 에너지를 감소시키기 위하여 산소취입 압력을 낮추거나 또는 랜스 높이를 보통보다 높게 하는 취련 방법은?

① 소프트 블로우 ② 스트랜스 블로우
③ 더블 슬래그 ④ 하드 블로우

43. 연속주조에서 주조를 처음 시작할 때 주형의 밑을 막아주는 것은?

① 핀치롤 ② 자유 롤
③ 턴디시 ④ 더미바

44. 주형과 주편의 마찰을 경감하고 구리판과의 융착을 방지하여 안정한 주편을 얻을 수 있도록 하는 것은?

① 주형 ② 레이들
③ 슬라이딩 노즐 ④ 주형 진동장치

45. 규소의 약 17배, 망간의 90배까지 탈산시킬 수 있는 것은?

① Al ② Ti
③ Si–Mn ④ Ca–Si

46. LD전로에서 슬로핑(slopping)이란?

① 취련압력을 낮추거나 랜스 높이를 높게 하는 현상
② 취련 중기에 용재 및 용강이 노외로 분출되는 현상
③ 취련 초기 산소에 의해 미세한 철 입자가 비산하는 현상
④ 용강 용재가 노외로 비산하지 않고 노구 근방에 도우넛 모양으로 쌓이는 현상

47. LD전로의 주원료인 용선 중에 Si함량이 과다할 경우 노내 반응의 설명이 틀린 것은?

① 강재량이 증가한다.
② 이산화규소량이 증가한다.
③ 산화반응열이 감소한다.
④ 출강 실수율이 감소한다.

해설 산화반응열이 증가한다.

48. 다음 중 B급 화재가 아닌 것은?

① 타르
② 그리스
③ 목재
④ 가연성 액체

해설 목재: A급 화재

49. 연속주조공정에서 중심 편석과 기공의 저감 대책으로 틀린 것은?

① 균일 확산 처리한다.
② 등축점의 생성을 촉진한다.
③ 압하에 의한 미응고 용강의 유동을 억제한다.
④ 주상정 간의 입계에 용질 성분을 농축시킨다.

해설 주상정 간의 입계에 용질 성분을 분산시킨다.

50. 전로 정련작업에서 노체를 기울여 미리 평량한 고철과 용선의 장입방법은?

① 사다리차로 장입
② 지게차로 장입
③ 크레인으로 장입
④ 정련작업자의 수작업

정답 42. ① 43. ④ 44. ④ 45. ① 46. ② 47. ③ 48. ③ 49. ④ 50. ③

51. 스테인리스의 전기로 조업 과정의 순서로 옳은 것은?

① 산화기→환원기→완성기→용해기→출강
② 용해기→산화기→환원기→완성기→출강
③ 환원기→산화기→용해기→완성기→출강
④ 완성기→산화기→환원기→용해기→출강

52. 용선을 전로 장입 전에 용선 예비탈황을 실시할 때 탈황제로서 적당하지 못한 것은?

① 형석 ② 생석회
③ 코크스 ④ 석회질소

해설 코크스: 제선 연료

53. 염기성 제강법이 등장하게 된 것은 용선 중 어떤 성분 때문인가?

① C ② P
③ Mn ④ Si

54. 전기로의 전극에 대용량의 전력을 공급하기 위해 반드시 구비해야 하는 설비는?

① 집진기 ② 변압기
③ 수랭패널 ④ 장입장치

55. 킬드강에서 편석을 일으키는 원인이 되는 가장 큰 원소는?

① P ② S
③ C ④ Si

56. 진공탈가스 효과로 볼 수 없는 것은?

① 인의 제거
② 가스 성분 감소
③ 비금속 개재물의 저감
④ 온도 및 성분의 균일화

해설 탈수소, 탈산소, 탈질소 효과가 있다.

57. 수강 대차 사고로 기관차 유도 출강 시 안전 보호구로 적당하지 않는 것은?

① 방열복 ② 안전모
③ 안전벨트 ④ 방진마스크

58. 순환 탈가스법에서 용강을 교반하는 방법은?

① 아르곤 가스를 취입한다.
② 레이들을 편심 회전시킨다.
③ 스터러를 회전시켜 강제 교반한다.
④ 산소를 불어 넣어 탄소와 직접 반응시킨다.

59. 전기로의 산화기 정련작업에서 산화제를 투입하였을 때 강욕 중 각 원소의 반응 순서로 옳은 것은?

① Si→P→C→Mn→Cr
② Si→C→Mn→P→Cr
③ Si→Cr→C→P→Mn
④ Si→Mn→Cr→P→C

60. 연속주조에서 용강의 1차 냉각이 되는 곳은?

① 더미바 ② 레이들
③ 턴디시 ④ 몰드

정답 51. ② 52. ③ 53. ② 54. ② 55. ② 56. ① 57. ③ 58. ① 59. ④ 60. ④

2015년 1월 25일 시행 문제

제강기능사

1. Al의 실용합금으로 알려진 실루민(Silumin)의 적당한 Si의 함유량(%)은?

① 0.5~2　② 3~5
③ 6~9　④ 10~12

2. 비정질합금의 제조는 금속을 기체, 액체, 금속 이온 등에 의하여 고속 급냉하여 제조한다. 기체 급냉법에 해당하는 것은?

① 원심법
② 화학 증착법
③ 쌍롤(double roll)법
④ 단롤(single roll)법

3. 구조용 합금강 중 강인강에서 Fe_3C 중에 용해하여 경고 및 내마멸성을 증가시키며 임계 냉각 속도를 느리게 하여 공기 중에 냉각하여도 경화하는 자경성이 있는 원소는?

① Ni　② Mo　③ Cr　④ Si

4. 다음 중 Sn을 함유하지 않은 청동은?

① 납청동　② 인청동
③ 니켈청동　④ 알루미늄청동

해설 알루미늄청동: 구리에 15%알루미늄을 첨가한 합금이며, 주석이 첨가되지 않은 합금

5. 니켈 60~70% 함유한 모넬메탈은 내식성, 화학적 성질 및 기계적 성질이 매우 우수하다. 이 합금에 소량의 황(S)을 첨가하여 쾌삭성을 향상시킨 특수 합금에 해당하는 것은?

① H-Monel　② K-Monel
③ R-Monel　④ KR-Monel

6. 나사 각부를 표시하는 선의 종류로 틀린 것은?

① 가려서 보이지 않는 나사부는 파선으로 그린다.
② 수나사의 골 지름과 암나사의 골 지름은 가는 실선으로 그린다.
③ 완전 나사부와 불완전 나사부의 경계선은 가는 실선으로 그린다.
④ 수나사의 바깥지름과 암나사의 안지름은 굵은 실선으로 그린다.

7. 다음 표에서 (a), (b)의 값으로 옳은 것은?

허용치수 / 기준	구멍	축
	50.025mm	49.975mm
최소허용치수	50.000mm	49.950mm
최대틈새	(a)	
최소틈새	(b)	

① (a) 0.075 (b) 0.025
② (a) 0.025 (b) 0.075
③ (a) 0.05 (b) 0.05
④ (a) 0.025 (b) 0.025

해설 최대틈새: 구멍의 최대허용치수-축의 최소허용치수, 최소틈새: 구멍의 최소허용치수-축의 최대허용치수

정답 1. ④ 2. ② 3. ③ 4. ④ 5. ③ 6. ③ 7. ①

8. 치수의 종류 중 주조공장이나 단조공장에서 만들어진 그대로의 치수를 의미하는 반제품 치수는?

① 재료 치수
② 소재 치수
③ 마무리 치수
④ 다듬질 치수

9. 단면 표시방법에 대한 설명 중 틀린 것은?

① 절단면의 위치는 다른 관계도에 절단선으로 나타난다.
② 다면도와 다른 도면과의 관계는 정투상법에 따른다.
③ 단면에는 절단하지 않은 면과 구별하기 위하여 해칭이나 스머징을 한다.
④ 투상도는 전부 또는 일부를 단면으로 도시하여 나타나지 않는 것을 원칙으로 한다.

해설 투상도는 전부 또는 일부를 단면으로 표시한다.

10. 한국산업표준에서 규정하고 있는 제도용지 A2의 크기(mm)는?

① 841×1189
② 420×594
③ 294×420
④ 210×297

11. Ti 및 Ti합금에 대한 설명으로 틀린 것은?

① Ti의 비중은 약 4.54 정도이다.
② 용융점이 높고 열전도율이 낮다.
③ Ti은 화학적으로 매우 반응성이 강하나 내식성은 우수하다.
④ Ti의 재료 중에 O_2와 N_2가 증가함에 따라 강도와 경도는 감소되나 전연성은 좋아진다.

해설 Ti의 재료 중에 O_2와 N_2가 증가함에 따라 강도와 경도가 증가하고 전연성은 나빠진다.

12. 주철의 일반적인 성질을 설명한 것 중 옳은 것은?

① 비중은 C와 Si 등이 많을수록 커진다.
② 흑연편이 클수록 자기 감응도가 좋아진다.
③ 보통 주철에서는 압축강도가 인장강도보다 낮다.
④ 시멘타이트의 흑연화에 의한 팽창은 주철의 성장 원인이다.

13. 금속의 일반적인 특성에 관한 설명으로 틀린 것은?

① 수은을 제외하고 상온에서 고체이며 결정체이다.
② 일반적으로 강도와 경도는 낮으나 비중은 크다.
③ 금속 특유의 광택을 갖는다.
④ 열과 전기의 양도체이다.

해설 일반적으로 강도와 경도가 크고 비중도 크다.

14. 열간가공한 재료 중 Fe, Ni과 같은 금속은 S와 같은 불순물이 모여 가공 중에 균열이 생겨 열간가공을 어렵게 하는 것은 무엇 때문인가?

① S에 의한 수소 메짐성 때문이다.
② S에 의한 청열 메짐성 때문이다.
③ S에 의한 적열 취성 때문이다.
④ S에 의한 냉간 메짐성 때문이다.

정답 8. ② 9. ④ 10. ② 11. ④ 12. ④ 13. ② 14. ③

15. 불변강이 다른 강에 비해 가지는 가장 뛰어난 특성은?

① 대기 중에서 녹슬지 않는다.
② 마찰에 의한 마멸에 잘 견딘다.
③ 고속으로 절삭할 때에 절삭성이 우수하다.
④ 온도 변화에 따른 열팽창 계수나 탄성율의 성질 등이 거의 변하지 않는다.

16. 공구용 합금강이 공구 재료로서 구비해야 할 조건으로 틀린 것은?

① 강인성이 커야 한다.
② 내마멸성이 작아야 한다.
③ 열처리와 공작이 용이해야 한다.
④ 상온과 고온에서의 경도가 높아야 한다.

해설 내마멸성이 커야 한다.

17. Ni과 Cu의 2성분계 합금이 용액상태에서나 고체상태에서나 완전히 융합되어 1상이 된 것은?

① 전율 고용체　② 공정형 합금
③ 부분 고용체　④ 금속간 화합물

해설 전율 고용체: Ni과 Cu, 금과 은 같이 2성분 합금이 용액상태에서나 고체상태에서나 완전히 융합되어 1상(단상)을 만드는 합금

18. 전극재료를 제조하기 위해 전극재료를 선택하고자 할 때의 조건으로 틀린 것은?

① 비저항이 클 것
② SiO_2와 밀착성이 우수할 것
③ 산화 분위기에서 내식성이 클 것
④ 금속규화물의 용융점이 웨이퍼 처리 온도보다 높을 것

해설 비저항이 작을 것

19. 귀금속에 속하는 금은 전연성이 가장 우수하며, 황금색을 띤다. 순도 100%를 나타내는 것은?

① 24캐럿　② 48캐럿
③ 50캐럿　④ 100캐럿

20. 물의 상태도에서 고상과 액상의 경계선 상에서의 자유도는?

① 0　② 1　③ 2　④ 3

해설 F=C−P+2=1−2+2=1

21. 도면에 표시하는 가공 방법의 기호 중 연삭 가공을 나타내는 기호는?

① G　② M　③ F　④ B

해설 M: 밀링, F: 줄가공, B: 보링

22. 다음 선 중 가장 굵은 선으로 표시되는 것은?

① 외형선　② 가상선　③ 중심선　④ 치수선

23. 도면의 치수 기입 방법에 대한 설명으로 보기에서 옳은 것을 모두 고른 것은?

| 보기 |

ㄱ. 치수의 단위에는 길이와 각도 및 좌표가 있다.
ㄴ. 길이는 m를 사용하되 단위는 숫자 뒷부분을 항상 기입한다.
ㄷ. 각도는 도(°), 분(′), 초(″)를 사용한다.
ㄹ. 도면에 기입되는 치수는 완성된 물체의 치수를 기입한다.

① ㄱ, ㄴ　② ㄴ, ㄷ
③ ㄷ, ㄹ　④ ㄱ, ㄹ

정답 15. ④　16. ②　17. ①　18. ①　19. ①　20. ②　21. ①　22. ①　23. ③

24. 다음 물체를 3각법으로 옳게 나타낸 투상도는?

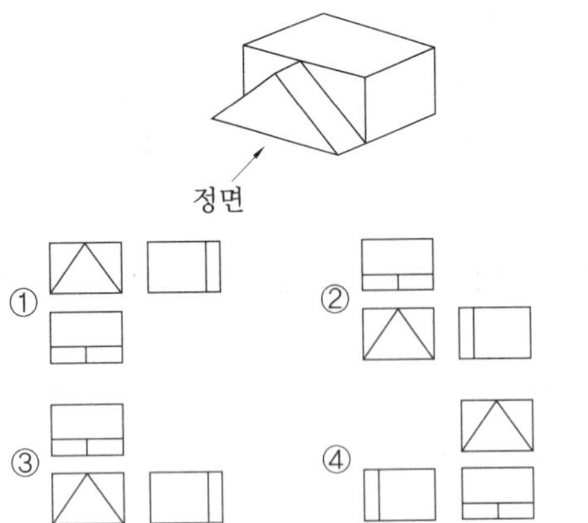

25. 부품을 제작할 수 있도록 각 부품의 형상, 치수, 다듬질 상태 등 모든 정보를 기록한 도면은?

① 조립도 ② 배치도 ③ 부품도 ④ 견적도

26. KS D 3503 SS330은 일반 구조용 압연강재를 나타내는 것이다. 이 중 제품의 형상별 종류나 용도 등을 나타내는 기호가 옳은 것은?

KS D 3503	S	S	330
(1)	(2)	(3)	(4)

① (1) ② (2) ③ (3) ④ (4)

해설 (1) KS D 3503: 일반 구조용 압연강재 (2) S: 강 (3) S: 제품의 형상별 종류 (4) 330: 인장강도

27. 한국산업표준에 의한 표면의 결(거칠기) 도시기호 중 "제거 가공을 허락하지 않는 것의 지시"를 나타내는 기호로 옳은 것은?

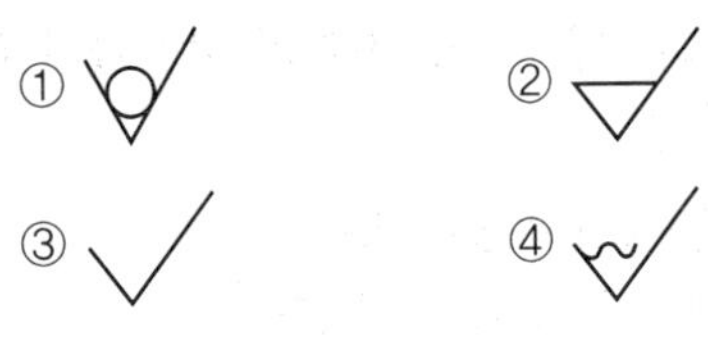

28. 용강의 탈산을 완전하게 하여 주입하므로 가스 발생없이 응고되며, 고급강, 합금강 등에 사용되는 강은?

① 림드강 ② 킬드강
③ 캡드강 ④ 세미킬드강

29. 무재해 시간의 산정방법을 설명한 것 중 옳은 것은?

① 하루 3교대 작업은 3일로 계산한다.
② 사무직은 1일 9시간으로 산정한다.
③ 생산직 과장급 이하는 사무직으로 간주한다.
④ 휴일, 공휴일에 1명만이 근무한 사실이 있다면 이 기간도 산정한다.

30. 연속주조에서 주편 내 개재물 생성 방지대책으로 틀린 것은?

① 레이들 내 버블링 처리로 개재물을 부상 분리시킨다.
② 가능한 한 주조온도를 낮추어 개재물을 분리시킨다.
③ 내용손성이 우수한 재질의 침지노즐을 사용한다.
④ 턴디시 내 용강 깊이를 가능한 크게 한다.

해설 가능한 한 주조온도를 높여 개재물을 분리시킨다.

정답 24. ② 25. ③ 26. ③ 27. ① 28. ② 29. ④ 30. ②

31. 순산소 상취전로의 취련 중에 일어나는 현상인 스피팅(spitting)에 관한 설명으로 옳은 것은?

① 취련 초기에 발생하며 랜스 높이를 높게 하여 취련할 때 발생되는 현상이다.
② 취련 초기에 발생하며 주로 철 및 슬래그 입자가 노 밖으로 비산되는 현상이다.
③ 취련 초기에 밀 스케일 등을 많이 넣었을 때 발생하는 현상이다.
④ 취련 말기 철광석 투입이 완료된 직후 발생하기 쉬우므로 소프트 블로우(soft blow)를 행한 경우 나타나는 현상이다.

32. 다음 중 전기로 산화정련작업에서 제거되는 것은 어느 것인가?

① Si, C
② Mo, H_2
③ Al, S
④ O_2, Zr

33. 상취 산소전로법에서 극저황강을 얻기 위한 방법으로 옳은 것은?

① 저황(S) 합금철, 가탄제를 사용한다.
② 저용선비조업 또는 고황(S)고철을 사용한다.
③ 용선을 제강 전에 예비탈황 없이 작업한다.
④ 저염기도의 유동성이 없는 슬래그로 조업한다.

34. 진공탈가스법의 처리 효과에 관한 설명으로 틀린 것은?

① 기계적 성질이 향상된다.
② H, N, O가스 성분이 증가된다.
③ 비금속 개재물이 저감된다.
④ 온도 및 성분의 균일화를 기할 수 있다.

해설 H, N, O가스 성분이 감소된다.

35. 연속주조 설비의 기본적인 배열 순서로 옳은 것은?

① 턴디시→주형→스프레이 냉각대→핀치롤→절단장치
② 턴디시→주형→핀치롤→절단장치→스프레이 냉각대
③ 주형→스프레이 냉각대→핀치롤→턴디시→절단장치
④ 주형→턴디시→스프레이 냉각대→핀치롤→절단장치

36. 용강의 합금 첨가법 중 칼슘(Ca) 첨가법에 대한 설명으로 틀린 것은?

① 강재 개재물의 형상이 변화되지 않고 안정적으로 유지된다.
② Ca를 분말탄형상으로 용강 중에 발사하므로 실수율이 높고 안정하다.
③ 어떠한 제강공장에서도 적용이 가능하다.
④ 청정도가 높은 강을 얻을 수 있다.

해설 강재 개재물의 형상이 변화되고 불안정적으로 유지된다.

37. 턴디시의 역할이 아닌 것은?

① 용강의 탈산작용을 한다.
② 용강 중에 비금속 개재물을 부상시킨다.
③ 주형에 들어가는 용강의 양을 조절해 준다.
④ 용강을 각 스트랜드(strand)로 분배하는 역할을 한다.

정답 31. ② 32. ① 33. ① 34. ② 35. ① 36. ① 37. ①

38. **순환 탈가스(RH)법에서 산소, 수소, 질소가스가 제거되는 장소가 아닌 곳은?**

① 진공로 외부의 공기와 닿는 철피 표면
② 진공조 내에서 노출된 용강 표면
③ 하강관, 진공조 내부의 내화물 표면
④ 취입가스와 함께 비산하는 스플래시 표면

해설 상승관에 취입된 가스 표면

39. **아크식 전기로 조업에서 탈수소를 유리하게 하는 조건은?**

① 대기 중의 습도를 높게 한다.
② 강욕의 온도를 충분히 높게 한다.
③ 끓음이 발생하지 않도록 탈산속도를 낮게 한다.
④ 탈가스 방지를 위해 슬래그의 두께를 두껍게 한다.

40. **용선의 예비처리법 중 레이들 내의 용선에 편심회전을 주어 그때에 일어나는 특이한 파동을 반응물질의 혼합 교반에 이용하는 처리법은?**

① 교란법 ② 인젝션법
③ 요동 레이들법 ④ 터뷰레이터법

41. **안전점검표 작성 시 유의사항에 관한 설명 중 틀린 것은?**

① 사업장에 적합한 독자적인 내용일 것
② 일정 양식을 정하여 점검대상을 정할 것
③ 점검표의 내용은 점검의 용이성을 위하여 대략적으로 표현할 것
④ 정기적으로 검토하여 재해방지에 실효성 있게 개조된 내용일 것

해설 점검표의 내용은 점검의 용이성을 위하여 자세히 표현해야 한다.

42. **LD전로 설비에 관한 설명 중 틀린 것은?**

① 노체는 강판용접 구조이며 내부는 연와로 내장되어 있다.
② 노구 하부에는 출강구가 있어 노체를 경동시켜 용강을 레이들로 배출할 수 있다.
③ 트러니언링은 노체를 지지하고 구동설비의 구동력을 노체에 전달할 수 있다.
④ 산소관은 고압의 산소에 견딜 수 있도록 고장력강으로 만들어졌다.

해설 산소관은 고압의 산소에 견딜 수 있도록 구리로 만들어졌다.

43. **전로법에서 냉각제로 사용되는 원료가 아닌 것은?**

① 페로실리콘 ② 소결광
③ 철광석 ④ 밀스케일

44. **LD전로 공장에 반드시 설치해야 할 설비는?**

① 산소제조 설비 ② 질소제조 설비
③ 코크스제조 설비 ④ 소결광제조 설비

45. **전로에서 저용선 배합 조업 시 취해야 할 사항 중 틀린 것은?**

① 용선의 온도를 높인다.
② 고철을 냉각하여 배합한다.
③ 페로실리콘과 같은 발열체를 첨가한다.
④ 취련용 산소와 함께 연료를 첨가한다.

해설 가열로에서 장입고철을 가열하여 배합한다.

정답 38. ① 39. ② 40. ③ 41. ③ 42. ④ 43. ① 44. ① 45. ②

46. 순산소 상취전로 제강법에서 소프트 블로우(soft blow)의 의미는?

① 취련 압력을 낮추고 산소유량은 높여서 랜스 높이를 낮추어 취련하는 것이다.
② 취련 압력을 낮추고 산소유량도 낮추며 랜스 높이를 높여 취련하는 것이다.
③ 취련 압력을 높이고 산소유량은 낮추며 랜스 높이를 높여 취련하는 것이다.
④ 용강이 넘쳐 나오지 않게 부드럽게 취련하기 위해 높이만을 높여 취련하는 것이다.

47. 고인선을 처리하는 방법으로 노체를 기울인 상태에서 고속으로 회전시켜며 취련하는 방법은?

① LD–AC법 ② 킬드법
③ 로우터법 ④ 이중강재법

48. AOD(Argon Oxygen Decarburization)에서 O_2, Ar가스를 취입하는 풍구의 위치가 설치되어 있는 곳은?

① 노상 부근의 측면
② 노저 부근의 측면
③ 임의로 조절이 가능한 노상 위쪽
④ 트러니언이 있는 중간 부분의 측면

49. 연속주조에서 주형 하부를 막고 주편이 핀치 롤에 이르기까지 인발하는 장치는?

① 전단기 ② 에이프런
③ 냉각장치 ④ 더미바

50. 전기로 제강 조업 시 안전측면에서 원료장입과 출강할 때의 전원상태는 각각 어떻게 해야 하는가?

① 장입시는 On, 출강시는 Off
② 장입시는 Off, 출강시는 On
③ 장입시, 출강시 모두 On
④ 장입시, 출강시 모두 Off

51. 전기로와 전로의 가장 큰 차이점은?

① 열원 ② 취련 강종
③ 용제의 첨가 ④ 환원재의 종류

52. LD전로에서 일어나는 반응 중 [보기]와 같은 반응은?

보기
$C+FeO \rightarrow Fe+CO(g)$
$CO(g)+\frac{1}{2}O_2 \rightarrow CO_2(g)$

① 탈탄반응 ② 탈황반응
③ 탈인반응 ④ 탈규소반응

53. 제강 원료 중 부원료에 해당되지 않는 것은?

① 석회석 ② 생석회
③ 형석 ④ 고철

해설 고철: 주원료

54. 염기성 전로의 내벽 라이닝 물질로 옳은 것은?

① 규석질 ② 샤모트질
③ 알루미나질 ④ 돌로마이트질

해설 염기성 내화물: 돌로마이트질, 중성내화물: 알루미나질, 산성내화물: 규석질, 샤모트질

55. 용선 중의 인(P) 성분을 제거하는 탈인제의 주요 성분은?

① SiO ② Al_2O_3 ③ CaO ④ MnO

정답 46. ② 47. ② 48. ② 49. ④ 50. ④ 51. ① 52. ① 53. ④ 54. ④ 55. ③

56. 다음 중 정련 원리가 다른 노외 정련설비는?

① LF ② RH
③ DH ④ VOD

해설 LF(Ladle Furnance): 전기제강로에서 실시하던 환원 정련을 레이들에 옮겨서 조업하는 방법

57. 연속주조에서 사용되는 몰드파우더의 기능이 아닌 것은?

① 개재물을 흡수한다.
② 용강의 재산화를 방지한다.
③ 용강의 성분을 균일화시킨다.
④ 주편과 주형 사이에서 윤활작용을 한다.

58. 강괴 결함 중 딱지흠(스캡)의 발생 원인이 아닌 것은?

① 주입류가 불량할 때
② 저온, 저속으로 주입할 때
③ 강탈산 조업을 하였을 때
④ 주형 내부에 용선이나 박리가 있을 때

59. LD전로에서 주원료 장입 시 용선보다 고철을 먼저 장입하는 주된 이유는?

① 고철 사용량 증대
② 로저 내화물 보호
③ 고철 중 불순물 신속 제거
④ 고철 내 수분에 의한 폭발완화

60. 다음 중 유도식 전기로에 해당되는 것은?

① 에루(Heroult)로
② 지로드(Girod)로
③ 스타사노(Stassano)로
④ 에이젝스-노드럽(Ajax-Northrup)로

정답 56. ① 57. ③ 58. ③ 59. ④ 60. ④

2015년 10월 10일 시행 문제

제강기능사

1. 다음 중 탄소 함유량을 가장 많이 포함하고 있는 것은?

① 공정주철 ② α－Fe
③ 전해철 ④ 아공석강

해설 공정주철: 4.3%, α－Fe: 0.025% 이하, 전해철: 0.008%, 아공석강: 0.86% 이하

2. 금속의 성질 중 연성에 대한 설명으로 옳은 것은?

① 광택이 촉진되는 성질
② 가는 선으로 늘일 수 있는 성질
③ 얇은 박으로 가공할 수 있는 성질
④ 원소를 첨가하여 단단하게 하는 성질

3. 과공석강에 대한 설명으로 옳은 것은?

① 층상 조직인 시멘타이트이다.
② 페라이트와 시멘타이트의 층상조직이다.
③ 페라이트와 펄라이트의 층상조직이다.
④ 펄라이트와 시멘타이트의 혼합조직이다.

4. Fe에 0.3~1.5%C, 18%W, 4%Cr 및 1%V을 첨가한 재료를 1250℃에서 담금질하고 550~600℃로 뜨임한 합금강은?

① 절삭용 공구강 ② 초경 공구강
③ 금형용 공구강 ④ 고속도 공구강

5. Fe–C상태도에 나타나지 않는 변태점은?

① 포정점 ② 포석점
③ 공정점 ④ 공석점

6. 그림과 같이 표시되는 단면도는?

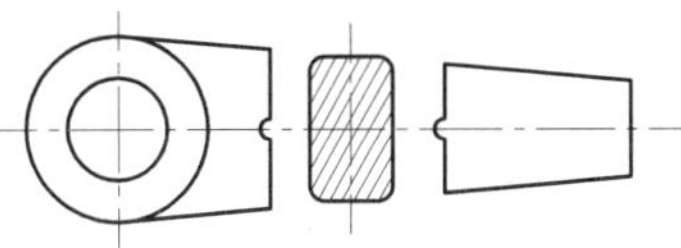

① 온 단면도 ② 한쪽 단면도
③ 부분 단면도 ④ 회전 단면도

해설 절단면을 가상적으로 회전시켜서 그린 단면도이다.

7. 축의 최대허용치수 44.991mm, 최소허용치수 44.975mm인 경우 치수공차(mm)는?

① 0.01 ② 0.016
③ 0.018 ④ 0.020

해설 치수공차 : 최대허용치수－최소허용치수

8. 다음 그림에 표시된 점을 3각법으로 투상했을 때 옳은 것은 어느 것인가? (단, 화살표 방향이 정면도이다.)

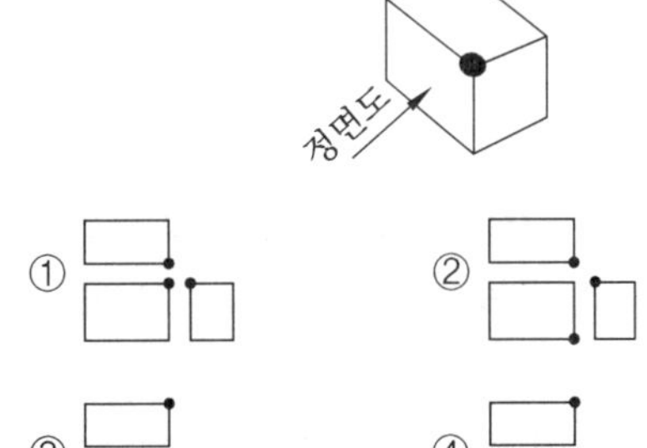

정답 1. ① 2. ② 3. ④ 4. ④ 5. ② 6. ④ 7. ② 8. ①

9. "KS D 3503 SS330"으로 표기된 부품의 재료는 무엇인가?

① 합금 공구강
② 탄소용 단강품
③ 기계구조용 탄소강
④ 일반구조용 압연강재

10. 한 도면에서 각 도형에 대하여 공통적으로 사용된 척도의 기입 위치는?

① 부품란 ② 표제란
③ 도면명칭 부근 ④ 도면번호 부근

11. 원표점거리가 50mm이고, 시험편이 파괴되기 직전의 표점거리가 60mm일 때 연신율(%)은?

① 5 ② 10 ③ 15 ④ 20

해설 연신율 : $\frac{l_1-l_0}{l_0}\times100=\frac{60-50}{50}\times100=20$

12. 주석의 성질에 대한 설명 중 옳은 것은?

① 동소변태를 하지 않는 금속이다.
② 13℃ 이하의 주석은 백주석이다.
③ 주석은 상온에서 재결정이 일어나지 않으므로 가공경화가 용이하다.
④ 주석의 용융점은 232℃로 저용융점 합금의 기준이다.

13. 금속의 결정구조에서 다른 결정들보다 취약하고 전연성이 작으며 Mg, Zn 등이 갖는 결정격자는?

① 체심입방격자 ② 면심입방격자
③ 조밀육방격자 ④ 단순입방격자

14. 절삭성이 우수한 쾌삭황동(free cutting brass)으로 스크류, 시계의 톱니 등으로 사용되는 것은?

① 납황동 ② 주석황동
③ 규소황동 ④ 망간황동

15. 다음 중 경금속에 해당되지 않는 것은?

① Na ② Mg
③ Al ④ Ni

해설 Ni 비중: 8.902

16. 고Cr계보다 내식성과 내산화성이 더 우수하고 조직이 연하여 가공성이 좋은 18-8스테인리스강의 조직은?

① 페라이트 ② 펄라이트
③ 오스테나이트 ④ 마텐자이트

17. 다음 중 1~5㎛ 정도의 비금속 입자가 금속이나 합금의 기지 중에 분산되어 있는 재료를 무엇이라 하는가?

① 합금공구강 ② 스테인리스 재료
③ 서멧 재료 ④ 탄소공구강 재료

18. 톰백(tombac)의 주성분으로 옳은 것은?

① Au+Fe ② Cu+Zn
③ Cu+Sn ④ Al+Mn

19. 실용합금으로 Al에 Si이 약 10~13% 함유된 합금의 명칭으로 옳은 것은?

① 라우탈 ② 알니코
③ 실루민 ④ 오일라이트

정답 9. ④ 10. ② 11. ④ 12. ④ 13. ③ 14. ① 15. ④ 16. ③ 17. ③ 18. ② 19. ③

20. 금속재료의 표면에 강이나 주철의 작은 입자를 고속으로 분사시켜, 표면층을 가공경화에 의하여 경도를 높이는 방법은?

① 금속용사법 ② 하드페이싱
③ 쇼트피이닝 ④ 금속침투법

21. 도면을 접어서 보관할 때 표준이 되는 것으로 크기가 210×297mm인 것은?

① A2 ② A3
③ A4 ④ A5

22. 치수 보조기호 중 "SR"이 의미하는 것은?

① 구의 지름 ② 참고 치수
③ 45° 모따기 ④ 구의 반지름

23. 회전 운동을 직선 운동으로 바꾸거나 직선 운동을 회전 운동으로 바꿀 때 사용되는 기어는?

① 헬리컬 기어 ② 스크류 기어
③ 직선 베벨 기어 ④ 랙과 피니언

24. 다음 그림에서 두께(mm)는 얼마인가?

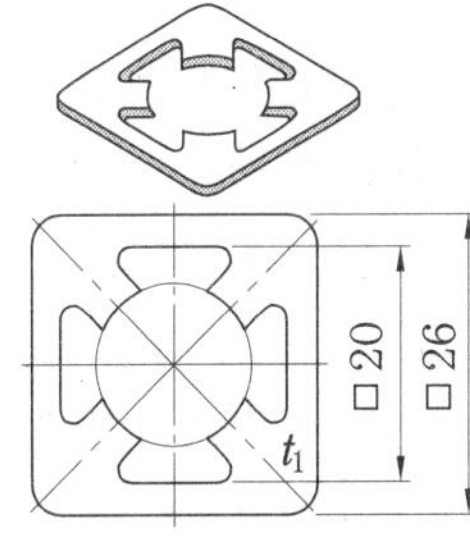

① 0.1 ② 1
③ 10 ④ 100

25. 물체를 투상면에 대하여 한쪽으로 경사지게 투상하여 입체적으로 나타낸 투상도는?

① 사투상도
② 투시 투상도
③ 등각 투상도
④ 부등각 투상도

26. 그림에서 절단면을 나타내는 선의 기호와 이름이 옳은 것은?

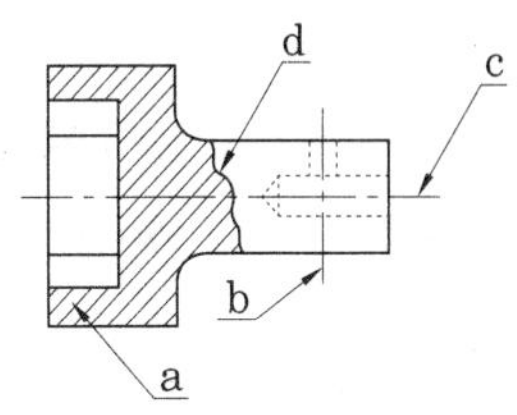

① a－해칭선 ② b－숨은선
③ c－파단선 ④ d－중심선

27. 다음 중 위치 공차의 기호는?

① ⊥ ② ○
③ ⌖ ④ ⌭

28. 돌로마이트(doromite)연와의 주성분으로 옳은 것은?

① $CaO+SiO_2$ ② $MgO+SiO_2$
③ $CaO+MgO$ ④ $MgO+CaF_2$

29. 슬래그의 주역할로 적합하지 않은 것은?

① 정련작용 ② 가탄작용
③ 용강보온 ④ 용강 산화방지

정답 20. ③ 21. ③ 22. ④ 23. ④ 24. ② 25. ① 26. ① 27. ③ 28. ③ 29. ②

30. 주편을 인발할 때에 응고각이 주형벽 내의 Cu를 마모시켜 Cu분이 주편에 침투되어 Cu 취하를 일으켜 국부에서 균열을 일으키는 일명 스타 크랙이라 불리는 결함은?

① 슬래그 물림 ② 방사상 균열
③ 표면 가로균열 ④ 모서리 가로균열

31. 연속주조기에서 몰드 및 가이드 에이프론에서 냉각 응고된 주편을 연속적으로 인발하는 장치는?

① 반송롤 ② 핀치롤
③ 몰드 진동장치 ④ 사이드 센터롤

32. 노구로부터 나오는 불꽃(flame) 관찰 시 슬래그량의 증가로 노구 비산 위험이 있을 때 작업자의 화상 위험을 방지하기 위해 투입되는 것은?

① 진정제 ② 합금철
③ 냉각제 ④ 가탄제

33. LD전로 조업 시 용선 90톤, 고철 30톤, 냉선 3톤을 장입했을 때 출강량이 115톤이었다면 출강실수율(%)은 약 얼마인가?

① 80.6 ② 83.5
③ 93.5 ④ 96.6

34. 폐가스를 좁은 노즐을 통하게 하여 고속화하고 고압수를 안개같이 내뿜게 하여 가스 중 분진을 포집하는 처리 설비는?

① 침전법
② 이르시드(Irsid)법
③ 백필터(Bag filter)
④ 벤튜리 스크러버(Venturi scrubber)

35. 전기로 제강조업에서 환원기에 증가하는 원소는?

① P ② S
③ V ④ C

36. 사고의 원인 중 불안전한 행동에 해당되지 않는 것은?

① 위험한 장소 접근
② 안전방호장치의 결함
③ 안전장치의 기능 제거
④ 복장보호구의 잘못 사용

해설 안전방호장치의 결함: 불안전한 장치

37. 용강이나 용재가 노 밖으로 비산하지 않고 노구 부근에 도넛형으로 쌓이는 것을 무엇이라 하는가?

① 포밍 ② 베렌
③ 스피팅 ④ 라인 보일링

38. 제강의 산화제로 사용되는 철광석에 대한 설명으로 틀린 것은?

① 수분이 적어야 좋다.
② 인(P)이나 황(S)이 적은 적철광이 좋다.
③ 광석의 크기는 적당한 크기의 것이 좋다.
④ SiO_2의 함유량은 약 30% 이상의 것이 좋다.

해설 SiO_2의 함유량은 약 10% 이하의 것이 좋다.

정답 30. ② 31. ② 32. ① 33. ③ 34. ④ 35. ④ 36. ② 37. ② 38. ④

39. 연속주조에서 레이들에 용강을 받은 후 용강 내에 불활성 가스를 취입하여 교반 작업하는 이유가 아닌 것은?

① 용강 중의 가탄
② 용강의 온도 균일화
③ 용강의 청정도 향상
④ 용강 중 비금속 개재물 분리 부상

40. 파우더 캐스팅(powder casting)에서 파우더의 기능이 아닌 것은?

① 용강면을 덮어서 열방산을 방지한다.
② 용강면을 덮어서 공기 산화를 촉진시킨다.
③ 용융한 파우더가 주형벽으로 흘러서 윤활제로 작용한다.
④ 용탕 중에 함유된 알루미나 등의 개재물을 용해하여 강의 재질을 향상시킨다.

해설 용강면을 덮어서 공기 산화를 방지한다.

41. 가탄제로 많이 사용하는 것은?

① 흑연　② 규소
③ 석회석　④ 벤토나이트

42. 전기로 산화기 반응으로 제거되는 원소는?

① Ca　② Cr
③ Cu　④ Al

43. 레이들 용강을 진공실 내에 넣고 아크가열을 하면서 아르곤 가스 버블링 하는 방법으로 Finkel-Moh법이라고도 하는 것은?

① DH법　② VOD법
③ RH-OB법　④ VAD법

44. 제선공장에서 용선을 제강공장에 운반하여 공급해주는 것은?

① 디엘 카
② 오지 카
③ 토페도 카
④ 호트 스토브 카

45. 레이들 정련효과를 설명한 것 중 틀린 것은?

① 생산성이 향상된다.
② 내화의 수명이 연장된다.
③ 전력원단위가 상승한다.
④ Cr 회수율이 향상된다.

해설 전력원단위가 감소한다.

46. 연속주조의 생산성 향상 요소가 아닌 것은?

① 강종의 다양화
② 주조속도의 증대
③ 연연주 준비시간의 합리화
④ 사고 및 전로와의 간섭시간 단축

47. 상주법으로 강괴를 제조하는 경우에 대한 설명으로 틀린 것은?

① 양괴 실수율이 높다.
② 강괴 표면이 우수하다.
③ 내화물에 의한 개재물이 적다.
④ 탈산 생성물이 많아 부상분리가 어렵다.

해설 강괴 표면이 거칠다.

정답 39. ①　40. ②　41. ①　42. ②　43. ④　44. ③　45. ③　46. ①　47. ②

48. 전기로 제강법의 특징을 설명한 것 중 틀린 것은?

① 열효율이 좋다.
② 합금철은 모두 직접 용강 속에 넣어주므로 회수율이 좋다.
③ 사용 원료의 제약이 많아 공구강의 정련만 할 수 있다.
④ 노 안의 분위기를 산화, 환원 어느 쪽이든 조절이 가능하다.

해설 사용 원료의 제약이 적어 모든 강종의 정련에 적합하다.

49. 연주 조업 중 주편 표면에 발생하는 블로우 홀이나 핀홀의 발생 원인이 아닌 것은?

① 탕면의 변동이 심한 경우
② 윤활유 중에 수분이 있는 경우
③ 몰드 파우더에 수분이 많은 경우
④ Al선 투입 중 탕면 유동이 있는 경우

50. 주편 수동절단 시 호스에 역화가 되었을 때 가장 먼저 취해야 할 일은?

① 토치에서 고무관을 뺀다.
② 토치에서 나사부분을 죈다.
③ 산소밸브를 즉시 닫는다.
④ 노즐을 빼낸다.

51. 복합 취련 조업에서 상취 산소와 저취 가스의 역할을 옳게 설명한 것은?

① 상취산소는 환원작용, 저취가스는 냉각작용을 한다.
② 상취산소는 산화작용, 저취가스는 교반작용을 한다.
③ 상취산소는 냉각작용, 저취가스는 산화작용을 한다.
④ 상취산소는 교반작용, 저취가스는 환원작용을 한다.

52. 조재제인 생석회분을 취련용 산소와 같이 강욕면에 취입하는 전로의 취련 방식은?

① RHB법　　② TLC법
③ LNG법　　④ OLP법

53. 조성에 의한 내화물 분류에서 염기성 내화물에 해당하는 것은?

① 크롬질　　② 샤모트질
③ 마그네시아질　　④ 고알루미나질

54. 유적 탈가스법의 표기로 옳은 것은?

① RH　② DH　③ TD　④ BV

55. 재해예방의 4원칙에 해당되지 않는 것은?

① 결과가능의 원칙
② 손실우연의 원칙
③ 원인연계기의 원칙
④ 대책선정의 원칙

해설 재해예방의 4원칙: 손실우연의 원칙, 원인연계기의 원칙, 예방가능의 원칙, 대책선정의 원칙

56. UHP 조업에 대한 설명으로 틀린 것은?

① 초고전력 조업이라고도 한다.
② 용해와 승열시간을 단축하여 생산성을 높인다.
③ 동일 용량인 노내에서는 PR 조업보다 많은 전력이 필요하다.
④ 고전압 저전류의 투입으로 노벽 소모를 경감하는 조업이다.

해설 고전압 저전류의 투입으로 노벽 소모를 증가시키는 조업이다.

정답 48. ③ 49. ④ 50. ③ 51. ② 52. ④ 53. ③ 54. ④ 55. ① 56. ④

57. 탈산된 탄소강에 있어서 가장 편석되기 쉬운 용질원소로 짝지어진 것은?

① 황, 인 ② 인, 망간
③ 탄소, 규소 ④ 탄소, 망간

58. 제강작업에서 탈인(P)을 유리하게 하는 조건으로 틀린 것은?

① 강재의 염기도가 높아야 한다.
② 강재 중의 P_2O_5가 낮아야 한다.
③ 강재 중의 FeO가 높아야 한다.
④ 강욕의 온도가 높아야 한다.

해설 강욕의 온도가 낮아야 한다.

59. 중간 정도 탈산한 강으로 강괴 두부에 입상기포가 존재하지만 파이프양이 적고 강괴 실수율이 좋은 것은?

① 캡드강 ② 림드강
③ 킬드강 ④ 세미킬드강

60. 순산소 상취 전로의 조업 시 취련종점의 결정은 무엇이 가장 적합한가?

① 비등현상 ② 불꽃상황
③ 노체경동 ④ 슬래그 형성

정답 57. ① 58. ④ 59. ④ 60. ②

2016년 7월 10일 시행 문제

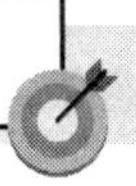

제강기능사

1. 용강 중에 Fe-Si, Al분말을 넣어 완전히 탈산한 강괴는?

① 킬드강 ② 림드강
③ 캡드강 ④ 세미킬드강

2. 액체 금속이 응고할 때 응고점(녹는점)보다는 낮은 온도에서 응고가 시작되는 현상은?

① 과냉 현상 ② 과열 현상
③ 핵정지 현상 ④ 응고잠열 현상

3. 비정질합금의 제조법 중에서 기체 급냉법에 해당되지 않는 것은?

① 진공 증착법 ② 스퍼터링법
③ 화학 증착법 ④ 스프레이법

해설 비정질합금의 기체 급냉법: 진공 증착법, 스퍼터링법, 화학 증착법

4. 다음 중 대표적인 시효경화성 경합금은?

① 주강 ② 두랄루민
③ 화이트메탈 ④ 흑심가단주철

5. 조성은 30~32% Ni, 4~6% Co 및 나머지 Fe를 함유한 합금으로 20℃에서 팽창계수가 0(zero)에 가까운 합금은?

① 알민(almin)
② 알드리(aldrey)
③ 알클래드(alclad)
④ 슈퍼 인바(super invar)

6. 편정반응의 반응식을 나타낸 것은?

① 액상+고상(S_1)→고상(S_2)
② 액상(L_1)+고상→액상(L_2)
③ 고상(S_1)+고상(S_2)→고상(S_3)
④ 액상→고상(S_1)+고상(S_2)

해설 편정반응: 액상(L_1)+고상→액상(L_2)

7. 저용융점 합금의 금속원소가 아닌 것은?

① Mo ② Sn
③ Pb ④ In

8. 금속의 기지에 1~5㎛ 정도의 비금속 입자가 금속이나 합금의 기지 중에 분산되어 있는 것으로 내열 재료로 사용되는 것은?

① FRM ② SAP
③ Cermet ④ Kelmet

해설 서멧(cermet)은 내열성이 있는 안정한 화합물과 금속의 조합에 의해서 고온도의 화학적 부식에 견디며 내열 재료로 사용된다.

9. 오스테나이트 조직을 가지며, 내마멸성과 내충격성이 우수하고 특히 인성이 우수하기 때문에 각종 광산 기계의 파쇄장치, 임펠라 플레이트 등이나 굴착기 등의 재료로 사용되는 강은?

① 고 Si강 ② 고 Mn강
③ Ni-Cr강 ④ Cr-Mo강

정답 1. ① 2. ① 3. ④ 4. ② 5. ④ 6. ② 7. ① 8. ③ 9. ②

10. 페라이트형 스테인리스강에서 Fe 이외의 주요한 성분 원소 1가지는?

① W　② Cr
③ Sn　④ Pb

해설 페라이트형 스테인리스강: 13Cr강

11. 다음 중 경질 자성재료에 해당되는 것은?

① Si강판　② Nd자석
③ 센더스트　④ 퍼말로이

12. 다음 중 베어링합금의 구비조건으로 틀린 것은?

① 마찰계수가 커야 한다.
② 경도 및 내압력이 커야 한다.
③ 소착에 대한 저항성이 커야 한다.
④ 주조성 및 절삭성이 좋아야 한다.

해설 마찰계수가 작아야 한다.

13. 스프링강에 요구되는 성질에 대한 설명으로 옳은 것은?

① 취성이 커야 한다.
② 산화성이 커야 한다.
③ 큐리점이 높아야 한다.
④ 탄성한도가 높아야 한다.

해설 스프링강은 탄성한도가 높고 충격 및 피로 저항이 큰 금속이다.

14. 다음 중 내열용 알루미늄 합금이 아닌 것은?

① Y합금　② 코비탈륨
③ 플레티나이트　④ 로엑스(Lo-Ex)

해설 플레티나이트: 불변강

15. 소성가공에 대한 설명으로 옳은 것은?

① 재결정 온도 이하에서 가공하는 것을 냉간 가공이라고 한다.
② 열간가공은 기계적 성질이 개선되고, 표면 산화가 안 된다.
③ 재결정은 결정을 단결정으로 만드는 것이다.
④ 금속의 재결정 온도는 모두 동일하다.

16. 구멍 ø50±0.01일 때 억지 끼워맞춤의 축 지름의 공차는?

① $ø50^{+0.01}_{0}$　② $ø50^{0}_{-0.02}$
③ ø50±0.01　④ $ø50^{+0.03}_{-0.02}$

해설 억지 끼워맞춤: 구멍의 최대, 최소허용치수가 축의 최대, 최소허용치수에 비하여 항상 작은 결합이다.

17. 핸들, 바퀴의 암, 레일의 절단면 등을 그림처럼 90° 회전시켜 나타내는 단면도는?

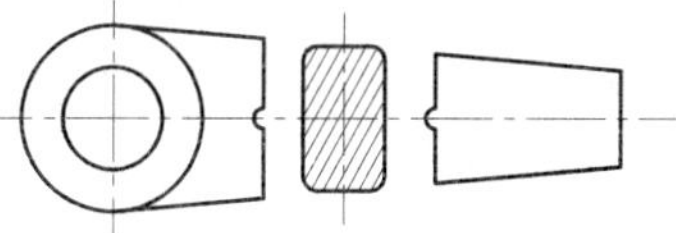

① 전 단면도　② 한쪽 단면도
③ 부분 단면도　④ 회전 단면도

18. 도면 A4에 대하여 윤곽의 나비는 최소 몇 mm인 것이 바람직한가?

① 4　② 10
③ 20　④ 30

정답 10. ② 11. ② 12. ① 13. ④ 14. ③ 15. ① 16. ④ 17. ④ 18. ②

19. 대상물의 표면으로부터 임의로 채취한 각 부분에서의 표면 거칠기를 나타내는 파라미터인 10점 평균 거칠기 기호로 옳은 것은?

① Ry ② Ra
③ Rz ④ Rx

해설 Rz: 10점 평균 거칠기, Ra: 중심선 평균거칠기

20. 다음 그림에서 테이퍼 값은 얼마인가?

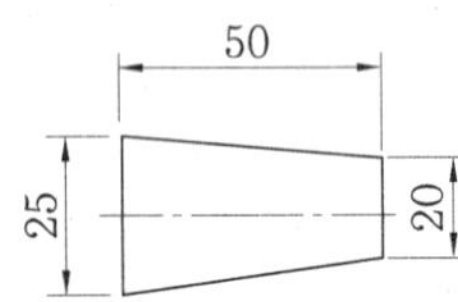

① $\frac{1}{10}$ ② $\frac{1}{5}$
③ $\frac{2}{5}$ ④ $\frac{1}{2}$

해설 테이퍼: $\frac{a-b}{l}=\frac{25-20}{50}=\frac{1}{10}$

21. 다음 재료기호 중 고속도 공구강을 나타낸 것은?

① SPS ② SKH
③ STD ④ STS

22. 모따기의 각도가 45°일 때의 모따기 기호는?

① ø ② R
③ C ④ t

23. 다음 물체를 3각법으로 표현할 때 우측면도로 옳은 것은? (단, 화살표 방향이 정면도 방향이다.)

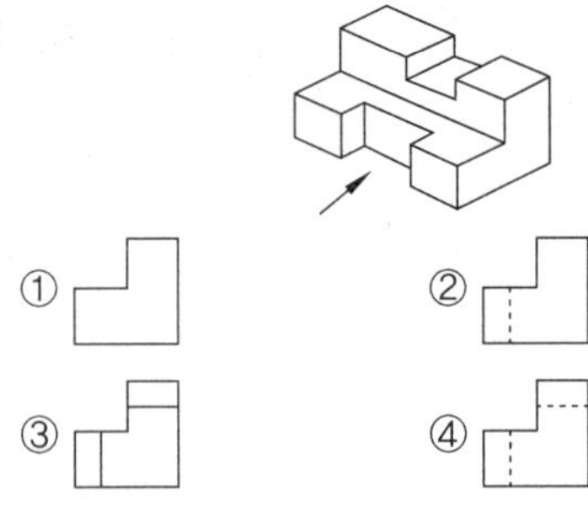

24. 도면은 철판에 구멍을 가공하기 위하여 작성한 도면이다. 도면에 기입된 치수에 대한 설명으로 틀린 것은?

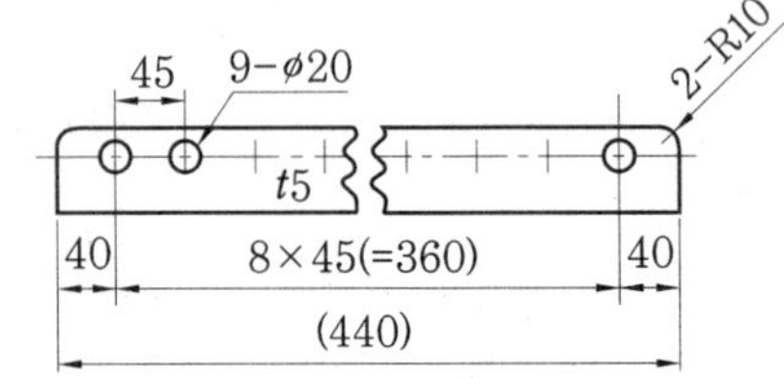

① 철판의 두께는 10mm이다.
② 구멍의 반지름은 10mm이다.
③ 같은 크기의 구멍은 9개이다.
④ 구멍의 간격은 45mm로 일정하다.

25. 도면에서 가공 방법 지시기호 중 밀링가공을 나타내는 약호는?

① L ② M ③ P ④ G

해설 L: 선반, M: 밀링, P: 평면가공, G: 연삭

26. 그림과 같은 물체를 3각법으로 나타낼 때 우측면도에 해당하는 것은? (단, 화살표 방향이 정면도이다.)

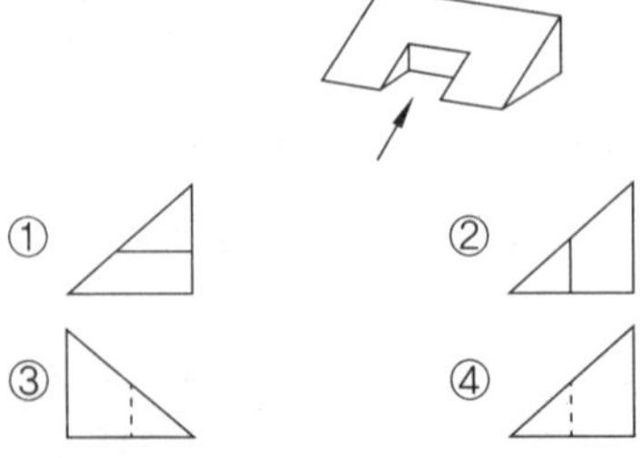

정답 19. ③ 20. ① 21. ② 22. ③ 23. ④ 24. ① 25. ② 26. ④

27. 도면에 치수를 기입할 때 유의해야 할 사항으로 옳은 것은?

① 치수는 계산을 하도록 기입해야 한다.
② 치수의 기입은 되도록 중복하여 기입해야 한다.
③ 치수는 가능한 한 보조 투상도에 기입해야 한다.
④ 관련되는 치수는 가능한 한 곳에 모아서 기입해야 한다.

28. 전기로 조업 시 환원기 작업의 주요 목적은?

① 탈황(S)   ② 탈탄(C)
③ 탈인(P)   ④ 탈규소(Si)

29. 산소와의 친화력이 강한 것부터 약한 순으로 나열한 것은?

① Al→Ti→Si→V→Cr
② Cr→V→Si→Ti→Al
③ Ti→V→Si→Cr→Al
④ Si→Ti→Cr→V→Al

30. 철광석이 산화제로 이용되기 위하여 갖추어야 할 조건 중 틀린 것은?

① 산화철이 많을 것
② P 및 S의 성분이 낮을 것
③ 산성성분인 TiO_2가 높을 것
④ 결합수 및 부착수분이 낮을 것

해설 산성성분인 TiO_2가 낮아야 한다.

31. 진공탈가스 처리 시 용강의 온도를 보상할 수 있는 방법이 아닌 것은?

① 산소를 분사한다.
② 탄소를 첨가한다.
③ 알루미늄을 투입한다.
④ 환류가스 유량을 증대시킨다.

32. 저취 전로조업에 대한 설명으로 틀린 것은?

① 극저탄소까지 탈탄이 가능하다.
② 철의 산화손실이 적고, 강중에 산소가 낮다.
③ 교반이 강하고, 강욕의 온도, 성분이 균질하다.
④ 간접반응을 하기 때문에 탈인 및 탈황이 효과적이지 못하다.

해설 간접반응을 하기 때문에 탈인 및 탈황이 효과적이다.

33. 진공조에 의한 순환 탈가스 방법에서 탈가스가 이루어지는 장소로 부적합한 것은?

① 상승관에 취입된 가스표면
② 레이들 상부의 용강표면
③ 진공조 내에서 노출된 용강표면
④ 취입가스와 함께 비산하는 스플래시 표면

해설 그 외에 상승관, 하강관, 진공조 내부의 내화물 표면에서 탈가스가 이루어진다.

34. 제강법에 사용하는 주원료가 아닌 것은?

① 고철
② 냉선
③ 용선
④ 철광석

정답 27. ④ 28. ① 29. ① 30. ③ 31. ④ 32. ④ 33. ② 34. ④

35. 전기로 제강법에 대한 설명으로 옳은 것은?

① 일반적으로 열효율이 나쁘다.
② 용강의 온도 조건이 용이하지 못하다.
③ 사용원료의 제약이 적고, 모든 강종의 정련에 용이하다.
④ 노내 분위기를 산화 및 환원한 상태로만 조절이 가능하며, 불순원소를 제거하기 쉽지 않다.

36. 노내 반응에 근거한 LD전로의 특징과 관계가 적은 것은?

① Metal-slag교반이 심하고, 탈C, 탈P 반응이 거의 동시에 진행된다.
② 산화반응에 의한 발열로 정련온도를 충분히 유지한다.
③ 강력한 교반에 의하여 강중 가스 함유량이 증가한다.
④ 공급 산소의 반응효율이 높고 탈탄반응이 빠르게 진행된다.

해설 강력한 교반에 의하여 강중 가스 함유량이 감소한다.

37. LD전로 취련 시 종점 판정에 필요한 불꽃 상황을 반응시키는 요인이 아닌 것은?

① 노체 사용횟수 ② 취련 패턴
③ 랜스 사용횟수 ④ 출강구 상태

38. 턴디시에 용강을 공급하기 위하여 사용하는 것이 아닌 것은?

① 포러스 노즐 ② 경동장치
③ 가스 취입 스토커 ④ 가스 슬리브 노출

39. 혼선로의 역할 중 틀린 것은?

① 용선의 승온 ② 용선의 저장
③ 용선의 보온 ④ 용선의 균질화

40. 용강 유출에 대비한 유의사항 및 사고 시에 취할 사항으로 틀린 것은?

① 용강 유출 시 주위 작업원을 대피시킨다.
② 주위의 인화물질 및 폭발물을 제거한다.
③ 액상의 용강 유출 부위에 수냉으로 소화한다.
④ 용강 폭발에 주의하고 방열복, 방호면을 착용한다.

해설 액상의 용강 유출 부위는 모래나 질석으로 소화한다.

41. 연속주조에서 몰드 파우더(mold powder)의 기능이 아닌 것은?

① 윤활제 작용을 한다.
② 열방산을 촉진한다.
③ 개재물을 흡수한다.
④ 강의 청정도를 높인다.

해설 열방산이 감소된다.

42. 이중표피(double skin) 결함이 발생하였을 때 예상되는 가장 주된 원인은?

① 고온고속으로 주입할 때
② 탈산이 과도하게 되었을 때
③ 주형의 설계가 불량할 때
④ 용강의 스플래시(splash)가 발생되었을 때

43. 용강의 점성을 상승시키는 것은?

① W ② Si
③ Mn ④ Al

정답 35. ③ 36. ③ 37. ④ 38. ② 39. ① 40. ③ 41. ② 42. ④ 43. ①

44. LD전로의 노내 반응 중 저질소 강을 제조하기 위한 관리항목에 대한 설명 중 틀린 것은?

① 용선 배합비(HMR)를 올린다.
② 탈탄속도를 높이고 종점 [C]를 가능한 높게 취련한다.
③ 용선 중의 티타늄 함유율을 높이고, 용선 중의 질소를 낮춘다.
④ 취련 말기 노 안으로 가능한 한 공기를 유입시키고, 재취련을 실시한다.

해설 취련 말기 노 안으로 가능한 한 공기를 유입시키지 않고, 재취련을 한다.

45. 저취산소전로법(Q-BOP)의 특징에 대한 설명으로 틀린 것은?

① 탈황과 탈인이 어렵다.
② 종점에서의 Mn이 높다.
③ 극저탄소강의 제조에 적합하다.
④ 취련시간이 단축되고, 폐가스의 효율적인 회수가 가능하다.

해설 탈황과 탈인이 쉽다.

46. 강괴 내에 있는 용질 성분이 불균일하게 분포하는 결함으로 처음에 응고한 부분과 나중에 응고한 부분의 성분이 균일하지 않게 나타나는 현상의 결함은?

① 백점 ② 편석
③ 기공 ④ 비금속 개재물

47. 물질 연소의 3요소로 옳은 것은?

① 가연물, 산소 공급원, 공기
② 가연물, 산소 공급원, 점화원
③ 가연물, 불꽃, 점화원
④ 가연물, 가스, 산소 공급원

48. LD전로 조업에서 탈탄 속도가 점차 감소하는 시기에서의 산소 취입 방법은?

① 산소 취입 중지
② 산소제트 압력을 점차 감소
③ 산소제트 압력을 점차 증가
④ 산소제트 유량을 점차 증가

49. 연속주조 작업 중 주조 초기 Over flow가 발생되었을 때 안전상 조치사항이 아닌 것은?

① 작업자 대피
② 신속히 전원 차단
③ 주상바닥 습기류 제거
④ 각종 호스, 케이블 제거

50. 유도식 전기로의 형식에 속하는 전기로는?

① 스타사노로 ② 노상 가열로
③ 에루식로 ④ 에이작스 노드럴로

해설 스타사노로: 간접아크로, 에루식로: 직접아크로, 에이작스 노드럴로: 유도식 전기로

51. 복합취련법에 대한 설명으로 틀린 것은?

① 취련시간이 단축된다.
② 용강의 실수율이 높다.
③ 위치에 따른 성분 편차는 없으나 온도의 편차가 발생한다.
④ 강욕 중의 C와 O의 반응이 활발해지므로 극저탄소강 등 청정강의 제조가 유리하다.

정답 44. ④ 45. ① 46. ② 47. ② 48. ② 49. ② 50. ④ 51. ③

52. 순산소 상취 전로제강법에서 냉각효과를 높일 수 있는 가장 효과적인 냉각제 투입방법은?

① 투입 시기를 정련시간 후반에 되도록 소량을 분할 투입한다.
② 투입 시기를 정련시간 초기에 되도록 일시에 다량 투입한다.
③ 투입 시기를 정련시간 초기에 전량을 일시에 투입한다.
④ 투입 시기를 정련시간의 후반에 되도록 일시에 다량 투입한다.

53. 다음 중 염기성 내화물에 속하는 것은?

① 규석질 ② 돌로마이트질
③ 납석질 ④ 샤모트질

해설 염기성 내화물: 돌로마이트질, 산성내화물: 규석질, 납석질, 샤모트질

54. 정상적인 전기아크로의 조업에서 산화슬래그의 표준성분은?

① MgO, Al_2O_3, Cr_2O_3
② CaO, SiO_2, FeO
③ CuO, CaO, MnO
④ FeO, P_2O_5, PbO

55. 연속주조의 주조 설비가 아닌 것은?

① 턴디시 ② 더미바
③ 주형이송대차 ④ 2차 냉각장치

해설 주형이송대차: 주형을 교체할 때 필요한 이송장치

56. 조괴작업에서 트랙타입(T.T)이란?

① 제강주입시작–분괴도착 시간까지
② 형발완료–분괴장입시작 시간까지
③ 제강주입 시작시간–분괴장입 완료시간
④ 제강주입 완료시간–균열로에 장입 완료시간

57. 진공조 하부에 흡입용 관과 배기용 관이 있어 탈가스를 할 때 2개의 관을 용강에 담그고 용강을 순환시켜 진공 중에서 탈가스를 행하는 탈가스법은?

① DH법 ② RH법
③ TD법 ④ LD탈가스법

58. 연속주조에서 가장 일반적으로 사용되는 몰드의 재질은?

① 구리 ② 내화물
③ 저탄소강 ④ 스테인리스 스틸

59. 제강에서 탈황시키는 방법으로 틀린 것은?

① 가스에 의한 방법
② 슬래그에 의한 결합방법
③ 황과 결합하는 원소를 첨가하는 방법
④ 황의 함량을 감소시키는 방법

60. LD전로 제강 후 폐가스량을 측정한 결과 CO_2가 1.50kg이었다면 CO_2부피는 약 몇 m^3인가? (단, 표준 상태이다.)

① 0.76 ② 1.50
③ 2.00 ④ 3.28

해설 C량: 12, O_2량: 32이므로 CO_2분자량은 44kg, 표준상태에서 기체 1mole의 부피: 22.4m^3
44kg : 22.4m^3 = 1.5kg : $x$$m^3$, x=약 0.76m^3

정답 52. ① 53. ② 54. ② 55. ③ 56. ④ 57. ② 58. ① 59. ④ 60. ①

2017년 CBT 복원문제(제1회)

제강기능사

1. 재결정 온도가 가장 높은 금속은?

① Al　② Mg
③ W　④ Pb

해설 W: 1100℃, Al: 180℃, Mg: 150℃, Pb: −3℃

2. 금속의 물리적 성질에서 자성에 관한 설명 중 옳지 못한 것은?

① 금속을 자석에 접근시킬 때 금속에 자석의 극과 반대의 극이 생기는 금속을 상자성체라 한다.
② 자기포화에서의 자기강도는 온도에 따라 변하는데 포화된 자화강도가 급격히 감소되는 온도를 퀴리점이라 한다.
③ 연철은 잔류자기는 작으나 보자력이 크다.
④ 영구자석 재료는 잔류자기가 크고 또한 보자력도 크며 쉽게 자기를 소실하지 않는 것이 좋다.

해설 연철은 잔류자기가 작으면서 보자력도 작다.

3. 면심입방격자의 표시는?

① FCC　② CCP
③ LPG　④ CDP

해설 FCC(Face Centered Cubic lattice): 면심입방격자

4. 금속의 결정격자에서 공간격자는 무엇으로 구성되어 있는가?

① 원자　② 단위포
③ 분자　④ 입상결정

5. 자성체의 자화강도가 급격히 감소되는 온도는?

① 퀴리점　② 변태점
③ 항복점　④ 동소점

6. 금속의 동소변태에 관한 설명 중 옳지 않은 것은?

① 고체에 있어서의 결정격자의 변화이다.
② 고체에 있어서의 원자배열의 변화이다.
③ 고체에 있어서의 자성의 변화이다.
④ 급속히 비연속적으로 변화한다.

해설 자성을 변화시키는 변태는 자기변태이다.

7. 탄소강의 표준상태에서 탄소 함유량이 증가하면 떨어지는 기계적 성질은?

① 항복점　② 충격값
③ 인장강도　④ 브리넬 경도

해설 탄소 함유량이 증가함에 따라 항복점, 인장강도, 브리넬 경도는 증가한다.

8. 불꽃시험과 강재 간이 감별법으로 사용되며 열전대의 원리에 따른 철강재료의 검사법은?

① 접촉열 기전력법　② 자기분석법
③ 열팽창법　④ 시차열분석법

정답 1. ③　2. ③　3. ①　4. ②　5. ①　6. ③　7. ②　8. ④

9. 특수주강 중 망간(Mn)주강에서 Mn함량이 12% 정도 함유한 것으로 조직은 오스테나이트이고 인성이 좋으며 내마멸성도 높아 분쇄기나 롤러에 쓰이는 것은?

① 페로망간강(ferro manganness)
② 토마스강(thomas steel)
③ 페라이트강(ferrite steel)
④ 해드필드강(hadfield steel)

해설 해드필드강(hadfield steel)은 Mn 함량이 12% 정도이고, 오스테나이트 조직으로 내마멸성이 우수하여 분쇄기나 롤러에 사용한다.

10. 탈산 및 탈황작용을 겸하는 것은?

① Mn ② S
③ Al ④ C

11. 특수강에 첨가되는 원소 중 함유량의 증가에 따라 내식 내열성이 커지며 자경성 이외에 탄화물을 만들기 쉽고 내마멸성이 커지는 것은?

① Cr ② Ca
③ Pb ④ S

12. Fe_3C(탄화철)의 Fe원자비(%)는?

① 25 ② 75
③ 50 ④ 95

해설 Fe_3C(탄화철)의 Fe원자비(%)=75 : 25

13. 산소나 탈산제를 품지 않은 무산소 구리는?

① OFHC ② TPC
③ ECC ④ RHD

14. 구리합금이 아닌 것은?

① 델타메탈 ② 엘렉트론
③ 문쯔메탈 ④ 포금

해설 엘렉트론은 마그네슘합금이다.

15. 강의 담금질 조직 중 페라이트와 극히 미세한 시멘타이트와의 기계적 혼합조직이며 강을 유냉시 500℃ 부근의 온도에서 생기는 결정상의 조직은?

① 마텐자이트 ② 트루스타이트
③ 솔바이트 ④ 레데뷰라이트

해설 트루스타이트: 페라이트와 극히 미세한 시멘타이트와의 기계적 혼합조직

16. A3 도면용지의 크기는?

① 594×841 ② 420×594
③ 297×420 ④ 210×297

해설 A4: 210×297, A3: 297×420, A2: 420×594, A1: 594×841

17. 실물을 축소하여 그린 척도는?

① 실척 ② 현척
③ 축척 ④ 배척

18. 가상선으로 표시하는 경우가 아닌 것은?

① 부분 생략, 부분 단면의 경계를 나타내는 경우
② 인접 부분을 참고로 나타내는 경우
③ 가공 전 또는 후의 모양을 나타내는 경우
④ 물체의 운동 범위를 나타내는 경우

정답 9. ④ 10. ① 11. ① 12. ② 13. ① 14. ② 15. ② 16. ③ 17. ③ 18. ①

19. 치수선 또는 치수 보조선은 어떤 선으로 긋는가?

① 일점 쇄선 ② 가는 실선
③ 굵은 선 ④ 파선

20. 그림과 같이 그려진 단면도의 종류는?

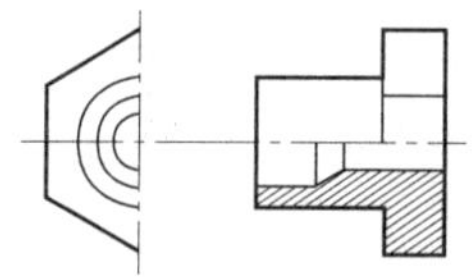

① 한쪽 단면도 ② 온 단면도
③ 부분 단면도 ④ 계단 단면도

해설 한쪽 단면도: 상하/좌우 대칭인 부품을 중심축을 기준으로 1/4만 가상적으로 제거한 후에 그린 단면도

21. 도면에서 구멍의 지름치수가 ø50H7로 기입되었을 때 H7의 7이 갖는 뜻은?

① 구멍 수가 7개 ② 허용치수가 7mm
③ IT 공차등급 7급 ④ 구멍 깊이가 7mm

해설 ø50H7: 지름 50mm인 구멍, IT공차등급 7급

22. 치수숫자와 같이 사용하는 기호는 숫자의 어느 부분에 기입하는가?

① 숫자의 앞 ② 숫자의 뒤
③ 숫자의 아래 ④ 숫자의 위

23. ø38±0.01 치수공차는?

① 0.01 ② 0.02
③ 0.04 ④ −0.01

해설 최대 허용치수와 최소 허용치수의 차를 치수공차라 한다.
38.01−(−37.99)=0.02

24. 구멍이 $ø50^{+0.035}_{0}$ 축이 $ø50^{+0}_{-0.035}$ 이다. 이 끼워맞춤의 명칭은?

① 억지 끼워맞춤 ② 헐거운 끼워맞춤
③ 중간 끼워맞춤 ④ 틈새 끼워맞춤

해설 헐거운 끼워맞춤: 항상 틈새가 생기는 끼워맞춤, 구멍의 최소 허용치수가 축의 최대 허용치수보다 클 때의 맞춤이다.

25. 탄소 공구강의 KS기호는?

① SKH ② PWR
③ SPS ④ STC

26. 리드가 9mm인 3줄 나사의 피치는 얼마인가?

① 3mm ② 6mm
③ 9mm ④ 27mm

해설 피치$=\frac{l}{n}=\frac{9}{3}=3$

27. 지시선 위에 "46−20드릴"이라고 기입되어 있다. 옳게 설명한 것은?

① 지름이 20mm인 구멍 46개
② 지름이 46mm인 구멍 20개
③ 드릴 치수가 20mm인 드릴 46개
④ 드릴 치수가 46mm인 드릴 20개

28. 슬래그의 역할이 아닌 것은?

① 정련작용 ② 용강의 산화방지
③ 가스의 흡수 방지 ④ 열의 방출 작용

해설 열 손실을 방지하는 역할을 한다.

정답 19. ② 20. ① 21. ③ 22. ① 23. ② 24. ② 25. ④ 26. ① 27. ① 28. ④

29. 강재의 유동성을 향상시키는데 가장 효과적인 것은?

① 탄소분 ② 모래
③ 형석 ④ 흑연

30. 다음의 경우 Fe-Mn의 투입량(kg)은 얼마가 되어야 하는가?(전장입량: 100톤, 전출강실수율: 97%, 목표[Mn]: 0.45%, 종점[Mn]: 0.20%, Fe-Mn중 Mn함유율: 80%, Mn실수율: 85%)

① 약 357 ② 약 386
③ 약 539 ④ 약 713

해설 $\frac{(100톤 \times 0.97) \times (0.0045 - 0.002)}{(0.8 \times 0.85)}$

≒0.3566톤≒357kg

31. 아크식 전기로 조업에서 탈수소를 유리하게 하는 조건은?

① 탈가스 방지를 위해 슬랙의 두께를 두껍게 한다.
② 끓음이 발생하지 않도록 탈산속도를 적게 한다.
③ 대기 중의 습도를 높게 한다.
④ 강욕온도를 충분히 높게 한다.

32. LD전로 조업에서 상호 관련이 틀린 것은?

① 주원료-용선
② 부원료-생석회
③ 탈산제-돌로마이트
④ 가탄제-분코크스

해설 돌로마이트는 전로 내화물의 수명을 연장시키기 위한 목적으로 사용된다.

33. LD전로법은 어느 전로법인가?

① 상취전로 ② 저취전로
③ 횡취전로 ④ 노상전로

34. LDG를 회수하기 위하여 사용되는 폐가스 처리방식에 적합한 것은?

① 전 보일러식 ② 백 필터식
③ 반 보일러식 ④ OG시스템

35. 전로의 노내 반응 중 틀린 것은?

① $Si+O_2 \rightarrow SiO_2$ ② $2P+\frac{5}{2}O_2 \rightarrow P_2O_5$
③ $C+O \rightarrow CO$ ④ $Si+S \rightarrow SiS$

해설 Si와 S의 반응을 하지 않는다.

36. 일관 제철법을 설명한 것 중 옳은 것은?

① 제강, 압연의 전공정을 가진 제철법
② 주선과 제선의 전공정을 가진 제철법
③ 제선, 제강, 압연의 전공정을 가진 제철법
④ 조괴, 압연 및 냉간압연의 전공정을 가진 제철법

해설 일관 제철법은 제선, 제강, 압연의 전공정을 가진 제철법이다.

37. 킬드강의 파이프 방지책으로 사용되는 방법이 아닌 것은?

① 압탕(hot top)을 사용한다.
② 삼공주형을 사용한다.
③ 강중 C를 적게 한다.
④ 용강 두부에 발열 보온제를 덮어 준다.

해설 강중 C를 많게 한다.

정답 29. ③ 30. ① 31. ④ 32. ③ 33. ① 34. ④ 35. ④ 36. ③ 37. ③

38. 연속주조에서 생산되는 주제품은?

① 슬랩과 박판 ② 후판과 블룸
③ 압연코일과 빌릿 ④ 빌릿과 슬랩

39. 연속주조 시 소형의 bloom, billet 생산 연주기에서 가장 많이 사용되는 윤활제는?

① 터빈유 ② 산화크롬
③ 중유 ④ 채종유

40. 턴디시(tundish) 역할에 맞지 않는 것은?

① 주형에의 용강공급
② 용강의 저장
③ 용강온도 조절
④ 비금속 개재물 부상분리

41. 강괴의 결함 중 수축관에 대한 설명이 옳은 것은?

① 주로 킬드강에 발생한다.
② 강괴의 위부분과 중심축에는 생기지 않는다.
③ 용접온도에서 압연하면 전부 압착된다.
④ 수축관과 핫 톱과는 관련이 없다.

해설 킬드강에서 수축관이 발생한다.

42. 강괴의 발취작업에서 발취를 너무 늦추었을 때 어떤 현상이 발생하는가?

① 강괴의 열적 균일화 시간이 길어진다.
② 주형소비량이 작고 주형의 회전율이 크다.
③ 편석, 수축관, 균열 등의 상황이 더욱 악화된다.
④ 강괴의 결함 및 성품과 발취시기와는 관계가 없다.

43. 제강작업에 사용되는 합금철이 구비해야 하는 조건 중 틀린 것은?

① 산소와의 친화력이 철에 비하여 작을 것
② 용강 중에 있어서 확산속도가 클 것
③ 화학적 성질에 의해 유해원소를 제거시킬 것
④ 용강 중에 있어서 탈산 생성물이 용이하게 부상 분리될 것

44. 고급의 합금강 용해에 가장 적합한 로는?

① 고주파 유도로 ② 평로
③ 용선로 ④ 도가니로

45. 취련 초기 미세한 철입자가 노구로 비산하는 현상은?

① 스피팅(spitting) ② 슬로핑(slopping)
③ 포밍(foaming) ④ 행깅(hanging)

46. 전기로에 환원철을 사용했을 때의 장점은?

① 생산성이 향상된다.
② 맥석분이 많다.
③ 제강시간이 연장된다.
④ 대량의 산화칼슘이 필요하다.

47. 상주법의 특징이 아닌 것은?

① 주입속도가 빨라지기 쉽다.
② 강괴표면이 깨끗하다.
③ 큰 강괴를 만들 때 좋다.
④ 경비가 적게 든다.

해설 상주법의 특징: 주입속도가 빨라지기 쉽다, 큰 강괴제조에 적합하다, 강괴표면이 거칠다, 경비가 적게 든다.

정답 38. ④ 39. ④ 40. ③ 41. ① 42. ① 43. ① 44. ① 45. ① 46. ① 47. ②

48. 연속주조 주편의 벌징(bulging)의 주요인은?

① 철정압 ② 주조속도
③ 주조온도 ④ 주편두께

49. 분진 발생에 의한 호흡기의 방호 보호구는?

① 방열차단기 ② 차광용 안경
③ 방진 마스크 ④ 방수용 마스크

50. 전로에서 주원료 장입 시 용선보다 고철을 먼저 장입하는 안전상 이유로 가장 적합한 것은?

① 폭발방지
② 용강유출 사고방지
③ 노구지금 탈락방지
④ 랜스 파손에 의한 충돌방지

51. 조괴주입 중 온도측정 시 안전상 가장 유의해야 할 것은?

① 수분에 의한 오차범위
② 열전대 교환 시 눈금
③ 용강비산에 의한 화상
④ 레들과 격돌

52. 현장에서 설비점검을 하고자 할 때 가장 올바른 방법은?

① 시간을 절약하기 위해 지름길을 택하여 점검
② 항상 안전통로를 이용하여 점검
③ 시간이 없을 때는 뛰어서 점검
④ 간단한 수공구는 휴대할 필요 없음

53. 신입사원이 공장에 전입되었을 때 가장 올바른 안전작업 방법은?

① 가정교육을 잘 받아서 부모 교육대로 이행한다.
② 학교 동문선배가 있어 지시대로 이행한다.
③ 책에서 배운 대로 이행한다.
④ 상급자의 교육 내용대로 이행한다.

해설 신입사원은 상급자의 교육 내용대로 이행한다.

54. 다음 중 염기성 내화물은?

① 규석질 ② 마그네시아질
③ 납석질 ④ 샤모트질

해설 염기성 내화물: 마그네시아질, 산성내화물: 규석질, 납석질, 샤모트질

55. 전기로에 사용되는 흑연전극의 구비조건 중 틀린 것은?

① 고온에서 산화되지 않을 것
② 전기전도도가 양호할 것
③ 화학반응에 안정해야 할 것
④ 열팽창계수가 커야 할 것

해설 열팽창계수는 작아야 한다.

56. 강괴 결함 중 수축관(pipe)에 대한 방지법이 틀린 것은?

① 적정탈산
② 내부 pipe부 외부공기 차단
③ Hot Top 설치
④ 고온, 고속주입

해설 수축관(pipe) 방지법: 적정탈산, 외부공기 접촉, Hot Top 설치, 고온 · 고속주입

정답 48. ① 49. ③ 50. ① 51. ③ 52. ② 53. ④ 54. ② 55. ④ 56. ②

57. 목표하는 탄소%에서 취련을 종료시키는 취련법은?

① Flat Blowing법 ② EMBR법
③ Catch (C)법 ④ Double Slag법

해설 Catch (C)법은 목표하는 탄소%에서 취련을 종료시키는 취련법이다.

58. 전로 취련작업 후 출강작업 시 가장 친화력이 큰 탈산제는?

① Fe-Mn ② Mo Sponge
③ Fe-Si ④ Al

59. 고온, 고속주조 시 주로 발생되는 결함으로 제품의 품질에 치명적인 영향을 미치는 결함명은?

① 터짐(crack)
② 비금속개재물(non metallic inclusion)
③ 내부편석(segregation)
④ 콜드 셧(cold shut)

60. 진공 탈가스법은?

① OV법 ② DH법
③ OG법 ④ DL법

정답 57. ③ 58. ④ 59. ① 60. ②

2017년 CBT 복원문제(제3회)

제강기능사

1. 상온에서 금, 은, 알루미늄, 구리 등의 격자는?

① 체심입방격자 ② 면심입방격자
③ 체심정방격자 ④ 조밀입방격자

해설 면심입방격자: 금, 은, 알루미늄, 구리

2. 금속간 화합물은?

① 펄라이트 ② 레데뷰라이트
③ 시멘타이트 ④ 오스테나이트

3. 조밀육방격자의 표시로 맞는 것은?

① FCP ② HCP
③ BCP ④ LCC

해설 HCP(Hexagonal Close Packed): 조밀육방격자

4. 금속간 화합물을 바르게 설명한 것은?

① 일반적으로 복잡한 결정구조를 갖는다.
② 변형하기 쉽고 인성이 크다.
③ 용해 상태에서 존재하며 전기저항이 작고 비금속 성질이 약하다.
④ 원자량의 정수비로는 절대 결합되지 않는다.

해설 간단한 결정구조를 갖는다.

5. 반자성체에 속하는 금속은?

① Co ② Fe ③ Au ④ Ni

해설 반자성체: Au, 강자성체: Fe, Ni, Co

6. 탄소 2.11%의 γ고용체와 탄소 6.68%의 시멘타이트와의 공정조직으로서 주철에서 나타나는 조직은?

① 펄라이트 ② 시멘타이트
③ α고용체 ④ 레데뷰라이트

7. 펄라이트에 대한 설명 중 맞는 것은?

① 베타(β)철과 시멘타이트와의 기계적 혼합물이다.
② 마텐자이트와 페라이트와의 공석정이다.
③ 오스테나이트와 시멘타이트와의 공석정이다.
④ 페라이트와 시멘타이트와의 공석정이다.

8. 주철 중에 함유되어 있는 탄소의 함유량(%)은?

① 2.5~4.5 ② 1.2~2.0
③ 0.8~1.2 ④ 0.1~0.8

9. 청동합금에서 탄성, 내마모성, 내식성을 향상시키고 유동성을 좋게 하는 원소는?

① P ② Ni ③ Zn ④ Mn

해설 유동성을 좋게 하는 원소는 P이다.

10. 절삭공구 재료로 가장 많이 사용되는 것은?

① 연강 ② 저탄소강
③ 고속도강 ④ 저탄소구조용강

정답 1. ② 2. ③ 3. ② 4. ① 5. ③ 6. ④ 7. ④ 8. ① 9. ① 10. ③

11. 고속도강의 성분에 속하지 않는 것은?

① W ② V
③ Cr ④ Mg

12. 개량처리에서 실용화한 알루미늄-규소계 합금은?

① 실루민 ② 콜슨
③ 포금 ④ 톰백

13. 공랭 실린더 헤드(cylinder head) 및 피스톤 등에 사용되는 Y합금의 성분은?

① Al-Cu-Ni-Mg ② Al-Si-Na-Pb
③ Al-Cu-Pb-Co ④ Al-Mg-Fe-Cr

해설 Y합금: Al-Cu-Ni-Mg

14. 공기 중에서 착화온도가 가장 낮은 연료는?

① 역청탄 ② 코크스
③ 중유 ④ 메탄

15. 18-8스테인리스강에 해당되지 않는 것은?

① Cr18%-Ni8%이다.
② 내식성이 우수하다.
③ 상자성체이다.
④ 오스테나이트계이다.

해설 18-8스테인리스강은 비자성체이다.

16. 척도 1/2인 제도 도면에서 실제 길이 10mm는 몇 mm로 치수 기입되는가?

① 10 ② 5
③ 20 ④ 25

해설 척도 1/2인 제도 도면에서 실제 길이 10mm는 5mm이다.

17. 도면에서 치수 숫자와 같이 사용하는 기호 중 반지름을 표시하는 것은?

① ø ② □ ③ R ④ Y

18. 다음 중 가는 실선을 사용하는 선이 아닌 것은?

① 지시선 ② 치수선
③ 치수보조선 ④ 외형선

해설 가는 실선: 지시선, 치수선, 치수보조선

19. 물체의 일부 생략 또는 파단면의 경계를 나타내는 선으로 자를 쓰지 않고 손으로 자유로이 긋는 선은?

① 가상선 ② 지시선
③ 절단선 ④ 파단선

해설 파단선: 자를 쓰지 않는 프리핸드

20. 아래 물체를 3각법으로 투상할 때 좌측면도는? (단, 화살표 방향으로 보는 것을 정면도로 함)

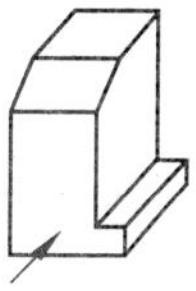

① 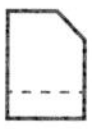 ② 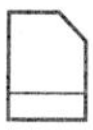
③ 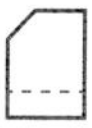 ④

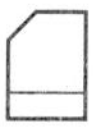

정답 11. ④ 12. ① 13. ① 14. ① 15. ③ 16. ② 17. ③ 18. ④ 19. ④ 20. ①

21. 둥근 축의 일부분에 평면이 있는 경우 평면임을 나타내기 위해 사용하는 선은?

① 굵은 해칭선
② 점선의 대각선
③ 가는 실선의 대각선
④ 파단선

22. 아래 그림과 같은 단면도법은?

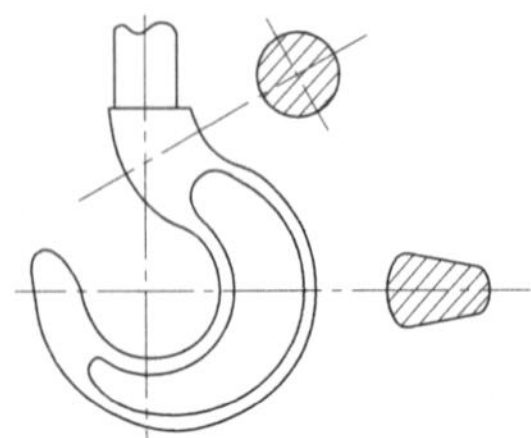

① 회전단면 ② 연속단면
③ 곡면단면 ④ 합성단면

해설 절단면을 가상적으로 회전시켜서 그린 단면도이다.

23. 스프링강의 KS기호는?

① SNC ② SC
③ SPS ④ BrC

24. 일반용 유니파이 가는나사의 표시기호는?

① UNC ② UNF
③ TM ④ TW

25. 평강의 치수 "20×9–200"에서 "20"은 무엇을 뜻하는가?

① 전체길이 ② 두께
③ 나비 ④ 단면치수

해설 나비: 20, 두께: 9, 길이: 200

26. 억지 끼워맞춤에서 구멍의 최소허용치수와 축의 최대허용치수와의 차는?

① 최대틈새 ② 최대죔새
③ 최소틈새 ④ 최소죔새

27. 최대 허용치수와 최소 허용치수의 차는?

① 위치수 허용차 ② 아래치수 허용차
③ 치수공차 ④ 기준치수

해설 치수공차: 최대 허용치수와 최소 허용치수의 차

28. LD전로의 주원료인 용선 중에 Si 함량이 과다할 경우 노내 반응의 설명이 틀린 것은?

① 산화반응열이 감소한다.
② 이산화규소량이 증가한다.
③ 강재량이 증가한다.
④ 출강 실수율이 감소한다.

해설 산화반응열이 증가한다.

29. 고인선을 원료로 하여 저인 저질소의 고급강을 얻을 수 있는 방법은?

① Kaldo법 ② OG법
③ 횡취법 ④ RH법

30. 순산소 상취전로 제강법에서 슬로핑(slopping)이 일어나기 쉬운 경우에 맞지 않는 것은?

① 노내 용적에 비해 장입량이 많을 경우
② 고철 배합율이 높을 경우
③ 형석을 다량 취련초기에 투입한 경우
④ 배재를 충분히 하지 않은 경우

해설 노내 용적에 비해 장입량이 적을 경우에 해당한다.

정답 21. ③ 22. ① 23. ③ 24. ② 25. ③ 26. ② 27. ③ 28. ① 29. ① 30. ①

31. 턴디시에서 주형으로 용강을 공급할 때 다(多)스트랜드에 적합한 턴디시의 형태는?

① V형 ② Y형
③ T형 ④ boat형

32. 전기로 제강 조업 시 원료장입과 출강할 때의 전원 상태는 각각 어떻게 해야 하는가?

① 장입시는 on, 출강시는 off
② 장입시는 off, 출강시는 on
③ 장입시, 출강시 모두 on
④ 장입시, 출강시 모두 off

33. 용강의 정압에 의하여 주괴가 부푸는 것을 막기 위해 일련의 자유롤로 되어 있는 것은?

① 스트랜드 ② 섬머지드노즐
③ 스트레이너 ④ 롤러에이프런

해설 주괴가 부푸는 것을 막기 위한 것은 롤러에이프런이다.

34. 일반적으로 림드강과 세미킬드강의 중간 성질로 제조되는 강은?

① 킬드강
② 캡트강
③ 코어 킬드강
④ 알루미늄 세미킬드강

35. 응고하는 동안 기체의 발생이 가장 적은 강괴는?

① 킬드강 ② 세미킬드강
③ 림드강 ④ 캡트강

36. 연속주조 시 탕면상부에 투입되는 몰드파우더의 기능으로 맞지 않는 것은?

① 용강의 공기 산화방지
② 윤활제의 역할
③ 강의 청정도 상승
④ 산화 및 환원의 촉진

해설 몰드파우더의 기능: 용강의 공기 산화방지, 윤활제의 역할, 강의 청정도 상승, 산화 및 환원 감소

37. 석회석은 어느 성분을 이용하는 것인가?

① $MgCO_3$ ② CaO
③ SiO_2 ④ Fe_2O_3

38. 다음의 탈산제 중 가장 강한 탈산제는 어느 것인가?

① Al ② Zr
③ Si ④ Mn

해설 Al은 탈산력이 규소의 17배, 망간의 90배이다.

39. 용선 100kg 중 Si 함량이 0.5%라 한다. LD전로에서 제강한 결과 Si 전량이 산화제거된다면 Si산화에 필요한 산소량은 약 몇 kg인가? (단, Si 원자량은 28로 계산)

① 0.47 ② 0.57
③ 0.67 ④ 0.77

해설 $\text{산소사용량} = \text{규소량} \times \frac{\text{산소원자량}}{\text{규소원자량}}$

$$= 0.5 \times \frac{32}{28} \fallingdotseq 0.57$$

규소량 : 산소량=규소원자량 : 산소원자량 따라서 위의 비율에 따라 계산을 하면 된다.

* 산소원자량은 16이지만 산소는 O_2로 존재하므로 32로 계산한다.

정답 31. ④ 32. ④ 33. ④ 34. ② 35. ① 36. ④ 37. ② 38. ① 39. ②

40. 고주파 유도로의 설비에 속하지 않는 것은?

① 소화탑 ② 전원
③ 콘덴서 ④ 노체

41. 레이들에 들어 있는 용강을 윗부분의 진공 탱크로 흡인하는 것을 반복하여 탈가스 하는 방법은?

① 도르트문트법 ② 유적 탈가스법
③ 보하메르법 ④ 루우르시타알법

42. UHP조업의 설명 중 틀린 것은?

① 역률이나 전기효율은 희생되나 전효율을 올리는 조업이다.
② 초고전리 조업이라고도 한다.
③ 저전압 대전류로 송전하여 조업하는 방법이다.
④ 고전압 저전류의 투입으로 노벽소모를 경감하는 조업이다.

해설 저전압 대전류의 투입으로 노벽소모를 경감하는 조업이다.

43. 아크식 전기로의 주원료로 가장 많이 사용되는 것은?

① 고철 ② 보크사이트
③ 소결광 ④ 철광석

44. 일반 전로의 송풍 풍구, 풍량은 LD전로에서는 무엇으로 대치하여 설치되어 있는가?

① 출강구 ② 슬랙호울
③ 노상 ④ 산소랜스

해설 일반 전로의 송풍 풍구, 풍량은 LD전로에서 산소랜스로 대치하여 설치된다.

45. 연속주조 용강 처리 시 버블링(bubbling)용 가스 중 가장 적합한 것은?

① BFF ② Ar
③ COG ④ O_2

46. 슬랩(slab)용으로 쓰이는 주형의 단면 모양은?

① ②
③ ④

해설 슬랩(slab): 두께 45mm의 편평하고 큰 강편

47. 제조법 중 산성법과 염기성법의 구분은 무엇으로 하는가?

① 사용 용융선의 재질에 따라 구분한다.
② 사용하는 로의 종류에 따라 구분한다.
③ 사용하는 내화물의 종류에 따라 구분한다.
④ 첨가 금속의 종류에 따라 구분한다.

해설 내화물의 종류에 따라 산성법과 염기성법으로 구분한다.

48. 정상적인 전기아크로의 조업에서 산화슬래그의 표준성분은?

① $MgO-Al_2O_3-Cr_2O_3$
② $CaO-SiO_2-FeO$
③ $CuO-CaO-MnO$
④ $FeO-P_2O_5-PbO$

49. 산성 전로법에서 최대 열원이 되는 것은?

① Si ② Mn ③ Fe ④ S

정답 40. ① 41. ① 42. ④ 43. ① 44. ④ 45. ② 46. ③ 47. ③ 48. ② 49. ①

50. 백점의 원인이 되는 주 가스는?

① 산소　② 수소
③ 질소　④ 아르곤

51. 용강을 고온 고속으로 주입할 때 강괴표면에 나타나는 결함은?

① 수축관　② 편석
③ 주름살　④ 균열

52. 사업주는 근로자를 1년에 1회 이상 건강진단을 실시하여야 한다. 일반 건강진단의 검사항목이 아닌 것은?

① 백내장 검사
② 자각증상 및 타각증상
③ 체중, 시력 및 청력
④ 혈청, GOT 및 GPT 총콜레스테롤

해설 백내장 검사는 특별 건강진단의 검사 항목이다.

53. 전기로의 정련 시 산화기의 가장 큰 목적은?

① 탈인　② 보온
③ 배재　④ 냉각

54. LD 조업에서 하드 블로우(hard blow)법은?

① 탈탄과 탈인 반응이 동시에 진행된다.
② FeO의 생성량이 낮아진다.
③ 가스와 용강 간의 거리가 멀다.
④ 산소 이용율이 저하된다.

55. 안전에 관계되는 위험한 장소나 위험물 안전표지 등 노란색은 무엇을 나타내는가?

① 위험, 안내　② 위험, 항공
③ 경고, 주의　④ 안전, 진행

해설 빨강-금지, 노랑-경고, 파랑-지시, 녹색-안내

56. 산업현장, 공장 광산, 건설현장 및 선박 등에서 안전을 유지하기 위하여 사용한 안전표지의 종류가 아닌 것은?

① 금지표시　② 경고표시
③ 지시표시　④ 체력표시

57. 형석과 석회석은 주로 무엇으로 사용하는가?

① 용제　② 탈산제
③ 산화제　④ 주원료

58. 강의 연속주조 작업에 최근 많이 채용되고 있는 노즐 방식은?

① 상주식　② 경사식
③ 슬라이드 밸브식　④ 스토퍼식

59. DH법의 특징 중 옳은 것은?

① 탈수소는 가능하나 탈산은 어렵다.
② 용강의 교반없는 연속성 조업이다.
③ 미탈산 상태의 용강처리가 불가능하다.
④ 극저탄소강의 제조가 가능하다.

60. 수강대차 사고로 기관차 유도 출강 시 안전보호구로 적당하지 않은 것은?

① 방열복　② 안전모
③ 안전벨트　④ 방진마스크

해설 기관차 유도 출강 시 방열복, 안전모, 방진마스크를 안전 보호구로 갖춰야 한다.

정답 50. ② 51. ④ 52. ① 53. ① 54. ② 55. ③ 56. ④ 57. ① 58. ③ 59. ④ 60. ③

2018년 CBT 복원문제(제1회)

제강기능사

1. **티타늄화합물(TIC)과 Ni의 예와 같이 세라믹과 금속을 결합하고 액상소결하여 만들어 절삭공구로 사용하는 고강도 재료는?**

① 서멧(Cermet)
② 두랄루민(Duralumin)
③ 고속도강(High speed steel)
④ 인바(Invar)

해설 서멧은 비금속 입자인 세라믹과 금속을 결합한 고강도 재료이다.

2. **TTT곡선에서 하부 임계냉각 속도란?**

① 50% 마텐자이트를 생성하는데 요하는 최대의 냉각속도
② 100% 오스테나이트를 생성하는데 요하는 최소의 냉각속도
③ 최초의 소르바이트가 나타나는 냉각속도
④ 최초의 마텐자이트가 나타나는 냉각속도

3. **주철의 물리적 성질은 조직과 화학조성에 따라 크게 변화한다. 주철을 600℃ 이상의 온도에서 가열과 냉각을 반복하면 주철이 성장한다. 주철 성장의 원인으로 옳은 것은?**

① 시멘타이트의 흑연화로 발생한다.
② 균일 가열로 인하여 발생한다.
③ 니켈의 산화에 의한 팽창으로 발생한다.
④ A_4 변태로 인한 부피 팽창으로 발생한다.

4. **금속간 화합물에 관한 설명 중 틀린 것은?**

① 변형이 어렵다.
② 경도가 높고 취약하다.
③ 일반적으로 복잡한 결정구조를 갖는다.
④ 경도가 높고 전연성이 좋다.

해설 금속간 화합물은 변형이 어렵고 전연성이 나쁘다.

5. **다음 상태도에서 액상선을 나타내는 것은?**

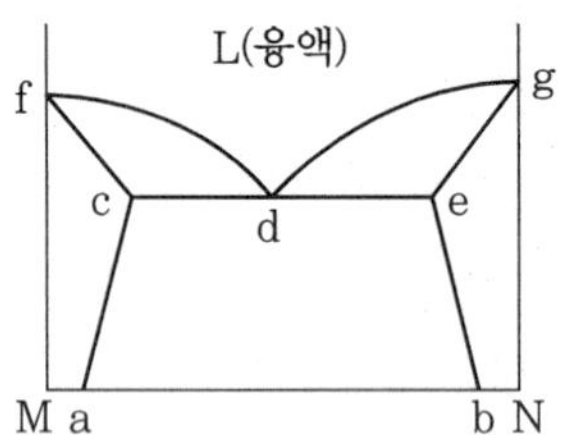

① acf ② cde
③ fdg ④ beg

6. **변압기, 발전기, 전동기 등의 철심 등으로 사용되는 재료는 무엇인가?**

① Fe-Si ② P-Mn
③ Cu-Ni ④ Cr-S

7. **금속에 열을 가하여 액체상태로 한 후에 고속으로 급냉하면 원자가 규칙적으로 배열되지 못하고 액체 상태로 응고되어 고체 금속이 되는데, 이와 같이 원자들의 배열이 불규칙한 상태의 합금을 무엇이라 하는가?**

① 비정질합금 ② 형상기억합금
③ 제진합금 ④ 초소성합금

정답 1. ① 2. ④ 3. ① 4. ④ 5. ③ 6. ① 7. ①

8. 강의 서브제로 처리에 관한 설명으로 틀린 것은?

① 퀜칭 후의 잔류 오스테나이트를 마텐자이트로 변태시킨다.
② 냉각제는 드라이아이스+알콜이나, 액체질소를 사용한다.
③ 게이지, 베어링, 정밀금형 등의 경년변화를 방지할 수 있다.
④ 퀜칭 후 실온에서 장시간 방치하여 안정화시킨 후 처리하면 더욱 효과적이다.

해설 퀜칭 후 즉시 처리한다. 상온에서 장시간 방치하면 잔류 오스테나이트는 안정화되어 마텐자이트화가 어렵기 때문이다.

9. 다음 [보기]의 성질을 갖추어야 하는 공구용 합금은?

| 보기 |

- HRC 55C이상의 경도를 가져야 한다.
- 팽창계수가 보통 강보다 작아야 한다.
- 시간이 지남에 따라서 치수변화가 없어야 한다.
- 담금질에 의하여 변형이나 담금질 균열이 없어야 한다.

① 게이지용 강
② 내충격용 공구강
③ 절삭용 합금 공구강
④ 열간 금형용 공구강

10. 구조용 특수강 중 Cr-Mo강에서 Mo의 역할 중 가장 옳은 것은?

① 내식성을 향상시킨다.
② 산화성을 향상시킨다.
③ 절삭성을 양호하게 한다.
④ 뜨임취성을 없앤다.

11. 주물용 마그네슘 합금을 용해할 때 주의해야 할 사항으로 틀린 것은?

① 주철 조각을 사용할 때에는 모래를 투입하여야 한다.
② 주조조직의 미세화를 위하여 적절한 용탕온도를 유지해야 한다.
③ 수소가스를 흡수하기 쉬우므로 탈가스 처리를 해야 한다.
④ 고온에서 취급할 때는 산화와 연소가 잘되므로 산화방지책이 필요하다.

해설 주물설을 사용할 때에는 모래를 제거해야 한다.

12. 다음 중 내식성 알루미늄 합금이 아닌 것은?

① 하스텔로이(hastalloy)
② 하이드로날륨(hidronalium)
③ 알클래드(alclad)
④ 알드리(aldrey)

해설 하스텔로이(hastalloy)는 내식성 Ni합금이다.

13. 로크웰 경도를 시험할 때 주로 사용하지 않는 시험하중(kgf)이 아닌 것은?

① 60 ② 100 ③ 150 ④ 250

해설 로크웰 경도의 시험하중(kgf): 60, 100, 150

14. 다음 중 2500℃ 이상의 고용융점을 가진 금속이 아닌 것은?

① Cr ② W ③ Mo ④ Ta

해설 Cr: 1875℃, W: 3410℃, Mo: 2610℃, Ta: 3020℃

정답 8. ④ 9. ① 10. ④ 11. ① 12. ① 13. ④ 14. ①

15. 60%Cu-40%Zn황동으로 복수기용 판, 너트 등에 사용되는 합금은?

① 톰백 ② 길딩메탈
③ 문쯔메탈 ④ 어드미럴티메탈

16. 도면의 지시선 위에 "46-ø20"이라고 기입되어 있을 때의 설명으로 옳은 것은?

① 지름이 20mm인 구멍이 46개
② 지름이 46mm인 구멍이 20개
③ 드릴치수가 20mm인 드릴이 46개
④ 드릴치수가 46mm인 드릴이 20개

17. 도면의 양식에 대한 설명으로 [보기]에서 옳은 내용을 모두 나열한 것은?

| 보기 |

a. 도면에 반드시 마련해야 할 사항으로 윤곽선, 중심마크, 표제란 등이 있다.
b. 표제란을 그릴 때에는 도면의 오른쪽 아래에 설치하여 알아보기 쉽도록 한다.
c. 표제란에는 도면번호, 도명, 척도, 투상법, 작성 연월일, 제도자 이름 등을 기입한다.

① a, b ② b, c
③ a, c ④ a, b, c

18. 구멍의 치수가 $ø45^{+0.009}_{0}$와 축의 치수가 $ø45^{-0.009}_{-0.025}$를 끼워맞춤할 때 어떠한 끼워맞춤이 되는가?

① 헐거운 끼워맞춤
② 중간 끼워맞춤
③ 정상 끼워맞춤
④ 억지 끼워맞춤

해설 헐거운 끼워맞춤: 구멍의 최소 허용치수가 축의 최대 허용치수보다 큰 경우의 결합

19. 다음 그림의 지시기호가 뜻하는 것은?

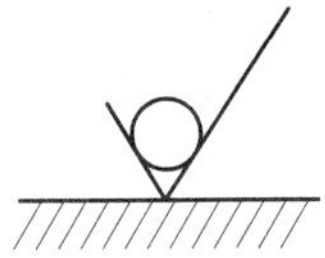

① 제거가공을 필요로 한다.
② 제거가공을 하지 않는다.
③ 연삭가공을 해야 한다.
④ 리이밍가공을 해야 한다.

20. 치수 기입에 대한 설명 중 잘못된 것은?

① 치수의 단위에는 길이와 각도가 있다.
② 숫자로 기입되는 치수의 길이 단위는 cm를 사용하며 단위를 기입한다.
③ 도면에는 특별히 명시하지 않는 한 최종적으로 완성된 물체의 치수를 기입한 것이 원칙이다.
④ 각도의 단위는 도(°)를 쓰며 필요에 따라서 분(′)과 초(″)의 단위도 쓸 수 있다.

해설 치수의 길이 단위는 mm를 사용한다.

21. 멀고 가까운 거리감을 느낄 수 있도록 하나의 시점과 물체의 각 점을 방사선으로 이어서 그리는 투상법은?

① 정투상법 ② 전개도법
③ 사투상법 ④ 투시투상법

22. 도면에 표시된 나사의 호칭이 M50×2-4h일 때, 2가 의미하는 것은?

① 피치 ② 나사의 호칭
③ 나사의 종류 ④ 나사의 줄 수

정답 15. ③ 16. ① 17. ④ 18. ① 19. ② 20. ② 21. ④ 22. ①

23. 나사의 간략도에서 수나사 및 암나사의 산은 어떠한 선으로 나타내는가? (단, 나사 산이 눈에 보이는 경우임)

① 가는 파선 ② 가는 실선
③ 중간 굵기의 실선 ④ 굵은 실선

해설 수나사 및 암나사의 산은 굵은 실선, 수나사 및 암나사의 골지름은 가는 실선으로 나타낸다.

24. 도형의 단면임을 표시하기 위하여 가는 실선으로 외형선 또는 중심선에 경사지게 일정한 간격으로 긋는 선은?

① 특수선 ② 해칭선
③ 절단선 ④ 파단선

해설 해칭선: 도형의 단면을 표시할 때 사선으로 긋는 선

25. 다음 투상도에서 우측면도로 옳은 것은? (단, 화살표 방향은 정면도이다.)

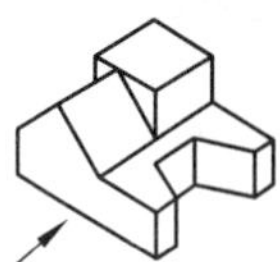

① 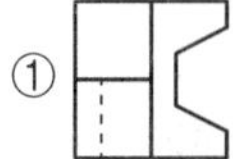 ② 

③ 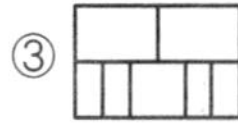 ④

26. KS의 부문별 분류 기호 중 틀리게 연결된 것은?

① KS A–전자 ② KS B–기계
③ KS C–전기 ④ KS D–금속

해설 KS A–기본

27. SF340에서 SF가 의미하는 것은?

① 주강 ② 회주철
③ 탄소강 단강품 ④ 탄소강 압연강재

28. 탈산제의 구비조건이 아닌 것은?

① 산소와의 친화력이 클 것
② 용강 중에 급속히 용해할 것
③ 탈산 생성물의 부상속도가 적을 것
④ 가격이 저렴하고 사용량이 적을 것

해설 탈산 생성물의 부상속도가 커야 한다.

29. 연속주조법에서 고온 주조시 발생되는 현상으로 주편의 일부가 파단되어 내부 용강이 유출되는 것은?

① Over flow
② Break out
③ 침지노즐 폐쇄
④ 턴디시 노즐에 용강부착

30. 순산소 상취 전로 제강법에서 냉각제를 사용할 때 사용하는 양과 시기에 따라 냉각효과가 상관성이 있다는 설명을 가장 옳게 표현된 것은?

① 투입시기를 정련시간 후반에 되도록 소량을 분할 투입하는 것이 냉각효과가 크다.
② 투입시기를 정련시간 초기에 되도록 일시에 다량 투입하는 것이 냉각효과가 크다.
③ 투입시기를 정련시간 초기에 전량을 일시에 투입하는 것이 냉각효과가 크다.
④ 투입시기를 정련시간의 후반에 되도록 일시에 다량 투입하는 것이 냉각효과가 크다.

정답 23. ④ 24. ② 25. ③ 26. ① 27. ③ 28. ③ 29. ② 30. ①

31. 순산소 320kg을 얻으려면 약 몇 Nm^3의 공기가 필요한가? (단, 공기 중의 산소의 함량은 21%이다.)

① 1005　② 1067
③ 1134　④ 1350

해설 $공기량=\frac{산소량}{0.21}=\frac{320}{0.21}=1523.8kg$
무게비를 부피비로 바꾸면 산소원자 32는 부피로 22.4이다.
$\therefore 32 : 22.4 = 1523.8 : x$
$x=\frac{22.4\times1523.8}{32}=$약 $1067Nm^3$

32. 제강에서 탈황하기 위하여 CaC_2 등을 첨가하는 탈황법을 무엇이라 하는가?

① 가스에 의한 탈황방법
② 슬래그에 의한 탈황방법
③ S의 함량을 증대시키는 탈황방법
④ S와 화합하는 물질을 첨가하는 탈황방법

33. 고철을 주원료로 하여 고급강 생산에 적합한 것으로 생산 비중이 점차 커지고 있는 제강법은?

① 염기성 전로법　② 산성 전로법
③ 전기로법　④ 평로법

34. RH 탈가스법에서 일어나는 주요 반응으로 틀린 것은?

① 탈규소 반응　② 탈탄 반응
③ 탈질소 반응　④ 탈수소 반응

해설 RH 탈가스법에서 일어나는 주요 반응: 탈산, 탈수소, 탈탄, 탈질소 반응

35. 산소 전로강의 특징에 관한 설명 중 틀린 것은?

① 극저탄소강의 제조에 적합하다.
② P, S의 함량이 낮은 강을 얻을 수 있다.
③ 강중 N, O, H 함유 가스량이 많다.
④ 고철사용량이 적어 Ni, Cr 등의 tramp element 원소가 적다.

해설 강중 N, O, H 함유 가스량이 적다.

36. 전기로 조업에서 UHP조업이란?

① 고전압 저전류 조업으로 사용 전류량 증가
② 저전압 저전류 조업으로 전력 소비량 감소
③ 저전압 대전류 조업으로 단위시간당 투입 전력량 증가
④ 고전압 대전류 조업으로 단위시간당 사용 전력량의 감소

37. 연속주조 작업 중 턴디시로부터 주형에 주입되는 용강의 재산화, splash 방지 등을 위하여 턴디시로부터 주형 내에 잠기는 내화물은?

① Shroad 노즐　② 침지 노즐
③ Long 노즐　④ Top 노즐

38. 전로제강법에서 일어나는 스피팅(spitting)이란?

① 강재 및 용강을 형성하는 현상이다.
② 노내의 과수분과 가스의 불균형 폭발현상이다.
③ 산소제트(jet)에 의해 철 입자가 노외로 분출하는 현상이다.
④ 석회석과 이산화탄소의 분해시 생긴 이산화탄소의 비등 현상이다.

정답 31. ② 32. ④ 33. ③ 34. ① 35. ③ 36. ③ 37. ② 38. ③

39. **제강 조업 시 종점에서의 강중 산소량과 탄소량의 관계는?**

① 항상 일정하다.
② 서로 반비례 관계에 있다.
③ 서로 비례 관계에 있다.
④ 항상 산소량에 비해 탄소량이 많다.

40. **공장의 전기 배선함에서 작은 화재가 발생하였을 때 가장 올바른 최우선 소화방법은?**

① 소화전의 물로 소화
② 스프링클러를 작동시켜 소화
③ CO_2 소화기로 소화
④ 119로 신고하여 소화

해설 전기에 대해 절연성을 갖는 CO_2 소화기를 사용한다.

41. **전기로 산화정련작업에서 일어나는 화학반응식이 아닌 것은?**

① $Si+2O \rightarrow SiO_2$
② $Mn+O \rightarrow MnO$
③ $2P+5O \rightarrow P_2O_5$
④ $O+2H \rightarrow H_2O$

42. **제강 작업에서 가스가 새고 있는지의 여부를 점검하는 항목으로 부적합한 것은?**

① 배관 내 소리가 난다.
② 압력계 계기가 상승한다.
③ Seal pot에 물 누수가 발생한다.
④ 비누칠을 했을 때 거품이 발생한다.

해설 압력계 계기가 하강한다.

43. **저취 전로법의 특징을 설명 중 틀린 것은?**

① 극저탄소(0.04%C)까지 탈탄이 가능하다.
② 직접반응 때문에 탈인, 탈황이 양호하다.
③ 교반이 강하고, 강욕의 온도 및 성분이 균질하다.
④ 철의 산화손실이 많고, 강중 산소가 비율이 높다.

해설 철의 산화손실이 적고, 강중 산소의 비율이 낮다.

44. **전로에서 분체 취입법(Powder injection)의 목적이 아닌 것은?**

① 용강 중 황을 감소시키기 위하여
② 용강 중의 탈탄을 증가시키기 위하여
③ 용강 중의 개재물을 저감시키기 위하여
④ 용강 중에 남아있는 불순물을 구상화하여 고급강 제조를 용이하게 하기 위하여

45. **위험예지 훈련의 4단계에 맞지 않는 것은?**

① 1단계: 현상파악
② 2단계: 본질추구
③ 3단계: 대책수립
④ 4단계: 피드백 수립

해설 4단계: 목표설정

46. **LD전로의 노내 반응 중 저질소 강을 제조하기 위한 관리항목에 대한 설명 중 틀린 것은?**

① 용선 배합비(HMR)을 올린다.
② 탈탄속도를 높이고 종점[C]를 가능한 높게 취련한다.
③ 용선 중의 티타늄 함유율을 높이고, 용선 중의 질소를 낮춘다.
④ 취련말기 노 안으로 가능한 한 공기를 유입시키고, 재취련을 실시한다.

해설 취련말기 노 안으로 가능한 한 공기를 유입시키지 않고, 취련을 실시한다.

정답 39. ② 40. ③ 41. ④ 42. ② 43. ④ 44. ② 45. ④ 46. ④

47. 제강 부원료 중 매용제로 사용되는 것이 아닌 것은?

① 석회석 ② 소결광
③ 철광석 ④ 형석

해설 석회석은 선철 용해에 사용되는 용제이다.

48. 대화하는 방법으로 브레인스토밍(Brain Storming: BS)의 4원칙이 아닌 것은?

① 자유비평 ② 대량발언
③ 수정발언 ④ 자유분방

해설 브레인스토밍(Brain Storming)의 4원칙: 비평금지, 대량발언, 수정발언, 자유분방

49. 주조의 생산능률을 높이기 위해서 여러 개의 레이들 용강을 계속해서 사용하는 방법은?

① Oscillation mark법
② Gas bubbling법
③ 무산화 주조법
④ 연-연주법

50. 부두아 반응(Boudouard Reaction)에 대한 설명으로 틀린 것은?

① Solution loss 반응은 고온, 저압이 유리하다.
② Solution loss 반응은 엔트로피가 감소하는 반응이다.
③ 카본 석출반응은 저온, 고압이 유리하다.
④ $2CO=CO_2+C$ 반응이다.

해설 Solution loss 반응은 엔트로피가 증가하는 반응이다.

51. 염기성 평로제강법의 특징으로 옳은 것은?

① 소결광을 주원료로 한다.
② 규석질 계통의 내화물을 사용한다.
③ 용선 중의 P, S 제거가 불가능하다.
④ 광석 투입에 의한 반응은 흡열반응이다.

52. 전로 취련 중 공급된 산소와 용선 중의 탄소가 반응하여 무엇을 주성분으로 하는 전로가스가 발생하는가?

① CO ② O_2
③ H_2 ④ CH_4

53. 연속주조 설비의 각 부분에 대한 설명 중 옳은 것은?

① 더미바(dummy bar): 주조 종료시 주형 밑을 막아주며 주조시 주편을 냉각시킨다.
② 핀치롤(pinch roll): 주조된 주편을 적정 두께로 압연해 주며, 벌징(bulging)을 유발시킨다.
③ 턴디시(tundish): 레이들과 주형의 중간용기로 용강의 분배와 일시저장 역할을 한다.
④ 주형(mold): 재질은 알루미늄을 많이 쓰며, 대량생산에 적합한 블록형이 보편화되어 있다.

54. RH법에서는 상승관과 하강관을 통해 용강이 환류하면서 탈가스가 진행된다. 그렇다면 용강이 환류되는 이유는 무엇인가?

① 상승관에 가스를 취입하므로
② 레이들을 승 · 하강하므로
③ 하부조를 승 · 하강하므로
④ 레이들 내를 진공으로 하기 때문에

정답 47. ① 48. ① 49. ④ 50. ② 51. ④ 52. ① 53. ③ 54. ①

55. 전기로 제강법에서 천정연와의 품질에 대한 설명으로 틀린 것은?

① 내화도가 높을 것
② 스폴링성이 좋을 것
③ 하중연화점이 높을 것
④ 연화시의 점성이 높을 것

해설 내스폴링성이 좋아야 한다.

56. 외부로부터 열원을 공급받지 않고 용선을 정련하는 제강법은?

① 전로법　② 고주파법
③ 전기로법　④ 도가니법

57. 진공실 내에 미리 레이들 또는 주형을 놓고 진공실 내를 배기하여 감압한 후 위의 레이들로부터 용강을 주입하는 탈가스법은?

① 유적 탈가스법(BV법)
② 흡인 탈가스법(DH법)
③ 출강 탈가스법(TD법)
④ 레이들 탈가스법(LD법)

58. 개재물 혼입의 방지법이 아닌 것은?

① 내화재 개량
② 주형도료 사용
③ 저속주입
④ 주형 탕도의 청소

해설 개재물 혼입의 방지법: 내화재 개량, 주형도료 사용, 고속주입, 주형 탕도의 청소

59. 탈산도에 따라 강괴를 분류할 때 탈산도가 큰 순서대로 옳게 나열된 것은?

① 킬드강>림드강>세미킬드강
② 킬드강>세미킬드강>림드강
③ 림드강>세미킬드강>킬드강
④ 림드강>킬드강>세미킬드강

60. 강괴 내 용질 성분이 불균일하게 존재하는 결함으로 처음에 응고한 부분과 나중에 응고한 부분의 성분이 균일하지 않게 나타나는 현상의 결함은?

① 백점　② 편석
③ 기공　④ 비금속개재물

해설 편석은 용질 성분의 불균일과 응고온도 차이에 의해 나타나는 결함이다.

정답 55. ② 56. ① 57. ① 58. ③ 59. ② 60. ②

2018년 CBT 복원문제(제3회)

제강기능사

1. 상온에서 고체가 아닌 것은?

① Au ② Ag ③ Hg ④ Ti

2. 황동 합금 중에서 강도는 낮으나 전연성이 좋고 금색에 가까워 모조금이나 판 및 선에 사용되는 합금명은?

① 톰백 ② 7–3황동
③ 6–4황동 ④ 주석황동

해설 톰백은 전연성이 좋고 금색에 가까워 모조금이나 판 및 선에 사용된다.

3. 체심입방격자(BCC)의 근접 원자가 거리는? (단, 격자정수는 a이다.)

① a ② $\frac{1}{2}a$
③ $\frac{1}{\sqrt{2}}a$ ④ $\frac{\sqrt{3}}{2}a$

해설 체심입방격자(BCC)의 근접 원자가 거리: $\frac{\sqrt{3}}{2}a$

4. Fe–C 평형상태도에서 자기변태만으로 짝지어진 것은?

① A_0 변태, A_1 변태 ② A_1 변태, A_2 변태
③ A_0 변태, A_2 변태 ④ A_3 변태, A_4 변태

5. 비중 7.14, 용융점 약 419℃이며, 다이캐스팅용으로 많이 이용되는 조밀육방격자 금속은?

① Cr ② Cu
③ Zn ④ Pb

6. 동합금 중 석출경화(시효경화) 현상이 가장 크게 나타나는 것은?

① 순동 ② 황동
③ 청동 ④ 베릴륨동

7. 주철의 물리적 성질을 설명한 것 중 틀린 것은?

① 비중은 C, Si 등이 많을수록 커진다.
② 흑연편이 클수록 자기 감응도가 낮아진다.
③ C, Si 등이 많을수록 용융점이 낮아진다.
④ 화합탄소를 적게 하고 유리탄소를 균일하게 분포시키면 투자율이 좋아진다.

해설 비중은 C, Si 등이 많을수록 작아진다.

8. 탄소강 중에 포함된 구리(Cu)의 영향으로 옳은 것은?

① 내식성을 저하시킨다.
② Ar_1의 변태점을 저하시킨다.
③ 탄성한도를 감소시킨다.
④ 강도, 경도를 감소시킨다.

9. 다음 중 소성가공에 해당되지 않는 가공법은?

① 단조 ② 인발
③ 압출 ④ 표면처리

정답 1. ③ 2. ① 3. ④ 4. ③ 5. ③ 6. ④ 7. ① 8. ② 9. ④

10. 다음 중 슬립에 대한 설명으로 틀린 것은?

① 슬립이 계속 진행하면 변형이 어려워진다.
② 원자밀도가 최대인 방향으로 슬립이 잘 일어난다.
③ 원자밀도가 가장 큰 격자면에서 슬립이 잘 일어난다.
④ 슬립에 의한 변형은 쌍정에 의한 변형보다 매우 작다.

해설 슬립(Slip)에 의한 변형은 쌍정에 의한 변형보다 매우 크다.

11. 분말상 Cu에 약 10% Sn분말과 2% 흑연 분말을 혼합하고, 윤활제 또는 휘발성 물질을 가한 후 가압 성형하여 소결한 베어링 합금은?

① 켈밋메탈 ② 배빗메탈
③ 엔티프릭션 ④ 오일리스 베어링

12. 다음 중 시효경화성이 있는 합금은?

① 실루민 ② 알팍스
③ 문쯔메탈 ④ 두랄루민

13. 보통 주철(회주철) 성분에 0.7~1.5% Mo, 0.5~4.0% Ni을 첨가하고 별도로 Cu, Cr을 소량 첨가한 것으로 강인하고 내마멸성이 우수하여 크랭크축, 캠축, 실린더 등의 재료로 쓰이는 것은?

① 듀리론 ② 니-레지스트
③ 애시큘러 주철 ④ 미하나이트 주철

14. 알루미늄 합금의 일종으로 피스톤 베어링에 사용되는 것은?

① Al-Fe-Ni ② Al-Cu-Ni-Mg
③ Al-Cr-Mo ④ Al-Fe-Cu

해설 Al-Cu-Ni-Mg은 Y합금으로 내열성이 큰 피스톤 베어링에 사용된다.

15. 다음 중 볼트, 너트, 전동기축 등에 사용되는 것으로 탄소함량이 약 0.2~0.3% 정도인 기계구조용 강재는?

① SM25C ② STC4
③ SKH2 ④ SPS8

16. 나사의 일반도시에서 수나사의 바깥지름과 암나사의 안지름을 나타내는 선은?

① 가는 실선 ② 굵은 실선
③ 일점 쇄선 ④ 이점 쇄선

17. 대상물의 보이지 않는 부분의 모양을 표시하는데 사용하는 선의 종류는?

① ———— ② —·—·—
③ —··—··— ④ - - - - - - -

해설 은선은 대상물의 보이지 않는 부분의 모양을 표시하는데 쓰인다.

18. 화살표 방향이 정면도라면 평면도는?

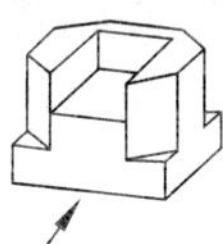

① 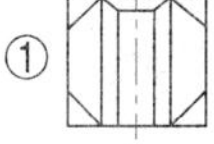 ② 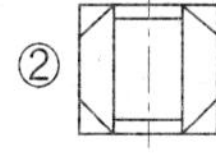

③ 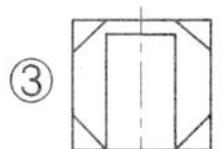 ④ 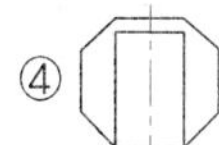

해설 평면도는 물체 위에서 내려다본 모양을 도면에 나타낸 것이다.

정답 10. ④ 11. ④ 12. ④ 13. ③ 14. ② 15. ① 16. ② 17. ④ 18. ③

19. 가공에 의한 컷의 줄무늬 방향이 기호를 기입한 그림의 투영면에 비스듬하게 2방향으로 교차할 때 도시하는 기호는?

① X ② = ③ M ④ C

20. 도면에서 표제란의 위치는?

① 오른쪽의 아래에 위치한다.
② 왼쪽의 아래에 위치한다.
③ 오른쪽 위에 위치한다.
④ 왼쪽 위에 위치한다.

21. 입체도법에 대한 설명으로 옳은 것은?

① 제3각법은 물체를 제3각법 안에 놓고 투상하는 방법으로 눈→물체→투상면의 순서로 놓는다.
② 제1각법은 물체를 제1각법 안에 놓고 투상하는 방법으로 눈→투상면→물체의 순서로 놓는다.
③ 전개도법에는 평행선법, 삼각형법, 방사선법을 이용한 전개도법의 세 가지가 있다.
④ 한 도면에는 제1각법과 제3각법을 혼용하여 그려야 한다.

22. 치수 □20에 대한 설명으로 옳은 것은?

① 두께가 20mm인 평면
② 넓이가 $20mm^2$인 정사각형
③ 긴 변의 길이가 20mm인 정사각형
④ 한 변의 길이가 20mm인 정사각형

해설 □는 정사각형 한 변의 치수 앞에 붙이는 기호이다.

23. 그림은 어떤 단면도를 나타낸 것인가?

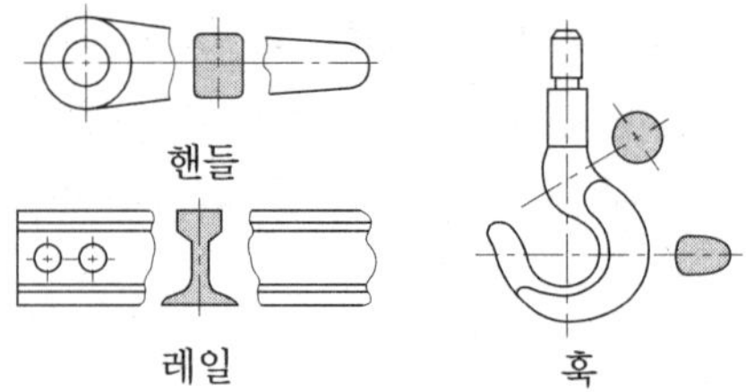

① 전 단면도 ② 부분 단면도
③ 계단 단면도 ④ 회전 단면도

해설 절단면을 사상적으로 회전시켜서 그린 단면도는 회전 단면도이다.

24. SM20C에서 20C는 무엇을 나타내는가?

① 최고 인장강도 ② 최저 인장강도
③ 탄소함유량 ④ 기계구조용 탄소강

해설 SM은 기계구조용 탄소강을 나타내고, 20C는 탄소함유량을 의미한다.

25. 다음 중 공차가 가장 큰 것은?

① $50^{+0.05}_{0}$ ② $50^{+0.05}_{+0.02}$
③ $50^{+0.05}_{-0.02}$ ④ $50^{+0}_{-0.05}$

26. 다음 도면에서 (a)에 해당하는 길이(mm)는?

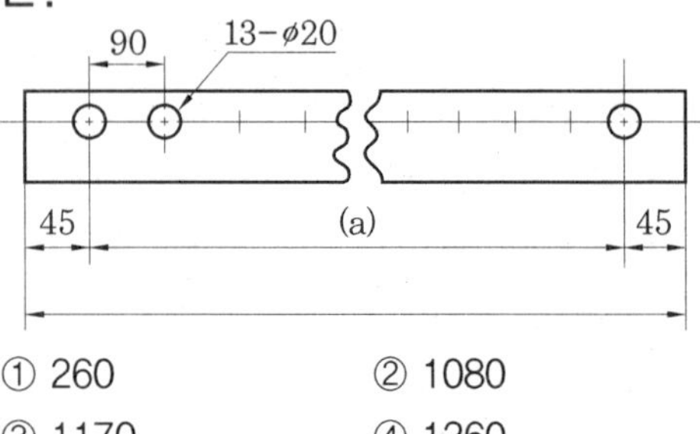

① 260 ② 1080
③ 1170 ④ 1260

해설 (90×13)−90=1080

정답 19. ① 20. ① 21. ③ 22. ④ 23. ④ 24. ③ 25. ③ 26. ②

27. 투상도법에서 원근감을 나타낸 투상도법은?

① 정투상도 ② 부등각 투상도
③ 등각투상도 ④ 투시도

28. 탈산에 이용하는 원소를 산소와의 친화력이 강한 순서대로 옳게 나열한 것은?

① Al→Ti→Si→V→Cr
② Cr→V→Si→Ti→Al
③ Ti→V→Si→Cr→Al
④ Si→Ti→Cr→V→Al

29. 다음 RH설비 구성 중 주요설비가 아닌 것은?

① 주입장치 ② 배기장치
③ 진공조 지지장치 ④ 합금철 첨가장치

해설 RH설비에는 진공조, 진공조 지지장치, 배기장치, 진공펌프, 합금철 첨가장치가 있다.

30. 연속주조 가스절단장치에 쓰이는 가스가 아닌 것은?

① 산소 ② 프로판
③ 아세틸렌 ④ 발생로 가스

31. 다음의 부원료 중 전로 내화물의 용출을 억제하기 위하여 사용되는 부원료는?

① 생석회(CaO) ② 백운석(MgO)
③ HBI ④ 철광석

32. 전로에 하드 블로우(hard blow)의 설명으로 틀린 것은?

① 랜스로부터 산소의 유량이 많다.
② 탈탄반응을 촉진시키고 산화철의 생성량을 낮춘다.
③ 랜스로부터 산소가스의 분사압력을 크게 한다.
④ 랜스의 높이를 높이거나 산소압력을 낮추어 용강면에서의 산소 충돌에너지를 적게 한다.

해설 랜스의 높이를 낮게 하거나 산소압력을 크게 하여 용강면에서의 산소 충돌에너지를 크게 한다.

33. RH법에서 불활성가스인 Ar은 어느 곳에 취입하는가?

① 하강관 ② 상승관
③ 레이들 노즐 ④ 진공로 측벽

34. 산소랜스 누수 발견 시 안전사항으로 관계가 먼 것은?

① 노를 경동시킨다.
② 노전 통행자를 대피시킨다.
③ 누수의 노내 유입을 최대한 억제한다.
④ 슬래그 비산을 대비하여 장입측 도그 하우스를 완전히 개방시킨다.

35. LD전로 제강 후 폐가스량을 측정한 결과 CO_2가 1.50kg이었다면 CO_2 부피는 약 몇 m^3 정도인가? (단, 표준상태이다.)

① 0.76 ② 1.50
③ 2.00 ④ 3.28

해설 C량 : 12, O_2량 : 32이므로 CO_2 분자량은 44kg, 표준상태에서 기체 1mole의 부피: 22.4m^3
44kg : 22.4m^3 = 1.5kg : $x m^3$, x=약 0.76m^3

정답 27. ④ 28. ① 29. ① 30. ④ 31. ② 32. ④ 33. ② 34. ④ 35. ①

36. 진공탈가스법의 처리 효과가 아닌 것은?
① H, N, O 등의 가스성분들을 증가시킨다.
② 비금속개재물을 저감시킨다.
③ 유해원소를 증발시켜 제거한다.
④ 온도 및 성분을 균일화한다.

해설 H, N, O 등의 가스성분들을 감소시킨다.

37. 용강의 탈산을 완전하게 하여 주입하므로 가스의 방출 없이 조용하게 응고되는 강은?
① 캡드강 ② 림드강
③ 킬드강 ④ 세미킬드강

해설 용강의 탈산을 완전히 한 강괴는 킬드강이다.

38. 레이들 바닥의 다공질 내화물을 통해 캐리어 가스(N_2)를 취입하여 탈황 반응을 촉진시키는 탈황법은?
① KR법
② 인젝션법
③ 레이들 탈황법
④ 포러스 플러그법

39. 스피팅(spitting) 현상에 대한 설명으로 옳은 것은?
① 강재층의 두께가 충분할 때 생기는 현상
② 강욕에 대한 심한 충돌이 없을 때 생기는 현상
③ 강재의 발포작용(foaming)이 분출할 때 생기는 현상
④ 착화 후 광휘도가 낮은 화염이 노구로부터 나오며, 비산할 때 생기는 현상

40. 전극재료가 갖추어야 할 조건을 설명한 것 중 틀린 것은?
① 강도가 높아야 한다.
② 전기전도도가 높아야 한다.
③ 열팽창성이 높아야 한다.
④ 고온에서의 내산화성이 우수해야 한다.

해설 열팽창성이 낮아야 한다.

41. 주조 초기에 하부를 막아 용강이 새지 않도록 역할을 하는 것은?
① 핀치롤 ② 냉각대
③ 더미바 ④ 인발설비

42. 단위시간에 투입된 전력량을 증가시켜 장입물의 용해시간을 단축함으로서 생산성을 높이는 전기로 조업법은?
① HP법 ② RP법
③ UHP법 ④ URP법

43. LD전로 조업에서 탈탄 속도가 점차 감소하는 시기에서의 산소 취입 방법은?
① 산소 취입 중지
② 산소제트 압력을 점차 감소
③ 산소제트 압력을 점차 증가
④ 산소제트 유량을 점차 증가

44. 연속주조 설비 중 용강을 받아 스트랜드 주형에 공급하는 것은?
① 레이들 ② 턴디시
③ 더미바 ④ 가이드 롤

정답 36. ① 37. ③ 38. ④ 39. ④ 40. ③ 41. ③ 42. ③ 43. ② 44. ②

45. 전로설비에서 출강구의 형상을 경사형과 원통형으로 나눌 때 경사형 출강구에 대한 설명으로 틀린 것은?

① 원통형에 비해 슬래그의 유입이 많다.
② 원통형에 비해 출강류 퍼짐방지로 산화가 많다.
③ 원통형에 비해 출강구 마모는 사용수명이 길다.
④ 원통형에 비해 출강구 사용초기와 말기의 출강시간 편차가 적다.

해설 원통형에 비해 슬래그의 유입이 적다.

46. 전로 내에서 산소와 반응하여 가장 먼저 제거되는 것은?

① C ② P ③ Si ④ Mn

47. 우천 시 고철에 수분이 있다고 판단되면 장입 후 출강측으로 느리게 1회만 경동시키는 이유는?

① 습기를 제거하여 폭발 방지를 위해
② 불순물의 혼입을 방지하기 위해
③ 취련시간을 단축시키기 위해
④ 양질의 강을 얻기 위해

48. 재해발생시 일반적인 업무처리 요령을 순서대로 나열한 것은?

① 재해발생 → 재해조사 → 긴급처리 → 대책수립 → 원인분석 → 평가
② 재해발생 → 긴급처리 → 재해조사 → 원인분석 → 대책수립 → 평가
③ 재해발생 → 대책수립 → 재해조사 → 긴급처리 → 원인분석 → 평가
④ 재해발생 → 원인분석 → 긴급처리 → 대책수립 → 재해조사 → 평가

49. 주조방향에 따라 주편에 생기는 결함으로 주형 내 응고각(shell) 두께의 불균일에 기인한 응력발생에 의한 것으로 2차 냉각과정으로 더욱 확대되는 결함은?

① 표면가로 크랙 ② 방사상 크랙
③ 표면세로 크랙 ④ 모서리 세로 크랙

50. 진공장치와 가열장치를 갖춘 방법으로 탈황, 성분조정, 온도조정 등을 할 수 있는 특징이 있는 노외정련법은?

① LD법 ② AOD법
③ RH-OB법 ④ ASEA-SKF법

51. LD전로에서 제강작업 중 사용하는 용도를 옳게 설명한 것은?

① 정련을 위해 산소를 용탕 중에 불어 넣기 위한 랜스를 서브 랜스(sub lance)라 한다.
② 노 용량이 대형화함에 따라 정련효과를 증대시키기 위해 단공노즐을 사용한다.
③ 용강 내 탈인을 촉진시키기 위한 특수 랜스로 LD-AC 랜스를 사용한다.
④ 용선 배합율을 증대시키기 위한 방법으로 산소와 연료를 동시에 불어 넣기 위해 옥시퓨얼 랜스(Oxyfuel lance)를 사용한다.

52. 연속주조시 탕면상부에 투입되는 몰드파우더의 기능으로 틀린 것은?

① 윤활제의 역할
② 강의 청정도 상승
③ 산화 및 환원의 촉진
④ 용강의 공기 산화방지

해설 산화 및 환원 방지 기능을 한다.

정답 45. ① 46. ③ 47. ① 48. ② 49. ③ 50. ④ 51. ③ 52. ③

53. **탈질을 촉진시키기 위한 방법이 아닌 것은?**

① 강욕 끓음을 조장하는 방법
② 노구에서의 공기를 침입시키는 방법
③ 용선 중 질소량을 하강시키는 방법
④ 탈탄반응을 강하게 하여 강욕을 강력 교반하는 방법

해설 노구에서 Ar을 침입시킨다.

54. **전기로에 환원철을 사용하였을 때의 설명으로 틀린 것은?**

① 제강시간이 단축된다.
② 철분의 회수가 용이하다.
③ 다량의 산화칼슘이 필요하다.
④ 전기로의 자동조작이 필요하다.

해설 철분의 회수가 어렵다.

55. **혼선로의 역할 중 틀린 것은?**

① 용선의 승온 ② 용선의 저장
③ 용선의 보온 ④ 용선의 균질화

56. **연주 조업 중 주편표면에 발생한 블로우홀이나 핀홀의 발생원인이 아닌 것은?**

① 탕면의 변동이 심할 때
② 몰드 파우더에 수분이 많을 때
③ 윤활유 중에 수분이 있을 때
④ Al선 투입 중 탕면유동 시

57. **상취 산소 제강법의 특징이 아닌 것은?**

① P, S의 함량이 낮은 강을 얻을 수 있다.
② 제강능률이 평로법에 비해 6~8배 높은 제강법이다.
③ 고철 사용량이 많아 Ni, Cr, Mo 등의 tramp element가 많다.
④ 강종의 범위도 극저탄소강으로부터 고탄소강 제조가 가능하다.

해설 고철 사용량이 적어 Ni, Cr 등의 tramp element 원소가 적다.

58. **비열이 0.6kcal/kgf · ℃인 물질 100g을 25℃에서 225℃까지 높이는데 필요한 열량(kcal)은?**

① 10 ② 12
③ 14 ④ 16

해설 열량 = 온도차 × 비열

$= (225-25) \times 0.06 = 12$

59. **순산소 상취 전로법에 사용되는 밀 스케일(Mill scale) 또는 소결광의 사용 목적으로 옳지 않은 것은?**

① 슬로핑(slopping) 방지제
② 냉각효과 기대
③ 출강 실수율 향상
④ 산소 사용량의 절약

60. **산화정련을 마친 용강을 제조할 때, 즉 응고시 탈산제로 사용하는 것이 아닌 것은?**

① Fe-Mn ② Fe-Si
③ Sn ④ Al

정답 53. ② 54. ② 55. ① 56. ④ 57. ③ 58. ② 59. ① 60. ③

2019년 CBT 복원문제(제1회)

제강기능사

1. 철-탄소계 평형상태도에서 탄소 0.99%가 되는 과공석강 조직은?

① 오스테나이트+페라이트
② 페라이트+펄라이트
③ 펄라이트+시멘타이트
④ 오스테나이트+소르바이트

2. 금속의 비중에 관한 설명으로 틀린 것은?

① 일반적으로 비중이 약 4.5 이하의 것을 경금속이라 한다.
② 물과 같은 부피를 가진 물체의 무게와 물의 무게와의 비를 비중이라 한다.
③ 비중이 크다는 것은 단위체적당 무게가 크다는 뜻이며 구리, 수은, 니켈 등은 중금속에 속한다.
④ 동일한 금속일지라도 금속의 순도, 온도 및 가공법에 따라서 비중이 변하지 않는다.

해설 동일한 금속일지라도 금속의 순도, 온도 및 가공법에 따라서 비중이 변한다.

3. 금속이 탄성변형 후에 소성변형을 일으키지 않고 파괴되는 성질은?

① 인성 ② 취성
③ 인발 ④ 연성

4. Fe-C 평형상태도는 무엇을 알아보기 위해 만드는가?

① 강도와 경도값
② 응력과 탄성계수
③ 융점과 변태점, 자기적 성질
④ 용융상태에서의 금속의 기계적 성질

5. 동소변태에 대한 설명으로 틀린 것은?

① 결정격자의 변화이다.
② 원자배열의 변화이다.
③ A_0, A_1변태가 있다.
④ 성질이 비연속적으로 변화한다.

해설 동소변태는 A_3, A_4변태가 있다.

6. 다음 중 정투상법에 대한 설명이 틀린 것은?

① 물체의 특징을 가장 잘 나타내는 면을 정면도로 한다.
② 제3각법은 정면도와 측면도를 대조하는데 편리하다.
③ 정면도의 위치를 먼저 결정하고 이를 기준으로 평면도, 측면도 위치를 정한다.
④ 제1각법으로 투상도를 얻는 원리는 "눈→투상면→물체"의 순서이다.

해설 제1각법: 눈→물체→투상면

7. 다음 도면에서 가는 실선으로 그려야 할 곳을 모두 고르면?

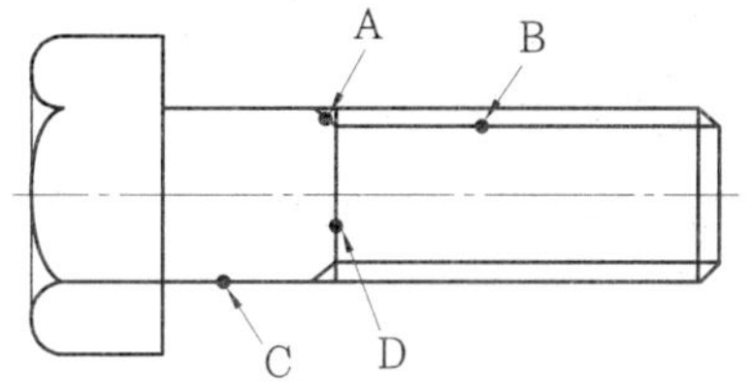

① A ② A, B
③ A, B, C ④ A, B, C, D

정답 1. ③ 2. ④ 3. ② 4. ③ 5. ③ 6. ④ 7. ②

8. 다음 중 도면의 크기가 가장 큰 것은?

① A0 ② A2 ③ A3 ④ A4

해설 A0 > A2 > A3 > A4

9. 대상물의 보이지 않는 부분의 모양을 표시하는데 쓰이는 선의 명칭은?

① 숨은선 ② 외형선
③ 파단선 ④ 2점 쇄선

10. 다음 중 치수공차가 다른 하나는?

① $ø50^{+0.01}_{-0.01}$ ② $ø50±0.01$
③ $ø50^{+0.029}_{-0.009}$ ④ $ø50^{+0.02}_{0}$

11. 금속을 부식시켜 현미경 검사를 하는 이유는?

① 조직 관찰 ② 비중 측정
③ 전도율 관찰 ④ 인장강도 측정

12. 불변강(invariable steel)에 대한 설명 중 옳은 것은?

① 불변강의 주성분은 Fe과 Cr이다.
② 인바는 선팽창계수가 크기 등에 줄자, 표준자 등에 사용한다.
③ 엘린바는 탄성율 변화가 크기 때문에 고급시계, 정밀 저울의 스프링 등에 사용한다.
④ 코엘린바는 온도변화에 따른 탄성률의 변화가 매우 적고 공기나 물속에서 부식되지 않는 특성이 있다.

해설 불변강은 온도에 의한 성질의 변화가 극히 적다.

13. 냉간가공한 재료를 풀림처리하면 변형된 입자가 새로운 결정입자로 바뀌는데 이러한 현상을 무엇이라 하는가?

① 회복 ② 복원
③ 재결정 ④ 결정성장

14. 다음 중 Mg에 대한 설명으로 틀린 것은?

① 상온에서 비중은 약 1.74이다.
② 구상흑연의 첨가제로 사용한다.
③ 절삭성이 양호하고, 산이나 염수에 잘 견디나 알칼리에는 침식된다.
④ Mg은 용융점 이상에서 공기와 접촉하여 가열되면 폭발 및 발화하기 때문에 주의가 필요하다.

해설 절삭성이 양호하고, 산이나 염수에 침식되고 알칼리에는 견딘다.

15. 알루미늄의 방식을 위해 표면을 전해액 중에서 양극산화처리하여 치밀한 산화피막을 만드는 방법이 아닌 것은?

① 수산법 ② 황산법
③ 크롬산법 ④ 수산화암모늄법

해설 알루미늄의 양극산화처리 방법: 수산법, 황산법, 크롬산법

16. 원자 충전율이 68%이며, 배위수가 8인 결정구조를 가지고 있는 격자는?

① 조밀육방격자 ② 체심입방격자
③ 면심입방격자 ④ 정방격자

17. 단조되지 않으므로 주조한 그대로 연삭하여 사용하는 재료는?

① 실루민 ② 라우탈
③ 해드필드강 ④ 스텔라이트

해설 스텔라이트는 주조경질합금으로 단조가 불가능하고 내마모성, 내식성이 뛰어나다.

정답 8. ① 9. ① 10. ③ 11. ① 12. ④ 13. ③ 14. ③ 15. ④ 16. ② 17. ④

18. 활자금속에 대한 설명으로 틀린 것은 무엇인가?

① 응고할 때 부피변화가 커야 한다.
② 주요 합금조성은 Pb-Sb이다.
③ 내마멸성 및 상당한 인성이 요구된다.
④ 비교적 용융점이 낮고 유동성이 좋아야 한다.

해설 응고할 때 부피변화가 적어야 한다.

19. 오일리스 베어링(Oilless bearing)의 특징이라고 할 수 없는 것은?

① 다공질의 합금이다.
② 급유가 필요하지 않은 합금이다.
③ 원심 주조법으로 만들며 강인성이 좋다.
④ 일반적으로 분말 야금법을 사용하여 제조한다.

20. 공구용 재료가 구비해야 할 조건을 설명한 것 중 틀린 것은?

① 내마멸성이 커야 한다.
② 강인성이 작아야 한다.
③ 열처리와 가공이 용이해야 한다.
④ 상온 및 고온에서 경도가 높아야 한다.

해설 공구용 재료는 강인성이 커야 한다.

21. SS330으로 표시된 재료 기호를 옳게 설명한 것은?

① 기계구조용 탄소강재, 최대 인장강도 330N/mm^2
② 기계구조용 탄소강재, 탄소 함유량 3.3%
③ 일반구조용 압연강재, 최저 인장강도 330N/mm^2
④ 일반구조용 압연강재, 탄소 함유량 3.3%

22. 축이나 원통같이 단면의 모양이 같거나 규칙적인 물체가 긴 경우 중간 부분을 잘라내고 중요한 부분만을 나타내는데 이때 잘라내는 부분의 파단선으로 사용하는 선은?

① 굵은 실선　　② 1점 쇄선
③ 가는 실선　　④ 2점 쇄선

23. 도면의 치수기입에서 치수에 괄호를 한 것이 의미하는 것은?

① 정확한 치수
② 비례척이 아닌 치수
③ 완성 치수
④ 참고 치수

24. 도면에서 가공방법 지시기호 중 밀링가공을 나타내는 약호는?

① L　　② M
③ P　　④ G

해설 L: 선반, M: 밀링, P: 플레이닝가공, G: 연삭

25. 도면에 치수 200의 기입이 가장 적절하게 표현된 것은?

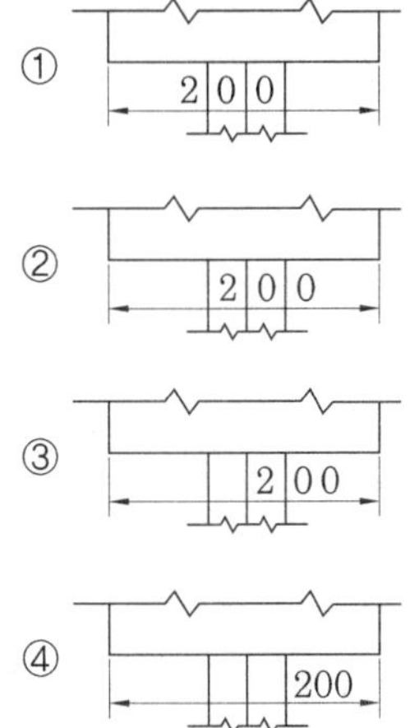

정답 18. ① 19. ③ 20. ② 21. ③ 22. ③ 23. ④ 24. ② 25. ④

26. 투상도의 선정 방법으로 틀린 것은?

① 숨은선이 적은 쪽으로 투상한다.
② 물체의 오른쪽과 왼쪽이 대칭일 때에는 좌측면도는 생략할 수 있다.
③ 물체의 길이가 길 때, 정면도와 평면도만으로 표시할 수 있을 경우에는 측면도를 생략한다.
④ 물체의 모양과 특징을 가장 잘 나타낼 수 있는 면을 평면도로 선정한다.

27. 핸들이나 바퀴 등이 암 및 리브, 훅(hook), 축 등의 단면도시는 어떤 단면도를 이용하는가?

① 온 단면도 ② 부분 단면도
③ 한쪽 단면도 ④ 회전 도시 단면도

28. 고주파 유도로에 대한 설명으로 옳은 것은?

① 피산화성 합금원소의 실수율이 낮다.
② 노내 용강의 성분 및 온도조절이 용이하지 않다.
③ 용강을 교반하기 위해 유도 교반장치가 설치되어 있다.
④ 산화성 합금 원소의 회수율이 높아 고합금강 용해에 유리하다.

29. LD 제강법에 사용되는 산소랜스 노즐의 재질은?

① 니켈 ② 구리
③ 내열 합금강 ④ 스테인리스강

30. 교육훈련 방법 중 강의법의 장점에 해당하는 것은?

① 자기 스스로 사고하는 능력을 길러준다.
② 집단으로서 결속력, 팀워크의 기반이 생긴다.
③ 토의법에 비하여 시간이 길게 걸린다.
④ 시간에 대한 계획과 통제가 용이하다.

31. 취련초기 미세한 철입자가 노구로 비산하는 현상은?

① 스피팅(spitting) ② 슬로핑(slopping)
③ 포밍(foaming) ④ 행깅(hanging)

32. 조괴 분괴 압연을 단일 공정으로 하여 용강으로부터 직접 빌릿, 블룸, 스래브를 제조하는 방법은?

① 연속주조법 ② 노외정련법
③ 직접환원법 ④ 예비처리법

33. 슬래그의 생성을 도와주는 첨가제는?

① 냉각제 ② 탈산제
③ 가탄제 ④ 매용제

34. 전로조업의 공정을 순서대로 옳게 나열한 것은?

① 원료장입 → 취련(정련) → 출강 → 온도측정(시료채취) → 슬래그 제거(배재)
② 원료장입 → 온도측정(시료채취) → 출강 → 슬래그 제거(배재) → 취련(정련)
③ 원료장입 → 취련(정련) → 온도측정(시료채취) → 출강 → 슬래그 제거(배재)
④ 원료장입 → 취련(정련) → 슬래그 제거(배재) → 출강 → 온도측정(시료채취)

정답 26. ④ 27. ④ 28. ④ 29. ② 30. ④ 31. ① 32. ① 33. ④ 34. ③

35. RH법에서 진공조를 가열하는 이유는?
① 진공조를 감압시키기 위해
② 용강의 환류 속도를 감소시키기 위해
③ 진공조 안으로 합금 원소의 첨가를 쉽게 하기 위해
④ 진공조 내화물에 붙은 용강 스플래시를 용락시키기 위해

36. 그림은 턴디시를 나타내는 것으로 (라)의 명칭은?

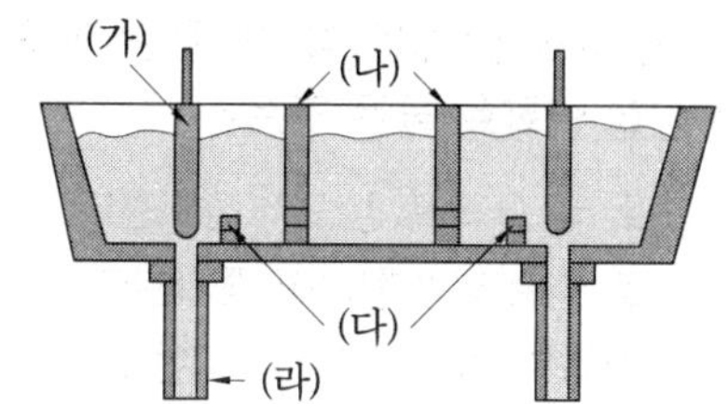

① 댐(dam) ② 위어(weir)
③ 스토퍼(stopper) ④ 침지노즐(nozzle)

37. 전로 내화물의 수명에 영향을 주는 인자에 대한 설명으로 옳은 것은?
① 염기도가 증가하면 노체 사용횟수는 저하한다.
② 휴지시간이 길어지면 노체 사용횟수는 증가한다.
③ 산소사용량이 많게 되면 노체 사용횟수는 증가한다.
④ 슬래그 중의 T-Fe가 높으면 노체 사용횟수는 저하한다.

38. 일반용 가스용기의 외부 도색을 표시한 것 중 연결이 잘못된 것은?
① 산소-녹색
② 수소-청색
③ 액화암모니아-백색
④ 액화염소-갈색

해설 수소 용기의 외부 도색은 황색이다.

39. 용강의 성분을 알아보기 위해 샘플 채취 시 가장 주의하여야 할 것은?
① 실족 추락에 주의
② 용강류 비산에 주의
③ 낙하물에 의한 주의
④ 누전에 의한 감전주의

40. 탈인(P)을 촉진시키는 방법으로 틀린 것은?
① 강재의 산화력과 염기도가 낮을 것
② 강재의 유동성이 좋을 것
③ 강재 중 P_2O_5가 낮을 것
④ 강욕의 온도가 낮을 것

해설 강재의 산화력과 염기도가 높아야 한다.

41. 노내 반응에 근거하는 LD전로의 특징을 설명한 것 중 틀린 것은?
① 메탈-슬래그의 교반이 일어나지 않으며, 취련초기에 탈인반응과 탈탄반응이 활발하게 동시에 일어난다.
② 취련말기에 용강 탄소 농도의 저하와 함께 탈탄속도가 저하하므로 목표 탄소 농도 적중이 용이하다.
③ 산화반응에 의한 발열로 정련온도를 충분히 유지 가능하며, 스크랩도 용해된다.
④ 공급산소의 반응효율이 높고, 탈탄반응이 극히 빠르게 진행하고 정련시간이 짧다.

해설 탈인과 탈황이 취련말기의 수분 간에 급속히 진행된다.

정답 35. ④ 36. ④ 37. ④ 38. ② 39. ② 40. ① 41. ①

42. 용강이 주형에 주입되었을 때 평균 농도보다 이상 부분의 성분 품위가 높은 부분을 무엇이라 하는가?

① 터짐(crack)
② 콜드 셧(cold shut)
③ 정편석(positive segregation)
④ 비금속 개재물(non metallic inclusion)

43. 주조 초기에 하부를 막아 용강이 새지 않도록 역할을 하는 것은?

① 인발설비 ② 냉각대
③ 더미바 ④ 핀치롤

44. LD전로에 요구되는 산화칼슘의 성질을 설명한 것 중 틀린 것은?

① 소성이 잘 되어 반응성이 좋을 것
② 가루가 적어 다룰 때의 손실이 적을 것
③ 세립이고, 정립되어 있어 반응성이 좋을 것
④ 황, 이산화규소 등의 불순물을 되도록 많이 포함할 것

해설 황, 이산화규소 등의 불순물을 되도록 적게 포함한다.

45. 다음 중 B급 화재가 아닌 것은?

① 그리스 ② 타르
③ 가연성 액체 ④ 목재

해설 A급 화재: 목재, B급 화재: 그리스, 타르, 가연성 액체

46. 정련법 중 진공실 내에 레이들 또는 주형을 설치하여 진공실 밖에서 실(seal)을 통해 용강을 떨어뜨리면 진공실의 급격한 압력 저하로 용강 중 가스가 방출하는 방법은?

① 흡인 탈가스법 ② 유적 탈가스법
③ 순환 탈가스법 ④ 레이들 탈가스법

47. 전기로의 노외 정련작업의 VOD 설비에 해당되지 않는 것은?

① 배기 장치를 갖춘 진공실
② 아르곤 가스 취입장치
③ 산소 취입용 랜스
④ 아크 가열장치

48. 진공 아크용해법(VAR)을 통한 제품의 기계적 성질 변화로 옳은 것은?

① 피로 및 크리프 강도가 감소한다.
② 가로 세로의 방향성이 증가한다.
③ 충격값이 향상되고, 천이온도가 저온으로 이동한다.
④ 연성은 개선되나, 연신율과 단면수축율이 낮아진다.

49. 턴디시(tundish)의 역할이 아닌 것은?

① 각 스트랜드에 용강을 분해한다.
② 주형에 들어가는 용강의 양을 조절한다.
③ 주형에 들어가는 용강의 성분을 조정한다.
④ 비금속 개재물을 부상분리하는 역할을 한다.

50. LD전로의 노내 반응이 아닌 것은?

① $Si+2O \rightarrow SiO_2$ ② $2P+5O \rightarrow P_2O_5$
③ $C+O \rightarrow CO$ ④ $Si+S \rightarrow SiS$

51. LD전로에서 고철과 동일 중량을 사용하는 경우 냉각제의 냉각계수가 가장 큰 것은?

① 냉선 ② 철광석
③ 생석회 ④ 석회석

정답 42. ③ 43. ③ 44. ④ 45. ④ 46. ② 47. ④ 48. ③ 49. ③ 50. ④ 51. ②

52. 연속주조법의 장점이 아닌 것은?

① 자동화가 용이하다.
② 단위 시간당 생산능률이 높다.
③ 소비에너지가 많다.
④ 조괴법에 비하여 용강 실수율이 높다.

53. 림드강(rimed steel) 제조시 FeO+C ⇄ Fe+CO의 반응에 의해 응고할 때 강에 비등 작용을 일으키는 현상은?

① 보일링(Boiling)
② 스피팅(Spitting)
③ 리밍액션(Rimming action)
④ 베세마어징(Bessemerizing)

54. 전기로 조업 중 탈수소를 유리하게 하는 조건이 아닌 것은?

① 탈산 속도가 작을 것
② 대기 중의 습도가 낮을 것
③ 용강온도가 충분히 높을 것
④ 탈산원소를 과도하게 포함하지 않을 것

해설 탈산 속도가 커야 탈수소에 유리하다.

55. 10ton의 전기로에 355mm 전극을 사용하여 12000A의 전류를 통과시켰을 때 전류밀도(A/cm^2)는?

① 12.12　② 20.12
③ 98.12　④ 430.12

56. 제강 조업에서 고체 탈황제로 탈황력이 우수한 것은?

① CO_2　② KOH
③ CaC_2　④ NaCN

57. 강괴의 응고 시 과포화된 수소가 응력 발생의 주된 원인으로 발생한 결함은?

① 백점　② 수축관
③ 코너크랙　④ 방사상 균열

58. 용선 중에 Si가 300kg일 때 Si와 결합하는 이론적인 산소량은 약 몇 kg인가? (단, Si원자량: 28, 산소원자량: 16이다)

① 171.4　② 262.5
③ 342.9　④ 462.9

해설 28 : 32 = 300 : x

$$x = \frac{32 \times 300}{28} = \text{약 } 342.9$$

(산소는 O_2로 반응하므로 16×2인 32로 계산함)

59. 고순도강 제조를 위한 레이들 정련 기능으로 진공 탈가스법(탈수소)이 아닌 것은?

① DH법　② LF법
③ RH법　④ VOD법

해설 LF법은 레이들에 옮겨서 환원 정련하는 법이다.

60. 전기로 조업 중 슬래그 포밍 발생인자와 관련이 가장 적은 것은?

① 슬래그 염기도
② 슬래그 표면장력
③ 슬래그 중 NaO 농도
④ 탄소 취입 입자 크기

정답 52. ③　53. ③　54. ①　55. ①　56. ③　57. ①　58. ③　59. ②　60. ③

2019년 CBT 복원문제(제3회)

제강기능사

1. 금속의 동소변태를 설명한 것 중 옳은 것은?

① 합금을 형성하면서 그 성질이 변화되는 현상이다.
② 자기의 강도가 변화되는 현상이다.
③ 크리프의 한도와 이슬점이 변화되는 현상이다.
④ 결정격자의 형식이 바뀌는 현상이다.

해설 동소변태: 결정격자의 변화

2. 핵연료 및 신소재에 해당하는 것은?

① 우라늄, 토륨
② 티탄합금, 저용융점합금
③ 합금철, 순철
④ 황동, 납땜용 합금

3. 체심입방격자의 표시로 옳은 것은?

① LDC ② BCC
③ HCL ④ CPC

4. 금속의 소성변형에 속하지 않는 것은?

① 단조 ② 인발
③ 압연 ④ 주조

5. 재결정 온도가 가장 낮은 금속은?

① Al ② Cu ③ Ni ④ Zn

해설 Al: 180℃, Au: 200℃, Sn: -10℃, Cu: 200℃, Zn: 18℃, Ni: 600℃

6. 온도 t℃, 길이 l인 물체가 t'℃로 가열되었을 경우 길이 l'로 늘어났을 때 선팽창계수를 구하는 식은?

① $\frac{l-l'}{l(t'-t)}$ ② $\frac{l'-l}{l(t'-t)}$
③ $\frac{l-l'}{l'(t'-t)}$ ④ $\frac{l'-l}{l'(t'-t)}$

7. 자기변태가 일어나는 온도는?

① 이슬점 ② 상점
③ 퀴리점 ④ 동소점

해설 순철에서 자기변태가 일어나는 온도를 퀴리점이라고 한다.

8. Fe-C계 평형상태도에서 α-Fe이 γ-Fe로 변하는 점은?

① A_2변태점 ② A_3변태점
③ A_4변태점 ④ 공정점

해설 A_3변태점: α-Fe이 γ-Fe로 변하는 점

9. 청동의 주성분은?

① 구리-니켈 ② 구리-주석
③ 철-납 ④ 철-알루미늄

해설 청동은 구리-주석 합금이다.

10. 순철(Fe)의 비중으로 옳은 것은?

① 약 7.8 ② 약 8.9
③ 약 9.7 ④ 약 10.3

정답 1. ④ 2. ① 3. ② 4. ④ 5. ④ 6. ② 7. ③ 8. ② 9. ② 10. ①

11. 다음 중 자석강이 아닌 것은?

① KS강 ② OP강
③ GC강 ④ MK강

해설 자석강: KS강, OP강, MK강

12. 시멘타이트를 약 몇 도(℃)로 가열하면 빠른 속도로 흑연을 분리시키는가?

① 1154 ② 1021
③ 768 ④ 210

13. 톰백은 어느 것에 속하는가?

① 콘스탄탄 ② 황동
③ 인코넬 ④ 합금강

14. 면심입방격자이며 용융점이 약 660℃인 원소는?

① Fe ② Al ③ W ④ Sn

15. Al-Si합금의 강도와 인성을 개선하기 위해 Na이나 Sr, Sb 등을 첨가하여 공정 Si상을 미세화시키는 처리는?

① 고용화처리 ② 시효처리
③ 탈산처리 ④ 개량처리

16. 도면에서 가는 실선으로 표시하지 않는 것은?

① 외형선 ② 치수선
③ 지시선 ④ 치수보조선

해설 외형선: 굵은 실선

17. 기어 제도에서 피치원을 나타내는 선은?

① 굵은 실선 ② 가는 1점 쇄선
③ 가는 2점 쇄선 ④ 은선

18. 도형의 척도에 비례하지 않을 때 표시하는 방법의 설명으로 틀린 것은?

① 적절한 곳에 "비례척이 아님"이라고 기입한다.
② 도형의 일부 치수가 비례하지 않을 때는 치수 아래 직선을 긋는다.
③ 척도란 또는 적절한 곳에 "NS"를 표시한다.
④ 치수에 ( ) 표시를 한다.

19. 제도 용지의 종류 중 A4용지의 크기는?

① 594×841 ② 420×594
③ 350×450 ④ 210×297

20. 다음 물체의 투상도에서 평면도로 옳은 것은?

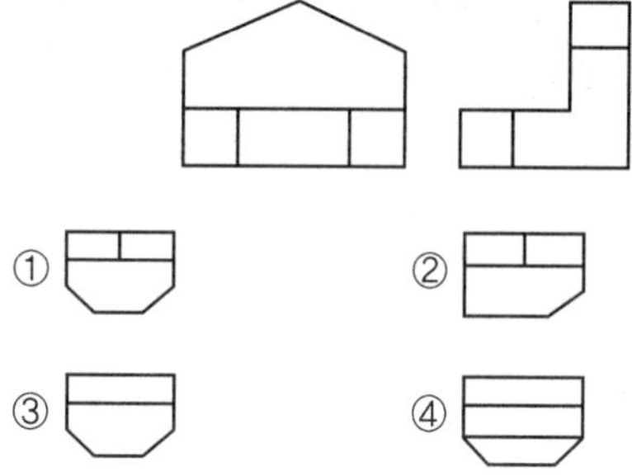

21. 가상선을 사용하는 경우와 관계가 없는 것은?

① 물체의 뒷부분을 도시하는 경우
② 인접 부분을 참고로 표시하는 경우
③ 가공 전후의 모양을 도시하는 경우
④ 공구, 지그 등의 위치를 참고로 도시하는 경우

정답 11. ③ 12. ① 13. ② 14. ② 15. ④ 16. ① 17. ② 18. ④ 19. ④ 20. ① 21. ①

22. 다음 도형은 어느 단면도에 속하는가?

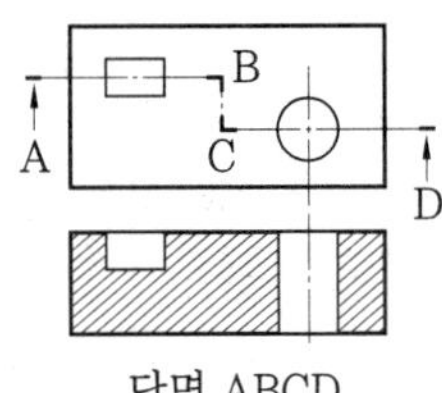

단면 ABCD

① 온 단면도
② 회전도시 단면도
③ 한쪽 단면도
④ 조합에 의한 단면도

23. ø100±0.05로 표시된 치수의 공차는?

① 0.05　　② 0.1
③ −0.05　　④ 0.01

해설 치수공차: 최대 허용치수−최소 허용치수

24. KS규격에 의한 표면의 결(거칠기) 도시 기호 중 특별한 표면 가공을 하지 않을 때 사용하는 기호는?

① 　　② 

③ 　　④

25. 탄소강 단강품을 나타내는 재료기호는?

① BrC_3　　② SF
③ SM　　④ SCP

26. 미터 보통나사를 나타내는 기호는?

① TM　　② TP
③ M　　④ P

27. 다음 그림에서 테이퍼 값은 얼마인가?

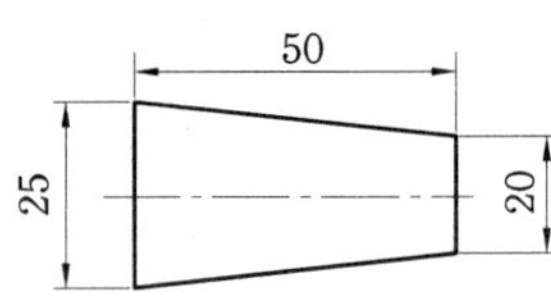

① $\frac{1}{10}$　　② $\frac{1}{5}$
③ $\frac{2}{5}$　　④ $\frac{1}{2}$

해설 테이퍼 값: $\frac{a-b}{l}=\frac{25-20}{50}=\frac{1}{10}$

28. 강재의 유동성을 향상시키는데 가장 효과적인 것은?

① 탄소분　　② 모래
③ 형석　　④ 흑연

해설 쇳물의 유동성을 향상시키는 용제: 형석

29. 용선차(Torpedo car)의 특징 중 옳은 것은?

① 온도 강하가 작고 용선을 직접 전로에 장입한다.
② 작업 인원이 많고 레이들 크레인을 증가시킨다.
③ 출선할 때 출구가 커서 슬래그가 약간 유출된다.
④ 혼선로에 비해 건설비가 비싸고 설비의 대형화에 한계가 없다.

30. LD전로법은 어느 전로법인가?

① 상취전로
② 저취전로
③ 횡취전로
④ 노상전로

정답 22. ④　23. ②　24. ①　25. ②　26. ③　27. ①　28. ③　29. ①　30. ①

31. 제강에서 Kalling법이란?

① 회전로에 의한 탈산법
② 회전로에서 석회에 의한 탈황법
③ 회전로에서 슬래그 중에 P를 제거
④ 회전로에서 Si, Mn을 산화제거

32. 일반 전로의 송풍 풍구 풍량은 LD전로에서는 무엇으로 대치하여 설치되어 있는가?

① 출강구 ② 슬래그 홀
③ 노상 ④ 산소랜스

33. LD 조업에서 소프트 블로우법 중 틀린 것은?

① 탈인이 잘 된다.
② 산소압력을 높인다.
③ 가스와 용강간의 거리가 멀다.
④ 산소 이용율이 저하된다.

해설 산소압력을 낮춘다.

34. 순산소 상취전로 제강법에서 슬로핑(slopping)이 일어날 때의 대책 중 틀린 것은?

① 취련초기 산소압력의 증가
② 용선을 추가로 대량 첨가
③ 취련 증가에 형석, 석회석 등의 투입
④ 취련 증가에 과대한 탈탄속도의 방지

해설 용선을 추가로 소량 첨가한다.

35. 다음과 같은 경우에 선철 배합률(%)은 약 얼마인가?(용선 장입량: 280톤, 냉선 장입량: 10톤, 고철 장입량: 60톤)

① 80.4 ② 82.9
③ 85.5 ④ 89.0

해설 $선철배합률 = \frac{용선+냉선}{총장입량} \times 100$

$= \frac{280+10}{350} \times 100 \fallingdotseq 82.9$

36. 전기로에 사용되는 흑연전극의 구비조건으로 틀린 것은?

① 고온에서 산화가 되지 않아야 한다.
② 경도가 높아야 한다.
③ 전기 비저항이 작아야 한다.
④ 전기 전도율이 낮아야 한다.

해설 전기 전도율이 높아야 한다.

37. 연속주조 설비 중 턴디시 내 노즐의 재질로써 적당치 않은 것은?

① 지르콘 ② 산화규소
③ 고급 알루미나 ④ 마그네시아

38. 아크식 전기로에 속하지 않는 것은?

① 에루식 전기로 ② 고주파 유도전기로
③ 스태사노식 전기로 ④ 지로우드식 전기로

해설 아크식 전기로: 에루식, 스태사노식, 지로우드식

39. LD전로용 용선 중 Si 함유량이 높았을 때의 현상과 관련이 없는 것은?

① 강재량이 많아진다.
② 고철 소비량이 줄어든다.
③ 산소 소비량이 증가한다.
④ 내화재의 침식이 심하다.

해설 용선 중 Si 함유량이 높으면 고철 소비량이 늘어난다.

정답 31. ② 32. ④ 33. ② 34. ② 35. ② 36. ④ 37. ② 38. ② 39. ②

40. 용강의 탈가스법이 아닌 것은?

① 흡인탈가스법　② 유적탈가스법
③ 순환탈가스법　④ 비연소폐가스법

41. 전로 제강법의 특징으로 가장 거리가 먼 것은?

① 열공급이 없이 용선 중의 불순성분의 산화열에 의해 정련하므로 원료 용선의 선택에 제한이 있다.
② 성분조절이 다소 곤란하다.
③ 설비 및 조업이 비교적 간단하여 경제성이 높다.
④ 장입 주원료인 고철을 무제한으로 사용이 가능하다.

42. 연속주조 용강 처리시 버블링용 가스로 가장 적합한 것은?

① BFG　② Ar
③ COG　④ O_2

43. 연속주조법의 특징 중 틀린 것은?

① 균열, 분괴의 공정을 생략하여 생산공정을 간단히 한다.
② 생산성을 높인다.
③ 빌릿의 재질이 나쁘다.
④ 제품의 회수율을 높인다.

해설 빌릿의 재질이 우수하다.

44. 출강구 확인 작업 시 안전사항으로 틀린 것은?

① 불티 비산 및 산소 역류에 주의한다.
② 슬래그 비산에 의한 화상에 유의한다.
③ 불티 비산에 의한 화상에 유의한다.
④ 작업 중 산소 누출 시는 즉시 밸브를 개방한다.

해설 작업 중 산소가 누출된 경우에는 즉시 밸브를 잠근다.

45. 다음 중 금속 화재의 종류는?

① A　② B
③ C　④ D

해설 A급: 일반, B급: 유류, C급: 전기, D급: 금속화재

46. 자동차 운전 중 공장 앞 주차장에서 주차를 할 때 옳은 것은?

① 2선에 주차
② 골선에 주차
③ 주차선 안에 주차
④ 배기구가 화단측으로 주차

47. 제강공장의 크레인의 주요 안전장치와 관련이 가장 먼 것은?

① 정치식 장치　② 과부하방지장치
③ 충돌방지장치　④ 비상정지장치

48. 내화재료의 구비조건으로 틀린 것은?

① 열전도율과 팽창율이 높을 것
② 고온에서 기계적 강도가 클 것
③ 고온에서 전기적 절연성이 클 것
④ 화학적인 분위기하에서 안정된 물질일 것

해설 열전도율과 팽창율이 작을 것

정답 40. ④　41. ④　42. ②　43. ③　44. ④　45. ④　46. ③　47. ①　48. ①

49. 유도로에 속하지 않는 것은?

① 저주파 전기로 ② 고주파 전기로
③ 직접 아크로 ④ 중주파 전기로

해설 직접 아크로: 전기로

50. 연속주조 가스절단장치에 쓰이는 가스가 아닌 것은?

① 산소 ② 프로판
③ 아세틸렌 ④ 발생로 가스

51. 출강작업의 관찰 시 필히 착용해야 할 안전 장비는?

① 방열복, 방호면 ② 운동모, 귀마개
③ 방한복, 안전벨트 ④ 면장갑, 운동화

52. 복합 취련 조업에서 상취산소와 저취가스의 역할을 옳게 설명한 것은?

① 상취산소는 환원작용, 저취가스는 냉각작용을 한다.
② 상취산소는 산화작용, 저취가스는 교반작용을 한다.
③ 상취산소는 냉각작용, 저취가스는 산화작용을 한다.
④ 상취산소는 교반작용, 저취가스는 환원작용을 한다.

53. 노외 정련법에 해당되지 않는 방법은?

① Rotor법 ② RH법
③ DH법 ④ AOD법

해설 Rotor법: 고인선 처리를 목적으로 취련하는 방법

54. 제선, 제강, 압연 전 분야의 현대 일관제철 기술에 해당되지 않는 것은?

① 대형화 및 고속화
② 고속화 및 연속화
③ 자동화 및 컴퓨터화
④ 기계화 및 수동화

해설 일관제철 기술: 대형화 및 고속화, 연속화, 자동화, 컴퓨터화

55. 산성 전로 제강법과 염기성 전로 제강법의 설명이 틀린 것은?

① 전로 내장연와에 의해서 산성, 염기성으로 구분한다.
② 염기성 전로는 [P]제거가 가능하다.
③ LD전로의 내화재는 돌로마이트 등이 사용된다.
④ 염기성 전로는 [Si]제거가 불가능하다.

해설 염기성 전로는 [Si]제거가 가능하다.

56. 조괴법에 비하여 연속주조법의 장점이 아닌 것은?

① 강괴 실수율이 높다.
② 생산성이 향상된다.
③ 다품종 강종 생산이 가능하다.
④ 열 손실이 적다.

해설 단순한 강종 생산이 가능하다.

57. 제강의 주원료로 사용되지 않는 것은?

① 고철 ② 선철
③ 주강 ④ 코크스

해설 코크스: 연료

정답 49. ③ 50. ④ 51. ① 52. ② 53. ① 54. ④ 55. ④ 56. ③ 57. ④

58. LF(Ladle Furnace) 조업에서 LF 기능과 거리가 먼 것은?

① 용해기능　② 교반기능
③ 정련기능　④ 가열기능

59. 연주주편에 발생하는 내부 결함이 아닌 것은?

① 중심 편석　② 중심 수축공
③ 대형 개재물　④ 방사선 균열

해설 방사선 균열: 주편을 인발할 때에 응고각이 주형 내벽의 Cu를 마모시켜 Cu분이 주편에 침투되어 Cu취화를 일으키므로 국부적으로 미세한 균열

60. 강괴의 결함 중 표면결함에 속하지 않는 것은?

① 탕주름　② 균열
③ 편석　④ 2중 표피

해설 탕주름, 균열, 2중 표피는 표면결함에 속하고, 편석은 내부결함이다.

정답 58. ①　59. ④　60. ③

제강기능사 필기/실기 특강

2020년 1월 10일 인쇄
2020년 1월 15일 발행

저　자 : 최병도
펴낸이 : 이정일

펴낸곳 : 도서출판 **일진사**
www.iljinsa.com
(우) 04317 서울시 용산구 효창원로 64길 6
전화 : 704-1616 / 팩스 : 715-3536
등록 : 제1979-000009호 (1979.4.2)

값 24,000원

ISBN : 978-89-429-1605-4